CBT검정활용

최신 출제 경향에 맞춘 최고의 수험서!

최신 개정판

전산응용 토목제도 기능사

필기

고행만 저

이 책의 특징

- 정확한 답과 명쾌한 해설
- 각 과목 단원별 엄선된 실전문제 수록
- 다년간 실무 및 강의 경험이 풍부한 최상급 저자
- 과목별 체계적인 단원 분류 및 핵심요약
- 상세한 해설로 누구나 쉽게 이해

CBT 모의고사 수록

www.kkwbooks.com

질의응답 카페 운영
cafe.daum.net/khm116
(토목, 건설재료, 콘크리트)

도서출판 건기원

머리말

경제가 어려운 현실에 직면하면서 건설경기 역시 침체가 되어 경기 부양책으로 정부에서 SOC 투자에 각별한 정책을 추진하고자 한다.

건설정책은 초기에 거대한 사업비가 출자되어 다소 무리한 면이 있지만 미래 지향적인 측면에서는 결코 방치하여서는 안 된다.

여론을 수렴하여 적절한 방향으로 추진하여야 할 것이다.

건설환경에 적극 대응하기 위해서는 공사의 질적 발전을 도모하여야 한다. 그러기 위해서 건설기술자의 자세가 매우 중요하다고 본다.

본 책자를 소개하면 토목 분야의 초급 기술자로 근무를 희망하는 수험생에게 짧은 시간에 자격취득을 할 수 있도록 단원별 실전문제와 기출문제를 통해 이해력을 증진하게 편성하였다.

아무쪼록 수험자 여러분의 무한한 정진과 최선을 다하는 모습에서 보람을 느끼며 여러분의 합격을 진심으로 기원합니다.

끝으로 본 책자를 펴내기 위해 협조해 주신 도서출판 건기원 관계자분들과 원고정리 및 교정 등에 많은 도움을 주신 분들께 감사드리며 그동안 아껴주신 교장선생님과 여러 선생님, 그리고 늘 함께하는 가족에게 진심으로 고마움을 표합니다.

저자 고행만

CBT(컴퓨터 시험) 가이드

한국산업인력공단에서 2016년 5회 기능사 필기 시험부터 자격검정 CBT(컴퓨터 시험)으로 시행됩니다. CBT의 진행 과정과 메뉴의 기능을 미리 알고 연습하여 새로운 시험 방법인 CBT에 대비하시기 바랍니다.

다음과 같이 순서대로 따라해 보고 CBT 메뉴의 기능을 익혀 실전처럼 연습해 봅시다.

STEP 1 : 자격검정 CBT 들어가기

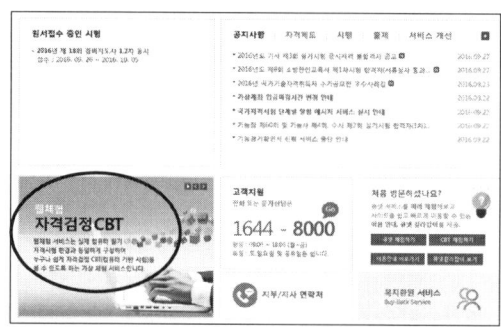

⊃ 큐넷(http://www.q-net.or.kr)에서 표시된 부분을 클릭하면 '웹체험 자격검정 CBT'를 할 수 있습니다.

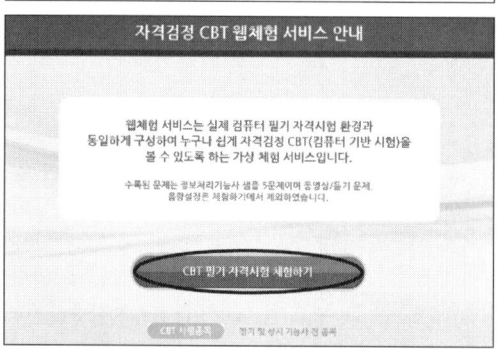

⊃ 'CBT 필기 자격시험 체험하기'를 클릭하면 시작됩니다.

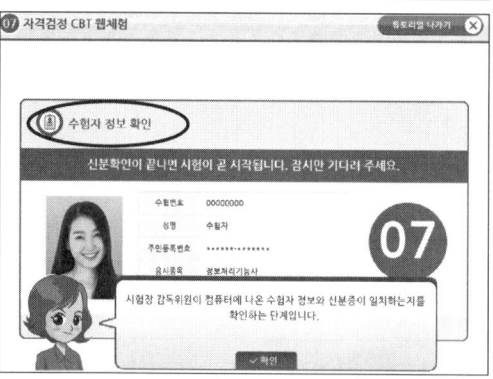

⊃ 시험 시작 전 배정된 좌석에 앉으면 수험자 정보를 확인합니다. 시험장 감독위원이 컴퓨터에 표시된 수험자 정보와 신분증의 일치여부를 확인합니다.

STEP 2 : 자격검정 CBT 둘러보기

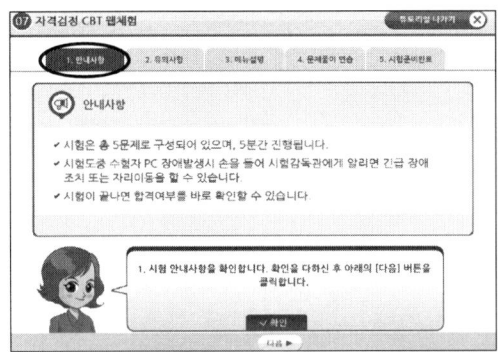

↳ 수험자 정보 확인이 끝난 후 시험 시작 전 'CBT 안내사항'을 확인합니다.

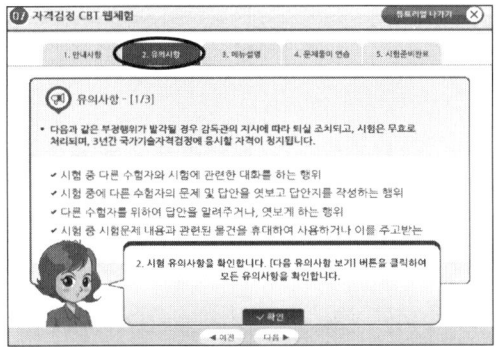

↳ 'CBT 유의사항'을 확인합니다. '다음 유의사항 보기'를 클릭하면 전체 유의사항을 확인할 수 있으며 보지 못한 유의사항이 있으면 '이전 유의사항 보기'를 클릭하여 다시 볼 수 있습니다.

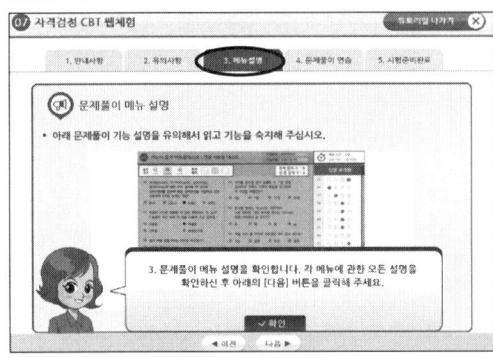

↳ '문제풀이 메뉴 설명'을 확인합니다.
  ↳ '자격검정 CBT 메뉴 미리 알아두기'에서 자세히 살펴보기

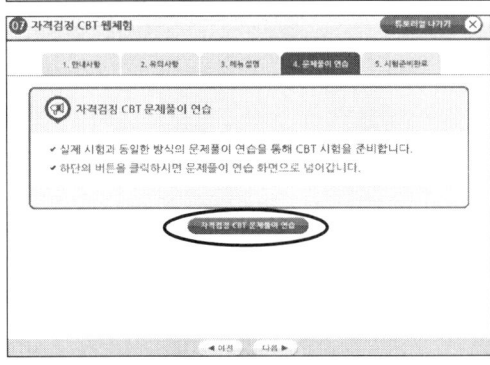

↳ '자격검정 CBT 문제풀이 연습'을 클릭하면 실제 시험과 동일한 방식으로 진행됩니다.

STEP 3 : 자격검정 CBT 연습하기

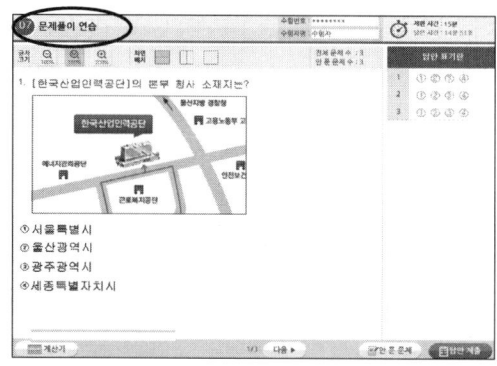

◯ 자격검정 CBT 문제풀이 연습을 시작합니다. 총 3문제로 구성되어 있습니다.

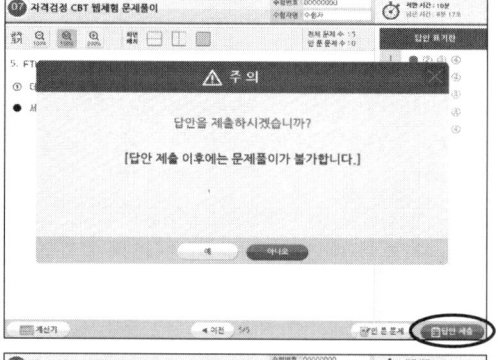

◯ 시험문제를 다 푼 후 답안 제출을 하거나 시험 시간이 경과되었을 경우 시험이 종료됩니다.

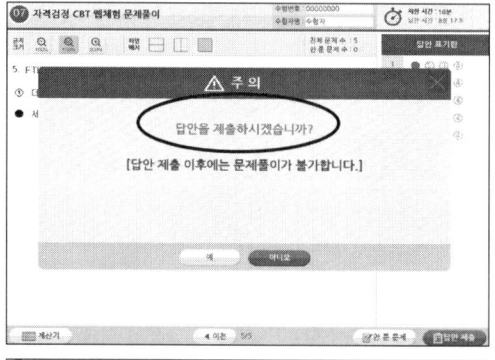

◯ 답안 제출은 실수 방지를 위해 두 번의 확인 과정을 거칩니다. 시험 종료 후 시험 결과를 바로 확인할 수 있습니다.

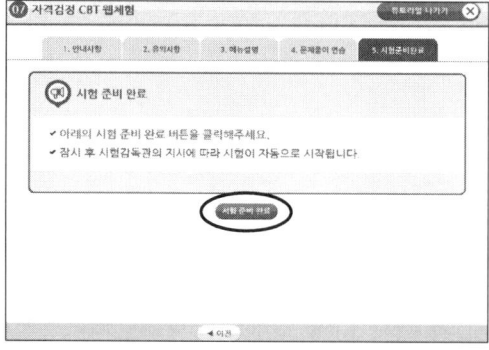

◯ 시험 안내 · 유의사항, 메뉴 설명 및 문제풀이 연습까지 모두 마친 수험자는 '시험준비완료'를 클릭합니다. 클릭 후 '자격검정 CBT 웹체험 문제풀이' 단계로 넘어갑니다.

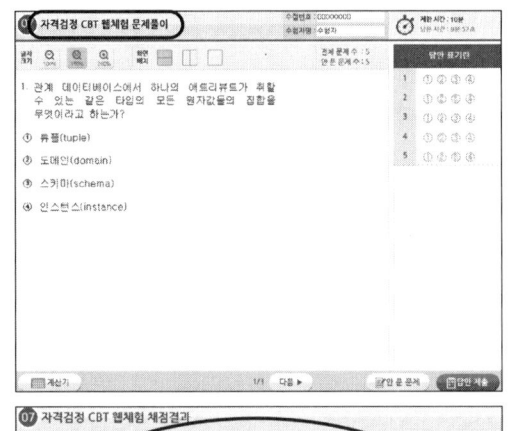

↻ 자격검정 CBT 웹체험 문제풀이를 시작합니다. 총 5문제로 구성되어 있습니다.

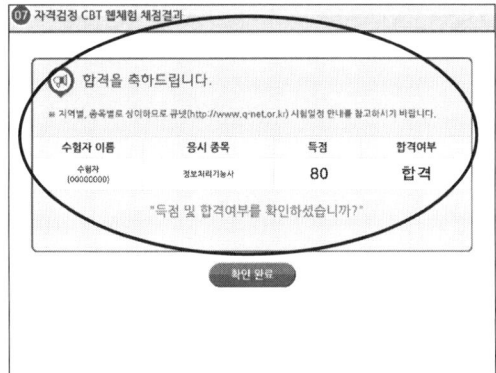

↻ 답안을 제출하면 점수와 합격여부를 바로 알 수 있습니다.

자격검정 CBT 메뉴 미리 알아두기

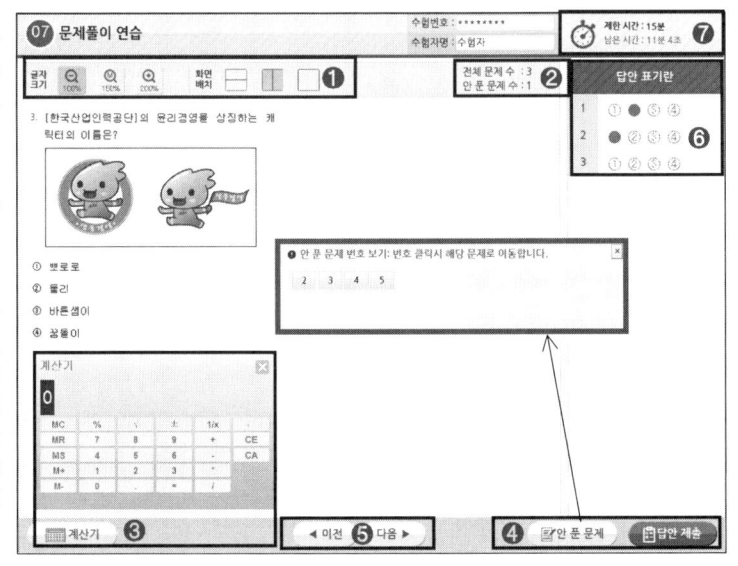

❶ 글자크기 & 화면배치 : 글자 크기(100%, 150%, 200%)와 화면 배치(1단, 2단, 한 문제씩 보기)가 선택 가능함.

❷ 전체 안 푼 문제 수 조회 : 전체 문제 수와 안 푼 문제 수 확인 가능함.

❸ 계산기도구 : 응시 종목에 계산 문제가 있을 경우 좌측 하단의 계산기 기능을 이용함.

❹ 안 푼 문제 번호 보기 & 답안 제출 : '안 푼 문항'을 클릭하면 현재까지 안 푼 문제 목록을 확인할 수 있으며, '답안 제출'을 클릭하면 답안 제출 승인 알림창이 나옴.

❺ 페이지 이동 : 화면 아래 버튼을 이용해서 페이지를 이동하고 중앙에 현재 페이지를 표시함.

❻ 답안 표기 영역 : 문제 번호를 클릭하면 해당 문제로 이동하고 선택지 번호를 클릭하면 답안이 표시됨.

❼ 남은 시간 표시 : 남은 시간 표시 및 제한 시간이 없을 경우 시계 아이콘과 시간이 붉은색으로 표시됨.

전산응용토목제도기능사 출제기준

1. 검정방법 : 필기

필 기 과목명	출제 문제수	주요 항목	세부 항목	세 세 항 목
토목제도(CAD), 철근콘크리트, 토목일반구조	60	1. 제도에 관한 일반적인 사항	1. 제도 기준	1. 표준규격 2. KS토목제도 통칙 3. 도면의 크기와 축척 4. 제도 표시의 일반 원칙 5. 치수와 치수요소
			2. 기본 도법	1. 평면도법 2. 입체투상도
			3. 도면 작성	1. 도면의 작성 순서 2. 도면의 작성 방법
			4. 건설 재료의 표시	1. 건설재료의 단면 표시 2. 재료단면의 경계 표시 3. 단면의 형태에 따른 절단면 표시 4. 판형재의 종류와 치수 5. 지형의 경사면 표시 방법
			5. 도면이해	1. 구조물 도면 2. 도로도면 3. 종평면도 4. 횡단면도
		2. 전산에 관한 일반적인 사항	1. CAD 일반	1. CAD 시스템 2. CAD 프로그램에 의한 좌표설정 3. CAD 시스템에 의한 도형처리
		3. 철근 및 콘크리트	1. 철근	1. 철근의 간격 2. 갈고리 3. 철근의 이음 4. 철근의 부착과 정착 5. 피복두께
			2. 콘크리트	1. 콘크리트의 구성 및 특징 2. 콘크리트의 재료 3. 콘크리트의 성질 4. 콘크리트의 종류
		4. 토목일반	1. 토목 구조물의 개념	1. 토목 구조물의 개요 2. 토목 구조물의 형식 3. 토목 구조물의 특징 4. 토목 구조물의 하중
			2. 토목 구조물의 종류	1. 보 2. 기둥 3. 슬래브 4. 기초 및 옹벽
			3. 토목 구조물의 특성	1. 철근콘크리트 구조 2. 프리스트레스트 콘크리트 3. 강구조

2. 검정방법 : 실기(공개 과제명)

(1) 옹벽 구조도

① 주어진 도면을 참고하여 표준 단면도(1:30)와 일반도(1:60)를 작도하고, 표준단면도는 도면의 좌측에, 일반도는 우측에 적절히 배치한다.

② 도면 상단에 과제명과 축척을 도면의 크기에 적절하게 작도한다.

(2) 도로 토공 횡단면도
① 주어진 도면을 참고하여 도로 토공 횡단면도(1:100)를 작도하고, 도로 포장 단면의 표층, 기층, 보조기층을 단면 표시에 따라 적당한 크기로 해칭하여 완성한다.
② 도면 상단에 과제명과 축척을 도면의 크기에 적절하게 작도한다.

(3) 도로 토공 종단면도
① 주어진 도면을 참고하여 도로 토공 종단면도(가로 1:1,200, 세로 1:200)를 작도하고, 절토고 및 성토고 표를 완성하여 종단면도의 우측에 배치한다.
② 도면 상단에 과제명과 축척을 도면의 크기에 적절하게 작도한다.

■ 전산응용토목제도기능사 실기시험 수험자 유의사항 ■

① 윤곽선의 여백은 상하좌우가 15mm 범위가 되게 하며 철근의 단면은 출력 결과물에 지름 1mm가 되도록 작도한다.
② 표제란의 축척은 1:1로 하여 수험번호, 성명을 기재한다.
③ 선의 굵기는 정해진 색으로 작도한다.
④ 완성 후 출력시간은 시험시간에서 제외, 20분을 초과할 수 없으며 수험자가 직접 출력한다.
⑤ 다음 내용에 해당되는 경우에는 채점 대상에서 제외한다.
- 시험시간 내에 3개의 과제물을 제출하지 못하는 경우
- 3개 과제 중 1과제라도 0점인 경우
- 미숙한 장비 조작으로 파손이나 고장의 우려가 있다고 감독위원이 판단될 경우
- 출력시간이 20분을 초과할 경우
- 출력 시작한 후 내용을 수정하는 경우
- 과제별 도면의 명칭, 기울기, 치수선, 철근 종류 등 누락된 것이 10개소 이상인 경우
- 도면의 축척이 상이하거나 지시한 내용과 다르게 출력된 경우 등

◎ 전산응용토목제도기능사 필기 출제 비율 분석"

주요 항목	세부 항목	출제 비율
1. 제도에 관한 일반적인 사항	1. 제도기준	36.7%
	2. 기본도법	
	3. 도면작성	
	4. 건설재료의 표시	
	5. 구조물 표시	
	6. 측량제도	
2. 전산에 관한 일반적인 사항	1. 전산일반	5.0%
	2. CAD일반	
3. 철근 및 콘크리트에 관한 일반적인 지식	1. 철근	23.3%
	2. 콘크리트	
4. 철근 콘크리트 설계에 관한 지식	1. 철근 콘크리트 설계	10.0%
5. 토목 구조물에 관한 일반적인 사항	1. 토목 구조물의 개념	25.0%
	2. 토목 구조물의 종류	
	3. 토목 구조물의 특성	

차례

제1편 토목 제도

제01장 제도의 정의
- 01 개 요 ... 17
- 02 제도의 기준 ... 19
- ▶ 실전문제 ... 28

제02장 기본 도법
- 01 평면도법 ... 37
- 02 입체 투상도 ... 39
- ▶ 실전문제 ... 42

제03장 도면 작성
- 01 도면 작성 순서 ... 45
- 02 도면의 작성 방법 ... 45
- ▶ 실전문제 ... 47

제04장 건설재료의 표시
- 01 건설재료의 단면 표시 ... 48
- 02 재료 단면의 경계 표시 ... 49
- 03 단면의 형태에 따른 절단면 표시 ... 49
- 04 판형재의 종류와 치수 ... 49
- 05 지형의 경사면 표시 방법 ... 50
- ▶ 실전문제 ... 51

제 05 장 구조물의 표시

| 01 | 콘크리트 구조물 표시 | 53 |
| 02 | 강 구조물 표시 | 56 |

● 실전문제   58

제 06 장 측량 제도

01	도로 제도	63
02	하천 제도	64
03	구조물 제도	65

● 실전문제   66

제 2 편 전 산

제 01 장 전산 일반

01	컴퓨터의 개요	71
02	컴퓨터의 구성	71
03	컴퓨터의 5대 장치	72
04	컴퓨터 운영체계	73

제 02 장 CAD 일반

01	CAD의 개요	74
02	CAD 시스템 좌표계	74
03	CAD 소프트웨어의 기본 기능	75

● 실전문제   76

제3편 철근 콘크리트

제01장 철 근

01 철근의 간격	83
02 갈고리	84
03 철근의 이음	86
04 철근의 부착과 정착	87
05 피복 두께	89
◯ 실전문제	90

제02장 콘크리트

01 콘크리트 구성 및 특징	97
02 콘크리트의 재료	98
03 콘크리트의 성질	107
04 콘크리트의 배합설계	110
05 콘크리트의 종류	113
◯ 실전문제	116

제03장 철근 콘크리트 설계

01 철근 콘크리트 보의 휨 설계	125
02 단철근 직사각형보의 해석	127
◯ 실전문제	129

제4편 토목 구조물

제01장 토목 구조물의 개념

01 토목 구조물의 역사	137
02 토목 구조물의 종류	140

03	토목 구조물의 특징	141
04	토목 구조물의 하중	142

◐ 실전문제 · **144**

제02장 토목 구조물의 종류

01	보	146
02	기 둥	147
03	슬래브	149
04	기초 및 옹벽	151

◐ 실전문제 · **153**

제03장 토목 구조물의 특성

01	철근 콘크리트 구조	159
02	프리스트레스트 콘크리트	161
03	강구조	163

◐ 실전문제 · **165**

◆ 부 록

◆ 최근 기출문제

2008 기출문제	171
2009 기출문제	203
2010 기출문제	233
2011 기출문제	265
2012 기출문제	287
2013 기출문제	317
2014 기출문제	347
2015 기출문제	377
2016 기출문제	409
CBT 모의고사	431

제1편 토목 제도
제2편 전 산
제3편 철근 콘크리트
제4편 토목 구조물
부 록 최근 기출문제

전산응용토목제도기능사

제 1 편

토목 제도

제1장 ·························· 제도의 정의
제2장 ·························· 기본 도법
제3장 ·························· 도면 작성
제4장 ····················· 건설재료의 표시
제5장 ······················ 구조물의 표시
제6장 ························· 측량 제도

제 01 장 제도의 정의

제1편 토목 제도

01 개 요

1. 정 의

1) 제도
도면을 만드는 것으로 일정한 규정에 의해 말이나 글로 표현하기 어렵고 복잡한 형태의 구조물의 모양, 구조, 기능 등을 정확히 이해할 수 있게 표현한다.

2) 도면
구조물이나 제품 제작에 기준이 되는 것으로 설명이 없어도 점, 선, 문자 및 부호 등을 사용하여 척도에 따라 평면도상에 모양과 크기를 정확하고 신속 명료하게 나타내어 설계자의 의도를 전달한다.

2. 분 류

1) 목적에 따른 분류
① **계획도** : 계획을 표시하는 것으로 구체적인 설계에 앞서 계획자의 의도를 명시하기 위해 그려지는 도면
② **설계도** : 계획도를 기준하여 주요한 치수, 기능, 사용되는 재료 등을 나타내는 도면
③ **제작도** : 공장이나 작업장에서 제작에 이용되며 설계자의 의도를 작업자에게 정확하게 전달하기 위해 필요한 내용을 나타내는 것으로 교량의 설계도 대부분이 해당된다.
④ **시공도** : 시공에 이용되는 도면으로 교량의 시공 가설도 등이 해당된다.

2) 내용에 따른 분류

① **일반도** : 구조물의 측면도, 평면도, 단면도에 의해 그 형식, 일반 구조를 표시하는 도면으로 주요한 내용을 설명하기 위한 것이며 필요에 따라 구조물에 관련 있는 지형 및 지질 등을 표시하기도 한다.
② **구조도** : 구조물을 정확하고 능률적으로 제작, 시공하기 위해서 필요한 치수, 형상, 재질 등을 알기 쉽게 표시한 것으로 철근 콘크리트 구조물의 철근 배근도, 철근도 등이 있다.
③ **상세도** : 구조물에 표시하기 곤란한 부분의 형상, 치수, 기구 등을 상세하게 표시하는 도면이다.
④ **측량도** : 측량 결과를 나타낸 도면이다.
⑤ **설명도** : 구조, 기능의 필요한 부분을 굵게 표시하기도 하고 절단이나 투시 등을 표시하여 잘 알 수 있게 나타낸 도면이다.

3. 제도 용구

1) 운형자

컴퍼스로 그리기 어려운 원호나 곡선을 그릴 때 쓰이는 제도 용구로 타원, 나사선, 그 밖의 곡선을 서로 조합하여 만든 것이다.

2) 자유 곡선자

여러 가지 곡선을 자유롭게 그릴 수 있어서 편리한 반면에 작은 곡선을 그릴 때에는 사용 할 수 없는 결점이 있다.

3) 클로소이드 곡선자

도로의 곡선 설계 및 제도에 쓰인다.

4) 디바이더

축척의 눈금을 제도 용지에 옮길 때나 도면상의 길이를 재어 옮길 때 또는 도면상의 길이를 분할 할 때 쓰인다.

5) 스프링 컴퍼스

반지름이 10~20mm 이하의 작은 원이나 작은 원호를 그릴 때 쓰인다.

02 제도의 기준

1. 표준 규격

제작 방법의 공통화가 이루어져 하나의 국가규격이 국제규격으로 상용되고 있다.

1) 국제 및 국가별 규격

명 칭	표준 규격 기호
국제 표준화 기구(International Standard Organization)	ISO
한국 산업 규격(Korean Industrial Standards)	KS
영국 규격(British Standards)	BS
독일 규격(Deutsche Industrie Normen)	DIN
미국 규격(American Standard Association)	ASA
스위스 규격(Schweitzerish Normen Vereinigung)	SNV
프랑스 규격(Norme Francoise)	NF
일본 공업 규격(Japanese Industrial Standard)	JIS

2) KS의 부문별 기호

분류 기호	부 문	분류 기호	부 문
KS A	기 본	KS K	섬 유
KS B	기 계	KS L	요 업
KS C	전기, 전자	KS M	화 학
KS D	금 속	KS P	의 료
KS E	광 산	KS R	수송 기계
KS F	토 건	KS V	조 선
KS G	일 용 품	KS W	항 공
KS H	식 료 품	KS X	정보 산업

2. KS 토목 제도 통칙

KS A 0005(제도 통칙)에 기초를 두어 토목제도에 관한 공통적이며 기본적인 사항에 대하여 규정한다.

1) 도면의 크기 및 양식

① 용지의 크기

㉠ A계열 크기(제1우선)

호칭 방법	치수(mm×mm)
A0	841×1189
A1	594×841
A2	420×594
A3	297×420
A4	210×297

일반적인 제도 규격 용지의 폭과 깊이의 비는 $1 : \sqrt{2}$이며 A0의 넓이는 약 $1m^2$, B0의 넓이는 약 $1.5m^2$이다.
ⓒ 특별히 연장한 크기(제2우선)

호칭 방법	치수(mm×mm)
A3×3	420×841
A3×4	420×1189
A4×3	297×630
A4×4	297×841
A4×5	297×1051

크기는 기본인 A계열 용지의 짧은 쪽 길이를 정배수의 길이로 연장하여 긴 쪽 길이로 한다.
ⓒ 도면은 긴 변 방향을 가로 또는 세로 어느 것으로 선택해도 좋다.
② 표제란
㉠ 표제란의 위치는 그림을 그릴 영역 안의 오른쪽 아래 구석에 위치한다.
ⓒ 표제란의 보는 방향은 도면의 방향과 일치하도록 한다.

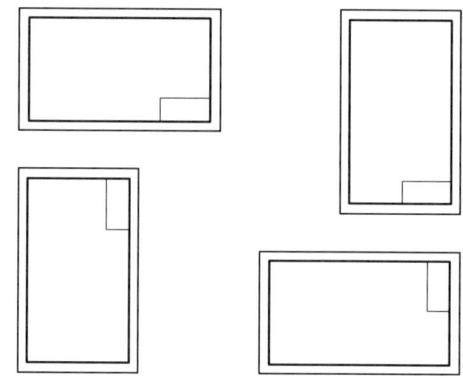

ⓒ 표제란 길이는 170mm 이하로 한다.
㉣ 도면명, 도면번호, 축척, 설계자, 계획자, 심사자, 책임자, 도면 작성기관, 작성일, 기타 사항을 기입한다.
③ 윤곽 및 윤곽선
㉠ 윤곽의 너비는 A0, A1 크기에 대해 최소 20mm, A2, A3, A4 크기는 최소 10mm로 한다.
ⓒ 도면을 철하기 위한 구멍 뚫기의 여유를 설치해도 좋다. 이 여유는 최소 나비 20mm로 표제란에서 가장 떨어진 왼쪽 끝에 둔다.
ⓒ 윤곽선은 최소 0.5mm 이상 두께의 실선으로 그린다.
㉣ 도면을 철할 때는 좌측을 철함을 원칙으로 한다.

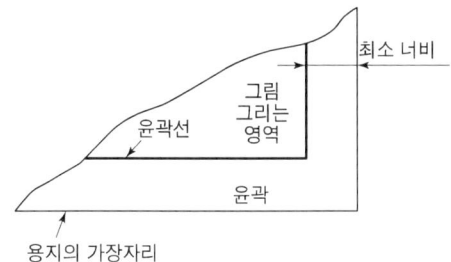

④ 도면 접기
  ㉠ A4 크기로 한다.
  ㉡ 접는 순서는 특별히 정해진 것은 없다.
  ㉢ 도면의 표제란은 모든 접는 방법에 대해 제일 앞쪽의 오른쪽 아래에 위치하여 읽을 수 있도록 한다.

2) 척도
  ① 정의
    ㉠ 대상물의 실제치수에 대한 도면에 표시한 대상물의 비
    ㉡ 표시는 도면에서의 크기 : 실제 크기로 나타낸다.
  ② 종류
    ㉠ 배척(실제 크기보다 크게 나타내는 것)
      50 : 1, 20 : 1, 10 : 1, 5 : 1, 2 : 1
    ㉡ 현척(실제 크기와 같게 나타내는 것)
      1 : 1
    ㉢ 축척(실제 크기보다 작게 나타내는 것)
      1 : 2, 1 : 5, 1 : 10, 1 : 20, 1 : 50, 1 : 100, 1 : 200, 1 : 500, 1 : 1000, 1 : 2000, 1 : 5000, 1 : 10000
  ③ 도면의 기입방법
    ㉠ 도면에 사용한 척도는 도면의 표제란에 기입한다.
    ㉡ 한 장의 도면에 서로 다른 척도를 사용할 필요가 있는 경우에는 주요 척도를 표제란에 기입하고 그 외의 척도는 부품 번호 또는 상세도(또는 단면도)의 참조 문자 부근에 기입한다.
    ㉢ 구조선도, 조립도, 배치도 등의 그림에서 치수를 읽을 필요가 없는 것은 척도의 표시를 생략할 수 있다.
    ㉣ 같은 도면 중에 다른 축척을 사용할 때에는 도면마다 그 축척을 기입해도 좋다.

3) 선

① 선 굵기
  ㉠ 도면의 크기에 따라 0.13, 0.18, 0.25, 0.35, 0.5, 0.7, 1, 1.4, 2mm 중 하나로 한다.($1 : \sqrt{2} = 1 : 1.4$ 근거)
  ㉡ 아주 굵은 선, 굵은 선, 가는 선의 굵기는 4 : 2 : 1의 비율로 한다.
  ㉢ 한 종류의 선 굵기는 하나의 도면 안에서 균일해야 한다.

② 선 그리기
  ㉠ 평행선의 최소 간격은 이것을 허용하지 않는 규격이 다른 국제 표준에서 없을 경우 0.7mm 이상이어야 한다.
  ㉡ 선은 선분이나 점에 교차되어야 한다.

③ 선의 형식

선의 종류	선의 명칭	일반적인 용도
———————	굵은 실선	보이는 물체의 윤곽을 나타내는 선
———————	가는 실선	• 가상의 상관 관계를 나타내는 선(상관선) • 치수선 • 치수 보조선(연장선) • 지시선, 인출선 및 기입선 • 해칭 • 회전 단면을 한 부분의 윤곽을 나타내는 선(회전 단면선) • 짧은 중심선
～～～	프리핸드의 가는 실선, 가는 지그재그 (직선)	부분 투상을 하기 위한 절단, 단면의 경계를 손으로 그리거나 (자유 가는 실선)기계적으로 그리는 선
-------	굵은 파선 가는 파선	• 보이지 않는 물체의 윤곽을 나타내는 선(숨은선) • 보이지 않는 물체의 면들이 만나는 윤곽을 나타내는 선
—·—·—	가는 1점 쇄선	• 그림의 중심을 나타내는 선(중심선) • 대칭을 나타내는 선 • 움직이는 부분의 궤적 중심을 나타내는 선
—·⌐·—	가는 1점 쇄선을 단면 부분 및 방향이 다른 부분을 굵게 한 것	단면 한 부위의 위치와 꺾임을 나타내는 선
—·—·—	굵은 1점 쇄선	특별한 요구 사항을 적용할 범위와 면적을 나타내는 선
—··—··—	가는 2점 쇄선	• 인접 부품의 윤곽을 나타내는 선 • 움직이는 부품의 가동 중의 특정 위치 또는 최대 위치를 나타내는 물체의 윤곽선(가상선) • 그림의 중심을 이어서 나타내는 선(중심선) • 가공 전의 물체 윤곽을 나타내는 선 • 절단면의 앞에 위치하는 부품의 윤곽을 나타내는 선

④ 선과 선 사이의 간격
  ㉠ 해칭을 포함한 평행선 간의 최소 간격은 가장 굵은 선 두께의 2배 이상으로 한다.
  ㉡ 선과 선의 간격은 0.7mm 이상으로 한다.
⑤ 겹치는 선의 우선순위
  ㉠ 외형선(굵은 실선)
  ㉡ 숨은선(파선)
  ㉢ 절단 위치를 나타내는 선(가는 1점 쇄선, 절단부 및 방향이 변한 부분을 굵게 한 것)
  ㉣ 중심선, 대칭선(가는 1점 쇄선)
  ㉤ 중심을 이은 선(가는 2점 쇄선)
  ㉥ 투상을 설명하는 선(가는 실선)
  겹치는 선 중에서 외형선보다 우선하는 것은 문자, 기호 등으로서 이들 문자나 기호가 선과 겹치게 되는 경우에는 선을 중단하고 기입해야 한다.
⑥ 지시선, 인출선의 끝부분 기호
  ㉠ 지시선, 인출선은 형체(치수, 물건, 외형선 등)를 설명하기 위해 긋는 선이다.
  ㉡ 투상도의 외형선 안쪽에서 인출선을 그을 때는 그 끝에 점을 붙인다.
  ㉢ 투상도의 외형선에 직접 지시선을 그을 때는 그 끝에 화살표를 붙인다.
  ㉣ 치수선 상에서 인출선을 그을 때는 그 끝에 점이나 화살표를 붙이지 않는다.
⑦ 치수 기입 요소의 뜻과 표시방법

명 칭	뜻	표시 방법
치수선	물체의 크기를 나타내기 위하여 물체의 외형선에 나란하게 그은 선	• 가는 실선으로 치수선을 긋는다. • 양 끝에 화살표를 붙인다.
치수 보조선	치수선을 긋기 위하여 도형에서 연장한 선	가는 실선으로 치수선의 위치보다 약간 길게 긋는다.
지시선	도면에 구멍의 크기, 가공방법, 참고사항 등을 기입하기 위한 선	• 수평선에 대하여 적당한 각도의 빗금을 긋는다. • 지시할 곳에 화살표를 붙인다. • 반대쪽 끝은 수평으로 꺾어 긋고, 지시 사항을 적는다.

4) 문자
  ① 일반 사항
    ㉠ 문자는 읽기 쉽게 명확하게 쓴다.
    ㉡ 같은 크기의 문자는 그 선의 굵기를 되도록 균일하게 맞춘다.
    ㉢ 문장은 가로쓰기로 한다.(가로 왼쪽부터 쓰기)
  ② 문자의 서체
    ㉠ 한글은 활자체(고딕체)로 쓴다. 한자의 서체는 KS A 0202에 준한다.
    ㉡ 숫자는 주로 아라비아 숫자를 사용한다.
    ㉢ 영자는 로마자의 대문자를 사용한다. 단, 기호나 그 밖에 특별히 필요한 경우에는 소문자를 사용해도 좋다.

㉢ 숫자·영자의 서체는 J형 사체, B형 사체 또는 B형 입체의 어느 한 가지를 사용하며 혼용하지 않는다. 단, 특별히 필요한 경우에는 이에 따르지 않아도 좋다.
- J형 사체 및 B형 사체는 수직에 대하여 오른쪽으로 약 15° 기울인다.

③ 문자의 크기
㉠ 문자의 크기는 문자의 높이로 나타낸다.
- 한자 : 3.15, 4.5, 6.3, 9, 12.5, 18mm
- 한글·숫자·영자 : 2.24, 3.15, 4.5, 6.3, 9, 12.5, 18mm

㉡ 문자 크기의 조합은 한자 : 한글·숫자·영자=1.4 : 1.0이다.
㉢ 글자 굵기는 한자의 경우 글자 크기의 1/12.5로 하고 한글·숫자·영자의 경우 1/9로 하는 것이 좋다.
㉣ 치수 표시의 문자 크기는 4.5mm로 하고 표제에는 9mm를 사용하는 것이 좋다.
㉤ 기준면의 기호

5) 치수

① 단위
㉠ 단위는 mm를 사용하고 단위 기호는 사용하지 않는다.
㉡ 도면의 일부가 다른 단위로 사용될 때는 단위 기호를 수치와 함께 표시한다.

② 치수 기입
㉠ 치수는 특별히 명시하지 않으면 마무리 치수로 표시하며 강구조 등의 재료치수는 마무리 치수의 것을 제작함에 필요한 재료의 치수로 한다.
㉡ 치수는 모양 및 위치를 가장 명확하게 표시할 수 있도록 하며 중복은 피한다. 또 계산하지 않고서도 알 수 있도록 기입한다.
㉢ 하나하나의 부분 치수의 합계 또는 전체의 치수는 순차적으로 개개의 부분 치수의 바깥쪽에 기입한다.
㉣ 치수 수치는 치수선에 평행하게 기입하고 되도록 치수선의 중앙의 위쪽에 치수선으로부터 조금 띄어 기입한다. 치수선이 세로(경사진)인 때에는 치수선의 왼쪽에 쓴다.

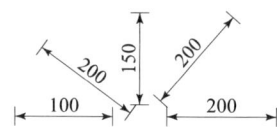

㉤ 치수를 기입할 때에는 치수선을 중단하지 않고 치수선 위쪽에 쓰는 것을 원칙으로 한다.
㉥ 치수는 선과 교차하는 곳에는 될 수 있는 대로 쓰지 않는다.
㉦ 협소한 구간에서 치수선의 위쪽에 치수 보조선이 있을 때에는 치수선의 아래쪽에 치수를 기입할 수 있고 또 필요에 따라 인출선을 사용하여 치수를 써도 좋다.

◎ 협소 구간이 연속될 때는 치수선의 위쪽과 아래쪽에 번갈아 치수를 쓴다.
③ **치수선**
  ㉠ 표시할 치수의 방향에 평행하게 그으며 될 수 있는 한 물체를 표시하는 도면의 외부에 긋는다.
  ㉡ 다른 치수선과 서로 교차하지 않도록 한다.
  ㉢ 가는 실선으로 그으며 치수선의 양 끝에는 화살표를 붙인다.
  ㉣ 협소하여 화살표를 붙일 여백 또는 치수를 쓸 여백이 없을 때에는 치수선을 치수 보조선 바깥쪽에 긋고 안쪽을 향하여 화살표를 붙인다.
  ㉤ 치수선에는 분명한 단말 기호(화살표 또는 사선)를 표시하고 적용 가능하다면 기준점 기호를 표시한다.

화살표	사선	기준기호(지름 약 3mm)
→→→→	/	─○─

  • 단말 기호는 적당한 크기로 도면의 크기에 비례하여 그린다.
  • 한 장의 도면에는 같은 단말 기호를 사용하며 화살표에 대한 공간이 없는 경우에는 사선이나 점으로 그릴 수 있다.
  • 화살표 단말 기호는 공간이 충분한 경우 치수 보조선의 안쪽에 그린다. 단, 공간이 부족한 경우 치수 보조선 바깥쪽에 그릴 수 있다.
  ㉥ 중심선으로 대칭물의 한쪽을 표시하는 도면의 치수선은 중심을 지나 연장하여 표시한다. 이때 치수선의 중심쪽의 끝에는 화살표를 붙이지 않는다.
  ㉦ 치수선을 그을 곳이 마땅하지 않을 때에는 치수선에 대하여 적당한 각도로 치수 보조선을 그을 수 있다.
  ㉧ 형체를 파단 표시하는 경우를 제외하고 치수선을 끊이지 않게 그린다.
  ㉨ 골조 구조 등의 구조선도에 있어서는 치수선을 생략하고 골조를 표시하는 선의 위쪽 또는 왼쪽에 치수를 쓴다.
④ **치수 보조선**
  ㉠ 치수 보조선은 각각의 치수선보다 약간 길게 끌어내어 그린다.
  ㉡ 치수 보조선은 치수를 기입하는 형상에 대해 수직으로 그린다. 필요한 경우에는 경사지게 그릴 수 있으나 서로 평행해야 한다.
  ㉢ 치수선, 치수 보조선, 지시선은 양 끝에 화살표를 붙이고 가는 실선으로 그린다.
  ㉣ 2개의 면이 교차하는 위치를 표시할 때 치수 보조선은 교차점을 약간 지나게 연장하여 그린다.
  ㉤ 불가피한 경우가 아닐 때에는 치수 보조선과 치수선이 다른 선과 교차하지 않게 한다.

ⓑ 치수 보조선과 치수선의 교차는 피해야 한다. 불가피한 경우에는 끊김 없이 그려야 한다.
ⓢ 부품의 중심선이나 외형선은 치수선으로 사용해서는 안 되며 치수 보조선으로는 사용할 수 있다.
ⓞ 원 또는 호의 반지름을 표시하는 치수선은 호 쪽에만 화살표를 붙이고 반지름을 표시하는 치수 숫자 앞에 R를 붙인다. 또 원의 지름은 숫자 앞에 ø를 붙여 쓴다.

- 단면이 정사각형임을 표시할 때는 그 한 변의 길이를 표시하는 숫자 앞에 숫자보다 작은 □를 붙인다.
- 원형강, 각강의 치수는 치수선을 생략하고 그림 안 또는 그 옆에 길이 방향으로 표시한다.

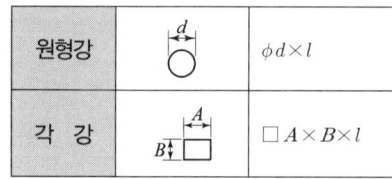

여기서, l : 축방향의 길이
A : 긴 변의 길이

- 경사를 표시할 때에는 백분율 또는 천분율로 표시할 수 있다. 이때 경사 방향을 표시할 필요가 있을 때에는 하향 경사 쪽으로 화살표를 붙인다.

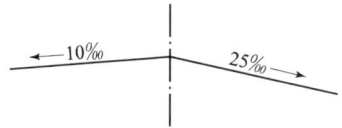

- 현과 호의 표시는 다음과 같이 표시한다.

현의 표시	호의 표시
![500]	![600] ![600]

⑤ 중심선
   ㉠ 가는 1점 쇄선으로 긋는다.
   ㉡ 모든 대칭인 물체나 원형인 물체에는 중심선을 긋는다.
⑥ 인출선
   ㉠ 치수, 가공법, 주의사항 등을 기입하기 위하여 사용한다.

ⓛ 가로에 대하여 45°의 직선을 긋고 인출되는 쪽에 화살표를 붙이며 인출한 쪽의 끝에 가로 선을 긋고 그 위에 치수 등을 쓴다.

6) 단면

① 해칭
   ㉠ 해칭은 일반적으로 단면의 자르는 부분을 표시하기 위하여 사용한다.
   ㉡ 해칭을 할 때는 복사를 고려할 필요가 있다.
   ㉢ 해칭은 단순하게 하고 단면부의 중요한 외형선 또는 대칭을 나타내는 선에 대해서 적당한 각도, 대략 45°로 긋는 가는 실선을 기본으로 한다.
   ㉣ 단면인 것이 분명하면 해칭하는 것을 생략해도 좋다.
   ㉤ 해칭선의 간격은 해칭을 할 면적의 크기에 비례시키는 것이 좋다. 단, 최소 빈틈은 지켜야 한다.

제 01 장 제도의 정의 | 실전문제

문제 001
한국산업규격 중 토목 건축에 해당하는 것은?
- ㉮ KS E
- ㉯ KS F
- ㉰ KS G
- ㉱ KS K

문제 002
다음 중 제도의 원칙과 가장 거리가 먼 것은?
- ㉮ 정확하게 제도한다.
- ㉯ 상세하게 제도한다.
- ㉰ 명료하게 제도한다.
- ㉱ 신속하게 제도한다.

문제 003
KS 토목제도 통칙 중 작도 통칙에 대한 내용 중 옳지 않은 것은?
- ㉮ 그림은 간단히 하고 중복을 피한다.
- ㉯ 보이는 부분은 실선으로 하고 숨겨진 부분을 파선으로 표시한다.
- ㉰ 대칭적인 것은 중심선의 한쪽은 외형도, 반대쪽을 측면도로 표시한다.
- ㉱ 경사면을 가진 구조물의 표시는 경사면 부분만의 보조도를 넣는다.

문제 004
토목제도 통칙에 따른 글자에 대한 설명으로 틀린 것은?
- ㉮ 글자체는 수직 또는 15° 오른쪽으로 경사지게 쓰는 것을 원칙으로 한다.
- ㉯ 글자는 명확하게 써야 하며 문장은 가로 왼쪽부터 쓰기를 원칙으로 한다.
- ㉰ 글자체는 명조체를 원칙으로 한다.
- ㉱ 숫자는 아라비아 숫자를 원칙으로 한다.

문제 005
제도의 통칙에서 단면에 대한 설명 중 옳지 않은 것은?
- ㉮ 단면은 기본 중심선으로 절단한 면을 표시한다.
- ㉯ 절단선에는 기호를 붙여 단면도와 대조할 수 있도록 한다.
- ㉰ 단면은 그 일부의 단면만 표시할 수 없다.
- ㉱ 단면에는 해칭을 하지 않음을 원칙으로 한다.

문제 006
작도의 통칙 중 옳지 않은 것은?
- ㉮ 그림은 간단하고 중복을 피한다.
- ㉯ 테두리는 1개 굵은 실선으로 한다.
- ㉰ 그림은 실선으로 표시한다.
- ㉱ 대칭형은 단면도와 외형도를 따로 그린다.

문제 007
도면을 작도할 때 옳지 못한 것은?
- ㉮ 윤곽선은 가는 실선으로 한다.
- ㉯ 단면은 그 일부만 표시할 수 있다.
- ㉰ 그림은 간단하게 하며 중복을 피한다.
- ㉱ 대칭형은 중심선의 한쪽을 외형도, 반대쪽을 단면도로 표시한다.

문제 008
다음은 제도 글씨에 대한 설명이다. 이 중 옳지 않은 것은?
- ㉮ 숫자는 아라비아 숫자를 원칙으로 한다.
- ㉯ 숫자가 4자리 이상일 때 4자리마다 표시를 한다.

답 001. ㉯ 002. ㉯ 003. ㉰ 004. ㉰ 005. ㉰ 006. ㉱ 007. ㉮ 008. ㉯

㉰ 글자체는 고딕으로 하고 수직 또는 15° 오른쪽으로 경사지게 써야 한다.
㉱ 글자는 명확하게 서야 하며 문장은 가로 왼쪽부터 쓰기를 원칙으로 한다.

문제 009
다음 설명 중 옳은 것은?
㉮ 문자는 고딕체와 명조체를 병용하여 사용한다.
㉯ 문장은 반드시 왼쪽에서 오른쪽으로만 쓴다.
㉰ 문자는 반드시 수직으로 쓴다.
㉱ 숫자는 똑바로 쓰는 방법과 사체로 쓰는 방법이 있다.

문제 010
도면에 표제란을 기입할 때 생략해도 좋은 것은?
㉮ 축척 ㉯ 도면 번호
㉰ 책임자의 이름 ㉱ 시 공 년 월 일

문제 011
도면의 오른쪽 아래에 표제란을 두는데 표제란에 기입하는 사항이 아닌 것은?
㉮ 도면명 ㉯ 축척
㉰ 도면 번호 ㉱ 도면의 크기

문제 012
도면의 크기에 따라 다르지만 일반적으로 0.5mm 이상의 실선을 사용하는 경우는?
㉮ 숨은선 ㉯ 윤곽선
㉰ 절단선 ㉱ 기준선

문제 013
도면의 치수 594×841mm인 경우 테두리선은 도면단부에서 얼마의 여유를 두고 긋는가?
㉮ 25mm ㉯ 20mm
㉰ 10mm ㉱ 5mm

문제 014
도면을 철하지 않을 때 A2 도면에 두어야 할 테두리 여백은?
㉮ 5mm 정도 ㉯ 10mm 정도
㉰ 15mm 정도 ㉱ 20mm 정도

문제 015
다음 제도 축척 중 토목제도 통칙에서 사용되지 않는 축척은?
㉮ 1/100 ㉯ 1/150
㉰ 1/200 ㉱ 1/250

문제 016
삼각 스케일은 축척에 따라 길이를 재거나 주어진 길이의 직선을 그을 때 쓰이는 제도 용구이다. 다음 중 3면에 새겨진 축척이 아닌 것은?
㉮ 1 : 100 ㉯ 1 : 250
㉰ 1 : 400 ㉱ 1 : 600

해설 1 : 100, 1 : 200, 1 : 300, 1 : 400, 1 : 500, 1 : 600의 축척이 새겨져 있다.

문제 017
도면의 크기에서 보통 세로와 가로의 비는?
㉮ 1 : 2 ㉯ $1 : \sqrt{2}$
㉰ $1 : \sqrt{3}$ ㉱ $\sqrt{3} : 1$

문제 018
도면의 크기에서 A4 용지의 재단 치수는?
㉮ 148×210 ㉯ 148×257
㉰ 210×297 ㉱ 257×364

답 009. ㉱ 010. ㉱ 011. ㉱ 012. ㉯ 013. ㉯ 014. ㉯ 015. ㉯ 016. ㉯ 017. ㉯ 018. ㉰

문제 019
도면을 접을 경우 표준은?
- ㉮ 420×594의 크기로 접는 것을 원칙으로 한다.
- ㉯ 297×420의 크기로 접는 것을 원칙으로 한다.
- ㉰ 210×297의 크기로 접는 것을 원칙으로 한다.
- ㉱ 148×210의 크기로 접는 것을 원칙으로 한다.

문제 020
다음은 토목제도에서 제일 많이 쓰는 도면이며 치수는 594×841mm이다. 크기의 호칭은 무엇인가?
- ㉮ A0
- ㉯ A1
- ㉰ A2
- ㉱ A3

문제 021
글자의 크기는 무엇으로 나타내는가?
- ㉮ 글자의 폭
- ㉯ 글자의 두께
- ㉰ 글자의 높이
- ㉱ 글자의 굵기

문제 022
한자의 경우 글자 높이의 1/12.5로 하고 한글 및 숫자의 선 굵기는 문자 높이의 얼마로 하는 것이 적당한가?
- ㉮ 1/4
- ㉯ 1/6
- ㉰ 1/7
- ㉱ 1/9

문제 023
동일 도면에 사용되는 문자의 서체 및 종류별 크기는 통일하여야 하고 글자체는 고딕체로 하며 수직 또는 우측으로 몇 도 경사지게 쓰는 것을 원칙으로 하는가?
- ㉮ 5°
- ㉯ 10°
- ㉰ 15°
- ㉱ 25°

문제 024
선의 굵기 비율 중 가는 선 : 굵은 선 : 아주 굵은 선의 비율을 바르게 표현한 것은?
- ㉮ 1 : 1.5 : 3
- ㉯ 1 : 2 : 4
- ㉰ 1 : 2 : 5
- ㉱ 1 : 3 : 6

문제 025
선의 설명 중 옳은 것은?
- ㉮ 같은 용도의 선의 굵기는 같아야 한다.
- ㉯ 물체 크기에 따라 외형선의 굵기를 다르게 한다.
- ㉰ 중요한 부분의 외형선만 굵게 한다.
- ㉱ 모든 선은 중요할 때는 굵게 한다.

문제 026
물체의 보이는 겉모양을 표시하는 선으로 굵은 실선으로 나타내는 것은?
- ㉮ 외형선
- ㉯ 숨은선
- ㉰ 절단선
- ㉱ 파단선

문제 027
다음 선 중 굵기가 가장 굵은 선은?
- ㉮ 외형선
- ㉯ 치수선
- ㉰ 중심선
- ㉱ 지시선

문제 028
물체의 일부를 파단한 곳 또는 끊어낸 부분을 표시하는 선은?
- ㉮ 숨은선
- ㉯ 파단선
- ㉰ 굵은 실선
- ㉱ 일점 쇄선

문제 029
도면에서 물체의 보이지 않는 외형선을 표시할 때 쓰이는 선은?

답 019. ㉰ 020. ㉯ 021. ㉰ 022. ㉱ 023. ㉰ 024. ㉯ 025. ㉮ 026. ㉮ 027. ㉮ 028. ㉯ 029. ㉯

㉮ 실선 ㉯ 파선
㉰ 1점 쇄선 ㉱ 2점 쇄선

문제 030
다음 중 일점 쇄선으로 사용할 수 없는 것은?
㉮ 중심선 ㉯ 기준선
㉰ 가상선 ㉱ 피치선

문제 031
다음 중 가는 일점 쇄선으로 표시하는 것은?
㉮ 중심선 ㉯ 치수 보조선
㉰ 테두리선 ㉱ 치수선

문제 032
이점 쇄선으로 사용할 수 없는 것은?
㉮ 상상선 ㉯ 절단선
㉰ 경계선 ㉱ 참고선

문제 033
선의 종류 중 가상선은 어느 선으로 사용하는가?
㉮ 실선 ㉯ 파선
㉰ 1점 쇄선 ㉱ 2점 쇄선

문제 034
다음은 치수선에 관한 설명이다. 이 중 옳지 않은 것은?
㉮ 치수선은 나타낼 그림의 방향에 평행하게 긋는다.
㉯ 치수선은 될 수 있는 한 교차하지 않는다.
㉰ 치수선은 가능한 물체를 나타내는 도면 바깥쪽에 긋는다.
㉱ 대칭인 경우 치수선의 중심쪽 끝에 화살표를 넣는다.

문제 035
치수선을 그을 때 주의사항 중 틀린 것은?
㉮ 치수선은 그림의 방향에 평행하게 긋는다.
㉯ 치수선은 물체를 나타내는 안쪽에 긋는다.
㉰ 치수선은 서로 교차하지 않도록 한다.
㉱ 치수선의 양끝에는 화살표를 한다.

문제 036
치수선에 관한 설명 중 옳지 않은 것은?
㉮ 치수선은 표시할 치수의 방향에 평행하게 긋는다.
㉯ 치수선은 될 수 있는 대로 물체를 표시하는 도면의 외부에 긋는다.
㉰ 다수의 평행 치수선을 서로 접근시켜 그를 때에는 선의 간격은 될 수 있는 대로 동일하게 하며 서로 교차하도록 한다.
㉱ 치수선의 양끝에는 화살표를 한다.

문제 037
치수선에 관한 사항으로 틀린 것은?
㉮ 치수선은 표시할 그림의 방향에 평행하게 긋는다.
㉯ 치수선은 될 수 있는 대로 표시하는 도면의 외부에 긋는다.
㉰ 치수선은 될 수 있는 대로 서로 교차하지 않도록 한다.
㉱ 치수선은 어떤 경우든지 양 끝에 화살표를 붙인다.

문제 038
치수를 기입할 때의 설명 중 가장 타당한 것은?
㉮ 세로인 때에는 치수선의 왼쪽에 쓴다.
㉯ 치수는 선과 만나는 곳에 쓴다.
㉰ 좁은 구간에는 치수선의 위쪽에만 쓴다.
㉱ 경사를 나타낼 때에는 백분율로만 표시한다.

답 030. ㉰ 031. ㉮ 032. ㉯ 033. ㉱ 034. ㉱ 035. ㉯ 036. ㉰ 037. ㉱ 038. ㉮

문제 039
치수 기입에 대한 설명이다. 옳지 않은 것은?
- ㉮ 치수를 기입할 때는 치수선을 중단하지 않고 치수선 위쪽에 기입한다.
- ㉯ 치수선이 세로인 때에는 치수선의 오른쪽에 쓴다.
- ㉰ 치수는 선과 만나는 곳에는 될 수 있는 대로 쓰지 않는다.
- ㉱ 원 또는 호의 반지름을 나타내는 치수선은 호 쪽으로만 화살표를 붙이고 반지름을 나타내는 숫자 앞에 R을 덧붙인다.

문제 040
치수에 관한 설명으로 옳지 않은 것은?
- ㉮ 길이의 치수 단위는 mm를 원칙으로 한다.
- ㉯ 치수의 단위에는 길이와 각도를 나타내는 두 종류가 있다.
- ㉰ 길이 치수 기입에는 소수점(.)과 자릿수 부호(,)를 사용하여 명확히 나타내어야 한다.
- ㉱ 치수는 모양 및 위치를 가장 명확하게 하며 중복을 피하고 계산 않고서도 알 수 있게 기입한다.

문제 041
치수를 기입할 때의 유의사항 중 틀린 것은?
- ㉮ 치수를 기입할 때에는 치수선을 중단하지 않고 치수선의 위쪽에 쓰는 것을 원칙으로 한다.
- ㉯ 치수선이 세로인 때에는 치수선의 오른쪽에 쓴다.
- ㉰ 치수는 선과 만나는 곳에는 될 수 있는 대로 쓰지 않는다.
- ㉱ 좁은 구간에서 치수선의 위쪽에 치수 보조선이 있을 때에는 치수선의 아래쪽에 치수를 기입할 수 있다.

문제 042
치수를 특별히 명시하지 않은 것은 다음 중 어느 치수를 나타내는가?
- ㉮ 마무리 치수
- ㉯ 단위 치수
- ㉰ 재료 치수
- ㉱ 환산 치수

문제 043
다음 중 치수에 관한 사항으로 틀린 것은?
- ㉮ 치수는 특별히 명시하지 않으면 마무리 치수로 한다.
- ㉯ 치수는 계산하지 않고도 알 수 있게 쓴다.
- ㉰ 치수의 단위는 cm를 원칙으로 한다.
- ㉱ 기준이 되는 곳이 있을 때는 그것을 기준으로 하여 치수를 기입한다.

문제 044
다음 중 선이 교차할 때 표시법으로 옳지 않은 것은?

문제 045
그림에서 선의 표시가 바르게 된 것은?

문제 046
현의 길이를 옳게 나타낸 것은?

답 039. ㉯ 040. ㉰ 041. ㉯ 042. ㉮ 043. ㉰ 044. ㉯ 045. ㉱ 046. ㉮

문제 047
다음 그림 중 호의 길이를 바르게 나타낸 것은?
- ㉮ (a)
- ㉯ (b)
- ㉰ (c)
- ㉱ (d)

문제 048
다음 그림에서 각도의 치수 기입방법이 틀린 것은?
- ㉮ ①
- ㉯ ②
- ㉰ ③
- ㉱ ④

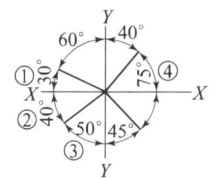

문제 049
림에서 뼈대 구조의 치수기입이 잘못된 치수는 어느 것인가?
- ㉮ 4500
- ㉯ 5568
- ㉰ 6220
- ㉱ 7677

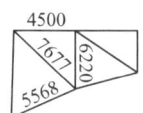

문제 050
그림 중 치수 기입법이 옳지 않은 것은?
- ㉮ ⓐ
- ㉯ ⓑ
- ㉰ ⓒ
- ㉱ ⓓ

문제 051
치수 숫자의 위치와 방향이 잘못된 것은?
- ㉮ a
- ㉯ b
- ㉰ c
- ㉱ d

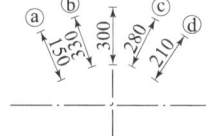

문제 052
경사를 표시한 그림으로 옳은 것은?

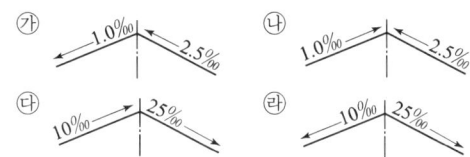

문제 053
원 또는 호의 반지름을 나타내는 치수선은 호 쪽으로만 화살표를 붙이고 반지름을 나타내는 숫자 앞에 무슨 문자를 덧붙이는가?
- ㉮ D
- ㉯ 원
- ㉰ 반지름
- ㉱ R

문제 054
정사각형을 나타내는 치수에는 한 변의 길이를 나타낼 치수의 숫자 앞에 무엇을 붙이는가?
- ㉮ ø
- ㉯ R
- ㉰ ( )
- ㉱ □

문제 055
단면에 관한 규정으로서 옳지 못한 것은?
- ㉮ 단면은 그 일부분만을 표시할 수 있다.
- ㉯ 단면은 기본 중심선으로 절단한 면을 표시함을 원칙으로 한다.
- ㉰ 단면에는 해칭을 하지 않음을 원칙으로 한다.
- ㉱ 해칭 단면에는 파단선을 생략할 수 없다.

문제 056
토목제도 통칙에서 적용되지 않는 축척은?
- ㉮ 1/10
- ㉯ 1/60
- ㉰ 1/250
- ㉱ 1/1000

답 047. ㉮ 048. ㉯ 049. ㉰ 050. ㉯ 051. ㉰ 052. ㉱ 053. ㉱ 054. ㉱ 055. ㉱ 056. ㉯

문제 057
해칭에 대한 설명 중 잘못된 사항은?
- ㉮ 2개 이상의 단면이 인접할 때의 해칭에는 선의 방향을 30° 돌리는 것을 원칙으로 한다.
- ㉯ 해칭은 단면을 나타낼 때 쓴다.
- ㉰ 가는 실선으로 긋고 수평선, 중심선 또는 표준선에 대하여 45° 또는 필요한 각도로 기울여 같은 간격으로 넣는다.
- ㉱ 이음판의 단면 및 채움판을 해칭으로 나타낼 때 그 부분의 깊이가 클 때에는 양끝 부분만 해칭하고 중간은 생략할 수 있다.

문제 058
해칭의 방법에 대한 설명 중 잘못된 것은?
- ㉮ 강구조의 이음판의 측면 또는 채움판의 측면을 나타낼 때 등에 사용한다.
- ㉯ 해칭은 가는 실선으로 한다.
- ㉰ 2개 이상의 단면이 인접할 때의 해칭에는 선의 방향을 45° 돌리는 것을 원칙으로 한다.
- ㉱ 강구조의 이음판의 단면 및 채움판을 해칭으로 나타낼 때 그 부분의 길이가 클 때에는 양끝 부분만 해칭으로 하고 중간은 생략할 수 있다.

문제 059
해칭에 대한 설명으로 옳지 않은 것은?
- ㉮ 가는 실선으로 한다.
- ㉯ 수평선, 중심선 또는 기준선에 대해 60° 기울여 긋는다.
- ㉰ 2개 이상의 단면이 인접한 경우 해칭선의 방향을 90° 돌리는 것을 원칙으로 한다.
- ㉱ 해칭할 위치의 길이가 길 경우 양끝 부분만 해칭하고 중간은 생략할 수 있다.

문제 060
해칭에 관한 설명 중 옳지 않은 것은?
- ㉮ 동일한 간격으로 긋는다.
- ㉯ 강구조에 있어서 덧붙임판 및 전충재의 측면을 표시할 때 사용한다.
- ㉰ 표준선의 45°로 눕혀 긋는다.
- ㉱ 단면이 클 때도 전단면에 해칭해야 한다.

문제 061
리벳의 작도 원칙에 관한 설명 중 옳지 않은 것은?
- ㉮ 리벳의 기호는 가는 리벳선 위에 기입한다.
- ㉯ 리벳선이 다른 선과 교차하는 곳에 있는 리벳은 규정된 기호로 표시하여야 한다.
- ㉰ 현장 리벳은 그 기호를 생략한다.
- ㉱ 같은 도면에서 지름이 다른 리벳을 사용할 때는 리벳마다 지름을 쓴다.

문제 062
다음 중 제도할 때 실선이 아닌 것은?
- ㉮ 인출선
- ㉯ 파단선
- ㉰ 테두리선
- ㉱ 기준선

문제 063
도면에 윤곽선이 있는 경우가 없는 도면보다 유리한 점은?
- ㉮ 경제성
- ㉯ 안정성
- ㉰ 견고성
- ㉱ 예술성

문제 064
토목제도 축척(scale)에 해당되지 않는 것은?
- ㉮ 1/5
- ㉯ 1/15
- ㉰ 1/25
- ㉱ 1/80

답 057. ㉮ 058. ㉰ 059. ㉯ 060. ㉱ 061. ㉰ 062. ㉱ 063. ㉯ 064. ㉱

문제 065
치수, 가공법, 주의사항 등을 써넣기 위하여 사용되는 인출선은 가로에 대하여 몇 도의 직선으로 긋는가?
- ㉮ 30°
- ㉯ 50°
- ㉰ 45°
- ㉱ 20°

문제 066
선의 종류 중 가는 실선이 아닌 것은?
- ㉮ 치수선
- ㉯ 지시선
- ㉰ 수준면선
- ㉱ 가상선

문제 067
타원, 나사선, 그 밖의 곡선을 조합하여 만든 제도 용구로 컴퍼스로 그리기 어려운 원호나 곡선을 그릴 때 쓰이는 것은?
- ㉮ 운형자
- ㉯ 선박 곡선자
- ㉰ 자유 곡선자
- ㉱ 클로소이드 곡선자

문제 068
여러 가지 곡선을 자유롭게 그릴 수 있어서 편리한 반면에 작은 곡선을 그릴 때에는 사용할 수 없는 결점이 있는 제도 용구는?
- ㉮ 운형자
- ㉯ 자유 곡선자
- ㉰ T자
- ㉱ 삼각자

문제 069
도로의 곡선 설계 및 제도에 흔히 사용되는 제도 용구는?
- ㉮ 형판
- ㉯ 철도 곡선자
- ㉰ 자유 곡선자
- ㉱ 클로소이드 곡선자

문제 070
축척의 눈금을 제도용지에 옮길 때나 도면상의 길이를 재어 옮길 때 또는 도면상의 길이를 분할할 때 쓰는 기구는?
- ㉮ 디바이더
- ㉯ 곡선자
- ㉰ 삼각 스케일
- ㉱ 운형자

문제 071
보통 반경 10mm~20mm 이하의 작은 원이나 작은 원호를 그릴 때 쓰이는 제도 용구는?
- ㉮ 스프링 컴퍼스
- ㉯ 빔 컴퍼스
- ㉰ 비례 디바이더
- ㉱ 먹줄 펜

문제 072
한 쌍의 삼각자로 나타낼 수 없는 각도는?
- ㉮ 15°
- ㉯ 30°
- ㉰ 50°
- ㉱ 60°

문제 073
단면도의 절단면을 해칭하고자 한다. 이 때 사용되는 선의 종류는?
- ㉮ 가는 파선
- ㉯ 가는 2점 쇄선
- ㉰ 가는 실선
- ㉱ 가는 1점 쇄선

해설 해칭은 단면을 표시하는 경우나 강구조에 있어서 연결판의 측면 또는 충전재의 측면을 표시하는 때에 사용되는 것으로 가는 실선으로 한다.

문제 074
글자를 제도하는 방법을 설명한 것으로 틀린 것은?
- ㉮ 문장은 가로 왼쪽부터 쓰기를 원칙으로 한다.
- ㉯ 영자는 주로 로마자의 소문자를 사용한다.
- ㉰ 숫자는 아라비아 숫자를 원칙으로 한다.
- ㉱ 치수 표시의 문자의 크기는 일반적으로 4.5mm로 한다.

해설 영자는 주로 로마자의 대문자를 사용한다.

답 065. ㉰ 066. ㉱ 067. ㉮ 068. ㉯ 069. ㉱ 070. ㉮ 071. ㉮ 072. ㉰ 073. ㉰ 074. ㉯

문제 075

대상물이 보이는 부분의 겉모양(외형)을 표시할 때 사용하는 선은?

㉮ 파선   ㉯ 굵은 실선
㉰ 가는 실선   ㉱ 1점 쇄선

해설
- 파선(가는 파선 또는 굵은 파선)
  숨은선으로 대상물의 보이지 않는 부분의 모양을 표시하는 선
- 가는 1점 쇄선
  도형의 중심을 나타내는 선

문제 076

토목제도의 설명 중 틀린 것은?

㉮ 설계자의 의도한 바가 충분히 표시되어야 한다.
㉯ 도면을 설계한 사람만 알 수 있도록 하여야 한다.
㉰ 간단명료하게 표시하고 신속 정확하게 그린다.
㉱ 현장 시공에 있어서 기본도로 제공되는 것이다.

해설 설계자의 의도를 작업자에게 정확하게 전달할 수 있도록 하여야 한다.

문제 077

토목설계 도면에서 주로 사용되는 도면의 크기는 A1과 A3이고, 프리핸드 도면에 주로 사용되는 도면 크기는 A4 이다. A4 용지의 크기를 올바르게 나타낸 것은?

㉮ 841×594mm   ㉯ 594×420mm
㉰ 420×297mm   ㉱ 297×210mm

해설
- A1 : 841×594mm
- A3 : 420×297mm

답 075. ㉯ 076. ㉯ 077. ㉱

제 02 장 기본 도법

01 평면도법

1. 정 의

선과 각, 다각형, 원과 타원 등의 평면 도형을 작도하는 방법이다.

2. 선분과 각 등분하기

1) 선분 5등분하기

① 선분 AB의 한 끝 점 A에서 적당한 각도로 보조 직선 AC 긋기
② 보조 직선 AC 위에 5등분하기
③ 점 B와 점 5를 연결하고 여기에 대해 평행선을 각 등분점에서 긋기
④ 선분 AB의 5등분점 표기

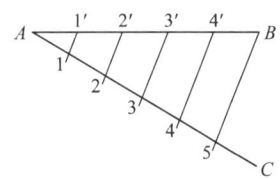

2) 각 2등분하기

① ∠AOB의 꼭지점 O를 중심으로 임의의 반지름을 가진 호 그리기
② 직선과 호의 교차점에서 각각 같은 반지름의 호를 그려 2등분점 찾기
③ 꼭지점 O와 2등분점 P를 이어 2등분선 긋기

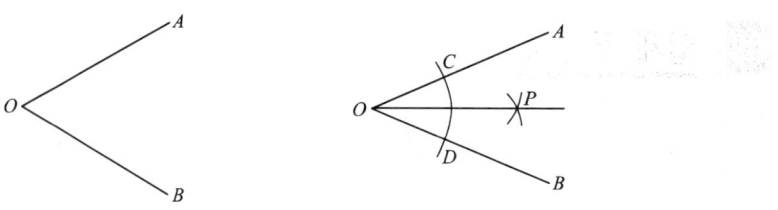

3. 도형의 면적 분할

1) 삼각형에 내접하는 최대 정사각형

① 삼각형 ABC의 꼭지점 C에서 변 AB에 그은 수선과의 교점을 D라 한다.
② 점 C에서 반지름 CD로 원호를 그린다.
③ 점 C를 지나고 변 AB에 평행한 선과의 교점 E를 정한다.
④ 점 A와 E를 이은 선과 변 BC와의 교점 F를 정한다.
⑤ 점 F에서 변 AB에 내린 수선 교점 I를 정한다.
⑥ 변 AB에 평행선과 AC와의 교점 G를 정한다.
⑦ 점 G에서 변 AB에 내린 수선 교점 H를 정한다.
⑧ F, G, H, I를 이어 구한 정사각형은 최대 크기가 된다.

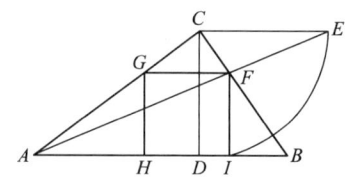

4. 정다각형 작도

1) 한 변이 주어진 정오각형

① 주어진 변 AB의 수직 이등분선을 긋고 이등분점 C를 정한다.
② 점 B에서 선분 AB에 수선을 그은 후 선분 BC=BD가 되게 점 D를 정한다.
③ 점 A와 D를 이은 선 위에 선분 BD=DE되는 점 E를 정한다.
④ 점 B에서 선분 BE를 반지름으로 하는 원호를 그려서 선분 AB의 수직 이등분선과 만나는 점 O를 정한다.
⑤ 점 O에서 선분 OB를 반지름으로 하는 원을 그린다.
⑥ 원주상의 점 B에서부터 선분 AB의 크기로 등분하여 점 F, G, H와 A를 차례로 이은다.

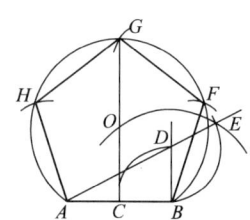

02 입체 투상도

1. 정 의

물체의 한 방향에서 위치, 크기, 모양 등을 평면 위에 나타내어 도형을 그리는 방법이다.

2. 투상법

1) 정투상법

① 물체의 각 면을 나란하게 놓고 투상선이 투상면에 대하여 수직으로 투상(바라본 물체의 모양)을 나타낸다.
② 각 투상도의 명칭
  - 정면도(입화면) : 물체 앞에서 본 모양을 그린 것
  - 평면도(평화면) : 물체 위에서 본 모양을 그린 것
  - 측면도(측화면) : 물체 옆면 모양을 그린 것으로 우측면도와 좌측면도가 있다.
③ 제3각법
  - 제3상한각에 물체를 놓고 투상하는 방법으로 가장 많이 사용되고 있다.
  - 각 면에 보이는 물체는 보이는 면과 같은 면에 나타낸다.
  - 평면도는 정면도 위에, 우측면도는 정면도 우측에 그린다.(눈 → 투상면 → 물체)

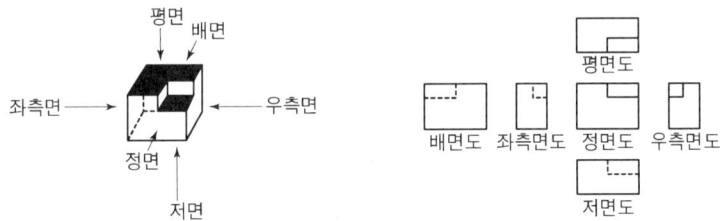

④ 제1각법
  - 제1상한각에 물체를 놓고 투상하는 방법이다.
  - 각 면에 보이는 물체는 서로 반대쪽에 배치한다.
  - 평면도는 정면도 아래, 우측면도는 정면도 좌측에 그린다.(눈 → 물체 → 투상면)

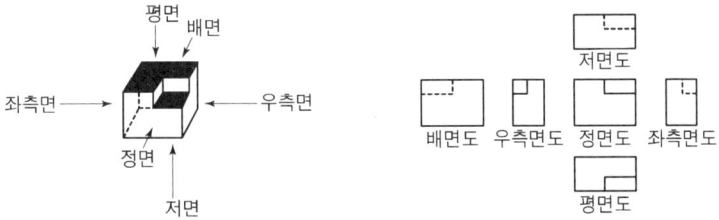

2) 표고 투상법

입면도를 쓰지 않고 수평면으로부터 높이의 수치를 평면도에 기호로 주기하여 나타내는 방법으로 등고선 표시에 이용된다.

3) 축측 투상법

① 3면이 한 평면상에 투상되도록 입체를 경사지게 하여 투상한 것이다.
② 등각 투상도
- 물체의 각 면을 모두 경사지게 나타낸다.
- 밑면의 모서리 선은 수평선과 좌우 각각 30°씩을 이룬다.
- 서로 120°의 각을 이루는 3개의 기본축에 물체의 높이, 나비, 안쪽 길이를 나타낸다.

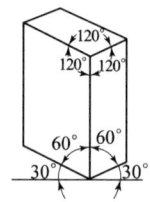

③ 부등각 투상도
- 3개의 축에 나란한 모든 모서리 선들을 각각 다른 각도로 나타낸다.
- 보통 수평면과 이루는 각은 30°, 60°를 쓰며 2개의 경사축선이 90°가 되게 하면 윗면과 아랫면의 평면이 같아지므로 여러 도면을 그리는 데 널리 이용된다.

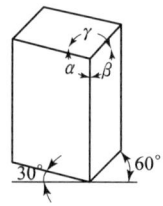

4) 사투상도법

입체의 3주축(x, y, z) 중에서 2주축을 투상면과 평행으로 놓고 정면도로 하여 옆면 모서리 축을 수평선과 임의의 각(θ) 보통 45° 각으로 나타낸다.

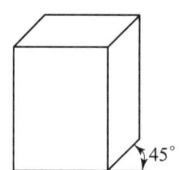

5) 투시도법

① 물체의 앞 또는 뒤에 화면을 놓은 것으로 생각하고 물체를 본 시선이 그 화면과 만나는 각 점을 연결하여 눈에 비치는 모양과 같게 물체를 그린다.

② 멀고 가까운 거리감을 느낄 수 있게 하나의 시점과 물체의 각 점을 방사선으로 이어서 그린다.

③ 토목이나 건축에서 현장의 겨냥도, 구조물의 조감도 등에 쓰인다.

④ 소점
  - 물체가 기면에 평행으로 무한히 멀리 있을 때 수평선 위의 한 점에 모이는 점
  - 소점 수에 따라 1소점 투시도, 2소점 투시도, 3소점 투시도 등이 있다.

⑤ 투시도 그림에 나타낸 기호
  - PP(Picture Plane : 화면)
    물체를 투시하여 도면을 그리는 입화면
  - GP(Ground Plane : 기면)
    화면과 수직이고 기준이 되는 평화면
  - GL(Ground Line : 기선)
    기선과 화면이 만나는 선
  - HL(Horizontal Line : 수평선)
    입화면과 수평면이 만나는 선
  - EP(Eye Point : 시점)
    보는 사람의 눈의 위치
  - SP(Station Point : 정점)
    시점이 기면 위에 투상되는 점
  - VP(Vanishing Point : 소점)
    시점이 화면 위에 투상되는 점
  - AV(Axis of Vision : 시선축)
    시점에서 입화면에 수직하게 통하는 투상선

제 02 장 기본 도법 | 실전문제

문제 001
아래 그림과 같은 AB 직선의 양끝을 중심으로 하여 원호를 그려 그들의 교점 CD를 연결하는 직선은?

㉮ CD의 수직 3등분선이다.
㉯ AB의 수직 2등분선이다.
㉰ AB의 평행 2등분선이다.
㉱ CD의 평행 3등분선이다.

문제 002
다음 도형에서 실제의 길이가 나타난 것은?

㉮ ㉯ ㉰ ㉱

해설 투상면에 경사한 직선은 실제의 길이보다 짧게 나타낸다.

문제 003
직선이 한 화면에는 평행이나 다른 화면에는 경사질 때의 투영도는?

㉮ ㉯ ㉰ ㉱

해설 중심축과 물체의 표면이 나란한 경사지게 잘린 원기둥 형태

문제 004
다음 그림에서 근사법으로 원주를 5등분하기 위해서 지름 AB에 BD는 몇 배로 하여야 되는가?

㉮ $BD = \frac{1}{5}AB$
㉯ $BD = \frac{2}{5}AB$
㉰ $BD = \frac{3}{5}AB$
㉱ $BD = \frac{4}{5}AB$

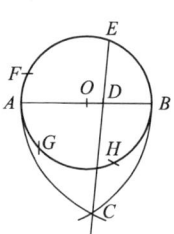

해설 지름을 일정하게 나눠 정다각형을 작도하는 것으로 그림상 $\frac{2}{5}AB$에 해당된다.

문제 005
물체에서 가장 주된 면을 나타내는 도면은?

㉮ 평면도   ㉯ 정면도
㉰ 측면도   ㉱ 배면도

문제 006
그림과 같은 투영도의 형태는?

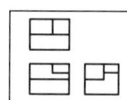

㉮ ㉯ ㉰ ㉱

문제 007
투영선이 모든 투영면에 수직일 때의 투영법은?

㉮ 평행투영법   ㉯ 중심투영법
㉰ 정투영법   ㉱ 사투영법

답 001. ㉯ 002. ㉮ 003. ㉯ 004. ㉯ 005. ㉯ 006. ㉯ 007. ㉰

문제 008
평면투상의 정리에서 다음 사항 중 잘못된 것은?
- ㉮ 평면이 한 화면에 평행할 때는 그 면에 대한 투상은 실형이 되고 수직인 면에 대한 투상은 직선이 된다.
- ㉯ 양화면에 수직인 평면의 투상은 직선이 된다.
- ㉰ 평면이 한 화면에 수직이고 다른 화면에 경사질 때 수직인 화면에 대하여 기선에 경사진 직선, 경사진 화면에 대하여 실형보다 작은 형태로 나타난다.
- ㉱ 평면이 양 화면에 경사질 때에는 투상은 어느 것이나 실형보다 큰 형태로 나타난다.

문제 009
다음 정투상법에 관한 설명이 옳은 것은?
- ㉮ 투상선이 모든 투상면에 평행인 투상법
- ㉯ 투상선이 모든 점에 집중하는 투상법
- ㉰ 투상선이 모두 서로 평행하고 투상면에 수직이 아닐 때의 투상법
- ㉱ 투상선이 모든 투상면에 수직할 때의 투상도

문제 010
투상선이 투상면에 대하여 수직인 경우, 즉 시점이 물체로부터 무한대의 거리에 있는 것으로 생각하고 투상하는 방법을 무엇이라고 하는가?
- ㉮ 사투상법
- ㉯ 등각투상법
- ㉰ 부등각투상법
- ㉱ 정투상법

문제 011
정투상도란 몇각법을 말하는가?
- ㉮ 제1각법과 제2각법
- ㉯ 제2각법과 제3각법
- ㉰ 제2각법과 제4각법
- ㉱ 제1각법과 제3각법

문제 012
그림과 같은 물체의 정면도와 우측면도를 바르게 나타낸 것은? (단, 제3각법의 경우)

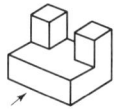

㉮ ㉯ ㉰ ㉱

문제 013
제1각법으로 도면을 그릴 때 도면의 위치는?
- ㉮ 평면도가 위에, 정면도가 아래에 오고 또 우측면도는 평면도의 왼쪽에 위치한다.
- ㉯ 정면도가 위에, 평면도가 아래에 오고 또 우측면도는 정면도의 왼쪽에 위치한다.
- ㉰ 평면도가 위에, 정면도가 아래에 오고 또 좌측면도는 평면도의 왼쪽에 위치한다.
- ㉱ 정면도가 위에, 평면도가 아래에 오고 또 우측면도는 정면도의 오른쪽에 위치한다.

문제 014
평면도는 물체 위쪽에 정면도는 아래쪽에 그리는 투상도는?
- ㉮ 1각법 투상도이다.
- ㉯ 2각법 투상도이다.
- ㉰ 3각법 투상도이다.
- ㉱ 4각법 투상도이다.

문제 015
물체의 서로 직교하는 3변이 서로 120°가 되는 투상도는?
- ㉮ 사투상도
- ㉯ 중심투상도
- ㉰ 등각투상도
- ㉱ 정투상도

008. ㉱ 009. ㉱ 010. ㉱ 011. ㉱ 012. ㉰ 013. ㉯ 014. ㉰ 015. ㉰

문제 016
등각투상도는 정면, 평면, 측면을 하나의 투상면 위에서 동시에 볼 수 있도록 그린 도법인데 직육면체의 등각투상도에서 직각으로 만나는 3개의 모서리는 각각 몇 도를 이루는가?
- ㉮ 180°
- ㉯ 120°
- ㉰ 90°
- ㉱ 60°

문제 017
입체 투상도에서 3면이 한 평면상에 투상되도록 입체를 경사지게 하여 투상하는 방법은?
- ㉮ 정투상법
- ㉯ 표고투상법
- ㉰ 축측투상법
- ㉱ 투시도법

문제 018
입면도를 쓰지 않고 수평면으로부터 높이의 수치를 평면도에 기호로 주기하여 나타내는 투상법은?
- ㉮ 정투상법
- ㉯ 축측투상법
- ㉰ 표고투상법
- ㉱ 사투상법

문제 019
멀고 가까운 거리감을 느낄 수 있도록 하나의 시점과 물체의 각 점을 방사선으로 이어서 그리는 투상법은?
- ㉮ 투시도법
- ㉯ 사투상도법
- ㉰ 표고투상법
- ㉱ 정투상법

문제 020
물체의 앞이나 뒤에 화면을 놓은 것으로 생각하고 물체를 본 시선이 그 화면과 만나는 각 점을 연결하여 우리 눈에 비치는 모양과 같게 물체를 그리는 방법은?
- ㉮ 투시도법
- ㉯ 투영도법
- ㉰ 용기화적법
- ㉱ 입화면법

문제 021
물체를 본 시선이 그 화면과 교차하는 각 점을 이어서 생기는 도면은?
- ㉮ 등각투상도
- ㉯ 정투상도
- ㉰ 사투상도
- ㉱ 투시도

문제 022
소점 수에 따른 투시도의 종류가 아닌 것은?
- ㉮ 1소점 투시도
- ㉯ 2소점 투시도
- ㉰ 3소점 투시도
- ㉱ 4소점 투시도

문제 023
물체가 기면에 평행으로 무한이 멀리 있을 때 수평선 위의 한 점에 모이는 점은?
- ㉮ 시점
- ㉯ 종점
- ㉰ 소점
- ㉱ 기점

문제 024
다음 물체의 좌측면도는?

문제 025
입체 투상도에서 제3상한에 물체를 놓고 투상하는 방법의 투상법은?
- ㉮ 제1각법
- ㉯ 제3각법
- ㉰ 축측 투상법
- ㉱ 사투상법

해설 제3각법: 제3상한각에 물체를 놓고 투상하는 방법으로 각 면에 보이는 물체는 보이는 면과 같은 면에 나타난다.

답 016. ㉯ 017. ㉰ 018. ㉰ 019. ㉮ 020. ㉮ 021. ㉱ 022. ㉱ 023. ㉰ 024. ㉱ 025. ㉯

제 03 장 도면 작성

01 도면 작성 순서

1. 원 도

① 측량이나 설계에 의해 제도하여 작성되며 처음에 작성되는 도면인 기본도
② 트레이스도
  - 원도 위에 트레이싱지를 놓고 도면을 옮겨 그려(트레이싱) 작성된 도면
  - 복사도를 만드는 데 기본이 되는 원도

2. 복사도

청사진, 백사진, 마이크로 사진 등이 있다.

02 도면의 작성 방법

1. 원도 그리는 순서

1) 도면의 구성

① 축척을 정한 후 치수 기입할 자리, 표제란, 재료표, 상세도 등의 위치, 여백 등을 생각한다.
② 윤곽선, 표제란, 중심선, 기준선을 긋는다.

2) 도면의 배치

도면 작성 전에 도면이 짜임새 있고 도면 파악이 쉽도록 도형의 윤곽을 가는 선으로 엷게 그린다.

3) 선긋기

① 외형선, 절단선, 파단선을 긋는다.
② 철근 배근의 위치 및 원호의 중심을 긋는다.
③ 철근 단면 및 철근선, 숨은선을 긋는다.
④ 치수선, 치수보조선, 지시선 및 해칭선을 긋는다.

4) 글자 및 기호쓰기

기호, 문자, 숫자 등을 기입하고 도면을 완성한다.

5) 도면 검토하기

도면 전체에 대한 도형, 치수, 기입사항 등의 오류가 있는지 파악하여 수정한다.

제 03 장 도면 작성 | 실전문제

문제 001
도면을 성격상 분류할 때 설계에 의하여 직접 작성된 최초의 도면을 무엇이라 하는가?
- ㉮ 원도
- ㉯ 트레이스도
- ㉰ 복사도
- ㉱ 청사진도

문제 002
같은 도면이 여러 장 필요할 때 청사진을 만들기 위한 기초가 되는 도면은?
- ㉮ 원도
- ㉯ 복사도
- ㉰ 먹물제도
- ㉱ 트레이스도

문제 003
청색 바탕에 선이나 문자가 흰색으로 나타나는 복사도는?
- ㉮ 청사진
- ㉯ 백사진
- ㉰ 트레이싱도
- ㉱ 마이크로 사진

문제 004
도면을 트레이싱할 때 순서를 제일 먼저 해야 할 사항은?
- ㉮ 표제란을 기입한다.
- ㉯ 중심선을 긋는다.
- ㉰ 치수선, 치수보조선, 지시선 등을 긋는다.
- ㉱ 윤곽선, 외형선, 파단선 등을 굵은 실선으로 긋는다.

문제 005
도면의 종류에서 복사도가 아닌 것은?
- ㉮ 기본도
- ㉯ 청사진
- ㉰ 백사진
- ㉱ 마이크로 사진

해설 기본도
측량이나 설계에 의해 제도하여 작성되며 처음에 작성되는 도면

문제 006
아래 표에서 도면의 작성 순서를 옳게 나타낸 것은?

㉠ 도면의 구성	㉡ 글자 및 기호 쓰기
㉢ 선 긋기	㉣ 도면의 배치
㉤ 도면 검사하기	

- ㉮ ㉠ → ㉡ → ㉢ → ㉣ → ㉤
- ㉯ ㉠ → ㉣ → ㉡ → ㉢ → ㉤
- ㉰ ㉠ → ㉣ → ㉢ → ㉡ → ㉤
- ㉱ ㉠ → ㉡ → ㉣ → ㉢ → ㉤

해설 도면의 구성 → 도면의 배치 → 선 긋기 → 글자 및 기호 쓰기 → 도면 검사하기

답 001. ㉮ 002. ㉱ 003. ㉮ 004. ㉱ 005. ㉮ 006. ㉰

제 04 장 건설재료의 표시

제1편 토목 제도

01 건설재료의 단면 표시

1. 금속재 및 비금속재

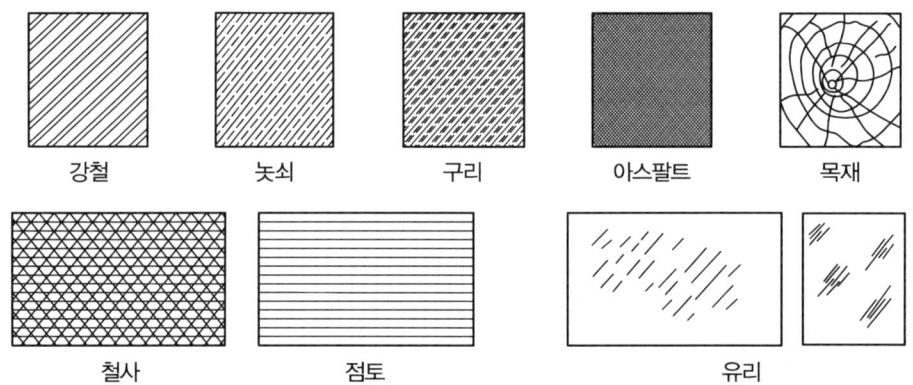

2. 석재 및 콘크리트

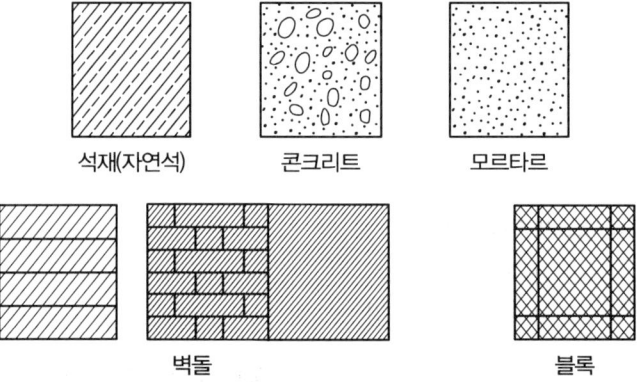

3. 골 재

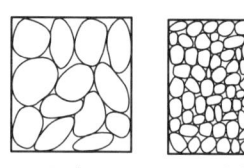 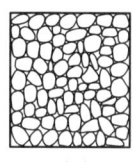  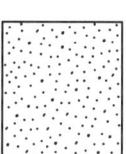  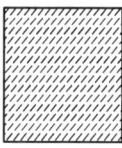

| 호박돌 | 자갈 | 깬돌 | 모래 | 잡석 | 사질토 |

02 재료 단면의 경계 표시

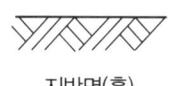   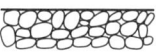

지반면(흙)　　수준면(물)　　암반면(바위)　　자갈

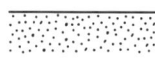 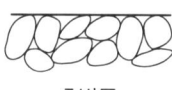 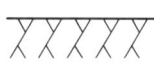 

모래　　호박돌　　잡석　　일반면

03 단면의 형태에 따른 절단면 표시

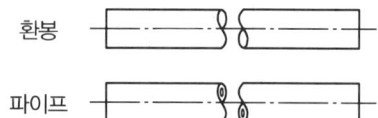 

04 판형재의 종류와 치수

종 류	단면 모양	표시 방법	종 류	단면 모양	표시 방법
등변 ㄱ형강		$LA \times B \times t - L$	부등변 ㄱ형강		$LA \times B \times t - L$
부등변 부등두께 ㄱ형강		$LA \times B \times t_1 \times t_2 - L$	I형강		$LH \times B \times t - L$

종 류	단면 모양	표시 방법	종 류	단면 모양	표시 방법
ㄷ형강		$ㄷ H \times B \times t_1 \times t_2 - L$	경ㄷ형강		$ㄷ H \times A \times B \times t - L$
T형강		$T B \times H \times t_1 \times t_2 - L$	H형강		$H H \times A \times t_1 \times t_2 - L$
환강		보통 $\phi A - L$ 이형 $D A - L$	강관		$\phi A \times t - L$
각강관		$\square A \times B \times t - L$	각강		$\square A - L$
평강		$\square B \times A - L$			

05 지형의 경사면 표시 방법

성토면

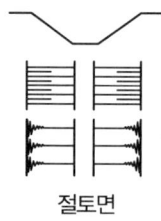
절토면

제04장 건설재료의 표시 | 실전문제

문제 001
단면으로 재료를 나타낼 때 강재의 표시로 옳은 것은?

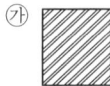 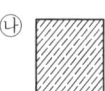

문제 002
다음 그림에서 콘크리트 재료를 표시하는 것은?

 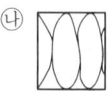

문제 003
아래 재료의 기호 중에서 석재를 나타내는 것은?

 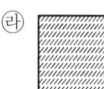

문제 004
다음은 골재의 단면을 표시한 그림이다. 잡석을 바르게 나타낸 것은?

해설
- ㉮ : 콘크리트
- ㉰ : 깬 돌
- ㉱ : 사질토

문제 005
토질 주상도에서 토질분류 기호 중 점성토는?

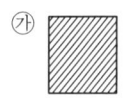 

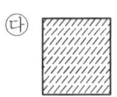 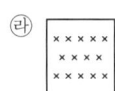

문제 006
다음 중 지반면(흙)을 표시하는 기호는?

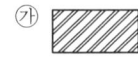 

문제 007
I 형강 치수 표시 방법 중 옳은 것은?

㉮ I A×B×t×L
㉯ I A×B×L×t
㉰ I B×A×L×t
㉱ I B×A×t×L

문제 008
그림과 같은 모양의 I형강 2개를 바르게 표시한 것은? (축방향 길이=1500)

㉮ 2-I 30×60×10×1500
㉯ 2-I 60×30×10×1500
㉰ I-2 10×30×60×1500
㉱ I-2 10×60×30×1500

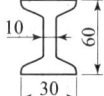

답 001. ㉮ 002. ㉯ 003. ㉯ 004. ㉰ 005. ㉯ 006. ㉰ 007. ㉱ 008. ㉯

문제 009

그림과 같은 L형강의 재료 표시가 옳게 된 것은?

㉮ L 10×75×100×1800
㉯ L 1800×75×100×10
㉰ L 100×75×1800×10
㉱ L 100×75×10×1800

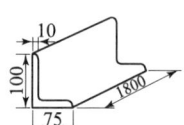

문제 010

그림과 같은 강재의 길이가 1m로서 6개를 표시한 방법 중 옳은 것은?

㉮ 6-L 90×60×12×1000
㉯ 6-L 60×90×12×1000
㉰ 6-L 60×12×90×1000
㉱ 6-L 60×1000×12×90

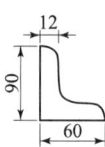

문제 011

다음 그림 중 사면을 표시할 때 중앙부가 낮고 양 옆이 높은 지형은?

㉮ 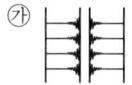   ㉯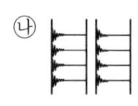

㉰    ㉱

문제 012

2-L 90×90×10×6000은 판의 표시를 나타낸 것이다. 여기서 10은 무엇을 의미하는가?

㉮ 두께   ㉯ 너비
㉰ 길이   ㉱ 무게

문제 013

다음 그림은 어떤 것을 나타낸 것인가?

㉮ 흙쌓기면
㉯ 땅깎기면
㉰ 수준면
㉱ 지반면

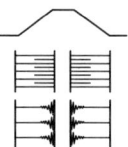

【해설】
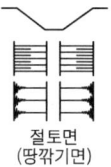
절토면
(땅깎기면)

문제 014

구조용 재료의 단면 표시 중 모래를 나타내는 것은?

㉮   ㉯

㉰   ㉱

【해설】
• ㉮ : 사질토
• ㉯ : 잡석
• ㉱ : 깬돌

문제 015

다음은 재료의 단면표시 방법 중 하나이다. 무엇을 표시하는가?

㉮ 지반면(암반)
㉯ 지반면(자갈)
㉰ 지반면(흙)
㉱ 지반면(모래)

【해설】

암반면(바위)   자갈   모래

문제 016

다음 그림은 무엇을 표시하는 것인가?

㉮ 암반면
㉯ 지반면
㉰ 일반면
㉱ 수면

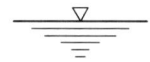

【해설】
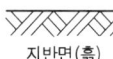 
암반면(바위)   지반면(흙)   일반면

답 009. ㉱ 010. ㉮ 011. ㉯ 012. ㉮ 013. ㉮ 014. ㉰ 015. ㉰ 016. ㉱

제 05 장 구조물의 표시

01 콘크리트 구조물 표시

1. 도면의 종류와 축척

1) 일반도
① 구조물 전체의 개략적인 모양을 표시한 도면
② 구조물 주위의 지형, 지물을 표시하여 지형과 구조물과의 연관성을 표시
③ 1:100, 1:200, 1:300, 1:400, 1:500, 1:600의 축척 표준

2) 구조 일반도
① 구조물의 모양 치수를 모두 표시한 도면
② 거푸집 제작 가능
③ 1:50, 1:100, 1:200의 축척 표준

3) 구조도
① 콘크리트 내부의 구조 주체를 표시한 도면
② 철근, PC 강재 등 설계상 필요한 여러 가지 재료의 모양, 품질 등을 표시
③ 배근도라고 하며 철근의 가공, 배치 등 표시
④ 1:20, 1:30, 1:40, 1:50의 축척 표준

4) 상세도
① 구조도의 일부를 큰 축척으로 표시한 도면
② 1:1, 1:2, 1:5, 1:10, 1:20의 축척 표준

2. 도면의 배치

① 정면도, 평면도, 측면도 및 단면도를 적절하게 배치하고 재료표를 작성하여 표시한다.
② 도면 배치의 표준

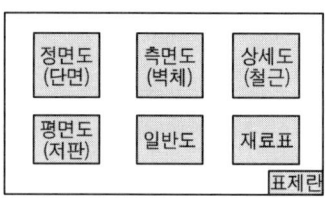

3. 철근의 표시법

1) 철근의 형태

① 철근 표시선은 그 지름에 따라 실선으로 한다.
② 절단면에 나타난 철근만을 표시하는 것이 원칙이다.
③ 면에 나타나지 않는 철근 표시는 파선이나 1점 쇄선을 사용할 수 있다.
④ 철근 단면을 지름에 따라 원형으로 칠하여 표시하는 것을 원칙으로 한다. 단, 단면이 명확한 구분이 있을 때에는 반드시 원형을 칠하지 않아도 된다.
⑤ 철근의 갈고리는 축척에 따른 크기로 표시하며 원형 갈고리, 직각 갈고리, 예각 갈고리 등이 있다.

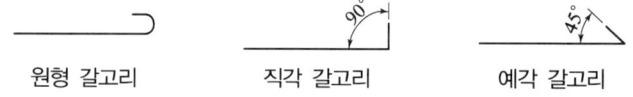

⑥ 갈고리 없는 철근과 구별하기 위해 30° 기울게 하여 가늘고 짧은 직선을 긋는다.

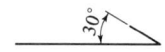

2) 철근의 이음

① 철근의 곁이음 표시

② 철근의 용접이음 표시

③ 철근의 기계적 이음 및 슬리브 이음 표시

3) 철근의 가공
① 철근의 구부리기 표시
- 실제 모양으로 그린다.
- 갈고리 이외에는 절선하여 표시하기도 한다.
② 철근의 가공치수는 도면에 따로 표시한다.

4) 철근의 배근
① 측면도
동일한 단면에 없는 철근이라도 실선으로 표시한다.
② 평면도
보이지 않는 철근은 표시하지 않는 것을 원칙으로 한다.

5) 철근의 치수 및 기호 표시
① 철근의 기호
- Ⓑ : Base, Beam, Bottom
- Ⓦ : Wall
- Ⓗ : Haunch
- Ⓕ : Foundation, Footing
- Ⓢ : Spacer, Slab
- Ⓒ : Colum

② 철근의 종류, 치수 및 수량 표시

표시법	설 명
Ⓐ ø 13	철근 기호(분류 번호) Ⓐ의 지름 13mm의 원형 철근
Ⓑ D16	철근 기호(분류 번호) Ⓑ의 지름 16mm의 이형 철근(일반 철근)
Ⓒ H16	철근 기호(분류 번호) Ⓒ의 지름 16mm의 이형 철근(고강도 철근)
5×450=2250	전장 2250mm를 450mm로 5등분
24@200=4800	전장 4800mm를 200mm로 24등분
D19 L=2200 N=20	지름 19mm로서 길이 2200mm의 이형 철근 20개
@400 C.T.C	철근의 간격이 400mm (center to center)

③ 철근의 치수 배치 등을 기입하는 인출선은 가로 및 세로로 수직으로 하며 경사지게 표시할 때는 45°로 한다.

④ 철근의 기호나 배열 표시는 인출선 없이 철근 단면에 표시해도 된다.
⑤ 철근의 가공 치수 표시는 철근의 상세도에서 형태를 그대로 축척없이 그리고 치수는 정확히 기입하는 것이 일반적이다.
⑥ 콘크리트 타설 이음부는 가는 실선으로 표시하고 타설 이음부라고 기입한다.

02 강 구조물 표시

1. 도면의 종류와 축척

1) 일반도
① 강 구조물 전체의 계획이나 형식 및 구조의 대략을 표시한 도면
② 계획 일반도
  구조물의 주위 환경이 표시된다.
③ 설계 일반도
  강 구조물만의 형식과 구조가 표시된다.
④ 1:100, 1:200, 1:500의 축척 표준

2) 구조도
① 강 구조물 부재의 치수, 부재를 구성하는 소재의 치수와 그 제작 및 조립 과정 등을 표시한 도면
② 설계도나 제작도를 의미한다.
③ 강재의 종류와 치수, 리벳이나 용접에 의한 부재의 조립, 이음을 하기 위한 방법 등을 표시
④ 1:10, 1:20, 1:25, 1:30, 1:40, 1:50의 축척 표준

3) 상세도
① 특정한 부분을 상세하게 나타낸 도면
② 용접의 마무리, 받침 등의 주강품, 주철품, 기계가공 부분, 특수 볼트 등을 표시
③ 1:1, 1:2, 1:5, 1:10, 1:20의 축척 표준

2. 도면의 배치

① 평면도, 측면도, 단면도 등을 소재나 부재가 잘 나타나도록 각각 독립하여 그려도 된다.
② 강 구조물은 너무 길고 넓어 큰 공간을 차지하므로 몇 가지의 단면으로 절단하여 표현한다.

③ 제작이나 가설을 고려하여 부분적으로 제작 단위마다 상세도를 작성한다.
④ 도면을 잘 보이도록 절단선과 지시선의 방향을 붙이는 것이 좋다.

3. 치수의 기입

① 치수선에 치수를 기입하기가 좁아서 곤란한 경우에 치수선 위 또는 아래에 기입해야 한다.
② 판의 모서리각을 따는 모따기는 길이로 표시하고 각으로 표시하지 않음을 원칙으로 한다.
③ 뼈대 구조를 표시하는 구조선도에서는 치수선을 생략하여 뼈대를 나타내는 선 위에 치수를 기입할 수 있다.

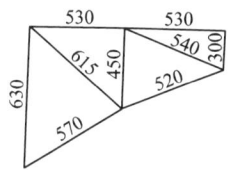

④ 휨 부재의 곡률 반지름은 구부러진 부재의 안쪽에 나타내고 길이는 바깥쪽에 나타낸다.
⑤ 리벳 기호는 리벳선을 가는 실선으로 그리고 리벳선 위에 기입하는 것을 원칙으로 한다.
⑥ 현장 리벳은 그 기호를 생략하지 않음을 원칙으로 한다.
⑦ 축이 투상면에 나란한 리벳은 그리지 않음을 원칙으로 한다.
⑧ 리벳 지름의 기입에 있어서 같은 도면 중에 다른 지름의 리벳을 사용할 경우 리벳마다 그 지름을 기입하는 것을 원칙으로 한다.

제 05 장 구조물의 표시 — 실전문제

문제 001
콘크리트 구조물 도면을 구조도의 축척으로 적당하지 못한 것은?
- ㉮ 1 : 30
- ㉯ 1 : 40
- ㉰ 1 : 50
- ㉱ 1 : 100

문제 002
콘크리트 내부의 구조 주체를 도면에 표시한 것으로서 철근, PC 강재 등 설계상 필요한 여러 가지 재료의 모양, 품질 등을 표시한 도면에 사용하는 표준 축척이 아닌 것은?
- ㉮ 1 : 10
- ㉯ 1 : 20
- ㉰ 1 : 30
- ㉱ 1 : 50

문제 003
도면의 종류 중 목적 및 용도에 따른 분류법에 해당하는 것은?
- ㉮ 설계도
- ㉯ 일반도
- ㉰ 구조도
- ㉱ 상세도

문제 004
도면을 사용 목적에 의해 분류한 것 중 옳지 않은 것은?
- ㉮ 계획도
- ㉯ 설계도
- ㉰ 구조도
- ㉱ 시공도

문제 005
도면의 내용에 따른 종류 중 철근 콘크리트 구조물의 철근 배근도 등과 같이 구조물의 제작, 시공을 위해 필요한 치수, 형상, 재질 등을 알기 쉽게 표시한 도면은?
- ㉮ 일반도
- ㉯ 구조도
- ㉰ 상세도
- ㉱ 설명도

문제 006
내용에 따른 도면의 분류 중 구조도에 표시하는 것이 곤란한 부분의 형상, 치수, 기구 등을 구체적으로 표시하는 도면은?
- ㉮ 일반도
- ㉯ 측량도
- ㉰ 상세도
- ㉱ 설명도

문제 007
구조도에 표시하는 것이 곤란한 부분의 형상, 치수, 기구 등을 상세하게 표시하는 도면은?
- ㉮ 일반도
- ㉯ 측량도
- ㉰ 상세도
- ㉱ 설명도

문제 008
구조의 기능을 명백히 알 수 있도록 한 도면으로 필요한 부분을 굵게 나타내거나 절단 투시하여 타인에게 잘 알 수 있게 그려진 도면을 무슨 도라 하는가?
- ㉮ 구조도
- ㉯ 일반도
- ㉰ 상세도
- ㉱ 설명도

문제 009
필요한 부분을 굵게 표시하기도 하고 절단이나 투시 등을 표시하여 잘 알 수 있도록 나타내는 도면을 무엇이라 하는가?
- ㉮ 조립도
- ㉯ 가설도
- ㉰ 일반도
- ㉱ 설명도

답 001. ㉱ 002. ㉮ 003. ㉮ 004. ㉰ 005. ㉯ 006. ㉰ 007. ㉰ 008. ㉱ 009. ㉱

문제 010
다음 도면의 종류를 설명한 것 중 옳은 것은?
- ㉮ 조립도 : 기계 전체의 조립상태를 나타낸 도면
- ㉯ 부품도 : 필요로 하는 부분을 더욱 상세하게 나타낸 도면
- ㉰ 상세도 : 각 부품을 개별적으로 상세하게 그린 도면
- ㉱ 배선도 : 배관의 위치를 나타내는 도면

문제 011
교량 제도 시 그림 ②의 위치에 들어가야 할 것은?
- ㉮ 정면도
- ㉯ 측면도
- ㉰ 횡단면도
- ㉱ 평면도

| ① | ③ |
| ② | ④ |

문제 012
철근 콘크리트 교량 도면에서 본 설계도에 해당되지 않는 도면은?
- ㉮ 일반도
- ㉯ 응력도
- ㉰ 구조 상세도
- ㉱ 철근 가공도

문제 013
도면 종류에 있어서 비교 설계도에 해당하지 않는 것은?
- ㉮ 가설 계획도
- ㉯ 개략 구조도
- ㉰ 구조 상세도
- ㉱ 완성 상상도

문제 014
정면의 반대쪽, 즉 물체의 뒷면을 나타낸 그림을 무엇이라 하는가?
- ㉮ 정면도
- ㉯ 배면도
- ㉰ 측면도
- ㉱ 저면도

문제 015
계획도를 기준으로 하여 치수, 기능, 사용재료를 나타내는 도면은?
- ㉮ 시공도
- ㉯ 설계도
- ㉰ 구조도
- ㉱ 상세도

문제 016
구조물의 비교 설계도에 속하지 않는 것은 다음 중 어느 것인가?
- ㉮ 비교 일반도
- ㉯ 완성 상상도
- ㉰ 조립 공작도
- ㉱ 가설 계획도

문제 017
철근 콘크리트 구조물 도면의 종류 중 시공도에 속하는 도면은?
- ㉮ 가설도
- ㉯ 구조도
- ㉰ 개략 단면도
- ㉱ 완성 상상도

문제 018
철근의 표시법에 대한 설명으로 틀린 것은?
- ㉮ 철근을 표시하는 선은 그 지름에 따라서 실선을 사용하는 것을 원칙으로 한다.
- ㉯ 절단면에 나타나지 않은 철근도 실선으로 나타내는 것을 원칙으로 한다.
- ㉰ 철근의 단면을 그 지름에 따라 원형으로 칠하여 표시하는 것을 원칙으로 한다.
- ㉱ 철근 단면이 명확한 구분이 있을 때에는 반드시 원형을 칠하여 메우지 않아도 좋다.

문제 019
철근의 갈고리가 앞으로 또는 뒤로 가려져 있을 때에는 갈고리가 없는 철근과 구별하기 위하여 철근의 끝에 몇 도 경사진 짧은 가는 직선으로 된 화살표를 붙이는가?
- ㉮ 30°
- ㉯ 45°
- ㉰ 50°
- ㉱ 90°

답 010. ㉮ 011. ㉱ 012. ㉱ 013. ㉰ 014. ㉯ 015. ㉯ 016. ㉯ 017. ㉮ 018. ㉯ 019. ㉮

문제 020
철근의 갈고리가 앞으로 또는 뒤로 가려져 있을 때 갈고리가 없는 철근과 구별하기 위한 방법으로 옳은 것은?

㉮ ⊢———⊣ 
㉯ ⊂——— 
㉰ 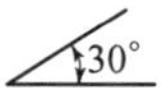 ╱30°
㉱ ╱45°

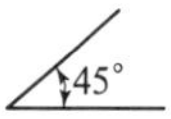

문제 021
다음 철근 가공 그림 표시 중 절곡 철근은?

㉮ ⋃ 
㉯ ⌐⌐ 
㉰ ⊂———⊃ 
㉱ ⊢———⊣

문제 022
다음 중 철근 끝에 훅(hook)이 없을 경우 옳게 표현한 그림은 어느 것인가?

㉮ ⊂——— 
㉯ ⊢———⊣ 
㉰ ╱———╲ 
㉱ ⊂———⊃

문제 023
철근의 갈고리(hook) 측면도는 몇 도의 경사 기호로 표시하는가?

㉮ 30°
㉯ 45°
㉰ 60°
㉱ 90°

문제 024
다음 그림과 같은 철근 이음 표시 방법은?

———┤⊟├———

㉮ 철근의 기계적 이음
㉯ 가스용접이음
㉰ 겹침이음
㉱ 맞대기 용접이음

문제 025
철근의 치수표시에서 12×200=2400을 설명한 것으로 옳은 것은?

㉮ 총 길이 2400mm를 200mm씩 12등분
㉯ 철근 12개를 200mm 간격으로, 총 길이 2400mm
㉰ 지름 12mm 철근을 200mm 간격으로, 총 길이는 2400mm
㉱ 반지름 12mm 철근을 200mm 간격으로, 총 길이는 2400mm

문제 026
철근의 치수에서 ø12@300 무엇을 나타내는 것인가?

㉮ 지름 12mm 철근 300개이다.
㉯ 공칭지름 12mm 철근 300개이다.
㉰ 지름 12mm 철근을 300mm 간격으로 배치한다.
㉱ 공칭지름 12mm 철근을 300등분한다.

문제 027
철근의 표시법에 따라 @400 C.T.C라고 하였을 경우 바르게 설명한 것은?

㉮ 철근의 전장이 400mm
㉯ 철근의 간격이 400mm
㉰ 철근의 지름이 400mm
㉱ 철근의 강도가 400kg/cm^2

문제 028
공칭지름 22mm인 이형철근의 길이가 3,300 mm, 수량이 15개 있을 경우의 재료 표시는?

㉮ 15-D ø 22×3300
㉯ 15-D ø 22@3300
㉰ 3300-D ø 22×15
㉱ 3300-D ø 22@15

답 020. ㉰ 021. ㉯ 022. ㉯ 023. ㉯ 024. ㉮ 025. ㉰ 026. ㉰ 027. ㉯ 028. ㉮

문제 029
철근 표시 기호 중 헌치(경사철근) 표시하는 기호는?
- ㉮ W
- ㉯ H
- ㉰ F
- ㉱ S

문제 030
강구조의 설계도면 중 가설하고자 하는 강교 전체의 계획이나 강교의 형식과 구조의 대략을 보인 도면은?
- ㉮ 구조도
- ㉯ 완성 상상도
- ㉰ 응력도
- ㉱ 일반도

문제 031
강교 일반도에서 축척은 교량의 크기에 따라 다르나 일반적인 축척을 표준으로 하는데 맞는 것은?
- ㉮ 1:100, 1:200, 1:300
- ㉯ 1:100, 1:300, 1:500
- ㉰ 1:100, 1:200, 1:500
- ㉱ 1:100, 1:500, 1:800

문제 032
일반도에서 축척은 교량의 크기에 따라 다르나 일반적으로 다음과 같은 축척으로 표준을 정하고 있다. 이중 축척 표준이 아닌 것은? (단, 강구조 설계제도임.)
- ㉮ 1/20
- ㉯ 1/100
- ㉰ 1/200
- ㉱ 1/500

문제 033
교량의 평면도를 제도할 경우 적당한 기준선은?
- ㉮ 단부
- ㉯ 도로 중심선
- ㉰ 교량 중심선
- ㉱ 바닥틀

문제 034
강구조물의 도면 중 상세도 축척의 표준이 아닌 것은?
- ㉮ 1:5
- ㉯ 1:10
- ㉰ 1:20
- ㉱ 1:25

문제 035
강구조의 상세도에 쓰이는 표준 축척이 아닌 것은?
- ㉮ 1:1
- ㉯ 1:10
- ㉰ 1:20
- ㉱ 1:40

문제 036
철근의 도시에 대한 설명 중 옳지 않은 것은?
- ㉮ 철근은 그 지름에 따라 1개의 실선으로 나타냄을 원칙으로 한다.
- ㉯ 철근을 나타내는 측면도에 있어서 같은 단면에 없는 철근은 실선으로 나타낼 수 없다.
- ㉰ 철근 끝에 갈고리가 없을 때에는 철근 끝에 직각으로 짧고 가는 실선을 붙인다.
- ㉱ 철근을 나타내는 평면도에 있어서는 그 평면상에 없는 철근은 도시치 않음을 원칙으로 하나 필요시 파선으로 나타낼 수 있다.

문제 037
철근의 표시법과 그에 대한 설명으로 바른 것은?
- ㉮ $\phi 13$ – 반지름 13mm의 원형철근
- ㉯ D16 – 공칭지름 16mm의 이형철근
- ㉰ H16 – 높이 16mm의 고강도 이형철근
- ㉱ $\phi 13$ – 공칭지름 13mm의 이형철근

해설
- $\phi 13$: 지름 13mm의 원형철근
- H16 : 지름 16mm의 고강도 이형철근

답 029. ㉯ 030. ㉱ 031. ㉰ 032. ㉮ 033. ㉯ 034. ㉱ 035. ㉱ 036. ㉯ 037. ㉯

문제 038

철근 작도방법으로 옳지 않은 것은?

㉮ 철근은 1개의 실선으로 표시한다.
㉯ 철근 단면은 원을 칠해서 표시한다.
㉰ 철근 끝에 갈고리가 없을 때에는 철근 끝에 30° 경사진 짧고 가는 직선으로 된 화살표를 붙인다.
㉱ 철근을 표시하는 평면도에 있어서는 그 평면도상에 없는 철근은 표시하지 않음을 원칙으로 한다.

해설 철근의 갈고리가 있는 경우에는 철근 끝에 30° 기울게 하여 가늘고 짧은 직선을 긋는다.

답 038. ㉰

제 06 장 측량 제도

01 도로 제도

1. 평면도

① 축척은 1/500~1/2000로 하고 기점은 왼쪽에 둔다.
② 노선 중심선 좌우 약 100m에 지형 및 지물(교량, 옹벽, 용지 경계 등)을 표시한다.
③ 평탄한 전답으로 별다른 지물이 없을 때에는 좌우 30~40m 정도로 표시한다.
④ 산악이나 구릉부의 지형은 등고선을 기입하여 표시한다.
⑤ 굴곡부 노선(단곡선)의 표시
- R : 곡률 반지름
- IP : 교점
- I : 교각
- TL : 접선 길이
- CL : 곡선 길이
- BC : 곡선 시점
- EC : 곡선 종점

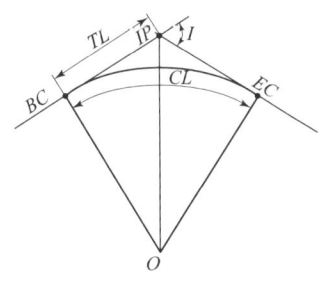

2. 종단면도

① 축척은 세로 1/100~1/200, 가로 1/500~1/2000로 한다.
② 곡선, 측점, 거리, 추가거리, 지반고, 계획고, 땅깎기, 흙쌓기, 경사 등을 기입한다.
③ 측점은 20m마다 No.1, No.2, No.3 … 순으로 기입한다. No.5+10이라 표시된 의미는 No.5에서 10m점의 +말뚝을 의미한다. 즉, 110m 거리이다.
④ 기준선은 반드시 지반고와 계획고 이하가 되도록 한다.

⑤ 땅깎기
  지반고 > 계획고
⑥ 흙쌓기
  지반고 < 계획고

3. 횡단면도

① 축척은 1/100~1/200로 종단면도 세로 축척과 동일하다.
② 기점은 좌하단에 정하여 위로 그리거나 기점을 좌상단에 취하여 아래로 그려도 된다.
③ 각 중심 말뚝의 좌우에 취하여 지반선을 그린다.

02 하천 제도

1. 평면도

① 축척은 1/2500로 하지만 하천 폭이 50m 이하일 때에는 1/1000로 한다.
② 개수, 그 밖의 하천 공사 계획의 기본도
③ 삼각측량, 트래버스 측량 결과 측점은 반드시 좌표에 의해 전개한다.
④ 평판측량에 의해 세부 측량을 한다.

2. 종단면도

① 축척은 세로 1/100, 가로 1/10000로 한다.
② 하류를 좌측으로 하고 하저 경사와 수면 경사를 명시하고 양안의 제방 고저, 고수위(HWL), 저수위(LWL), 거리표, 그 밖의 구조물(댐, 교량, 둑 등의 위치 및 높이)을 기입한다.
③ 하저 경사는 하천의 가장 깊은 곳의 경사이지만 하천의 최심부는 반드시 중심과 일치하는 것은 아니다.

3. 횡단면도

① 축척은 높이 1/100, 폭 1/1000로 한다.
② 횡단측량은 보통 200m마다 동일 번호의 양단의 거리표를 연결하는 선을 따라 실시한다.
③ 제방, 하상의 고저와 거리 및 고수위, 저수위 등을 기입한다.

03 구조물 제도

1. 도면의 작성 순서

① 단면도를 먼저 그리고 각부 배근도를 완성하며 일반도, 주철근 조립도, 철근 상세도 순으로 그린다.
② 단면도에서 철근 수량과 간격을 균일성 있게 표시한다.
③ 단면도 하부에 저판 배근도, 우측에 벽체 배근도, 저판 배근도 우측에 일반도를 배치하며 나머지 도면은 적절히 배치한다.

2. 도면 작성 시 지시사항

① KS 토목 제도 통칙에 따라 정확히 그린다.
② 도면의 이해를 쉽게 할 수 있게 한다.
③ 글씨는 명확하고 띄어쓰기에 맞게 쓰며 도면의 크기와 배치에 알맞게 쓴다.
④ 치수선 간격이 정확하고 화살 표시는 균일성 있게 표시한다.
⑤ 도면은 간단하고 중복을 피한다.
⑥ 불필요한 것은 기입하지 않는다.

3. 도면 작성 시 유의사항

① 오류가 없을 것
② 설계자의 의도를 정확하게 전달하기 위해 알기 쉬울 것
③ 현장이나 그 외 지역에서 취급이 쉬울 것
④ 깨끗하게 정리될 것
⑤ 도면은 될 수 있는 대로 간단히 하고 중복을 피한다.
⑥ 도면은 될 수 있는 대로 실선으로 표시하고 파선으로 표시함을 피한다.
⑦ 대칭이 되는 도면은 중심선의 한쪽을 외형도, 반대쪽을 단면도로 표시하는 것을 원칙으로 한다.
⑧ 경사면을 가진 구조물에서 그 경사면의 모양을 표시하기 위하여 경사면 부분만의 보조도를 넣는다.

제 06 장 측량 제도 — 실전문제

문제 001
측량도를 작성할 때 그림의 상단이 어느 방향이 되는 것이 원칙인가?
- ㉮ 서북
- ㉯ 북
- ㉰ 동북
- ㉱ 남

문제 002
도로 종단면도에 기재하는 종단 선형 요소에 해당하지 않는 것은?
- ㉮ 절토고
- ㉯ 기계고
- ㉰ 계획고
- ㉱ 지반고

문제 003
도로 종단면도에 표시하지 않는 것은?
- ㉮ 절토고
- ㉯ 성토 면적
- ㉰ 곡률도
- ㉱ 측점 번호

문제 004
도로, 철도, 하천 등의 길이 방향에 직각인 단면의 형상을 나타낸 도면은?
- ㉮ 평면도
- ㉯ 정면도
- ㉰ 횡단면도
- ㉱ 종단면도

문제 005
측량 도면 중 횡단면도에 기입할 사항이 아닌 것은?
- ㉮ 현 지반선
- ㉯ 토질 주상도
- ㉰ 도로 중심선, 측점 번호
- ㉱ 토공 재료의 구별

문제 006
도로 설계도의 평면도를 보면 다음과 같은 기호를 볼 수 있다. 틀리게 짝지어진 것은?
- ㉮ I : 교각
- ㉯ TL : 외선 길이
- ㉰ R : 곡률 반지름
- ㉱ BC : 곡선 시점

문제 007
다음 중 등고선이 표시된 도면은?
- ㉮ 종단도
- ㉯ 횡단도
- ㉰ 지적도
- ㉱ 지형도

문제 008
도면 배치 중 교량에서는 하천의 유수 방향에서 본 것을 무엇이라 하는가?
- ㉮ 측면도
- ㉯ 정면도
- ㉰ 평면도
- ㉱ 배면도

문제 009
측량 도면 중 노선의 종단면도에 기록 사항이 아닌 것은?
- ㉮ 시공기면
- ㉯ 토공 재료의 구별
- ㉰ 행정 경계
- ㉱ 측점 번호

문제 010
도로 설계에 필요한 도면으로 거리가 먼 것은?
- ㉮ 종단면도
- ㉯ 횡단면도
- ㉰ 지형도에 계획 노선을 기입한 평면도
- ㉱ 완성 상상도(투시도)

답 001. ㉯ 002. ㉯ 003. ㉯ 004. ㉰ 005. ㉯ 006. ㉯ 007. ㉱ 008. ㉮ 009. ㉯ 010. ㉱

문제 011
다음 중 하천 측량의 종단면도에 기입할 사항이 아닌 것은?
- ㉮ 이기점
- ㉯ 하저경사
- ㉰ 수면경사
- ㉱ 양안의 제방의 고저

[해설] 하천 측량의 종단면도는 양안의 거리표, 지반고, 하상고, 최고수위, 양수표, 교대고, 수문, 용·배수의 통관, 기타 공작물 위치와 높이 등을 기입한다.

문제 012
콘크리트 구조물 제도에 있어서 거푸집을 제작할 수 있도록 구조물의 모양 치수를 모두 표시한 도면은?
- ㉮ 일반도
- ㉯ 구조 일반도
- ㉰ 구조도
- ㉱ 상세도

[해설]
- 일반도: 구조물 전체의 개략적인 모양을 표시한 도면
- 구조 일반도: 구조물의 모양 치수를 모두 표시한 도면
- 구조도: 콘크리트 내부의 구조 주체를 도면에 표시한 것
- 상세도: 구조도의 일부를 취하여 큰 축척으로 표시한 도면

문제 013
도로 설계제도에서 평면도를 표현할 때 산악이나 구릉부의 지형을 나타내는 데 사용되는 것은?
- ㉮ 거리표
- ㉯ 축척
- ㉰ 개다각형
- ㉱ 등고선

[해설] 등고선은 수평면으로부터 높이의 수치를 평면도에 기호로 주기하여 나타내는 표고 투상이다.

문제 014
다음은 콘크리트 구조물의 어떤 도면에 대한 설명인가?

> 구조물 전체의 개략적인 모양을 표시한 도면이다.

- ㉮ 일반도
- ㉯ 구조 일반도
- ㉰ 구조도
- ㉱ 상세도

[해설]
- 구조 일반도: 구조물의 모양 치수를 모두 표시한 도면
- 구조도: 콘크리트 내부의 구조 주체를 도면에 도시한 것
- 상세도: 구조도의 일부를 취하여 큰 축척으로 표시한 도면

문제 015
하천 측량 제도에서 종단면도에 나타내지 않는 것은 어느 것인가?
- ㉮ 고수위(H.W.L)
- ㉯ 거리표
- ㉰ 유속
- ㉱ 양안의 제방의 고저

[해설] 양안의 거리표, 지반고, 하상고, 최고 수위, 양수표, 교대고, 수문, 용·배수의 통관, 기타 공작물의 위치와 높이 등을 기입한다.

문제 016
토목 구조물의 일반적인 도면 작도 순서에서 가장 먼저 그리는 부분은?
- ㉮ 각부 배근도
- ㉯ 일반도
- ㉰ 주철근 조립도
- ㉱ 단면도

[해설] 일반적인 작도 순서
단면도 → 각부 배근도 → 철근 상세도 → 일반도 → 주철근 조립도

문제 017
도로 폭 10m로 하고 3m 높이의 흙쌓기를 그림과 같이 하였을 때 횡단면도에 나타내는 H의 길이는?
- ㉮ 13m
- ㉯ 16.5m
- ㉰ 23.5m
- ㉱ 28.5m

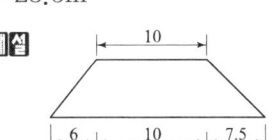

[해설]

- 구배(경사) 1(높이) : 2(수평)

답 011. ㉮ 012. ㉯ 013. ㉱ 014. ㉮ 015. ㉰ 016. ㉱ 017. ㉰

제1편 토목 제도
제2편 전 산
제3편 철근 콘크리트
제4편 토목 구조물
부 록 최근 기출문제

전산응용토목제도기능사

제 2 편

전 산

제1장 ·············· 전산 일반
제2장 ·············· CAD 일반

제 01 장 전산 일반

01 컴퓨터의 개요

1. 정 의

컴퓨터를 이용하여 자료 또는 정보를 일련의 계획된 조작처리를 수행하여 원하는 결과를 얻기 위한 전자식 기계 조직체이다.

02 컴퓨터의 구성

1. 하드웨어

컴퓨터를 구성하는 모든 전자, 기계적인 장치
① **중앙처리장치(CPU)**: 제어장치, 주기억장치, 연산장치
② **주변장치**: 보조기억장치, 입·출력장치

2. 소프트웨어

하드웨어를 운영하기 위한 모든 프로그램
① 컴퓨터 관리 프로그램
② 문제처리 프로그램

03 컴퓨터의 5대 장치

1. 입력장치

① 컴퓨터가 외부로부터 필요한 정보를 받아들이는 장치
② 키보드, 마우스, 조이스틱, 태블릿, 디지타이저, 라이트 펜, 트랙 볼, 스캐너 등

2. 기억장치

1) 주기억장치

① ROM
   고정 기억장치라 하며 한번 기억된 내용은 영원히 기억되며 전원을 끊어도 소멸되지 않는다.
② RAM
   - 이용자가 마음대로 정보를 기입하거나 출력할 수 있는 장치
   - 전원 ON시에만 사용 가능하고 OFF시에는 기억 내용이 소멸된다.(전원이 끊어지면 기억된 내용이 모두 사라진다.)

2) 보조 기억장치

① 자기 테이프
② 자기 디스크
③ 자기 드럼
④ 플로피 디스크
⑤ 광자기 디스크 드라이브

3. 제어장치

입력장치, 출력장치, 기억장치, 연산장치에서 동작을 명령하고 감독·통제하는 역할을 한다.

4. 산술논리 연산장치

① 사칙 연산을 담당하는 연산부
② 어떤 일을 해야 할 것인가를 지시하는 연산제어부

5. 출력장치

① 컴퓨터 내부에서 처리된 결과를 알아보거나 사용할 수 있는 출력 매체로 내보내는 장치
② 디스플레이, 프린터, 플로터, 하드 카피, COM 장치 등

04 컴퓨터 운영체계

1. 종 류

① DOS
② Windows
③ 유닉스
④ 리눅스
⑤ 맥 OS
⑥ OS/2

제02장 CAD 일반

01 CAD의 개요

1. 정 의

제도나 설계를 할 때 설계자와 컴퓨터가 서로 대화식으로 내용을 처리하여 도면을 완성한다.

2. CAD의 효과

① 복잡한 도면 작성을 쉽게 입력, 출력이 가능하다.
② 이미 작성한 도면 편집 가능, 분석, 수정, 제작이 정확하고 빠르다.
③ 방대한 도면을 여러 사람이 동시에 작업을 하여도 표준화가 되어 있어 시간을 단축하므로 생산성을 향상시킨다.
④ 보관이 간편하며 2차원은 물론 3차원의 설계 도면과 움직이는 도면도 그릴 수 있다.
⑤ 데이터베이스 구축이 가능하다.
⑥ 부분적으로 수정, 삽입할 수 있어 설계상 오류를 쉽게 고칠 수 있다.

02 CAD 시스템 좌표계

1. 절대 좌표

① x, y, z축의 절대 원점(0, 0, 0)을 기준하여 각 지점의 변위를 나타낸다.
② 절대 직교좌표 : 원점을 기준하여 x, y를 지정한 좌표
③ 절대 극좌표 : 원점을 기준하여 거리와 각도를 지정한 좌표

2. 상대 직교좌표

임의 현재 지정된 좌표 기준점에서 다음 점의 위치 x, y축을 지정한 좌표

3. 상대 극좌표

임의 현재 지정된 좌표 기준점에서 다음 점의 변위와 방향(거리와 각도)을 지정한 좌표

4. 최종 좌표

마지막으로 지정한 좌표

03 CAD 소프트웨어의 기본 기능

1. 도면 요소 작성 기능

점, 선, 원, 원호, 곡선 등

2. 도면 요소 변환 기능

요소의 이동, 회전, 복사, 대칭, 변형 등

3. 도면 요소 편집 기능

선의 정렬, 부분 삭제, 선의 등분, 라운딩, 모따기 등

4. 도면화 기능

치수 기입, 마무리 기호, 용접기호 등

5. 디스플레이 제어 기능

도형의 확대, 축소, 이동, 그리드, 은선처리, 롤러 등 화면 표시

6. 데이터 관리 기능

작성한 모델의 등록, 삭제, 복사, 검색, 파일 이름 변경 등

7. 특성 해석 기능

면적, 길이, 도심, 체적, 모멘트 등

8. 플로팅 기능

도면화 데이터를 플로터에 출력하는 기능

제2편 전산 | 실전문제

문제 001
입력장치와 저장장치로부터 자료들을 받아들이고 이 자료들로 연산을 수행한 후 그 결과를 출력하거나 저장장치에 저장하는 역할을 하는 장치는?
- ㉮ 입력장치
- ㉯ 보조기억장치
- ㉰ 출력장치
- ㉱ 중앙처리장치

문제 002
중앙처리장치(CPU)의 구성요소가 아닌 것은?
- ㉮ 제어장치
- ㉯ 연산장치
- ㉰ 입·출력장치
- ㉱ 주기억장치

문제 003
다음 중 CPU에 대한 설명으로 옳지 않은 것은?
- ㉮ 컴퓨터를 사용하기 위해서는 CPU가 없어도 된다.
- ㉯ CPU는 중앙처리장치라고도 한다.
- ㉰ CPU는 입력된 자료를 연산하는 기능을 갖고 있다.
- ㉱ CPU는 연산된 자료를 특정 장소에 보내는 기능을 갖고 있다.

문제 004
컴퓨터 하드웨어의 기본적인 구성요소라고 할 수 없는 것은?
- ㉮ 중앙처리장치
- ㉯ 기억장치
- ㉰ 운영체제
- ㉱ 입·출력장치

문제 005
중앙처리장치의 구성요소가 아닌 것은?
- ㉮ 주기억장치
- ㉯ 하드 디스크장치
- ㉰ 연산논리장치
- ㉱ 제어장치

문제 006
컴퓨터 하드웨어 구성요소 가운데 수학적 논리적으로 데이터를 계산 수행하는 곳으로 사칙연산 및 비교하는 일을 수행하는 부분은?
- ㉮ 입력장치
- ㉯ 연산 및 논리장치
- ㉰ 제어장치
- ㉱ 출력장치

문제 007
다음 중 CAD의 이용효과에 대한 설명이다. 맞지 않는 것은?
- ㉮ 설계의 생산성 향상
- ㉯ 설계시간 연장
- ㉰ 설계 작업의 표준화
- ㉱ 설계 작업의 정확성

문제 008
일반적인 CAD 시스템에서 A, B, C에 알맞은 것은?

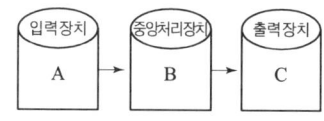

- ㉮ A : 키보드, B : 플로터, C : 연산장치
- ㉯ A : 마우스, B : 제어장치, C : 플로터
- ㉰ A : 그래픽 터미널, B : 보조기억장치, C : 프린터
- ㉱ A : 라이트 펜, B : 플로터, C : 테블릿

답 001.㉱ 002.㉰ 003.㉮ 004.㉰ 005.㉯ 006.㉯ 007.㉯ 008.㉯

문제 009
CAD 시스템을 구성하는 하드웨어로 볼 수 없는 것은?
- ㉮ CAD 프로그램
- ㉯ 중앙처리장치
- ㉰ 입력장치
- ㉱ 출력장치

문제 010
CAD 시스템의 주변기기 중 입력장치에 해당하는 것이 아닌 것은?
- ㉮ 플로터
- ㉯ 벨류에이터
- ㉰ 섬휠
- ㉱ 디지타이저

문제 011
다음 중 CAD 시스템의 입력장치로 볼 수 없는 것은?
- ㉮ 키보드
- ㉯ 마우스
- ㉰ 플로터
- ㉱ 스캐너

문제 012
CAD 시스템의 입력장치 중 미리 작성된 문자나 도형의 이미지 입력에 적당한 장치는?
- ㉮ 프린터
- ㉯ 키보드
- ㉰ 스캐너
- ㉱ 썸휠

문제 013
다음 중 CAD용 입력장치가 아닌 것은?
- ㉮ 마우스
- ㉯ 트랙 볼
- ㉰ 플라즈마 판
- ㉱ 라이트 펜

문제 014
CAD 시스템 출력장치가 아닌 것은?
- ㉮ 플로터
- ㉯ 프린터
- ㉰ 디스플레이
- ㉱ 조이스틱

문제 015
CAD 시스템의 입력장치가 아닌 것은?
- ㉮ 자판
- ㉯ 마우스
- ㉰ 플로터
- ㉱ 라이트 펜

문제 016
CAD 소프트웨어가 반드시 갖추고 있어야 할 기능으로 거리가 먼 것은?
- ㉮ 화면 제어 기능
- ㉯ 치수 기입 기능
- ㉰ 인터넷 기능
- ㉱ 도형 편집 기능

문제 017
CAD 시스템에서 그려진 도면요소를 용지에 출력하는 장치는?
- ㉮ 모니터
- ㉯ 플로터
- ㉰ LCD
- ㉱ 디지타이저

문제 018
화면 표시장치 각각의 영역에서 판독 위치, 입력가능 위치 및 입력상태 등을 표현하여 주는 표식은?
- ㉮ 좌표 원점
- ㉯ 도면 요소
- ㉰ 커서
- ㉱ 대화 상자

문제 019
CAD 시스템의 입력장치 중에서 광 점자 센서가 붙어 있어 화면에 접촉하여 명령어 선택이나 좌표 입력이 가능한 것은?
- ㉮ 조이스틱
- ㉯ 마우스
- ㉰ 라이트 펜
- ㉱ 태블릿

답 009. ㉮ 010. ㉮ 011. ㉰ 012. ㉰ 013. ㉰ 014. ㉱ 015. ㉰ 016. ㉰ 017. ㉯ 018. ㉰ 019. ㉰

문제 020
다음 중 컴퓨터 시스템에서 정보를 기억하는 최소 단위는?
㉮ 비트(bit)
㉯ 바이트(byte)
㉰ 워드(word)
㉱ 블록(block)

문제 021
일반적으로 CAD 작업에서 사용되는 좌표계와 거리가 먼 것은?
㉮ 상대 좌표
㉯ 절대 좌표
㉰ 극 좌표
㉱ 원점 좌표

문제 022
좌표원점(0, 0)을 기준으로 하여 X, Y축 방향의 거리로 표시되는 좌표는?
㉮ 사용자 좌표
㉯ 절대 좌표
㉰ 상대 좌표
㉱ 원통 좌표

문제 023
그림과 같이 점 A에서 점 B로 이동하려고 한다. 다음 중 어느 것을 사용해야 하는가? (단, A, B점의 위치는 알 수 없음.)

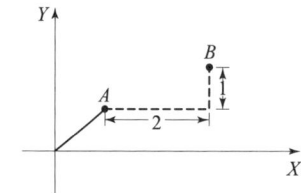

㉮ 상대 좌표   ㉯ 절대 좌표
㉰ 극 좌표   ㉱ 원통 좌표

문제 024
CAD 시스템에서 마지막 점에서 다음 점까지의 각도와 거리를 입력하여 선긋기를 하는 입력방법은?
㉮ 절대 직교좌표 입력방법
㉯ 상대 직교좌표 입력방법
㉰ 절대 원통좌표 입력방법
㉱ 상대 극좌표 입력방법

문제 025
자료의 크기 단위를 작은 것부터 바르게 나열한 것은?
㉮ byte 〈 word 〈 bit
㉯ byte 〈 bit 〈 word
㉰ bit 〈 byte 〈 word
㉱ bit 〈 word 〈 byte

문제 026
CAD 시스템의 특징을 나열한 것이다. 틀린 것은?
㉮ 도면의 분석, 수정, 삽입, 제작이 정확하고 빠르다.
㉯ 방대한 도면을 여러 사람이 동시에 작업하여도 표준화를 이룰 수 있다.
㉰ 2차원은 물론 3차원의 설계 도면과 움직이는 도면까지 그릴 수 있다.
㉱ 편리한 점은 많으나 설계 도면의 데이터베이스 구축이 불가능하다.

문제 027
플로터의 출력속도를 나타내는 단위로 맞는 것은?
㉮ CPS(Characters Per Second)
㉯ IPS(Inch Per Second)
㉰ BPS(Bits Per Second)
㉱ DPI(Dots Per Inch)

답 020. ㉮ 021. ㉱ 022. ㉯ 023. ㉮ 024. ㉱ 025. ㉰ 026. ㉱ 027. ㉯

문제 028

기억장치 중 기억된 자료를 읽고 쓰는 것이 모두 가능하며 전원이 끊어지면 기억된 내용이 모두 사라지는 기억장치는?

㉮ ROM
㉯ RAM
㉰ 하드 디스크
㉱ 자기 디스크

해설 RAM은 전원이 끊어지면 정보가 사라지지만 ROM은 사라지지 않는다.

문제 029

CAD를 이용한 생산성 향상의 영역으로 볼 수 없는 것은?

㉮ 복잡한 도면을 작성할 때
㉯ 프리핸드로 스케치하고 싶을 때
㉰ 반복되는 부품을 설계할 때
㉱ 이미 작성한 도면을 편집할 때

해설 CAD의 효용성
  • 도면 작성에서의 비용 절감
  • 도면의 정확도와 질적 향상
  • 설계의 표준화
  • 도면 변경의 신속성
  • 설계시간의 단축에 의한 생산성 향상
  • 다중 작업의 가능

답 028. ㉯ 029. ㉯

제1편 토목 제도
제2편 전 산
제3편 철근 콘크리트
제4편 토목 구조물
부 록 최근 기출문제

전산응용토목제도기능사

제 3 편

철근 콘크리트

제1장 ·················· 철 근
제2장 ·················· 콘크리트
제3장 ············ 철근 콘크리트 설계

제 01 장 철 근

01 철근의 간격

1. 휨 부재(보)

1) 주철근을 2단 이상으로 배근하는 경우

① 상하 철근은 동일 연직면 내에 두어야 한다.
② 연직 순간격은 25mm 이상이어야 한다.

2) 주철근의 수평 순간격

① 25mm 이상
② 굵은골재 최대치수의 4/3배 이상
③ 철근의 공칭지름 이상

3) 다발철근

① D35를 초과하는 철근은 보에서 다발로 사용하면 안 된다.
② 묶는 개수는 4개 이하라야 한다.
③ 각 철근 다발이 지점 이외에서 끝날 때는 철근 지름의 40배 이상 길이로 엇갈리게 끝내야 한다.
④ 다발 철근의 스터럽이나 띠철근으로 둘러싸여야 한다.
⑤ 다발 철근의 공칭지름은 등가 단면적으로 환산된 한 개의 철근 지름으로 본다.

2. 압축 부재(기둥)

1) 기둥의 축방향 철근의 순간격

① 40mm 이상
② 굵은 골재 최대치수의 4/3배 이상
③ 철근 공칭지름의 1.5배 이상

02 갈고리

인장철근에만 갈고리를 붙이고 원형철근은 반드시 갈고리를 붙여야 한다.

1. 표준 갈고리

① 180° 표준 갈고리는 구부린 반원 끝에서 $4d_b$ 이상, 또한 60mm 이상 더 연장되어야 한다.

② 90° 표준 갈고리는 구부린 끝에서 $12d_b$ 이상 더 연장되어야 한다.

2. 스터럽과 띠철근의 표준 갈고리

1) 90° 표준 갈고리

① D16 이하의 철근은 구부린 끝에서 $6d_b$ 이상 더 연장하여야 한다.

② D19, D22, D25 철근은 구부린 끝에서 $12d_b$ 이상 더 연장하여야 한다.

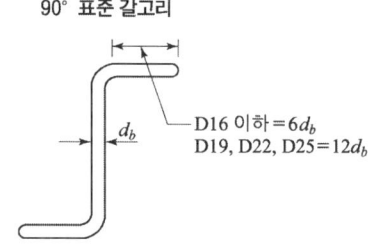

2) 135° 표준 갈고리

D25 이하의 철근은 구부린 끝에서 $6d_b$ 이상 더 연장하여야 한다.

여기서, d_b : 철근, 철선 또는 강연선의 공칭지름(mm)
　　　　갈고리 : 철근의 정착 또는 겹침이음을 위하여 철근 끝의 구부린 부분

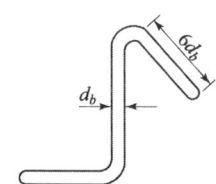

3. 철근 구부리기

1) 구부림의 최소 내면 반지름

철근을 구부릴 때에는 구부림의 최소 내면 반지름 이상으로 철근을 구부린다.

철근 크기	최소 내면 반지름
D10~D25	$3d_b$
D29~D35	$4d_b$
D38 이상	$5d_b$

① 180° 표준 갈고리와 90° 표준 갈고리의 구부리는 내면 반지름은 위 표 값 이상이어야 한다.

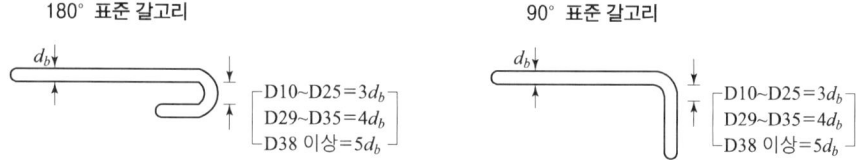

② 스터럽과 띠철근용 표준 갈고리
  • D16 이하의 경우 $2d_b$ 이상으로 하여야 한다.
  • D19 이상의 경우 위 표 값 이상이어야 한다.

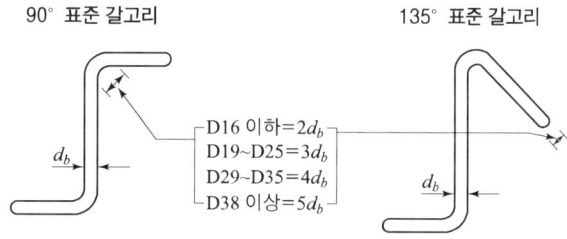

③ 모든 철근은 상온에서 구부려야 한다.
  • 열간압연으로 제조된 보통의 철근은 가열온도 900~1000℃ 정도에서 가열 가공한 후 급한 냉각을 시키지 않아야 한다.
  • 지름이 굵은 철근 등 철근에 열을 가하려 가공할 때에는 가열온도를 충분히 관리하여 급랭시키지 않는 것이 매우 중요하다.
④ 콘크리트 속에 일부가 묻혀 있는 철근은 현장에서 구부리지 않도록 한다.
⑤ 큰 응력을 받는 곳에서 철근을 구부릴 때에는 구부림 내면 반지름을 더 크게 한다.

03 철근의 이음

1. 이음의 일반

1) 겹침이음

① D35를 초과하는 철근은 겹침이음을 하지 않아야 한다.
    단, 서로 다른 크기의 철근을 압축부에서 겹침이음하는 경우 D35 이하의 철근과 D35를 초과하는 철근은 겹침이음을 할 수 있다.
  - 서로 다른 크기의 철근을 압축부에서 겹침이음하는 경우 이음길이는 크기가 큰 철근의 정착길이와 크기가 작은 철근의 겹침이음 길이 중 큰 값 이상이어야 한다. 이때 D41과 D51 철근은 D35 이하 철근과 겹침이음이 허용된다.
  - 기초에서 압축력만을 받는 D41과 D51인 주철근은 힘 전달철근으로서 다우얼 철근과 겹침이음을 할 수 있다. 이때 다우얼 철근은 D35 이하이어야 하며 지지되는 부재 속에 묻혀야 한다.

② 다발 철근의 겹침이음은 다발 내의 개개 철근에 대한 겹침이음 길이를 기본으로 하여 결정한다.
  - 3개의 다발 철근에서는 20%, 4개의 다발 철근에서 33%만큼 겹침이음 길이를 증가시켜야 한다.
  - 한 다발 내에서 각 철근의 이음은 한 군데에서 중복하지 않아야 한다.
  - 두 다발 철근을 개개 철근처럼 겹침이음하지 않아야 한다.

③ 휨 부재에서 서로 직접 접촉되지 않게 겹침이음된 철근은 횡방향으로 소요 겹침이음 길이의 1/5 또는 150mm 중 작은 값 이상 떨어지지 않아야 한다.

2) 용접 이음과 기계적 이음

① 철근의 설계기준 항복강도 f_y의 125% 이상 발휘할 수 있어야 한다.
② 철근의 용접 이음 및 압접 이음의 경우도 철근의 설계기준 항복강도 f_y의 125% 이상 발휘할 수 있어야 한다.

2. 인장 이형철근의 이음

① A급 이음 : $1.0l_d$
② B급 이음 : $1.3l_d$
③ A급 · B급 이상 : 300mm 이상이어야 한다.
④ A급 이음
   배치된 철근량이 이음부 전체 구간에서 해석 결과 요구되는 소요 철근량의 2배 이상이고 소요 겹침이음 길이 내 겹침이음된 철근량이 전체 철근량의 1/2 이하인 경우

⑤ B급 이음

배치된 철근량이 이음부 전체 구간에서 해석 결과 요구되는 소요 철근량의 2배 미만이고 소요 겹침이음 길이 내 겹침이음된 철근량이 전체 철근량의 1/2 초과인 경우
(여기서, l_d : 인장 이형철근의 정착길이)

3. 압축 이형철근의 이음

1) 겹침이음 길이

① $f_y \leq 400$MPa인 경우 : $0.072 f_y d_b$ 이상
② $f_y > 400$MPa인 경우 : $(0.13 f_y - 24) d_b$ 이상

어느 경우에나 300mm 이상이어야 한다. 이때 $f_{ck} < 21$MPa인 경우에는 겹침이음 길이를 1/3 증가시켜야 한다.

2) 서로 다른 크기의 철근 겹침이음 길이

크기가 큰 철근의 정착길이와 크기가 작은 철근의 겹침이음 길이 중 큰 값 이상이어야 한다. 이때 D41과 D51 철근은 D35 이하 철근과의 겹침이음을 허용할 수 있다.

04 철근의 부착과 정착

1. 철근의 부착

① 콘크리트 압축강도가 증가하면 부착강도가 커진다.
② 블리딩이 많은 배합에서는 부착강도가 감소한다.
③ 표면이 약간 녹슬어 거친 표면을 가진 철근이 부착강도가 크다.
④ 피복두께가 클수록 부착강도가 크다.
⑤ 같은 양의 철근을 배근할 때 지름이 큰 철근보다 가는 직경의 철근을 여러 개 사용하는 것이 좋다.

2. 철근의 정착

1) 정착 방법

① 묻힘 길이에 의한 정착
② 갈고리에 의한 정착
③ 철근 가로 방향에 T형 철근을 용접하여 정착

2) 인장 이형철근의 정착

① 기본 정착길이

$$l_{db} = \frac{0.6\, d_b f_y}{\lambda \sqrt{f_{ck}}}$$

② 정착길이

- $l_d = l_{db} \times$ 보정계수
- 정착길이(l_d)는 300mm 이상이어야 한다.

  여기서, d_b : 철근의 공칭 지름(mm)
  f_y : 철근의 설계기준 항복강도
  f_{ck} : 콘크리트 설계기준 압축강도

③ 보정계수

- α 철근 배근 위치계수 : 상부철근 1.3, 기타 1.0
- β 에폭시 도막계수 : 피복두께 $3d_b$ 미만 1.5, 도막되지 않은 경우 1.0
- λ 경량골재 콘크리트 계수 : f_{sp}가 없는 경우 전경량 0.75, 모래경량 0.85
- γ 철근계수 : D19 이하 0.8, D22 이상 1.0

3) 압축 이형철근의 정착

① 기본 정착길이

$$l_{db} = \frac{0.25\, d_b f_y}{\lambda \sqrt{f_{ck}}} \quad \text{또한} \quad l_{db} = 0.043\, d_b f_y \ \text{중 큰 값}$$

② 정착길이

- $l_d = l_{db} \times$ 보정계수
- 정착길이(l_d)는 200mm 이상이어야 한다.

③ 보정계수

지름 6mm 이상, 간격 100mm 이하인 나선철근 또는 간격 100mm 이하인 D13 띠철근으로 둘러싸인 압축 이형철근 : 0.75

4) 정모멘트 철근의 정착

① 단순 부재에서는 정철근의 1/3 이상, 연속부재에서는 정철근의 1/4 이상을 부재의 같은 면을 따라 받침부까지 연장해야 한다.

② 보의 경우는 받침부 내로 150mm 이상 연장해야 한다.

5) 표준 갈고리를 갖는 인장 이형철근의 정착

① 기본 정착길이

$$l_{hb} = \frac{0.24\, \beta\, d_b f_y}{\lambda \sqrt{f_{ck}}}$$

② 정착길이

- $l_{dh} = l_{hb} \times$ 보정계수

- 8d_b 이상, 150mm 이상이어야 한다.
③ 표준갈고리를 갖는 인장 이형철근의 기본정착길이 l_{hb}에 대한 보정계수
- D35 이하 철근에서 갈고리 평면에 수직방향인 측면 피복 두께가 70mm 이상이며 90° 갈고리에 대해서는 갈고리를 넘어선 부분의 철근 피복 두께가 50mm 이상인 경우 : 0.7
- D35 이하 90°, 180° 갈고리 철근에서 정착길이 l_{dh} 구간을 3d_b 이하 간격으로 띠철근 또는 스터럽이 정착되는 철근을 수직으로 둘러싼 경우 또는 갈고리 끝 연장부와 구부림부의 전 구간을 3d_b 이하 간격으로 띠철근 또는 스터럽이 정착되는 철근을 평행하게 둘러싼 경우 : 0.8

6) 다발 철근의 정착

① 3개의 다발 철근에서는 20%만큼 더 증가시킨다.
② 4개의 다발 철근에서는 33%만큼 더 증가시킨다.

05 피복 두께

1. 정 의

콘크리트 표면에서 가장 바깥쪽 철근 표면까지의 최단거리

2. 피복 두께의 제한 이유

① 철근의 부식 방지
② 부착력 증대
③ 내화구조 제작

3. 프리스트레스하지 않는 부재의 현장치기 콘크리트의 최소 피복 두께

환경 조건 및 부재			최소 피복 두께(mm)
수중에 타설하는 콘크리트			100
흙에 접하여 콘크리트를 친 후 흙에 영구히 묻혀 있는 콘크리트			75
흙에 접하거나 옥외의 공기에 직접 노출되는 콘크리트		D19 이상 철근	50
		D16 이하 철근	40
옥외의 공기나 흙에 접하지 않는 콘크리트	슬래브, 벽체, 장선	D35 초과하는 철근	40
		D35 이하 철근	20
	보, 기둥		40

제01장 철근 | 실전문제

문제 001
다음 중 보의 주철근에 대한 설명으로 옳지 않은 것은?
- ㉮ 동일 평면에서 평행하는 철근 사이의 수평 순간격은 25mm 이상이어야 한다.
- ㉯ 수평 순간격은 굵은 골재의 최대치수의 2배 이상이어야 한다.
- ㉰ 수평 순간격은 철근의 공칭지름 이상이어야 한다.
- ㉱ 2단으로 배치할 경우 상, 하 철근을 동일 연직면 내에 두어야 한다.

문제 002
보의 주철근의 수평 순간격은 최소 얼마 이상이어야 하는가?
- ㉮ 15mm
- ㉯ 20mm
- ㉰ 25mm
- ㉱ 30mm

문제 003
콘크리트 피복두께에 대한 정의로 옳은 것은?
- ㉮ 콘크리트 표면과 그에 가장 가까이 배근된 철근 표면 사이의 콘크리트 두께
- ㉯ 콘크리트 표면과 그에 가장 가까이 배근된 철근 중심 사이의 콘크리트 두께
- ㉰ 콘크리트 중심과 그에 가장 가까이 배근된 철근 표면 사이의 콘크리트 두께
- ㉱ 콘크리트 중심과 그에 가장 가까이 배근된 철근 중심 사이의 콘크리트 두께

문제 004
일반적인 콘크리트에서 흙에 접하지 않는 콘크리트로 현장치기인 경우 보와 기둥에서의 최소 피복두께는 얼마인가?
- ㉮ 20mm
- ㉯ 40mm
- ㉰ 60mm
- ㉱ 80mm

문제 005
흙에 접하여 타설되고 영구적으로 흙에 묻혀 있는 현장치기 콘크리트의 최소 피복두께는 얼마 이상인가?
- ㉮ 20mm
- ㉯ 40mm
- ㉰ 60mm
- ㉱ 80mm

문제 006
다음 중 철근의 표준 갈고리에 해당하지 않는 것은?
- ㉮ 반원형(180°) 갈고리
- ㉯ 직각(90°) 갈고리
- ㉰ 예각(135°) 갈고리
- ㉱ 원형(360°) 갈고리

문제 007
표준 갈고리는 몇 종인가?
- ㉮ 2종
- ㉯ 3종
- ㉰ 4종
- ㉱ 5종

문제 008
D16 이하의 스터럽과 띠철근 표준 갈고리의 구부리는 내면 반지름은 철근 지름의 최소 몇 배 이상이라야 하는가?
- ㉮ 1배
- ㉯ 2배
- ㉰ 3배
- ㉱ 4배

답 001. ㉯ 002. ㉰ 003. ㉮ 004. ㉯ 005. ㉱ 006. ㉱ 007. ㉯ 008. ㉯

문제 009
철근의 지름이 D29~D35의 경우에 철근의 재질을 손상시키지 않을 한도 내에서 정해진 갈고리의 최소 내면 반지름은? (단, d_b는 철근의 공칭지름을 나타낸다.)

㉮ $2d_b$ ㉯ $3d_b$
㉰ $4d_b$ ㉱ $5d_b$

문제 010
D19, D22와 D25인 철근의 90° 표준 갈고리는 90° 구부린 끝에서 얼마의 길이만큼 더 연장해야 하는가?

㉮ 철근 지름의 10배 이상
㉯ 철근 지름의 12배 이상
㉰ 철근 지름의 15배 이상
㉱ 철근 지름의 20배 이상

문제 011
철근 구부리기에 대한 설명으로 잘못된 것은?

㉮ 철근은 상온에서 구부리는 것을 원칙으로 한다.
㉯ 콘크리트 속에 일부가 묻혀 있는 철근은 현장에서 구부리지 않도록 한다.
㉰ 큰 응력을 받는 곳에서 철근을 구부릴 경우는 구부림 내면 반지름을 규정 값보다 작게 하여야 한다.
㉱ 표준 갈고리가 아닌 경우의 최소 구부림 내면 반지름은 철근 지름의 5배 이상으로 하여야 한다.

문제 012
표준 갈고리의 최소 내면 반지름을 두는 이유로 가장 적절한 것은?

㉮ 철근을 잘 구부리기 위하여
㉯ 작업을 편하게 하기 위하여
㉰ 철근의 사용량을 줄이기 위하여
㉱ 철근의 재질을 손상시키지 않기 위하여

문제 013
D22 이형철근으로 135° 표준 갈고리를 제작할 때 135° 구부린 끝에서 최소 얼마 이상 더 연장하여야 하는가? (단, d_b는 철근의 지름이다.)

㉮ $6d_b$ ㉯ $9d_b$
㉰ $12d_b$ ㉱ $15d_b$

문제 014
180° 표준 갈고리는 반원 끝에서 철근 지름의 몇 배 이상 또는 몇 mm 이상 더 연장해야 하는가?

㉮ 4배, 60mm
㉯ 3배, 60mm
㉰ 3배, 50mm
㉱ 4배, 50mm

문제 015
철근의 갈고리에 대한 설명 중 틀린 것은?

㉮ 표준 갈고리는 3가지가 있다.
㉯ 큰 응력을 받는 곳에서 철근을 구부릴 때는 구부림 내면 반지름을 더 크게 하여야 한다.
㉰ 반원형 갈고리는 구부림 각도가 90°이다.
㉱ D16 이하 스터럽과 띠철근으로 사용하는 표준 갈고리는 구부림 내면 반지름을 철근 지름의 2배 이상으로 하여야 한다.

문제 016
표준 갈고리가 아닌 경우의 최소 구부림 내면 반지름은 얼마 이상인가? (d_b : 철근의 공칭지름)

㉮ $4d_b$ ㉯ $5d_b$
㉰ $6d_b$ ㉱ $7d_b$

답 009. ㉰ 010. ㉯ 011. ㉰ 012. ㉱ 013. ㉮ 014. ㉮ 015. ㉰ 016. ㉯

문제 017
D25 이하의 스터럽과 띠철근의 135° 표준 갈고리는 철근 지름의 몇 배 이상 연장해야 하는가?
- ㉮ 3배
- ㉯ 4배
- ㉰ 5배
- ㉱ 6배

문제 018
철근의 이음에 관한 설명으로 잘못된 것은?
- ㉮ 철근은 가능하면 잇지 않는 것을 원칙으로 한다.
- ㉯ 최대 인장응력이 집중되는 곳에서는 이음을 두지 않는다.
- ㉰ 이음부는 서로 엇갈리게 배치하는 것이 좋다.
- ㉱ 이음부는 가급적이면 한 단면에 집중시켜 배치한다.

문제 019
철근의 이음에 대한 설명으로 옳지 않은 것은?
- ㉮ 철근은 이어대지 않는 것을 원칙으로 한다.
- ㉯ 최대 인장응력이 작용하는 곳에서 이음을 하는 것이 좋다.
- ㉰ 이음부는 서로 엇갈리게 하는 것이 좋다.
- ㉱ 이음 방법에는 겹침이음이 가장 많이 사용된다.

문제 020
철근의 이음법에서 가장 많이 사용하는 이음법은?
- ㉮ 용접 이음법
- ㉯ 겹침 이음법
- ㉰ 맞대기 이음법
- ㉱ 슬리브 너트

문제 021
공칭지름이 몇 mm를 초과하는 철근은 겹침이음을 해서는 안 되는가?
- ㉮ 35mm
- ㉯ 32mm
- ㉰ 29mm
- ㉱ 25mm

문제 022
지름이 35mm를 초과하는 철근의 이음에 대한 설명 중 옳지 않은 것은?
- ㉮ 겹침이음을 해서는 안 된다.
- ㉯ 용접에 의한 맞댐이음을 한다.
- ㉰ 일반적으로 갈고리를 하여 이음한다.
- ㉱ 이음부가 철근 항복강도의 125% 이상의 인장력을 발휘할 수 있어야 한다.

문제 023
철근의 용접이음은 설계기준 항복강도 f_y의 몇 % 이상을 발휘할 수 있는 완전 용접이음으로 하는가?
- ㉮ 45%
- ㉯ 90%
- ㉰ 100%
- ㉱ 125%

문제 024
표준 갈고리를 갖는 인장 이형철근의 기본 정착길이는 철근 지름의 몇 배 이상이어야 하는가?
- ㉮ 8배
- ㉯ 9배
- ㉰ 10배
- ㉱ 11배

문제 025
표준 갈고리를 갖는 인장 이형철근의 기본 정착 길이는 다음 어떤 식으로 구할 수 있는가? (단, 철근의 설계기준 항복강도가 400MPa인 경우이며 f_{ck}는 콘크리트의 설계기준 압축강도를 d_b는 철근의 공칭지름을 나타낸다.)
- ㉮ $\dfrac{0.08\,d_b f_y}{\sqrt{f_{ck}}}$
- ㉯ $\dfrac{0.152\,d_b f_y}{\sqrt{f_{ck}}}$
- ㉰ $\dfrac{350\,\sqrt{f_{ck}}}{d_b}$
- ㉱ $\dfrac{0.24\,\beta\, d_b f_y}{\lambda\,\sqrt{f_{ck}}}$

답 017. ㉱ 018. ㉱ 019. ㉯ 020. ㉯ 021. ㉮ 022. ㉰ 023. ㉱ 024. ㉮ 025. ㉱

문제 026
위험단면에서 철근의 설계기준 항복강도를 발휘하는데 필요한 길이로서 철근을 더 연장하여 묻어넣은 길이를 무엇이라 하는가?
- ㉮ 매입길이
- ㉯ 단정착
- ㉰ 정착길이
- ㉱ 겹침이음 길이

문제 027
철근의 정착길이를 결정하기 위하여 고려해야 할 조건이 아닌 것은?
- ㉮ 철근의 지름
- ㉯ 철근 배근위치
- ㉰ 콘크리트 종류
- ㉱ 굵은 골재의 최대치수

문제 028
철근의 인장력을 부착으로만 전달할 수 없을 경우, 즉 필요한 정착길이를 확보할 수 없을 경우 사용되는 것은?
- ㉮ 충분한 피복두께
- ㉯ 갈고리
- ㉰ 압축철근의 사용
- ㉱ 원형철근의 사용

문제 029
이형 압축철근의 정착길이는 기본 정착길이에 보정계수를 곱하여 구한다. 이때 구한 값은 최소 몇 mm 이상이어야 하는가?
- ㉮ 100
- ㉯ 150
- ㉰ 200
- ㉱ 250

문제 030
압축 이형철근의 정착길이는 최소 얼마 이상인가?
- ㉮ 200mm
- ㉯ 300mm
- ㉰ 400mm
- ㉱ 500mm

문제 031
인장 또는 압축을 받는 다발 철근 중의 각 철근의 정착길이는 다발 철근이 아닌 각 철근의 정착길이에 비해 일정량을 증가시켜야 한다. 4개로 된 다발 철근에 대해서는 몇 %를 증가시켜야 하는가?
- ㉮ 25%
- ㉯ 33%
- ㉰ 38%
- ㉱ 42%

문제 032
인장철근에서 기본 정착길이에 곱해주는 보정계수 λ는 경량골재 콘크리트 계수이다. f_{sp}값이 규정되지 않은 전경량 콘크리트 λ값으로 옳은 것은?
- ㉮ 1.3
- ㉯ 1.2
- ㉰ 1.1
- ㉱ 0.75

문제 033
인장 이형철근을 사용하여 B급 겹침이음을 할 경우 겹침이음의 길이로 적당한 것은? (단, l_d는 계산에 의한 인장 이형철근의 정착길이)
- ㉮ $1.0 \times l_d$ 미만
- ㉯ $1.0 \times l_d$ 이상
- ㉰ $1.3 \times l_d$ 미만
- ㉱ $1.3 \times l_d$ 이상

문제 034
지름이 35mm를 초과하는 철근은 용접에 의한 맞댐이음을 한다. 이음부가 설계기준 항복강도의 얼마 이상의 인장력을 발휘할 수 있어야 하는가?
- ㉮ 85% 이상
- ㉯ 100% 이상
- ㉰ 125% 이상
- ㉱ 150% 이상

문제 035
철근 콘크리트 보의 배근에 있어서 주철근의 이음 장소로 가장 적당한 곳은?
- ㉮ 임의의 곳
- ㉯ 보의 중앙
- ㉰ 지점에서 $d/4$인 곳
- ㉱ 인장력이 가장 작은 곳

답 026. ㉰ 027. ㉱ 028. ㉯ 029. ㉰ 030. ㉮ 031. ㉯ 032. ㉮ 033. ㉱ 034. ㉰ 035. ㉱

문제 036
콘크리트 속에 일부가 매립된 철근은 책임 기술자의 승인 하에 구부림 작업을 해야 한다. 현장에서 철근을 구부리기 위한 작업 방법으로 적절하지 않은 것은?
㉮ 가급적 상온에서 실시한다.
㉯ 콘크리트에 손상이 가지 않도록 한다.
㉰ 구부림 작업 중 균열이 발생하더라도 상관없다.
㉱ 가열된 철근은 서서히 냉각시킨다.

문제 037
다음 중 철근의 이음방법이 아닌 것은?
㉮ 신축 이음 ㉯ 겹침 이음
㉰ 용접 이음 ㉱ 기계적 이음

문제 038
철근 콘크리트 구조물은 최소 피복두께를 확보하여야 한다. 콘크리트의 피복두께를 두는 이유로 적당하지 않은 것은?
㉮ 시공을 용이하게 하기 위하여
㉯ 철근의 부식을 막기 위하여
㉰ 부착응력을 확보하기 위하여
㉱ 내화력을 증가시키기 위하여

문제 039
인장 이형철근 및 이형철선의 정착길이는 기본 정착길이에 보정계수 α, β, γ를 곱하여 구할 수 있다. 이때 보정계수에 영향을 주는 인자가 아닌 것은?
㉮ 철근의 항복강도   ㉯ 철근 배근위치
㉰ 에폭시 도막 여부   ㉱ 콘크리트의 종류

문제 040
인장을 받는 이형철근의 정착길이를 계산할 때 수정계수는 상부철근인 경우 얼마인가?
㉮ 1.2   ㉯ 1.3
㉰ 1.4   ㉱ 1.5

문제 041
철근을 배치할 때 표준 갈고리를 사용할 경우 표준 갈고리의 정착길이는 기본 정착길이에 무엇을 곱해서 구해야 하는가?
㉮ 증가계수
㉯ 철근의 개수
㉰ 갈고리 철근의 개수
㉱ 보정계수

문제 042
강도설계법에서 인장철근 D29(공칭 직경 $d_b=28.6$mm)을 정착시키는 데 소요되는 기본 정착길이는? (단, $f_{ck}=24$MPa, $f_y=300$MPa, $\lambda=1.0$)
㉮ 682mm   ㉯ 785mm
㉰ 827mm   ㉱ 1051mm

해설
- $l_{db} = \dfrac{0.6 d_b f_y}{\lambda \sqrt{f_{ck}}} = \dfrac{0.6 \times 28.6 \times 300}{1.0 \times \sqrt{24}} = 1051$mm
- 정착길이 $l_d = 300$mm 이상
  $l_d = l_{db} \times$ 보정계수(α, β, λ)

문제 043
콘크리트의 설계기준 압축강도(f_{ck})가 35MPa이며 철근의 설계 항복강도가 400MPa이면 직경이 25mm인 압축 이형철근의 기본 정착길이는 얼마인가? (단, $\lambda=1.0$)
㉮ 227mm   ㉯ 358mm
㉰ 423mm   ㉱ 430mm

해설
- $l_{db} = \dfrac{0.25 d_b f_y}{\lambda \sqrt{f_{ck}}}$ 또는 $0.043 d_b f_y$ 중 큰 값인 430mm이다.
- $l_{db} = \dfrac{0.25 d_b f_y}{\lambda \sqrt{f_{ck}}} = \dfrac{0.25 \times 25 \times 400}{1.0 \times \sqrt{35}} = 423$mm
- $l_{db} = 0.043 d_b f_y = 0.043 \times 25 \times 400 = 430$mm

답 036. ㉰ 037. ㉮ 038. ㉮ 039. ㉮ 040. ㉯ 041. ㉱ 042. ㉱ 043. ㉱

문제 044

강도설계에서 이형철근의 정착길이는 무엇과 반비례하는가?

㉮ 철근의 공칭지름
㉯ 철근의 단면적
㉰ 철근의 항복강도
㉱ 콘크리트 설계기준 강도의 평방근

해설 인장 이형철근의 기본 정착길이
$$l_{db} = \frac{0.6\, d_b f_y}{\lambda \sqrt{f_{ck}}} \text{(mm)}$$

문제 045

표준 갈고리를 갖는 인장 이형철근의 정착길이에 대한 보정계수로 틀린 것은?

㉮ 90° 갈고리에 대해서는 갈고리를 넘어선 부분의 철근 피복 두께가 50mm 이상인 경우 : 0.7
㉯ 배치된 철근량이 소요 철근량을 초과하는 경우 : $\dfrac{\text{배근 } A_s}{\text{소요 } A_s}$
㉰ 스터럽이 정착되는 철근을 수직으로 둘러싼 경우 : 0.8
㉱ D35 이하 180° 갈고리 철근에서 정착길이 구간을 $3d_b$ 이하 간격으로 띠철근한 경우 : 0.8

해설 배치된 철근량이 소요 철근량을 초과하는 경우
$$\frac{\text{소요 } A_s}{\text{배근 } A_s}$$

문제 046

압축 이형철근의 정착에 대한 다음 설명 중 잘못된 것은?

㉮ 정착길이는 기본 정착길이에 적용 가능한 모든 보정계수를 곱하여 구한다.
㉯ 정착길이는 항상 200mm 이상이어야 한다.
㉰ 해석 결과 요구되는 철근량을 초과하여 배치한 경우의 보정계수는 (소요 A_s / 배근 A_s)이다.
㉱ 표준 갈고리를 갖는 압축 이형철근의 보정계수는 0.75이다.

해설
- 압축구역에서는 갈고리가 정착에 유효하지 않아 만들 필요가 없다.
- 압축 이형철근의 정착시 지름이 6mm 이상이고 나선 간격이 100mm 이하인 나선철근의 보정계수는 0.75이다.
- 압축 이형철근의 기본 정착길이
$$l_{db} = \frac{0.25\, d_b f_y}{\lambda \sqrt{f_{ck}}} \text{ (단, } 0.043\, d_b f_y \text{ 이상)}$$

문제 047

표준 갈고리를 갖는 인장 이형철근의 정착에 대한 기술 중 잘못된 것은? (단, d_b는 철근의 공칭지름)

㉮ 갈고리는 인장을 받는 구역에서 철근 정착에 유효하다.
㉯ 기본 정착길이에 보정계수를 곱하여 정착길이를 계산하는데 이렇게 구한 정착길이는 항상 $8d_b$ 이상, 또한 150mm 이상이어야 한다.
㉰ 보정계수는 0.7이다.
㉱ 정착길이는 위험 단면으로부터 갈고리 외부 끝까지의 거리로 나타낸다.

해설
- D35 이하 180° 갈고리 철근에서 정착길이 구간을 $3d_b$ 이하 간격으로 띠철근 또는 스터럽이 정착되는 철근을 수직으로 둘러싼 경우 보정계수는 0.8이다.
- 철근의 인장력을 부착만으로 전달할 수 없는 경우에 표준 갈고리를 병용한다.
- 기본 정착길이 $l_{hb} = \dfrac{0.24\,\beta\, d_b f_y}{\lambda \sqrt{f_{ck}}}$

문제 048

철근의 최소 정착길이는 그 길이에 걸쳐서 도달될 수 있는 무엇에 기초를 둔 것인가?

㉮ 평균 부착응력
㉯ 평균 접착응력
㉰ 평균 전단응력
㉱ 평균 허용응력

답 044. ㉱ 045. ㉯ 046. ㉱ 047. ㉰ 048. ㉮

문제 049

인장 또는 압축을 받는 철근 다발 내에 있는 개개 철근의 정착길이는 철근 다발이 아닌 각 철근의 정착길이에 일정량을 증가시켜 철근의 정착길이를 산정한다. 이때 3개로 된 철근 다발에 대해서는 몇 %를 증가시켜야 하는가?

- ㉮ 10%
- ㉯ 20%
- ㉰ 33%
- ㉱ 40%

문제 050

휨 부재에 철근을 배치할 때 철근을 묶어서 다발로 사용하는 경우가 있다. 이에 대한 설명 중 옳지 못한 것은?

- ㉮ 반드시 이형철근이라야 하며 묶는 개수는 최대 3개 이하라야 한다.
- ㉯ D35를 초과하는 철근은 보에서 다발로 사용하면 안 된다.
- ㉰ 각 철근 다발이 지점 이외에서 끝날 때는 철근 지름의 40배 길이로 엇갈리게 끝내야 한다.
- ㉱ 다발 철근은 스터럽이나 띠철근으로 둘러싸여야 한다.

답 049. ㉯ 050. ㉮

제 02 장 콘크리트

제 3 편 철근 콘크리트

01 콘크리트 구성 및 특징

1. 콘크리트 구성

1) 일반적인 재료 구성

① 골재는 용적으로 70%를 차지한다.
② 시멘트 풀(결합재)은 30%를 차지한다.

2) 콘크리트 성분

① 시멘트 풀
　시멘트와 물을 혼합한 것
② 모르타르
　시멘트, 물, 잔골재를 혼합한 것
③ 콘크리트
　시멘트, 물, 잔골재(모래), 굵은 골재(자갈), 혼화재료를 혼합한 것

2. 콘크리트 특징

1) 장점

① 형상 및 치수의 제한이 없고 임의 형상, 크기의 부재나 구조물 제작을 할 수 있다.
② 재료 입수 및 운반이 쉽다.
③ 압축강도가 크고 내구성, 내화성이 크다.
④ 특별한 숙련공이 필요하지 않다.
⑤ 유지비가 적고 경제적이다.

2) 단점
① 자중이 커 취급이 불리하다.
② 파괴나 개조하기가 곤란하다.
③ 공사기간이 길다.
④ 압축강도에 비해 인장강도, 휨강도가 작다.

02 콘크리트의 재료

1. 시멘트

1) 시멘트 제조

석회석과 점토를 혼합하여 1,400~1,500℃ 정도 소성하여 클링커를 만든 후 응결 지연제인 석고를 2~3% 정도 넣고 클링커를 분쇄하여 만든다.

2) 시멘트의 화학적 성분
① 주성분
- 석회(CaO) : 63%
- 실리카(SiO_2) : 23%
- 알루미나(Al_2O_3) : 6%

② 부성분
- 산화철(Fe_2O_3)
- 무수황산(SO_3)
- 산화마그네슘(MgO)

3) 시멘트 화합물의 특성
① 규산 3석회(C_3S)
강도가 빨리 나타나고 중용열 포틀랜드 시멘트에서는 이 양을 50% 이하로 제한하고 있다.

② 규산 2석회(C_2S)
수화작용은 늦고 장기 강도가 크다.

③ 알루민산 3석회(C_3A)
수화작용이 가장 빠르며 수화열이 매우 높아 중용열 포틀랜드 시멘트에서는 8% 이하로 제한한다.

④ 알루민산철 4석회(C_4AF)
수화작용이 늦고 수화열도 적어 도로, 댐 등의 시멘트에 사용된다.

4) 시멘트의 일반적 성질

① 시멘트의 수화
- 시멘트와 물이 혼합하면 화학반응을 일으켜 응결, 경화 과정을 거쳐 강도를 내게 된다. 이런 반응을 수화작용이라 한다.
- 수화작용은 시멘트의 분말도, 수량, 온도, 혼화재료의 사용 유무 등 여러 가지 요인에 따라 영향을 받는다.

② 응결 및 경화
- 시멘트와 물이 혼합된 시멘트 풀이 시간이 지남에 따라 유동성과 점성을 잃고 굳어지는 현상을 응결이라 한다.
- 응결은 초결 1시간 이후, 종결은 10시간 이내로 규정하고 있다.
- 시멘트의 응결시험은 비카 침 및 길모어 침에 의해 시멘트의 응결시간을 측정한다.
- 수량이 많으면 응결이 늦어진다.
- 석고량을 많이 넣을수록 응결은 늦어진다.
- 물-결합재비가 많을수록 응결은 늦어진다.
- 풍화된 시멘트를 사용할 경우 응결은 늦어진다.
- 온도가 높을수록 응결이 빨라진다.
- 습도가 낮으면 응결이 빨라진다.
- 분말도가 높으면 응결이 빨라진다.
- 알루민산 3석회(C_3A)가 많을수록 응결은 빨라진다.

③ 수화열
- 시멘트가 수화작용을 할 때 발생하는 열을 말한다.
- 시멘트가 응결, 경화하는 과정에서 열이 발생한다.
- 수화열은 콘크리트의 내부 온도를 상승시키므로 한중 콘크리트 공사에는 유효하지만 댐과 같이 단면이 큰 매스 콘크리트 온도가 크게 상승하여 초기 경화 후 냉각하게 되면 내외 온도차에 의한 온도 응력이 발생하여 균열이 발생하는 원인이 된다.
- 수화열은 물-시멘트비가 클수록 높고 양생온도가 높을수록 조기 재령에서 높아진다.

④ 시멘트의 풍화
- 시멘트가 저장 중에 공기와 접하면 공기 중의 수분을 흡수하여 수화작용을 일으켜 굳어지는 현상
- 풍화된 시멘트의 성질
  - 밀도가 작아진다.
  - 응결이 늦어진다.
  - 강도가 늦게 나타난다.
  - 강열감량이 증가된다.
    [강열감량] 시멘트의 풍화 정도를 나타내는 척도로 3% 이하로 규정되어 있다.

⑤ 시멘트의 밀도
- 보통 포틀랜드 시멘트의 밀도는 $3.14~3.16g/cm^3$ 정도이며 콘크리트 배합 및 단위용 적질량 계산 등에 이용된다.
- 시멘트의 밀도 값으로 클링커의 소성상태, 풍화, 혼합재료의 섞인 양, 시멘트의 품질, 시멘트의 종류 등을 알 수 있다.
- 시멘트 밀도에 영향을 끼치는 요인
  - 석고 함유량이 많으면 밀도가 작아진다.
  - 저장기간이 길거나 풍화된 경우 밀도가 작아진다.
  - 클링커의 소성이 불충분할 경우 밀도가 작아진다.
  - 혼합 시멘트는 혼합 재료의 양이 많아지면 밀도가 작아진다.
  - 일반적으로 실리카(SiO_2), 산화철(Fe_2O_3) 등이 많으면 밀도가 크고, 석회(CaO), 알루미나(Al_2O_3)가 많으면 밀도가 작다.
- 시멘트 밀도시험
  - 르샤틀리에 병에 광유를 0~1 ml 눈금 사이에 넣고 눈금을 읽는다.
  - 병의 목 부분에 묻은 광유를 철사에 마른 천을 감고 닦아낸다.
  - 시멘트 64g을 넣고 병을 가볍게 굴리거나 흔들어 내부 공기를 뺀 후 광유의 표면 눈금을 읽는다.
  - 시멘트 밀도 = $\frac{\text{시멘트의 질량}}{\text{광유의 눈금차}}$

⑥ 시멘트의 분말도
- 시멘트 입자의 가는 정도를 나타내는 것으로 비표면적으로 나타낸다. 즉 시멘트 1g이 가지는 전체 입자의 총 표면적(cm^2/g)이다.
- 보통 포틀랜드 시멘트의 분말도는 $2,800cm^2/g$ 이상이다.
- 시멘트의 입자가 가늘수록 분말도가 높다.
- 분말도가 높은 시멘트의 성질
  - 수화작용이 빠르고 초기강도가 크게 된다.
  - 블리딩이 작고 워커빌리티가 좋아진다.
  - 풍화하기 쉽다.
  - 수화열이 많으므로 건조수축이 커져서 균열이 발생하기 쉽다.
- 시멘트의 분말도 시험은 표준체에 의한 방법과 블레인 방법이 있다.

⑦ 시멘트의 안정성
- 시멘트가 경화 중에 체적이 팽창하여 균열이 생기거나 휨 등이 생기는 정도를 말한다.
- 보통 포틀랜드 시멘트의 팽창도는 0.8% 이하이다.
- 시멘트가 불안정한 원인은 시멘트 입자 안에 산화칼슘(CaO), 산화마그네슘(MgO), 삼산황화(SO_3) 등이 많이 포함되어 있기 때문이다.
- 시멘트의 오토클레이브 팽창도 시험으로 시멘트의 안정성을 알 수 있다.

⑧ 시멘트 모르타르의 압축강도 시험
- 모르타르는 시멘트와 표준 모래를 1 : 3의 질량비로 한다. (시멘트 510g, 표준사 1250g)
- 흐름 몰드에 모르타르를 각 층마다 20회씩 2층을 다진 후 흐름판을 15초 동안에 25회 낙하시켜 흐름값을 구한다.
- 흐름값은 100~115가 표준값이다.
- 흐름값(%) = $\dfrac{\text{시험 후 퍼진 모르타르 평균지름}}{\text{흐름 몰드의 밑지름}} \times 100$
- 압축강도 = $\dfrac{\text{최대 하중}}{\text{시험체의 단면적}}$

  여기서, 시험체(공시체)의 단면적은 $40 \times 40 = 1,600\text{mm}^2$이다.

⑨ 시멘트 모르타르의 인장강도 시험
- 모르타르는 시멘트와 표준 모래를 섞어 1 : 2.7의 질량비로 한다.
- 인장강도 = $\dfrac{\text{최대 하중}}{\text{시험체의 단면적}}$

5) 시멘트의 종류 및 특성

① 보통 포틀랜드 시멘트
- 일반적인 시멘트를 보통 포틀랜드 시멘트라 한다.
- 원료가 석회석과 점토로 재료 구입이 쉽고 제조 공정이 간단하며 그 성질이 우수하다.

② 중용열 포틀랜드 시멘트
- 수화열을 적게하기 위해 알루민산 3석회(C_3A)의 양을 적게 하고 장기강도를 내기 위해 규산 2석회(C_2S)량을 많게 한 시멘트
- 수화열이 작다.
- 조기강도는 작으나 장기강도는 크다.
- 댐, 매스 콘크리트, 방사선 차폐용 등에 적합하다.
- 건조수축은 포틀랜드 시멘트 중에 가장 작다.

③ 조강 포틀랜드 시멘트
- 보통 포틀랜드 시멘트의 28일 강도를 재령 7일 정도에서 나타난다.
- 수화속도가 빠르고 수화열이 커 한중공사, 긴급공사 등에 사용된다.
- 수화열이 크므로 매스 콘크리트에서는 균열 발생의 원인이 되므로 주의해야 한다.

④ 고로 시멘트
- 수화열이 비교적 적다.
- 내화학 약품성이 좋아 해수, 공장폐수, 하수 등에 접하는 콘크리트에 적당하다.
- 댐 공사에 사용된다.
- 단기강도가 적고 장기강도가 크다.

⑤ 실리카 시멘트(포졸란)
- 콘크리트 워커빌리티를 증가시킨다.
- 장기강도가 커진다.

- 수밀성 및 해수에 대한 화학적 저항성이 크다.
⑥ 플라이 애시 시멘트
- 콘크리트 워커빌리티를 증대시키며 단위수량을 감소시킬 수 있다.
- 수화열이 적고 건조수축도 적다.
- 장기강도가 커진다.
- 해수에 대한 내화학성이 크다.
⑦ 알루미나 시멘트
- 1일 강도가 보통 포틀랜드 시멘트의 28일 강도와 같다.
- 발열량이 커 한중공사, 긴급공사에 적합하다.
- 해수 및 기타 화학작용을 받는 곳에 저항성이 크다.
- 내화용 콘크리트에 적합하다.
- 보통 포틀랜드 시멘트와 혼합하여 사용하면 순결성이 나타나므로 주의하여야 한다.
⑧ 초속경 시멘트(jet cement)
- 2~3 시간에 큰 강도를 얻을 수 있다.
- 응결시간이 짧고 경화 시 발열이 크다.
- 알루미나 시멘트와 같은 전이 현상이 없다.
- 보통 시멘트와 혼합해서 사용하면 안 된다.
- 강도 발현이 매우 빨라 물을 가한 후 2~3시간에 압축강도가 약 10~20MPa에 달한다.
- 재령 1일에 40MPa의 강도를 발현한다.
⑨ 팽창 시멘트
- 보통 포틀랜드 시멘트를 사용한 콘크리트는 경화 건조에 의해 수축, 균열이 발생하는데 이 수축성을 개선할 목적으로 사용한다.
- 초기에 팽창하여 그 후의 건조수축을 제거하고 균열을 방지하는 수축보상용과 크게 팽창을 일으켜 프리스트레스 콘크리트로 이용하는 화학적 프리스트레스 도입용이 있다.
- 팽창성 콘크리트의 수축률은 보통 콘크리트에 비해 20~30% 작다.
- 팽창성 콘크리트는 양생이 중요하며 믹싱시간이 길면 팽창률이 감소하므로 주의해야 한다.

6) 시멘트의 저장

① 방습된 사일로 또는 창고에 입하된 순서대로 저장한다.
② 포대 시멘트는 지상 30cm 이상되는 마루에 쌓아 놓는다.
③ 포대 시멘트는 13포 이상 쌓아 놓지 않는다. 단, 장기간 저장할 경우에는 7포 이상 쌓지 않는다.
④ 저장 중에 약간이라도 굳은 시멘트는 사용해서는 안 된다.
⑤ 장기간 저장한 시멘트는 사용하기 전에 시험을 하여 품질을 확인해야 한다.
⑥ 시멘트의 온도가 너무 높을 때는 온도를 낮추어서 사용해야 한다.

⑦ 시멘트 저장고의 면적

$$A = 0.4 \frac{N}{n} (\text{m}^2)$$

여기서, N : 총 쌓을 포대 수
n : 높이로 쌓을 포대 수

2. 혼화재료

1) 혼화재

사용량이 비교적 많아 그 자체의 부피가 콘크리트의 배합계산에 관계가 되며 시멘트 사용량의 5% 이상을 사용한다.

① 포졸란
- 블리딩이 감소하고 워커빌리티가 좋아진다.
- 수밀성 및 화학 저항성이 크다.
- 발열량이 적어지므로 강도의 증진이 늦고 장기강도가 크다.
- 댐 등 단면이 큰 콘크리트에 사용된다.

② 플라이 애시
- 콘크리트의 워커빌리티를 좋게 하고 사용수량을 감소시켜 준다.
- 장기강도가 크다.
- 수화열이 적어 단면이 큰 콘크리트 구조물에 적합하다.
- 콘크리트의 수밀성을 크게 개선한다.

③ 고로 슬래그
- 내해수성, 내화학성이 향상된다.
- 수화열에 의한 온도상승의 대폭적인 억제가 가능하게 되어 매스 콘크리트에 적합하다.
- 알칼리 골재반응의 억제에 대한 효과가 크다.

④ 팽창제
- 교량의 지승을 설치할 때나 기계를 앉힐 때 기초 부위 등의 그라우트에 사용한다.
- 콘크리트 부재의 건조수축을 줄여 균열의 발생을 방지할 목적으로 사용한다.
- 혼합량이 지나치게 많으면 팽창균열을 일으키게 되므로 주의해야 한다.
- 포틀랜드 시멘트에 혼합하여 팽창 시멘트로 사용한다.
- 물탱크, 지붕 슬래브, 지하벽 등의 방수 이음부를 없앤 콘크리트 포장, 흄관 등에 이용한다.

⑤ 실리카 품
- 밀도는 $2.1 \sim 2.2 \text{g/cm}^3$ 정도이며 시멘트 질량의 5~15% 정도 치환하면 콘크리트가 치밀한 구조가 된다.

- 재료분리 저항성, 수밀성, 내화학 약품성이 향상되며 알칼리 골재 반응의 억제 효과 및 강도 증진이 된다.
- 단위수량의 증가, 건조수축의 증대 등의 결점이 있다.

2) 혼화제

사용량이 비교적 적어 그 자체의 부피가 콘크리트의 배합계산에서 무시되며 시멘트 사용량의 1% 이하로 사용한다.

① 공기 연행제
- 콘크리트 내부에 독립된 미세한 기포를 발생시켜 이 연행 공기가 시멘트, 골재 입자 주위에서 볼 베어링 작용을 함으로 콘크리트의 워커빌리티를 개선한다.
- 블리딩을 감소시킨다.
- 동결융해에 대한 내구성을 크게 증가시킨다.
- 공기량이 1% 증가함에 따라 슬럼프가 2.5cm 증가하고 압축강도는 4~6% 감소한다.
- 단위수량이 적게 된다.
- 철근과 부착강도가 저하되는 단점이 있다.
- 알칼리 골재 반응이 적다.

② 감수제, 공기연행 감수제, 분산제
- 시멘트 입자를 분산시킴으로 콘크리트의 워커빌리티를 좋게 하고 소요의 워커빌리티를 얻기 위해 단위수량을 10~16% 정도 감소시킨다.
- 동결 융해에 대한 저항성이 증대된다.
- 단위 시멘트량을 감소시킨다.
- 수밀성이 향상되고 투수성이 감소된다.
- 내약품성이 커지고 건조수축을 감소시킨다.

③ 유동화제
- 낮은 물-결합재비 콘크리트에 사용하여 반죽질기를 증가시켜 워커빌리티를 증대시킨다.
- 고강도 콘크리트를 얻을 수 있다.

④ 경화 촉진제
- 시멘트의 수화작용을 촉진하는 혼화제로 시멘트 질량의 1~2% 정도 사용한다.
- 초기강도를 증가시켜 주나 2% 이상 사용하면 큰 효과가 없으며 오히려 순결, 강도 저하를 준다.
- 조기강도의 증대 및 동결온도의 저하에 따른 한중 콘크리트에 사용한다.
- 경화 촉진제로 염화칼슘, 규산나트륨 등이 있다.

⑤ 지연제
- 시멘트의 수화반응을 늦추어 응결시간을 길게 할 목적으로 사용한다.
- 서중 콘크리트 시공 시 워커빌리티의 저하를 방지한다.

- 레디믹스트 콘크리트의 운반거리가 멀어 운반시간이 장시간 소요되는 경우 유효하다.
- 수조, 사일로 및 대형 구조물 등 연속 타설을 필요로 하는 콘크리트 구조에서 작업이음 발생 등의 방지에 유효하다.

⑥ 급결제
- 시멘트의 응결시간을 빨리하기 위해 사용한다.
- 모르타르, 콘크리트의 뿜어 붙이기(숏크리트) 공법, 그라우트에 의한 지수공법 등에 사용된다.
- 탄산소다, 염화 제2철, 염화 알루미늄, 알루민산 소다, 규산소다 등이 주성분이다.

⑦ 발포제
- 알루미늄 또는 아연 등의 분말을 혼합하여 모르타르 및 콘크리트 속에 미세한 기포를 발생하게 한다.
- 모르타르나 시멘트 풀을 팽창시켜 굵은 골재의 간극이나 PC 강재의 주위를 채워지게 하기 위해 프리플레이스트 콘크리트용 그라우트나 PC용 그라우트에 사용된다.
- 건축 분야에서는 부재의 경량화, 단열성을 증대하기 위해 사용한다.

3. 골 재

1) 골재의 특성별 분류

① 골재의 입경에 따른 분류
- 굵은 골재 : 5mm체에 남는 골재
- 잔골재 : 10mm체를 전부 통과하고 5mm체를 거의 통과하며 0.08mm체에 다 남는 골재

② 골재의 산출 방법에 따른 분류
- 천연 골재 : 하천 모래, 하천 자갈, 바다 모래, 바다 자갈 등
- 인공 골재 : 부순돌(쇄석), 부순 모래, 고로 슬래그, 인공 경량 및 중량골재 등

③ 골재의 중량에 의한 분류
- 경량 골재 : 콘크리트의 질량을 줄이기 위해 사용하는 골재로 밀도가 2.50g/cm^3 이하
- 보통 골재 : 밀도가 $2.50 \sim 2.65 \text{g/cm}^3$ 정도인 골재
- 중량 골재 : 댐, 방사선 차폐 콘크리트 등에 사용되는 골재로 밀도가 2.70g/cm^3 이상인 골재

2) 골재의 성질

① 골재의 필요 조건
- 깨끗하고 유해물이 함유하지 않을 것
- 물리, 화학적으로 안정하고 강도 및 내구성이 클 것
- 입도 분포가 양호할 것
- 모양은 구 또는 입방체에 가까울 것
- 마모에 대한 저항성이 클 것

② 골재의 입도 및 입형
- 골재의 모양은 모난 것 보다는 둥근 것이 콘크리트의 유동성, 즉 워커빌리티를 증대시켜주므로 구(球) 또는 입방체가 좋다.
- 골재의 입자가 크고 작은 것이 골고루 섞여 있는, 즉 입도가 양호한 것이 좋다.
- 부순돌(쇄석)은 강자갈에 비해 워커빌리티는 나쁘고 잔골재율과 단위수량이 증대되며 골재의 표면이 거칠어 강도는 더 크다.
- 굵은 골재 최대치수가 65mm 이상인 경우에는 대·소알을 구분하여 따로 저장한다.
- 잔골재는 10mm 체를 전부 통과하고 5mm 체를 질량비로 85% 이상 통과하며 최대 입자로부터 미립자까지 대소의 알이 적당히 혼합되어 있는 것이 좋다.
- 굵은 알이 적당히 혼합되어 있는 잔골재를 쓰면 소요 품질의 콘크리트를 비교적 적은 단위수량 및 단위시멘트량으로 경제적인 콘크리트를 만들 수 있다.
- 조립률이 2.0~3.3의 잔골재를 쓰는 것이 좋다. 조립률이 이 범위를 벗어난 잔골재를 쓰는 경우에는 2종 이상의 잔골재를 혼합하여 입도를 조정해서 쓰는 것이 좋다. 또 잔골재 입도의 표준에 표시된 연속된 2개의 체 사이를 통과하는 양의 백분율은 45%를 넘지 않아야 한다.
- 빈배합 콘크리트의 경우나 굵은 골재의 최대치수가 작은 굵은 골재를 쓰는 경우에는 비교적 세립이 많은 잔골재를 사용하면 워커빌리티가 좋은 콘크리트를 얻을 수 있다.
- 잔골재에 부순 잔골재나 고로 슬래그 잔골재를 혼합하여 사용할 경우 0.15mm 체 통과 분의 대부분이 부순 잔골재나 슬래그 잔골재인 경우에는 15%로 증가시켜도 좋다.

③ 알칼리 골재 반응
- 포틀랜드 시멘트 속의 알칼리 성분이 골재 속의 실리카질 광물과 화학반응을 일으키는 것이다.
- 알칼리 골재반응을 일으키는 시멘트를 사용한 콘크리트는 타설 후 1년 이내에 불규칙한 팽창성 균열이 생긴다.
- 콘크리트 속의 골재는 겔(gel) 상태의 물질을 형성한다.
- 이백석, 규산질 또는 고로질 석회암, 응회암의 골재에서 이와 같은 반응을 일으킨다.
- 알칼리 골재 반응을 억제하기 위해 알칼리량을 0.6% 이하로 하는 것이 좋다.

④ 굵은 골재 최대치수
- 골재의 체가름 시험을 하였을 때 통과질량 백분율이 90% 이상 통과한 체 중에서 최소 치수의 눈금을 말한다.
- 굵은 골재 최대치수는 허용하는 범위 내에서 큰 것을 사용할수록 간극률이 적어서 단위수량과 단위시멘트량이 적어지고 잔골재율이 적어져서 경제적인 콘크리트가 된다.
- 굵은 골재 최대치수가 클수록 워커빌리티가 나빠지고 재료분리가 발생한다.

• 구조물의 종류별 굵은 골재 최대치수

구조물의 종류		굵은 골재 최대치수	
무근 콘크리트		40mm 이하, 부재 최소치수의 1/4 이하	
철근 콘크리트	일반적인 경우	20mm 또는 25mm 이하	부재 최소치수의 1/5 이하, 피복 두께 및 철근의 최소 수평, 수직 순간격의 3/4 이하
	단면이 큰 경우	40mm 이하	
댐 콘크리트		150mm 이하	
포장 콘크리트		40mm 이하	

03 콘크리트의 성질

1. 굳지 않은 콘크리트의 성질

1) 용어

① 반죽질기
   물의 양에 따라 반죽이 질거나 된 상태
② 워커빌리티
   작업의 난이도(어렵고, 쉬운) 및 재료분리에 저항하는 정도
③ 성형성
   거푸집을 제거한 후 쉽게 허물어지지 않는 성질
④ 피니셔빌리티
   굵은 골재의 최대치수, 잔골재율, 잔골재의 입도, 반죽질기 등에 따른 마무리하기 쉬운 정도

2) 워커빌리티 측정 방법

① 슬럼프 시험
   • 슬럼프 콘 규격은 윗지름 100mm, 아래지름 200mm, 높이 300mm이다.
   • 콘 벗기는 시간 2~5초를 포함하여 총 3분 이내에 실시한다.
   • 3층 각각 25회 다진 후 콘을 빼 올린 후 무너져 내린 높이를 5mm 단위로 측정한다.
② 흐름시험
③ 비비(Vee-Bee)시험
④ 케리 볼 구관입 시험
⑤ 리몰딩 시험
⑥ 다짐계수 시험

3) 블리딩

① 콘크리트 속의 물이 표면으로 올라오는 현상이다.

② 블리딩량 $= \dfrac{V}{A}$

③ 블리딩이 심하면 강도가 감소한다.

④ 블리딩 현상으로 표면에 백색의 침전물이 발생하는 것을 레이턴스라 한다.

4) 공기량

① 공기량은 4~6%가 적당하다.

② 공기 연행제에 의한 공기가 1% 증가하면 강도가 4~6% 감소한다.

③ 공기량 시험
- 공기실 압력법(워싱턴형)

    $A = A_1 - G$

    여기서, A : 콘크리트의 공기량(%)
    A_1 : 겉보기 공기량
    G : 골재의 수정계수(%)
- 수주 압력법(멘젤형)
- 질량법

5) 재료 분리

① 재료 분리의 원인
- 단위 수량이 너무 많은 경우
- 단위 골재량이 너무 많은 경우
- 굵은 골재 최대치수가 지나치게 큰 경우
- 입자가 거친 잔골재를 사용할 경우
- 콘크리트 배합이 적절하지 않은 경우

② 재료 분리의 방지 대책
- 잔골재율을 크게 한다.
- 단위 수량이 작고 물−결합재비를 작게 한다.
- 부배합 콘크리트로 한다.
- 입도 분포가 양호한 골재를 사용한다.

2. 굳은 콘크리트의 성질

1) 압축강도

① 콘크리트의 강도는 압축강도를 말한다.

② 표준 양생을 한 재령 28일 압축강도를 기준으로 한다.

③ 댐 콘크리트에서는 재령 91일 압축강도를 기준으로 한다.
④ 포장용 콘크리트에서는 재령 28일의 휨강도를 기준으로 한다.
⑤ 압축강도 시험

- 압축강도 $= \dfrac{P}{A}$

  여기서, A : 공시체 단면적(mm²)
  P : 파괴하중(N)

- 20±2℃ 수조에 28일간 양생하고 꺼내 습윤상태에서 시험한다.
- 공시체 몰드는 2층 이상 채워 1000mm²당 1회 비율로 다진다.
- 몰드를 제작한 후 캐핑(W/C=27~30%)을 하고 16시간 이상 3일 이내 해체하여 수조에 넣는다.
- 공시체를 파괴할 때 매초 0.6±0.2MPa로 하중을 가한다.

2) 인장강도

① 압축강도의 1/10~1/13 정도이다.
② 인장강도 시험

- 인장강도 $= \dfrac{2P}{\pi dl}$

  여기서, d : 공시체 지름(mm)
  l : 공시체 길이(mm)

- 공시체를 파괴할 때 매초 0.06±0.04MPa로 하중을 가한다.
- 할렬시험 방법을 표준한다.

3) 휨강도

① 압축강도의 1/5~1/8 정도이다.
② 휨강도 시험

- 공시체 몰드는 150mm×150mm×530mm이다.(지간 : 450mm)
- 2층으로 다져 넣어 각각 1000mm²당 1회 비율로 다진다.(각 층 80회)
- 공시체를 파괴할 때 매초 0.06±0.04MPa로 하중을 가한다.
- 공시체가 인장쪽 표면 지간 방향 중심선의 4점 사이에서 파괴되는 경우

  휨강도 $= \dfrac{Pl}{bd^2}$

  여기서, b : 평균 너비(mm)
  d : 평균 두께(mm)
  l : 지간의 길이(mm)

4) 비파괴 강도시험

① 코아 채취 방법
② 반발경도 방법(슈미트 해머 방법)
  측정할 곳을 가로, 세로 3cm 간격으로 20점 이상을 타격하여 반발경도를 구한다.

③ 초음파 이용 방법
④ 인발법

04 콘크리트의 배합설계

1. 배합의 일반

1) 개요
소요의 강도, 내구성, 균일성, 수밀성, 작업에 알맞은 워커빌리티 등을 가진 콘크리트가 가장 경제적으로 얻어지도록 시멘트, 잔골재, 굵은골재 및 혼화재료의 비율을 정한다.

2) 배합설계 선정 방법
① 단위량은 질량 배합을 원칙으로 한다.
② 작업이 가능한 범위에서 단위수량이 최소가 되게 하며 굵은골재 최대치수를 크게 한다.
③ 소요의 강도, 내구성, 수밀성을 고려한다.

3) 배합설계 순서
① 사용 재료를 시험한다.
② 배합강도를 정한다.
③ 물-결합재비를 정한다.
④ 굵은 골재 최대치수를 정한다.
⑤ 슬럼프 값을 정한다.
⑥ 연행 공기량을 정한다.
⑦ 잔골재율을 정한다.
⑧ 단위수량, 시멘트량, 골재량, 혼화재료량을 구한다.
⑨ 현장배합으로 보정한다.

2. 시방배합

1) 개요
① 시방서, 책임 기술자가 지시한 배합이다.
② 잔골재는 5mm체를 전부 통과하고 굵은 골재는 5mm체에 전부 남는 골재를 사용한다.
③ 골재는 표면건조포화상태를 기준한다.

2) 배합강도(f_{cr})

① $f_{cq} \leq$ 35MPa인 경우
- $f_{cr} = f_{cq} + 1.34s$
- $f_{cr} = (f_{cq} - 3.5) + 2.33s$

두 식에 의한 값 중 큰 값으로 정한다.

② $f_{cq} >$ 35MPa인 경우
- $f_{cr} = f_{cq} + 1.34s$
- $f_{cr} = 0.9f_{cq} + 2.33s$

두 식에 의한 값 중 큰 값으로 정한다.

여기서, f_{cq} : 품질기준강도(MPa)
s : 압축강도의 표준편차(MPa)

③ 콘크리트 압축강도의 표준편차
- 콘크리트의 30회 이상의 시험실적으로 정하는 것을 원칙으로 한다.
- 시험횟수가 29회 이하 15회 이상일 때 표준편차의 보정계수

시험횟수	표준편차의 보정계수
15	1.16
20	1.08
25	1.03
30	1.0

④ 콘크리트 압축강도의 표준편차를 알지 못할 때 또는 압축강도의 시험횟수가 14회 이하인 경우 콘크리트 배합강도(MPa)

호칭강도(MPa)	배합강도(MPa)
21 미만	$f_{cn} + 7$
21 이상 35 이하	$f_{cn} + 8.5$
35 초과	$1.1f_{cn} + 5.0$

3) 물-결합재비

① 소요의 강도, 수밀성, 내구성을 고려하여 정한다.
② 콘크리트의 내동해성을 고려한다.
③ 콘크리트의 수밀성을 기준하여 50% 이하로 한다.

4) 단위수량

작업이 가능한 범위 내에서 가능한 적게 되도록 시험을 통해 정한다.

5) 굵은 골재 최대치수

가능한 큰 것을 사용할수록 공극률이 적어서 단위수량과 단위시멘트량이 적어지고 잔골재율이 적어져서 경제적인 콘크리트가 된다.

6) 잔골재율(S/a)

$$\frac{S}{a} = \frac{S}{G+S} \times 100$$

여기서, S : 잔골재의 절대용적
G : 굵은 골재의 절대용적

7) 시방재료의 질량 계산

① 단위 시멘트량(kg)

$$\frac{단위\ 수량}{물-결합재비}$$

② 단위 골재량의 절대부피(m^3)

$$1 - \left\{ \frac{단위\ 수량}{물의\ 밀도 \times 1000} + \frac{단위\ 시멘트량}{시멘트\ 밀도 \times 1000} + \frac{단위\ 혼화재량}{혼화재\ 밀도 \times 1000} + \frac{공기량}{100} \right\}$$

③ 단위 잔골재량의 절대부피(m^3)

단위 골재량의 절대부피 $\times S/a$

④ 단위 잔골재량(kg)

단위 잔골재량의 절대부피 × 잔골재의 밀도 × 1,000

⑤ 단위 굵은골재량의 절대부피(m^3)

단위 골재량의 절대부피 - 단위 잔골재량의 절대부피

⑥ 단위 굵은골재량(kg)

단위 굵은골재량의 절대부피 × 굵은골재의 밀도 × 1,000

예제 단위 골재량의 절대부피가 0.75m^3인 콘크리트에서 절대 잔골재율이 38%이고 잔골재의 밀도 2.6g/cm^3, 굵은골재의 밀도가 2.65g/cm^3라면 단위 굵은골재량은 몇 kg/m^3인가?

[해설] • 단위 잔골재량의 절대부피 : $0.75 \times 0.38 = 0.285 m^3$
• 단위 굵은골재량의 절대부피 : $0.75 - 0.285 = 0.465 m^3$
• 단위 잔골재량 : $0.285 \times 2.6 \times 1000 = 741 kg$
• 단위 굵은골재량 : $0.465 \times 2.65 \times 1000 = 1232 kg$

---

3. 현장배합

① 골재의 입도에 대해 보정한다.
② 골재의 표면수량을 보정한다.

예제 시방배합에서 단위수량 165kg/m^3, 잔골재량 620kg/m^3, 굵은골재량 1,300kg/m^3이다. 현장배합으로 고칠 때 표면수량에 대한 조정을 하여 조정된 수량은 몇 kg/m^3인가? (단, 잔골재 표면수량 1%, 굵은골재 표면수량 2%이며 입도조정은 무시한다.)

[해설] $165 - (620 \times 0.01 + 1300 \times 0.02) = 132.8 kg$

05 콘크리트의 종류

1. 공기 연행(AE) 콘크리트

① 동결 융해에 대한 저항성이 증대된다.
② 워커빌리티가 증대된다.
③ 단위수량이 감소된다.
④ 철근과 부착강도가 저하된다.

2. 레디믹스트 콘크리트

① 균질, 양질의 콘크리트를 생산한다.
② 공사기간의 단축 효과가 있다.
③ 운반범위가 제한되며 재질 변동의 우려가 있다.
④ 현장에서 워커빌리티 조절이 어렵다.
⑤ 운반시간은 1시간 30분 이내이어야 한다.(단, 하절기에는 1시간 이내)

3. 한중(寒中) 콘크리트

① 하루 평균기온이 4℃ 이하의 경우에 시공한다.
② 골재와 물을 혼합한 온도는 40℃ 이하로 하며 시멘트는 절대 가열해서는 안 된다.
③ 시멘트는 보통 포틀랜드 시멘트를 사용하는 것을 표준하며 보통 조강 포틀랜드 시멘트, 알루미나 시멘트를 사용한다.
④ 시멘트량의 1~2% 정도의 염화칼슘을 사용한다.
⑤ 골재를 65℃ 이상 가열하면 취급이 곤란하다.
⑥ 공기 연행(AE) 콘크리트를 사용하는 것을 원칙으로 한다.
⑦ 물-결합재비는 60% 이하로 한다.
⑧ 운반 및 타설시간 1시간에 대하여 콘크리트 온도와 주위의 기온과의 차이는 15% 정도로 본다.

4. 서중(暑中) 콘크리트

① 시공시 최고 기온이 30℃를 초과하거나 일평균 기온이 25℃를 초과할 경우에 시공한다.
② 콘크리트 타설시 콘크리트의 온도는 35℃ 이하여야 한다.
③ 지연제의 혼화재료를 사용하고 비빈 후 1.5시간 이내에 타설한다.
④ 타설 후 적어도 24시간은 노출면이 건조하지 않게 습윤상태로 유지하며 적어도 5일 이상 양생한다.

5. 수중(水中) 콘크리트

1) 배합
① 물-결합재비는 50% 이하로 한다.
② 단위 시멘트량은 370kg 이상으로 한다.
③ 시공 방법에 따른 슬럼프
  • 트레미 : 130~180mm
  • 콘크리트 펌프 : 130~180mm
  • 밑열림 상자, 밑열림 포대 : 100~150mm

2) 콘크리트 치기
① 물막이를 설치하여 물을 정지시킨 정수중에 타설한다. 물막이를 할 수 없는 경우에는 1초간 50mm 이하의 유속을 유지한다.
② 콘크리트는 수중에 낙하시키지 않는다.
③ 콘크리트를 연속해서 타설한다.
④ 레이턴스의 발생을 적게하기 위해 치기 도중에 가능한 콘크리트가 흐트러지지 않도록 물을 휘젓거나 펌프의 선단을 이동시켜서는 안되며 콘크리트가 경화할 때까지 물의 유동을 방지한다.
⑤ 한 구획의 콘크리트 타설 완료 후 레이턴스를 제거하고 다시 타설한다.
⑥ 트레미나 콘크리트 펌프를 사용하여 타설하는 것을 원칙으로 한다. 부득이한 경우 및 소규모 공사의 경우 밑열림 상자나 밑열림 포대를 사용할 수 있다.

6. 프리플레이스트 콘크리트

1) 개요
① 특정한 입도를 가진 굵은 골재를 거푸집에 채워놓고 그 공극 속에 특수한 모르타르를 적당한 압력으로 주입하여 시공한다.
② 수중 콘크리트, 구조물 보수 등에 이용된다.

2) 특징
① 알루미늄 분말, 플라이 애시, 포졸란, 분산제 등을 사용한다.
② 유동성이 크고 블리딩 및 레이턴스가 적으며 장기강도가 크다.
③ 건조수축이 보통 콘크리트의 1/2 정도이며 굵은골재 최소치수는 15mm 이상을 사용한다.

7. 뿜어 붙이기 콘크리트(숏크리트)

① 혼합한 재료를 압축공기로 뿜어 붙이는 공법이다.
② 터널의 복공, 비탈면 보호, 보강공사 등에 이용한다.

③ 시공 속도가 빠르고 협소한 장소나 시공 면에 영향을 받지 않는다.
④ 평활한 마무리 면이 어렵고 수밀성이 적고 분진이 많이 발생하며 노즐 맨의 숙련도에 따라 품질 차이가 난다.

8. 섬유보강 콘크리트

① 콘크리트 속에 강 섬유, 유리 섬유, 알라미드 섬유, 탄소 섬유 등을 균일하게 분산시켜 보강한다.
② 콘크리트의 인장강도와 균열에 대한 저항성을 높이고 인성을 대폭 개선시킬 목적으로 사용한다.

9. 폴리머 콘크리트

① 건조수축이 작고 자중이 줄어든다.
② 휨, 인장강도 등이 증가하고 신장능력이 우수하다.
③ 방수성, 수밀성, 동결 융해에 대한 저항성이 증가한다.
④ 블리딩과 재료 분리가 작아진다.
⑤ 화학약품에 대한 저항성, 내충격성, 내마모성, 방식성 등이 우수하다.

제 02 장 콘크리트 — 실전문제

문제 001
다음과 같은 시멘트의 성분 중에서 가장 많이 함유하고 있는 것부터 순서대로 이루어진 것은?
- ㉮ 석회 – 실리카 – 산화철 – 알루미나
- ㉯ 석회 – 실리카 – 알루미나 – 산화철
- ㉰ 실리카 – 석회 – 산화철 – 알루미나
- ㉱ 실리카 – 석회 – 알루미나 – 산화철

문제 002
시멘트를 만드는 과정에서 석고를 첨가하는 목적은?
- ㉮ 수밀성 증대
- ㉯ 경화 촉진
- ㉰ 응결시간 조절
- ㉱ 초기 강도 증진

문제 003
시멘트의 응결시간에 대한 설명이다. 옳은 것은?
- ㉮ 분말도가 낮으면 응결이 빠르다.
- ㉯ 물의 양이 많으면 응결이 빨라진다.
- ㉰ 알루민산 3석회(C_3A)가 많으면 응결이 빠르다.
- ㉱ 온도가 낮을수록 응결이 빠르다.

해설
- 분말도가 낮거나 온도가 낮으면 응결이 늦어진다.
- 물의 양이 많으면 응결이 늦어진다.

문제 004
시멘트의 응결시간 측정시험에 사용하는 기구는?
- ㉮ 다이얼 게이지
- ㉯ 압력계
- ㉰ 길모어 침
- ㉱ 표준체

해설 시멘트의 응결시간 측정방법은 길모어 침, 비카 침 방법이 있다.

문제 005
시멘트가 저장중에 공기와 접촉하면 공기중의 수분 및 이산화탄소를 흡수하여 가벼운 수화반응을 일으키게 되는데 이러한 현상을 무엇이라 하는가?
- ㉮ 경화
- ㉯ 수축
- ㉰ 응결
- ㉱ 풍화

해설
- 시멘트가 풍화되면 이상응결을 일으키는 원인이 된다.
- 시멘트가 풍화되면 밀도가 떨어지며 강도 발현이 저하된다.

문제 006
포틀랜드 시멘트가 풍화되었을 때 일어나는 성질의 변화에 관한 다음의 설명 중 옳지 않은 것은?
- ㉮ 조기강도가 저하한다.
- ㉯ 밀도가 증가한다.
- ㉰ 비표면적이 감소한다.
- ㉱ 응결이 빠르게 할 경우도 있으나 일반적으로 응결시간은 늦어지는 경향이 있다.

해설 풍화된 시멘트는 밀도가 작아진다.

문제 007
시멘트 64g, 처음 광유 눈금읽기 $1\,m\ell$, 시멘트와 광유의 눈금읽기가 $21.4\,m\ell$일 때 시멘트의 밀도는 얼마인가?
- ㉮ $3.14g/cm^3$
- ㉯ $3.16g/cm^3$
- ㉰ $3.18g/cm^3$
- ㉱ $3.2g/cm^3$

해설 시멘트 밀도 $=\dfrac{64}{21.4-1}=3.14g/cm^3$

답 001.㉯ 002.㉰ 003.㉰ 004.㉰ 005.㉱ 006.㉯ 007.㉮

문제 008
시멘트의 분말도에 관한 설명으로 잘못된 것은?

㉮ 시멘트 입자의 가는 정도를 나타내는 것을 분말도라 한다.
㉯ 시멘트 입자가 가늘수록 분말도가 높다.
㉰ 분말도가 높으면 수화발열이 작다.
㉱ 시멘트의 분말도는 비표면적으로 나타낼 수 있다.

문제 009
시멘트 모르타르의 압축강도시험에서 시멘트량이 450g일 때 표준사의 질량은?

㉮ 1,250g ㉯ 756g
㉰ 1,350g ㉱ 510g

해설 시멘트와 표준사 비율이 1 : 3이므로 450×3=1350g

문제 010
포틀랜드 시멘트에 속하지 않는 것은?

㉮ 조강 포틀랜드 시멘트
㉯ 중용열 포틀랜드 시멘트
㉰ 포틀랜드 포졸란 시멘트
㉱ 보통 포틀랜드 시멘트

해설 혼합 시멘트에는 고로 슬래그 시멘트, 플라이 애쉬 시멘트, 포틀랜드 포졸란 시멘트(실리카 시멘트) 등이 있다.

문제 011
시멘트의 수화열을 적게 하고 조기강도는 작으나 장기강도가 크고 체적의 변화가 적어 댐 축조 등에 사용되는 시멘트는?

㉮ 알루미나 시멘트
㉯ 조강 포틀랜드 시멘트
㉰ 중용열 포틀랜드 시멘트
㉱ 팽창 시멘트

해설 중용열 포틀랜드 시멘트는 건조수축이 포틀랜드 시멘트 중에서 가장 적으며 화학저항성이 크고 내산성이 우수하다.

문제 012
조강 포틀랜드 시멘트에 대한 설명으로 옳지 않은 것은?

㉮ 보통 포틀랜드 시멘트보다 C_3S의 함유량이 높다.
㉯ 수화열이 적다.
㉰ 조기강도가 크다.
㉱ 한중 콘크리트에 적합하다.

해설 조강 포틀랜드 시멘트는 조기에 강도를 발현시키는 시멘트로 보통 포틀랜드 시멘트가 재령 28일에 나타내는 강도를 재령 7일 정도에 나타나며 수화열이 크므로 단면이 큰 콘크리트 구조물에는 부적당하다.

문제 013
공기 단축을 할 수 있고 한중 콘크리트와 수중 콘크리트를 시공하기에 적합한 시멘트는?

㉮ 조강 포틀랜드 시멘트
㉯ 중용열 포틀랜드 시멘트
㉰ 보통 포틀랜드 시멘트
㉱ 고로 슬래그 시멘트

해설 조강 포틀랜드 시멘트는 수화속도가 빠르고 수화열이 커 한중공사, 긴급공사 등에 사용된다.

문제 014
재령 1일에서 보통 포틀랜드 시멘트의 재령 28일 강도를 나타내는 시멘트는?

㉮ 포졸란 시멘트
㉯ 중용열 포틀랜드 시멘트
㉰ 알루미나 시멘트
㉱ 조강 포틀랜드 시멘트

답 008. ㉰ 009. ㉰ 010. ㉰ 011. ㉰ 012. ㉯ 013. ㉮ 014. ㉰

해설
- 알루미나 시멘트는 발열량이 크기 때문에 긴급을 요하는 공사나 한중공사의 시공에 적합하다.
- 조강 포틀랜드 시멘트는 보통 포틀랜드 시멘트가 재령 28일에 나타내는 강도를 재령 7일 정도에서 나타난다.

문제 015
시멘트에 물을 넣으면 수화작용을 일으켜 시멘트 풀이 시간이 지남에 따라 유동성과 점성을 잃고 점차 굳어진다. 이러한 반응을 무엇이라 하는가?
- ㉮ 풍화
- ㉯ 인성
- ㉰ 강성
- ㉱ 응결

문제 016
콘크리트용 혼화재료 중에 워커빌리티를 개선하는데 영향을 미치지 않는 것은?
- ㉮ 공기 연행제
- ㉯ 응결경화촉진제
- ㉰ 감수제
- ㉱ 시멘트 분산제

해설 워커빌리티는 반죽상태가 작업이 쉽도록 첨가재료를 혼합하는데 응결경화촉진제는 응결경화가 빨리되므로 작업에 어려움이 따른다.

문제 017
시멘트의 응결경화 촉진제로 사용되는 혼화재료는?
- ㉮ 플라이 애시
- ㉯ 염화칼슘
- ㉰ 감수제
- ㉱ 시멘트 분산제

해설
- 콘크리트 응결경화촉진제로 염화칼슘과 규산나트륨이 사용된다.
- 염화칼슘은 시멘트량의 1~2% 사용한다.

문제 018
공기 연행제를 사용하는 가장 큰 목적은 다음 중 어느 것인가?
- ㉮ 워커빌리티의 증대
- ㉯ 시멘트의 절약
- ㉰ 수량의 감소
- ㉱ 잔골재의 절약

문제 019
콘크리트용 계면활성제의 일종으로 콘크리트 내부에 독립된 미세 기포를 발생시켜 콘크리트의 워커빌리티 개선과 동결 융해에 대한 저항성을 갖도록 하기 위해 사용하는 혼화제는?
- ㉮ 촉진제
- ㉯ 급결제
- ㉰ 공기 연행제
- ㉱ 분산제

문제 020
공기 연행 혼화제를 사용할 경우의 설명 중 옳지 않은 것은?
- ㉮ 콘크리트의 워커빌리티가 개선된다.
- ㉯ 블리딩을 감소시킨다.
- ㉰ 동결 융해의 기상작용에 대한 저항성이 적어진다.
- ㉱ 같은 물-결합재비를 사용한 일반 콘크리트에 비해 압축강도가 작아진다.

해설
- 동결 융해의 기상작용에 대한 저항성이 커진다.
- 단위수량이 적게 된다.

문제 021
콘크리트의 배합에서 재료 계량의 허용오차 중 혼화제 용액의 허용오차로 옳은 것은?
- ㉮ ±1%
- ㉯ ±2%
- ㉰ ±3%
- ㉱ ±4%

해설
- 시멘트 : -1%, +2%
- 혼화재 : ±2%
- 골재, 혼화제 : ±3%

문제 022
콘크리트용 골재에 요구되는 성질 중 옳지 않은 것은?
- ㉮ 물리적으로 안정하고 내구성이 클 것
- ㉯ 화학적으로 안정할 것
- ㉰ 시멘트 풀과의 부착력이 큰 표면 조직을 가질 것
- ㉱ 낱알의 크기가 균일할 것

답 015. ㉱ 016. ㉯ 017. ㉯ 018. ㉮ 019. ㉰ 020. ㉰ 021. ㉰ 022. ㉱

해설 크고 작은 낱알이 골고루 분포되어야 좋다.

문제 023
골재 시험에서 "조립률이 작다"의 의미는?

㉮ 골재 입자가 크다.
㉯ 골재 모양이 구형이다.
㉰ 골재 입자가 작다.
㉱ 골재 밀도가 작다.

해설 골재의 입자가 클수록 조립률이 크다.

문제 024
골재의 조립률에 대한 설명으로 옳지 않은 것은?

㉮ 골재의 조립률은 골재 알의 지름이 클수록 크다.
㉯ 잔골재의 조립률은 2.0~3.3이 적당하다.
㉰ 골재의 조립률은 체가름 시험으로부터 구할 수 있다.
㉱ 조립률이 큰 골재를 사용하면 좋은 품질의 콘크리트를 만들 수 있다.

해설 입도가 양호한 골재를 사용하면 좋은 품질의 콘크리트를 만들 수 있다.

문제 025
콘크리트 배합설계에서 잔골재의 조립률은 어느 정도가 좋은가?

㉮ 2.0~3.3   ㉯ 3.2~4.9
㉰ 5.0~6.0   ㉱ 6.0~8.0

해설 굵은 골재의 조립률은 6~8이다.

문제 026
굵은 골재의 최대치수에 대한 아래 설명의 ( )에 적당한 수치는?

> 질량비로 ( )% 이상을 통과시키는 체 중에서 최소치수의 체 눈의 호칭치수로 나타낸 굵은 골재의 치수

㉮ 90%   ㉯ 85%
㉰ 80%   ㉱ 95%

해설 허용범위 내에서 큰 골재를 사용하면 단위수량과 단위시멘트량이 적어지고 잔골재율이 적어져서 경제적인 콘크리트가 된다.

문제 027
반죽질기에 따른 작업의 어렵고 쉬운 정도 및 재료의 분리에 저항하는 정도를 나타내는 굳지 않은 콘크리트의 성질을 무엇이라고 하는가?

㉮ 트래피커빌리티   ㉯ 워커빌리티
㉰ 성형성   ㉱ 피니셔빌리티

문제 028
거푸집에 쉽게 다져 넣을 수 있고 거푸집을 떼어내면 천천히 모양이 변하기는 하지만 허물어지거나 재료의 분리가 일어나지 않는 굳지 않은 콘크리트의 성질을 무엇이라 하는가?

㉮ 워커빌리티   ㉯ 반죽질기
㉰ 피니셔빌리티 ㉱ 성형성

문제 029
아직 굳지 않은 콘크리트 표면에 떠올라서 가라앉은 미세한 물질을 무엇이라고 하는가?

㉮ 블리딩   ㉯ 반죽질기
㉰ 워커빌리티 ㉱ 레이턴스

해설 레이턴스는 블리딩에 의해 콘크리트 표면에 떠올라 침전한 미세한 물질이다.

문제 030
슬럼프 시험에 대한 설명 중 옳은 것은?

㉮ 슬럼프 콘에 시료를 채우고 벗길 때까지의 시간은 5분이다.
㉯ 슬럼프 콘을 벗기는 시간은 10초이다.
㉰ 슬럼프 콘의 높이는 300mm이다.
㉱ 물을 많이 넣을수록 슬럼프 값은 작아진다.

답 023. ㉰ 024. ㉱ 025. ㉮ 026. ㉮ 027. ㉯ 028. ㉱ 029. ㉱ 030. ㉰

해설
- 슬럼프 콘에 시료를 채우고 벗길 때까지의 시간은 3분 이내이다.
- 슬럼프 콘을 벗기는 시간은 2~5초이다.
- 물을 많이 넣을수록 질어서 슬럼프 값은 커진다.

문제 031
슬럼프 시험의 주목적은 다음 중 어느 것인가?
㉮ 물-시멘트비의 측정
㉯ 공기량의 측정
㉰ 반죽질기의 측정
㉱ 강도 측정

문제 032
다음 그림에서 슬럼프 콘의 높이는 얼마인가?
㉮ 100mm
㉯ 200mm
㉰ 300mm
㉱ 400mm

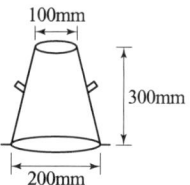

문제 033
콘크리트 슬럼프 콘의 크기는? (단, 밑면 안지름×윗면 안지름×높이)
㉮ 10×20×30cm   ㉯ 10×30×20cm
㉰ 20×10×30cm   ㉱ 30×10×20cm

문제 034
슬럼프 시험에서 콘크리트가 내려앉은 길이를 어느 정도의 정밀도로 측정하는가?
㉮ 3mm   ㉯ 5mm
㉰ 7mm   ㉱ 10mm

문제 035
굳지 않은 콘크리트의 공기량 측정법 중 워싱턴형 공기량 측정기를 사용하는 것은 다음 중 어느 방법에 속하는가?
㉮ 무게에 의한 방법에 속한다.
㉯ 면적에 의한 방법에 속한다.
㉰ 부피에 의한 방법에 속한다.
㉱ 공기실 압력법에 속한다.

문제 036
굳지 않은 콘크리트의 공기량 시험결과 겉보기 공기량이 5.6%이고 골재 수정계수가 0.8%일 때 공기량은?
㉮ 3.8%   ㉯ 4.8%
㉰ 5.8%   ㉱ 6.5%

해설 공기량 = 겉보기 공기량 − 골재 수정계수
= 5.6 − 0.8 = 4.8%

문제 037
콘크리트 압축강도용 공시체의 파괴 최대하중이 372,000N일 때 콘크리트의 압축강도는 약 얼마인가? (단, 공시체의 지름 : 150mm, 높이 : 300mm)
㉮ 5.3 MPa   ㉯ 10.5 MPa
㉰ 15.5 MPa   ㉱ 21 MPa

해설 $f_{cu} = \dfrac{P}{A} = \dfrac{372,000}{\dfrac{3.14 \times 150^2}{4}}$
$= 21\text{N/mm}^2 = 21\text{MPa}$

문제 038
콘크리트 인장강도 시험 결과 최대 파괴하중이 152,000N이었다면 이 공시체의 인장강도는 얼마인가? (단, 공시체의 지름 : 150mm, 높이 : 300mm)
㉮ 1.08 MPa   ㉯ 2.15 MPa
㉰ 4.3 MPa   ㉱ 8.6 MPa

답 031. ㉰ 032. ㉰ 033. ㉰ 034. ㉯ 035. ㉱ 036. ㉯ 037. ㉱ 038. ㉯

해설 인장강도 $= \dfrac{2P}{\pi dl} = \dfrac{2 \times 152{,}000}{3.14 \times 150 \times 300} = 2.15\text{MPa}$

문제 039
굳지 않은 콘크리트에 대한 시험방법이 아닌 것은?
㉮ 워커빌리티 시험 ㉯ 공기량 시험
㉰ 슈미트 해머 시험 ㉱ 블리딩 시험

해설 굳은 콘크리트 표면에 반발경도를 측정하여 강도를 구하는 경우에 슈미트 해머 시험을 한다.

문제 040
콘크리트 압축강도 시험용 공시체 파괴시험에서 공시체에 하중을 가하는 속도는 매초 얼마를 표준하는가?
㉮ 0.6±0.2 MPa ㉯ 0.8±0.2 MPa
㉰ 0.05±0.01 MPa ㉱ 1±0.05 MPa

문제 041
공시체를 4점 재하장치에 의해 휨강도 시험을 하였더니 최대하중이 30,000N이었다. 지간의 중앙부분에서 파괴되었다. 이 때 휨강도는 얼마인가? (150×150×530mm)
㉮ 4 MPa ㉯ 4.4 MPa
㉰ 4.6 MPa ㉱ 4.7 MPa

해설
- 휨강도 $= \dfrac{Pl}{bd^2} = \dfrac{30{,}000 \times 450}{150 \times 150^2} = 4\text{MPa}$
- 휨강도 시험용 공시체의 치수는 150×150×530mm이다.

문제 042
콘크리트의 배합설계에서 고려해야 할 사항으로 가장 거리가 먼 것은?
㉮ 워커빌리티 ㉯ 압축강도
㉰ 내구성 및 수밀성 ㉱ 크리프

해설 콘크리트에 일정한 하중이 지속적으로 작용하면 응력의 변화가 없어도 콘크리트의 변형은 시간의 경과와 함께 증가하는 성질을 콘크리트의 크리프라 한다.

문제 043
콘크리트 배합설계를 할 때 골재의 기준이 되는 상태는?
㉮ 습윤상태
㉯ 표면건조포화상태
㉰ 공기 중 건조상태
㉱ 절대건조상태

문제 044
다음 중 콘크리트의 압축강도에 가장 큰 영향을 미치는 요인은?
㉮ 골재와 시멘트의 중량
㉯ 물-결합재비
㉰ 굵은 골재와 잔골재의 비
㉱ 물과 골재의 중량비

문제 045
콘크리트의 배합설계에서 단위수량이 180kg/m³, 단위시멘트량이 300kg/m³일 때 물-결합재비는?
㉮ 60% ㉯ 55%
㉰ 45% ㉱ 40%

해설 $\dfrac{W}{C} = \dfrac{180}{300} = 0.6 = 60\%$

문제 046
f_{28} =23MPa, 굵은 골재 최대치수 50mm, 단위수량이 160kg/m³, 물-시멘트비가 50%일 때 단위시멘트량은?
㉮ 280 kg/m³ ㉯ 290 kg/m³
㉰ 320 kg/m³ ㉱ 350 kg/m³

해설 $\dfrac{W}{C} = 0.5$
∴ $C = \dfrac{160}{0.5} = 320\text{kg/m}^3$

문제 047

콘크리트의 배합에서 단위 잔골재량 700kg/m³, 단위 굵은골재량이 1,300kg/m³일 때 절대 잔골재율은 몇 %인가?

㉮ 30% ㉯ 35%
㉰ 40% ㉱ 45%

해설 $\dfrac{S}{a} = \dfrac{S}{G+S} \times 100 = \dfrac{700}{1300+700} \times 100 = 35\%$

문제 048

콘크리트 1m³를 만드는 데 필요한 골재의 절대부피가 0.72m³이고 잔골재율이 30%일 때 단위 잔골재량은 약 얼마인가? (단, 잔골재의 밀도는 2.5g/cm³이다.)

㉮ 526 kg/m³ ㉯ 540 kg/m³
㉰ 574 kg/m³ ㉱ 595 kg/m³

해설
- 잔골재의 절대부피
  0.72×0.3=0.216m³
- 단위 잔골재량
  0.216×2.5×1,000=540kg/m³

문제 049

콘크리트 배합설계에서 시방배합을 현장배합으로 수정할 때 가장 고려해야 할 사항은?

㉮ 골재의 입도와 표면수
㉯ 잔골재와 단위 시멘트량
㉰ 잔골재율과 골재의 조립률
㉱ 물-시멘트비와 단위 시멘트량

문제 050

골재의 표면에는 물기가 없고 골재 속의 빈틈이 물로 차 있는 상태는?

㉮ 절대건조상태 ㉯ 공기중 건조상태
㉰ 습윤상태 ㉱ 표면건조포화상태

해설
- 절대건조상태 : 노건조상태라 하며 건조로에서 105±5℃의 온도로 질량이 일정하게 될 때까지 건조시킨 것
- 공기중 건조상태 : 기건상태라 하며 골재 속의 일부에만 물기가 있는 상태
- 습윤상태 : 골재 속과 표면이 물기가 충만되어 있는 상태

문제 051

공기연행 콘크리트의 장점에 대한 설명으로 옳지 않은 것은?

㉮ 워커빌리티를 증대시킨다.
㉯ 동결 융해에 대한 내구성을 증대시킨다.
㉰ 내약품성을 증대시킨다.
㉱ 물-결합재비가 일정할 때 공기량이 1% 증가함에 따라 압축강도는 약 10% 정도 증대된다.

해설
- 물-결합재비가 일정할 때 공기량이 1% 증가에 따라 압축강도는 4~6% 감소한다.
- 콘크리트의 블리딩이 감소되며 수밀성이 증대된다.

문제 052

공기연행 콘크리트의 공기량에 대한 설명으로 틀린 것은?

㉮ 시멘트의 분말도가 높을수록 공기량은 감소한다.
㉯ 공기량이 많을수록 소요 단위수량도 많아진다.
㉰ 콘크리트의 온도가 낮을수록 공기량은 증가한다.
㉱ 단위 시멘트량이 많을수록 공기량은 감소한다.

해설
- 물-시멘트비가 클수록 공기량이 많아진다.
- 단위 잔골재량이 많을수록 공기량이 많아진다.
- 슬럼프가 클수록 공기량이 많아진다.

문제 053

서중 콘크리트 시공이나 레디믹스트 콘크리트에서 운반거리가 멀 경우 혼화제를 사용하고자 한다. 다음 중 어느 혼화제가 적당한가?

㉮ 지연제　　㉯ 촉진제
㉰ 급결제　　㉱ 방수제

해설 지연제를 사용하여 응결, 경화되는 것을 늦춘다.

문제 054

한중 콘크리트에 대한 설명 중 틀린 것은?

㉮ 한중 콘크리트는 공기연행 콘크리트를 사용하는 것을 원칙으로 한다.
㉯ 단위수량은 초기 동해를 작게 하기 위해 워커빌리티 범위 내에서 작게 한다.
㉰ 보통 운반 및 치기시간 1시간에 대해 콘크리트 온도와 주위의 기온과의 차이는 25% 정도로 본다.
㉱ 칠 때의 콘크리트 온도는 구조물의 단면치수, 기상조건 등을 고려하여 5~20℃의 범위로 한다.

해설 콘크리트 치기가 끝났을 때의 콘크리트 온도는 운반, 치기 도중의 열손실 때문에 믹서에서 비볐을 때의 온도보다 떨어지는데 그 차이는 15% 정도이다.

문제 055

서중 콘크리트는 일반적인 대책을 강구한 경우라도 비빈 후 몇 시간 이내에 쳐야 하는가?

㉮ 1시간　　㉯ 1.5시간
㉰ 2시간　　㉱ 2.5시간

문제 056

수중 콘크리트의 시공에 관한 설명 중 틀린 것은?

㉮ 프리플레이스트 콘크리트에 이용하면 효과적이다.
㉯ 정수중에 치는 것을 원칙으로 한다.
㉰ 트레미보다 밑열림 상자를 이용하는 것이 좋다.
㉱ 콘크리트를 수중에 낙하시키지 않는 것이 좋다.

해설 트레미 또는 콘크리트 펌프를 사용하는 것을 원칙으로 한다.

문제 057

다음은 프리플레이스트 콘크리트에 대한 설명이다. 옳지 않은 것은?

㉮ 보통 콘크리트에 비해 건조수축이 적다.
㉯ 수중 콘크리트에 적합하다.
㉰ 잔골재를 사용하면 질이 좋은 콘크리트를 수평이 되도록 쳐올라 가야 한다.
㉱ 주입 모르타르는 아래쪽에서부터 수평이 되도록 쳐올라 가야 한다.

해설 잔골재를 사용하면 모르타르 주입 시 충분한 충전이 어려워 굵은 골재의 최소치수를 15mm 이상으로 한다.

문제 058

프리플레이스트 콘크리트에 대한 설명 중 옳지 않은 것은?

㉮ 동결 융해에 대하여 강한 저항성을 가진다.
㉯ 수축률은 보통 콘크리트의 1/2 이하이다.
㉰ 수중 콘크리트에 부적당하다.
㉱ 초기강도가 보통 콘크리트보다 작다.

문제 059

다음은 숏크리트의 특징에 관한 사항이다. 옳지 않은 것은?

㉮ 임의 방향으로 시공 가능하나 리바운드 등의 재료 손실이 많다.
㉯ 용수가 있는 곳에도 시공하기 쉽다.
㉰ 노즐 맨의 기술에 의하여 품질, 시공성 등에 변동이 생긴다.
㉱ 수밀성이 적고 작업 시에 분진이 생긴다.

정답 053. ㉮ 054. ㉰ 055. ㉯ 056. ㉰ 057. ㉰ 058. ㉰ 059. ㉯

[해설] 용수가 있는 곳은 숏크리트 부착이 곤란하여 시공하기 어렵다.

문제 060
다음 중 콘크리트의 인장강도와 균열에 대한 저항성을 높이고 인성을 대폭 개선시키는 것을 주목적으로 하는 특수 콘크리트는?

㉮ 중량 콘크리트
㉯ 고강도 콘크리트
㉰ 섬유보강 콘크리트
㉱ 경량골재 콘크리트

문제 061
설계기준 호칭강도(f_{cn})가 40MPa이고 콘크리트 압축강도의 시험 기록이 없는 경우 콘크리트의 배합강도(f_{cr})는?

㉮ 47MPa
㉯ 48.5MPa
㉰ 49MPa
㉱ 52.5MPa

[해설] $f_{cr} = 1.1 f_{cn} + 5.0 = 1.1 \times 40 + 5.0 = 49\text{MPa}$

문제 062
콘크리트에 AE(공기연행)제를 혼합하는 주목적은?

㉮ 워커빌리티 증대를 위해서
㉯ 부피를 증대하기 위해서
㉰ 강도의 증대를 위해서
㉱ 시멘트 절약을 위해서

[해설] 공기연행제 사용의 영향
• 콘크리트의 워커빌리티를 개선한다.
• 블리딩을 감소시킨다.
• 단위수량을 적게 한다.
• 철근과 부착강도가 저하된다.

문제 063
한중 콘크리트에 관한 다음 설명 중 옳지 않은 것은?

㉮ 하루의 평균 기온이 4℃ 이하가 되는 기상조건 하에서는 한중 콘크리트로서 시공한다.
㉯ 콘크리트의 온도는 타설 할 때 5~20℃를 원칙으로 한다.
㉰ 가열한 재료를 믹서에 투입할 경우 가열한 물과 굵은골재, 잔골재를 넣어서 믹서안의 재료온도가 60℃ 정도가 된 후 시멘트를 넣는 것이 좋다.
㉱ AE(공기연행) 콘크리트를 사용하는 것을 원칙으로 한다.

[해설] 골재를 65℃ 이상 가열하면 다루기가 어려워지며 시멘트를 급결시킬 우려가 있다.

답 060. ㉰ 061. ㉰ 062. ㉮ 063. ㉰

제 03 장

철근 콘크리트 설계

01 철근 콘크리트 보의 휨 설계

1. 강도 설계법

1) 정의

① 안정성에 중점을 둔 설계법으로 콘크리트의 파쇄, 철근의 항복으로 구조물을 파괴상태로 만든 극한하중에서 구조물의 파괴 형상을 예측하는 데 기초를 둔다.
② 파괴상태에서 부재 단면이 발휘할 수 있는 설계강도를 예측할 수 있지만 사용하중 작용시의 사용성 문제는 알 수 없으므로 처짐과 균열 등은 검토하여야 한다.

2) 설계의 기본 가정

① 압축측 연단의 최대 변형률은 0.0033으로 가정한다.($f_{ck} \leq 40\text{MPa}$)
② 철근의 항복 변형률은 $\dfrac{f_y}{E_s}$로 본다.
③ 철근 및 콘크리트의 변형률은 중립축으로부터의 거리에 비례한다.
④ 항복강도 f_y 이하에서의 철근의 응력은 그 변형률의 E_s배로 한다.($f_y \leq 600\text{MPa}$)
⑤ 휨응력 계산에서 콘크리트의 인장강도는 무시한다.
⑥ 콘크리트의 압축응력 크기는 $\eta(0.85f_{ck})$로 균등하고 이 응력은 압축 연단에서 $a = \beta_1 c$까지의 부분에 등분포한다. 여기서, 계수 β_1은 $f_{ck} \leq 40\text{MPa}$에서 0.8이며 40MPa 초과할 경우 10MPa씩 증가할 때마다 0.0001씩 감소한다.
⑦ 콘크리트의 압축응력은 등가 직사각형 분포를 나타낸다.

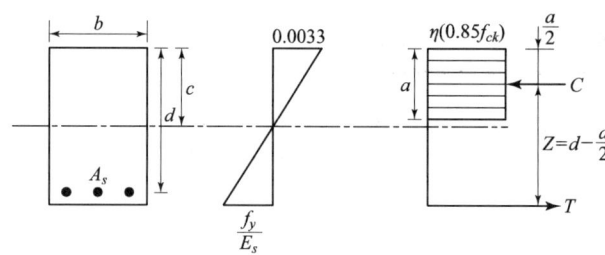

3) 강도 감소계수(ϕ)

① 인장지배 단면(휨부재) ··· 0.85
② 압축지배 단면
  ㉠ 나선철근 규정에 따라 나선철근으로 보강된 철근 콘크리트 부재 ·········· 0.70
  ㉡ 그 외의 철근 콘크리트 부재 ·· 0.65
③ 전단력과 비틀림 모멘트 ··· 0.75
④ 콘크리트의 지압력(포스트텐션 정착부나 스트럿 타이 모델은 제외) ········ 0.65
⑤ 포스트텐션 정착구역 ··· 0.85
⑥ 스트럿, 절점부 및 지압부 ··· 0.75
⑦ 긴장재 묻힘길이가 정착길이보다 작은 프리텐션 부재의 휨단면
  ㉠ 부재의 단부에서 전달길이 단부까지 ·· 0.75
⑧ 무근 콘크리트의 휨모멘트, 압축력, 전단력, 지압력 ································· 0.55

4) 소요 강도(U)

사용하중에 하중계수를 곱한 계수하중
① 고정하중(D)과 활하중이 작용하는 경우
  $U = 1.2D + 1.6L$
② 고정하중(D)과 활하중(L) 및 풍하중(W)이 작용하는 경우
  $U = 1.2D + 1.0L + 1.3W$

5) 설계 강도(M_d)

① $M_d = \phi M_n \geq M_u$
  여기서, M_n : 부재의 공칭강도
         ϕ : 강도감소계수
         M_u : 계수하중에 의한 소요강도

② 강도 감소계수(ϕ) 적용 이유
  • 설계 및 시공상 오차 고려
  • 재료의 시험오차 고려
  • 재료의 강도 편차 고려

02 단철근 직사각형보의 해석

1. 정 의

콘크리트 직사각형 단면보에서 인장응력을 받고 있는 곳에만 철근을 배치하여 보강한 보

2. 균형 단면보

① 보에 외력이 가해져 인장철근이 항복강도(f_y)에 도달함과 동시에 압축측 콘크리트가 극한 변형률 0.0033에 도달하는 것을 균형상태라 한다.
② 균형단면의 중립축 위치(c)

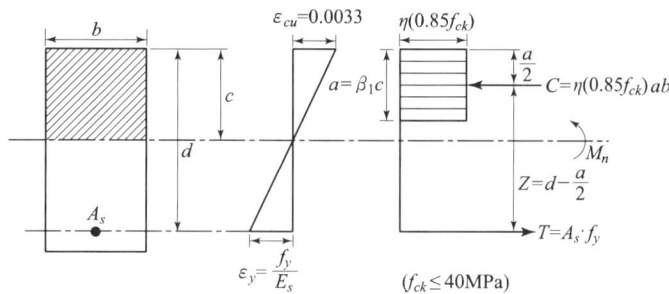

$$c : \varepsilon_{cu} = (d-c) : \varepsilon_y$$

$$c : 0.0033 = (d-c) : \frac{f_y}{E_s} \text{ 에서}$$

$$\therefore c = \frac{0.0033}{0.0033 + \frac{f_y}{E_s}} d = \boxed{\frac{660}{660+f_y}d}$$

③ 균형 철근비(ρ_b)

$$C = T$$

$$\eta(0.85f_{ck})ab = A_s \cdot f_y$$

여기서, $a = \beta_1 c$, $\rho_b = \dfrac{A_s}{bd}$ 를 대입하면 $\left(\text{철근비 } \rho = \dfrac{A_s}{bd}\right)$

$$\eta(0.85f_{ck}) \cdot \beta_1 \cdot c \cdot b = b \cdot d \cdot \rho_b \cdot f_y$$

$$\boxed{\therefore \rho_b = \frac{\eta(0.85f_{ck})\beta_1}{f_y} \frac{660}{660+f_y}}$$

여기서, $f_{ck} \leq 40\text{MPa}$ 인 경우 $\eta = 1.0$, $\beta_1 = 0.8$

④ 등가 사각형 깊이(a)

$$C = T$$
$$\eta(0.85 f_{ck})ab = A_s \cdot f_y$$

$$\therefore a = \frac{A_s f_y}{\eta(0.85 f_{ck})b}$$

여기서, $a = \beta_1 c$ 이므로

중립축의 위치 $c = \dfrac{a}{\beta_1} = \dfrac{A_s f_y}{0.85 f_{ck} b \beta_1}$

⑤ 공칭 휨강도(M_n) : 공칭 모멘트

$$M_n = C \cdot z = T \cdot z = \boxed{A_s \cdot f_y \left(d - \frac{a}{2}\right)}$$

⑥ 설계 휨강도(M_d)

$$M_u = M_d = \phi M_n = \boxed{\phi A_s \cdot f_y \left(d - \frac{a}{2}\right)}$$

3. 철근비 규정

① 균형 철근비보다 철근을 적게 넣어 보의 파괴가 단계적으로 서서히 인장측 철근이 먼저 항복하여 연성파괴가 되도록 최대 철근비를 규정한다.
② 보의 인장 철근량이 너무 적어도 갑작스런 취성파괴가 발생하므로 최소 철근비를 규정한다.

4. 휨 부재의 횡지지 간격

① 보의 횡지지 간격은 압축 플랜지 또는 압축면의 최소 폭의 50배를 초과하지 않도록 하여야 한다.
② 하중의 횡방향 편심의 영향은 횡지지 간격을 결정할 때 고려되어야 한다.

5. 휨 부재의 최소 철근량

$\phi M_n \geq 1.2 M_{cr}$

제 03 장
철근 콘크리트 설계 — 실전문제

문제 001
철근 콘크리트 보를 강도 설계법으로 설계할 경우 필요한 가정으로 잘못된 것은?

㉮ 콘크리트 압축응력 분포는 사각형에서 $\eta(0.85f_{ck})$의 일정한 크기이다.
㉯ 철근과 콘크리트 사이의 부착은 완전하며 그 경계면에서 상대활동은 일어나지 않는다.
㉰ 보의 극한상태에서 휨모멘트를 계산할 때 콘크리트의 인장강도를 고려한다.
㉱ 보에서 임의의 단면이 휨을 받기 전에 평면이었다면 휨 변형을 일으킨 뒤에도 평면을 유지한다.

문제 002
철근 콘크리트 휨 부재의 강도 설계법에 대한 기본 가정으로 틀린 것은?

㉮ 콘크리트와 철근의 변형률은 중립축으로부터 거리에 비례한다고 가정한다.
㉯ 항복강도 f_y 이하에서 철근의 응력은 그 변형률의 E_s배로 본다.
㉰ 콘크리트의 압축강도를 무시한다.
㉱ 철근과 콘크리트의 부착이 완벽한 것으로 가정한다.

문제 003
강도 설계법의 기본 가정에서 $f_{ck} \leq 40\text{MPa}$일 때 압축측의 콘크리트 최대 변형률은 얼마로 가정하는가?

㉮ 0.001   ㉯ 0.002
㉰ 0.0033   ㉱ 0.004

문제 004
단철근 직사각형 보에서 단면이 평형 단면일 경우 중립축의 위치 결정에서 사용하는 철근의 탄성계수는?

㉮ 2,000 MPa   ㉯ 200 MPa
㉰ 200,000 MPa ㉱ 2,000,000 MPa

문제 005
단철근 직사각형 보의 단면이 평형 단면이라면 다음 중 중립축의 위치 c에 관한 식으로 올바른 것은? (단, $f_{ck} \leq 40\text{MPa}$, f_y는 철근의 항복강도, d는 상면에서 인장철근까지의 깊이이다.)

㉮ $c = \dfrac{300}{300+f_y}d$ ㉯ $c = \dfrac{660}{660+f_y}d$
㉰ $c = \dfrac{300+f_y}{300}d$ ㉱ $c = \dfrac{660+f_y}{660}d$

문제 006
단철근 직사각형 보에서 철근비가 커서 보의 파괴가 압축측 콘크리트의 파쇄로 시작될 경우는 사전 징조 없이 갑자기 파괴가 된다. 이러한 파괴를 무엇이라 하는가?

㉮ 좌굴파괴   ㉯ 전단파괴
㉰ 취성파괴   ㉱ 연성파괴

문제 007
철근비가 균형 철근비보다 클 때 보의 파괴가 압축측 콘크리트의 파쇄로 시작되는 파괴 형태를 무엇이라 하는가?

㉮ 취성파괴   ㉯ 연성파괴
㉰ 경성파괴   ㉱ 강성파괴

답 001. ㉰ 002. ㉰ 003. ㉰ 004. ㉰ 005. ㉯ 006. ㉰ 007. ㉮

문제 008
극한강도 설계법에서 가장 중요하게 중점을 두는 것은?
㉮ 경제성   ㉯ 사용성
㉰ 시공성   ㉱ 안전성

문제 009
경간이 긴 단철근 직사각형 콘크리트 보에 크기가 작은 하중이 작용할 경우 균열이 발생하지 않았다면 다음 중 옳지 않은 것은?
㉮ 압축 응력은 압축측 콘크리트가 부담한다.
㉯ 인장 응력은 인장측 콘크리트가 부담한다.
㉰ 응력은 중립축에서 최대이며 거리에 반비례한다.
㉱ 변형률은 중립축으로부터의 거리에 비례한다.

문제 010
구조물의 파괴 상태 또는 파괴에 가까운 상태를 기준으로 하여 그 구조물의 사용기간 중에 예상되는 최대 하중에 대하여 구조물의 안전을 최대한 적절한 수준으로 확보하려는 설계 방법은?
㉮ 강도설계법
㉯ 허용응력설계법
㉰ 압축설계법
㉱ 안전설계법

문제 011
철근의 항복으로 시작되는 보의 파괴는 철근의 항복 고원이 존재하므로 사전에 붕괴의 징조를 보이면서 점진적으로 일어난다. 이와 같은 파괴 형태를 무엇이라 하는가?
㉮ 항복파괴   ㉯ 연성파괴
㉰ 취성파괴   ㉱ 전성파괴

문제 012
설계 휨 강도 M_d 값은 공칭 휨 강도에 강도 감소계수 ϕ를 곱하여 구한다. 여기서, 단철근 직사각형 보에 대한 강도 감소계수 ϕ값은?
㉮ 0.65   ㉯ 0.7
㉰ 0.75   ㉱ 0.85

문제 013
휨 부재의 강도 설계에서 철근을 인장 시험하기 위해 강재에 규정된 응력 f_y를 가하였을 때 그 변형이 0.0033 이하로 되면 f_y를 감소시키지 않고 그냥 쓸 수 있다. 이 때 최대로 사용할 수 있는 f_y의 값은 얼마인가?
㉮ 480 MPa   ㉯ 500 MPa
㉰ 520 MPa   ㉱ 600 MPa

문제 014
설계기준 압축강도 f_{ck} =40MPa일 때 β_1은 얼마인가?
㉮ 0.78   ㉯ 0.72
㉰ 0.68   ㉱ 0.8

해설 $f_{ck} \leq 40\text{MPa}$일 때 $\beta_1 = 0.8$

문제 015
부재의 설계강도를 구할 때 강도 감소계수를 고려하는 목적이 아닌 것은?
㉮ 재료의 공칭강도와 실제 강도와의 차이
㉯ 부재를 제작 또는 시공할 때 설계도와의 차이
㉰ 부재 강도의 추정과 해석에 관련된 불확실성
㉱ 구조물에서 차지하는 부재의 중요도는 반영하지 않는다.

해설
• 구조물에서 차지하는 부재의 중요도 등을 반영하기 위한 것이다.
• 부재의 설계강도란 공칭강도에 강도 감소계수 ϕ를 곱한 값이다.

답 008. ㉱ 009. ㉰ 010. ㉮ 011. ㉯ 012. ㉱ 013. ㉱ 014. ㉱ 015. ㉱

문제 016

강도 설계법에서 $f_{ck}=21\text{MPa}$, $f_y=240\text{MPa}$일 때 단철근 직사각형 보의 균형 철근비는 얼마인가?

㉮ 0.039 ㉯ 0.044
㉰ 0.053 ㉱ 0.056

해설
$$\rho_b = \eta(0.85f_{ck})\frac{\beta_1}{f_y}\frac{660}{660+f_y}$$
$$= 1.0 \times (0.85 \times 21) \times \frac{0.8}{240} \times \frac{660}{660+240}$$
$$= 0.044$$
여기서, $f_{ck} \leq 40\text{MPa}$이므로 $\eta=1.0$, $\beta_1=0.8$

문제 017

다음 단면에서 등가 압축응력깊이 a는 얼마인가? (단, 강도 설계법에 의하며 $f_{ck}=24\text{MPa}$, $f_y=400\text{MPa}$, $A_s=2027\text{mm}^2$)

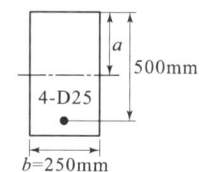

㉮ 151mm ㉯ 159mm
㉰ 181mm ㉱ 187mm

해설
$\eta(0.85f_{ck}) \cdot a \cdot b = f_y \cdot A_s$
$$\therefore a = \frac{A_s f_y}{\eta(0.85f_{ck})b} = \frac{2027 \times 400}{1.0 \times (0.85 \times 24) \times 250}$$
$$= 159\text{mm}$$

문제 018

강도 설계법에서 구조의 안전을 확보하기 위해 사용되는 강도 감소계수 ϕ에 대한 설명으로 틀린 것은?

㉮ 휨부재 $\phi=0.85$
㉯ 압축을 받은 띠철근 콘크리트 부재 $\phi=0.65$
㉰ 전단과 비틀림 부재 $\phi=0.8$
㉱ 콘크리트의 지압력 $\phi=0.65$

해설
- 전단과 비틀림 부재 $\phi=0.75$
- 강도 감소계수는 시공 및 설계상의 오차, 파괴 형상 및 부재의 중요도 등을 고려한 계수이다.

문제 019

강도 감소계수를 규정하는 목적으로 정당하지 않은 것은?

㉮ 재료 강도와 치수가 변동할 수 있으므로 부재의 강도 저하 확률에 대비한 여유
㉯ 구조물에서 차지하는 부재의 중요도를 반영
㉰ 계산의 단순화로 인해 야기될지 모르는 초과하중의 영향에 대비한 여유
㉱ 부정확한 설계 방정식에 대비한 여유

해설 부재를 제작 또는 시공할 때 설계도와의 차이 때문에 강도 감소계수 ϕ를 고려한다.

문제 020

콘크리트 구조설계 기준에서 규정한 강도 감소계수 ϕ를 잘못 기술한 것은?

㉮ 무근 콘크리트의 휨모멘트 $\phi=0.55$
㉯ 전단력과 비틀림 모멘트 $\phi=0.70$
㉰ 콘크리트의 지압력 $\phi=0.65$
㉱ 축인장력 $\phi=0.85$

해설 전단력과 비틀림 모멘트 $\phi=0.75$

문제 021

단철근 직사각형 보를 강도 설계법으로 설계할 경우 최대 철근비를 규정하는 이유는?

㉮ 철근을 절약하기 위해서
㉯ 처짐을 감소시키기 위해서
㉰ 철근이 항복하는 것을 막기 위해서
㉱ 콘크리트의 압축파괴, 즉 취성파괴를 피하기 위하여

해설
- 인장측 철근이 먼저 항복하는 연성파괴로 유도하기 위해 철근비의 상한을 규정한다.
- 취성파괴는 재료가 하중을 받아 탄성한도를 넘어선 후 심한 변형이 생기지 않고 갑작스럽게 파괴가 일어나는 경우이다.

답 016. ㉯ 017. ㉯ 018. ㉰ 019. ㉰ 020. ㉯ 021. ㉱

문제 022

강도 설계법에 의한 철근 콘크리트 보의 설계에서 최대 철근비를 제한하는 가장 중요한 이유는?

㉮ 인장쪽부터 먼저 연성파괴를 유도하기 위해
㉯ 과소 철근보가 더 경제적이기 때문에
㉰ 압축쪽부터 먼저 취성파괴를 유도하기 위해
㉱ 인장쪽부터의 급격한 취성파괴를 피하기 위해

해설 콘크리트 취성파괴는 급격한 붕괴를 초래할 수 있으므로 보의 설계에서 최대 철근비 이하로 제한하여 인장쪽부터 먼저 연성파괴를 유도한다.

문제 023

강도 설계법에서 보의 휨 파괴에 대한 설명으로 잘못된 것은? ($f_{ck} \leq 40\text{MPa}$)

㉮ 보는 취성파괴보다는 연성파괴가 일어나도록 설계되어야 한다.
㉯ 과소 철근보는 인장철근이 항복하기 전에 압축측 콘크리트의 변형률이 0.0033에 도달하는 보이다.
㉰ 균형 철근보는 압축측 콘크리트의 변형률이 0.0033에 도달함과 동시에 인장철근이 항복하는 보이다.
㉱ 과다 철근보는 인장철근량이 많아서 갑작스런 압축파괴가 발생하는 보이다.

해설
- 과소 철근보는 인장철근이 항복한 후 압축측 콘크리트의 변형률이 0.0033에 도달한 보이다.
- 철근 콘크리트 보는 연성파괴가 되도록 과소 철근보로 설계한다.
- 강도 설계법에서 콘크리트 압축응력의 크기는 $\eta(0.85 f_{ck})$이다.

문제 024

고정하중 D와 지진하중 E 및 활하중 L이 작용하는 경우 U를 구하기 위해 고려되어야 할 하중조합으로 옳은 것은?

㉮ $U = 1.4D + 1.7L$
㉯ $U = 0.9D + 1.3W$
㉰ $U = 1.2D + 1.0E + 1.0L$
㉱ $U = 0.75(1.4D + 1.7L + 1.8E)$

문제 025

고정하중 D와 활하중 L 및 풍하중 W이 작용하는 경우 계수하중 U를 구하기 위해 고려되어야 할 하중조합으로 옳은 것은?

㉮ $U = 1.4D + 1.7L + 1.7W$
㉯ $U = 1.2D + 1.0L + 1.3W$
㉰ $U = 0.75(1.4D + 1.7L + 1.5W)$
㉱ $U = 1.4D + 1.7L + 1.5W$

문제 026

강도 설계법에서 하중계수에 관한 규정 중 틀린 것은?

㉮ 고정하중 D와 활하중 L이 작용하는 경우
$U = 1.2D + 1.6L$
㉯ 지하 구조물과 같이 고정하중이 지배적인 구조물 $U = 1.4 \times 1.1D + 1.7L$
㉰ 고정하중 D와 풍하중 W의 재하효과가 서로 상쇄되는 경우 고려해야 할 하중조합
$U = 1.2D + 1.3W$
㉱ 고정하중 D와 지진하중 E의 재하효과가 서로 상쇄되는 경우 고려해야 할 하중조합
$U = 1.2D + 1.0E$

문제 027

f_{ck}=28MPa, f_y=350MPa을 사용하고 b_w=500mm, d=1,000mm인 휨을 받는 직사각형 단면에 요구되는 최소 휨철근량은 얼마인가?

㉮ 1,524mm²
㉯ 1,745mm²
㉰ 1,890mm²
㉱ 1,120.6mm²

해설 휨부재의 최소 철근량(인장철근 배치)

$$\phi M_n \geq 1.2 M_{cr}$$

$$\phi A_s f_y d = 1.2 f_r \frac{I_g}{y_t}$$

답 022. ㉮ 023. ㉯ 024. ㉰ 025. ㉯ 026. ㉯ 027. ㉱

$$\therefore A_{s\,min} = 1.2 \frac{0.63\lambda \sqrt{f_{ck}}}{\phi\,6\,f_y} b_w\,d$$
$$= 1.2 \frac{0.63 \times 1.0 \times \sqrt{28}}{0.85 \times 6 \times 350} \times 500 \times 1,000$$
$$= 1120.6\,mm^2$$

여기서, $I_g = \dfrac{b_w\,h^2}{12}$, $y_t = \dfrac{h}{2}$, $h \fallingdotseq d$,

a는 매우 작아 팔거리 d 적용

문제 028

중립축으로부터 압축측 콘크리트 상단까지의 거리가 200mm인 단철근 직사각형보에서 콘크리트의 설계기준 압축강도가 25MPa인 경우 등가 사각형의 깊이 a는?

㉮ 160mm ㉯ 180mm
㉰ 200mm ㉱ 210mm

해설 $a = \beta_1 c = 0.8 \times 200 = 160\,mm$

여기서, $f_{ck} \leq 50\text{MPa}$인 경우 $\beta_1 = 0.8$

답 028. ㉮

제 1 편 토목 제도
제 2 편 전 산
제 3 편 철근 콘크리트
제 4 편 토목 구조물
부 록 최근 기출문제

전산응용토목제도기능사

제 4 편

토목 구조물

제 1 장 ············· 토목 구조물의 개념

제 2 장 ············· 토목 구조물의 종류

제 3 장 ············· 토목 구조물의 특성

제 01 장 토목 구조물의 개념

01 토목 구조물의 역사

1. 토목 구조물의 정의

인간의 안락한 생활을 위해 자연환경이나 자원을 효과적으로 변화시키는데 필요한 기술이다.

2. 세계 토목 구조물의 역사

1) 원시시대

통나무 및 암석 등을 사용하여 만든 천연 교량

2) 기원전 1~2세기

로마시대 아치교(프랑스의 가르교)

3) 9~10세기

르네상스와 기술 발전으로 미적, 구조적인 변화(프랑스의 아비뇽교, 영국의 런던교)

4) 11~18세기

주철 사용 및 산업혁명(팔라리오의 트러스 구조 발명, 로만시멘트 개발)

5) 19~20세기 초

재료 및 신기술의 발전과 사회환경의 변화로 장대 교량의 출현(미국의 금문교, 시드니의 하버교)

6) 20세기 중엽~21세기

컴퓨터의 등장, 신소재 및 신장비 개발로 인해 교량 기술의 정교화 및 복잡화(영국의 세븐교, 일본의 아카시 대교, 베네수엘라의 미라카보이교)

3. 우리나라 토목 구조물(교량)의 역사

1) 기원전 37년

고구려 본기 – 어별교

2) 삼국시대

① 413년 우리나라 기록상 최초 교량 – 신라 평양주 대교
② 통일신라 연화교, 칠보교 등

3) 고려시대(토성이 축조되고 다양한 형태의 다리 건설)

① 1011년 황해도 개성 – 선죽교, 병부교, 십천교, 궐문교
② 전라남도 함평 고막천 – 석교
③ 충북 진천 – 농교

4) 조선시대(서울의 궁궐과 청계천에 많은 교량의 축조)

① 경복궁 – 영제교(1396년)
② 창덕궁 – 금천교(1411년)
③ 청계천 – 수표교, 중랑천 – 살곶이 다리(15세기)

5) 20세기 초(1900년 한강 철교를 시작으로 근대식 교량의 출현)

① 한강 철교(1909년)
② 압록강 철교(1911년)
③ 부산 영도교(1934년)
④ 서울 광진교(1936년)
⑤ 서울 한강대교(1937년)

6) 20세기 중엽(6.25 전쟁 후 국가기반 시설 정비, 현대식 교량 등장)

① 국내 기술의 최초 장대교량 – 양화대교(1965년)
② 강남 지역의 발전 촉진 – 한남대교(1970년)
③ 국내 최초 디비닥(Dywidag) 공법의 프리스트레스트 교량 – 원효대교(1981년)

7) 21세기(인천국제공항, 고속철도 등 대규모 토목 구조물 건설)

① 우리나라 최대 규모 사장교 – 서해대교(2000년)
② 자정식 현수교 – 영종대교(2000년)

③ 세계 5위 규모 - 인천대교(2009년)

4. 교량

1) 교량의 구성

① 상부구조
바닥판, 바닥틀, 주트러스 등(보, 트러스, 라멘)
② 하부구조
교대, 교각, 기초 등

2) 교량의 종류

① 교면의 위치에 따른 분류
- 상로교(上路橋)
- 중로교(中路橋)
- 하로교(下路橋)
- 2층교

② 용도에 따른 분류
- 도로교
- 인도교
- 철도교
- 수로교(水路橋)
- 군용교(軍用橋)
- 혼용교(도로와 철도 병설)
- 운하교

③ 교량의 평면 형상에 따른 분류
- 직교(直橋)
- 사교(斜橋)
- 곡선교(曲線橋)

④ 사용 재료에 따른 분류
- 목교(木橋)
- 석교(石橋)
- 철근 콘크리트교
- PSC 콘크리트교
- 강교(鋼橋)
- 합성교

⑤ 상부구조 형식에 따른 분류
- 거더교 : 거더(보)를 수평방향으로 가설한 형식

- 단순교 : 주형 또는 주트러스를 양단에서 단순하게 지지된 교량으로 한쪽은 힌지, 다른 쪽은 이동지점으로 지지하는 형식
- 연속교 : 1개의 주형 또는 주트러스를 3점 이상의 지점에서 지지하는 형식
- 게르버교 : 연속교의 지점 이외의 적당한 곳에 힌지를 넣어 부정정 구조를 정정 구조로 만든 형식
- 트러스교 : 몇 개의 직선 부재를 한 평면 내에서 연속된 삼각형의 뼈대 구조로 조립한 것을 거더 대신 사용하는 형식
- 아치교(타이드 아치교, 랭거 아치교, 로제 아치교, 닐슨 아치교) : 곡형 또는 곡트러스 쪽을 상향으로 하여 양단을 수평방향으로 이동할 수 없게 지지한 아치를 주형 또는 주트러스로 이용한 형식
- 현수교(영종대교) : 주탑 및 앵커리지로 주케이블을 지지하고 이 케이블에 현수재를 매달아 보강형을 지지하는 형식
- 라멘교 : 교량의 상부구조와 하부구조를 강절로 연결함으로써 전체 구조의 강성을 높임과 동시에 지간 내에 발생하는 휨모멘트의 크기를 줄이는 대신 이를 교대나 교각이 부담하게 하는 형식
- 사장교(서해대교, 인천대교, 올림픽 대교) : 중간의 교각 위에 세운 교탑으로부터 비스듬히 내린 케이블로 주형을 매단 구조물의 형식

02 토목 구조물의 종류

1. 콘크리트 구조

① 철근이나 철골 등으로 보강하지 않은 무근 콘크리트 구조
② 콘크리트 수축균열 등을 고려하여 일부분에 강재를 사용한 무근 콘크리트 구조
③ 콘크리트를 주재료로 한 구조

2. 철근 콘크리트 구조

① 기둥, 보, 내력벽, 바닥 슬래브 등의 주요 구조부가 철근 콘크리트로 시공되는 일체식 구조
② 콘크리트의 압축력과 철근의 인장력이 일체로 되어 서로의 결점을 보완하는 구조

3. 프리스트레스트 콘크리트 구조

외력에 의하여 일어나는 응력을 소정의 한도까지 상쇄할 수 있도록 미리 인공적으로 그 응력의 분포와 크기를 정하여 내력을 준 콘크리트 구조

4. 강구조(철골구조)

① 공장에서 제련, 성형된 구조 부재를 리벳, 볼트 또는 용접 등의 방법으로 접합하여 하중을 지지할 수 있게 만들어지는 구조
② 강재로 이루어지는 구조

5. 합성구조

① 강재 혹은 조립 부재를 철근 콘크리트 속에 배치하거나 외부를 감싸게 하여 강재와 철근 콘크리트가 합성으로 외력에 저항하는 구조
② 강재의 보 위에 철근 콘크리트 슬래브를 이어 쳐 서로 일체로 작용하도록 하는 구조
③ 미리 완성된 PSC 보를 소정의 위치에 놓고 그 위에 철근 콘크리트 슬래브를 이어 쳐 서로 일체로 작용하도록 하는 구조

03 토목 구조물의 특징

1. 규모(경제성)

건설 예산이 많이 소요되어 대부분 규모가 크고 공사기간이 길다.

2. 공공의 목적(공공성)

공공의 비용으로 공익을 위해 건설된다.

3. 수명(장기성)

한번 축조된 구조물은 반영구적이어서 구조물의 수명이 길다.

4. 환경적 영향(지역성)

주위의 자연 환경을 크게 변화시킨다.

5. 대량 생산 불가(일회성)

동일한 조건의 구조물이 건설되지 않는다.

6. 종합적인 기술(종합성)

여러 학문이나 기술이 건설과 관련되어 복합적으로 이루어진다.

04 토목 구조물의 하중

1. 설계 사용하중

1) 주하중

① 고정하중
- 구조물 자체의 중량
- 자중과 구조물에 반영구적 또는 영구적으로 고정되어 있는 물체의 중량

② 활하중
- 구조물에 일시적으로 놓인 물체의 중량이나 움직이는 차량 등의 이동하중
- 교량 설계시 표준 트럭하중으로 1등교(DB-24 : 총 중량 432kN), 2등교(DB-18 : 총 중량 324kN), 3등교(DB-13.5 : 총 중량 243kN)

③ 충격하중
- 자동차와 같은 이동하중의 활하중이 작용
- 교량 설계시 충격계수를 사용

$$충격계수\ i = \frac{15}{40+L} \leq 0.3$$

여기서, L : 지간

2) 부하중

① 풍하중
구조물에 바람의 작용

② 온도 변화의 영향
온도 변화에 의해 부재의 신축을 일으키고 이로 인해 부재의 자유로운 변형이 억제된다면 구속응력(인장응력)이 발생

③ 지진의 영향
구조물이 지진에 의해 진동이 일어나 각 부분에 응력이 발생

3) 특수하중

① 설하중
- 구조물에 쌓인 눈의 작용
- 지역, 시기 및 적설 형태에 따라 변하지만 표준 값 $200\,kg/m^2$

② 원심하중
- 교면상 1.8m 높이에서 수평방향으로 작용
- 자동차 하중의 8%, 궤도하중의 10%

③ 지점 이동의 영향
- 강교의 경우 탄성 해석 값을 그대로 사용
- 콘크리트교의 경우 50%

④ 제동하중
- 교면상 1.8m 높이에서 수평방향으로 작용
- 총 하중(DB)의 10%

⑤ 가설하중
   구조물을 위해 설치했다가 공사 완료 후에 철거하는 임시 구조물의 하중

⑥ 충돌하중
- 노면상 1.8m 높이에서 수평방향으로 작용
- 차도 방향 : 100t
- 차도 직각방향 : 50t

제01장 토목 구조물의 개념 | 실전문제

문제 001
교량의 하부구조가 아닌 것은?
- ㉮ 교각
- ㉯ 기초
- ㉰ 교대
- ㉱ 보

문제 002
교량의 분류방법과 교량의 연결이 바른 것은?
- ㉮ 사용 재료에 따른 분류 – 거더교
- ㉯ 사용 용도에 따른 분류 – 곡선교
- ㉰ 통로의 위치에 따른 분류 – 중로교
- ㉱ 평면 형상에 따른 분류 – 2층교

문제 003
교량의 종류에 있어서 통로의 위치에 따라 분류한 것으로 잘못된 것은?
- ㉮ 상로교
- ㉯ 중로교
- ㉰ 하로교
- ㉱ 과선교

문제 004
연속교 주형의 중간 부분의 적당한 곳에 힌지를 넣어서 정정 구조로 되게 한 교량을 무엇이라 하는가?
- ㉮ 단순교
- ㉯ 연속교
- ㉰ 게르버교
- ㉱ 아치교

문제 005
토목 건설기술의 특징이 아닌 것은?
- ㉮ 공공성
- ㉯ 단기성
- ㉰ 종합성
- ㉱ 지역성

문제 006
교량의 설계하중에 있어서 주하중에 관한 설명으로 바른 것은?
- ㉮ 항상 장기적으로 작용하는 하중
- ㉯ 때에 따라 작용하는 하중
- ㉰ 특별히 고려되어야 하는 하중
- ㉱ 온도의 변화에 따른 하중

문제 007
강재의 보 위에 철근 콘크리트 슬래브를 이어 쳐서 양자가 일체로 작용하도록 한 토목 구조는?
- ㉮ 일체구조
- ㉯ 합성구조
- ㉰ 혼합구조
- ㉱ 복식구조

문제 008
교량의 자중을 비롯하여 교량에 부설된 모든 시설물의 중량을 무엇이라 하는가?
- ㉮ 고정하중
- ㉯ 활하중
- ㉰ 충격하중
- ㉱ 부하중

문제 009
교량 설계에서 DB-24 하중은 총 중량이 얼마인가?
- ㉮ 480 kN
- ㉯ 432 kN
- ㉰ 324 kN
- ㉱ 243 kN

문제 010
도로교 상부 구조의 충격계수 식으로 옳은 것은? (단, L=지간길이)
- ㉮ $i = \dfrac{20}{50+L}$

답 001. ㉱ 002. ㉰ 003. ㉱ 004. ㉰ 005. ㉯ 006. ㉮ 007. ㉯ 008. ㉮ 009. ㉯ 010. ㉯

㉯ $i = \dfrac{15}{40+L} \leq 0.3$

㉰ $i = \dfrac{20}{L+40} \leq 0.3$

㉱ $i = \dfrac{50}{20+L}$

문제 011
강교의 경간이 15m일 때의 충격계수는 얼마인가?

㉮ 0.23 ㉯ 0.27
㉰ 0.30 ㉱ 0.36

해설 $i = \dfrac{15}{40+L} = \dfrac{15}{40+15} = 0.273$

문제 012
강합성 교량에서 콘크리트 슬래브와 강주형 상부 플랜지를 구조적으로 일체가 되도록 결합시키는 요소는?

㉮ 볼트 ㉯ 전단 연결재
㉰ 합성철근 ㉱ 접착제

해설 전단 연결재는 합성교량에서 강거더와 상판 콘크리트를 일체화시키는 재료이다.

문제 013
강판형의 경제적인 높이는 다음 중 어느 것에 의해 구해지는가?

㉮ 전단력 ㉯ 휨 모멘트
㉰ 비틀림 모멘트 ㉱ 지압력

해설
- 강판형의 경제적인 높이는 휨 모멘트에 의해 구해진다.
- 판형교 단면의 경제적인 높이

$h = 1.1 \sqrt{\dfrac{M}{ft}}$

문제 014
다음은 교량의 구조에 대한 설명이다. 옳지 않은 것은?

㉮ 상부구조는 가운데 사람이나 차량 등을 직접 받쳐주는 포장 및 슬래브의 부분을 바닥판이라고 한다.

㉯ 바닥판에 실리는 하중을 받아서 주형에 전달해 주는 부분을 바닥틀이라 한다.

㉰ 바닥틀은 상부구조와 하부구조로 이루어진다.

㉱ 바닥틀로부터의 하중이나 자중을 안전하게 받쳐서 하부구조에 전달하는 부분을 주형이라 한다.

문제 015
사용 재료에 따른 교량의 분류가 아닌 것은?

㉮ 철근 콘크리트 ㉯ 강교
㉰ 목교 ㉱ 거더교

문제 016
다음 중 강구조의 강재이음 방법이 아닌 것은?

㉮ 겹침이음 ㉯ 용접이음
㉰ 고장력 볼트이음 ㉱ 리벳이음

문제 017
강재에서 고장력 볼트의 구멍은 볼트의 호칭지름에 얼마의 값을 더 하는가?

㉮ 2mm ㉯ 3mm
㉰ 5mm ㉱ 6mm

문제 018
다음은 아치교에 대한 설명이다. 옳지 않은 것은?

㉮ 상부구조의 주체가 아치로 된 교량을 말한다.
㉯ 계곡이나 지간이 긴 곳에 적당하다.
㉰ 미관이 아름답다.
㉱ 우리나라의 대표적인 아치교는 서해대교이다.

해설 사장교는 기둥 역할을 하는 2개의 주탑에서 교량의 상판을 당기는 와이어를 연결한 교량으로 서해대교가 해당된다.

제 02 장 토목 구조물의 종류

제 4 편 토목 구조물

01 보

1. 전단응력

1) 전단균열(사인장 균열)
① 철근 콘크리트 보의 지점부근에는 전단응력과 휨 응력이 합성되어 주인장 응력이 생긴다.
② 인장철근이 충분히 배치된 부재에도 사인장 응력으로 인해 부재 단면에는 중립축과 45° 정도의 각을 이루는 사인장 균열이 생긴다.
③ 보의 경우 지점 가까이의 중립축 부근에서 휨응력은 작고 전단응력은 크게 발생되어 사인장 균열이 생긴다.

2) 전단철근(전단 보강철근, 사인장 철근)
① 전단철근은 전단력으로 인해 생기는 사인장 균열을 막기 위해 배치한다.
② 전단철근의 종류
  - 주철근에 직각으로 설치하는 스터럽
  - 주철근에 45° 이상의 각도로 설치되는 스터럽
  - 주철근에 30° 이상의 각도로 구부린 굽힘철근
  - 스터럽과 굽힘철근의 조합

2. 전단 설계

1) 콘크리트가 부담하는 전단강도
$$V_c = \frac{1}{6} \lambda \sqrt{f_{ck}} \, b_w \, d$$

2) 전단철근이 부담하는 전단강도

$$V_s = \frac{A_v f_{yt} d}{s}$$

3) 소요 전단강도

$$V_u = \phi(V_c + V_s)$$

여기서, A_v : 전단철근의 단면적
d : 보의 유효깊이
s : 수직 스터럽 간격
f_{yt} : 전단철근의 항복강도
b_w : 보의 폭
f_{ck} : 설계기준 압축강도
ϕ : 강도감소계수(전단의 경우 0.75)

3. 전단철근의 상세

① 전단 보강철근의 설계기준 항복강도(f_{yt})는 500MPa 이하라야 한다.
② 전단강도(V_s)는 $0.2\left(1 - \dfrac{f_{ck}}{250}\right) f_{ck} b_w d$ 이하로 하며 수직 스터럽의 간격은 $d/2$ 이하, 600mm 이하라야 한다.
③ 전단철근은 압축연단에서 d 거리까지 연장되어야 한다.
④ $V_s > \dfrac{1}{3} \lambda \sqrt{f_{ck}} b_w d$ 인 경우 수직 스터럽의 간격은 $d/4$ 이하, 300mm 이하라야 한다.

02 기 둥

1. 기둥의 정의

높이가 단면 최소치수의 3배 이상인 수직 또는 수직에 가까운 압축재

2. 기둥의 종류

1) 띠철근 기둥

사각형 단면의 축방향 철근을 적당한 간격으로 띠철근을 감은 기둥

2) 나선철근 기둥

원형 단면의 축방향 철근을 연속된 나선철근으로 감은 기둥

3) 합성기둥

구조용 강재를 축방향에 배치한 기둥

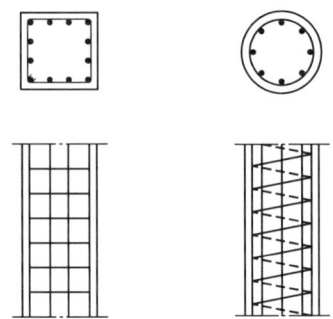

○ 띠철근 기둥 및 나선철근 기둥

3. 띠철근의 상세

① 압축부재의 단면 최소치수는 200mm이고 단면적은 $60,000mm^2$ 이상이어야 한다.
② 축방향 철근이 D32 이하일 때는 D10 이상의 띠철근을 사용해야 한다.
③ 축방향 철근이 D35 이상일 때는 D13 이상의 띠철근을 사용해야 한다.
④ 축방향 철근의 직사각형의 경우 4개 이상이어야 한다.

4. 나선철근의 상세

① 단면 심부의 최소 지름은 200mm 이상이어야 한다.
② 나선철근의 항복강도는 700MPa 이하라야 한다.
③ 축방향 철근은 6개 이상이어야 한다.
④ 나선철근의 순간격은 75mm 이하, 25mm 이상이어야 한다.
⑤ 나선철근의 정착길이는 나선철근 끝에서 1.5회전 이상 연장되어야 한다.
⑥ 콘크리트 설계기준 압축강도는 21MPa 이상이어야 한다.
⑦ 현장치기 콘크리트 공사에서 나선철근 지름은 10mm 이상으로 한다.
⑧ 나선철근의 이음은 철근 지름의 48배 이상, 또한 300mm 이상의 겹침이음 또는 용접이음으로 한다.

5. 철근비 및 간격

① 축방향 철근의 철근비는 총 단면적의 1~8%라야 한다.
② 축방향 철근의 간격은 40mm 이상, 철근 지름의 1.5배 이상, 굵은골재 최대치수의 4/3 배 이상이어야 한다.

6. 좌굴 하중 및 응력

① 좌굴 하중

$$P_c = \frac{\pi^2 EI}{(kl)^2} = \frac{n\pi^2 EI}{l^2} = \frac{\pi^2 EI}{\lambda^2}$$

② 좌굴 응력

$$f_c = \frac{P_c}{A} = \frac{\pi^2 EI}{A(kl)^2} = \frac{\pi^2 E}{\left(\frac{kl}{r}\right)^2} = \frac{\pi^2 E}{\lambda^2}$$

③ 기둥 단부지지 조건에 따른 계수

지지 조건에 따른 기둥의 분류	1단 고정, 타단 자유	양단 힌지	1단 고정, 타단 힌지	양단 고정
	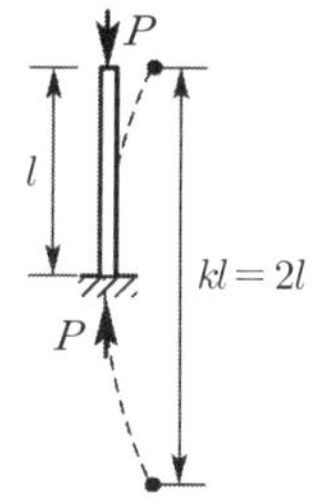 $kl=2l$	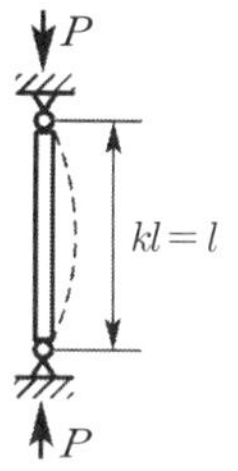 $kl=l$	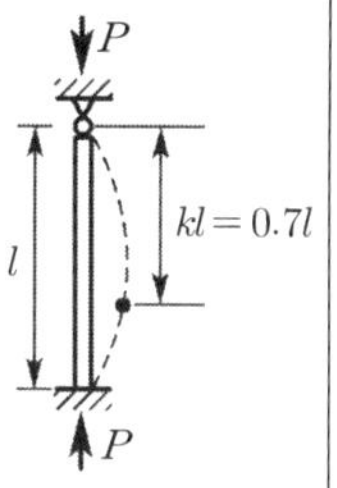 $kl=0.7l$	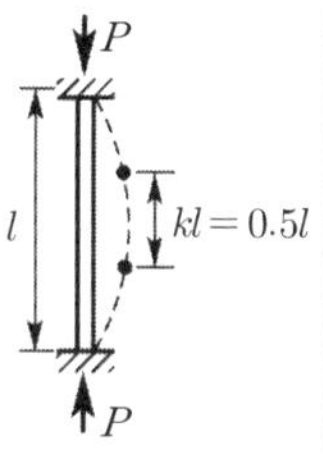 $kl=0.5l$
유효 길이 계수(k)	2	1	0.7	0.5
좌굴계수(n) $n=\frac{1}{k^2}$	$\frac{1}{4}$	1	2	4

03 슬래브

1. 정의

두께에 비해 폭이나 길이가 긴 판 모양의 구조물

2. 1방향 슬래브

1) 정의

① 마주보는 두 변에 의해서만 지지된 경우

② 네 변이 지지된 슬래브 중에서 $\frac{L}{S} > 2$인 경우

여기서, L : 긴 변의 길이(장변)
S : 짧은 변의 길이(단변)

2) 1방향 슬래브의 구조 상세

① 1방향 슬래브의 두께는 100mm 이상이어야 한다.
② 1방향 슬래브의 정(+), 부(-)철근의 중심 간격
  - 최대 휨 모멘트가 일어나는 단면에서는 슬래브 두께의 2배 이하, 300mm 이하이어야 한다.
  - 기타 단면에서는 슬래브 두께의 3배 이상, 450mm 이하이어야 한다.
③ 정철근 또는 부철근에 직각 방향으로 배력철근을 배치해야 한다.
  - 배력철근의 배치 이유
    - 응력을 고르게 분포시킨다.
    - 주철근의 간격을 유지시켜 준다.
    - 건조수축이나 온도 변화에 의한 수축을 감소시키고 균열을 분포시킨다.
④ 전단력에 대한 위험단면은 지점에서 유효높이 d 만큼 떨어진 단면이다.
⑤ 수축·온도철근으로 배근되는 이형철근의 철근비
  - 어떤 경우라도 0.0014 이상이어야 한다.
  - 설계기준 항복강도가 400MPa 이하인 이형철근을 사용한 경우에는 0.002 이상이어야 한다.
⑥ 수축·온도철근의 간격은 슬래브 두께의 5배 이하, 또한 450mm 이하로 하여야 한다.

3) 철근 콘크리트 보와 일체로 된 연속 슬래브

① 짧은 지간 방향으로 단위 폭당 연속보와 같이 해석하여 단면 설계를 한다.
② 활하중에 의해 계산된 경간 중앙의 부모멘트는 산정된 값의 1/2만을 취한다.
③ 경간 중앙의 정모멘트는 양단 고정으로 보고 계산한 값 이상으로 취해야 한다.
④ 순경간이 3m를 초과할 때 순경간 내면의 휨 모멘트를 사용하되 이 값이 순경간을 고정단으로 본 고정단 휨 모멘트 이상이어야 한다.

4) 연속보 또는 1방향 슬래브의 근사해법 적용 조건

① 등분포 하중이 작용할 경우
② 부재 단면의 크기기 일정한 경우
③ 인접 2경간의 차이가 짧은 경간의 20% 이상 차이가 나지 않을 경우
④ 활하중이 고정하중의 3배를 초과하지 않는 경우
⑤ 2경간 이상인 경우

3. 2방향 슬래브

1) 정의

① 네 변이 지지된 슬래브 중에서 $1 \leq \dfrac{L}{S} \leq 2$ 또는 $0.5 < \dfrac{S}{L} \leq 1$ 인 경우
② 주철근을 단변과 장변 방향으로 배치

2) 직접 설계법의 적용 범위

① 각 방향으로 3경간 이상 연속되어야 한다.
② 직사각형 슬래브로 장변이 단변의 2배 이하이어야 한다.
③ 각 방향으로 연속한 받침부 경간 길이의 차이는 긴 경간의 1/3 이하이어야 한다.
④ 연속한 기둥 중심선으로부터 기둥의 이탈은 이탈방향 경간의 최대 10%까지 허용된다.
⑤ 모든 하중은 등분포된 연직하중으로 활하중은 고정하중의 2배 이하이어야 한다.

3) 2방향 슬래브의 구조 상세

① 전단력에 대한 위험단면은 받침 집중하중이나 집중반력을 받는 면(받침부)의 주변에서 $d/2$만큼 떨어진 주변 단면이다.
② 2방향 슬래브의 각 방향의 철근 단면적은 위험단면의 휨모멘트에 의해 결정되지만 1방향 슬래브의 수축·온도철근에서 요구되는 최소 철근량 이상이 되어야 한다.
③ 위험단면에서 철근 간격은 슬래브 두께의 2배 이하 또는 300mm 이하로 되어야 한다.
④ 단변 경간방향의 하중 분담이 크기 때문에 단변 경간방향의 주철근을 슬래브 바닥에 가장 가깝게 놓는다.
⑤ 외부 모퉁이의 보강철근
  • 모퉁이로부터 긴 경간의 1/5 길이만큼 각 방향에 배치한다.
  • 상부에서 대각선 방향, 하부에서 대각선에 수직방향으로 배치한다. 아니면 상하부 각 변에 평행하게 두 층으로 배치한다.

04 기초 및 옹벽

1. 확대기초

1) 정의

상부 구조물의 하중을 넓은 면적에 분포시켜 하중을 지반에 안전하게 전달하는 구조

2) 종류

① 독립 확대기초 : 1개의 기둥을 지지하는 기초
② 복합 확대기초(연결 확대기초) : 2개의 기둥을 지지하는 기초
③ 벽의 확대기초(연속 확대기초) : 벽을 지지하는 기초
④ 캔틸레버 확대기초 : 2개의 독립 확대기초를 보로 연결한 기초
⑤ 전면기초
  • 여러 개의 기둥과 벽을 지지하는 구조물 아래의 전면적을 덮는 복합기초
  • 기초가 시공면적의 2/3를 초과하는 경우에 시공하면 유리한 기초

3) 기초 저면적

$$q_a = \frac{P}{A} \quad \therefore \quad A = \frac{P}{q_a}$$

여기서, q_a : 지반의 허용 지지력
 P : 하중
 A : 저면적

2. 옹 벽

1) 정의

토압에 저항하여 흙의 붕괴를 방지하기 위한 구조물

2) 종류

① 중력식 옹벽 : 무근 콘크리트 구조로 자중으로 토압에 저항하며 보통 높이는 3~4m 정도의 구조
② 반중력식 옹벽 : 단면을 줄여 자중을 어느 정도 가볍게 하는 동시에 인장 부분에 철근을 보강한 구조
③ 역 T형 옹벽 : 철근 콘크리트 구조로 높이는 5m 정도의 구조
④ 부벽식 옹벽 : 높이 6m 이상의 철근 콘크리트 구조로 옹벽에 일정한 간격으로 버팀벽을 된 구조

3) 옹벽의 안정조건

① 전도에 대한 안정
 • 안전율 2 이상이어야 한다.
 • 모든 외력 합력의 작용점이 옹벽 저면 중앙 1/3 이내에 있어야 한다.
② 활동에 대한 안정
 • 안전율 1.5 이상이어야 한다.
 • 옹벽 저판과 지반 사이에 돌출부를 설치한다.
 • 콘크리트 저판과 지반과의 마찰계수를 고려한다.
③ 침하(지지력)에 대한 안정
 • 안전율 1.0 이상이어야 한다.
 • 지지 지반에 작용하는 최대 압력이 지반의 허용 지지력을 넘어서는 안된다.

4) 옹벽의 구조제한 및 상세

① 뒷부벽은 T형보로 설계하며 앞부벽은 직사각형 보로 설계하여야 한다.
② 뒷부벽 옹벽의 전면벽과 저판에는 인장철근의 20% 이상의 배력철근을 두어야 한다.
③ 옹벽의 뒷채움 속에는 배수 구멍으로 물이 잘 모이도록 두께 30cm 이상의 배수층을 만들어야 한다.

제02장 토목 구조물의 종류 — 실전문제

문제 001
나선철근과 띠철근 기둥에서 축방향 철근의 순간격은 40mm 이상, 또한 철근 공칭지름의 몇 배 이상인가?
- ㉮ 1.5배
- ㉯ 2배
- ㉰ 2.5배
- ㉱ 3배

문제 002
나선철근 기둥을 설계하고자 한다. 축방향 부재의 주철근의 최소 개수는?
- ㉮ 6개
- ㉯ 8개
- ㉰ 9개
- ㉱ 10개

문제 003
최대 사인장 응력의 작용선이 중립축과 이루는 각도는?
- ㉮ 30°
- ㉯ 45°
- ㉰ 60°
- ㉱ 75°

문제 004
나선철근 기둥에서 나선철근 순간격의 최소값과 최대값이 옳은 것은?
- ㉮ 최소값 25mm, 최대값 75mm
- ㉯ 최소값 35mm, 최대값 85mm
- ㉰ 최소값 45mm, 최대값 95mm
- ㉱ 최소값 55mm, 최대값 105mm

문제 005
다음은 압축부재의 설계단면에 관한 사항이다. 옳지 않은 것은?
- ㉮ 띠철근 압축부재 단면적은 60,000mm^2 이상이라야 한다.
- ㉯ 나선철근 압축부재 단면의 심부 지름은 200mm 이상이라야 한다.
- ㉰ 나선철근 압축부재의 콘크리트 설계기준 압축강도는 21MPa 이상이라야 한다.
- ㉱ 축방향 철근의 최소 수는 직사각형 배치에서는 6개 이상이라야 한다.

문제 006
1방향 슬래브의 최소 두께는 얼마 이상이어야 하는가?
- ㉮ 80mm
- ㉯ 100mm
- ㉰ 120mm
- ㉱ 140mm

문제 007
1방향 슬래브에서 슬래브의 정철근 및 부철근의 중심 간격은 최대 휨모멘트가 일어나는 단면에서는 슬래브 두께의 2배 이하 또는 몇 mm 이하인가?
- ㉮ 300mm
- ㉯ 450mm
- ㉰ 500mm
- ㉱ 600mm

문제 008
슬래브의 1변의 길이가 다른 변 길이의 최소 몇 배 이상이면 1방향 슬래브로 보는가?
- ㉮ 1배
- ㉯ 2배
- ㉰ 3배
- ㉱ 4배

답 001. ㉮ 002. ㉮ 003. ㉯ 004. ㉮ 005. ㉱ 006. ㉯ 007. ㉮ 008. ㉯

문제 009
4변에 의해 지지되는 2방향 슬래브 중에서 짧은 변에 대한 긴 변의 비가 최소 몇 배를 넘으면 1방향 슬래브로 해석하는가?
- ㉮ 2배
- ㉯ 3배
- ㉰ 4배
- ㉱ 5배

문제 010
슬래브에서 응력을 분포시킬 목적으로 주철근에 직각 또는 직각에 가까운 방향으로 배치하는 철근은?
- ㉮ 배력철근
- ㉯ 스터럽
- ㉰ 부철근
- ㉱ 정철근

문제 011
배력철근에 대한 설명으로 틀린 것은?
- ㉮ 집중하중을 분포시키는 역할을 한다.
- ㉯ 주철근과 직각에 가까운 방향으로 배치한다.
- ㉰ 균열을 제어하는 역할을 한다.
- ㉱ 기둥에서 종방향 철근의 위치를 확보하고 전단력이 저항하는 역할을 한다.

문제 012
수축 및 온도철근의 간격은 슬래브 두께의 최대 몇 배 이하로 하여야 하는가?
- ㉮ 2배
- ㉯ 3배
- ㉰ 4배
- ㉱ 5배

문제 013
1방향 철근 콘크리트 슬래브에서 수축 및 온도철근의 최소 철근비는 얼마 이상이어야 하는가?
- ㉮ 0.0011
- ㉯ 0.0012
- ㉰ 0.0013
- ㉱ 0.0014

문제 014
옹벽에서 균열이 생기는 것을 막기 위해 신축이음을 설치하는데 이 때 신축이음은 최대 몇 m 이하로 설치하는가?
- ㉮ 15m
- ㉯ 20m
- ㉰ 25m
- ㉱ 30m

문제 015
옹벽의 뒷채움 속에는 배수 구멍으로 물이 잘 모이도록 배수층을 만들어야 한다. 이 배수층의 두께는 최소 몇 cm 이상이어야 하는가?
- ㉮ 9cm 이상
- ㉯ 15cm 이상
- ㉰ 30cm 이상
- ㉱ 40cm 이상

문제 016
옹벽의 안정을 위해 검토하는 안정 조건으로 가장 거리가 먼 것은?
- ㉮ 전도에 대한 안정
- ㉯ 기초 지반의 지지력에 대한 안정
- ㉰ 활동에 대한 안정
- ㉱ 벽체 강도에 대한 안정

문제 017
1방향 슬래브의 전단력에 대한 위험단면은 다음 중 어느 곳인가? (단, d는 유효길이)
- ㉮ 지점
- ㉯ 지점에서 $d/2$인 곳
- ㉰ 지점에서 d인 곳
- ㉱ 슬래브의 중간인 곳

문제 018
2방향 슬래브의 전단력에 대한 위험 단면은 다음 중 어느 곳인가? (단, d는 유효길이)
- ㉮ 받침부
- ㉯ 받침부에서 d인 곳

답 009. ㉮ 010. ㉮ 011. ㉱ 012. ㉱ 013. ㉱ 014. ㉱ 015. ㉰ 016. ㉱ 017. ㉰ 018. ㉰

㉰ 받침부에서 $d/2$인 곳
㉱ 슬래브 경간의 1/8인 곳

문제 019
옹벽의 전도에 대한 저항 모멘트는 횡토압에 의한 전도 모멘트의 몇 배 이상이어야 하는가?
㉮ 1.5배 ㉯ 2.0배
㉰ 2.5배 ㉱ 3.0배

문제 020
옹벽 구조의 외력에 대한 안정을 설명한 다음 내용 중 잘못된 것은?
㉮ 활동에 대한 저항력은 옹벽에 작용하는 수평력의 1.5배 이상이어야 한다.
㉯ 전도에 대한 저항 모멘트는 횡토압에 의한 전도 모멘트의 2배 이상이어야 한다.
㉰ 기초 지반에 작용하는 외력의 합력은 기초 저폭 중앙의 1/2 이내이어야 한다.
㉱ 지지 지반에 작용하는 최대 압력이 지반의 허용 지지력을 넘어서는 안 된다.

해설 모든 외력 합력의 작용점이 옹벽 저면의 중앙 1/3 이내에 있어야 한다.

문제 021
축방향 압축력 $P=180\text{kN}$, 흙의 허용지지력 $q_a=20\text{kN/m}^2$인 정사각형 확대기초의 저판의 한 변의 길이는 얼마인가?
㉮ 2m ㉯ 3m
㉰ 4m ㉱ 5m

해설 $q_a = \dfrac{P}{A}$
$\therefore A = \dfrac{P}{q_a} = \dfrac{180}{20} = 9\text{m}^2$
정사각형 단면이므로 한 변의 길이 = $\sqrt{9} = 3\text{m}$

문제 022
철근 콘크리트 보에서 사인장 철근(복부 철근)을 배근하는 이유는?
㉮ 휨 인장응력을 받게 하기 위하여
㉯ 전단응력에 저항시키기 위하여
㉰ 부착응력을 늘리기 위하여
㉱ 저압응력을 늘리기 위하여

해설 절곡철근과 스터럽이 사인장 철근(복부 철근)에 해당된다.

문제 023
그림과 같은 단면과 길이가 같은 기둥이 지지되었을 때 좌굴에 가장 강한 것은?

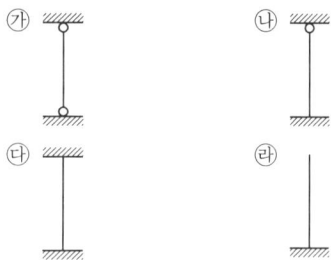

문제 024
그림에서 기둥 강도의 비 a : b : c : d 는? (단, 부재 단면의 강도는 동질, 동단면, 동길이다.)
㉮ 1 : 4 : 6 : 10
㉯ 16 : 8 : 4 : 1
㉰ 4 : 8 : 1 : 16
㉱ 4 : 8 : 16 : 1

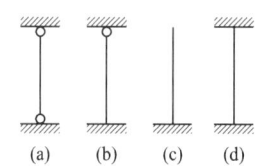

문제 025
철근 콘크리트 보의 단부에 스터럽을 많이 쓰는 이유는?
㉮ 철근의 강도 증진
㉯ 보에 생기는 응력에 저항
㉰ 휨 모멘트에 저항
㉱ 축방향 철근의 좌굴 장지

답 019. ㉯ 020. ㉰ 021. ㉯ 022. ㉯ 023. ㉰ 024. ㉰ 025. ㉯

문제 026
다음 중 전단철근으로 사용할 수 없는 것은?
- ㉮ 부재축에 직각으로 배치한 용접철망
- ㉯ 주인장 철근에 30°의 각도로 설치되는 스터럽
- ㉰ 나선철근, 원형 띠철근, 또는 후프철근
- ㉱ 스터럽과 굽힘철근의 조합

해설
- 주철근을 30° 또는 그 이상의 경사로 구부린 굽힘철근
- 주철근에 45° 또는 그 이상의 경사로 설치되는 스터럽

문제 027
철근 콘크리트 구조물의 전단철근에 대한 설명으로 틀린 것은?
- ㉮ 이형철근을 전단철근으로 사용하는 경우 설계기준 항복강도 f_y는 550MPa을 초과하여 취할 수 없다.
- ㉯ 전단철근으로서 스터럽과 굽힘철근을 조합하여 사용할 수 있다.
- ㉰ 주철근에 45° 이상의 각도로 설치되는 스터럽은 전단철근으로 사용할 수 있다.
- ㉱ 경사 스터럽과 굽힘철근은 부재 중간 높이인 $0.5d$에서 반력점 방향으로 주인장 철근까지 연장된 45° 선과 한 번 이상 교차되도록 배치하여야 한다.

해설 전단철근의 설계기준 항복강도 f_y는 500MPa을 초과할 수 없다. 단, 용접철망은 600MPa을 초과할 수 없다.

문제 028
철근 콘크리트 보에서 스터럽을 배근하는 주목적은?
- ㉮ 철근의 인장강도가 부족하기 때문
- ㉯ 부착응력을 늘리기 위하여
- ㉰ 콘크리트의 사인장 강도가 부족하기 때문
- ㉱ 콘크리트의 탄성을 높이기 위하여

문제 029
철근 콘크리트 보에서 스터럽을 배근하는 주된 이유는?
- ㉮ 주철근 상호간의 위치를 확보하기 위하여
- ㉯ 보에 작용하는 사인장 응력에 의한 균열을 제어하기 위하여
- ㉰ 철근과 콘크리트의 부착강도를 높이기 위하여
- ㉱ 압축측 콘크리트의 좌굴을 방지하기 위하여

문제 030
b_w=250mm, d=500mm, f_{ck}=24MPa, f_{yt}=400MPa, $\lambda=1.0$인 직사각형 보에서 콘크리트가 부담하는 설계 전단강도(ϕV_c)는?
- ㉮ 76.5 kN
- ㉯ 86.3 kN
- ㉰ 94.7 kN
- ㉱ 98.5 kN

해설
$$\phi V_c = \phi \frac{1}{6} \lambda \sqrt{f_{ck}} b_w d$$
$$= 0.75 \times \frac{1}{6} \times 1.0 \times \sqrt{24} \times 250 \times 500$$
$$= 76546N = 76.5kN$$

문제 031
그림과 같이 길이가 5m이고 휨강도(EI)가 100 t·m²인 기둥의 좌굴하중은?
- ㉮ 8.4 t
- ㉯ 9.9 t
- ㉰ 11.4 t
- ㉱ 12.9 t

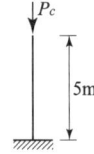

해설
$$P_c = \frac{n\pi^2 EI}{l^2} = \frac{\frac{1}{4} \times 3.14^2 \times 100}{5^2} = 9.9t$$

문제 032
철골 압축재의 좌굴 안정성에 대한 설명 중 틀린 것은?
- ㉮ 좌굴길이가 길수록 유리하다.
- ㉯ 힌지지지보다 고정지지가 유리하다.

답 026. ㉯ 027. ㉮ 028. ㉰ 029. ㉯ 030. ㉮ 031. ㉯ 032. ㉮

㉰ 단면 2차 모멘트 값이 클수록 유리하다.
㉱ 단면 2차 반지름이 클수록 유리하다.

해설 좌굴길이가 길수록 불리하다.

문제 033

다른 조건이 같을 때 양단고정 기둥의 좌굴하중은 양단힌지 기둥의 좌굴하중의 몇 배인가?

㉮ 1.5배 ㉯ 2배
㉰ 3배   ㉱ 4배

해설 $P_c = \dfrac{n\pi^2 EI}{l^2}$

여기서, $n = 4$(양단 고정), $n = 1$(양단 힌지)

문제 034

단면과 길이가 같으나 지지 조건이 다른 그림과 같은 2개의 장주가 있다. 장주 (a)가 3t의 하중을 받을 수 있다면 장주 (b)가 받을 수 있는 하중은?

㉮ 12 t
㉯ 24 t
㉰ 36 t
㉱ 48 t

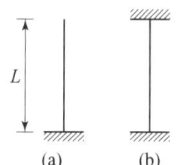

해설 $P_{c(a)} : P_{c(b)} = \dfrac{1}{4} : 4$

$3 : x = \dfrac{1}{4} : 4$

$\therefore\ x = 3 \times 4 \times 4 = 48\text{t}$

문제 035

다음 4가지 종류의 기둥에서 강도의 크기 순으로 옳게 된 것은? (단, 부재는 등질, 등단면이고 길이는 같다.)

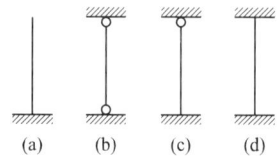

㉮ (a) > (b) > (c) > (d)
㉯ (a) > (c) > (b) > (d)
㉰ (d) > (b) > (c) > (a)
㉱ (d) > (c) > (b) > (a)

해설
• 좌굴하중 $P_c = \dfrac{n\pi^2 EI}{l^2}$
• (a) $n = \dfrac{1}{4}$ (b) $n = 1$ (c) $n = 2$ (d) $n = 4$

문제 036

다음 그림과 같은 장주의 최소 좌굴하중을 옳게 나타낸 것은?

㉮ $\dfrac{\pi EI}{2l^2}$

㉯ $\dfrac{\pi^2 EI}{2l^2}$

㉰ $\dfrac{\pi EI}{4l^2}$

㉱ $\dfrac{\pi^2 EI}{4l^2}$

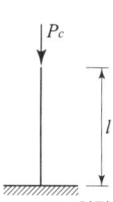

해설 $P_c = \dfrac{n\pi^2 EI}{l^2} = \dfrac{\frac{1}{4}\pi^2 EI}{l^2} = \dfrac{\pi^2 EI}{4l^2}$

문제 037

다음 그림과 같이 일단 고정, 타단 힌지의 장주에 중심축 하중이 작용할 때 이 단면의 좌굴응력의 값은? (단, $E = 2.1 \times 10^6 \text{kg/cm}^2$이다.)

㉮ 322.8 kg/cm²
㉯ 280.5 kg/cm²
㉰ 55.4 kg/cm²
㉱ 41.4 kg/cm²

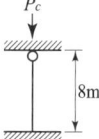

해설
• 좌굴하중
$P_c = \dfrac{n\pi^2 EI}{l^2}$

$= \dfrac{2 \times 3.14^2 \times 2.1 \times 10^6 \times \dfrac{3.14 \times 3.2^4}{64}}{800^2}$

$= 332.87\text{kg}$

• 좌굴응력
$f_c = \dfrac{P_c}{A} = \dfrac{332.87}{\dfrac{3.14 \times 3.2^2}{4}}$

$= 41.4\text{kg/cm}^2$

답 033. ㉱ 034. ㉱ 035. ㉱ 036. ㉱ 037. ㉱

문제 038
2방향 슬래브 설계시 직접 설계법을 적용할 수 있는 제한 사항에 대한 설명 중 틀린 것은?

㉮ 각 방향으로 3경간 이상이 연속되어야 한다.
㉯ 모든 하중은 연직하중으로서 슬래브 판 전체에 등분포되는 것으로 간주하며 활하중은 고정하중의 2배 이하이어야 한다.
㉰ 연속한 기둥 중심선으로부터 기둥의 이탈은 이탈방향 경간의 최대 30%까지 허용된다.
㉱ 각 방향으로 연속한 받침부 중심간 경간길이의 긴 경간의 1/3 이하이어야 한다.

해설 연속한 기둥 중심선으로부터 기둥의 이탈은 이탈 방향 경간의 최대 10%까지 허용된다.

문제 039
옹벽에서 전면벽과 저판에는 인장철근의 최소 몇 % 이상의 배력철근을 두어야 하는가? (단, 뒷부벽식 옹벽)

㉮ 5% 이상   ㉯ 10% 이상
㉰ 20% 이상   ㉱ 25% 이상

답 038. ㉰ 039. ㉰

제 03 장 토목 구조물의 특성

01 철근 콘크리트 구조

1. 철근 콘크리트의 정의

① 콘크리트는 압축에 강하지만 인장에는 약하여 인장을 받는 부분이 큰 변형이 생기기 전에 쉽게 균열이 발생하면서 순간적으로 붕괴되어 취성파괴가 일어난다.
② 콘크리트의 취성파괴를 방지하면서 보의 강도를 증대시키기 위하여 인장을 받는 구역에 철근을 배근하여 콘크리트와 철근이 일체되어 압축은 콘크리트가 받고 인장은 철근이 받는 구조

1) 철근 콘크리트의 특성

① 철근과 콘크리트는 부착강도가 크다.
② 콘크리트 속에 묻힌 철근은 구조 수명 동안 부식하지 않는다.
③ 콘크리트와 철근의 팽창률은 거의 동일하다.

2) 철근 콘크리트의 장·단점

① 내구성, 내화성이 크다.
② 형상이나 치수에 제한을 받지 않는다.
③ 보수, 보강, 해체가 어렵다.
④ 유지 관리비가 적게 든다.

2. 탄성계수

1) 콘크리트의 탄성계수(E_c)

① 콘크리트의 단위질량 m_c =1,450~2,500kg/m³인 경우

$E_c = 0.077 m_c^{1.5} \sqrt[3]{f_{cm}}$ (MPa)

② 보통 골재를 사용한 콘크리트의 단위질량 m_c =2,300kg/m³인 경우

$E_c = 8,500 \sqrt[3]{f_{cm}}$ (MPa)

여기서, 재령 28일에서 콘크리트의 평균 압축강도 $f_{cm} = f_{ck} + \triangle f$ 이다.

2) 철근의 탄성계수

$E_s = 200,000$ (MPa)

3. 콘크리트의 크리프

1) 정의

구조물에 하중을 재하하면 순간적으로 탄성 변형을 일으킨다. 이 때 하중을 제거하지 않고 계속 재하하면 탄성 변형 외에 소성 변형이 발생하는데 이와 같이 시간의 증가에 따라 일정 하중 하에서 서서히 소성 변형이 발생하는 것

2) 크리프에 영향을 주는 요인

① 응력이 클수록 크리프가 증가한다.
② 콘크리트 강도 및 재령이 클수록 크리프가 적게 발생한다.
③ 습도가 클수록 적게 발생한다.
④ 많은 철근량을 효과적으로 배근하면 크리프가 감소한다.
⑤ 콘크리트 체적이 클수록 크리프는 감소한다.
⑥ 시멘트량이 많으면 많을수록 크리프량이 증가한다.
⑦ 물-결합재비가 클수록 크리프는 증가한다.
⑧ 입도가 좋은 골재를 사용한 치밀한 콘크리트는 크리프가 작다.
⑨ 부재치수가 작을수록 크리프가 크다.
⑩ 고온 증기 양생한 콘크리트는 크리프가 적게 발생한다.

4. 콘크리트의 건조수축

1) 정의

① 콘크리트 배합시 수화작용에 필요한 W/C=25% 정도지만 콘크리트 타설시 다짐이 잘되게 하기 위해서는 W/C=35~40% 이상이 소요된다. 이때 수화작용 이외의 물로 인해 콘크리트의 체적이 수축하게 되는 현상

② 보통 콘크리트의 건조 수축량은 0.0002~0.0007 정도이다.
③ 일반적으로 모르타르는 콘크리트의 2배 정도의 건조수축을 나타낸다.

2) 건조수축의 특성 및 영향을 주는 요인

① 부정정 구조물에서는 건조수축에 의한 변형을 억제하므로 내부 인장응력이 발생되어 균열이 생길 우려가 크다.
② 수중 구조물은 수축이 거의 없고 아주 습한 대기중의 구조물은 건조수축이 적다.
③ 철근이 많이 사용된 구조물은 콘크리트 수축이 작게 일어난다.
④ 시멘트와 수량이 많을수록 건조수축이 크다.
⑤ 고강도 시멘트와 저열 시멘트는 보통 포틀랜드 시멘트보다 건조수축이 크다.
⑥ 분말도가 높은 시멘트는 건조수축이 크다.
⑦ 골재량이 많을수록 건조수축이 적으며 굵은 골재 최대치수가 작을수록 건조수축이 작다.
⑧ 경량골재 콘크리트의 건조수축은 보통 콘크리트보다 건조수축이 크다.
⑨ 습도가 증가하면 건조수축이 감소한다.
⑩ 고온이면 건조수축이 증가한다.

02 프리스트레스트 콘크리트 (Prestressed concrete, PSC)

1. 개 요

① 콘크리트 부재 속에 배치된 긴장재에 기계적으로 인장력을 주어 그 반작용으로 프리스트레스를 주는 방법이다.
② 외력에 의하여 일어나는 불리한 응력을 상쇄할 수 있도록 미리 인위적으로 내력을 준 콘크리트이다.

1) PSC의 장점

① 강재의 부식 위험이 적고 내구성이 좋다.
② 탄력성과 복원성이 우수하다.
③ 콘크리트의 전단면을 유효하게 이용할 수 있다.
④ 철근 콘크리트보다 경간을 길게 할 수 있다.
⑤ 프리캐스트를 사용할 경우 시공성이 좋다.
⑥ PSC 구조물은 인장응력에 의한 균열이 방지되고 안전성이 높다.

2) PSC의 단점
   ① 내화성에 있어 불리하다.
   ② 변형이 크고 진동하기 쉽다.
   ③ 공사비가 많이 든다.

2. 재 료

1) PS 강재
   ① 인장강도가 클 것
   ② 항복비가 클 것
   ③ 릴랙세이션이 작을 것
   ④ 부착강도가 클 것
   ⑤ 응력 부식에 대한 저항성이 클 것
   ⑥ 곧게 잘 펴지는 직선성이 좋을 것
   ⑦ 구조물의 파괴를 예측할 수 있게 어느 정도의 연신율이 있을 것

2) 쉬스

   포스트텐션 방식에서 사용하며 강재를 삽입할 수 있도록 콘크리트 속에 미리 뚫어 놓은 구멍을 덕트라 하며 이 덕트를 형성하기 위해 사용하는 관

3. 시 공

1) 프리스트레스트의 도입
   ① 프리스트레스 도입시 일어나는 손실
   • 콘크리트의 탄성변형(탄성수축)에 의한 손실
   • 강재와 쉬스의 마찰에 의한 손실
   • 정착단의 활동에 의한 손실
   ② 프리스트레스 도입 후 손실
   • 콘크리트의 건조수축
   • 콘크리트의 크리프
   • 강재의 릴랙세이션

2) 프리텐션 공법 순서
   ① 거푸집 조립
   ② PS 강재 배치, 긴장, 정착
   ③ 콘크리트 치기
   ④ PS 강재의 긴장 해제

3) 포스트텐션 공법 순서

① 거푸집 조립, 시스 배치
② 콘크리트 치기
③ 콘크리트 경화 후에 PS 강재 긴장, 정착
④ 그라우팅

4. PSC교의 가설공법

1) 캔틸레버 공법(FCM)

① 동바리 없이 교각 위에서 PS 강봉을 이용하여 콘크리트 친 블록을 정착한다.
② 포스트텐션 공법을 사용한다.

2) 압출공법(ILM)

교대 후방의 작업장에서 교량 상부 거더를 10~30m씩 제작하여 잭을 이용해 교축 방향으로 연속적으로 밀어내는 시공 공법이다.

3) 이동식 지보공 공법(MSS)

① 거푸집이 부착된 특수한 이동식 비계를 이용하여 한 경간씩 시공한다.
② 연속된 장경간의 교량에서 거푸집, 지보공의 조립, 해체없이 이용한다.

4) 프리캐스트 세그먼트 공법(PSM)

공장이나 현장의 제작장에서 일정한 길이로 제작된 교량 상부 구조물을 적당한 운반용 장비를 이용하여 소정의 위치에 시공한다.

03 강구조

1. 정 의

형강, 강판, 평강 등의 강재를 사용하여 리벳이나 볼트 또는 용접 등에 의해 접합하여 조립하는 구조

2. 특 징

1) 장점

① 다른 구조재보다 강도가 크고 부재 치수를 작게 할 수 있어 자중을 줄일 수 있다.
② 인성이 커서 상당한 변위에도 견딜 수 있다. 즉, 소성 변형 능력이 크다.

③ 손쉽게 구조 변경이 가능해 증, 개축할 수 있다.
④ 재료의 균일성, 시공성의 용이하다.
⑤ 해체가 쉽고 재사용이 가능하며 대량 생산과 품질관리가 쉽다.
⑥ 공사기간을 단축할 수 있다.

2) 단점

① 열에 의한 강도 저하가 크다.
② 단면에 비해 부재가 세장(가늘어)이므로 좌굴하기 쉽다.
③ 응력 반복에 의한 피로 강도가 저하되기 쉽다.
④ 정기적인 도장에 의한 관리비가 증가된다.

제03장 토목 구조물의 특성 | 실전문제

문제 001
다음 중 철근 콘크리트가 성립되는 조건으로 옳지 않은 것은?

㉮ 철근은 콘크리트 속에서 녹이 슬지 않는다.
㉯ 철근과 콘크리트의 탄성계수가 거의 같다.
㉰ 철근과 콘크리트의 열팽창계수가 거의 같다.
㉱ 철근과 콘크리트와의 부착력이 크다.

해설 콘크리트는 철근에 비해 탄성계수가 상당히 작다.

문제 002
철근의 탄성계수 값은?

㉮ 150,000 MPa
㉯ 180,000 MPa
㉰ 200,000 MPa
㉱ 210,000 MPa

문제 003
다음 사항 중 프리스트레스트 콘크리트의 장점이 아닌 것은?

㉮ 구조물의 자중이 가볍고 복원성이 우수하다.
㉯ 철근 콘크리트에 비하여 강성이 크고 진동이 적다.
㉰ 부재에 확실한 강도와 안전율을 갖게 할 수 있다.
㉱ 설계 하중하에서는 균열이 생기지 않으므로 내구성이 크다.

문제 004
프리스트레스트 콘크리트를 사용할 때 가장 큰 이점은?

㉮ 고강도 콘크리트의 이용
㉯ 고강도 강재의 이용
㉰ 콘크리트의 균열 감소
㉱ 변형의 감소

문제 005
PS 강재가 갖추어야 할 일반적인 성질 중 옳지 않은 것은?

㉮ 인장강도가 높아야 하고 항복비가 커야 한다.
㉯ 릴랙세이션이 커야 한다.
㉰ 파단시의 늘음이 커야 한다.
㉱ 직선성이 좋아야 한다.

해설
- 릴랙세이션이 작아야 한다.
- 콘크리트와 부착력이 클 것
- 응력 부식에 대한 저항성이 클 것
- 피로강도가 클 것

문제 006
PSC 부재의 프리스트레스 감소원인 중 프리스트레스를 도입한 후 생기는 것은?

㉮ 정착장치의 활동
㉯ PS 강재와 덕트(시스)의 마찰
㉰ PS 강재의 릴랙세이션
㉱ 콘크리트의 탄성변형

해설 프리스트레스트 도입 후 손실은 콘크리트의 크리프, 콘크리트의 건조수축, PS 강재의 릴랙세이션 등이 있다.

문제 007
PS 강선을 긴장할 때 생기는 프리스트레스의 손실 원인이 아닌 것은?

㉮ 콘크리트의 탄성수축에 의한 원인
㉯ 마찰에 의한 원인
㉰ 콘크리트의 건조수축과 크리프에 의한 원인
㉱ 정착단의 활동에 의한 원인

답 001. ㉯ 002. ㉰ 003. ㉯ 004. ㉯ 005. ㉯ 006. ㉰ 007. ㉰

문제 008
다음 PSC 부재의 프리텐션 공법의 제작 과정으로 맞는 것은?

① 콘크리트 치기 작업
② PS 강재와 콘크리트를 부착시키는 그라우팅 작업
③ PS 강재를 긴장하여 인장응력을 주는 작업
④ PS 강재에 준 인장응력을 콘크리트에 전달하는 작업

㉮ ③ - ① - ④
㉯ ① - ③ - ②
㉰ ① - ③ - ④
㉱ ③ - ① - ②

문제 009
포스트텐션 공법에 의한 부재의 제작 작업순서로 옳은 것은?

① PS 강재를 긴장하는 작업
② 콘크리트 치기 작업
③ 거푸집 조립과 시스의 배치
④ PS 강재와 콘크리트를 부착시키는 작업

㉮ ③ - ② - ① - ④
㉯ ① - ② - ③ - ④
㉰ ① - ② - ④ - ③
㉱ ② - ① - ④ - ③

문제 010
디비닥(Dywidag) 공법에 관한 사항 중 옳지 않은 것은?

㉮ PS 강봉을 사용하여 특수 강재 너트로서 정착하는 공법이다.
㉯ PS 강봉을 쓰는 포스트텐션 공법이다.
㉰ 고강도 콘크리트를 쓰며 동바리 없이 하는 교량 가설 공법이다.
㉱ 프리캐스트(Precast)의 프리텐션 공법이다.

문제 011
다음 프리스트레스트 콘크리트(PSC)에 의한 교량 가설법 중에서 교대 후방의 작업장에서 교량 상부구조를 10~30m의 블록으로 제작한 후 미리 가설된 교각의 교축 방향으로 밀어내고 다음 블록을 다시 제작하고 연결하여 연속적으로 밀어내며 시공하는 공법은?

㉮ 캔틸레버 공법(FCM)
㉯ 이동식 지보공 공법(MSS)
㉰ 압출공법(ILM)
㉱ 동바리 공법(FSM)

문제 012
다음 프리캐스트 세그먼트 공법에 대한 설명 중 옳지 않은 것은?

㉮ 교각을 먼저 건설한 후 특수 제작된 이동식 비계를 이용하여 상판을 일시에 타설하고 비계를 이동하는 공법이다.
㉯ 현장 부근에서 제작된 길이 2~3m의 세그먼트를 압착 접합하여 경간을 만드는 방법이다.
㉰ 캔틸레버 가설법과 경간 단위 가설법으로 구분될 수 있다.
㉱ 하부공사와 세그먼트 제작이 동시에 이루어지므로 공사 기간이 단축되는 장점이 있다.

문제 013
콘크리트의 크리프에 대한 설명으로 틀린 것은?

㉮ 일정한 응력이 장시간 계속하여 작용하고 있을 때 변형이 계속 진행되는 현상을 말한다.
㉯ 물-시멘트비가 큰 콘크리트는 물-시멘트비가 작은 콘크리트보다 크리프가 크게 일어난다.
㉰ 고강도 콘크리트는 저강도 콘크리트보다 크리프가 크게 일어난다.
㉱ 콘크리트가 놓이는 주위의 온도가 높을수록 크리프 변형은 크게 일어난다.

답 008. ㉮ 009. ㉮ 010. ㉱ 011. ㉰ 012. ㉮ 013. ㉰

해설
- 고강도 콘크리트는 저강도 콘크리트보다 크리프가 작게 일어난다.
- 크리프 변형의 증가 비율은 재하시간이 경과함에 따라 감소한다.
- 습도가 높을수록 크리프량이 작다.
- 단면의 치수가 클수록 크리프의 최종값은 작다.

문제 014
재령 28일 콘크리트 평균 압축강도가 24MPa이고 단위질량이 2,200kg/m³일 때 콘크리트의 탄성계수 E_c는?

㉮ 22,123 MPa
㉯ 24,127 MPa
㉰ 23,895 MPa
㉱ 24,275 MPa

해설
- $E_c = 0.077 m_c^{1.5} \sqrt[3]{f_{cm}}$
  $= 0.077 \times 2200^{1.5} \times \sqrt[3]{24+4}$
  $= 24,127 \text{MPa}$
- 보통 골재를 사용한 콘크리트($m_c = 2,300$kg/m³)의 경우는 $E_c = 8,500 \sqrt[3]{f_{cm}}$
  여기서, 재령 28일 콘크리트의 평균 압축강도 $f_{cm} = f_{ck} + \triangle f$ 이다.
  $\triangle f$ 는 f_{ck} 가 40MPa 이하 4MPa
  f_{ck} 가 60MPa 이상 6MPa
  그 사이는 직선보간하여 구한다.

문제 015
일반적인 강구조의 특징이 아닌 것은?

㉮ 내구성이 우수하다.
㉯ 부재를 개수하거나 보강하기 쉽다.
㉰ 차량 통행으로 인한 소음이 적다.
㉱ 균질성이 우수하다.

해설 차량 통행으로 인한 소음이 크다.

문제 016
철근 콘크리트 구조물의 장점이 아닌 것은?

㉮ 내구성, 내화성, 내진성이 우수하다.
㉯ 여러 가지 모양과 치수의 구조물을 만들기 쉽다.
㉰ 다른 구조물에 비하여 유지관리비가 적게 든다.
㉱ 각 부재를 일체로 만들기가 어려워 구조물의 강성이 작다.

해설 철근과 콘크리트는 일체로 되어 하나의 구조물로 거동하므로 강성이 크다.

문제 017
프리스트레스트 콘크리트의 PSC 부재에서 긴장재를 수용하기 위하여 미리 콘크리트 속에 넣어두어 구멍을 형성하기 위하여 사용하는 관은?

㉮ 정착 장치
㉯ 시스(sheath)
㉰ 덕트(duct)
㉱ 암거

해설 포스트텐션 방식에서 사용하며 강재를 삽입할 수 있도록 콘크리트 속에 미리 뚫어두는 구멍을 덕트라고 하는데 이 덕트를 형성하기 위해 사용하는 관을 쉬스라 한다.

문제 018
토목 구조물에 관한 설명으로 적절하지 못한 것은?

㉮ 건설에 많은 비용과 시간이 소요된다.
㉯ 공공의 비용으로 건설되며 사회의 감시와 비판을 받게 된다.
㉰ 장래를 예측하여 설계하고 건설해야 한다.
㉱ 대량 생산을 한다.

해설 토목 구조물의 특징
① 공익을 위해 건설한다.
② 자연 환경을 크게 변화시킨다.
③ 규모가 크며 구조물의 수명이 길다.
④ 동일한 구조물이 두 번 이상 건설되는 일이 없다.
⑤ 여러 가지 학문이나 기술이 복합적으로 적용된다.

답 014. ㉯ 015. ㉰ 016. ㉱ 017. ㉯ 018. ㉱

문제 019
콘크리트에 일어날 수 잇는 인장응력을 상쇄하기 위하여 미리 계획적으로 압축응력을 준 콘크리트를 무엇이라 하는가?

㉮ 중량 콘크리트
㉯ 무근 콘크리트
㉰ 철근 콘크리트
㉱ 프리스트레스트 콘크리트

해설 프리스트레스트 콘크리트
인장응력에 의한 균열이 방지되고 콘크리트의 전단면을 유효하게 이용할 수 있다.

답 019. ㉱

- 제1편 토목 제도
- 제2편 전 산
- 제3편 철근 콘크리트
- 제4편 토목 구조물
- 부 록 최근 기출문제

전산응용토목제도기능사

부 록

최근 기출문제

효율적으로 정답을 선택합시다!
(정답을 모르는 문제는 이렇게 골라보심이 어떨까요?)

1. 우선 본인이 공부를 하시고 50% 정답을 맞힐 수 있는 능력을 갖도록 해야 합니다.

2. 60점(36문항)이 안 되시는 분을 위해 적용하는 것입니다.

3. 확실히 아는 문제의 답만 답안지에 표시합니다.

4. 확실히 정답을 모르는 문제 중 정답이 아닌 지문 2개를 선택합니다.
   예) 가, 나, 다̶, 라̶

5. 다시 모르는 문제의 지문 2개를 연구하여 선택합니다. 이때 확신이 없으면 정답으로 선택해서는 안 됩니다.(절대 추측은 금물입니다.)

6. 답안지에 확실히 정답을 표시한 문제 10개의 정답 분포를 나열합니다.
   예) 가 나 다 라
       3   0   2   5

7. 나머지 정답을 모르는 문제 10개를 나열해 봅니다.
1번	가 나 다̶ 라̶	14번	가̶ 나 다 라
5번	가 나̶ 다̶ 라	15번	가 나 다̶ 라̶
7번	가̶ 나 다 라̶	17번	가̶ 나 다̶ 라
10번	가̶ 나̶ 다 라	19번	가 나̶ 다̶ 라
12번	가 나̶ 다 라̶	20번	가̶ 나 다̶ 라

8. 위와 같이 정답을 모르는 문제들 중에 2개 지문이 정답이 아닌 것을 사전에 알 정도로 공부가 되어 있어야 합니다.

9. 이제 정답을 모르는 문제의 답을 확실한 정답 분포와 비교하여 선택해 봅니다.
   1번 나, 5번 가, 7번 나, 10번 다, 12번 다, 14번 다, 15번 나, 17번 나, 19번 가, 20번 나

10. 공부를 하시고 이 방법으로 적용하여야 합니다.

전산응용토목제도기능사

2008 기출문제

▷ 2008년 제 1회
▶ 2008년 제 4회
▷ 2008년 제 5회

부록 최근 기출문제 — 2008년 제1회

문제 001
최대 휨모멘트가 일어나는 단면에서 1방향 슬래브의 정철근 및 부철근의 중심간격에 대한 설명으로 옳은 것은?

㉮ 슬래브 두께의 2배 이하이어야 하고 또한 300mm 이하로 하여야 한다.
㉯ 슬래브 두께의 2배 이하이어야 하고 또한 400mm 이하로 하여야 한다.
㉰ 슬래브 두께의 3배 이하이어야 하고 또한 300mm 이하로 하여야 한다.
㉱ 슬래브 두께의 3배 이하이어야 하고 또한 400mm 이하로 하여야 한다.

[해설] 1방향 슬래브의 두께는 100mm 이상이어야 한다.

문제 002
인장 이형철근의 겹침이음의 최소 길이는?

㉮ 100mm ㉯ 200mm
㉰ 300mm ㉱ 400mm

[해설]
- A급 이음 : $1.0 l_d$
- B급 이음 : $1.3 l_d$
  여기서, l_d : 정착길이
∴ A급, B급 어떠한 경우라도 300mm 이상

문제 003
강도 설계법에서 직사각형 단면 보의 파괴현상으로 가장 이상적인 것은?

㉮ 압축파괴 ㉯ 연성파괴
㉰ 취성파괴 ㉱ 균형파괴

[해설] 압축측 콘크리트보다 인장측 철근이 먼저 항복하면 철근의 연성으로 인해 보의 파괴가 단계적으로 서서히 일어나는 연성파괴가 되는 것이 가장 이상적이다.

문제 004
블리딩을 작게 하는 방법으로 잘못된 것은?

㉮ 분말도가 높은 시멘트를 사용한다.
㉯ 단위수량을 크게 한다.
㉰ 공기연행제를 사용한다.
㉱ 포졸란을 사용한다.

[해설]
- 단위수량을 작게 한다.
- 치기 속도가 빠르면 블리딩이 증가한다.

문제 005
나선철근과 띠철근 기둥에서 축방향 철근의 순간격은 40mm 이상, 또한 철근 공칭지름의 몇 배 이상으로 하여야 하는가?

㉮ 0.5배 ㉯ 0.8배
㉰ 1.5배 ㉱ 3배

[해설] 나선철근과 띠철근 기둥에서 축방향 철근의 순간격은 40mm 이상, 철근 지름의 1.5배 이상, 굵은 골재 최대치수의 4/3배 이상이어야 한다.

문제 006
다음 중 보에서 철근을 다발로 사용해서는 안되는 것은?

㉮ D16 ㉯ D19
㉰ D25 ㉱ D39

[해설]
- 보에서 D35를 초과하는 철근은 다발로 사용할 수 없다.
- 다발철근은 2개(본) 이상의 철근을 묶어서 사용하는 것으로 4개(본) 이하로 묶어야 한다.

문제 007
공칭지름이 몇 mm를 초과하는 철근은 겹침이음을 해서는 안 되는가?

㉮ 35mm ㉯ 32mm
㉰ 29mm ㉱ 25mm

답 001. ㉮ 002. ㉰ 003. ㉯ 004. ㉯ 005. ㉰ 006. ㉱ 007. ㉮

해설
- D35를 초과하는 철근은 겹침이음을 해서는 안 된다.
- 용접 및 압접이음은 철근의 설계기준 항복강도 f_y의 125% 이상 발휘할 수 있어야 한다.

문제 008

D29 철근의 반원형 갈고리의 길이(L)는 최소 얼마 이상이 되어야 하는가? (단, D29 철근의 단면적 $A_s : 642.4mm^2$, 철근의 공칭지름 $d_b : 28.6mm$)

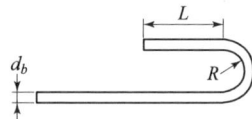

㉮ 60mm 이상 ㉯ 80mm 이상
㉰ 114.4mm 이상 ㉱ 171.6mm 이상

해설 180° 표준 갈고리는 구부린 반원 끝에서 $4d_b$ 이상, 또한 60mm 이상 더 연장되어야 한다.
∴ $4 \times 28.6 = 114.4mm$ 이상

문제 009

철근 콘크리트 강도 설계법의 기본 가정 중 콘크리트의 압축 연단에서 이용할 수 있는 최대 변형률은 얼마인가? (단, $f_{ck} \leq 40MPa$)

㉮ 0.001 ㉯ 0.0033
㉰ 0.01 ㉱ 0.03

해설 철근 콘크리트 강도 설계법의 기본 가정
① 철근 및 콘크리트의 변형률은 중립축으로부터의 거리에 비례한다.
② 압축측 연단에서의 콘크리트 최대 변형률은 0.0033으로 가정한다.
③ 항복강도 f_y 이하에서의 철근 응력은 그 변형률의 E_s배로 취한다.
④ 휨 응력 계산에서 콘크리트의 인장강도는 무시한다.

문제 010

다음 현장치기 콘크리트 중 피복두께를 가장 크게 해야 하는 것은?

㉮ 수중에서 치는 콘크리트
㉯ 흙에 접하여 콘크리트를 친 후 영구히 흙에 묻혀 있는 콘크리트
㉰ 옥외의 공기에 직접 노출되는 콘크리트
㉱ 옥외의 공기나 흙에 직접 접하지 않는 콘크리트

해설 프리스트레스하지 않은 부재의 현장치기 콘크리트의 최소 피복두께
① 수중에서 치는 콘크리트 : 100mm
② 흙에 접하여 콘크리트를 친 후 영구히 흙에 묻혀 있는 콘크리트 : 75mm
③ 흙에 접하거나 옥외의 공기에 직접 노출되는 콘크리트
 • D19 이상 철근 : 50mm
 • D16 이하 철근, 지름 16mm 이하의 철선 : 40mm
④ 옥외의 공기나 흙에 직접 접하지 않는 콘크리트
 • 슬래브, 벽체, 장선
  D35 초과 철근 : 40mm
  D35 이하 철근 : 20mm
 • 보, 기둥 : 40mm

문제 011

철근 콘크리트 보에서 콘크리트의 등가 직사각형 압축응력의 깊이는 $a = \beta_1 \cdot c$ 식으로 구할 수 있다. 이때 β_1은 콘크리트의 압축응력에 따라 변하는 계수로서 f_{ck}가 30MPa인 경우 그 값으로 옳은 것은?

㉮ 0.925 ㉯ 0.85
㉰ 0.8 ㉱ 0.65

해설 $f_{ck} \leq 40MPa$일 때 $\beta_1 = 0.8$

문제 012

시방배합에서 사용하는 골재의 함수상태는?

㉮ 절대건조상태 ㉯ 공기중 건조상태
㉰ 표면건조포화상태 ㉱ 습윤상태

해설 시방배합
- 시방서 또는 책임기술자가 지시한 배합
- 골재는 표면건조 포화상태이고 잔골재는 5mm 체를 전부 통과하고 굵은 골재는 5mm체에 전부 잔류한 골재를 사용한다.

답 008. ㉰ 009. ㉯ 010. ㉮ 011. ㉰ 012. ㉰

문제 013
콘크리트의 동해 방지를 위해 가장 적절한 대책은?

㉮ 밀도가 작은 경량골재 콘크리트로 시공한다.
㉯ 물-시멘트비를 크게 하여 시공한다.
㉰ AE(공기연행) 콘크리트로 시공한다.
㉱ 흡수율이 큰 골재를 사용하여 시공한다.

[해설]
- 밀도가 큰 양질의 골재를 사용한다.
- 물-시멘트비를 작게 하여 시공한다.
- 흡수율이 작은 골재를 사용한다.
- 공기연행 콘크리트로 시공한다.

문제 014
폭 b=300mm이고, 유효깊이 d=500mm인 단면을 가진 단철근 직사각형 보를 설계하고자 할 때 이 보의 철근비(ρ)는? (단, 철근의 단면적 A_s=3,000mm²이다.)

㉮ 0.01 ㉯ 0.02
㉰ 0.03 ㉱ 0.04

[해설] 철근비 $\rho = \dfrac{A_s}{bd} = \dfrac{3000}{300 \times 500} = 0.02$

문제 015
풍화된 시멘트에 대하여 옳게 설명한 것은?

㉮ 밀도가 커진다. ㉯ 응결이 빠르다.
㉰ 강도가 증가된다. ㉱ 강열감량이 증가한다.

[해설] 풍화된 시멘트의 성질
- 밀도가 작아진다.
- 응결이 늦어진다.
- 강도가 늦게 나타난다.
- 강열감량이 증가한다.

문제 016
그림과 같은 기초를 무엇이라 하는가?

㉮ 독립 확대기초
㉯ 경사 확대기초
㉰ 벽 확대기초
㉱ 연결 확대기초

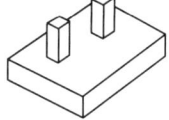

[해설]
- 독립 확대기초 : 1개의 기둥을 지지하도록 한 기초
- 연결 확대기초 : 2개 이상의 기둥을 하나의 확대기초가 지지하도록 한 기초
- 벽 확대기초 : 벽을 지지하기 위한 확대기초

문제 017
교량 설계에 있어서 반드시 고려해야 하고 항상 장기적으로 작용하는 하중은?

㉮ 주하중 ㉯ 부하중
㉰ 특수하중 ㉱ 충돌하중

[해설]
- 주하중 : 고정하중, 활하중, 충격하중
- 부하중 : 풍하중, 온도 변화의 영향, 지진의 영향
- 특수하중 : 설하중, 원심하중, 지점 이동의 영향, 제동하중, 가설하중, 충돌하중

문제 018
다음 중 강구조의 강재 이음 방법으로 가장 거리가 먼 것은?

㉮ 겹침이음
㉯ 용접이음
㉰ 고장력 볼트 이음
㉱ 리벳 이음

[해설] 겹침이음은 철근의 이음 방법으로 D35를 초과하는 철근은 겹침이음을 해서는 안 된다.

문제 019
PS 강재를 어떤 인장력으로 긴장한 채 그 길이를 일정하게 유지해 주면 시간이 지남에 따라 PS 강재의 인장응력이 감소하는 현상을 무엇이라고 하는가?

㉮ 그라우팅
㉯ 릴랙세이션
㉰ 인성
㉱ 취성

[해설]
- PS 강재는 릴랙세이션이 작을 것
- PS 강재는 인장강도가 큰 것이 좋다.

[답] 013. ㉰ 014. ㉯ 015. ㉱ 016. ㉱ 017. ㉮ 018. ㉮ 019. ㉯

문제 020
연속교 주형의 중간 부분의 적당한 곳에 힌지를 넣어서 정정구조로 되게 한 교량을 무엇이라 하는가?

㉮ 단순교   ㉯ 연속교
㉰ 게르버교 ㉱ 아치교

해설
- 단순보
  ① 주형 또는 주트러스를 양단에서 단순하게 지지하는 교량
  ② 한쪽 단을 고정받침으로 하고 다른 쪽 단을 가동단으로 지지한 교량
- 연속교
  ① 1개의 주형 또는 주트러스를 3점 이상의 지점에서 지지하는 교량
  ② 2경간 이상에 걸쳐 연속한 주형 또는 주트러스를 사용한 교량
- 아치교
  곡형 또는 곡트러스 쪽을 상향으로 하여 양단을 수평방향으로 이동할 수 없게 지지한 아치를 주형 또는 주트러스로 이용한 교량

문제 021
교량의 설계에 사용되는 표준 트럭하중의 기호는?

㉮ DA   ㉯ DB
㉰ DD   ㉱ DL

해설
- 1등교 : DB-24
- 2등교 : DB-18
- 3등교 : DB-13.5

문제 022
프리스트레스트 콘크리트의 특징이 아닌 것은?

㉮ 설계하중이 작용하더라도 균열이 발생하지 않는다.
㉯ 안정성이 높다.
㉰ 철근 콘크리트에 비해 고강도 콘크리트와 강재를 사용한다.
㉱ 철근 콘크리트보다 내화성이 우수하다.

해설
- 고온에서는 고강도 강재의 강도가 저하되므로 내화성에 있어서는 불리하다.
- 탄력성과 복원성이 우수하다.

문제 023
프리스트레스트 콘크리트의 프리텐션 방식을 설명한 것으로 옳지 않은 것은?

㉮ 주로 공장에서 제작한다.
㉯ PS 강재를 긴장한 채로 콘크리트를 친다.
㉰ PS 강재와 콘크리트의 부착에 의하여 콘크리트에 프리스트레스가 도입된다.
㉱ 콘크리트가 경화한 후 프리스트레스를 도입한다.

해설
- 프리텐션 방식
  콘크리트를 타설하기 전에 강재를 미리 긴장시킨 후 콘크리트를 타설하고 콘크리트가 경화되면 긴장력을 풀어서 콘크리트에 프리스트레스가 주어지도록 하는 방법이다.
- 포스트텐션 방식
  주로 현장 제작에 이용되며 콘크리트가 경화한 후 프리스트레스를 도입한다.

문제 024
교량의 분류방법과 교량의 연결이 바른 것은?

㉮ 사용 재료에 따른 분류 – 거더교
㉯ 사용 용도에 따른 분류 – 곡선교
㉰ 통로의 위치에 따른 분류 – 중로교
㉱ 평면 형상에 따른 분류 – 2층교

해설
- 통로(노면)의 위치에 따른 분류
  상로교, 중로교, 하로교, 2층교 등
- 평면 형상에 따른 분류
  직교, 사교, 곡선교 등
- 사용 재료에 따른 분류
  목교, 석교, 콘크리트교, 강교, 알루미늄교, 복합재료, 프리스트레스트 콘크리트교 등
- 사용 용도에 따른 분류
  도로교, 철도교, 수로교, 관로교, 운하교, 군용교, 보도육교(인도교), 공용교(도로철도 병용교) 등

문제 025
철근 콘크리트 보의 주철근을 둘러싸고 이에 직각되게 또는 경사지게 배치한 복부 보강근으로서 전단력 및 비틀림 모멘트에 저항하도록 배치한 보강철근을 무엇이라 하는가?

답 020.㉰ 021.㉯ 022.㉱ 023.㉱ 024.㉰ 025.㉮

㉮ 스터럽 ㉯ 배력철근
㉰ 절곡철근 ㉱ 띠철근

해설 철근 콘크리트 보에서 스터럽을 설치하는 이유는 보에 생기는 전단응력에 저항시키기 위해서 배근한다.

문제 026
교량의 상부구조가 아닌 것은?
㉮ 바닥틀 ㉯ 주트러스
㉰ 교대 ㉱ 슬래브

해설 하부구조 : 교대, 교각, 기초

문제 027
포스트텐션 방식의 PSC 부재에서 콘크리트 부재 속에 구멍을 형성하기 위하여 사용하는 관은?
㉮ 시스 ㉯ PS 강재
㉰ 정착단 ㉱ 잭

해설 강재를 삽입할 수 있도록 콘크리트 속에 미리 뚫어두는 구멍을 덕트라고 하며 이 덕트를 형성하기 위해 사용하는 관을 시스라고 한다.

문제 028
토목 구조물의 일반적인 특징이 아닌 것은?
㉮ 구조물의 규모가 크다.
㉯ 구조물의 수명이 길다.
㉰ 건설에 많은 시간과 비용이 든다.
㉱ 플랜트를 이용하여 대량으로 생산한다.

해설 동일한 구조물이 두 번 이상 건설되는 일이 없다.

문제 029
옹벽의 외력에 대한 안정조건 3가지에 해당되지 않은 것은?
㉮ 전도에 대한 안정 ㉯ 활동에 대한 안정
㉰ 휨에 대한 안정 ㉱ 침하에 대한 안정

해설
• 전도에 대한 안전율 : 2.0
• 활동에 대한 안전율 : 1.5
• 침하(지지력)에 대한 안전율 : 1.0

문제 030
교량의 상부구조의 중량, 즉 교량의 자중을 비롯하여 교량에 부설된 모든 시설물의 중량을 말하는 토목 구조물 설계 하중은?
㉮ 활하중 ㉯ 고정하중
㉰ 충격하중 ㉱ 풍하중

해설 고정하중은 구조물 자체의 중량, 즉 자중과 구조물에 반영구적 또는 영구적으로 고정되어 있는 물체의 중량으로 이루어진다.

문제 031
지상에서의 길이 5m를 축척 1/200로 도면에 나타낼 때 그 길이는?
㉮ 2.5mm ㉯ 5.0mm
㉰ 25mm ㉱ 50mm

해설 $5,000mm \times \dfrac{1}{200} = 25mm$

문제 032
KS에서 제도에 사용하는 투상법은 제 몇 각법에 따라 도면을 작성하는 것을 원칙으로 하는가?
㉮ 제1각법 ㉯ 제2각법
㉰ 제3각법 ㉱ 제4각법

해설 제3각법
제3상한각에 물체를 놓고 투상하는 방법으로 각 면에 보이는 물체는 보이는 면과 같은 면에 나타난다.

문제 033
윤곽선의 굵기는 일반적으로 몇 mm 이상의 실선으로 그리는 것이 좋은가?
㉮ 0.1mm ㉯ 0.3mm
㉰ 0.5mm ㉱ 0.7mm

해설 윤곽선은 도면의 크기에 따라 0.5mm 이상의 굵기인 실선으로 긋는다.

문제 034
하천측량 제도에서 하천 공사 계획의 기본도가 되는 도면은?

㉮ 종단면도 ㉯ 평면도
㉰ 횡단면도 ㉱ 하저 경사도

해설
- 하천측량의 제도에는 평면도, 종단면도 및 횡단면도가 있다.
- 평면도는 개수 그 밖의 하천공사 계획의 기본도가 되며 축척은 $\frac{1}{2500}$이다.

문제 035
CAD를 이용한 생산성 향상의 영역으로 볼 수 없는 것은?

㉮ 복잡한 도면을 작성할 때
㉯ 프리핸드로 스케치하고 싶을 때
㉰ 반복되는 부품을 설계할 때
㉱ 이미 작성한 도면을 편집할 때

해설
- 복잡한 형상에 대한 입체적 표현이 가능하며 정확하고 신속한 계산, 많은 자료의 저장으로 제도 시간을 단축하여 생산성과 품질을 높일 수 있다.
- CAD의 장점
  ① 도면의 기본 요소인 점, 선, 원 등을 필요한 위치에 정확하게 그릴 수 있다.
  ② 도면 요소의 확대, 축소, 이동, 복사, 회전, 변형 등이 가능하다.

문제 036
도면에서 특정한 부분의 형상·치수·구조를 보이기 위하여 큰 축척으로 표시한 것은?

㉮ 일반도 ㉯ 구조도
㉰ 상세도 ㉱ 일반구조도

해설
- 상세도
  도면의 특정 부위를 확대하여 자세히 나타내는 도면
- 일반도
  구조물 전체의 개략적인 모양을 표시한 도면
- 구조도
  콘크리트 내부의 구조 주체를 도면에 표시한 도면

문제 037
다음은 치수 보조 기호이다. 반지름을 나타내는 기호는?

㉮ R ㉯ ϕ
㉰ t ㉱ C

해설
- ϕ : 지름
- t : 판의 두께
- C : 모따기

문제 038
설계 제도에 대한 설명으로 옳지 못한 것은?

㉮ 도면에 오류가 없어야 한다.
㉯ 도면은 간단하게 그리고 중복되게 작성한다.
㉰ 도면에는 불필요한 사항은 기입하지 않는다.
㉱ 도면은 설계자의 의도가 정확하게 전달될 수 있어야 한다.

해설 도면은 간단하게 그리고 중복을 피한다.

문제 039
제도의 통칙에서 한글, 숫자 및 영자의 경우 글자의 굵기는 글자의 높이의 얼마 정도로 하는가?

㉮ 1/2 ㉯ 1/5
㉰ 1/9 ㉱ 1/13

해설 글자체는 고딕체로 쓰고 수직 또는 15° 오른쪽으로 경사지게 쓰며 숫자는 아라비아 숫자를 원칙으로 한다.

문제 040
컴퓨터 기억장치의 기능으로서 갖추어야 할 내용이 아닌 것은?

㉮ 가격이 저렴해야 한다.
㉯ 기억 용량이 커야 한다.
㉰ 접근 시간이 짧아야 한다.
㉱ 기억장치의 부피가 커야 한다.

해설 기억장치의 부피는 작아야 한다.

답 034. ㉯ 035. ㉯ 036. ㉰ 037. ㉮ 038. ㉯ 039. ㉰ 040. ㉱

문제 041
다음 그림의 재료 기호는?

㉮ 목재
㉯ 구리
㉰ 유리
㉱ 강철

해설

 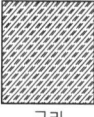
목재　　　　구리

 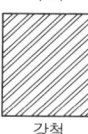
유리　　　　강철

문제 042
토목이나 건축에서의 현장 겨냥도, 구조물의 조감도에 많이 쓰이는 투상법은?

㉮ 축측투상법　　㉯ 사투상법
㉰ 정투상법　　　㉱ 투시도법

해설 멀고 가까운 거리감을 느낄 수 있도록 하나의 시점과 물체의 각 점을 방사선으로 이어서 그리는 방법을 투시도법이라 한다.

문제 043
축척자(스케일)는 여러 가지 종류가 있으나 일반적으로 사용하는 삼각 스케일의 축척이 아닌 것은?

㉮ 1 : 10　　　㉯ 1 : 200
㉰ 1 : 300　　㉱ 1 : 600

해설 삼각 스케일에는 1/100, 1/200, 1/300, 1/400, 1/500, 1/600의 6가지 축척이 표기되어 있다.

문제 044
다음 중 가는 실선으로 그리지 않는 것은?

㉮ 절단선　　㉯ 치수선
㉰ 지시선　　㉱ 해칭선

해설 절단선 : 1점 쇄선

문제 045
대상물의 보이지 않는 부분의 모양을 표시하는 선을 무엇이라 하는가?

㉮ 굵은 실선
㉯ 가는 실선
㉰ 1점 쇄선
㉱ 파선

해설 굵은 실선은 외형선으로 표시하며 대상물의 보이는 부분의 겉모양을 표시한다.

문제 046
치수 보조선에 대한 설명 중 틀린 것은?

㉮ 치수 보조선은 치수선과 항상 직각이 되도록 그어야 한다.
㉯ 치수 보조선은 치수선보다 약간 길게 끌어내어 그린다.
㉰ 불가피한 경우가 아닐 때에는 치수 보조선과 치수선이 다른 선과 교차하지 않게 한다.
㉱ 다른 치수 보조선과 교차되어 복잡한 경우 외형선을 치수 보조선으로 대신 사용할 수 있다.

해설 치수 보조선은 치수를 기입하는 형상에 대해 수직으로 그린다. 필요할 경우에는 경사지게 그릴 수 있으나 서로 평행해야 한다.

문제 047
대형 도면을 인쇄하기 위하여 사용되는 출력 장치는?

㉮ 캠코더　　㉯ 플로터
㉰ 스캐너　　㉱ 팩시밀리

해설 플로터는 그래프나 도형, CAD, 도면 등을 출력하기 위한 대형 출력장치이다.

답 041. ㉮　042. ㉱　043. ㉮　044. ㉮　045. ㉱　046. ㉮　047. ㉯

문제 048
다음 중 현의 길이를 바르게 나타낸 것은?

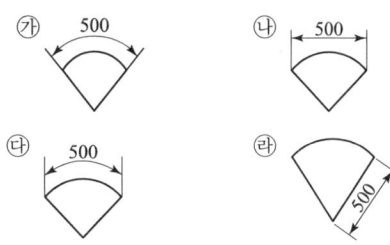

해설 ㉮, ㉯ : 호의 길이 표시

문제 049
제3각법으로 도면을 작성할 때 투상도, 물체, 눈의 위치로 바른 것은?
㉮ 투상도 → 눈 → 물체
㉯ 투상도 → 물체 → 눈
㉰ 눈 → 물체 → 투상도
㉱ 눈 → 투상도 → 물체

해설
- 제3각법 : 눈 → 투상면 → 물체
- 제1각법 : 눈 → 물체 → 투상면

문제 050
CAD 시스템에서 입력장치에 포함되지 않는 것은?
㉮ 태블릿   ㉯ 키보드
㉰ 마우스   ㉱ 프린터

해설 출력장치 : 모니터, 프린터, 플로터

문제 051
대상물의 보이는 부분의 겉모양(외형)을 표시할 때 사용하는 선은?
㉮ 파선   ㉯ 굵은 실선
㉰ 가는 실선   ㉱ 1점 쇄선

해설
- 굵은 실선인 외형선으로 대상물의 보이는 부분의 겉모양을 표시한다.
- 1점 쇄선으로 중심선, 기준선, 피치선, 절단선을 표시한다.

문제 052
트래버스의 제도에서 삼각함수의 진수에 의한 방법이 아닌 것은?
㉮ 탄젠트법
㉯ 사인과 코사인에 의한 방법
㉰ 현장법
㉱ 로그스케일에 의한 방법

해설 각도기를 사용하지 않고 트래버스의 편각이나 변의 길이를 알고 측선의 방향을 결정하는 것으로 탄젠트법, 사인과 코사인에 의한 방법, 현장법이 있다.

문제 053
다음 그림은 어떠한 구조물 재료의 단면을 나타낸 것인가?
㉮ 점토
㉯ 석재
㉰ 콘크리트
㉱ 주철

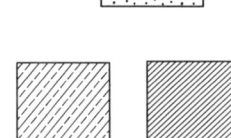

해설

점토	석재	주철

문제 054
콘크리트 구조물의 제도에서 공칭지름 22mm인 이형철근의 표시법으로 옳은 것은?
㉮ R22   ㉯ φ22
㉰ D22   ㉱ H22

해설
- φ22 : 지름 22mm
- R22 : 반지름 22mm

문제 055
다음 중 원도를 그리는 방법을 순서 없이 나열한 것으로 마지막 작업에 해당하는 것은?
㉮ 윤곽선, 표제란, 기준선을 긋는다.
㉯ 기호, 문자, 숫자 등을 넣는다.

답 048.㉯ 049.㉱ 050.㉱ 051.㉯ 052.㉱ 053.㉰ 054.㉰ 055.㉯

㉰ 외형선, 파단선 등을 긋는다.
㉱ 철근선 및 숨은선을 긋는다.

해설 원도를 그리는 순서
① 윤곽선, 표제란, 중심선, 기준선을 긋는다.
② 외형선, 파단선, 절단선을 긋는다.
③ 철근 배근의 위치 및 원호의 중심을 긋는다.
④ 철근 단면 및 철근선, 숨은선을 긋는다.
⑤ 치수선, 치수 보조선, 지시선 및 해칭선을 긋는다.
⑥ 기호, 문자, 숫자 등을 기입하고 도면을 완성한다.

문제 056

제도 용지 및 윤곽선에 대한 설명 중 틀린 것은?

㉮ 도면이 A0, A1일 때 윤곽선 여백은 최소 20mm 이상으로 한다.
㉯ 도면이 A2, A3, A4일 때 윤곽선 여백은 최소 10mm 이상으로 한다.
㉰ 도면 왼쪽 세로 부분의 윤곽선 여백은 철할 경우에 최소 30mm 이상으로 한다.
㉱ 윤곽선은 최소 0.5mm 이상 두께의 실선으로 그린다.

해설 도면 왼쪽 세로 부분의 윤곽선 여백은 철할 경우에 최소 25mm 이상으로 한다.

문제 057

아래 표의 표시법에 대한 설명으로 옳은 것은?

24@200=4800

㉮ 전장 4,800m를 24m로 200등분
㉯ 전장 4,800mm를 200mm로 24등분
㉰ 전장 4,800m를 24m와 200m를 적당한 비율로 등분
㉱ 전장 4,800mm를 24mm로 배분하고 마지막 1칸은 200mm로 1회 배분

해설 D19 L=2200 N=20지름 19mm로서 길이 2200mm의 이형철근 20개

문제 058

문자에 대한 토목제도 통칙으로 틀린 것은?

㉮ 글자는 필기체로 쓰고 수직 또는 30° 오른쪽으로 경사지게 쓴다.
㉯ 문자의 크기는 높이에 따라 표시한다.
㉰ 영자는 주로 로마자의 대문자를 사용하나, 기호 그 밖에 특별히 필요한 경우에는 소문자를 사용해도 좋다.
㉱ 숫자는 주로 아라비아 숫자를 사용한다.

해설 글자는 활자체(고딕체)로 쓰고 수직 또는 15° 오른쪽으로 경사지게 쓴다.

문제 059

도면의 작도 방법에 대한 기본 사항 중 틀린 설명은?

㉮ 철근 치수 및 기호를 표시하고 누락되지 않도록 주의한다.
㉯ 단면도는 실선으로 주어진 치수대로 정확히 작도한다.
㉰ 단면도에 표시된 철근 길이가 벗어나지 않도록 주의한다.
㉱ 단면도에 배근될 철근 수량은 정확하여야 하나, 철근의 간격은 일정하지 않아도 무방하다.

해설 단면도에서 단면으로 표시되는 철근의 수량과 철근 간격을 정확히 균일성 있게 표시한다.

문제 060

일반적으로 토목 제도에서 사용하는 길이의 단위는?

㉮ mm ㉯ cm
㉰ m   ㉱ km

해설 치수의 단위는 mm를 원칙으로 하며 단위 기호는 쓰지 않는다.

답 056. ㉰ 057. ㉯ 058. ㉮ 059. ㉱ 060. ㉮

부록 최근 기출문제 — 2008년 제4회

문제 001
다발철근을 사용할 때 따라야 할 규정으로 틀린 것은?

㉮ 이형철근이어야 한다.
㉯ 다발로 사용하는 철근 개수는 4개 이하이어야 한다.
㉰ 스터럽이나 띠철근으로 둘러싸여져야 한다.
㉱ 보에서 D19를 초과하는 철근은 다발로 사용할 수 없다.

해설 보에서 D35를 초과하는 철근은 다발로 사용할 수 없다.

문제 002
구조물 시공시에 철근을 묶어 다발로 쓸 때 다발철근의 피복두께는 다음 중 어느 것 이상으로 하여야 하는가?

㉮ 다발의 등가지름
㉯ 굵은 골재의 최대치수
㉰ 단면의 최대치수
㉱ 단면의 최소치수

해설 다발철근의 간격과 최소 피복두께를 철근 지름으로 나타낼 경우 다발철근의 지름은 등가 단면적으로 환산된 한 개의 철근 지름으로 본다.

문제 003
철근의 이음에 대한 설명으로 옳은 것은?

㉮ 최대 인장응력이 작용하는 곳에 철근의 이음을 하여야 한다.
㉯ 이음이 한 단면에 집중하도록 하는 것이 유리하다.
㉰ 철근의 이음 방법에는 겹침이음, 용접이음 및 기계적 이음이 있다.
㉱ 인장 이형철근의 겹침이음 길이는 A급, B급, C급, D급으로 분류하며 A급의 경우 겹침이음 길이가 가장 길다.

해설
- 이음이 부재의 한 단면에 집중되지 않게 하는 것이 좋다.
- 인장응력이 최소인 곳에 철근의 이음을 하여야 한다.
- 인장을 받는 이형철근의 겹침이음길이는 A급, B급으로 분류되어 있으며 최소길이는 300mm 이상이다.

문제 004
철근 콘크리트 보를 강도 설계법으로 설계할 경우 필요한 가정으로 잘못된 것은?

㉮ 콘크리트 압축연단의 극한변형률은 $f_{ck} \leq$ 40MPa 경우 0.0033으로 가정한다.
㉯ 철근과 콘크리트 사이의 부착은 완전하며 그 경계면에서 상대활동은 일어나지 않는다.
㉰ 보의 극한상태에서 휨모멘트를 계산할 때 콘크리트의 인장강도를 고려한다.
㉱ 보에서 임의의 단면이 휨을 받기 전에 평면이었다면 휨 변형을 일으킨 뒤에도 평면을 유지한다.

해설 보의 극한상태에서 휨모멘트를 계산할 때 콘크리트의 인장강도는 무시한다.

문제 005
철근비가 균형 철근비보다 클 때, 보의 파괴가 압축측 콘크리트의 파쇄로 시작되는 파괴 형태를 무엇이라 하는가?

㉮ 취성파괴   ㉯ 연성파괴
㉰ 경성파괴   ㉱ 강성파괴

해설 균형 철근비보다 철근을 적게 넣은 보의 파괴 형태는 연성파괴가 된다.

답 001. ㉱ 002. ㉮ 003. ㉰ 004. ㉰ 005. ㉮

• 균형 철근비보다 많은 철근을 넣은 보의 파괴 형태는 취성파괴가 된다.

문제 006
철근 크기 D10~D25에서 180° 표준 갈고리와 90° 표준 갈고리의 구부림 최소 내면 반지름은 철근 지름(d_b)의 몇 배인가?

㉮ 2배 ㉯ 3배
㉰ 4배 ㉱ 5배

해설
• D29~D35 철근 : $4d_b$
• D38 이상 철근 : $5d_b$

문제 007
단철근 직사각형 보에서 단면의 폭이 300mm, 높이가 600mm, 유효깊이가 500mm, 인장 철근량이 1,500mm²일 때 인장철근의 철근비는?

㉮ 0.01   ㉯ 0.008
㉰ 0.005 ㉱ 0.001

해설 $\rho = \dfrac{A_s}{bd} = \dfrac{1500}{300 \times 500} = 0.01$

문제 008
철근을 소요 두께의 콘크리트로 덮는 이유에 대한 설명으로 옳지 않은 것은?

㉮ 시공상의 편의를 위해서
㉯ 철근의 부식 방지를 위해서
㉰ 화해(火害)를 받지 않도록 하기 위해서
㉱ 부착응력 확보를 위해서

해설 철근의 부식 방지, 부착력 증대, 내화구조를 만들기 위해 피복 두께를 제한한다.

문제 009
철근 콘크리트에서 철근의 피복두께에 대한 설명으로 적당한 것은?

㉮ 콘크리트 표면과 그에 가장 가까이 배치된 철근 표면 사이의 최단거리이다.
㉯ 콘크리트 표면과 그에 가장 가까이 배치된 철근 중심 사이의 최단거리이다.
㉰ 콘크리트 표면과 그에 가장 가까이 배치된 철근 사이의 최장거리이다.
㉱ 콘크리트 표면과 그에 가장 가까이 배치된 철근 사이의 간격 1/2에 해당하는 거리이다.

해설 최소 피복두께 : 콘크리트의 표면에서 가장 바깥쪽 철근의 표면까지의 최단거리

문제 010
단철근 직사각형 보에서 발생하는 휨 응력 및 변형률에 대한 설명으로 잘못된 것은?

㉮ 휨 응력은 중립축에서 0이다.
㉯ 휨 응력은 중립축으로부터 거리에 비례한다.
㉰ 변형률은 중립축으로부터 거리에 반비례한다.
㉱ 압축응력은 압축측 콘크리트가 부담한다.

해설 철근과 콘크리트의 변형률은 중립축에서의 거리에 직접 비례한다.

문제 011
철근 콘크리트 부재에 이형철근으로 2종인 SD30을 사용한다고 하면, SD30에서 30의 의미는?

㉮ 철근의 단면적   ㉯ 철근의 공칭지름
㉰ 철근의 연신율   ㉱ 철근의 항복강도

해설 철근의 항복점 응력(강도) 300MPa를 뜻한다.

문제 012
다음 시멘트 중에서 수화열이 적고 해수에 대한 저항성이 커서 댐 및 방파제 공사에 적합한 시멘트는?

㉮ 조강 포틀랜드 시멘트
㉯ 플라이 애시 시멘트
㉰ 알루미나 시멘트
㉱ 팽창 시멘트

해설
• 플라이 애시 시멘트는 수화열이 적고 건조수축도 적으며 해수에 대한 내화학성이 크다.
• 중용열 포틀랜드 시멘트와 플라이 애시 시멘트는 댐 공사에 적합하다.

답 006. ㉯ 007. ㉮ 008. ㉮ 009. ㉮ 010. ㉰ 011. ㉱ 012. ㉯

문제 013
일반 콘크리트용 골재가 갖추어야 할 성질로 맞지 않는 것은?
- ㉮ 깨끗하고 강하며 내구적일 것
- ㉯ 알맞은 입도를 가질 것
- ㉰ 연한 석편, 가느다란 석편을 가질 것
- ㉱ 먼지, 흙, 염화물 등의 유해량을 함유하지 않을 것

해설
- 골재의 모양은 구 또는 입방체에 가까울 것
- 마모에 대한 저항성이 클 것

문제 014
AE(공기연행) 콘크리트의 장점이 아닌 것은?
- ㉮ 공기량에 비례하여 압축강도가 커진다.
- ㉯ 워커빌리티가 좋다.
- ㉰ 수밀성이 좋다.
- ㉱ 동결 융해에 대한 저항성이 크다.

해설 공기량이 1% 증가함에 따라 슬럼프가 15mm 증가하고 압축강도는 4~6% 감소한다.

문제 015
골재 알이 공기중 건조상태에서 표면건조 포화상태로 되기까지 흡수하는 물의 양을 무엇이라 하는가?
- ㉮ 함수량
- ㉯ 흡수량
- ㉰ 유효 흡수량
- ㉱ 표면수량

해설

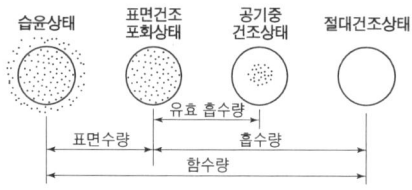

- 표면수율 = $\dfrac{A-B}{B} \times 100$
- 유효 흡수율 = $\dfrac{B-C}{C} \times 100$
- 흡수율 = $\dfrac{B-D}{D} \times 100$
- 함수율 = $\dfrac{A-D}{D} \times 100$

문제 016
토목 구조물을 사용 재료에 따라 크게 분류한 것으로 틀린 것은?
- ㉮ 강 구조
- ㉯ 사장 구조
- ㉰ 합성 구조
- ㉱ 콘크리트 구조

해설 사장 구조는 케이블을 이용하여 상판을 매단 형태의 교량에 해당된다.

문제 017
토목 구조물의 종류에서 강재의 보 위에 철근 콘크리트 슬래브를 이어져서 양자가 일체로 작용하도록 하는 구조를 무엇이라 하는가?
- ㉮ 합성 구조
- ㉯ 무근 콘크리트 구조
- ㉰ 철근 콘크리트 구조
- ㉱ 프리스트레스트 구조

해설 합성 구조
강재와 콘크리트가 합성된 휨재 또는 압축재

문제 018
다음 중 강 구조의 장점이 아닌 것은?
- ㉮ 콘크리트에 비하여 강도가 크다.
- ㉯ 부재의 치수를 크게 한다.
- ㉰ 경간이 긴 교량을 축조하는데 유리하다.
- ㉱ 콘크리트에 비하여 재료의 품질관리가 쉽다.

해설
- 부재의 치수를 작게 한다.(부피를 줄일 수 있다.)
- 강구조는 쉽게 구조 변경을 할 수 있다.
- 사전 조립이 가능하며 현장 시공 속도가 빠르다.

문제 019
보에서 중립축 상단의 압축응력을 전적으로 콘크리트가 부담하고, 중립축 아래의 인장응력을 받는 부분에만 철근을 배치하여 인장응력을 부담하도록 하는 것은?
- ㉮ 단철근 직사각형보
- ㉯ 복철근 직사각형보
- ㉰ 연속보
- ㉱ 단순보

답 013. ㉰ 014. ㉮ 015. ㉰ 016. ㉯ 017. ㉮ 018. ㉯ 019. ㉮

해설 단철근 직사각형보는 콘크리트로 된 직사각형 단면보에서 인장응력을 받고 있는 곳에만 철근을 배치하여 보강한 보이다.

문제 020
옹벽은 외력에 대하여 안정성을 검토하는데 그 대상이 아닌 것은?

㉮ 전도에 대한 안정 ㉯ 활동에 대한 안정
㉰ 침하에 대한 안정 ㉱ 간격에 대한 안정

해설 옹벽이란 토압에 저항하여 토사의 붕괴를 방지하기 위하여 축조한 구조물이다.

문제 021
다음 보기에 대하여 설계 순서로 옳게 나열된 것은?

㉠ 사용성 검토   ㉡ 구조물의 형식 검토
㉢ 단면 치수의 가정   ㉣ 설계도 및 시방서 작성

㉮ ㉡ → ㉢ → ㉠ → ㉣
㉯ ㉠ → ㉡ → ㉢ → ㉣
㉰ ㉢ → ㉠ → ㉣ → ㉡
㉱ ㉣ → ㉢ → ㉡ → ㉠

해설 설계의 순서
구조물의 형식 검토 → 단면 치수의 가정 → 사용성 검토(처짐, 균열) → 설계도 및 시방서 작성

문제 022
다음의 보기에서 토목 구조물의 공통적인 특징만으로 알맞게 짝지어진 것은?

㉠ 일반적으로 규모가 크다.
㉡ 대부분이 공공의 목적으로 건설된다.
㉢ 구조물의 공용기간이 짧다.
㉣ 다량생산으로 건설된다.
㉤ 대부분 자연환경 속에 놓인다.

㉮ ㉠, ㉡, ㉤   ㉯ ㉠, ㉡, ㉣, ㉤
㉰ ㉠, ㉢, ㉣, ㉤ ㉱ ㉠, ㉡, ㉢, ㉣, ㉤

해설 토목 구조물의 특징
• 구조물의 공용기간이 길다.
• 동일한 구조물이 두 번 이상 건설되는 일이 없다.
• 여러 가지 학문이나 기술이 복합적으로 적용된다.

문제 023
PS 강재에서 필요한 성질로만 짝지어진 것은?

㉠ 인장강도가 커야 한다.
㉡ 릴랙세이션이 커야 한다.
㉢ 적당한 연성과 인성이 있어야 한다.
㉣ 응력 부식에 대한 저항성이 커야 한다.

㉮ ㉠, ㉡, ㉢   ㉯ ㉠, ㉡, ㉣
㉰ ㉡, ㉢, ㉣   ㉱ ㉠, ㉢, ㉣

해설
• 릴랙세이션이 작아야 한다.
• 부착강도가 커야 한다.
• 곧게 잘 펴지는 직선성이 좋아야 한다.
• 항복비가 커야 한다.

문제 024
다음 중 교량에 항상 장기적으로 작용하는 하중으로서 설계에 있어서 반드시 고려해야 할 하중은?

㉮ 고정하중   ㉯ 지진의 영향
㉰ 지점 이동의 영향 ㉱ 온도 변화의 영향

해설 고정하중
구조물의 자체 중량과 구조물에 반영구적 또는 영구적으로 고정되어 있는 물체의 중량

문제 025
구조물이 파괴상태 또는 파괴에 가까운 상태를 기준으로 하여 설계하는 방법은?

㉮ 강도 설계법   ㉯ 허용응력 설계법
㉰ 도로 설계법   ㉱ 파괴 설계법

해설 강도 설계법
부재의 극한강도를 알아내어 파괴에 대한 안전성을 확보한다.

답 020. ㉱ 021. ㉮ 022. ㉮ 023. ㉱ 024. ㉮ 025. ㉮

문제 026

한 개의 기둥에 전달되는 하중을 한 개의 기초가 단독으로 받도록 되어 있는 확대기초를 무슨 기초라 하는가?

㉮ 군말뚝 기초 ㉯ 벽 확대기초
㉰ 독립 확대기초 ㉱ 말뚝 기초

해설
- 독립 확대기초
  1개의 기둥을 지지하도록 한 기초
- 연결 확대기초
  2개 이상의 기둥을 하나의 확대기초가 지지하도록 한 기초

문제 027

일반적으로 자동차와 같은 활하중이 교량 위를 달릴 때 교량이 진동하게 된다. 즉, 자동차가 정지하여 있을 때보다 그 하중의 영향이 훨씬 커지는 데 이러한 하중을 무엇이라 하는가?

㉮ 설하중 ㉯ 고정하중
㉰ 충격하중 ㉱ 풍하중

해설
- 활하중 : 교량을 통행하는 사람이나 자동차 등의 이동하중
- 풍하중 : 구조물에 미치는 바람의 영향을 고려한 하중
- 설하중 : 구조물에 쌓인 눈의 하중

문제 028

콘크리트 구조물에 일정한 힘을 가한 상태에서 힘은 변화하지 않는데 시간이 지나면서 점차 변형이 증가되는 성질을 무엇이라 하는가?

㉮ 탄소 ㉯ 크랙(crack)
㉰ 소성 ㉱ 크리프(creep)

해설
- 탄성
  외력에 의해 물체가 변형되었다가 외력을 제거하면 원상태로 되돌아가는 성질
- 소성
  외력에 의해 물체가 변형되었다가 외력을 제거하여도 변형된 상태로 남아 있는 성질
- 릴랙세이션
  재료에 하중을 가했을 때 시간의 경과함에 따라 재료의 응력이 감소하는 현상

문제 029

다음 〈보기〉의 특징이 설명하고 있는 교량 형식은?

〈보기〉
㉠ 부재를 삼각형의 뼈대로 만든 것으로 보의 작용을 한다.
㉡ 수직 또는 수평 브레이싱을 설치하여 횡압에 저항하도록 한다.
㉢ 부재와 부재의 연결점을 격점이라 한다.

㉮ 단순교 ㉯ 아치교
㉰ 트러스교 ㉱ 판형교

해설
- 트러스교
  몇 개의 직선 부재를 한 평면 내에서 연속된 삼각형의 뼈대 구조로 조립한 것을 트러스라 하며 거더 대신에 이 트러스를 사용한 교량
- 트러스의 가정
  ① 부재는 마찰이 없는 힌지로 연결되어 있으며 각 부재에는 모멘트가 발생하지 않는다.
  ② 부재는 직선이고 하중은 부재의 도심에 작용한다.
  ③ 하중은 격점에만 작용한다.

문제 030

단면적이 10,000mm²인 원기둥이 하중 300kN의 압축을 받아 파괴가 되었다면 이 원기둥의 파괴시 응력은?

㉮ 15 MPa ㉯ 20 MPa
㉰ 30 MPa ㉱ 33 MPa

해설 $\sigma = \dfrac{P}{A} = \dfrac{300,000}{10,000} = 30\text{MPa}$

문제 031

치수 기입을 할 때 지름을 표시하는 기호로 옳은 것은?

㉮ R ㉯ C
㉰ □ ㉱ ϕ

해설
- R : 반지름
- C : 모따기
- □ : 정사각형 단면

답 026. ㉰ 027. ㉰ 028. ㉱ 029. ㉰ 030. ㉰ 031. ㉱

문제 032

그림과 같은 모양의 I형강 2개를 바르게 표시한 것은? (축방향 길이=2,000)

㉮ 2-I 30×60×10×2000
㉯ 2-I 60×30×10×2000
㉰ I-2 10×60×30×2000
㉱ I-2 10×30×60×2000

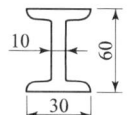

해설

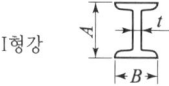

I형강   I A×B×t×l

(여기서, A : 긴 변의 길이, l : 축방향 길이)

문제 033

그림과 같은 골조구조에서 치수 기입이 잘못된 것은?

㉮ 5,000
㉯ 5,200
㉰ 6,400
㉱ 9,000

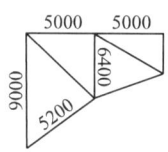

해설
- 치수는 치수선 위쪽에 쓰는 것을 원칙으로 하며 치수선이 세로인 때에는 치수선의 왼쪽에 쓴다.
- 골조구조 등의 구조선도에 있어서는 치수선을 생략하고 골조를 표시하는 선의 위쪽 또는 왼쪽에 치수를 쓴다.

문제 034

다음 중 단면도의 절단면에 가는 실선으로 규칙적으로 나열한 선은?

㉮ 해칭선 ㉯ 절단선
㉰ 피치선 ㉱ 파단선

해설
- 피치선
  1점 쇄선으로 반복되는 도형에 표시하는 선
- 파단선
  불규칙한 파형의 가는 실선으로 대상물의 일부를 파단한 경계 또는 일부를 떼어 낸 경계를 표시하는데 사용하는 선
- 절단선
  1점 쇄선으로 끝부분 및 방향이 변하는 부분을 굵게 한 선

문제 035

다음 중 실선으로 표시하지 않는 것은?

㉮ 중심선 ㉯ 파단선
㉰ 외형선 ㉱ 해칭선

해설
- 중심선 : 1점 쇄선
- 외형선 : 굵은 실선
- 파단선 : 파형의 가는 실선
- 해칭선 : 가는 실선

문제 036

다음 중 선의 접속 및 교차에 대한 제도 방법이 틀린 것은?

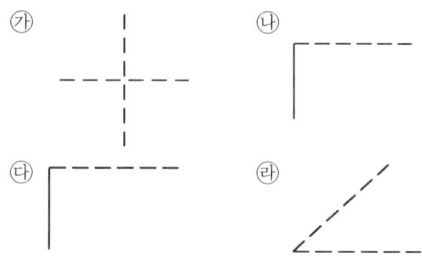

해설 기본 형태의 선은 되도록 점이나 선분에서 교차하여야 한다.

문제 037

토목 구조물 도면의 작성 순서로 가장 적당한 것은?

㉮ 외형선 → 중심선 → 지시선 → 철근선
㉯ 기준선 → 철근선 → 외형선 → 해칭선
㉰ 철근선 → 외형선 → 숨은선 → 치수선
㉱ 중심선 → 외형선 → 철근선 → 치수선

해설
- 선의 우선순위
  ① 외형선 ② 숨은선 ③ 절단선 ④ 중심선 ⑤ 무게 중심선 ⑥ 치수 보조선
- 도면 작성 순서
  ① 중심선, 기준선 ② 외형선, 절단선, 파단선
  ③ 철근선, 숨은선 ④ 치수선, 치수 보조선, 지시선, 해칭선

답 032. ㉯ 033. ㉰ 034. ㉮ 035. ㉮ 036. ㉮ 037. ㉱

문제 038
경사가 있는 L형 옹벽 벽체에서 도면에 1 : 0.02로 표시할 수 있는 경우는?

㉮ 연직거리 1m일 때 수평거리 2mm인 경사
㉯ 연직거리 4m일 때 수평거리 8mm인 경사
㉰ 연직거리 1m일 때 수평거리 40mm인 경사
㉱ 연직거리 4m일 때 수평거리 80mm인 경사

해설 1 : 0.02(연직거리 : 수평거리)
연직거리 4,000mm×0.02=수평거리 80mm

문제 039
CAD 소프트웨어의 기능 중 기본 기능에 속하지 않는 것은?

㉮ 도면 요소 편집 기능
㉯ 도면 요소 작성 기능
㉰ 기계 등의 가공 및 제조 기능
㉱ 도면 내용 출력 기능

해설 CAD 소프트웨어의 기본 기능
① 요소 편집 기능
② 요소 작성 기능
③ 요소 변환 기능
④ 데이터 관리 기능
⑤ 도면화 기능
⑥ 디스플레이 기능
⑦ 특성 해석 기능
⑧ 플로팅 기능(출력 기능)

문제 040
척도에 대한 설명으로 잘못된 것은?

㉮ 구조선도, 조립도, 배치도 등의 그림에서 치수를 읽을 필요가 없는 것도 척도는 반드시 표시하여야 한다.
㉯ 현척은 1 : 1을 의미한다.
㉰ 척도는 "대상물의 실제 치수"에 대한 "도면에 표시한 대상물"의 비로서 나타낸다.
㉱ 척도의 종류로는 축척, 현척, 배척이 있다.

해설 구조선도, 조립도, 배치도 등의 그림에서 치수를 읽을 필요가 없는 것에는 척도를 반드시 표시할 필요가 없다.

문제 041
치수 기입에 "R 25"라고 표시되어 있을 때 이것의 의미를 바르게 설명한 것은?

㉮ 한 변이 25mm인 정사각형이다.
㉯ 물체의 지름이 25mm이다.
㉰ 45°로 모따기 한 변의 길이가 25mm이다.
㉱ 물체의 반지름이 25mm이다.

해설
- C25 : 모따기 한 변의 길이 25mm
- □25 : 한 변이 25mm인 정사각형
- φ25 : 지름이 25mm

문제 042
A1 용지에서 윤곽의 나비는 최소 몇 mm인 것이 바람직한가?

㉮ 5mm   ㉯ 10mm
㉰ 20mm   ㉱ 25mm

해설
- A0, A1 : 20mm
- A2, A3, A4 : 10mm

문제 043
다음 단면의 표시방법 중 모래를 표시한 것은?

㉮ 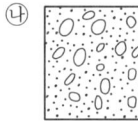   ㉯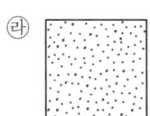

㉰ 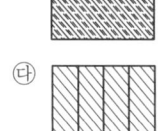   ㉱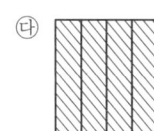

해설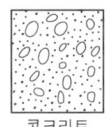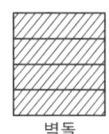
인조석 콘크리트 벽돌

문제 044
입력장치로만 나열된 것은?

㉮ 마우스 - 플로터 - 키보드
㉯ 마우스 - 스캐너 - 키보드

답 038. ㉱ 039. ㉰ 040. ㉮ 041. ㉱ 042. ㉰ 043. ㉱ 044. ㉯

㉰ CRT – 스캐너 – 프린터
㉱ 키보드 – OMR – CRT

해설
- 입력장치
  스캐너, 태블릿, 마우스, 트랙 볼, 터치패드, 광펜, 키보드, 광학마크 판독기(OCR), 자기 잉크 문자 판독기(MICR)
- 출력장치
  플로터, 모니터, 프린터

문제 045
건설재료의 단면 표시 중 석재를 나타내는 것은?

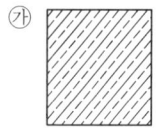 ㉮ 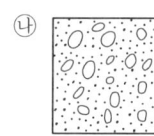 ㉯

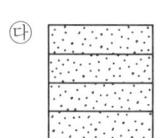 ㉰ 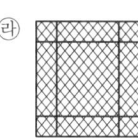 ㉱

해설
- ㉯ : 콘크리트
- ㉱ : 블록

문제 046
재료 단면의 경계면 표시 중 지반면(흙)을 나타내는 것은?

 ㉮  ㉯
 ㉰  ㉱

해설
- ㉯ : 모래
- ㉰ : 잡석
- ㉱ : 수준면(물)

문제 047
일반적인 제도 규격용지의 폭과 길이의 비로 옳은 것은?

㉮ 1 : 1   ㉯ 1 : $\sqrt{2}$
㉰ 1 : $\sqrt{3}$ ㉱ 1 : 4

해설
- A0 : 841×1189mm
- A1 : 594×841mm
- A2 : 420×594mm
- A3 : 297×420mm
- A4 : 210×297mm

폭과 길이의 비는 1 : $\sqrt{2}$ 이다.

문제 048
다음은 어떤 투상법에 대한 설명인가?

> 각 면에 보이는 물체는 보이는 면과 같은 면에 나타난다. 즉, 물체를 위에서 내려다 본 모양을 유리판에 그린 투상도인 평면도는 정면도 위에, 물체를 우측에서 본 모양을 유리판에 그린 투상도인 우측면도는 정면도 우측에 각각 그린다.

㉮ 제1각법   ㉯ 제3각법
㉰ 투시도법   ㉱ 제4각법

해설 제3각법 : 눈→투상면→물체

문제 049
CAD란 어떤 프로그램인가?

㉮ 컴퓨터를 이용한 설계 프로그램
㉯ 컴퓨터를 이용한 생산 프로그램
㉰ 컴퓨터를 이용한 소비 프로그램
㉱ 컴퓨터를 이용한 설비 프로그램

해설 CAD는 컴퓨터를 이용한 설계 프로그램으로 도면 분석, 수정, 제작이 정확하며 빨라 시간의 단축으로 일의 생산성을 향상시킨다.

문제 050
도면에서 윤곽선에 대한 설명으로 옳은 것은?

㉮ 0.5mm 이상의 실선으로 긋는다.
㉯ 0.1mm 이상의 파선으로 긋는다.
㉰ 0.5mm 이상의 파선으로 긋는다.
㉱ 0.1mm 이상의 실선으로 긋는다.

해설 윤곽의 너비
① A0, A1 : 20mm 이상
② A2, A3, A4 : 10mm 이상

답 045. ㉮ 046. ㉮ 047. ㉯ 048. ㉯ 049. ㉮ 050. ㉮

문제 051
치수 기입에 대한 설명으로 바르지 않은 것은?
- ㉮ 치수의 단위는 m를 사용하나 단위 기호는 기입하지 않는다.
- ㉯ 치수 수치는 치수선에 평행하게 기입하고 되도록 치수선의 중앙의 위쪽에 치수선으로부터 조금 띄어 기입한다.
- ㉰ 경사를 표시할 때는 백분율(%) 또는 천분율(‰)로 표시할 수 있다.
- ㉱ 치수는 선과 교차하는 곳에는 가급적 쓰지 않는다.

해설 치수의 단위는 mm를 사용하나 단위 기호는 기입하지 않는다.

문제 052
아래 그림과 같은 철근 이음 방법은?
- ㉮ 겹침이음
- ㉯ 용접이음
- ㉰ 기계적 이음
- ㉱ 슬리브 이음

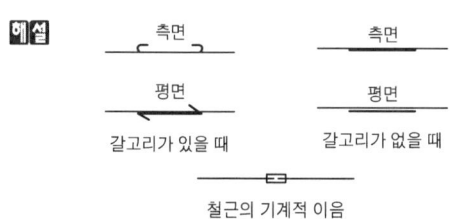

문제 053
제도 용지 중 A3 용지의 크기는? (단, 단위는 mm이다.)
- ㉮ 254×385
- ㉯ 268×398
- ㉰ 274×412
- ㉱ 297×420

해설
- A3 : 297×420mm
- A4 : 210×297mm

문제 054
CAD의 좌표계 종류가 아닌 것은?
- ㉮ 절대좌표
- ㉯ 상대직교좌표
- ㉰ 상대극좌표
- ㉱ 상대접합좌표

해설 CAD 좌표계
① 절대좌표
② 상대직교좌표
③ 상대 극좌표
④ 최종 좌표

문제 055
도면에 사용하는 문자에 대한 설명으로 잘못된 것은?
- ㉮ 숫자는 주로 아라비아 숫자를 사용한다.
- ㉯ 글자는 세로쓰기를 원칙으로 한다.
- ㉰ 영자는 주로 로마자의 대문자를 사용한다.
- ㉱ 한글자의 서체는 활자체에 준하는 것이 좋다.

해설 글자는 가로쓰기를 원칙으로 한다.

문제 056
정투상도로 사용할 수 있는 방법은?
- ㉮ 제1각법과 제2각법
- ㉯ 제2각법과 제3각법
- ㉰ 제3각법과 제1각법
- ㉱ 제4각법과 제1각법

해설
- 제3각법 : 눈 → 투상면 → 물체
- 제1각법 : 눈 → 물체 → 투상면

문제 057
도로 설계에서 자동차의 운행을 원활하게 하기 위하여 원곡선부와 직선부 사이의 곡률 반지름이 변화하는 곡선을 무엇이라 하는가?
- ㉮ 완화곡선
- ㉯ 확폭량
- ㉰ 반향곡선
- ㉱ 포물선

해설
- 확폭
곡선부를 주행하는 자동차의 뒷바퀴는 앞바퀴보다 항상 안쪽을 지나게 되므로 곡선부에서는 직선부보다 넓은 도로 폭이 필요하게 되는데 이 때 넓히는 것
- 완화곡선
직선부와 곡선부 사이에 편경사와 확폭을 갑자기 넣어 주면 급격한 변화로 차량통행에 어려움이 생기므로 곡선 반지름을 무한대에서 점차로 감소시켜 곡선을 넣는 것

답 051. ㉮ 052. ㉯ 053. ㉱ 054. ㉱ 055. ㉯ 056. ㉰ 057. ㉮

문제 058

No.0의 지반고는 10m, 중심말뚝의 간격은 20m, 오르막 경사가 4%일 때 No.4+5의 계획고는?

㉮ 10m   ㉯ 13.4m
㉰ 14.5m   ㉱ 20m

해설
- No.4+5 = 4×20+5 = 85m
- 경사 4%에 해당하는 높이 = 85×0.04 = 3.4m
- 계획고 = 10+3.4 = 13.4m

문제 059

도면 작도 시 유의사항 중 틀린 것은?

㉮ 도면에는 불필요한 사항은 기입하지 않는다.
㉯ 정확성을 위해 도면은 될 수 있는 대로 중복 표시한다.
㉰ 치수선의 간격이 정확해야 하며 화살 표시는 균일성 있게 표시해야 한다.
㉱ 글씨는 명확하고 띄어쓰기에 맞게 쓰며, 도면의 크기와 배치에 알맞도록 써야 한다.

해설 정확성을 위해 도면은 가능한 중복을 피한다.

문제 060

하천 측량 제도에서 H.W.L에 대한 의미가 바른 것은?

㉮ 제방 높이   ㉯ 기준면
㉰ 고수위   ㉱ 저수위

해설
- 고수위(H.W.L : High Water Level)
- 저수위(L.W.L : Low Water Level)

부록
최근 기출문제
2008년 제5회

문제 001
물-시멘트비가 55%이고, 단위수량이 176kg이면 단위시멘트량은?

㉮ 273kg ㉯ 295kg
㉰ 320kg ㉱ 350kg

해설
$\dfrac{W}{C} = 55\%$

$\therefore C = \dfrac{W}{0.55} = \dfrac{176}{0.55} = 320\,kg$

문제 002
인장 이형철근의 겹침이음 분류에서 아래 설명에 해당되는 겹침이음은?

> 배치된 철근량이 이음부 전체 구간에서 해석 결과 요구되는 소요 철근량의 2배 이상이고, 소요 겹침이음 길이 내 겹침이음된 철근량이 전체 철근량의 1/2 이하인 경우

㉮ A급 이음 ㉯ B급 이음
㉰ C급 이음 ㉱ D급 이음

해설 B급 이음
배치된 철근량이 이음부 전체구간에서 해석 결과 요구되는 소요 철근량의 2배 미만이고 소요 겹침이음길이 내 겹침이음된 철근량이 전체 철근량의 1/2배 초과한 경우

문제 003
그림과 같은 단철근 직사각형 보에서 인장 철근비는? (단, $A_s = 1{,}520\,mm^2$, $f_{ck} = 24\,MPa$)

㉮ 0.0432
㉯ 0.0332
㉰ 0.0232
㉱ 0.0132

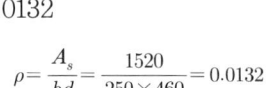

해설 $\rho = \dfrac{A_s}{bd} = \dfrac{1520}{250 \times 460} = 0.0132$

문제 004
골재의 표면수는 없고 골재 알 속의 빈틈이 물로 차 있는 골재의 함수 상태를 무엇이라 하는가?

㉮ 절대 건조 포화상태
㉯ 공기 중 건조상태
㉰ 표면건조 포화상태
㉱ 습윤상태

해설 시방배합에서 기준이 되는 골재는 내부가 물로 포화되고 표면이 건조된 상태의 표면건조 포화상태를 사용한다.

문제 005
철근과 콘크리트 사이의 부착에 영향을 주는 주요 원리와 거리가 먼 것은?

㉮ 콘크리트와 철근 표면의 마찰 작용
㉯ 시멘트 풀과 철근 표면의 정착 작용
㉰ 이형철근 표면에 의한 기계적 작용
㉱ 거푸집에 의한 압축 작용

해설
- 콘크리트의 압축강도가 클수록 부착강도가 크다.
- 이형철근은 원형철근보다 부착강도가 크다.
- 약간 녹이 있는 철근은 새 철근보다 부착강도가 크다.
- 같은 양의 철근을 배근할 때 철근 지름이 큰 것보다 가는 철근을 여러 개 사용하는 것이 부착에 좋다.
- 피복 두께가 클수록 부착강도가 좋다.
- 블리딩 영향으로 수평철근이 수직철근보다 부착강도가 작다.
- 수평철근 중 상부철근이 하부철근보다 부착강도가 떨어진다.

문제 006
굵은 골재의 최대치수는 질량비로 몇 % 이상을 통과시키는 체 가운데에서 가장 작은 치수의 체 눈을 체의 호칭치수로 나타낸 것인가?

답 001. ㉰ 002. ㉮ 003. ㉱ 004. ㉰ 005. ㉱ 006. ㉰

㉮ 80%　　　　㉯ 85%
㉰ 90%　　　　㉱ 95%

해설 굵은 골재의 최대치수
① 거푸집 양측면 사이의 최소 거리의 1/5
② 슬래브 두께의 1/3
③ 개별철근, 다발철근, 긴장재 또는 덕트 사이 최소 순간격의 3/4

문제 007

180° 표준 갈고리는 구부린 반원 끝에서 철근지름의 최소 몇 배 이상을 연장하여야 하는가?

㉮ 2배 이상　　　㉯ 3배 이상
㉰ 4배 이상　　　㉱ 5배 이상

해설
- 180° 표준 갈고리는 구부린 반원 끝에서 $4d_b$ 이상, 또한 60mm 이상 더 연장하여야 한다.
- 90° 표준 갈고리는 구부린 끝에서 $12d_b$ 이상 더 연장되어야 한다.

문제 008

표준 갈고리의 최소 내면 반지름을 두는 이유로 가장 적절한 것은?

㉮ 철근을 잘 구부리기 위하여
㉯ 작업을 편하게 하기 위하여
㉰ 철근의 사용량을 줄이기 위하여
㉱ 철근의 재질을 손상시키지 않기 위하여

해설 철근을 구부릴 때 구부리는 부분에 손상을 주지 않기 위해 구부림의 최소 내면 반지름을 정해 두고 있다.

문제 009

철근의 구부리기에 관한 설명으로 옳지 않은 것은?

㉮ 모든 철근은 가열해서 구부리는 것을 원칙으로 한다.
㉯ D38 이상의 철근은 구부림 내면 반지름을 철근지름의 5배 이상으로 하여야 한다.
㉰ 콘크리트 속에 일부가 묻혀있는 철근은 현장에서 구부리지 않는 것이 원칙이다.
㉱ 큰 응력을 받는 곳에서 철근을 구부릴 때는 구부리는 내면 반지름을 더욱 크게 하는 것이 좋다.

해설
- 철근은 책임 기술자의 승인한 경우를 제외하고 가열가공은 금하고 상온에서 냉간 가공한다.
- 콘크리트 속에 일부가 묻혀 있는 철근은 현장에서 구부리지 않도록 한다.

문제 010

강도 설계법에서 균형 변형률 상태(균형보인 상태)를 올바르게 설명한 것은?

㉮ 압축측 최외단 콘크리트의 응력은 f_{ck}이고 철근의 변형률은 E_s/f_y에 도달한 상태
㉯ 압축측 최외단 콘크리트의 변형률은 0.0033이고, 철근의 변형률은 f_y/E_s에 도달한 상태
㉰ 압축측 최외단 콘크리트의 변형률은 0.001이고 철근의 변형률은 E_s/f_y에 도달한 상태
㉱ 압축측 최외단 콘크리트의 응력은 $0.75f_{ck}$이고 철근의 변형률은 f_y/E_s에 도달한 상태

해설 균형 상태란 인장철근이 항복강도 f_y에 도달할 때 바로 압축을 받는 콘크리트가 극한 변형률 0.0033에 도달하는 상태이다.

문제 011

강섬유 보강 콘크리트가 주로 사용되는 용도와 거리가 먼 것은?

㉮ 도로 및 활주로의 포장
㉯ 중성자선의 차폐 재료
㉰ 터널 라이닝
㉱ 프리캐스트 콘크리트 재품

해설
- 포장, 터널 라이닝, 여수로·수리 라이닝, PC 부재 등에 사용된다.
- 섬유 보강 콘크리트는 콘크리트의 인장강도와 균열에 대한 저항성을 높이고 인성을 대폭 개선시킬 목적으로 강섬유, 유리섬유, 탄소섬유 등을 콘크리트나 몰탈 속에 고르게 분산시켜 만든다.

답 007. ㉰　008. ㉱　009. ㉮　010. ㉯　011. ㉯

문제 012
보의 전단 응력에 의한 균열에 대비해 보강된 철근이 아닌 것은?

㉮ 굽힘 철근　　㉯ 경사 스터럽
㉰ 수직 스터럽　　㉱ 조립 철근

해설
- 부재 축에 직각인 스터럽
- 주인장 철근에 45° 이상의 각도로 설치되는 스터럽
- 주인장 철근에 30° 이상의 각도로 구부린 굽힘철근
- 스터럽과 굽힘철근의 조합

문제 013
흙에 접하거나 옥외의 공기에 직접 노출되는 현장치기 콘크리트에서 D16 이하의 철근, 지름 16mm 이하의 철선이 사용될 때 최소 피복두께는?

㉮ 20mm　　㉯ 30mm
㉰ 40mm　　㉱ 60mm

해설 피복두께의 제한 이유는 철근의 부식 방지, 부착력 증대, 내화구조를 만들기 위함이다.

문제 014
다음 중 강도 설계법의 기본 가정이 아닌 것은?

㉮ 콘크리트 및 철근의 변형률은 중립축으로부터 거리에 반비례한다.
㉯ 철근과 콘크리트 사이의 부착은 완전하며, 그 경계면에서 활동은 일어나지 않는다.
㉰ 보의 극한 상태에서의 휨모멘트를 계산할 때는 콘크리트의 인장강도는 무시한다.
㉱ 보에 휨을 받기 전에 생각한 임의의 단면은 휨을 받아 변형을 일으킨 뒤에도 그대로 평면을 유지한다.

해설 철근 및 콘크리트의 변형률은 중립축으로부터의 거리에 비례한다.

문제 015
인장을 받는 곳에 겹침이음을 할 수 있는 철근은?

㉮ D25　　㉯ D38
㉰ D41　　㉱ D51

해설
- D35를 초과하는 철근은 겹침이음을 하지 않아야 한다.
- 인장을 받는 이형철근의 겹침이음 길이는 A급과 B급으로 최소길이는 300mm 이상이다.

문제 016
토목 구조물 설계시 하중을 주하중, 부하중, 특수하중으로 분류할 때 주하중에 속하는 것은?

㉮ 제동하중　　㉯ 풍하중
㉰ 활하중　　㉱ 원심하중

해설
- 주하중 : 고정하중, 활하중, 충격하중
- 부하중 : 풍하중, 온도변화의 영향, 지진의 영향
- 특수하중 : 설하중, 원심하중, 지점 이동의 영향, 제동하중, 가설하중, 충돌하중

문제 017
슬래브의 종류에는 1방향 슬래브와 2방향 슬래브가 있다. 이를 구분하는 기준과 가장 관계가 깊은 것은?

㉮ 부철근의 구조
㉯ 슬래브의 두께
㉰ 지지하는 경계 조건
㉱ 기둥의 높이

해설
- 1방향 슬래브 : 마주보는 두 변에 의해서만 지지된 경우
- 2방향 슬래브 : 4변에 의해 지지되는 경우

문제 018
토목 구조물의 특징을 설명한 것으로 틀린 것은?

㉮ 일반적으로 규모가 크다.
㉯ 공용기간이 짧다.
㉰ 다량생산이 아니다.
㉱ 대부분 자연환경 속에 있다.

해설 공용기간이 길다.

답 012. ㉱　013. ㉰　014. ㉮　015. ㉮　016. ㉰　017. ㉰　018. ㉯

문제 019
옹벽의 역할을 가장 바르게 설명한 것은?
㉮ 교량의 받침대 역할을 한다.
㉯ 비탈면에서 흙이 무너져 내려오는 것을 방지하는 역할을 한다.
㉰ 상하수도관으로 활용된다.
㉱ 도로의 측구 역할을 한다.

해설
- 토압에 저항하여 토사의 붕괴를 방지하기 위해 설치되는 구조물을 옹벽이라 한다.
- 옹벽은 전도, 활동, 지반 지지력에 대해 안정해야 한다.

문제 020
무근 콘크리트로 만들어지며 자중에 의하여 안정을 유지하는 옹벽의 종류는?
㉮ 캔틸레버식 옹벽   ㉯ 중력식 옹벽
㉰ 앞부벽식 옹벽   ㉱ 뒷부벽식 옹벽

해설
- 캔틸레버식 옹벽
  철근 콘크리트로 만들어지며 역 T형 옹벽, L형 옹벽이 있다.
- 뒷부벽식 옹벽
  옹벽 뒷면에 인장재로 작용하는 부벽을 설치한다.
- 앞부벽식 옹벽
  옹벽 앞면에 압축재로 작용하는 부벽을 설치한다.

문제 021
강구조의 특징에 대한 설명으로 옳은 것은?
㉮ 콘크리트에 비해 품질관리가 어렵다.
㉯ 재료의 세기, 즉 강도가 콘크리트에 비해 월등히 작다.
㉰ 콘크리트에 비해 공사기간이 단축된다.
㉱ 콘크리트에 비해 부재의 치수가 크게 된다.

해설
- 강재는 콘크리트에 비해 품질관리가 쉽다.
- 재료의 세기, 즉 강도가 콘크리트에 비해 우수하다.
- 콘크리트에 비해 부재의 치수가 작게 된다.

문제 022
교각에 작용하는 상부 구조물의 하중을 지반에 안전하게 전달하기 위하여 설치하는 구조물은?
㉮ 기둥   ㉯ 옹벽
㉰ 슬래브   ㉱ 확대기초

해설 확대 기초
상부 구조물의 하중을 넓은 면적에 분포시켜 구조물의 하중을 안전하게 지반에 전달하는 구조물이다.

문제 023
포스트텐션 방식에서 PS 강재가 녹스는 것을 방지하고, 또 콘크리트에 부착시키기 위해 시스 안에 시멘트 풀 또는 모르타르를 주입하는 작업을 무엇이라고 하는가?
㉮ 그라우팅   ㉯ 덕트
㉰ 프레시네   ㉱ 디비다그

해설 PS 강재를 부착시키는 포스트텐션 방식의 경우에는 그라우트에 의한 긴장재의 녹막이를 실시한다.

문제 024
철근 콘크리트 구조물의 장점과 가장 거리가 먼 것은?
㉮ 내구성, 내화성, 내진성이 우수하다.
㉯ 여러 가지 모양과 치수의 구조물을 만들기 쉽다.
㉰ 다른 구조물에 비하여 유지 관리비가 적게 든다.
㉱ 비교적 경량의 구조물을 만들 수 있다.

해설 중량이 비교적 큰 단점이 있다.

문제 025
하천, 계곡, 해협 등에 가설하여 교통 소통을 위한 구조물을 무엇이라 하는가?
㉮ 교량   ㉯ 옹벽
㉰ 슬래브   ㉱ 기둥

답 019. ㉯ 020. ㉯ 021. ㉰ 022. ㉱ 023. ㉮ 024. ㉱ 025. ㉮

해설 교량을 노면의 위치로 분류하면 상로교, 중로교, 하로교, 2층교 등이다.

문제 026
토목 구조물의 설계 개념과 가장 거리가 먼 것은?

㉮ 작용 외력에 대한 구조물의 안정성
㉯ 구조물 사용의 편리성과 내구성
㉰ 토목 구조물로서의 희소적 가치
㉱ 구조물 유지 보수의 경제성

해설 구조물 설계의 목적 : 안전성, 편리성, 경제성

문제 027
양안에 주탑을 세우고 그 사이에 케이블을 걸어 여기에 보강형 또는 보강 트러스를 매단 형식의 교량은?

㉮ 아치교   ㉯ 현수교
㉰ 연속교   ㉱ 라멘교

해설
- 현수교
  주탑 및 앵커리지로 주 케이블을 지지하고 이 케이블에 행거를 매달아 거더를 지지하는 교량의 형식이다.
- 라멘교
  교량의 상부구조와 하부구조를 강절로 연결함으로써 전체 구조의 강성을 높임과 동시에 지간 내에 발생하는 휨모멘트의 크기를 줄이는 대신 이를 교대나 교각이 부담하게 하는 교량의 형식이다.

문제 028
토목 구조물의 재료 선정 시 고려해야 할 사항이 아닌 것은?

㉮ 구조물의 종류
㉯ 재료 생산업체
㉰ 재료 구입의 난이도
㉱ 완성 후의 유지 관리비

해설 재료의 규격 기준 등을 고려해야 한다.

문제 029
2개 이상의 기둥을 1개의 확대기초로 지지하도록 만든 확대기초는?

㉮ 경사 확대기초   ㉯ 독립 확대기초
㉰ 연결 확대기초   ㉱ 계단식 확대기초

해설
- 독립 확대기초
  1개의 기둥을 지지하도록 한 기초
- 연결 확대기초
  2개 이상의 기둥을 하나의 확대기초가 지지하도록 한 기초
- 캔틸레버 확대기초
  2개의 독립 확대기초를 하나의 보로 연결한 기초

문제 030
강도 설계법에 대한 설명으로 틀린 것은?

㉮ 파괴상태 또는 파괴에 가까운 상태에 있는 구조물의 계산상 강도를 공칭강도라 한다.
㉯ 공칭강도(S_n)에 강도 감소계수(ϕ)를 곱하여 설계강도를 나타낸다.
㉰ 계수하중에 의해 계산된 부재의 강도를 소요강도라 한다.
㉱ "설계강도 〈 소요강도"로 단면을 결정하는 설계방법이다.

해설
- 설계강도 〉 소요강도로 단면을 결정하는 설계방법이다. 즉, $M_d = \phi M_n > M_u$ 이다.
- 부재의 공칭강도에 강도감소계수를 곱하면 설계강도가 되며 이 설계강도는 계수하중에 의한 소요강도보다 크거나 같아야 한다.

문제 031
도면의 작성 방법에서 원도를 그리는 순서로 가장 적절한 것은?

㉮ 도면의 배치 → 선 긋기 → 도면의 구성 → 자 및 기호 쓰기 → 도면의 검토
㉯ 도면의 구성 → 도면의 배치 → 선 긋기 → 글자 및 기호 쓰기 → 도면의 검토
㉰ 도면의 배치 → 도면의 구성 → 도면의 검토 → 선 긋기 → 글자 및 기호 쓰기

답 026. ㉰ 027. ㉯ 028. ㉯ 029. ㉰ 030. ㉱ 031. ㉯

㉣ 도면의 구성 → 도면의 배치 → 도면의 검토 → 선 긋기 → 글자 및 기호 쓰기

해설 ① 도면의 구성 : 척도, 용지 크기, 윤곽선, 표제란 등
② 도면의 배치 : 중심선, 기준선 등
③ 선 긋기 : 외형선, 파단선, 숨은선, 절단선, 가상선 등
④ 글자 및 기호 쓰기 : 치수 숫자, 기호, 문자 등
⑤ 도면의 검토 : 도면 전체에 대한 도형, 치수, 그 밖의 기입 사항 등

문제 032

도면에 사용되는 글자에 대한 설명 중 틀린 것은?

㉠ 문장은 가로 왼쪽부터 쓰는 것을 원칙으로 한다.
㉡ 글자의 크기는 높이로 나타낸다.
㉢ 숫자는 아라비아 숫자를 원칙으로 한다.
㉣ 글자는 수직 또는 수직에서 35° 오른쪽으로 경사지게 쓴다.

해설 글자는 수직 또는 수직에서 15° 오른쪽으로 경사지게 쓴다.

문제 033

제도 용지 A2의 규격으로 옳은 것은? (단, 단위 mm)

㉠ 841×1189 ㉡ 420×594
㉢ 515×728   ㉣ 210×297

해설
- A0 : 841×1189mm
- A1 : 594×841mm
- A2 : 420×594mm
- A3 : 297×420mm
- A4 : 210×297mm

문제 034

도로 평면도에서 선형 요소를 기입할 때 교점을 나타내는 기호는?

㉠ B.C ㉡ E.C
㉢ I.P ㉣ T.L

해설
- B.C : 곡선 시점
- E.C : 곡선 종점
- T.L : 접선 길이
- I : 교각

문제 035

제도에서 투상법은 보는 방법과 그리는 방법을 일정한 규칙에 따르게 한 것으로서 여러 가지 종류가 있는데, 투상법의 종류가 아닌 것은?

㉠ 정투상법   ㉡ 구조투상법
㉢ 등각투상법   ㉣ 사투상법

해설 정투상법, 축측 투상법(등각 투상도, 부등각 투상도), 표고 투상법, 사투상법, 투시도법

문제 036

다음 선의 접속 방법으로 틀린 것은?

해설
선은 교차하거나 접속하여야 한다.

문제 037

도면의 작도에 대한 설명 중 틀린 것은?

㉠ 그림은 간단히 하고, 중복을 피한다.
㉡ 대칭적인 것은 중심선의 한쪽에 외형도, 반대쪽은 단면도로 표시할 수 있다.
㉢ 경사면을 가진 구조물의 표시는 경사면 부분만의 보조도를 넣을 수 있다.
㉣ 보이는 부분은 굵은 실선으로 하고, 숨겨진 부분은 가는 실선으로 하여 구분한다.

해설 보이는 부분은 굵은 실선으로 하고 숨겨진 부분은 파선으로 하여 구분한다.

답 032. ㉣ 033. ㉡ 034. ㉢ 035. ㉡ 036. ㉣ 037. ㉣

문제 038
그림에서 치수 기입 방법이 틀린 것은?

㉮ ①
㉯ ②
㉰ ③
㉱ ④

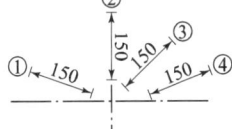

해설 치수선이 세로(경사진)인 때에는 치수선의 왼쪽에 쓴다.

문제 039
일반적인 토목 구조물 제도에서 도면 배치에 대한 설명으로 바르지 않은 것은?

㉮ 단면도를 중심으로 저판 배근도는 하부에 그린다.
㉯ 단면도를 중심으로 우측에는 벽체 배근도를 그린다.
㉰ 도면 상단에는 도면 명칭을 도면 크기에 알맞게 기입한다.
㉱ 일반도는 단면도의 상단에 위치하도록 그린다.

해설 일반도는 단면도의 하단에 위치하도록 그린다.

문제 040
토목 제도에 있어 치수는 특별히 명시하지 않으면 무슨 치수로 표시하는가?

㉮ 완성치수 ㉯ 재료치수
㉰ 재단치수 ㉱ 가상치수

해설 치수는 완성치수로 표시하며 강구조 등의 재료치수는 완성치수의 것을 제작할 경우에는 필요한 재료의 치수로 한다.

문제 041
다음 중 실선으로 표시하지 않는 것은?

㉮ 치수선 ㉯ 지시선
㉰ 인출선 ㉱ 가상선

해설 가상선 : 2점 쇄선

문제 042
도면을 그릴 때 좌표 원점으로부터의 거리를 나타내는 좌표방법은?

㉮ 절대좌표 ㉯ 상대좌표
㉰ 극좌표   ㉱ 원좌표

해설 X, Y, Z축의 절대 원점(0, 0, 0)을 기준으로 각 지점의 변위를 나타내는 형식을 절대좌표라 한다.

문제 043
다음 중 철근의 용접이음에 해당하는 것은?

㉮ ●━━ ㉯ ━━▭━━
㉰ ━━◅━━ ㉱ ━━⌒

해설
- ㉯ : 철근의 기계적 이음
- ㉰ : 갈고리가 있을 때 평면
- ㉱ : 원형 갈고리

문제 044
철근의 표시법과 그에 대한 설명으로 바른 것은?

㉮ $\phi 13$ – 반지름 13mm 원형철근
㉯ D16 – 공칭지름 16mm의 이형철근
㉰ H16 – 높이 16mm의 고강도 이형철근
㉱ $\phi 13$ – 공칭지름 13mm의 이형철근

해설
- $\phi 13$ – 지름 13mm 원형철근
- H16 – 지름 16mm의 고강도 이형철근

문제 045
다음 중 콘크리트 재료의 단면 표시는?

㉮ (점무늬) ㉯ (원형 무늬)
㉰ (빗금)   ㉱ (빗금)

해설
- ㉮ : 모래
- ㉰ : 벽돌
- ㉱ : 석재

답 038. ㉯ 039. ㉱ 040. ㉮ 041. ㉱ 042. ㉮ 043. ㉮ 044. ㉯ 045. ㉯

문제 046
입체 투상도에서 제3상한에 물체를 놓고 투상하는 방법의 투상법은?

㉮ 제1각법　　㉯ 제3각법
㉰ 축측투상법　㉱ 사투상법

해설 제3각법
제3상한각에 물체를 놓고 투상하는 방법으로 각 면에 보이는 물체는 보이는 면과 같은 면에 나타난다.

문제 047
다음은 콘크리트 구조물의 어떤 도면에 대한 설명인가?

> 일반적으로 배근도라고도 하며, 현장에서는 이 도면에 따라 철근의 가공, 배치 등을 행하는 중요한 도면이다.

㉮ 일반도　　㉯ 평면도
㉰ 구조도　　㉱ 상세도

해설
- 일반도
  구조물 전체의 개략적인 모양을 표시한 도면이며 구조물 주위의 지형지물을 표시하여 연관성을 명확히 표시할 필요가 있다.
- 구조 일반도
  구조물의 모양 치수를 모두 표시한 도면이며 이것에 의해 거푸집을 제작할 수 있어야 한다.

문제 048
도면의 크기 중 A4 크기의 2배가 되는 도면은?

㉮ A5　　㉯ A3
㉰ B4　　㉱ B3

해설
- A4 : 210×297mm
- A3 : 297×420mm
- ∴ A3=2×A4
  즉, A3 용지는 A4 용지의 2배 면적이다.

문제 049
윤곽 및 윤곽선에 대한 설명 중 틀린 것은?

㉮ 윤곽의 나비는 A0 크기에 대하여 최소 20mm인 것이 바람직하다.
㉯ 윤곽의 나비는 A1 크기에 대하여 최소 10mm인 것이 바람직하다.
㉰ 그림을 그리는 영역을 한정하기 위한 윤곽선은 0.5mm 이상 두께의 실선으로 그린다.
㉱ 도면을 철하기 위한 구멍 뚫기의 여유는 최소 나비 20mm(윤곽선 포함)로 표제란에서 가장 떨어진 왼쪽 끝에 둔다.

해설 윤곽선의 나비는 A0, A1 크기에 대하여 최소 20mm이며 A2, A3, A4 크기는 최소 10mm로 한다.

문제 050
재료 단면의 경계 표시 중 암반면을 나타내는 것은?

해설
- ㉮ : 지반면(흙)
- ㉯ : 수준면(물)
- ㉱ : 잡석

문제 051
다음에서 CAD 시스템의 출력장치가 아닌 것은?

㉮ 모니터　　㉯ 디지타이저
㉰ 프린터　　㉱ 플로터

해설 디지타이저 - 입력장치

문제 052
KS의 부문별 기호 중 토목 건축 부문의 기호는?

㉮ KS C　　㉯ KS D
㉰ KS E　　㉱ KS F

해설
- 토목 건축 - F
- 금속 - D(철근, 강재)
- 요업 - L(시멘트, 혼화재료)
- 화학 - M(아스팔트)

답 046. ㉯　047. ㉰　048. ㉯　049. ㉰　050. ㉰　051. ㉯　052. ㉱

문제 053
다음 중 철근의 기호 표시로 가장 적합한 것은?
(단, 영문의 대소문자의 구분은 무시한다.)
㉮ ⓦ : 기초   ㉯ ⓗ : 헌치
㉰ ⓘ : 벽체   ㉱ ⓚ : 슬래브

해설
- ⓦ : 벽체
- ⓗ : 헌치
- ⓕ : 기초
- ⓢ : 스페이서, 슬래브

문제 054
철근의 표시법으로 @400 C.T.C를 바르게 설명한 것은?
㉮ 전장 400mm를 중심으로 절단할 것
㉯ 철근 지름이 400mm인 것을 배치할 것
㉰ 철근과 철근 사이의 간격이 400mm가 되도록 할 것
㉱ 철근을 400mm 지점에서 겹침이음 할 것

해설
- 5×450=2250 : 전장 2250mm를 450mm로 5등분
- 24@200=4800 : 전장 4800mm를 200mm로 24등분
- @400 C.T.C : 철근의 간격이 400mm(center to center)

문제 055
국제 표준화 기구의 표준 규격 기호는?
㉮ ISO   ㉯ JIS
㉰ NASA   ㉱ ASA

해설
- 국제 표준화 기구 - ISO
- 일본 공업 규격 - JIS
- 미국 규격 - ASA
- 한국 산업 규격 - KS

문제 056
선의 굵기 비율 중 가는 선 : 굵은 선 : 아주 굵은 선의 비율을 바르게 표현한 것은?
㉮ 1 : 2 : 3   ㉯ 1 : 2 : 4
㉰ 1 : 2 : 5   ㉱ 1 : 3 : 6

해설 한 종류의 선 굵기는 하나의 도면 안에서 균일해야 한다.

문제 057
CAD 시스템을 도입하는 것으로 얻을 수 있는 효과 중 거리가 가장 먼 것은?
㉮ 높은 정밀도
㉯ 생산성 향상
㉰ 신뢰성의 향상
㉱ 사업의 타당성 향상

해설
- 정확하고 빠르다.
- 표준화 작업으로 시간이 단축되어 일의 생산성을 향상시킨다.

문제 058
도면 제도에 있어서 등고선의 종류 중 지형표시의 기본이 되는 선으로 가는 실선으로 나타내는 것은?
㉮ 계곡선   ㉯ 주곡선
㉰ 간곡선   ㉱ 조곡선

해설
- 주곡선 : 가는 실선
- 간곡선 : 파선
- 조곡선 : 점선
- 계곡선 : 굵은 실선

문제 059
거푸집의 크기 가로×세로×높이가 3m×2m×1m인 경우 이 안에 콘크리트를 손실 없이 채워 넣을 경우 필요한 콘크리트의 양은 약 얼마가 되는가? (단, 콘크리트의 단위중량은 2.3t/m³로 가정한다.)
㉮ 2.3t   ㉯ 5.2t
㉰ 6.0t   ㉱ 13.8t

해설 $\gamma = \dfrac{W}{V}$
$\therefore W = V \cdot \gamma = 3 \times 2 \times 1 \times 2.3 = 13.8t$

답 053. ㉯ 054. ㉰ 055. ㉮ 056. ㉯ 057. ㉱ 058. ㉯ 059. ㉱

문제 060

토목 제도의 단면 표시에서 자연석을 나타낸 것은 어느 것인가?

 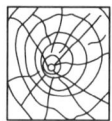   

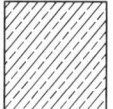 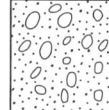

[해설]
- ㉮ : 목재
- ㉯ : 전압강
- ㉱ : 콘크리트

[답] 060. ㉰

전산응용토목제도기능사

2009 기출문제

▷ 2009년 제 1회

▶ 2009년 제 4회

▷ 2009년 제 5회

부록 최근 기출문제

2009년 제1회

문제 001

1방향 슬래브의 두께는 최소 몇 mm 이상인가?

㉮ 80mm ㉯ 100mm
㉰ 120mm ㉱ 150mm

해설
- 1방향 슬래브에서는 정철근 또는 부철근에 직각 방향으로 배력철근을 배치한다.
- 1방향 슬래브에서 f_y가 300MPa 이상인 경우는 휨 균열이 허용 균열 폭 내에 들도록 인장철근을 배근해야 한다.

문제 002

4변에 의해 지지되는 2방향 슬래브 중에서 단변에 대한 장변의 비가 최소 몇 배를 넘으면 1방향 슬래브로 해석하는가?

㉮ 1배 ㉯ 2배
㉰ 3배 ㉱ 4배

해설
- 4변이 보로 지지되어 있는 슬래브의 경우 $\dfrac{L(장변)}{S(단변)} > 2$일 때 1방향 슬래브로 설계한다.
- 슬래브에서 긴 변과 짧은 변의 비가 2를 넘으면 짧은 변을 경간으로 하는 1방향 슬래브로 설계하는 것은 하중의 대부분이 짧은 변 방향으로 작용하기 때문이다.

문제 003

보에서 다발철근으로 사용할 수 있는 최대 공칭지름의 철근은?

㉮ D19 ㉯ D25
㉰ D32 ㉱ D35

해설 보에서 D35를 초과하는 철근은 다발로 사용할 수 없다.

문제 004

1방향 철근 콘크리트 슬래브의 수축·온도철근의 간격으로 옳은 것은?

㉮ 슬래브 두께의 5배 이하, 또한 450mm 이하
㉯ 슬래브 두께의 6배 이하, 또한 500mm 이하
㉰ 슬래브 두께의 5배 이상, 또한 450mm 이상
㉱ 슬래브 두께의 6배 이상, 또한 500mm 이상

해설 수축·온도철근으로 배근되는 이형철근의 철근비는 어떤 경우에 있어서도 0.0014 이상이어야 한다.

문제 005

300×400mm의 띠철근 압축부재에 축방향 철근으로 D25(공칭지름 25.4mm)를 사용하고 굵은골재의 최대치수가 25mm일 때 이 기둥에 대한 축방향 철근의 순간격은 최소 얼마 이상이어야 하는가?

㉮ 25mm 이상 ㉯ 38mm 이상
㉰ 40mm 이상 ㉱ 45mm 이상

해설
- 축방향 철근의 순간격은 40mm 이상, 철근지름의 1.5배 이상, 굵은골재 최대치수의 4/3배 이상이어야 한다.
- 철근 지름의 1.5배 : $1.5 \times 25.4 = 38$mm
- 굵은골재 최대치수의 4/3 : $25 \times \dfrac{4}{3} = 33$mm
- ∴ 40mm

문제 006

철근 콘크리트 부재일 경우 부재축에 직각으로 배치된 전단철근의 간격은?

㉮ $d/4$ 이하, 400mm 이하
㉯ $d/2$ 이하, 400mm 이하
㉰ $d/4$ 이하, 600mm 이하
㉱ $d/2$ 이하, 600mm 이하

해설 철근 콘크리트 부재에서 전단철근으로 부재축에 직각인 스터럽을 사용할 때 최대간격은 $d/2$ 이하, 600mm 이하이다.(여기서, d : 부재의 유효깊이)

답 001. ㉯ 002. ㉯ 003. ㉱ 004. ㉮ 005. ㉰ 006. ㉱

문제 007
다음 중 철근의 정착에 대한 설명으로 옳은 것은?
- ㉮ 철근의 정착은 묻힘 길이에 의한 방법만을 의미한다.
- ㉯ 묻힘 길이에 의한 정착에서 철근의 정착길이는 철근의 간격이 크면 정착길이는 길어져야 한다.
- ㉰ 철근이 콘크리트 속에서 미끄러지거나 뽑혀 나오지 않도록 하기 위하여 연장하여 묻어놓은 철근의 길이를 정착길이라 한다.
- ㉱ 묻힘 길이에 의한 정착에서 철근의 정착길이는 철근의 피복두께가 크면 길어져야 한다.

해설
- 철근의 정착방법
  ① 묻힘 길이에 의한 정착방법
  ② 갈고리에 의한 정착방법
  ③ 철근의 가로 방향에 T형 철근을 용접하여 정착하는 방법
- 묻힘 길이에 의한 정착에서 철근의 정착길이는 철근의 피복두께가 작으면 길어져야 한다.

문제 008
강도 설계법에서 균형보(balanced beam)의 중립축의 위치를 구하는 공식은? (단, $f_{ck} \leq 40\text{MPa}$, d : 유효깊이, f_y : 철근의 항복강도)

- ㉮ $\dfrac{660}{660+f_y}d$
- ㉯ $\dfrac{660}{660-f_y}d$
- ㉰ $\dfrac{660}{660+d}f_y$
- ㉱ $\dfrac{660}{660-d}f_y$

해설
- 균형보의 중립축 위치
$$c = \dfrac{660}{660+f_y}d$$
- 균형 철근비
$$\rho_b = \eta(0.85f_{ck})\dfrac{\beta_1}{f_y}\dfrac{660}{660+f_y}$$

문제 009
콘크리트를 친 후 시멘트와 골재 알이 가라앉으면서 물이 떠오르는 현상을 무엇이라 하는가?
- ㉮ 풍화
- ㉯ 레이턴스
- ㉰ 블리딩
- ㉱ 경화

해설
- 블리딩 현상 이후에 레이턴스가 발생한다.
- 물-결합재비가 커지면 블리딩이 커진다.
- 콘크리트 타설 후 블리딩이 발생하며 보통 4시간 이내에 끝난다.

문제 010
180° 표준 갈고리와 90° 표준 갈고리의 구부리는 최소 내면 반지름은 D38 이상일 때 철근 지름의 몇 배 이상이어야 하는가?
- ㉮ 5배
- ㉯ 4배
- ㉰ 3배
- ㉱ 2배

해설
- D10~D25 : $3d_b$
- D29~D35 : $4d_b$
- D38 이상 : $5d_b$
(여기서, d_b : 철근 지름)

문제 011
콘크리트의 배합설계에서 재료 계량의 허용오차로 옳지 않은 것은?
- ㉮ 물 : -2%, $+1\%$
- ㉯ 혼화재 : $\pm 3\%$
- ㉰ 시멘트 : -1%, $+2\%$
- ㉱ 골재 : $\pm 3\%$

해설
- 혼화재 : $\pm 2\%$
- 혼화제 : $\pm 3\%$

문제 012
단철근 직사각형 보에서 등가 직사각형 응력의 깊이(a)는 중립축으로부터 압축측 콘크리트 상단까지의 거리(c)에 콘크리트의 압축강도에 따라 변하는 계수를 곱한 값으로 구한다. 즉, $a = \beta_1 \cdot c$의 관계식이 성립될 때 콘크리트 강도가 25MPa이라면 계수(β_1)는?
- ㉮ 0.75
- ㉯ 0.78
- ㉰ 0.8
- ㉱ 0.90

해설 $f_{ck} \leq 40\text{MPa}$일 때 $\beta_1 = 0.8$

답 007. ㉰ 008. ㉮ 009. ㉰ 010. ㉮ 011. ㉯ 012. ㉰

문제 013
AE(공기연행) 콘크리트의 특징에 대한 설명으로 틀린 것은?

㉮ 내구성 및 수밀성이 증대된다.
㉯ 워커빌리티가 개선된다.
㉰ 동결융해에 대한 저항성이 개선된다.
㉱ 철근과의 부착강도가 증대된다.

해설 철근과 부착강도가 감소된다.

문제 014
다음 중 철근의 겹침이음에 대한 설명으로 옳은 것은?

㉮ 이형철근을 겹침이음할 때는 갈고리를 적용한다.
㉯ D35를 초과하는 철근은 겹침이음으로 연결한다.
㉰ 인장 이형철근의 겹침이음 길이는 A급이 B급보다 짧다.
㉱ 압축 이형철근의 겹침이음 길이는 A, B, C급으로 분류한다.

해설
- A급 : $1.0l_d$
- B급 : $1.3l_d$
  (여기서, l_d : 정착길이)

문제 015
시멘트의 응결시간을 늦추기 위하여 사용되는 혼화제는?

㉮ 급결제   ㉯ 지연제
㉰ 발포제   ㉱ 감수제

해설 지연제는 서중 콘크리트 시공시 워커빌리티의 저하를 방지하며 레디믹스트 콘크리트의 운반 거리가 멀어 운반시간이 장시간 소요되는 경우에 유효하다.

문제 016
3등교 교량의 설계에 적용되는 도로교 설계기준의 표준 트럭하중으로 옳은 것은?

㉮ DB-24   ㉯ DB-18
㉰ DB-15.5   ㉱ DB-13.5

해설
- 1등교 : DB-24
- 2등교 : DB-18
- 3등교 : DB-13.5

문제 017
2방향 작용에 의하여 펀칭 전단(punching shear)이 독립 확대기초에서 발생될 때 위험 단면의 위치는? (단, d는 기초판의 유효깊이이다.)

㉮ 기둥 전면에서 $d/2$만큼 떨어진 곳
㉯ 기둥 전면에서 $d/3$만큼 떨어진 곳
㉰ 기둥 전면에서 $d/4$만큼 떨어진 곳
㉱ 기둥 전면

해설
- 펀칭 전단에 대한 위험단면은 받침부로부터 $d/2$만큼 떨어진 곳이다.
- 2방향 슬래브의 위험단면에서의 철근의 간격은 슬래브 두께의 2배 이하, 300mm 이하이어야 한다.

문제 018
1방향 슬래브에서 배력철근의 배치 효과 및 이유에 대한 설명으로 옳지 않은 것은?

㉮ 응력의 고른 분포
㉯ 주철근의 간격 유지
㉰ 콘크리트의 건조수축이나 온도 변화에 의한 수축 감소
㉱ 슬래브의 두께 감소

해설 배력철근
정철근 또는 부철근에 직각 또는 직각에 가까운 방향으로 배치한 보조철근

문제 019
도로교 설계기준의 DB-24(표준 트럭하중)의 총 중량은?

㉮ 135 kN   ㉯ 243 kN
㉰ 324 kN   ㉱ 432 kN

해설
- 1등교 DB-24
  $24 \times 1.8 = 43.2t = 432,000N = 432 kN$

답 013. ㉱ 014. ㉰ 015. ㉯ 016. ㉱ 017. ㉮ 018. ㉱ 019. ㉱

- 2등교 DB-18
  $18 \times 1.8 = 32.4t = 324,000N = 324kN$
- 3등교 DB-13.5
  $13.5 \times 1.8 = 24.3t = 243,000N = 243kN$

문제 020

토목 구조물에 관한 설명 중 옳지 않은 것은?

㉮ 일반적으로 규모가 크다.
㉯ 공공의 목적으로 건설된다.
㉰ 구조물의 수명이 짧다.
㉱ 자연환경 속에 놓인다.

해설
- 구조물은 수명이 길다.
- 공익을 위해 건설된다.
- 자연 환경을 크게 변화시킨다.
- 여러 가지 학문이나 기술이 복합적으로 적용된다.

문제 021

철근 콘크리트 기둥을 분류할 때 구조용 강재나 강관을 축방향으로 보강한 기둥은?

㉮ 띠철근 기둥
㉯ 합성 기둥
㉰ 나선철근 기둥
㉱ 복합 기둥

해설 합성 기둥은 구조용 강재나 강관을 축방향으로 배치한 압축 부재이다.

문제 022

2000년 11월 개통되었으며 총 깊이가 7.31km이고 우리나라 최대 규모의 사장교가 포함되어 있는 교량은?

㉮ 영종대교
㉯ 남해대교
㉰ 서해대교
㉱ 광안대교

해설 서해대교
총 연장 7310m으로 사장교 구간(990m), FCM 구간(500m), PSM 구간(5820m)이다.

문제 023

나선철근 기둥의 나선철근 순간격의 범위로 옳은 것은?

㉮ 20~50mm
㉯ 25~75mm
㉰ 30~90mm
㉱ 35~120mm

해설
- 나선 철근의 순간격은 75mm 이하, 25mm 이상이어야 한다.
- 나선 철근 기둥의 단면 심부 최소 지름은 200mm 이상이다.

문제 024

토목 구조물 중 콘크리트 속에 철근을 배치하여 양자가 일체가 되어 외력을 받게 한 구조는?

㉮ 철근 콘크리트 구조
㉯ 프리스트레스트 콘크리트 구조
㉰ 합성 구조
㉱ 강 구조

해설
- 철근과 콘크리트는 일체로 되어 하나의 구조물로 거동한다.
- 철근과 콘크리트와의 부착력이 크다.
- 철근은 콘크리트 속에서 녹이 슬지 않는다.
- 철근과 콘크리트는 온도에 대한 팽창계수(열팽창계수)가 거의 같다.

문제 025

〈보기〉는 토목 구조물을 설계할 때의 절차를 항목별로 표기한 것이다. 순서대로 옳게 나열된 것은?

〈보기〉
㉠ 필요성 검토
㉡ 사용재료 및 하중의 결정
㉢ 구조해석에 의한 단면 치수 결정
㉣ 형식 검토
㉤ 사용성 검토

㉮ ㉤ → ㉡ → ㉢ → ㉣ → ㉠
㉯ ㉤ → ㉢ → ㉡ → ㉣ → ㉠
㉰ ㉠ → ㉡ → ㉢ → ㉣ → ㉤
㉱ ㉠ → ㉣ → ㉡ → ㉢ → ㉤

해설 필요성 검토 → 형식 검토 → 사용재료 및 하중의 결정 → 구조 해석에 의한 → 사용성 검토

답 020. ㉰ 021. ㉯ 022. ㉰ 023. ㉯ 024. ㉮ 025. ㉱

문제 026

PS 강재에 어떤 인장력으로 긴장한 후 그 길이를 일정하게 유지해 주면 시간이 지남에 따라 PS 강재의 인장응력이 감소한다. 이러한 현상을 무엇이라고 하는가?

㉮ 크리프(creep)
㉯ 포스트 텐션(post tension)
㉰ 릴랙세이션(relaxation)
㉱ 프리스트레스(prestress)

해설 PC 강재에 요구되는 성질
① 인장강도가 클 것
② 부착강도가 클 것
③ 릴랙세이션이 작을 것
④ 어느 정도의 연신율이 있을 것

문제 027

10~20세기 초 재료 및 신기술의 발전으로 장대교량의 건설이 가능해졌다. 다음 중 이 시기에 개발된 재료 및 신기술이 아닌 것은?

㉮ 트러스
㉯ 포틀랜드 시멘트
㉰ 철근 콘크리트
㉱ 프리스트레스트 콘크리트

해설 트러스교
몇 개의 직선 부재를 한 평면 내에서 연속된 삼각형의 뼈대 구조로 조립한 것을 트러스라 하며 거더 대신에 이 트러스를 사용한 교량

문제 028

공칭지름 12.7mm인 이형철근을 바르게 표시한 것은?

㉮ $\phi 12$
㉯ D12
㉰ $\phi 13$
㉱ D13

해설
• D25 (공칭지름 25.4mm)
• D32 (공칭지름 31.8mm)
• D35 (공칭지름 34.9mm)
• D29 (공칭지름 28.6mm)

문제 029

휨 부재를 강도 설계법에 따라 설계를 할 때 기본 가정으로 틀린 것은?

㉮ 변형률은 중립축으로부터의 거리에 반비례한다.
㉯ 압축측 콘크리트 최대 변형률은 $f_{ck} \leq$ 40MPa 경우 0.0033으로 가정한다.
㉰ 보가 극한상태에서 휨 모멘트 계산 시 콘크리트의 인장강도는 무시한다.
㉱ 철근과 콘크리트의 부착은 완전하며 그 경계면에서 활동은 일어나지 않는다.

해설 철근 및 콘크리트의 변형률은 중립축으로부터의 거리에 비례한다.

문제 030

철근 콘크리트와 비교한 프리스트레스트 콘크리트의 특징이 아닌 것은?

㉮ 콘크리트와 강재의 강도가 작아도 된다.
㉯ 설계 하중 작용 시 인장측에 균열이 발생하지 않는다.
㉰ 단면을 작게 할 수 있다.
㉱ 내화성에 대하여 불리하다.

해설
• 전단면이 유효하게 이용된다.
• 구조물이 가볍고 강하여 복원성이 우수하다.

문제 031

그림과 같은 물체의 정면도와 우측면도를 3각법으로 바르게 표시한 것은?

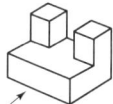

㉮
㉯
㉰
㉱

- 정면도 : 물체의 한쪽 면을 기준하여 정면도로 표현
- 좌, 우측면도 : 정면을 기준으로 좌측과 우측 면 방향에서 나타낸 면

문제 032

건설재료 단면의 경계 표시 기호 중에서 지반면(흙)을 나타낸 것은?

㉮ (점들) ㉯ (빗금)
㉰ (자갈) ㉱ (삼각형)

해설
- ㉮ : 모래
- ㉰ : 자갈

문제 033

제도 용지의 폭과 길이의 비는 얼마인가?

㉮ $1 : \sqrt{5}$ ㉯ $1 : \sqrt{3}$
㉰ $1 : \sqrt{2}$ ㉱ $1 : 1$

해설
- 일반적인 제도 규격 용지의 폭과 길이의 비는 $1 : \sqrt{2}$ 이다.
- A0 : 841×1189mm
- A1 : 594×841mm
- A2 : 420×594mm
- A3 : 297×420mm
- A4 : 210×297mm

문제 034

윤곽선은 최소 몇 mm 이상 두께의 실선으로 그리는 것이 좋은가?

㉮ 0.1mm   ㉯ 0.3mm
㉰ 0.4mm   ㉱ 0.5mm

해설 윤곽의 나비
① A0, A1 : 20mm 이상
② A2, A3, A4 : 10mm 이상

문제 035

글자를 제도하는 방법을 설명한 것으로 틀린 것은?

㉮ 한자의 서체는 KS A 0202에 준하는 것이 좋다.
㉯ 영자는 주로 로마자의 소문자를 사용한다.
㉰ 숫자는 아라비아 숫자를 원칙으로 한다.
㉱ 한글자의 서체는 활자체에 준하는 것이 좋다.

해설 영자는 주로 로마자의 대문자를 사용한다.

문제 036

가는 실선의 용도로 틀린 것은?

㉮ 숨은선   ㉯ 치수선
㉰ 지시선   ㉱ 회전 단면선

해설 숨은선 : 파선

문제 037

A3 도면으로 나타내기 위한 도면영역의 한계점(단위 : mm)은?

㉮ 1189, 841   ㉯ 841, 594
㉰ 420, 297   ㉱ 297, 210

해설
- A0 : 841×1189mm
- A1 : 594×841mm
- A2 : 420×594mm
- A3 : 297×420mm
- A4 : 210×297mm

문제 038

콘크리트의 타설 이음부를 표시할 때 가장 적합한 표현방법은?

㉮ 가는 실선으로 표시하고, 타설 이음부라고 기입한다.
㉯ 파선으로 표시하고, 타설이라고 기입한다.
㉰ 일점 쇄선으로 표시하고, 타설 이음부라고 기입한다.
㉱ 이점 쇄선으로 표시하고, 타설이라고 기입한다.

해설 가는 실선으로 표시하고 가상으로 자른 위치에 타설 이음부라고 기입한다.

답 032. ㉱ 033. ㉰ 034. ㉱ 035. ㉯ 036. ㉮ 037. ㉰ 038. ㉮

문제 039
문자의 굵기는 한글자, 숫자 및 영자의 경우에는 높이에 의한 문자 크기의 호칭에 대하여 얼마로 하는 것이 적당한가?

㉮ 1/3 ㉯ 1/6
㉰ 1/9 ㉱ 1/12

해설 한자의 굵기는 글자 크기의 $\frac{1}{12.5}$로 한다.

문제 040
다음 중 선이 교차할 때 표시법으로 옳지 않은 것은?

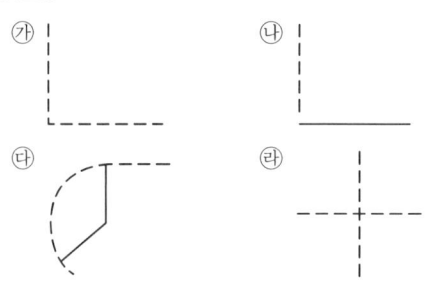

해설 선은 선분이나 점에 교차되어야 한다.

문제 041
가는 1점 쇄선의 주요 용도가 아닌 것은?

㉮ 대칭을 나타내는 선
㉯ 회전 단면을 한 부분의 윤곽을 나타내는 선
㉰ 그림의 중심을 나타내는 선
㉱ 움직이는 부분의 궤적 중심을 나타내는 선

해설 가는 실선
회전 단면을 한 부분의 윤곽을 나타내는 선

문제 042
CAD 시스템의 입력장치가 아닌 것은?

㉮ 마우스 ㉯ 키보드
㉰ 플로터 ㉱ 펜 마우스

해설 출력장치 : 모니터, 프린터, 스피커, 플로터, 빔 프로젝트 등

문제 043
기억장치 중 기억된 자료를 읽고 쓰는 것이 모두 가능하며 전원이 끊어지면 기억된 내용이 모두 사라지는 기억장치는?

㉮ ROM ㉯ RAM
㉰ 하드 디스크 ㉱ 자기 디스크

해설
- ROM의 경우 한 번 기억한 내용은 전원을 끊어도 소멸되지 않는다.
- RAM은 전원이 끊어지면 기억된 내용이 모두 소멸된다.

문제 044
선, 원주 등을 같은 길이로 분할할 때 사용하는 기구는?

㉮ 컴퍼스 ㉯ 디바이더
㉰ 형판   ㉱ 운형자

해설 디바이더는 치수를 옮기거나 선과 원주를 같은 길이로 나눌 때 사용된다.

문제 045
A1 용지에서 윤곽의 나비는 철하지 않을 때 최소 몇 mm 이상 여유를 두는 것이 바람직한가?

㉮ 5   ㉯ 10
㉰ 15 ㉱ 20

해설 윤곽의 나비
① A0, A1 : 20mm 이상
② A2, A3, A4 : 10mm 이상

문제 046
정면, 평면, 측면을 하나의 투상도에서 동시에 볼 수 있으며 직각으로 만나는 3개의 모서리가 각각 120°를 이루게 그리는 도법은?

㉮ 등각 투상도
㉯ 유각 투상도
㉰ 경사 투상도
㉱ 평형 투상도

정답 039. ㉱ 040. ㉯ 041. ㉯ 042. ㉰ 043. ㉯ 044. ㉯ 045. ㉱ 046. ㉮

해설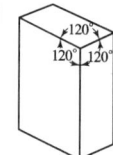

문제 047
CAD 시스템을 이용하여 설계할 때 장점으로 볼 수 없는 것은?

㉮ 설계 과정에서 능률이 저하되지만 출력이 용이하다.
㉯ 도면 작성 시간을 단축시킬 수 있다.
㉰ 컴퓨터를 통한 계산으로 수치 결과에 대한 정확성이 증가한다.
㉱ 설계 제도의 표준화와 규격화로 경쟁력을 향상시킬 수 있다.

해설 설계 과정에서 능률이 향상되며 출력이 용이하다.

문제 048
"24@200=4800"에 대한 설명으로 옳은 것은?

㉮ 전장 4800mm를 200mm로 24등분한다.
㉯ 전장 4800mm를 24mm로 200등분한다.
㉰ 200cm 간격으로 24등분하여 4800cm로 만든다.
㉱ 24cm 간격으로 200등분하여 4800cm로 만든다.

해설 5×450=2250
전장 2250mm를 450mm로 5등분

문제 049
다음은 재료의 단면 표시이다. 무엇을 표시하는가?

㉮ 석재
㉯ 목재
㉰ 강재
㉱ 콘크리트

해설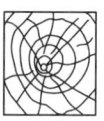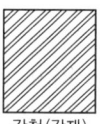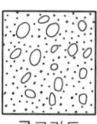
목재　　　강철(강재)　　콘크리트

문제 050
토목 제도에서 치수선에 대한 치수의 위치로 바르지 않은 것은?

㉮ 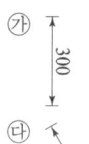　㉯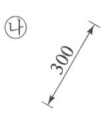
㉰ 　㉱

문제 051
도면의 종류 중 사용목적에 따른 분류에 속하지 않는 것은?

㉮ 부품도　　㉯ 계획도
㉰ 제작도　　㉱ 설명도

해설
• 사용목적에 따른 분류
　계획도, 제작도, 견적도, 주문도, 승인도, 설명도 등
• 내용에 따른 분류
　스케치도, 조립도, 부분 조립도, 부품도 등

문제 052
기둥에 사용되는 철근 기호로 가장 적합한 것은?

㉮ Ⓦ　　㉯ Ⓑ
㉰ Ⓕ　　㉱ Ⓒ

해설
• Ⓑ : Base, Beam, Bottom
• Ⓦ : Wall(벽체)
• Ⓗ : Haunch
• Ⓕ : Foundation, Footing(기초)
• Ⓢ : Spacer, Slab
• Ⓒ : Colum(기둥)

답 047. ㉮　048. ㉮　049. ㉮　050. ㉮　051. ㉮　052. ㉱

문제 053

No.0의 지반고는 10m, 중심말뚝의 간격은 20m일 때 No.3+10에 대한 계획고의 기울기와 성,절토고는?

측점	No.0	No.1	No.2	No.3	No.3+10	No.4
계획고	10.00	10.20	10.40	10.60	10.70	10.80
지반고	10.00	10.35	10.22	10.55	10.73	10.92

㉮ 상향 1%, 성토(흙쌓기) 0.03m
㉯ 상향 1%, 절토(땅깎기) 0.03m
㉰ 하향 1%, 성토(흙쌓기) 0.03m
㉱ 하향 1%, 절토(땅깎기) 0.03m

해설 • No.3+10 = 20×3+10 = 70m
• 기울기

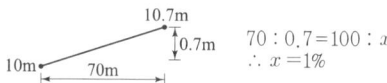

$70 : 0.7 = 100 : x$
$\therefore x = 1\%$

• 절토고 : 10.73 − 10.7 = 0.03m

문제 054

토목 제도에 통용되는 일반적인 설명으로 옳은 것은?

㉮ 축척은 도면마다 기입할 필요가 없다.
㉯ 글자는 명확하게 써야 하며 문장은 세로로 위쪽부터 쓰는 것이 원칙이다.
㉰ 도면은 될 수 있는 대로 실선으로 표시하고, 파선으로 표시함을 피한다.
㉱ 대칭이 되는 도면은 중심선의 양쪽 모두를 단면도로 표시한다.

해설
• 한 장의 도면에 서로 다른 척도(축척)를 사용할 필요가 있을 경우에는 주요 척도를 표제란에 기입하고 그 외의 척도는 단면도 부근에 기입한다.
• 글자는 명확하게 써야 하며 문장은 가로 쓰기로 왼쪽부터 쓰는 것이 원칙이다.
• 대칭이 되는 도면은 중심선의 한쪽을 외형도, 반대쪽을 단면도로 표시한다.
• 그림은 간단히 하고 중복을 피하며 보이는 부분은 실선으로 하고 숨겨진 부분은 파선으로 표시한다.

문제 055

실제 거리가 120m인 옹벽을 축척 1 : 1200의 도면에 그리고 기입하는 치수는?

㉮ 10mm ㉯ 100mm
㉰ 12000mm ㉱ 120000mm

해설 실선 표시 길이
$120,000mm \times \dfrac{1}{1200} = 100mm$
여기서, 도면에 기입하는 치수의 단위는 mm로 표시하므로 120m=120,000mm이다.

문제 056

KS에서 원칙으로 하고 있는 정투상도를 그리는 방법은?

㉮ 제1각법 ㉯ 제2각법
㉰ 제3각법 ㉱ 제4각법

해설 각 면에 보이는 물체는 보이는 면과 같은 면에 나타내는 제3각법을 사용한다.

문제 057

치수와 치수선에 대한 설명으로 옳지 않은 것은?

㉮ 치수를 특별히 명시하지 않으면 마무리 치수로 표시한다.
㉯ 치수선은 표시할 치수의 방향에 평행하게 긋는다.
㉰ 제작, 조립, 시공, 설계를 할 때에 기준이 되는 곳에 있을 때에는 그 곳을 기준으로 하여 치수를 기입한다.
㉱ 치수의 단위는 cm를 원칙으로 하고 단위 기호는 반드시 기입하여야 한다.

해설 치수의 단위는 mm를 원칙으로 하고 단위 기호는 사용하지 않는다.

문제 058

토목 구조물의 일반적인 도면 작도 순서에서 다음 중 가장 먼저 그리는 부분은?

㉮ 각부 배근도 ㉯ 일반도
㉰ 주철근 조립도 ㉱ 단면도

답 053. ㉯ 054. ㉰ 055. ㉯ 056. ㉰ 057. ㉱ 058. ㉱

[해설] 일반적인 도면의 작성 순서는 단면도를 먼저 그리고 그 단면도에 의한 각부 배근도를 완성하며 일반도, 주철근 조립도, 철근 상세도 등의 순으로 그린다.

문제 059

CAD 작업에서 가장 최근에 입력한 점을 기준으로 하여 좌표가 시작되는 좌표계는?

㉮ 절대 좌표계 ㉯ 사용자 좌표계
㉰ 표준 좌표계 ㉱ 상대 좌표계

[해설]
- 상대 직교좌표
  현재 지정된 좌표점을 기준하여 X, Y축을 지정하는 좌표
- 상대 극좌표
  현재 지정된 좌표점을 기준하여 거리와 각도를 지정하는 좌표

문제 060

도로 평면도의 기재사항이 아닌 것은?

㉮ 계획고 ㉯ 측점번호
㉰ 곡선의 기점 ㉱ 곡선의 반지름

[해설]
- 도로 평면도에 기재할 사항
  좌표선 또는 방위, 도로 폭, 곡선 기점, 곡선 종점, 반지름, 교점, 도로 중심선, 측점 번호, 지형, 지물, 행정 구역명 등
- 도로 종단면도에 기재할 사항
  현 지반선 및 지반고, 계획고, 신설 구조물, 교차하는 철도, 도로, 하천 등.

답 059. ㉱ 060. ㉮

부록 최근 기출문제 — 2009년 제4회

문제 001

1방향 슬래브에서 부모멘트 철근의 중심 간격은 위험단면에서는 슬래브 두께의 2배 이하이어야 하고 또한 몇 mm 이하로 하여야 하는가?

㉮ 300mm
㉯ 250mm
㉰ 200mm
㉱ 100mm

해설 1방향 슬래브의 정철근 및 부철근의 중심간격은 최대 휨 모멘트가 일어나는 단면에서 슬래브 두께의 2배 이하, 300mm 이하라야 한다.

문제 002

D25 이형철근(d_b =25.4mm)를 압축 철근으로 사용할 경우 f_y =350MPa이라면 겹침이음 길이는 얼마 이상이어야 하는가?

㉮ 340mm
㉯ 440mm
㉰ 540mm
㉱ 640mm

해설
- 겹침이음의 길이
  ① $f_y \leq 400$MPa의 경우 $0.072 f_y d_b$ 이상
  ② $f_y > 400$MPa의 경우 $(0.13 f_y - 24) d_b$ 이상
- 겹침이음의 길이는 300mm 이상이어야 한다.
- $0.072 f_y d_b = 0.072 \times 350 \times 25.4 = 640$mm

문제 003

D22 이형철근으로 스터럽의 135° 표준 갈고리를 제작할 때 135° 구부린 끝에서 최소 얼마 이상 더 연장하여야 하는가? (단, d_b는 철근의 지름이다.)

㉮ $6 d_b$
㉯ $9 d_b$
㉰ $12 d_b$
㉱ $15 d_b$

해설
- 135° 표준 갈고리
  D25 이하의 철근은 구부린 끝에서 $6 d_b$ 이상 더 연장하여야 한다.
- 90° 표준 갈고리
  ① D16 이하의 철근은 구부린 끝에서 $6 d_b$ 이상 더 연장하여야 한다.
  ② D19, D22, D25 철근은 구부린 끝에서 $12 d_b$ 이상 더 연장하여야 한다.

문제 004

휨 모멘트를 받은 부재에서 f_{ck} =28MPa, 등가 직사각형 응력블럭의 깊이 a =170mm일 때 압축연단에서 중립축까지의 거리 c는 얼마인가?

㉮ 212.5mm
㉯ 210.5mm
㉰ 220mm
㉱ 230mm

해설 $a = \beta_1 \cdot c$

$$\therefore c = \frac{a}{\beta_1} = \frac{170}{0.8} = 212.5 \text{mm}$$

문제 005

시멘트의 분말도에 대한 설명으로 옳지 않은 것은?

㉮ 시멘트 입자의 가는 정도를 나타내는 것을 분말도라 한다.
㉯ 시멘트의 분말도가 높으면 수화작용이 빨라서 조기강도가 커진다.
㉰ 시멘트의 분말도가 높으면 풍화하기 쉽고, 건조수축이 커진다.
㉱ 시멘트의 오토클레이브 시험 방법에 의하여 분말도를 구한다.

해설 시멘트의 오토클레이브 시험 방법에 의하여 팽창도를 구하여 시멘트의 안정성을 알 수 있다.

문제 006

단면의 폭 b =400mm, 유효깊이 d =500mm인 단철근 직사각형 보에 D22의 정철근을 2단으로 배치할 경우 그 연직 순간격은?

㉮ 25mm 이상
㉯ 35mm 이상
㉰ 45mm 이상
㉱ 55mm 이상

답 001. ㉮ 002. ㉱ 003. ㉮ 004. ㉮ 005. ㉱ 006. ㉮

해설 주철근을 2단 이상으로 배근 할 때 철근의 연직 순간격
① 상하철근은 동일 연직면 내에 두어야 한다.
② 연직 순간격은 25mm 이상이어야 한다.

문제 007
철근 구부리기에 대한 설명으로 옳지 않은 것은?

㉮ 책임 기술자가 승인을 한 경우를 제외하고 철근은 상온에서 구부려야 한다.
㉯ 콘크리트 속에 일부가 묻혀 있는 철근은 현장에서 구부리지 않는다.
㉰ D35 이상 철근은 서서히 가열하여 구부린다.
㉱ 설계 도면에 도시되어 있으면 콘크리트 속에 묻혀 있는 철근도 구부릴 수 있다.

해설 모든 철근은 상온에서 구부려야 하며 콘크리트 속에 일부가 매립된 철근은 현장에서 구부리지 않는 것이 원칙이다.

문제 008
시방배합에서 사용되는 골재의 밀도는 어떤 상태를 기준으로 하는가?

㉮ 절대건조 포화상태
㉯ 공기 중 건조상태
㉰ 표면건조 포화상태
㉱ 습윤상태

해설 시방배합에서 사용하는 골재는 표면건조 포화상태이고 잔골재는 5mm체를 전부 통과하고 굵은 골재는 5mm체에 전부 남는 골재이다.

문제 009
철근비가 커서 보의 파괴가 압축측 콘크리트의 파쇄로 시작될 경우 사전의 징조없이 갑자기 일어난다. 이러한 파괴형태를 무엇이라 하는가?

㉮ 연성파괴   ㉯ 취성파괴
㉰ 항복파괴   ㉱ 피로파괴

해설 부재의 급작스런 파괴(취성파괴)를 방지하기 위하여 연성파괴가 되도록 철근 콘크리트 휨 부재에서 최대 철근비와 최소 철근비를 규정한다.

문제 010
3개의 철근으로 구성된 다발철근의 정착길이는 다발철근이 아닌 경우의 정착길이에 대하여 최소 몇 %를 증가시켜야 하는가?

㉮ 20%   ㉯ 25%
㉰ 33%   ㉱ 35%

해설 다발철근의 정착길이
다발이 아닌 경우의 각 철근의 정착길이에 3개가 다발로 된 경우에 대해서는 20%, 4개가 다발로 된 경우에는 33%를 증가시킨다.

문제 011
비례한도 이상의 응력에서도 하중을 제거하면 변형이 거의 처음 상태로 돌아가는데 이때의 한도를 칭하는 용어는?

㉮ 상항복점   ㉯ 극한강도
㉰ 탄성한도   ㉱ 하항복점

해설
• 탄성한도
응력과 변형률이 아주 미세하게 곡선으로 변화하지만 외력을 제거하면 영구 변형을 남기지 않고 원래 상태로 돌아오는 한계
• 항복점
외력은 증가하지 않는데 변형이 급격히 증가하였을 때의 응력

문제 012
콘크리트 동해 방지를 위한 대책으로 옳은 것은?

㉮ 밀도가 작은 경량골재 콘크리트로 시공한다.
㉯ 물-시멘트비를 크게 하여 시공한다.
㉰ AE(공기연행) 콘크리트로 시공한다.
㉱ 흡수율이 큰 골재를 사용하여 시공한다.

해설
• AE(공기연행) 콘크리트로 시공한다.
• 밀도가 큰 골재를 사용한 콘크리트로 시공한다.
• 물-결합재비를 작게 하여 시공한다.
• 흡수율이 작은 골재를 사용하여 시공한다.

문제 013
토목 재료로서 콘크리트의 일반적인 특징으로 옳지 않은 것은?

답 007. ㉰   008. ㉰   009. ㉯   010. ㉮   011. ㉰   012. ㉰   013. ㉱

㉮ 콘크리트 자체가 무겁다.
㉯ 압축강도에 비해 인장강도가 작다.
㉰ 건조수축에 의한 균열이 생기기 쉽다.
㉱ 내구성이 작다.

해설
- 내구성이 크다.
- 콘크리트 구조물은 보수, 보강, 해체가 어렵다.

문제 014
압축부재의 휨 철근에서 나선철근의 순간격 범위는?

㉮ 20mm 이상, 50mm 이하
㉯ 25mm 이상, 75mm 이하
㉰ 20mm 이상, 80mm 이하
㉱ 25mm 이상, 100mm 이하

해설 나선철근 기둥에서 축방향 철근은 6개 이상, 철근비는 1~8%라야 한다.

문제 015
1방향 슬래브 최소 두께의 기준으로 옳은 것은?

㉮ 50mm 이상
㉯ 70mm 이상
㉰ 80mm 이상
㉱ 100mm 이상

해설
- 1방향 슬래브에서는 정철근 및 부철근에 직각 방향으로 배력철근을 배치해야 한다.
- 4변에 의해 지지되는 2방향 슬래브 중에서 $\frac{L}{S} > 2$일 경우 1방향 슬래브로 해석한다.
  (여기서, L : 장변, S : 단변)

문제 016
도로교 설계기준에 의하면 원심하중은 차량이 곡선상을 달릴 때 나타나는데 이때 교면상 어느 정도 높이에서 수평방향으로 작용하는 것으로 보는가?

㉮ 500mm
㉯ 1,000mm
㉰ 1,500mm
㉱ 1,800mm

해설 원심하중
교면상 1.8m 높이에서 수평 방향으로 작용하며 자동차 하중의 8%, 궤도 하중의 10%이다.

문제 017
토목 구조물에 대한 설계의 일반적인 절차에 있어서 다음 중 가장 나중에 행하여지는 것은?

㉮ 재료의 선정
㉯ 응력의 결정
㉰ 하중의 결정
㉱ 사용성의 검토

해설 구조물의 처짐과 균열에 대한 사용성 검토를 한다.

문제 018
강구조에 사용하는 강재의 종류에 있어서 녹슬기 쉬운 강재의 단점을 개선한 강재는?

㉮ 일반 구조용 압연 강재
㉯ 용접 구조용 압연 강재
㉰ 내후성 열간 압연 강재
㉱ 너트 구조용 압연 강재

해설 내후성 강은 일반강에 내식성이 우수한 구리, 크롬, 니켈, 인 등의 원소를 소량 첨가한 저합금강으로 일반강에 비해 4~8배의 내식성을 갖는 강재이다.

문제 019
다음 보기는 세계 토목 구조물을 나열한 것이다. 이를 시대 순으로 바르게 나열한 것은?

〈보기〉
㉠ 통나무 등을 이용하거나 암석 등으로 형성된 천연 교량
㉡ 컴퓨터의 등장, 신소재 및 신장비의 개발에 따른 교량 기술의 정교화, 복잡화(일본 아카시 대교)
㉢ 로마 문명 중심으로 아치교가 발달(프랑스의 가르교)
㉣ 재료의 신기술의 발전과 사회 환경의 변화로 장대교량 출현(금문교)

㉮ ㉠ → ㉣ → ㉡ → ㉢
㉯ ㉠ → ㉡ → ㉢ → ㉣
㉰ ㉠ → ㉢ → ㉡ → ㉣
㉱ ㉠ → ㉢ → ㉣ → ㉡

해설 천연 교량 → 가르교 → 금문교(1973년) → 아카시 대교(1998년)

답 014. ㉯ 015. ㉱ 016. ㉱ 017. ㉱ 018. ㉰ 019. ㉱

문제 020
다음 중 구조적으로 정정 아치교에 해당되는 것은?
- ㉮ 힌지 없는 아치교
- ㉯ 2활절 아치교
- ㉰ 2활절 스팬드럴 브레이스트 아치교
- ㉱ 3활절 아치교

해설
- 고정 아치교 – 3차 부정정
- 1힌지 아치교 – 2차 부정정
- 2힌지 아치교 – 1차 부정정
- 3힌지 아치교 – 정정

문제 021
교량의 하부구조에 해당하지 않는 것은?
- ㉮ 교각
- ㉯ 교대
- ㉰ 기초
- ㉱ 바닥판

해설 상부구조 : 바닥판, 바닥틀, 주트러스 등

문제 022
1방향 슬래브에서 배력 철근을 배치하는 이유가 아닌 것은?
- ㉮ 주철근의 간격 유지
- ㉯ 콘크리트의 건조수축 증가
- ㉰ 온도 변화에 의한 수축 감소
- ㉱ 고른 응력의 분포

해설 수축·온도철근의 간격은 슬래브 두께의 5배 이하, 또한 450mm 이하로 하여야 한다.

문제 023
기둥에서 종방향 철근의 위치를 확보하고 전단력에 저항하도록 정해진 간격으로 배치된 횡방향의 보강철근을 무엇이라 하는가?
- ㉮ 띠철근
- ㉯ 절곡철근
- ㉰ 인장철근
- ㉱ 주철근

해설
- 띠철근 기둥은 사각형 단면에 주로 사용되며 축방향 철근을 적당한 간격으로 띠철근으로 감는 기둥이다.
- 띠철근 기둥은 축방향 철근에 직교하여 적당한 간격으로 철근을 감아 주근을 보강하고 좌굴을 방지하도록 하는 기둥이다.

문제 024
단순보에서의 전단에 관한 설명 중 옳지 않은 것은?
- ㉮ 전단철근에는 스터럽과 절곡철근이 있다.
- ㉯ 전단균열의 형태는 45°의 경사 방향이다.
- ㉰ 휨모멘트에 대하여 먼저 검토한 후 전단을 검토한다.
- ㉱ 보에서 최대 전단응력이 발생하는 부분은 지간의 중앙부분이다.

해설 보에서 최대 전단응력은 양단부 지점에서 발생한다.

문제 025
2개 이상의 기둥을 1개의 확대기초로 받치도록 만든 기초는?
- ㉮ 독립 확대기초
- ㉯ 벽 확대기초
- ㉰ 연결 확대기초
- ㉱ 전면기초

해설 확대기초는 벽, 기둥, 교각 등의 하중을 안전하게 지반에 전달하기 위하여 저면을 확대하여 만든 기초이다.

문제 026
PS 강재의 필요한 성질이 아닌 것은?
- ㉮ 인장강도가 커야 한다.
- ㉯ 릴랙세이션이 커야 한다.
- ㉰ 적당한 연성과 인성이 있어야 한다.
- ㉱ 응력 부식에 대한 저항성이 커야 한다.

해설
- 릴랙세이션이 작아야 한다.
- 부착강도가 커야 한다.
- 곧게 잘 펴지는 직선성이 좋아야 한다.

문제 027
강도 설계법에서 강도 감소계수에 대한 설명으로 옳은 것은?

답 020. ㉱ 021. ㉱ 022. ㉯ 023. ㉮ 024. ㉱ 025. ㉰ 026. ㉯ 027. ㉮

㉮ 공칭강도에 1보다 작은 계수를 곱하여 감소시킨다.
㉯ 허용강도에 1보다 작은 계수를 곱하여 감소시킨다.
㉰ 극한강도에 1보다 작은 계수를 곱하여 감소시킨다.
㉱ 파괴강도에 1보다 작은 계수를 곱하여 감소시킨다.

해설 강도 감소계수(ϕ)
① 설계 및 시공상의 오차를 고려한 값
② 전단과 비틀림에 대한 강도 감소계수는 0.75이다.

문제 028
교량의 자중을 비롯하여 교량에 부설된 모든 시설물의 중량을 무엇이라 하는가?
㉮ 고정하중 ㉯ 활하중
㉰ 충격하중 ㉱ 부하중

해설
• 주하중 – 고정하중, 활하중, 충격하중
• 부하중 – 풍하중, 온도 변화의 영향, 지진의 영향

문제 029
강재의 보 위에 철근 콘크리트를 이어 쳐서 양자가 일체로 작용하도록 하는 구조는?
㉮ 강구조 ㉯ 합성구조
㉰ 콘크리트 구조 ㉱ 철근 콘크리트 구조

해설 합성구조 : 구조용 강재와 철근 콘크리트 구조가 일체되는 구조

문제 030
가장 보편적으로 사용되고, 철근 콘크리트로 만들어지며 보통 3~7.5m 정도의 높이에 사용되며 역 T형 옹벽이라고도 하는 것은?
㉮ 뒷부벽식 옹벽 ㉯ 캔틸레버 옹벽
㉰ 앞부벽식 옹벽 ㉱ 중력식 옹벽

해설
• 캔틸레버식 옹벽 – 역 T형 옹벽, L형 옹벽
• 중력식 옹벽 – 무근 콘크리트 자중에 의해 안정 유지

문제 031
도면을 표현 형식에 따라 분류할 때 구조물의 구조 계산에 사용되는 선도로 교량의 골조를 나타내는 도면은?
㉮ 일반도 ㉯ 배근도
㉰ 구조선도 ㉱ 상세도

해설 구조선도는 구조물의 골조를 선로로 표시한 도면이다.

문제 032
CAD 시스템을 도입하였을 때 얻어지는 효과와 거리가 먼 것은?
㉮ 도면의 표준화 ㉯ 작업의 효율화
㉰ 제품 원가의 증대 ㉱ 설계의 신용도 상승

해설
• 설계의 생산성 향상
• 시간 단축
• 설계 해석
• 설계 오류 감소
• 설계 계산의 정확성, 표준화, 정보화, 경영의 효율화와 합리화

문제 033
CAD 시스템에서 입력장치가 아닌 것은?
㉮ 키보드 ㉯ 디지타이저
㉰ 태블릿 ㉱ 플로터

해설 출력장치 : 디스플레이, 평판 디스플레이, 플로터, 프린터 등

문제 034
강 구조물을 표시하는 도면 중 부재의 치수, 소재 치수, 제작 및 조립 과정을 표시하는 도면으로 보통 설계도나 제작도를 의미하는 것은?
㉮ 일반도 ㉯ 상세도
㉰ 구조도 ㉱ 평면도

답 028. ㉮ 029. ㉯ 030. ㉯ 031. ㉰ 032. ㉰ 033. ㉱ 034. ㉰

해설 구조도 : 강 구조물 부재의 치수, 부재를 구성하는 소재의 치수와 그 제작 및 조립 과정 등을 표시한 도면으로 보통 설계도나 제작도를 의미하며 사용 강재의 종류와 치수, 리벳이나 용접에 의한 부재의 조립, 이음을 하기 위한 방법 등을 표시한다.

문제 035

도면의 오른쪽 아래 끝에 도면명, 도면 번호, 축척, 도면 작성일 등의 내용을 기입하는 란을 무엇이라 하는가?

㉮ 색인란   ㉯ 표제란
㉰ 심사란   ㉱ 검인란

해설 표제란의 보는 방향은 도면의 방향과 일치하며 길이는 170mm 이하로 한다.

문제 036

그림은 어떤 건설재료 단면을 나타낸 것인가?

㉮ 호박돌
㉯ 사질토
㉰ 모래
㉱ 자갈

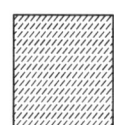

해설

호박돌　자갈　모래

문제 037

그림과 같이 투상하는 방법은?

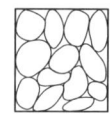

㉮ 제1각법   ㉯ 제2각법
㉰ 제3각법   ㉱ 제4각법

해설 제1각법
① 눈 → 물체 → 투상면
② 각 면에 보이는 물체는 서로 반대쪽에 배치된다.

문제 038

가는 실선의 용도로 옳지 않은 것은?

㉮ 숨은선   ㉯ 치수선
㉰ 인출선   ㉱ 해칭선

해설 숨은선 – 파선

문제 039

대칭인 도형은 중심선에서 한쪽은 외형도를 그리고 그 반대쪽은 무엇으로 표시하는가?

㉮ 정면도   ㉯ 평면도
㉰ 측면도   ㉱ 단면도

해설 대칭적인 그림은 중심선의 한쪽을 외형도, 반대쪽을 단면도로 표시한다.

문제 040

다음 중 같은 크기의 물체를 도면에 그릴 때 가장 작게 그려지는 척도는?

㉮ 1 : 2   ㉯ 1 : 5
㉰ 2 : 1   ㉱ 5 : 1

해설 ㉱ : 가장 크게 그려지는 척도

문제 041

구조도의 일부를 취하여 큰 축척으로 표시한 도면은?

㉮ 일반도   ㉯ 구조도
㉰ 상세도   ㉱ 일반 구조도

해설 상세도 : 구조도에 표시하는 것이 곤란한 부분의 형상, 치수, 기구 등을 상세하게 표시하는 도면

문제 042

CAD 시스템으로 도면을 그릴 때 기본요소가 아닌 것은?

㉮ 점   ㉯ 선
㉰ 면   ㉱ 질량

해설 점, 선, 면이 기본 요소에 해당된다.

문제 043
KS의 부문별 분류기호 중 KS F에 수록된 내용은?
㉮ 기본 ㉯ 기계
㉰ 요업 ㉱ 토건

해설
- KS F : 토건
- KS L : 요업
- KS A : 기본

문제 044
건설 재료에서 무엇을 나타내는 단면 표시인가?
㉮ 목재
㉯ 구리
㉰ 유리
㉱ 강철

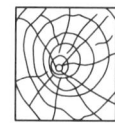

해설
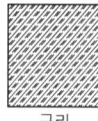 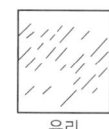 
구리   유리   강철

문제 045
도면의 치수 보조 기호의 설명으로 옳지 않은 것은?
㉮ t : 파이프의 지름에 사용된다.
㉯ φ : 지름의 치수 앞에 붙인다.
㉰ R : 반지름 치수 앞에 붙인다.
㉱ SR : 구의 반지름 치수 앞에 붙인다.

해설 t : 강판의 두께

문제 046
다음 중 도형의 중심을 나타내는 중심선으로 가장 적합한 것은?
㉮ 파선   ㉯ 1점 쇄선
㉰ 3점 쇄선   ㉱ 나선형 실선

해설 1점 쇄선
① 그림의 중심을 나타내는 선(중심선)
② 대칭을 나타내는 선
③ 움직이는 부분의 궤적 중심을 나타내는 선

문제 047
콘크리트 구조물에서 벽체 철근의 기호로 가장 알맞은 것은?
㉮ Ⓦ ㉯ Ⓢ
㉰ Ⓒ ㉱ Ⓟ

해설
- Ⓢ : Spacer, Slab
- Ⓒ : Colum(기둥)
- Ⓕ : Foundation, Footing(기초)

문제 048
투상도에서 물체 모양과 특징을 가장 잘 나타낼 수 있는 면을 일반적으로 어느 도면으로 선정하는 것이 좋은가?
㉮ 평면도 ㉯ 정면도
㉰ 측면도 ㉱ 배면도

해설 정면도는 물체의 앞에서 본 모양을 그린 것으로 기준이 된다.

문제 049
도면의 치수기입 방법으로 옳지 않은 것은?
㉮ 치수는 치수선에 평행하게 기입한다.
㉯ 치수선이 수직일 때 치수는 왼쪽에 쓴다.
㉰ 협소한 구간에서 치수는 인출선을 사용하여 표시해도 된다.
㉱ 협소 구간이 연속될 때라도 치수선의 위쪽과 아래쪽에 번갈아 써서는 안 된다.

해설 협소 구간이 연속될 때라도 치수선의 위쪽과 아래쪽에 번갈아 쓴다.

문제 050
도로 경사를 표시할 때 4%의 의미는?
㉮ 수평거리 1m당 수직거리 4m의 경사
㉯ 수평거리 10m당 수직거리 4m의 경사
㉰ 수평거리 100m당 수직거리 4m의 경사
㉱ 수평거리 1,000m당 수직거리 4m의 경사

해설
- 도로 경사는 %로 나타낸다.
- 경사도 = $\frac{수직 거리}{수평 거리} \times 100$

043. ㉱ 044. ㉮ 045. ㉮ 046. ㉯ 047. ㉮ 048. ㉯ 049. ㉱ 050. ㉰

문제 051

3각법에 의한 도면 배치 방법이다. ㉠, ㉡에 배치하는 도면으로 가장 적합한 것은?

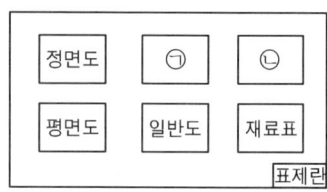

㉮ 측면도, 상세도   ㉯ 측면도, 저면도
㉰ 상세도, 측면도   ㉱ 상세도, 구조도

해설 제3각법

```
         평면도
좌측면도  정면도  우측면도
         저면도
```

문제 052

강 구조물 도면의 배치에 관한 사항으로 옳지 않은 것은?

㉮ 도면을 잘 보이도록 하기 위해서는 절단선과 지시선은 생략한다.
㉯ 강 구조물은 너무 길고 넓어 많은 공간을 차지하므로 몇 가지의 단면으로 절단하여 표현한다.
㉰ 평면도, 측면도, 단면도 등을 소재나 부재가 잘 나타나도록 각각 독립하여 그려도 된다.
㉱ 강 구조물의 도면은 제작이나 가설을 고려하여 부분적으로 제작 단위마다 상세도를 작성한다.

해설 도면을 잘 보이도록 하기 위해서는 절단선과 지시선의 방향을 붙이는 것이 좋다.

문제 053

건설 재료 단면 중 강(鋼)을 나타내는 것은?

㉮ 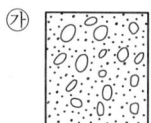   ㉯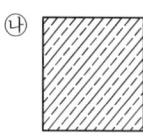

㉰ 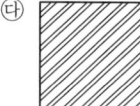   ㉱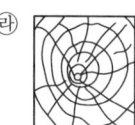

해설
• ㉮ : 콘크리트
• ㉯ : 석재
• ㉱ : 목재

문제 054

〈보기〉의 철강 재료 기호 표시에는 재료의 종류, 최저 인장강도, 화학 성분값 등을 표시하는 부분은?

```
        〈보기〉
KS D 3503   S    S    330
   ㉠       ㉡   ㉢    ㉣
```

㉮ ㉠   ㉯ ㉡
㉰ ㉢   ㉱ ㉣

해설
• ㉠ : KS 분류기호
• ㉡ : 재질을 나타내는 기호
  S : 철강, NC : 니켈 크롬 합금, Cu : 구리, Al : 알루미늄
• ㉢ : 제품의 형상별 종류나 용도 표시
• ㉣ : 재료의 종류, 최저 인장강도, 화학 성분값 등을 표시

문제 055

구조물 설계제도에서 도면의 작도 순서를 가장 알맞은 것은?

ⓐ 단면도   ⓑ 주철근 조립도
ⓒ 철근 상세도   ⓓ 일반도
ⓔ 각부 배근도

㉮ ⓔ → ⓑ → ⓒ → ⓓ → ⓐ
㉯ ⓔ → ⓓ → ⓒ → ⓑ → ⓐ
㉰ ⓐ → ⓔ → ⓓ → ⓑ → ⓒ
㉱ ⓐ → ⓒ → ⓑ → ⓔ → ⓓ

답 051. ㉮ 052. ㉮ 053. ㉯ 054. ㉱ 055. ㉰

해설 단면도 → 각부 배근도 → 일반도 → 주철근 조립도 → 철근 상세도

문제 056
도로 설계 제도의 평면도에 산악, 구릉부 등의 지형을 나타내는 데 사용되는 것은?
㉮ 거리표   ㉯ 도근점
㉰ 다각형   ㉱ 등고선

해설 등고선은 평면도에 지형의 계곡, 능선, 경사 변환점의 위치를 나타낸다.

문제 057
그림은 평면도상에서 어떤 지형의 절단면 상태를 나타낸 것인가?

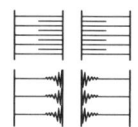

㉮ 절토면   ㉯ 성토면
㉰ 수준면   ㉱ 물매면

해설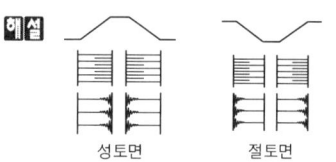
성토면   절토면

문제 058
(A)를 제 3각법으로 투상하여 (B)를 얻었다. (B)의 투상도명은?

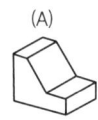

㉮ 우측면도   ㉯ 좌측면도
㉰ 정면도   ㉱ 평면도

해설 평면도 - 물체를 위에서 내려다본 모양

문제 059
투시도에서 물체가 기면에 평행으로 무한히 멀리 있을 때 수평선 위의 한 점에 모이게 되는 점은?
㉮ 시점   ㉯ 소점
㉰ 정점   ㉱ 대점

해설
• 시점 - 보는 사람의 눈의 위치
• 정점 - 시점이 기면 위에 투상되는 점
• 소점 - 소점의 수에 따라 1소점 투시도, 2소점 투시도, 3소점 투시도 등이 있다.

문제 060
건설재료 중 각 강(鋼)의 치수 표시 방법은?
㉮ □A-L   ㉯ □A×B×t-L
㉰ DA-L   ㉱ φA-L

해설

각강관		□ $A \times B \times t - L$
각강		□ $A - L$
평강		□ $B \times A - L$

답 056. ㉱ 057. ㉯ 058. ㉱ 059. ㉯ 060. ㉮

부록 최근 기출문제

2009년 제 5회

문제 001
한중 콘크리트에 관한 설명으로 옳지 않은 것은?
- ㉮ 하루의 평균기온이 4℃ 이하가 되는 기상조건에서는 한중 콘크리트로서 시공한다.
- ㉯ 타설할 때의 콘크리트 온도는 5~20℃의 범위에서 정한다.
- ㉰ 가열한 재료를 믹서에 투입할 경우 가열한 물과 굵은골재, 잔골재를 넣어서 믹서 안의 재료 온도가 60℃ 정도가 된 후 시멘트를 넣는 것이 좋다.
- ㉱ AE(공기연행) 콘크리트를 사용하는 것을 원칙으로 한다.

[해설] 가열한 재료를 믹서에 투입할 경우 가열한 물과 굵은골재, 잔골재를 넣어서 믹서 안의 재료 온도가 40℃ 정도가 된 후 시멘트를 넣는 것이 좋다.

문제 002
시방배합과 현장배합에 대한 설명으로 옳지 않은 것은?
- ㉮ 시방배합에서는 골재의 함수상태는 표면건조 포화상태를 기준으로 한다.
- ㉯ 시방배합을 현장배합으로 고치는 경우 골재의 표면수량은 제외한다.
- ㉰ 시방배합에서 굵은 골재와 잔골재를 구분하는 기준은 5mm 체이다.
- ㉱ 시방배합을 현장배합으로 고치는 경우 혼화제를 희석시킨 희석수량 등을 고려하여야 한다.

[해설] 시방배합을 현장배합으로 고치는 경우 골재의 입도와 표면수량을 고려한다.

문제 003
철근 콘크리트 구조물에서 최소 철근간격의 제한 규정이 필요한 이유와 가장 거리가 먼 것은?
- ㉮ 콘크리트 타설을 용이하게 하기 위하여
- ㉯ 전단 및 수축 균열을 방지하기 위하여
- ㉰ 철근과 철근 사이의 공극을 방지하기 위하여
- ㉱ 철근의 부식을 방지하기 위하여

[해설] 철근의 간격을 제한하는 이유는 철근과 철근 사이 또는 거푸집 사이에 공극이 없이 콘크리트가 구석구석 잘 채워지게 하기 위해서이다.

문제 004
D38 이상 철근의 표준 갈고리의 구부림 최소 내면 반지름은? (여기서, d_b : 철근의 공칭지름)
- ㉮ $3d_b$
- ㉯ $4d_b$
- ㉰ $5d_b$
- ㉱ $6d_b$

[해설]
- D10~D25 : $3d_b$
- D29~D35 : $4d_b$
- D38 이상 : $5d_b$

문제 005
나선철근과 띠철근 기둥에서 축방향 철근의 순간격은 최소 얼마 이상인가?
- ㉮ 40mm 이상
- ㉯ 50mm 이상
- ㉰ 60mm 이상
- ㉱ 70mm 이상

[해설] 나선철근과 띠철근 기둥에서 축방향 철근의 순간격은 40mm 이상, 철근 지름의 1.5배 이상, 굵은 골재 최대치수의 4/3배 이상이어야 한다.

문제 006
골재의 조립률에 관한 설명으로 옳지 않은 것은?
- ㉮ 잔골재의 조립률이 콘크리트의 품질 특성에 영향을 준다.

답 001. ㉰ 002. ㉯ 003. ㉱ 004. ㉰ 005. ㉮ 006. ㉰

㉯ 골재의 입도를 수치적으로 나타낸 것을 조립률이라 한다.
㉰ 조립률을 구할 때 쓰이는 체는 5개이다.
㉱ 조립률이 큰 값일수록 굵은 입자가 많이 포함되어 있다는 것을 의미한다.

해설 조립률을 구할 때 쓰이는 체는 75, 40, 20, 10, 5, 2.5, 1.2, 0.6, 0.3, 0.15mm체로 10개이다.

문제 007

블리딩을 적게 하는 방법으로 옳지 않은 것은?

㉮ 분말도가 높은 시멘트를 사용한다.
㉯ 단위 수량을 크게 한다.
㉰ AE(공기연행)제를 사용한다.
㉱ 포졸란을 사용한다.

해설 단위수량을 작게 한다.

문제 008

휨 부재에 대하여 강도 설계법으로 설계할 경우 잘못된 가정은? (단, $f_{ck} \leq 40MPa$)

㉮ 철근과 콘크리트 사이의 부착은 완전하다.
㉯ 보가 파괴를 일으키는 콘크리트의 최대 변형률은 0.0033이다.
㉰ 콘크리트 및 철근의 변형률은 중립축으로부터의 거리에 비례한다.
㉱ 보의 극한 상태에서의 휨모멘트를 계산할 때에는 콘크리트의 인장강도를 고려한다.

해설 휨응력 계산에서 콘크리트의 인장강도는 무시한다.

문제 009

4변에 의해 지지되는 2방향 슬래브 중에서 짧은 변에 대한 긴 변의 비가 최소 몇 배를 넘으면 1방향 슬래브로 해석하는가?

㉮ 2배 ㉯ 3배
㉰ 4배 ㉱ 5배

해설
- 4변에 의해 지지되는 2방향 슬래브 중에서 $\frac{L}{S} > 2$ 일 경우 1방향 슬래브로 해석한다.
- 마주보는 두 변에만 지지되는 1방향 슬래브는 휨 부재로 보고 설계한다.

문제 010

180° 표준 갈고리는 구부린 반원 끝에서 철근 공칭지름(d_b)의 최소 몇 배 이상 연장해야 하는가?

㉮ 4배 ㉯ 5배
㉰ 6배 ㉱ 7배

해설 180° 표준 갈고리는 구부린 반원 끝에서 $4d_b$ 이상, 또한 60mm 이상 더 연장되어야 한다.

문제 011

1방향 슬래브의 최소 두께는 얼마 이상인가?

㉮ 50mm ㉯ 80mm
㉰ 100mm ㉱ 150mm

해설 1방향 슬래브의 정철근 및 부철근의 중심간격은 최대 휨 모멘트가 일어나는 단면에서 슬래브 두께의 2배 이하, 300mm 이하이어야 한다.

문제 012

보의 횡지지 간격은 얼마를 초과하지 않도록 하여야 하는가?

㉮ 압축 플랜지 또는 압축면의 최소 폭의 20배
㉯ 압축 플랜지 또는 압축면의 최소 폭의 30배
㉰ 압축 플랜지 또는 압축면의 최소 폭의 40배
㉱ 압축 플랜지 또는 압축면의 최소 폭의 50배

해설 횡부재의 횡지지 간격
① 압축 플랜지 또는 압축면의 최소 폭의 50배를 초과하지 않도록 한다.
② 하중의 횡방향 편심의 영향은 횡지지 간격을 결정할 때 고려한다.

문제 013

시멘트의 응결 시간을 늦추기 위하여 사용되는 혼화제는?

㉮ 급결제 ㉯ 지연제
㉰ 발포제 ㉱ 감수제

답 007. ㉯ 008. ㉱ 009. ㉮ 010. ㉮ 011. ㉰ 012. ㉱ 013. ㉯

해설
- 급결제
  시멘트의 응결시간을 빨리하기 위해 숏크리트 공법 등에 사용한다.
- 발포제
  알루미늄 또는 아연 등의 분말을 혼합하여 프리플레이스트 콘크리트나 PC용 그라우트에 사용한다.
- 감수제
  시멘트 입자를 분산시키므로 콘크리트의 워커빌리티를 좋게 하며 단위수량을 10~16% 정도 감소시킨다.

문제 014
철근의 겹침이음을 해서는 안 되는 철근은?

㉮ D10을 초과하는 철근
㉯ D25를 초과하는 철근
㉰ D28을 초과하는 철근
㉱ D35를 초과하는 철근

해설
- D35를 초과하는 철근은 겹침이음을 해서는 안 된다.
- 용접이음과 기계적 연결은 철근의 항복강도의 125% 이상을 발휘할 수 있어야 한다.

문제 015
강도 설계법의 단철근 직사각형 보에서 압축연단에 발생되는 등가 직사각형 응력의 깊이(a)에 관한 설명으로 옳은 것은?

㉮ 철근의 단면적(A_s)에 비례한다.
㉯ 철근의 항복강도(f_y)에 반비례한다.
㉰ 콘크리트 설계기준 압축강도(f_{ck})에 비례한다.
㉱ 사각형 보의 폭(b)에 비례한다.

해설 $a = \dfrac{A_s f_y}{\eta(0.85 f_{ck})b}$

문제 016
슬래브의 배력철근에 대한 설명에서 틀린 것은?

㉮ 응력을 고르게 분포시킨다.
㉯ 주철근 간격을 유지시켜 준다.
㉰ 콘크리트의 건조 수축을 크게 해 준다.
㉱ 정철근이나 부철근에 직각으로 배치하는 철근이다.

해설 건조수축이나 온도 변화에 의한 수축을 감소시키며 균열을 분포시킨다.

문제 017
교각 위에 탑을 세우고, 탑에서 경사진 케이블로 주형을 잡아당기는 형식의 교량은?

㉮ 사장교
㉯ 현수교
㉰ 게르버교
㉱ 트러스교

해설
- 사장교
  중간의 교각 위에 세운 교탑으로 경사지게 내린 케이블로 주형을 매단 구조물
- 현수교
  주탑 및 앵커리지로 주 케이블을 지지하고 이 케이블에 현수재를 매달아 보강형을 지지하는 형식

문제 018
다음 중 고정하중이 아닌 것은?

㉮ 난간
㉯ 가로보
㉰ 아스팔트 포장
㉱ 정차중인 트럭

해설 고정하중
교량의 상부구조의 중량, 즉 교량의 자중을 비롯하여 교량에 부설된 모든 시설물의 중량

문제 019
주형 혹은 주트러스를 3개 이상의 지점으로 지지하여 2경간 이상에 걸쳐 연속시킨 교량의 구조 형식은?

㉮ 단순교
㉯ 연속교
㉰ 아치교
㉱ 라멘교

해설 연속교
① 1개의 주형 또는 주 트러스를 3점 이상의 지점에서 지지하는 교량
② 2경간 이상에 걸쳐 연속한 주형 또는 주 트러스를 사용한 교량

답 014. ㉱ 015. ㉮ 016. ㉰ 017. ㉮ 018. ㉱ 019. ㉯

문제 020
다음 중 옹벽의 안정 조건이 아닌 것은?
- ㉮ 전도에 대한 안정
- ㉯ 침하에 대한 안정
- ㉰ 활동에 대한 안정
- ㉱ 충격에 대한 안정

해설 옹벽이란 토압에 저항하여 토사의 붕괴를 방지하기 위해 축조한 구조물이다.

문제 021
교량에 사용한 강재의 이음에 있어서 일반적으로 많이 사용하는 용접법은?
- ㉮ 가스 용접법
- ㉯ 특수 용접법
- ㉰ 일반 용접법
- ㉱ 금속 아크 용접법

해설 금속 재료를 용융하여 접합하는 방법이며 전극으로 금속봉을 사용하는 금속 아크 용접이다.

문제 022
강도 설계법과 허용응력 설계법을 비교할 때 강도 설계법과 거리가 먼 것은?
- ㉮ 극한 응력
- ㉯ 안전율
- ㉰ 하중계수
- ㉱ 강도 감소계수(ϕ)

해설
- 사용하중
  고정하중 및 활하중
- 계수하중
  사용하중 × 하중계수
- 강도 감수계수
  설계 및 시공상의 오차를 고려한 값

문제 023
2개 이상의 기둥을 한 개의 확대기초로 받치도록 만든 기초는?
- ㉮ 독립 확대기초
- ㉯ 벽 확대기초
- ㉰ 연결 확대기초
- ㉱ 전면 확대기초

해설 확대기초
기초 저면에 일어나는 최대 압력이 지반의 허용 지지력을 넘지 않도록 기초 저면을 확대하여 만든 기초

문제 024
철근 콘크리트 기둥 중 구조용 강재나 강관을 축방향으로 보강한 것은?
- ㉮ 합성 기둥
- ㉯ 띠철근 기둥
- ㉰ 나선철근 기둥
- ㉱ 프리스트레스트 콘크리트 기둥

해설 합성 기둥 : 구조용 강재나 강관을 축방향으로 배치한 압축부재

문제 025
도로교 설계기준에서 규정하고 있는 지간(L)이 20m인 교량의 상부구조에 대한 충격계수는 얼마인가?
- ㉮ 0.20
- ㉯ 0.25
- ㉰ 0.30
- ㉱ 0.35

해설 충격계수
$$i = \frac{15}{40+L} \leq 0.3 = \frac{15}{40+20} = 0.25$$

문제 026
고대 토목 구조물의 특징과 가장 거리가 먼 것은?
- ㉮ 흙과 나무로 토목 구조물을 만들었다.
- ㉯ 치산치수를 하기 위하여 토목 구조물을 만들었다.
- ㉰ 농경지를 보호하기 위하여 토목 구조물을 만들었다.
- ㉱ 국가 산업을 발전시키기 위하여 다량 생산의 토목 구조물을 만들었다.

해설 공사기간도 길고 규모가 커 다량 생산을 할 수 없다.

문제 027
옹벽에서 일반적인 활동에 대한 안전율은 얼마 이상으로 하는가?
- ㉮ 1.0
- ㉯ 1.5
- ㉰ 2.0
- ㉱ 3.0

해설
- 전도에 대한 안전율 : 2.0
- 활동에 대한 안전율 : 1.5
- 침하(지지력)에 대한 안전율 : 1.0

문제 028
PC 교량의 가설 공법에서 동바리를 설치하지 않고 교각 좌우로 이동식 작업차를 이용하여 3~5m의 세그먼트를 만들면서 순차적으로 이어나가는 공법은?

㉮ 이동식 지보공 공법
㉯ 캔틸레버 공법
㉰ 압출공법
㉱ 프리캐스트 세그먼트 공법

해설
- 압출공법(ILM)
  교대 후방 작업장에서 10~30m 블록을 제작하여 교각 방향으로 밀어내는 공법
- 이동식 지보공 공법
  교각 좌우에 이동식 지보공과 거푸집을 이용하여 한 경간씩 이동하면서 콘크리트를 타설 시공하는 공법
- 프리캐스트 세그먼트 공법
  현장이나 공장에서 제작된 작은 세그먼트를 운반 거치하는 공법

문제 029
콘크리트 벽체나 교각 구조와 일체로 시공되는 나선철근 또는 띠철근 압축 부재 유효 단면치수의 한계는 나선철근이나 띠철근 외측에서 몇 mm보다 크지 않게 취하여야 하는가?

㉮ 40mm ㉯ 60mm
㉰ 80mm ㉱ 100mm

해설 벽과 함께 타설된 기둥 유효 단면은 나선철근 또는 띠철근의 외측에서 40mm를 넘지 않게 취한다.

문제 030
콘크리트와 비교할 때 강 구조(steel structure)의 특징이 아닌 것은?

㉮ 부재의 치수를 작게 할 수 있다.
㉯ 지간이 긴 교량을 축조하는 데 유리하다.
㉰ 재료의 품질관리가 어렵다.
㉱ 공사기간이 단축된다.

해설 강재는 뛰어난 균질성을 가지고 있어 재료의 결함이 없고 대량 생산, 품질 확보가 용이하다.

문제 031
석재의 단면 표시 중 자연석을 나타내는 것은?

㉮ 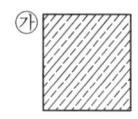   ㉯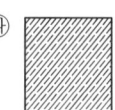

㉰ 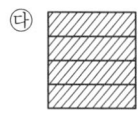   ㉱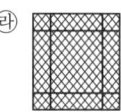

해설
- ㉯ : 인조석
- ㉰ : 벽돌
- ㉱ : 블록

문제 032
그림은 어떤 상태의 지면을 나타낸 것인가?

㉮ 흙쌓기면
㉯ 흙깎기면
㉰ 수준면
㉱ 지반면

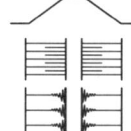

해설
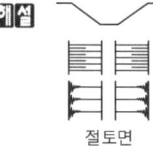
절토면

문제 033
강 구조물에 대한 도면의 종류가 아닌 것은?

㉮ 일반도   ㉯ 구조도
㉰ 상세도   ㉱ 흐름도

해설
- 일반도
  강 구조물 전체의 계획이나 형식 및 구조의 대략을 표시
- 구조도
  강 구조물 부재의 치수, 부재를 구성하는 소재의 치수와 그 제작 및 조립 과정 등을 표시

답 028. ㉯ 029. ㉮ 030. ㉰ 031. ㉮ 032. ㉮ 033. ㉱

• 상세도
① 특정한 부분을 상세하게 나타낸 도면
② 용접의 마무리, 받침 등의 주강품, 주철품, 기계 가공부분, 특수 볼트 등을 표시

문제 034
제도에서 정투상법으로 사용할 수 있는 것은?

㉮ 제1각법과 제2각법 ㉯ 제2각법과 제3각법
㉰ 제3각법과 제1각법 ㉱ 제4각법과 제1각법

해설 제3각법과 제1각법이 있으나 일반적으로 제3각법을 쓴다.

문제 035
도면 번호, 도면 이름, 척도, 도면 작성일 등 도면 관리상 필요한 내용을 기입한 곳은?

㉮ 윤곽선   ㉯ 표제란
㉰ 중심마크   ㉱ 재단마크

해설 표제란 길이는 170mm 이하로 한다.

문제 036
그림은 콘크리트 옹벽 구조물 제도의 도면 배치를 나타낸 것이다. ( )에 가장 알맞은 도면은?

| 단면도 | 벽체 측면도 | 철근 상세도 |
| 저판도 | ( ) | 재료표 |

㉮ 구조도   ㉯ 일반도
㉰ 정면도   ㉱ 평면도

해설 단면도를 중심으로 하부에 저판 배근도, 우측에 벽체 배근도, 저판 배근도 우측에 일반도, 나머지 도면은 적절히 배치한다.

문제 037
도로 설계 제도에서 평면의 곡선부에 기입하지 않는 것은?

㉮ 교각   ㉯ 반지름
㉰ 접선장   ㉱ 계획고

해설 계획고, 지반고 등은 종단면도에 기재한다.

문제 038
재료 단면의 경계 표시는 무엇을 나타내는가?

㉮ 암반면
㉯ 지반면
㉰ 일반면
㉱ 수면

해설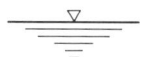
암반면(바위) 지반면(흙) 일반면

문제 039
중심선을 나타내는 선의 종류로 옳은 것은?

㉮ 굵은 실선   ㉯ 굵은 파선
㉰ 1점 쇄선   ㉱ 자유 실선

해설
• 굵은 실선 : 보이는 물체의 윤곽을 나타내는 선
• 굵은 파선 : 보이지 않는 물체의 윤곽을 나타내는 선

문제 040
도면 작업에서 원의 반지름을 표시할 때 숫자 앞에 사용하는 기호는?

㉮ φ   ㉯ D
㉰ △   ㉱ R

해설
• 지름 : φ
• 반지름 : R
• 단면이 정사각형 : □

문제 041
그림과 같이 길이가 L인 I형강의 치수 표시로 가장 적합한 것은?

㉮ I H−B×L×t
㉯ I L−B×H×t
㉰ I H×B×t−L
㉱ I B−L×H×t

해설 원형강, 형강, 각강 등의 치수는 치수선을 생략하고 그림 안 또는 그 옆에 길이방향으로 모양, 큰 치수, 작은 치수, 두께, 길이 순으로 표시한다.

문제 042
한국 산업 규격 중에서 토건 기호는?

㉮ KS A ㉯ KS C
㉰ KS D ㉱ KS F

해설
- KS A : 기본
- KS C : 전기 전자
- KS D : 금속

문제 043
도면에 대한 설명으로 옳지 않은 것은?

㉮ 일반적으로 A4 도면의 윤곽의 나비는 최소 10mm가 바람직하다.
㉯ 도면은 긴 변 방향을 상하 방향으로 놓는 것을 원칙으로 한다.
㉰ 일반적으로 도면의 크기는 종이 재단치수 (A0~A4)에 따른다.
㉱ 윤곽선은 도면의 크기에 따라 0.5mm 이상의 굵은 실선으로 그린다.

해설 도면은 긴 변 방향을 좌우 방향으로 놓는 것을 원칙으로 한다.

문제 044
물체의 상징인 정면 모양이 실제로 표시되어 한쪽으로 경사지게 투상하여 입체적으로 나타내는 투상도는?

㉮ 정투상도 ㉯ 사투상도
㉰ 등각 투상도 ㉱ 투시 투상도

해설 사투상도
입체의 3주축(X, Y, Z) 중에서 2주축을 투상면과 평행으로 놓고 정면도로 하여 옆면 모서리축을 수평선과 임의의 각으로 그려진 투상도

문제 045
같은 도면이 여러 장 필요할 때에 사용되는 도면으로 청사진도 또는 백사진도의 원본이 되는 것은?

㉮ 원도 ㉯ 트레이스도
㉰ 상세도 ㉱ 부품도

해설 트레이스도는 복사도(청사진, 백사진, 마이크로 사진 등)를 만드는 데 기본이 되는 원도이다.

문제 046
강 구조물에 치수를 기입하는 방법으로 옳지 않은 것은?

㉮ 휨 부재의 길이는 부재의 바깥쪽에 나타낸다.
㉯ 뼈대 구조를 표시하는 구조선도에서는 뼈대를 나타내는 선 위에 치수선을 생략하여 치수를 기입할 수 있다.
㉰ 판의 모서리각을 따는 것은 각으로 표시하는 것을 원칙으로 한다.
㉱ 치수를 치수선 위 또는 아래에 기입할 수 있다.

해설 판의 모서리각을 따는 것은 길이로 표시하고 각으로 표시하지 않음을 원칙으로 한다.

문제 047
CAD 시스템을 운용하기 위해 반드시 필요한 것이 아닌 것은?

㉮ RAM ㉯ CPU
㉰ 운영체제 ㉱ 사운드 카드

해설 사운드 카드는 음향을 출력하기 위한 PC 부품의 일종이다.

문제 048
보이지 않는 물체의 윤곽을 나타낼 때 가장 알맞은 것은?

㉮ 실선 ㉯ 파선
㉰ 1점 쇄선 ㉱ 2점 쇄선

해설
- 1점 쇄선 : 그림의 중심을 나타내는 선
- 굵은 실선 : 보이는 물체의 윤곽을 나타내는 선

문제 049
CAD 작업에서 사용되는 좌표계와 거리가 먼 것은?

㉮ 절대 좌표계 ㉯ 상대 좌표계
㉰ 삼각 좌표계 ㉱ 상대 극좌표계

답 042. ㉱ 043. ㉯ 044. ㉯ 045. ㉯ 046. ㉰ 047. ㉱ 048. ㉯ 049. ㉰

해설 CAD 작업에서 사용되는 좌표계
절대 좌표, 상대 직교좌표, 상대 극좌표, 최종 좌표

문제 050
멀고 가까운 거리감을 느낄 수 있도록 하나의 시점과 물체의 각 점을 방사선상으로 이어서 그리는 도법으로 구조물의 조감도에 많이 쓰이는 투상법은?
㉮ 투시도법 ㉯ 사투상법
㉰ 정투상법 ㉱ 축측 투상법

해설 투시도법은 주로 토목이나 건축에서 현장의 겨냥도, 구조물의 조감도 등에 쓰인다.

문제 051
CAD 시스템에 대한 설명으로 옳지 않은 것은?
㉮ 도면의 분석, 수정, 삽입이 정확하고 빠르다.
㉯ 작성한 도면의 데이터 베이스 구축이 불가능하다.
㉰ 2D, 3D의 설계 도면과 움직이는 도면까지 그릴 수 있다.
㉱ 도면을 여러 사람이 동시에 작업하여 표준화할 수 있다.

해설 작성한 도면의 데이터 베이스 구축이 가능하다.

문제 052
다음 물체를 제3각법에 의하여 투상하였을 때 우측면도는?

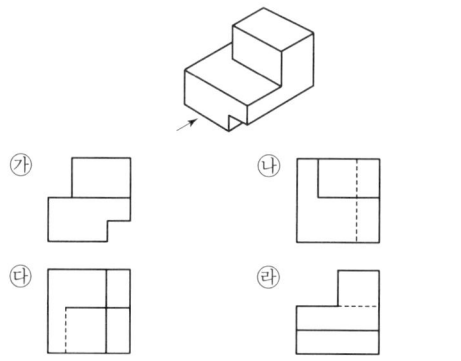

해설 • ㉮ : 정면도
• ㉯ : 평면도

문제 053
내부의 보이지 않는 부분을 나타낼 때 물체를 절단하여 내부 모양을 나타낸 도면은?
㉮ 단면도 ㉯ 전개도
㉰ 투상도 ㉱ 입체도

해설 단면은 그 일부의 단면만 표시할 수 있다.

문제 054
건설 재료의 단면 표시 중 모래를 나타낸 것은?

해설
• ㉮ : 사질토
• ㉯ : 잡석
• ㉱ : 자갈

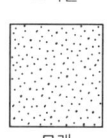  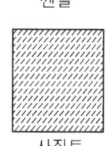
호박돌   자갈   깬돌

모래   잡석   사질토

문제 055
구조물의 평면도, 입면도, 단면도 등에 의해서 그 형식과 일반 구조를 나타내는 도면은?
㉮ 일반도 ㉯ 구조선도
㉰ 조립도 ㉱ 공정도

답 050.㉮ 051.㉯ 052.㉱ 053.㉮ 054.㉰ 055.㉮

해설 일반도
구조물의 측면도, 평면도, 단면도에 의해 그 형식, 일반 구조를 표시하는 도면으로서 주요한 내용을 설명하기 위한 것이며 필요에 따라서 구조물에 관련 있는 지형 및 지질 등을 표시하는 경우도 있다.

문제 056
토목 제도에서 도면 치수의 기본 단위는?

㉮ mm ㉯ cm
㉰ m   ㉱ km

해설 치수의 단위는 mm를 사용하고 단위 기호는 사용하지 않는다.

문제 057
구조물 설계 제도에 대한 설명으로 옳지 않은 것은?

㉮ 도면에 오류가 없어야 한다.
㉯ 도면은 상세하게, 중복하여 반복 작성한다.
㉰ 도면에는 불필요한 사항은 기입하지 않는다.
㉱ 도면은 설계자의 의도가 정확하게 전달될 수 있어야 한다.

해설 도면은 간단하고 중복을 피한다.

문제 058
구조물 설계 제도에서의 도면 작도 방법에 대한 기본 사항으로 옳지 않은 것은?

㉮ 단면도는 실선으로 주어진 치수대로 정확히 그린다.
㉯ 철근 치수 및 기호를 표시하고 누락되지 않도록 주의한다.
㉰ 단면도에 배근될 철근 수량이 정확하고 철근 간격이 벗어나지 않도록 주의해야 한다.
㉱ 일반적으로 일반도를 먼저 그리고 철근상세도, 배근도를 완성 후 단면도를 그리는 것이 편하다.

해설 일반적으로 단면도를 먼저 그리고 각부 배근도를 완성하며 일반도, 주철근 조립도, 철근 상세도 등의 순으로 그리는 것이 편하다.

문제 059
철근의 치수 및 배치에 대한 설명 중 옳지 않은 것은?

㉮ $\phi 12$는 지름 12mm인 원형철근을 의미한다.
㉯ D12는 반지름 12mm인 이형철근을 의미한다.
㉰ 5×100=500이란 전체길이 500mm를 100mm로 5등분한 것이다.
㉱ 12@300=3600이란 전체길이 3600mm를 300mm로 12등분한 것이다.

해설 Dϕ12 - 공칭지름 12mm의 이형철근

문제 060
국가 규격 명칭과 규격 기호가 바르게 표시된 것은?

㉮ 일본 규격 - JKS
㉯ 미국 규격 - USTM
㉰ 한국 산업 규격 - JIS
㉱ 국제 표준화 기구 - ISO

해설
• 일본 공업 규격 : JIS
• 미국 규격 : ASA
• 한국 산업 규격 : KS

답 056. ㉮ 057. ㉯ 058. ㉱ 059. ㉯ 060. ㉱

전산응용토목제도기능사

2010 기출문제

▷ 2010년 제 1회
▶ 2010년 제 4회
▷ 2010년 제 5회

부록 최근 기출문제 — 2010년 제1회

문제 001

폴리머 콘크리트(폴리머-시멘트 콘크리트)의 성질로 옳지 않은 것은?

㉮ 강도가 크다.
㉯ 건조수축이 작다.
㉰ 내충격성이 좋다.
㉱ 내마모성이 작다.

해설 내마모성, 내충격성 및 전기 전열성이 양호하다.

문제 002

철근 콘크리트 구조에 대한 설명으로 옳지 않은 것은?

㉮ 콘크리트의 압축강도가 인장강도에 비해 약한 결점을 철근을 배치하여 보강한 것이다.
㉯ 콘크리트 속에 묻힌 철근은 녹이 슬지 않아 널리 사용된다.
㉰ 이형철근은 표면적이 넓을 뿐 아니라 마디가 있어 부착력이 크다.
㉱ 각 부재를 일체로 만들 수 있어 전체적으로 강성이 큰 구조가 된다.

해설 콘크리트의 인장강도가 압축강도에 비해 약한 결점을 철근을 배치하여 보강한 것이다.

문제 003

단철근 직사각형보에서 $f_{ck}=24$MPa, $f_y=300$MPa일 때 균형 철근비는?

㉮ 0.0205 ㉯ 0.0351
㉰ 0.0374 ㉱ 0.0412

해설
$$\rho_b = \eta \, 0.85 \beta_1 \frac{f_{ck}}{f_y} \frac{660}{660+f_y}$$
$$= 1.0 \times 0.85 \times 0.8 \times \frac{24}{300} \times \frac{660}{660+300} = 0.0374$$

문제 004

철근 크기에 따른 180° 표준 갈고리의 구부림 최소 반지름으로 옳지 않은 것은? (단, d_b는 철근의 공칭지름)

㉮ D10 : $2d_b$ ㉯ D25 : $3d_b$
㉰ D35 : $4d_b$ ㉱ D38 : $5d_b$

해설
- D10~D25 : $3d_b$
- D29~D35 : $4d_b$
- D38 이상 : $5d_b$

문제 005

콘크리트 속에 일부가 매립된 철근은 책임 기술자의 승인하에 구부림 작업을 해야 한다. 현장에서 철근을 구부리기 위한 작업 방법으로 옳지 않은 것은?

㉮ 가급적 상온에서 실시한다.
㉯ 구부리기 위한 철근의 가열은 콘크리트에 손상이 가지 않도록 한다.
㉰ 구부림 작업 중 균열이 발생하면 가열하여 나머지 철근에서 이러한 현상이 발생하지 않도록 한다.
㉱ 800℃ 정도까지 가열된 철근은 냉각수 등을 사용하여 급속히 냉각하도록 한다.

해설 800℃ 정도까지 가열된 철근은 공기중에서 서서히 냉각시킨다.

문제 006

두께 140mm의 슬래브를 설계하고자 한다. 최대 정모멘트가 발생하는 위험단면에서 주철근의 중심 간격은 얼마 이하이어야 하는가?

㉮ 280mm 이하 ㉯ 320mm 이하
㉰ 360mm 이하 ㉱ 400mm 이하

답 001. ㉱ 002. ㉮ 003. ㉰ 004. ㉮ 005. ㉱ 006. ㉮

해설
- 2방향 슬래브의 위험단면에서 철근의 간격은 슬래브 두께의 2배 이하, 또한 300mm 이하로 하여야 한다.
  ∴ 140×2=280mm
- 1방향 슬래브의 정철근 및 부철근의 중심간격은 최대 휨 모멘트가 일어나지 않는 단면에서 슬래브 두께의 3배 이하, 또는 450mm 이하이다.
- 슬래브의 정철근 및 부철근의 중심간격은 최대 휨 모멘트가 일어나는 단면에서 슬래브 두께의 2배 이하, 300mm 이하이다.

문제 007
콘크리트 구조물의 이음에 관한 설명으로 옳지 않은 것은?

㉮ 설계에 정해진 이음의 위치와 구조는 지켜야 한다.
㉯ 신축이음은 양쪽의 구조물 혹은 부재가 구속되지 않는 구조이어야 한다.
㉰ 시공이음은 될 수 있는 대로 전단력이 큰 위치에 설치한다.
㉱ 신축이음에서는 필요에 따라 이음재, 지수판 등을 설치할 수 있다.

해설 시공이음은 될 수 있는 대로 전단력이 작은 위치에 설치한다.

문제 008
철근의 겹침이음 길이를 결정하기 위한 요소 중 옳지 않은 것은?

㉮ 철근의 종류
㉯ 철근의 재질
㉰ 철근의 공칭지름
㉱ 철근의 설계기준 항복강도

해설
- D35를 초과하는 철근은 겹침이음을 해서는 안 된다.
- 인장철근을 겹침이음할 때 기본 정착길이
  $l_{db} = \dfrac{0.6\,d_b f_y}{\lambda \sqrt{f_{ck}}}$
  (여기서, d_b: 공칭 직경, f_y: 철근의 설계기준 항복강도, f_{ck}: 설계기준 압축강도)

문제 009
콘크리트용 골재가 갖추어야 할 성질에 대한 설명으로 옳지 않은 것은?

㉮ 알맞은 입도를 가질 것
㉯ 깨끗하고 강하며 내구적일 것
㉰ 연하고 가느다란 석편을 함유할 것
㉱ 먼지, 흙, 유기불순물 등의 유해물이 허용한도 이내일 것

해설
- 모양은 구 또는 입방체에 가까울 것
- 마모에 대한 저항성이 클 것

문제 010
압축부재에 사용되는 나선철근의 정착은 나선철근의 끝에서 추가로 몇 회전만큼 더 확보하여야 하는가?

㉮ 1.0회전　　㉯ 1.5회전
㉰ 2.0회전　　㉱ 2.5회전

해설
- 나선철근의 정착
  나선철근 끝에서 추가로 심부 주위를 1.5회전 만큼 더 확보한다.
- 나선철근의 이음
  철근 또는 철선 지름의 48배 이상, 또한 300mm 이상의 겹침 이음 또는 용접이음

문제 011
철근 콘크리트 구조물에서 철근의 최소 피복두께를 결정하는 요소로 가장 거리가 먼 것은?

㉮ 콘크리트를 타설하는 조건에 따라
㉯ 거푸집의 종류에 따라
㉰ 사용 철근의 공칭지름에 따라
㉱ 구조물이 받는 환경조건에 따라

해설
- 흙에 접하지 않는 현장치기 콘크리트의 경우 보와 기둥의 최소 피복두께는 40mm이다.
- 현장치기 콘크리트의 경우 흙에 접하거나 심한 기상작용을 받는 D16 미만의 철근의 최소 피복두께는 40mm이다.

답 007. ㉰　008. ㉯　009. ㉰　010. ㉯　011. ㉯

문제 012
철근 콘크리트 보에서 사용하는 전단철근에 해당되지 않는 것은?

㉮ 주인장 철근에 45°의 각도로 구부린 굽힘철근
㉯ 주인장 철근에 60°의 각도로 설치된 스터럽
㉰ 주인장 철근에 30°의 각도로 설치된 스터럽
㉱ 스터럽과 굽힘철근의 조합

해설
- 주인장 철근에 30° 이상의 각도로 구부린 굽힘철근
- 주인장 철근에 45°의 각도로 설치되는 스터럽

문제 013
철근의 항복으로 시작되는 보의 파괴는 사전에 붕괴의 징조를 알리며 점진적으로 일어난다. 이러한 파괴 형태를 무엇이라 하는가?

㉮ 연성파괴 ㉯ 항복파괴
㉰ 취성파괴 ㉱ 피로파괴

해설 압축측 콘크리트보다 인장측 철근이 먼저 항복하면 철근의 연성으로 인해 보의 파괴가 단계적으로 서서히 일어나는 연성파괴가 된다.

문제 014
콘크리트를 연속으로 칠 경우 콜드 조인트가 생기지 않도록 하기 위하여 사용할 수 있는 혼화제는?

㉮ 지연제 ㉯ 급결제
㉰ 발포제 ㉱ 촉진제

해설 지연제는 시멘트의 수화반응을 늦추어 응결시간을 길게 할 목적으로 사용한다.

문제 015
콘크리트를 배합 설계할 때 물-시멘트비를 결정할 때의 고려사항으로 거리가 먼 것은?

㉮ 압축강도 ㉯ 단위 시멘트량
㉰ 내구성   ㉱ 수밀성

해설 콘크리트 배합은 필요한 강도, 내구성, 수밀성 및 작업에 알맞은 워커빌리티를 가지는 범위 안에서 단위 수량이 적게 되도록 정한다.

문제 016
다음 교량 중 건설 시기가 가장 빠른 것은? (단, 개·보수 및 복구 등을 제외한 최초의 완공을 기준으로 한다.)

㉮ 인천대교 ㉯ 원효대교
㉰ 한강철교 ㉱ 영종대교

해설
- 한강철교(1937년)
- 원효대교(1981년)
- 영종대교(2000년)
- 인천대교(2009년)

문제 017
철근 콘크리트가 건설 재료로 널리 이용되는 이유가 아닌 것은?

㉮ 균열이 생기지 않는다.
㉯ 철근과 콘크리트는 온도에 대한 열팽창계수가 거의 같다.
㉰ 철근과 콘크리트는 부착이 매우 잘 된다.
㉱ 콘크리트 속에 묻힌 철근은 거의 녹이 슬지 않는다.

해설
- 철근과 콘크리트는 일체로 되어 하나의 구조물로 거동한다.
- 콘크리트는 철근에 비해 탄성계수가 상당히 작다.

문제 018
교량을 강도 설계법으로 설계하고자 할 때, 설계계산에 앞서 결정하여야 할 사항이 아닌 것은?

㉮ 사용성 검토
㉯ 응력의 결정
㉰ 재료의 선정
㉱ 하중의 결정

해설 강도 설계법은 안전성에 중점을 두고 처짐, 균열 등의 사용성은 별도로 검토한다.

답 012. ㉰ 013. ㉮ 014. ㉮ 015. ㉯ 016. ㉰ 017. ㉮ 018. ㉮

문제 019
프리스트레스의 손실 원인 중 프리스트레스를 도입할 때의 손실에 해당하는 것은?

㉮ 콘크리트의 크리프
㉯ 콘크리트의 건조수축
㉰ PS 강재의 릴랙세이션
㉱ 마찰에 의한 손실

해설
- 프리스트레스를 도입할 때 손실
  ① 콘크리트의 탄성변형에 의한 손실
  ② 강재와 쉬스의 마찰에 의한 손실
  ③ 정착단의 활동에 의한 손실
- 프리스트레스를 도입한 후 손실
  ① 콘크리트의 건조수축
  ② 콘크리트의 크리프
  ③ 강재의 릴랙세이션

문제 020
압축 부재의 철근량 제한 사항으로 옳지 않은 것은?

㉮ 철근비의 범위는 10~18%이다.
㉯ 나선철근은 수직 간격재를 사용하여 단단하고 곧게 조립한다.
㉰ 축방향 주철근이 겹침이음 되는 경우의 철근비는 0.04를 초과하지 않도록 한다.
㉱ 압축 부재에서 철근을 사각형 또는 원형 띠철근으로 둘러쌀 때에는 최소한 4개의 주철근이 요구된다.

해설
- 압축부재의 축방향 철근의 철근비는 총 단면적의 1~8%이어야 한다.
- 축방향 부재의 주철근 최소 개수는 나선철근으로 둘러싸인 철근의 경우 6개로 한다.

문제 021
자동차가 교량 위를 달리다가 갑자기 정지했을 때 발생하는 하중을 무엇이라고 하는가?

㉮ 풍하중
㉯ 제동하중
㉰ 충격하중
㉱ 고정하중

해설 제동하중은 부하중에 상당하는 특수하중으로 교면상 1.8m 높이에서 수평방향으로 작용하며 총하중의 10%이다.

문제 022
내적 부정정 아치(arch)에 해당되지 않는 것은?

㉮ 랭거교   ㉯ 로제교
㉰ 타이드 아치교   ㉱ 3활절 아치교

해설 3활절 아치교는 양 지지점이 힌지이며 정점에도 힌지를 넣어 정정 구조로 만든 것이다.

문제 023
철근 콘크리트 기둥 중 그림과 같은 형식은 어떤 기둥의 단면을 표시한 것인가?

㉮ 합성 기둥
㉯ 띠철근 기둥
㉰ 콘크리트 기둥
㉱ 나선철근 기둥

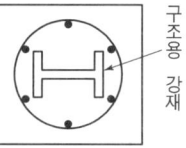

해설 합성 기둥은 구조용 강재나 강관을 축방향으로 배치한 압축부재이다.

문제 024
옹벽의 활동에 대한 저항력은 옹벽에 작용하는 수평력의 최소 몇 배 이상이 되도록 하여야 하는가?

㉮ 1.0배   ㉯ 1.5배
㉰ 2.0배   ㉱ 2.5배

해설
- 전도에 대한 안전율 : 2.0
- 활동에 대한 안전율 : 1.5
- 침하(지지력)에 대한 안전율 : 1.0

문제 025
콘크리트 속에 철근을 배치하여 양자가 일체가 되어 외력을 받게 한 구조는?

㉮ 철근 콘크리트 구조
㉯ 무근 콘크리트 구조
㉰ 프리스트레스 구조
㉱ 합성 구조

답 019. ㉱ 020. ㉮ 021. ㉯ 022. ㉱ 023. ㉮ 024. ㉯ 025. ㉮

문제 026

1방향 슬래브에서 정모멘트 철근 및 부모멘트 철근의 중심 간격에 대한 위험단면에서의 기준으로 옳은 것은?

㉮ 슬래브 두께의 2배 이하, 300mm 이하
㉯ 슬래브 두께의 2배 이하, 400mm 이하
㉰ 슬래브 두께의 3배 이하, 300mm 이하
㉱ 슬래브 두께의 3배 이하, 400mm 이하

해설
- 1방향 슬래브의 두께는 100mm 이상이라야 한다.
- 1방향 슬래브에서는 정철근 및 부철근에 직각 방향으로 배력철근(수축·온도철근)을 배치한다.

문제 027

토목 구조물의 특징이 아닌 것은?

㉮ 일반적으로 대규모이다.
㉯ 다량 생산 구조물이다.
㉰ 구조물의 수명, 즉 공용 기간이 길다.
㉱ 대부분이 공공의 목적으로 건설된다.

해설 동일한 구조물이 두 번 이상 건설되는 일이 없다.

문제 028

다음 그림은 어느 형식의 확대기초를 표시한 것인가?

㉮ 독립 확대기초
㉯ 경사 확대기초
㉰ 연결 확대기초
㉱ 말뚝 확대기초

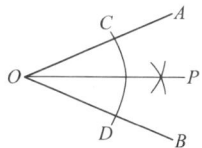

해설 독립 확대기초 - 1개 기둥을 지지하는 기초

문제 029

트러스의 종류 중 주트러스로서는 잘 쓰이지 않으나, 가로 브레이싱에 주로 사용되는 형식은?

㉮ K 트러스
㉯ 프랫(pratt) 트러스
㉰ 하우(howe) 트러스
㉱ 워런(warren) 트러스

해설
- 하우 트러스 - 사재 방향이 지간 중심선에 대하여 위에서 아래로 향한다.
- 프랫 트러스 - 사재가 서로 평행하다.
- 워런 트러스 - 사재가 서로 엇갈린다.

문제 030

양안에 주탑을 세우고 그 사이에 케이블을 걸어, 여기에 보강형 또는 보강 트러스를 매단 형식의 교량은?

㉮ 사장교
㉯ 현수교
㉰ 아치교
㉱ 라멘교

해설
- 현수교
 주탑 및 앵커리지로 주 케이블을 지지하고 이 케이블에 현수재를 매달아 보강형을 지지하는 교량 형식
- 라멘교
 교량의 상부구조와 하부구조를 강절로 연결함으로써 전체구조의 강성을 높임과 동시에 지간내에 발생하는 휨 모멘트의 크기를 줄이는 대신 이를 교대나 교각이 부담하게 하는 교량 형식

문제 031

주어진 각(∠AOB)을 2등분할 때 가장 먼저 해야 할 일은?

㉮ A와 P를 연결한다.
㉯ O점과 P점을 연결한다.
㉰ O점에서 임의의 원을 그려 C와 D점을 구한다.
㉱ C, D점에서 임의의 반지름으로 원호를 그려 P점을 찾는다.

답 026. ㉮ 027. ㉯ 028. ㉮ 029. ㉮ 030. ㉯ 031. ㉰

해설
① ∠AOB의 꼭지점 O를 중심으로 임의의 반지름을 가진 호 그리기
② 직선과 호의 교차점에서 각각 같은 반지름의 호를 그려 2등분점 찾기
③ 꼭지점 O와 2등분점 P를 이어 2등분선 긋기

문제 032
아래 그림과 같은 강관의 치수 표시 방법으로 옳은 것은? (단, B : 내측 지름, L : 축방향 길이)

㉮ 이형 D A-L ㉯ φA×t-L
㉰ □ A×B-L ㉱ B×A×L-t

해설 각 강관

문제 033
도로 설계 제도에서 평면도를 그릴 때 평탄한 전답으로 별다른 지물이 없을 경우에 일반적으로 노선 중심선 좌우를 중심으로 표시한 거리 범위로 가장 적당한 것은?

㉮ 1~5m ㉯ 10~20m
㉰ 30~40m ㉱ 100~200m

해설
• 평면도의 축척은 1/500~1/2000로 하고 기점은 좌단에 두도록 한다.
• 평면도에는 노선 중심선 좌우 약 100m, 지형 및 지물(교량, 옹벽, 용지 경계 등)을 표시하지만 평탄한 전답으로 별다른 지물이 없을 때는 좌우 30~40m 정도이다.

문제 034
구조도에서 표시하기 어려운 특정한 부분을 상세하게 나타낸 도면은?

㉮ 일반도 ㉯ 투시도
㉰ 상세도 ㉱ 설명도

해설 상세도는 구조도에 표시하는 것이 곤란한 부분의 형상, 치수, 기구 등을 상세하게 표시하는 도면이다.

문제 035
도면의 종류에서 복사도가 아닌 것은?

㉮ 기본도 ㉯ 청사진
㉰ 백사진 ㉱ 마이크로 사진

해설 기본도(원도)는 측량이나 설계 계산의 결과를 바탕으로 제도하여 작성되지만 맨 처음 작성하는 도면이다.

문제 036
콘크리트 구조물 도면에서 구조도의 표준 축척으로 가장 적합하지 않은 것은?

㉮ 1 : 30 ㉯ 1 : 40
㉰ 1 : 50 ㉱ 1 : 150

해설
• 일반도
1/100, 1/200, 1/300, 1/400, 1/500, 1/600을 표준한다.
• 구조 일반도
1/50, 1/100, 1/200을 표준한다.
• 구조도
1/20, 1/30, 1/40, 1/50을 표준한다.

문제 037
치수에 대한 설명으로 옳지 않은 것은?

㉮ 치수는 계산하지 않고서도 알 수 있게 표기한다.
㉯ 치수는 모양 및 위치를 가장 명확하게 표시하며 중복은 피한다.
㉰ 치수의 단위는 mm를 원칙으로 하며 단위 기호는 쓰지 않는다.
㉱ 부분치수의 합계 또는 전체의 치수는 개개의 부분치수 안쪽에 기입한다.

해설 하나하나의 부분치수의 합계 또는 전체의 치수는 순차적으로 개개의 부분치수의 바깥쪽에 기입한다.

답 032. ㉯ 033. ㉰ 034. ㉰ 035. ㉮ 036. ㉱ 037. ㉱

문제 038
강(鋼) 재료의 단면 표시로 옳은 것은?

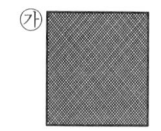 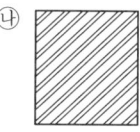
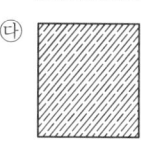 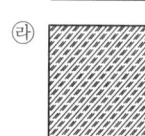

해설
- ㉮ : 아스팔트
- ㉰ : 녹쇠
- ㉱ : 구리

문제 039
문자 크기에 대한 설명으로 옳은 것은?
㉮ 문자의 높이로 나타낸다.
㉯ 제도 통칙에서는 규정하지 않는다.
㉰ 축척에 따라 반드시 같은 크기로 한다.
㉱ 일반 치수문자는 9~18mm를 사용한다.

해설
- 제도 통칙에 크기와 모양을 규정하고 있다.
- 일반 치수문자는 4.5mm 크기로 하고 표제에는 9mm를 사용한다.
- 도면의 크기나 축척의 정도에 따라 문자의 크기를 다르게 한다.

문제 040
치수선에 대한 설명으로 옳지 않은 것은?
㉮ 치수선은 표시할 치수의 방향에 평행하게 긋는다.
㉯ 일반적으로 불가피한 경우가 아닐 때에는 치수선은 다른 치수선과 서로 교차하지 않도록 한다.
㉰ 대칭인 물체의 치수선은 중심선에서 약간 연장하여 긋고, 연장선의 끝에 화살표를 붙여 표시한다.
㉱ 협소하여 화살표를 붙일 여백이 없을 때에는 치수선을 치수 보조선 바깥쪽에 긋고 내측을 향하여 화살표를 붙인다.

해설 대칭인 물체의 치수선은 중심선에서 약간 연장하여 긋고, 연장선의 끝에 화살표를 붙이지 않는다.

문제 041
컴퓨터를 구성하는 주요 장치에서 데이터를 처리, 제어하는 기능을 수행하는 장치는?
㉮ 기억장치
㉯ 입력장치
㉰ 출력장치
㉱ 중앙처리장치

해설 중앙처리장치(CPU)
① 산술연산
② 기억된 명령 해독
③ 각종 제어신호를 만듦

문제 042
정투상도에 의한 제3각법으로 도면을 그릴 때 도면 위치는?
㉮ 정면도를 중심으로 평면도가 위에, 우측면도는 평면도의 왼쪽에 위치한다.
㉯ 정면도를 중심으로 평면도가 위에, 우측면도는 정면도의 오른쪽에 위치한다.
㉰ 정면도를 중심으로 평면도가 아래에, 우측면도는 정면도의 오른쪽에 위치한다.
㉱ 정면도를 중심으로 평면도가 아래에, 우측면도는 정면도의 왼쪽에 위치한다.

해설
```
          평면도
좌측면도  정면도   우측면도
          저면도
```

문제 043
치수 표기에서 특별한 명시가 없으면 무엇으로 표시하는가?
㉮ 가상 치수
㉯ 재료 치수
㉰ 재단 치수
㉱ 마무리 치수

해설 치수는 특별히 명시하지 않으면 마무리 치수로 표시한다. 다만, 강구조 등의 재료 치수는 마무리 치수의 것을 제작함에 필요한 재료의 치수로 한다.

문제 044
한국 산업 규격 중 토건의 KS 부문별 기호는?

㉮ KS A ㉯ KS F
㉰ KS L ㉱ KS D

해설
- KS D : 금속(예: 철근, 강재)
- KS L : 요업(예: 시멘트, 혼화재료)
- KS M : 화학(예: 아스팔트)

문제 045
단면도의 절단면을 해칭할 때 사용되는 선의 종류는?

㉮ 가는 파선
㉯ 가는 실선
㉰ 가는 1점 쇄선
㉱ 가는 2점 쇄선

해설 가는 실선
치수선, 치수 보조선, 지시선, 인출선, 기입선, 해칭 등에 사용된다.

문제 046
도면을 철하지 않을 경우 A3 도면 윤곽선의 최소 여백치수로 알맞은 것은?

㉮ 25mm ㉯ 20mm
㉰ 10mm ㉱ 5mm

해설 윤곽의 나비
① A0, A1 : 20mm 이상
② A2, A3, A4 : 10mm 이상

문제 047
단면의 경계 표시 중 지반면(흙)을 나타내는 것은?

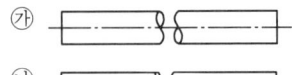

해설
- ㉯ : 모래
- ㉰ : 잡석
- ㉱ : 수준면(물)

문제 048
도면에 대한 설명으로 옳지 않은 것은?

㉮ 큰 도면을 접을 때에는 A4의 크기로 접는다.
㉯ A3 도면의 크기는 A2 도면의 절반 크기이다.
㉰ A 계열에서 가장 큰 도면의 호칭은 A0이다.
㉱ A4의 크기는 B4보다 크다.

해설
- A4의 크기는 B4보다 작다.
- A0 : 841×1189mm
- A1 : 594×841mm
- A2 : 420×594mm
- A3 : 297×420mm
- A4 : 210×297mm

문제 049
나무의 절단면을 바르게 표시한 것은?

㉮
㉯
㉰
㉱

해설
- ㉮ : 환봉 절단면
- ㉯ : 각봉 절단면
- ㉰ : 파이프 절단면

문제 050
CAD 작업에서 좌표의 원점으로부터 좌표값 X, Y의 값을 입력하는 좌표는?

㉮ 절대 좌표
㉯ 상대 좌표
㉰ 극 좌표
㉱ 원 좌표

해설
- 절대 좌표
  X, Y, Z축의 원점을 기준으로 각 지점의 변위를 나타내는 형식
- 상대 좌표
  현재 설정된 점을 기준 원점으로 하여 점의 변위와 방향을 표시하는 형식

답 044. ㉯ 045. ㉯ 046. ㉰ 047. ㉮ 048. ㉱ 049. ㉱ 050. ㉮

문제 051
컴퓨터 파일 압축 형식이 아닌 것은?
- ㉮ ZIP
- ㉯ RAR
- ㉰ ARJ
- ㉱ LOG

해설 압축 프로그램에는 ZIP, RAR, ARC, LZH, ARJ, ACE 등이 있다.

문제 052
투상선이 모든 투상면에 대하여 수직으로 투상되는 것은?
- ㉮ 정투상법
- ㉯ 투시 투상도법
- ㉰ 사투상법
- ㉱ 축측 투상도법

해설 정투상법에는 제1각법, 제3각법이 있으며 일반적으로 제3각법을 사용한다.

문제 053
철근의 치수와 배치를 나타낸 도면은?
- ㉮ 일반도
- ㉯ 구조 일반도
- ㉰ 배근도
- ㉱ 외관도

해설 구조도
콘크리트 내부의 구조 주체를 도면에 표시한 것으로서 철근, PC 강재 등 설계상 필요한 여러 가지 재료의 모양, 품질 등을 표시한 도면이며 일반적으로 배근도라고도 하며 현장에서는 이 도면에 따라 철근의 가공, 배치 등을 한다.

문제 054
경사가 있는 L형 옹벽 벽체에서 도면에 1:0.02로 표시할 수 있는 경우는?
- ㉮ 연직거리 1m일 때 수평거리 2mm인 경사
- ㉯ 연직거리 4m일 때 수평거리 2mm인 경사
- ㉰ 연직거리 1m일 때 수평거리 40mm인 경사
- ㉱ 연직거리 4m일 때 수평거리 80mm인 경사

해설 1 : 0.02(연직거리 : 수평거리)이므로
4000×0.02=80mm

문제 055
국제 및 국가별 표준규격 명칭과 기호 연결이 옳지 않은 것은?
- ㉮ 국제 표준화 기구 – ISO
- ㉯ 영국 규격 – DIN
- ㉰ 프랑스 규격 – NF
- ㉱ 일본 규격 – JIS

해설
- 영국 규격 – BS
- 독일 규격 – DIN

문제 056
입면도를 쓰지 않고 수평면으로부터 높이의 수치를 평면도에 기호로 주기하여 나타내는 투상법은?
- ㉮ 정투상법
- ㉯ 사투상법
- ㉰ 축측 투상법
- ㉱ 표고 투상법

해설 등고선을 표현할 때는 표고 투상법으로 나타낸다.

문제 057
단면의 표시 방법 중 모래를 나타낸 것은?

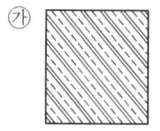
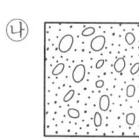
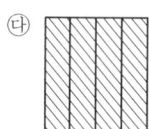
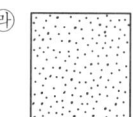

해설
- ㉮ : 인조석
- ㉯ : 콘크리트
- ㉰ : 벽돌

문제 058

도로의 제도에서 종단 측량의 결과 No.0의 지반고가 105.35m이고 오름 경사가 1.0%일 때 수평거리 40m 지점의 계획고는?

㉮ 105.35m ㉯ 105.51m
㉰ 105.67m ㉱ 105.75m

해설
- 경사 1%의 연직거리
  $40 \times 0.01 = 0.4m$
- No.2(40m) 지점의 계획고
  $105.35 + 0.4 = 105.75m$

문제 059

강구조물의 도면 배치에 대한 주의사항으로 옳지 않은 것은?

㉮ 강구조물은 길더라도 몇 가지의 단면으로 절단하여 표현하여서는 안 된다.
㉯ 제작, 가설을 고려하여 부분적으로 제작 단위마다 상세도를 작성한다.
㉰ 소재나 부재가 잘 나타나도록 각각 독립하여 도면을 그려도 된다.
㉱ 도면이 잘 보이도록 하기 위해 절단선과 지시선의 방향을 표시하는 것이 좋다.

해설 강 구조물은 너무 길고 넓어 큰 공간을 차지하므로 몇 가지의 단면으로 절단하여 표현한다.

문제 060

보기와 같은 철근 이음 방법은?

〈보기〉 ━━━━●━━━━

㉮ 철근 용접 이음 ㉯ 철근 갈고리 이음
㉰ 철근의 평면 이음 ㉱ 철근의 기계적 이음

해설

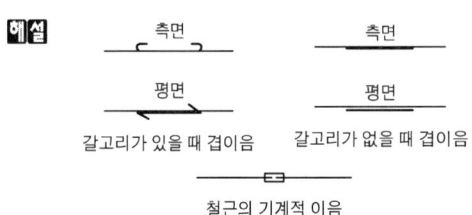

정답 058. ㉱ 059. ㉮ 060. ㉮

부록 최근 기출문제

2010년 제4회

문제 001
철근 콘크리트 부재의 경우 사용할 수 있는 전단철근의 형태로 옳지 않은 것은?

㉮ 스터럽과 굽힘철근의 조합
㉯ 주철근에 15° 이하의 각도로 설치되는 스터럽
㉰ 주인장 철근에 30° 이상의 각도로 구부린 굽힘철근
㉱ 주인장 철근에 45° 이상의 각도로 설치되는 스터럽

해설 스터럽과 굽힘철근은 사인장 균열을 막기 위해서 배치한다.

문제 002
콘크리트의 배합설계에서 실제 시험에 의한 품질기준강도(f_{cq})와 압축강도의 표준편차(s)를 구했을 때 배합강도(f_{cr})를 구하는 방법으로 옳은 것은? (단, $f_{cq} \leq 35$MPa인 경우)

㉮ $f_{cr} = f_{cq} + 1.34s$[MPa], $f_{cr} = (f_{cq} - 3.5) + 2.33s$[MPa]의 두 식으로 구한 값 중 작은 값
㉯ $f_{cr} = f_{cq} + 1.34s$[MPa], $f_{cr} = (f_{cq} - 3.5) + 2.33s$[MPa]의 두 식으로 구한 값 중 큰 값
㉰ $f_{cr} = f_{cq} + 1.64s$[MPa], $f_{cr} = 0.85f_{cq} + 3s$[MPa]의 두 식으로 구한 값 중 작은 값
㉱ $f_{cr} = f_{cq} + 1.64s$[MPa], $f_{cr} = 0.85f_{cq} + 3s$[MPa]의 두 식으로 구한 값 중 큰 값

해설
• $f_{cq} \leq 35$MPa인 경우
① $f_{cr} = f_{cq} + 1.34s$[MPa]
② $f_{cr} = (f_{cq} - 3.5) + 2.33s$[MPa]
두 식으로 구한 값 중 큰 값
• $f_{cq} > 35$MPa인 경우
① $f_{cr} = f_{cq} + 1.34s$[MPa]
② $f_{cr} = 0.9f_{cq} + 2.33s$[MPa]
두 식으로 구한 값 중 큰 값

문제 003
스터럽과 띠철근에서 90° 표준 갈고리에 대한 설명으로 옳은 것은?

㉮ D16 철근은 구부린 끝에서 철근 지름의 6배 이상 연장하여야 한다.
㉯ D19 철근은 구부린 끝에서 철근 지름의 3배 이상 연장하여야 한다.
㉰ D22 철근은 구부린 끝에서 철근 지름의 6배 이상 연장하여야 한다.
㉱ D25 철근은 구부린 끝에서 철근 지름의 3배 이상 연장하여야 한다.

해설 90° 표준 갈고리
① D16 이하의 철근은 구부린 끝에서 $6d_b$ 이상 연장하여야 한다.
② D19, D22 및 D25 철근의 구부린 끝에서 $12d_b$ 이상 연장하여야 한다.

문제 004
콘크리트의 강도에 대한 설명으로 옳지 않은 것은?

㉮ 재령 28일의 콘크리트의 압축강도를 설계기준 강도로 한다.
㉯ 콘크리트의 인장강도는 압축강도의 약 1/10~1/13 정도이다.
㉰ 콘크리트의 휨강도는 압축강도의 약 1/5~1/8 정도이다.
㉱ 인장강도는 도로 포장용 콘크리트의 품질 결정에 이용된다.

해설
• 콘크리트 포장에서 재령 28일 휨 호칭강도는 4.5MPa 이상을 기준으로 한다.
• 콘크리트의 강도 중 압축강도가 가장 크다.

답 001. ㉯ 002. ㉯ 003. ㉮ 004. ㉱

문제 005
콘크리트용 잔골재의 입도에 관한 사항으로 옳지 않은 것은?

㉮ 잔골재는 크고 작은 알이 알맞게 혼합되어 있는 것으로서 입도가 표준 범위 내인가를 확인한다.
㉯ 입도가 잔골재의 표준 입도의 범위를 벗어나는 경우에는 두 종류 이상의 잔골재를 혼합하여 입도를 조정하여 사용한다.
㉰ 일반적으로 콘크리트용 잔골재의 조립률의 범위는 5.0 이상인 것이 좋다.
㉱ 조립률은 골재의 입도를 수량적으로 나타내는 한 방법이다.

해설
- 일반적으로 콘크리트용 잔골재의 조립률은 2.0~3.3 범위이다.
- 골재의 입경이 클수록 조립률이 커진다.

문제 006
$b=400\text{mm}$, $a=100\text{mm}$인 단철근 직사각형 보에서 $f_{ck}=25\text{MPa}$일 때 콘크리트의 전압축력을 강도 설계법으로 구한 값은? [단, b: 부재의 폭(mm), f_{ck}: 콘크리트 설계기준 압축강도, a: 콘크리트의 등가 직사각형 응력분포의 깊이 (mm)]

㉮ 700 kN   ㉯ 800 kN
㉰ 850 kN   ㉱ 1,000 kN

해설 $C = \eta(0.85 f_{ck})ab = 1.0 \times (0.85 \times 25) \times 100 \times 400$
$= 850,000\text{N} = 850\text{kN}$

문제 007
토목 재료로서의 콘크리트 특징으로 옳지 않은 것은?

㉮ 부재나 구조물의 크기를 마음대로 만들 수 있다.
㉯ 압축강도와 내구성이 크다.
㉰ 재료의 운반과 시공이 쉽다.
㉱ 압축강도에 비해 인장강도가 크다.

해설 압축강도에 비해 인장강도가 작다.

문제 008
철근 콘크리트 보를 강도 설계법으로 설계할 경우 필요한 가정으로 옳지 않은 것은?

㉮ 보가 파괴를 일으킬 때 압축측 콘크리트 표면에서의 최대 변형률은 0.003이다.
㉯ 철근과 콘크리트 사이의 부착은 완전하며 그 경계면에서 상대활동은 일어나지 않는다.
㉰ 보의 극한상태에서 휨 모멘트를 계산할 때 콘크리트의 인장강도를 고려한다.
㉱ 보에서 임의의 단면이 휨을 받기 전에 평면이었다면 휨 변형을 일으킨 뒤에도 평면을 유지한다.

해설 보의 극한상태에서 휨 모멘트를 계산할 때 콘크리트의 인장강도는 무시한다.

문제 009
원칙적으로 겹침이음을 하여서는 안 되는 철근은?

㉮ D19 미만의 철근   ㉯ D25 이상의 철근
㉰ D32 미만의 철근   ㉱ D35 초과의 철근

해설
- D35를 초과하는 철근은 겹침이음을 해서는 안 된다.
- 다발 내의 각 철근의 겹침이음은 같은 위치에 중첩해서는 안 된다.
- 철근의 이음 방법으로 겹침이음이 가장 많이 사용된다.
- 이형철근을 겹침이음할 때는 일반적으로 갈고리를 하지 않는다.
- 원형철근을 겹침이음할 때는 갈고리를 붙인다.

문제 010
수밀 콘크리트를 만드는 데 적합하지 않은 것은?

㉮ 단위수량을 되도록 적게 한다.
㉯ 물-결합재비를 되도록 적게 한다.
㉰ 단위 굵은골재량을 되도록 크게 한다.
㉱ AE(공기연행)제를 사용하지 않음을 원칙으로 한다.

답 005. ㉰ 006. ㉰ 007. ㉱ 008. ㉰ 009. ㉱ 010. ㉱

해설
- 양질의 감수제 또는 공기연행제를 쓰는 것이 좋다.
- 물-결합재비는 50% 이하를 표준으로 한다.

문제 011
철근 구부리기에 대한 설명으로 옳지 않은 것은?

㉮ 철근은 상온에서 구부리는 것을 원칙으로 한다.
㉯ 콘크리트 속에 일부가 묻혀 있는 철근은 현장에서 임의로 구부리지 않도록 한다.
㉰ 구부린 철근을 큰 응력을 받은 곳에 배치하는 경우에는 구부림 내면 반지름을 더 작게 하여야 한다.
㉱ D16 이하의 스터럽과 띠철근으로 사용하는 표준 갈고리의 구부림 내면 반지름은 철근 공칭지름의 2배 이상으로 하여야 한다.

해설 큰 응력을 받는 곳에서 철근을 구부릴 때에는 구부림 내면 반지름을 더 크게 하여야 한다.

문제 012
철근을 소요 두께의 콘크리트로 덮는 이유에 대한 설명으로 가장 거리가 먼 것은?

㉮ 철근의 산화를 방지하기 위하여
㉯ 시공의 편의를 위하여
㉰ 부착응력을 확보하기 위하여
㉱ 내화적으로 만들기 위하여

해설 최소 피복두께
콘크리트의 표면에서 가장 바깥쪽 철근의 표면까지의 최단거리

문제 013
압축을 받은 이형철근의 정착길이에서 지름이 6mm 이상이고, 나선간격이 100mm 이하인 나선철근으로 둘러싸인 압축 이형철근의 기본 정착길이에 대한 감소량은?

㉮ 20%   ㉯ 25%
㉰ 27%   ㉱ 33%

해설 압축 이형철근의 기본 정착길이에 대한 보정계수 지름 6mm 이상, 간격 100mm 이하인 나선철근 또는 간격 100mm 이하인 D13 띠철근으로 둘러싸인 압축 이형철근은 0.75이다.

문제 014
기둥에 대한 정의로 옳은 것은?

㉮ 높이가 단면 최소치수의 1배 이상인 압축재
㉯ 높이가 단면 최소치수의 2배 이상인 압축재
㉰ 높이가 단면 최소치수의 3배 이상인 압축재
㉱ 높이가 단면 최소치수의 4배 이상인 압축재

해설 기둥
높이가 단면 최소치수의 3배 이상인 수직 또는 수직에 가까운 압축재

문제 015
주철근을 2단 이상으로 배치할 경우에는 그 연직 순간격은 최소 얼마 이상으로 하여야 하는가?

㉮ 15mm   ㉯ 20mm
㉰ 25mm   ㉱ 30mm

해설 주철근을 2단 이상으로 배근할 때
① 상하철근은 동일 연직면 내에 두어야 한다.
② 연직 순간격은 25mm 이상이어야 한다.

문제 016
강구조의 특징에 대한 설명으로 옳지 않은 것은?

㉮ 내구성이 우수하다.
㉯ 재료의 균질성을 가지고 있다.
㉰ 차량 통행에 의하여 소음이 발생되지 않는다.
㉱ 다양한 형상과 치수를 가진 구조로 만들 수 있다.

해설
- 차량 통행에 의하여 소음이 발생하기 쉽다.
- 강 구조물을 사전 제작하여 조립이 쉽다.
- 부재를 개수하거나 보강이 쉽다.

답 011. ㉰ 012. ㉯ 013. ㉰ 014. ㉰ 015. ㉰ 016. ㉰

문제 017

폭 $b=400$mm, 유효깊이 $d=500$mm인 단철근 직사각형 보에서 인장 철근비는? (단, 철근의 단면적 $A_s=5,000$mm^2)

㉮ 0.015　　㉯ 0.025
㉰ 0.035　　㉱ 0.045

해설 $\rho = \dfrac{A_s}{bd} = \dfrac{5000}{400 \times 500} = 0.025$

문제 018

토목 구조물에서 콘크리트 구조, 강구조, 콘크리트와 강재의 합성 구조로 나누는 것은 무엇에 따른 분류인가?

㉮ 사용 목적에 따른 분류
㉯ 사용 재료에 따른 분류
㉰ 시공 방법에 따른 분류
㉱ 시공 비용에 따른 분류

해설 사용되는 재료에 따라 구분된다.

문제 019

독립 확대기초의 크기가 2m×3m이고 허용 지지력이 20kN/m^{2}일 때, 이 기초가 받을 수 있는 하중의 크기는?

㉮ 60 kN　　㉯ 80 kN
㉰ 120 kN　　㉱ 150 kN

해설 $f = \dfrac{P}{A}$
∴ $P = f \times A = 20 \times 2 \times 3 = 120$kN

문제 020

세계 토목 구조물의 역사에 대한 설명 중 틀린 것은?

㉮ 기원전 1~2세기경 아치교의 발달 – 프랑스의 가르교
㉯ 9~10세기경 미적, 구조적 변화 – 영국의 런던교
㉰ 15세기 조선시대 건설 – 청계천의 수표교
㉱ 21세기 신소재 신장비의 개발 – 미국의 금문교

해설 미국의 금문교
20세기 건설역사의 유물이자 신기술을 이용한 리노베이션으로 인한 미래형 교량

문제 021

압축 부재에서 나선 철근비 계산 시 설계기준 항복강도(f_{yt})의 최대 허용값은?

㉮ 300 MPa　　㉯ 500 MPa
㉰ 700 MPa　　㉱ 900 MPa

해설
• 나선철근 압축부재의 심부 지름은 200mm 이상이어야 한다.
• 나선철근의 항복강도는 700MPa 이하여야 한다.

문제 022

주탑과 경사로 배치되어 있는 인장 케이블 및 바닥판으로 구성되어 있으며 바닥판은 주탑에 연결되어 있는 와이어 케이블로 지지되어 있는 형태의 교량은?

㉮ 사장교　　㉯ 라멘교
㉰ 아치교　　㉱ 현수교

해설 사장교 : 중간의 교각 위에 세운 교탑으로부터 경사지게 내린 케이블로 주형을 매단 구조물

문제 023

다음 재료 중 단위질량이 가장 큰 것은?

㉮ 강재　　㉯ 역청재
㉰ 콘크리트　　㉱ 철근 콘크리트

해설
• 무근 콘크리트 : 2.3t/m^3
• 철근 콘크리트 : 2.4t/m^3
• 아스팔트 혼합물 : 2.35t/m^3
• 강재 : 7.85t/m^3

문제 024

기둥에서 종방향 철근의 위치를 확보하고 전단력에 저항하도록 정해진 간격으로 배치된 횡방향의 보강철근은 무엇인가?

답 017. ㉯　018. ㉯　019. ㉰　020. ㉱　021. ㉰　022. ㉮　023. ㉮　024. ㉱

㉮ 복부철근   ㉯ 이형철근
㉰ 원형철근   ㉱ 띠철근

해설 축방향 철근을 적당한 간격의 띠철근으로 감은 기둥을 띠철근 기둥이라 한다.

문제 025
설계하중에서 특수하중에 속하지 않는 것은?
㉮ 설하중   ㉯ 충돌하중
㉰ 제동하중   ㉱ 온도 변화의 영향

해설 부하중
풍하중, 온도 변화의 영향, 지진의 영향

문제 026
슬래브는 주철근 방향과 90° 방향으로 배력철근을 설치한다. 그 이유로 옳지 않은 것은?
㉮ 균열을 집중시켜 유지보수를 쉽게 하기 위하여
㉯ 응력을 고르게 분포시키기 위하여
㉰ 주철근의 간격을 유지시키기 위하여
㉱ 온도 변화에 의한 수축을 감소시키기 위하여

해설 1방향 슬래브에서 정철근 및 부철근에 직각방향으로 배력철근을 배치해야 한다.

문제 027
토목 구조물 건설에 대한 특징이 아닌 것은?
㉮ 주로 국가가 주관하여 건설한다.
㉯ 주로 자연을 대상으로 건설한다.
㉰ 주로 개인의 주체로 건설한다.
㉱ 주로 국민의 이익을 목적으로 건설한다.

해설
• 공익을 위해 건설한다.
• 자연 환경을 크게 변화시킨다.

문제 028
옹벽을 설계할 때 앞부벽은 무슨 보로 설계하는가?
㉮ T형 보   ㉯ L형 보
㉰ 직사각형 보   ㉱ 정사각형 보

해설 앞부벽은 직사각형 보로 설계하며 뒷부벽은 T형 보로 보고 설계한다.

문제 029
프리스트레스트 콘크리트의 포스트 텐션 방식에서 정착 방법의 종류가 아닌 것은?
㉮ 쐐기 작용을 이용하는 방법
㉯ 너트를 사용하는 방법
㉰ 리벳 머리에 의한 방법
㉱ 소일 네일링에 의한 방법

해설 소일 네일링 공법
흙 속에 보강재를 삽입하여 안정을 도모하는 지반보강공법

문제 030
아래 보기에 대한 토목 구조물의 설계 순서로 가장 적합한 것은?

〈보기〉
㉠ 설계도 및 공사 시방서 작성
㉡ 단면치수의 가정
㉢ 구조물의 형식 검토
㉣ 구조 해석에 의한 단면 계산 및 구조 세목
㉤ 구조물 건설의 필요성 검토

㉮ ㉤ → ㉡ → ㉢ → ㉣ → ㉠
㉯ ㉤ → ㉢ → ㉡ → ㉣ → ㉠
㉰ ㉤ → ㉠ → ㉢ → ㉡ → ㉣
㉱ ㉤ → ㉡ → ㉢ → ㉠ → ㉣

해설 구조물 건설의 필요성 검토 → 구조물의 형식 검토 → 단면치수의 가정 → 구조 해석에 의한 단면 계산 및 구조 세목 → 설계도 및 공사 시방서 작성

문제 031
CAD 작업의 특징으로 옳지 않은 것은?
㉮ 도면의 수정, 보완이 편리하다.
㉯ 도면의 관리, 보관이 편리하다.
㉰ 도면의 분석, 제작이 정확하다.
㉱ 도면의 크기 설정, 축척 변경이 어렵다.

답 025. ㉱ 026. ㉮ 027. ㉰ 028. ㉰ 029. ㉱ 030. ㉯ 031. ㉱

해설 도면의 크기 설정, 축척 변경이 자유롭다.

문제 032
하천 측량 제도에 포함되지 않는 것은?

㉮ 평면도   ㉯ 구조도
㉰ 종단면도   ㉱ 횡단면도

해설 구조도
구조물을 정확하고 능률적으로 제작, 시공하기 위해서 필요한 치수, 형상, 재질 등을 알기 쉽게 잘 표시한 것으로 철근 콘크리트 구조물의 철근 배근도, 철근도 등이 있다.

문제 033
하나의 시점과 물체의 각 점을 방사선으로 이어서 그리는 도법은?

㉮ 투시도법
㉯ 구조 투상도법
㉰ 부등각 투상법
㉱ 축측 투상도법

해설 투시도법
멀고 가까운 거리감을 느낄 수 있도록 하나의 시점과 물체의 각 점을 방사선으로 이어서 그리는 방법으로 주로 토목이나 건축에서 현장의 겨냥도, 구조물의 조감도 등에 쓰인다.

문제 034
다음 중 콘크리트를 표시하는 기호는?

㉮ 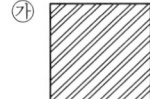   ㉯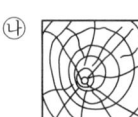

㉰ 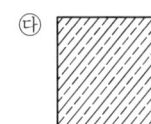   ㉱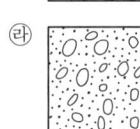

해설
- ㉮ : 강철
- ㉯ : 목재
- ㉰ : 놋쇠

문제 035
치수 기입 중 SR40이 의미하는 것은?

㉮ 반지름 40mm인 원
㉯ 반지름 40mm인 구
㉰ 한 변이 40mm인 정사각형
㉱ 한 변이 40mm인 정삼각형

해설
- ϕ : 지름
- R : 반지름
- □ : 정사각형
- t : 판의 두께
- C : 45° 모따기

문제 036
컴퓨터 하드 웨어의 처리절차를 나타낸 것으로 (   )에 가장 적당한 것은?

[데이터 → 입력 → (   ) → 출력 → 정보]

㉮ 처리   ㉯ 저장
㉰ 명령   ㉱ 이동

해설 입력 → 처리 → 출력

문제 037
물체를 '눈 → 투상면 → 물체'의 순서로 놓는 정투상법은?

㉮ 제1각법   ㉯ 제2각법
㉰ 제3각법   ㉱ 제4각법

해설 제3각법
평면도는 정면도 위에 우측면도는 정면도 우측에 그린다.

문제 038
다음 중 보통의 공장 리벳 표시로 알맞은 것은?

㉮ ⊙   ㉯ ×
㉰ ○   ㉱ ◎

해설 리벳기호는 ○을 그려 표시하며 리벳선은 가는 실선으로 한다.

문제 039

그림은 무엇을 작도하기 위한 것인가?

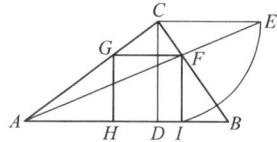

㉮ 사각형에 외접하는 최소 삼각형
㉯ 사각형에 외접하는 최대 삼각형
㉰ 삼각형에 내접하는 최대 정사각형
㉱ 삼각형에 내접하는 최소 직사각형

해설 삼각형 ABC에 내접하는 최대 정사각형(□FGHI)

문제 040

투상법은 보는 방법과 그리는 방법에 따라 여러 가지 종류가 있는데 투상법의 종류가 아닌 것은?

㉮ 정투상법
㉯ 사투상법
㉰ 등각 투상법
㉱ 구조 투상법

해설
- 정투상법(제1각법, 제3각법)
- 축측 투상법(등각 투상도, 부등각 투상도)
- 사투상법
- 투시도법
- 표고 투상법

문제 041

CAD 시스템에서 입력장치에 포함되지 않는 것은?

㉮ 태블릿
㉯ 키보드
㉰ 디지타이저
㉱ 플로터

해설 출력장치 : 디스플레이, 프린터, 플로터, 하드 카피, COM 장치 등

문제 042

선의 종류 중 보이지 않는 부분의 모양을 표시할 때 사용하는 선은?

㉮ 일점 쇄선
㉯ 파선
㉰ 이점 쇄선
㉱ 실선

해설 보이지 않는 물체의 윤곽을 나타내는 선(숨은선)은 파선으로 표시한다.

문제 043

제도에 대한 일반적인 설명으로 옳지 않은 것은?

㉮ 그림은 간단히 하고, 중복을 피한다.
㉯ 대칭적인 것은 중심선의 한쪽을 외형도, 반대쪽을 단면도로 표시하는 것을 원칙으로 한다.
㉰ 경사면을 가진 구조물에서 그 경사면의 모양을 표시하기 위하여 경사면 부분의 보조도를 넣을 수 있다.
㉱ 보이는 부분은 파선으로 표시하고 숨겨진 부분은 실선으로 표시한다.

해설 보이는 부분은 실선으로 표시하고 숨겨진 부분은 파선으로 표시한다.

문제 044

다음은 콘크리트 구조물의 어떤 도면에 대한 설명인가?

구조물 전체의 개략적인 모양을 표시한 도면

㉮ 일반도
㉯ 상세도
㉰ 구조도
㉱ 배근도

해설
- 일반도 : 구조물 전체의 개략적인 모양을 표시한 도면이며 구조물 주위의 지형·지물을 표시하여 지형과 구조물과의 연관성을 명확히 표시할 필요가 있다.
- 상세도 : 구조도의 일부를 취하여 큰 축척으로 표시한 도면
- 구조도 : 콘크리트 내부의 구조 주체를 도면에 표시한 것으로 일반적으로 배근도라고도 한다.

문제 045

도면을 철하기 위한 구멍 뚫기의 여유를 설치할 때 최소 나비는?

㉮ 5mm
㉯ 10mm
㉰ 15mm
㉱ 20mm

해설 도면을 철하기 위한 구멍 뚫기의 여유를 설치해도 좋다. 이 여유는 최소 나비 20mm로 표제란에서 가장 떨어진 왼쪽 끝에 둔다.

문제 046
치수 기호에서 지름을 나타내는 것은?
- ㉮ R
- ㉯ φ
- ㉰ t
- ㉱ C

해설
- R : 반지름
- t : 판의 두께
- C : 45° 모따기

문제 047
척도에 대한 설명으로 옳지 않은 것은?
- ㉮ 현척은 1:1을 의미한다.
- ㉯ 척도의 종류는 축척, 현척, 배척이 있다.
- ㉰ 척도는 "대상물의 실제 치수"에 대한 "도면에 표시한 대상물"의 비로 나타낸다.
- ㉱ 구조선도, 조립도, 배치도 등의 치수를 읽을 필요가 없는 것의 척도도 반드시 표시하여야 한다.

해설 구조선도, 조립도, 배치도 등의 그림에서 치수를 읽을 필요가 없는 것은 척도의 표시를 생략할 수 있다.

문제 048
도면 작도에서 중심선을 나타내는 기호(약자)는?
- ㉮ C.L
- ㉯ C.I
- ㉰ M.L
- ㉱ M.I

해설 C.L : Center Line

문제 049
철근의 물량 산출 방법에 대한 설명으로 옳지 않은 것은?
- ㉮ 철근 상세도에 의해 철근 종류별로 산출한다.
- ㉯ 총 중량에 대한 할증을 원형철근은 15%를 가산해서 계산한다.
- ㉰ 배근도와 상세도에서 C.T.C와 철근 숫자로 철근의 수량을 계산한다.
- ㉱ 철근의 직경에 따라 총 길이와 철근의 단위중량을 곱해서 총 중량을 계산한다.

해설 재료의 할증
① 이형철근 : 3%
② 원형철근 : 5%

문제 050
긴 부재의 절단면 표시 중 파이프의 절단면 표시로 옳은 것은?

㉮

㉯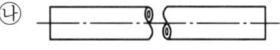

㉰

㉱

해설
- ㉮ : 환봉
- ㉰ : 각봉
- ㉱ : 나무

문제 051
제도 통칙에서 제도 용지의 세로와 가로의 비로 옳은 것은?
- ㉮ $1:\sqrt{2}$
- ㉯ $1:1.5$
- ㉰ $1:\sqrt{3}$
- ㉱ $1:2$

해설 제도 용지의 폭과 길이의 비는 $1:\sqrt{2}$이다.

문제 052
리벳 이음에 대한 설명으로 옳지 않은 것은?
- ㉮ 리벳 기호는 리벳선 옆에 기입한다.
- ㉯ 현장 리벳은 그 기호를 생략하지 않는다.
- ㉰ 축이 투상면에 나란한 리벳은 그리지 않음을 원칙으로 한다.
- ㉱ 도면에 다른 리벳을 사용할 경우 리벳마다 그 지름을 기입한다.

해설 리벳 기호는 리벳선 위에 그린다.

답 046. ㉯ 047. ㉱ 048. ㉮ 049. ㉯ 050. ㉯ 051. ㉮ 052. ㉮

문제 053
철근, PC 강재 등 설계상 필요한 여러 가지 재료의 모양, 품질 등을 표시한 도면으로 현장에서 철근의 가공, 배치 등을 행하는 데 중요한 도면은?

㉮ 구조도　　㉯ 일반도
㉰ 설계도　　㉱ 상세도

해설 구조도
　콘크리트 내부의 구조 주체를 도면에 표시한 것으로서 철근, PC 강재 등 설계상 필요한 여러 가지 재료의 모양, 품질 등을 표시한 도면

문제 054
도면의 복사도 종류가 아닌 것은?

㉮ 청사진　　㉯ 홍사진
㉰ 백사진　　㉱ 마이크로 사진

해설
- 복사도 : 청사진, 백사진, 마이크로 사진
- 트레이스도 : 복사도를 만드는 데 기본이 되는 원도

문제 055
큰 도면을 접을 때 기준이 되는 도면의 크기는?

㉮ A0　　㉯ A1
㉰ A3　　㉱ A4

해설 도면을 철할 때는 좌측을 철함을 원칙으로 하여 철하는 쪽에 20mm 이상 여백을 두어야 하며 도면을 접을 때에는 A4 크기로 접어야 한다.

문제 056
직선의 길이를 측정하지 않고 선분 AB를 5등분하는 그림이다. 두 번째에 해당하는 작업은?

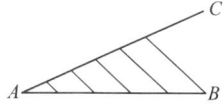

㉮ 평행선 긋기
㉯ 임의의 선분(AC) 긋기
㉰ 선분 AC를 임의의 길이로 5등분
㉱ 선분 AB를 임의의 길이로 다섯 개 나누기

해설
① 선분 AB의 한 끝 A에서 임의의 방향으로 선분 AC를 긋는다.
② 선분 AC를 임의의 길이로 5등분한다.

문제 057
토목 제도에서 가는 일점 쇄선을 사용해야 하는 선은?

㉮ 외형선　　㉯ 치수선
㉰ 중심선　　㉱ 치수 보조선

해설
- 그림의 중심을 나타내는 선(중심선)은 가는 1점 쇄선을 사용한다.
- 외형선 – 굵은 실선
- 치수선, 치수 보조선 – 가는 실선

문제 058
치수 기입에 대한 설명 중 옳지 않은 것은?

㉮ 치수는 도면상에서 다른 선에 의해 겹치거나 교차되거나 분리되지 않게 기입한다.
㉯ 가로 치수는 치수선의 아래쪽에, 세로 치수는 치수선의 오른쪽에 쓴다.
㉰ 협소한 구간이 연속될 때에는 치수선의 위쪽과 아래쪽에 번갈아 치수를 기입할 수 있다.
㉱ 경사는 백분율 또는 천분율로 표시할 수 있으며 경사방향 표시는 하향경사 쪽으로 표시한다.

해설 치수 기입을 할 때 가로 치수는 치수선의 위쪽에 세로 치수는 치수선의 왼쪽에 쓴다.

문제 059
아래 그림의 재료 단면의 경계 표시는 무엇을 나타내는 것인가?

㉮ 흙
㉯ 호박돌
㉰ 석재
㉱ 잡석

해설
- 지반면(흙)　　・잡석

문제 060

철근의 표기법 중 24@200=4800의 의미를 바르게 설명한 것은?

㉮ 전장 4800mm를 200mm로 24등분
㉯ 반지름 24mm의 원형철근을 200개 배치
㉰ 지름 24mm의 원형철근을 200개 배치
㉱ 반지름 200mm 원형철근을 24개 배치

해설
- 5×450=2,250
  전장 2,250mm를 450mm로 5등분
- φ12@300
  지름 12mm의 원형철근을 300mm 간격으로 배치

답 060. ㉮

2010년 제5회

문제 001
콘크리트용으로 사용하는 부순 굵은 골재의 특징으로 옳지 않은 것은?

㉮ 시멘트와 부착이 좋다.
㉯ 단위수량이 많이 요구된다.
㉰ 휨강도가 커서 포장 콘크리트에 사용하면 좋다.
㉱ 수밀성, 내구성이 현저히 좋아진다.

해설 부순 굵은 골재는 모가 나 있기 때문에 실적률이 작고 시공연도가 떨어진다.

문제 002
현장치기 콘크리트 공사의 압축부재에서 사용되는 나선철근의 지름은 최소 얼마 이상이어야 하는가?

㉮ 5mm   ㉯ 10mm
㉰ 15mm ㉱ 20mm

해설 현장치기 콘크리트 공사에서 나선철근 지름은 10mm 이상으로 하여야 한다.

문제 003
철근의 구부리기에 관한 설명으로 옳지 않은 것은?

㉮ 모든 철근은 가열해서 구부리는 것을 원칙으로 한다.
㉯ D38 이상의 철근은 구부림 내면 반지름을 철근지름의 5배 이상으로 하여야 한다.
㉰ 콘크리트 속에 일부가 묻혀 있는 철근은 현장에서 구부리지 않는 것이 원칙이다.
㉱ 큰 응력을 받는 곳에서 철근을 구부릴 때에는 구부림 내면 반지름을 더욱 크게 하는 것이 좋다.

해설 철근은 상온에서 구부리는 것을 원칙으로 한다.

문제 004
콘크리트에 일정하게 하중을 주면 응력의 변화는 없는데도 변형이 시간이 경과함에 따라 커지는 현상은?

㉮ 건조수축   ㉯ 크리프
㉰ 틱소트로피 ㉱ 릴랙세이션

해설
- 크리프
  일정한 하중을 지속적으로 장시간 가했을 때 시간의 경과에 따라 변형이 증가되는 현상
- 릴랙세이션
  재료에 하중을 가했을 때 시간의 경과함에 따라 재료의 응력이 감소하는 현상

문제 005
압축부재에 사용되는 나선철근의 순간격 범위로 옳은 것은?

㉮ 25mm 이상, 55mm 이하
㉯ 25mm 이상, 75mm 이하
㉰ 55mm 이상, 75mm 이하
㉱ 55mm 이상, 90mm 이하

해설
- 나선철근의 순간격은 75mm 이하, 25mm 이상이라야 한다.
- 나선철근의 정착길이는 나선철근 끝에서 1.5회전 이상 연장되어야 한다.

문제 006
워싱턴형 공기량 측정기를 사용하여 공기실의 일정한 압력을 콘크리트에 주었을 때 공기량으로 인하여 공기실의 압력이 떨어지는 것으로부터 공기량을 구하는 방법은 어느 것인가?

㉮ 무게법   ㉯ 부피법
㉰ 공기실 압력법 ㉱ 진공법

답 001. ㉱ 002. ㉯ 003. ㉮ 004. ㉯ 005. ㉯ 006. ㉰

해설
- 공기량 측정법에는 공기실 압력법, 질량법, 부피법 등이 있다.
- 공기량 = 겉보기 공기량 – 골재의 수정계수

문제 007

하중을 분포시키거나 균열을 제어할 목적으로 주철근과 직각에 가까운 방향으로 배치한 보조철근은?

㉮ 정철근 ㉯ 부철근
㉰ 스터럽 ㉱ 배력철근

해설 1방향 슬래브에서는 정철근 및 부철근에 직각방향으로 배력철근을 배치해야 한다.

문제 008

철근의 피복두께에 관한 설명으로 옳지 않은 것은?

㉮ 철근 중심으로부터 콘크리트 표면까지의 최장거리이다.
㉯ 철근의 부식을 방지할 수 있도록 충분한 두께가 필요하다.
㉰ 내화적인 구조로 만들기 위하여 피복두께를 설치한다.
㉱ 철근과 콘크리트의 부착력을 확보한다.

해설 철근의 표면에서 콘크리트 표면까지의 최단거리를 피복두께라 한다.

문제 009

인장 이형철근의 정착길이는 항상 얼마 이상이어야 하는가?

㉮ 150mm 이상 ㉯ 200mm 이상
㉰ 300mm 이상 ㉱ 400mm 이상

해설
- 인장 이형철근의 정착길이 – 300mm 이상
- 압축 이형철근의 정착길이 – 200mm 이상

문제 010

프리스트레스트 콘크리트의 특징으로 옳지 않은 것은?

㉮ 균열이 생기지 않는다.
㉯ 처짐이 작다.
㉰ 지간을 길게 할 수 있다.
㉱ 강성이 커서 변형이 작다.

해설
- 변형이 크고 진동하기 쉽다.
- 내화성이 있어 불리하다.

문제 011

철근 콘크리트 휨부재의 강도 설계법에 대한 기본 가정으로 옳지 않은 것은?

㉮ 콘크리트와 철근의 변형률은 중립축으로부터 거리에 비례한다고 가정한다.
㉯ 항복강도 f_y 이하에서 철근의 응력은 그 변형률의 E_s배로 본다.
㉰ 콘크리트의 압축강도를 무시한다.
㉱ 철근과 콘크리트의 부착이 완벽한 것으로 가정한다.

해설
- 콘크리트는 인장강도를 무시한다.
- 압축측 연단에서의 콘크리트의 최대 변형률은 $f_{ck} \leq 40\text{MPa}$에서 0.0033으로 가정한다.

문제 012

철근의 용접이음을 할 때 철근의 설계기준 항복강도(f_y)의 몇 % 이상의 인장력을 발휘할 수 있는 완전 용접이어야 하는가?

㉮ 90%   ㉯ 100%
㉰ 125% ㉱ 150%

해설 용접이음 및 기계적 이음은 철근 항복강도(f_y)의 125% 이상 발휘할 수 있어야 한다.

문제 013

직사각형 단면의 철근 콘크리트 보에서 콘크리트의 설계기준 압축강도(f_{ck})가 21MPa, 철근의 설계기준 항복강도(f_y)가 300MPa일 때 균형 철근비는?

㉮ 0.0327 ㉯ 0.0396
㉰ 0.0466 ㉱ 0.0549

답 007. ㉱ 008. ㉮ 009. ㉰ 010. ㉱ 011. ㉰ 012. ㉰ 013. ㉮

해설
$$\rho_b = \eta(0.85f_{ck})\frac{\beta_1}{f_y}\frac{660}{660+f_y}$$
$$= 1.0 \times (0.85 \times 21) \times \frac{0.8}{300} \times \frac{660}{660+300}$$
$$= 0.0327$$
여기서, $f_{ck} \leq 40\text{MPa}$이므로 $\eta = 1.0$, $\beta_1 = 0.8$

문제 014
콘크리트의 시방배합에서 잔골재 및 굵은골재는 어느 상태를 기준으로 하는가?

㉮ 노건조상태
㉯ 공기 중 건조상태
㉰ 표면건조 포화상태
㉱ 습윤상태

해설 골재는 표면건조 포화상태에 있고 잔골재는 5mm체를 통과하고 굵은 골재는 5mm체에 다 남는 것으로 한다.

문제 015
휨 모멘트를 받는 부재에서 $f_{ck}=30\text{MPa}$, 등가 직사각형 응력블록의 깊이 $a=209\text{mm}$일 때, 압축연단에서 중립축까지의 거리 c는?

㉮ 220mm   ㉯ 230mm
㉰ 240mm   ㉱ 261mm

해설
- $\beta_1 = 0.8$
- $a = \beta_1 c$
$$\therefore c = \frac{a}{\beta_1} = \frac{209}{0.8} = 261\text{mm}$$

문제 016
용접 이음에 대한 장점이 아닌 것은?

㉮ 리벳 접합 방식에 비하여 강재를 절약할 수 있다.
㉯ 인장측에 리벳 구멍에 의한 단면 손실이 없다.
㉰ 시공 중에 소음이 없다.
㉱ 접합부의 강성이 작다.

해설 접합부의 강성이 크다.

문제 017
옹벽의 종류와 설명이 바르게 연결된 것은?

㉮ 뒷부벽식 옹벽 - 통상 무근 콘크리트로 만든다.
㉯ 캔틸레버 옹벽 - 철근 콘크리트로 만들어지며 역 T형 옹벽이라 한다.
㉰ 중력식 옹벽 - 통상 높이가 6m 이상의 옹벽에 주로 쓰인다.
㉱ 앞부벽식 옹벽 - 옹벽 높이가 7.5m를 넘는 경우는 비경제적이다.

해설
- 중력식 옹벽 : 자중으로 토압을 견디는 무근 콘크리트 구조로 높이 3m 내외의 낮은 옹벽
- 반중력식 옹벽 : 옹벽 벽 두께를 얇게 하고 옹벽 뒷면과 밑면에 철근으로 보강한 옹벽
- 캔틸레버 옹벽 : 역 T형 옹벽과 L형 옹벽이 있다.

문제 018
복철근 직사각형보로 설계하는 경우를 잘못 나타낸 것은?

㉮ 구조상 높이에 제한을 받지 않는 경우
㉯ 처짐을 극소화시켜야 하는 경우
㉰ 양(+) 및 음(-)의 모멘트를 반복해서 받은 교각 및 교대의 경우
㉱ 주동토압과 수동토압이 반복적으로 작용하는 옹벽의 경우

해설 복철근 직사각형 보로 설계하는 이유
① 단면의 크기가 제한을 받아 단철근 보로서는 휨 모멘트를 견딜 수 없는 경우
② 정(+)과 부(-)의 모멘트를 교대로 받는 경우
③ 부재의 처짐을 극소화시켜야 할 경우

문제 019
토목 구조물의 특징을 잘못 나타낸 것은?

㉮ 다량생산이다.
㉯ 일반적으로 규모가 크다.
㉰ 구조물의 수명이 길다.
㉱ 대부분이 공공의 목적으로 건설된다.

답 014. ㉰ 015. ㉱ 016. ㉱ 017. ㉯ 018. ㉮ 019. ㉮

해설 동일한 구조물이 두 번 이상 건설되는 일이 없다.

문제 020
도로교 설계기준으로 양 끝이 고정되어 있는 기둥에서 기둥의 길이가 L인 경우 유효 길이는?

㉮ $0.5L$ ㉯ $0.7L$
㉰ $1.0L$ ㉱ $2.0L$

해설 유효 길이
① 1단 고정, 타단 자유 : 2L
② 양단 힌지 : 1L
③ 1단 고정, 타단 힌지 : 0.7L
④ 양단 고정 : 0.5L

문제 021
두께에 비하여 폭이 넓은 판 모양의 구조물을 무엇이라 하는가?

㉮ 옹벽 ㉯ 기둥
㉰ 슬래브 ㉱ 확대기초

해설
• 1방향 슬래브
  $\frac{L}{S} > 2$
• 2방향 슬래브
  네 변이 지지된 슬래브로서
  $1 \leq \frac{L}{S} \leq 2$일 경우
  (여기서, L : 장변의 길이, S : 단변의 길이)

문제 022
교량의 설계하중에 있어서 주하중에 대한 설명으로 옳은 것은?

㉮ 항상 장기적으로 작용하는 하중
㉯ 때에 따라 작용하는 하중
㉰ 설계에 있어서 고려하지 않아도 되는 하중
㉱ 온도의 변화에 따른 하중

해설 • 주하중 : 고정하중, 활하중, 충격하중
• 부하중 : 풍하중, 온도 변화의 영향, 지진의 영향

문제 023
프리스트레스(PS) 강재에 필요한 성질이 아닌 것은?

㉮ 인장강도가 커야 한다.
㉯ 릴랙세이션(relaxation)이 커야 한다.
㉰ 적당한 연성과 인성이 있어야 한다.
㉱ 응력 부식에 대한 저항성이 커야 한다.

해설 • 릴랙세이션이 작아야 한다.
• 부착강도가 커야 한다.
• 곧게 잘 펴지는 직선성이 좋을 것.

문제 024
그림은 T형 보를 나타내고 있다. 유효 폭을 나타내고 있는 것은?

㉮ ㉠
㉯ ㉡
㉰ ㉢
㉱ ㉣

해설 • 플랜지의 폭 ㉡을 유효 폭이라 한다.
• 플랜지의 두께 : ㉠
• 복부의 폭 : ㉣
• 보의 유효 깊이 : ㉢

문제 025
교량을 중심으로 세계 토목 구조물의 역사를 보면 재료 및 신기술의 발전과 사회 환경의 변화로 장대교량이 출현한 시기는?

㉮ 기원 전 1~2세기 ㉯ 9~10세기
㉰ 11~18세기 ㉱ 19~20세기 초

해설 19세기 후반과 20세기에 들면서 교량 건설에서 강철의 사용으로 더 길고 더 큰 장대교량이 건설되고 있다.

문제 026
도로교 설계기준에서 표시되는 DB는 어떤 하중인가?

㉮ 표준 고정하중 ㉯ 표준 차선하중
㉰ 표준 트럭하중 ㉱ 표준 이동하중

해설 트럭의 1개 후륜하중과 교량의 경간을 고려하여 활하중의 휨 모멘트를 구한다.

답 020. ㉮ 021. ㉰ 022. ㉮ 023. ㉯ 024. ㉯ 025. ㉱ 026. ㉰

문제 027

자중을 포함하여 $P=1,000$kN인 수직하중을 받는 독립 확대기초에서 허용 지지력 $p_a=250$ kN/m²일 때, 경제적인 기초의 한 변의 길이는? (단, 기초는 정사각형임.)

㉮ 2m ㉯ 3m
㉰ 4m ㉱ 5m

해설
- 허용 지지력 = $\dfrac{하중}{단면적}$

  ∴ 단면적 = $\dfrac{하중}{허용\ 지지력} = \dfrac{1000}{250} = 4\text{m}^2$

- 기초가 정사각형이므로 2×2=4m²가 되어 한 변이 2m이다.

문제 028

현대식 교량 형식 중 사장교가 아닌 것은?

㉮ 영종대교 ㉯ 서해대교
㉰ 인천대교 ㉱ 올림픽대교

해설
- 영종대교
  현수교와 트러스교, 강상형교가 혼합된 복합교
- 사장교
  주탑 상단에서 와이어가 분산해서 교량 상판을 잡아주는 형식
- 현수교
  주탑과 앵카 블록을 연결한 와이어에서 간격별로 내려와 교량 상판을 잡아주는 형식

문제 029

자동차의 원심하중 설계시 원심하중은 노면의 얼마의 높이에서 작용하는 것으로 계산하는가?

㉮ 500mm ㉯ 800mm
㉰ 1,500mm ㉱ 1,800mm

해설 원심하중
교면의 1.8m 높이에서 수평방향으로 작용하며 자동차 하중의 8%, 궤도 하중의 10%이다.

문제 030

계곡이나 저지대 등의 물이 없는 곳에 가설된 교량 또는 철도나 도로를 넘어가기 위하여 가설된 도보용 교량은?

㉮ 육교 ㉯ 고가교
㉰ 철도교 ㉱ 수로교

해설 육교
번잡한 도로나 철로 위를 사람들이 안전하게 횡단할 수 있도록 공중으로 건너질러 놓은 다리

문제 031

컴퓨터에서 중앙처리장치의 주역할은?

㉮ 데이터를 입력하는 기능
㉯ 데이터를 출력하는 기능
㉰ 데이터를 기억 보관하는 기능
㉱ 데이터를 제어하고 연산하는 기능

해설 중앙처리장치(CPU)
제어장치, 주기억장치, 연산장치

문제 032

KS 제도 통칙에서 토목, 건축의 분류기호는?

㉮ KS F ㉯ KS A
㉰ KS B ㉱ KS C

해설
- KS A : 기본
- KS B : 기계
- KS C : 전기

문제 033

골재의 단면 표시 중 잡석을 나타낸 것은?

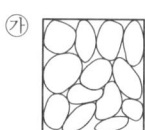 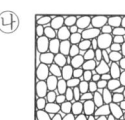

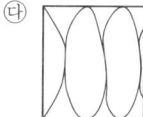 

해설
- ㉮ : 호박돌
- ㉯ : 자갈
- ㉱ : 깬돌

답 027. ㉮ 028. ㉮ 029. ㉱ 030. ㉮ 031. ㉱ 032. ㉮ 033. ㉰

문제 034
토목 제도에서 치수를 나타내기 위하여 치수선과 더불어 사용하는 선으로 가는 실선으로 나타내는 것은?

㉮ 외곽선 ㉯ 치수 보조선
㉰ 중심선 ㉱ 피치선

해설 치수 보조선은 치수를 나타내기 위하여 치수선과 더불어 사용하는 가는 실선으로 치수선의 위치보다 약간 길게 긋는다.

문제 035
공업 각 분야에서 사용되고 있는 다음과 같은 기본 부문을 규정하고 있는 한국산업표준의 영역은?

> ㉠ 도면의 크기 및 방식
> ㉡ 제도에 사용하는 선과 문자
> ㉢ 제도에 사용하는 투상법

㉮ KS A ㉯ KS B
㉰ KS C ㉱ KS D

해설
- KS A : 기본
- KS D : 금속

문제 036
제도 도면에 사용되는 문자의 크기를 나타내는 방법은?

㉮ 간격 ㉯ 높이
㉰ 폭   ㉱ 길이

해설
- 치수 표시의 문자 크기는 4.5mm로 한다.
- 문자의 크기는 문자의 높이로 나타낸다.

문제 037
재료 단면의 경계 표시 중 암반면을 나타내는 것은?

해설
- ㉮ : 지반면(흙) • ㉯ : 수준면(물)
- ㉱ : 잡석

문제 038
재료 단면 표시 중 강철을 표시하는 기호는?

해설
- ㉮ : 철사
- ㉯ : 콘크리트
- ㉱ : 석재

문제 039
치수 기입에 대한 설명으로 옳지 않은 것은?

㉮ 치수선에는 분명한 단말 기호(화살표)를 표시한다.
㉯ 한 장의 도면에는 같은 종류의 화살표 단말 기호를 사용한다.
㉰ 치수 수치는 도면의 위쪽이나 오른쪽으로부터 읽을 수 있도록 나타낸다.
㉱ 일반적으로 치수 보조선과 치수선이 다른 선과 교차하지 않도록 한다.

해설
- 치수 수치는 치수선에 평행하게 기입하고 되도록 치수선의 중앙의 위쪽에 치수선으로부터 조금 띄어 기입한다.
- 치수 보조선은 대응하는 물리적 길이에 수직으로 그리는 것이 좋다.
- 치수 보조선은 치수선보다 약간 길게 끌어내어 그린다.

문제 040
컴퓨터를 사용하여 제도 작업을 할 때의 특징과 가장 거리가 먼 것은?

㉮ 신속성 ㉯ 정확성
㉰ 응용성 ㉱ 인간성

해설
- 자동성 : 입·출력 처리 과정을 자동적으로 처리한다.
- 신속성 : 처리 속도가 빠르다.

답 034. ㉯ 035. ㉮ 036. ㉯ 037. ㉰ 038. ㉯ 039. ㉰ 040. ㉱

- 보유성 : 많은 양의 자료를 처리한다.
- 응용성 : 여러 가지 일을 처리한다.
- 정확성 : 전자 회로로 구성되어 정확하다.
- 신뢰성 : 장치 구성이 고장 날 요인이 적어 신뢰도가 높다.

문제 041

국제 표준화 기구를 나타내는 표준 규격 기호는?

㉮ ANS ㉯ JIS
㉰ ISO ㉱ DIN

해설
- JIS : 일본 공업 규격
- DIN : 독일 규격

문제 042

다음 그림과 같은 성토면의 경사 표시가 바르게 된 것은?

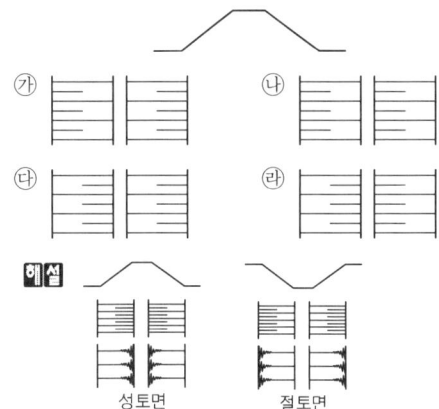

문제 043

도로 설계 제도에서 굴곡부 노선의 제도에 사용되는 기호 중 교점을 나타내는 것은?

㉮ IP ㉯ I
㉰ TL ㉱ BC

해설
- I : 교각
- TL : 접선 길이
- BC : 곡선 시점
- CL : 곡선 길이
- EC : 곡선 종점
- R : 곡률 반지름

문제 044

토목 제도에서 모든 대칭인 물체나 원형인 물체의 중심선으로 사용되는 선은?

㉮ 파선 ㉯ 1점 쇄선
㉰ 2점 쇄선 ㉱ 나선형 실선

해설 가는 1점 쇄선
① 그림의 중심을 나타내는 선
② 대칭을 나타내는 선
③ 움직이는 부분의 궤적 중심을 나타내는 선

문제 045

배근도의 치수가 7@250=1750으로 표시되었을 때 이에 따른 설명으로 옳은 것은?

㉮ 철근의 길이가 1750mm이다.
㉯ 배열된 철근의 개수가 250개이다.
㉰ 철근과 다음 철근의 간격이 1750mm이다.
㉱ 철근을 250mm 간격으로 7등분하여 배열하였다.

해설 7@250=1750
철근을 250mm 간격으로 7등분하여 배열(또는 전장 1750mm를 250mm로 7등분)

문제 046

정투상법에서 제3각법의 순서로 옳은 것은?

㉮ 눈 → 물체 → 투상면
㉯ 눈 → 투상면 → 물체
㉰ 물체 → 눈 → 투상면
㉱ 투상면 → 물체 → 눈

해설
- 제3각법 : 눈→투상면→물체
- 제1각법 : 눈→물체→투상면

문제 047

콘크리트 구조물 제도에서 구조물의 모양치수를 모두 표현하고, 거푸집을 제작할 수 있는 도면은 무엇인가?

㉮ 일반도 ㉯ 구조 일반도
㉰ 구조도 ㉱ 상세도

해설
- 구조 일반도
  구조물의 모양 치수를 모두 표시한 도면이며 이것에 의해 거푸집을 제작할 수 있어야 한다.
- 일반도
  구조물 전체의 개략적인 모양을 표시한 도면이다.

문제 048
철근 갈고리 측면도의 종류에 해당되지 않는 것은?
㉮ 원형 갈고리 ㉯ 직각 갈고리
㉰ 예각 갈고리 ㉱ 경사 갈고리

해설
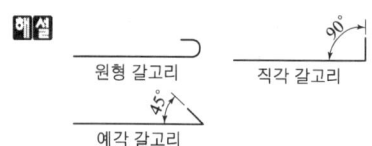

문제 049
그림에서와 같이 주사위를 바라보았을 때 평면도를 바르게 표현한 것은? (단, 물체의 모서리 부분의 표현은 무시한다.)

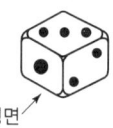
정면

㉮ 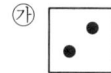 ㉯
㉰ 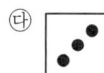 ㉱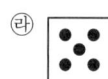

해설
- 평면도
  정면을 기준으로 위쪽 방향에서 나타내는 면 (위에서 내려다본 면)
- ㉮ : 우측면도
- ㉯ : 정면도

문제 050
정투상도에서 표시되지 않는 도면은?
㉮ 측면도 ㉯ 단면도
㉰ 평면도 ㉱ 정면도

해설 제3각법

| 평면도 |
| 좌측면도 | 정면도 | 우측면도 |
| 저면도 |

문제 051
사투상도에서 물체를 입체적으로 나타내기 위해 수평선에 대하여 주는 경사각으로 주로 사용되지 않는 각은?
㉮ 30° ㉯ 45°
㉰ 60° ㉱ 75°

해설 사투상도(경사 투상도)
2주축(X, Y)을 투사면과 평행으로 놓고 정면도로 하여 옆면 모서리 축을 수평선과 임의의 각(θ)으로 그려진 투상도

문제 052
도면과 축척에 대한 설명으로 옳은 것은?
㉮ 도면의 크기는 종이 재단 치수의 A1~A8에 따른다.
㉯ 도면은 짧은 변 방향을 좌우 방향으로 놓는 것을 원칙으로 한다.
㉰ 윤곽선은 최소 0.5mm 이상 두께의 실선으로 그리는 것이 좋다.
㉱ 축척은 도면마다 기입하지 않는다.

해설
- 도면의 크기는 종이 재단 치수의 A0~A4에 따른다.
- 도면은 긴 변 방향을 좌우 방향으로 놓는 것을 원칙으로 한다.
- 같은 도면 중에 다른 축척을 사용할 때에는 그림마다 그 축척을 기입하여도 좋다.

문제 053
제도에 사용되는 A1 도면의 크기로 옳은 것은?
㉮ 420mm×594mm
㉯ 594mm×841mm
㉰ 841mm×1189mm
㉱ 1189mm×1680mm

답 048. ㉱ 049. ㉰ 050. ㉯ 051. ㉱ 052. ㉰ 053. ㉯

해설
- A0 : 841mm×1189mm
- A1 : 594mm×841mm
- A2 : 420mm×594mm
- A3 : 297mm×420mm
- A4 : 210mm×297mm

문제 054
원 또는 호의 반지름을 나타낼 치수에서 치수 숫자 앞에 붙이는 기호(또는 문자)는?

㉮ R ㉯ ϕ
㉰ S ㉱ D

해설
- 지름 : ϕ
- 정사각형 단면 : □

문제 055
도면 작성에서 가는 선 : 굵은 선 : 아주 굵은 선의 굵기 비율로 바른 것은?

㉮ 1 : 2 : 3 ㉯ 1 : 2 : 4
㉰ 1 : 3 : 5 ㉱ 1 : 3 : 6

해설
- 한 종류의 선 굵기는 하나의 도면 안에서 균일해야 한다.
- 선은 선분이나 점에 교차되어야 한다.

문제 056
강구조물의 도면의 배치 방법으로 옳지 않은 것은?

㉮ 강구조물은 너무 길고 넓어 많은 공간을 차지하므로 몇 가지의 단면으로 절단하여 표현한다.
㉯ 강구조물의 도면은 제작이나 가설을 고려하여 부분적으로 제작, 단위마다 상세도를 작성한다.
㉰ 평면도, 측면도, 단면도 등을 소재나 부재가 잘 나타나도록 하되 각각 독립하여 그리지 않도록 한다.
㉱ 도면을 잘 보이도록 하기 위해서 절단선과 지시선의 방향을 표시하는 것이 좋다.

해설 평면도, 측면도, 단면도 등을 소재나 부재가 잘 나타나도록 각각 독립하여 그려도 된다.

문제 057
치수 기입에 대한 설명으로 옳지 않은 것은?

㉮ 치수의 단위는 m를 사용하나 단위를 기입하지 않는다.
㉯ 치수 수치는 치수선에 평행하게 기입하고, 치수선의 중앙의 위쪽에 기입한다.
㉰ 경사를 표시할 때는 백분율 또는 천분율로 표시할 수 있다.
㉱ 치수는 치수선이 교차하는 곳에는 가급적 기입하지 않는다.

해설 치수의 단위는 mm를 사용하나 단위를 기입하지 않는다.

문제 058
컴퓨터 운영체제 프로그램이 아닌 것은?

㉮ 도스(DOS) ㉯ 윈도(Windows)
㉰ 리눅스(Linux) ㉱ 캐드(CAD)

해설 하드웨어(부품)와 소프트웨어(프로그램)을 가동하기 위해서 운영체제가 필요하다.

문제 059
도로 설계에서 종단면도를 작성할 때에 기입할 사항에 대한 설명으로 옳지 않은 것은?

㉮ 지반고는 야장의 각 중심말뚝에 대한 표고를 기재한다.
㉯ 기준선은 반드시 지반고와 계획고 이상이 되도록 한다.
㉰ 추가 거리는 각 측점의 기점(No.0)에서부터 합산한 거리를 기입한다.
㉱ 측점은 20m마다 박은 중심말뚝의 위치를 왼쪽에서 오른쪽으로 No.0, No.1, … 의 순으로 기입한다.

해설
- 기준선은 반드시 지반고와 계획고 이하가 되도록 정한다.

답 054. ㉮ 055. ㉯ 056. ㉰ 057. ㉮ 058. ㉱ 059. ㉯

- 지반고가 계획고보다 클 때는 절토가 되고 계획고가 지반고보다 클 때는 성토가 된다.

문제 060

어떤 재료의 치수가 2-H 300×200×9×12×1000로 표시되었을 때 설명으로 옳은 것은? (단, 단위는 mm이다.)

㉮ H형강 2본, 높이 300, 폭 200, 복부판 두께 9, 플랜지 두께 12, 길이 1000
㉯ H형강 2본, 폭 300, 높이 200, 복부판 두께 9, 플랜지 두께 12, 길이 1000
㉰ H형강 2본, 높이 300, 폭 200, 플랜지 두께 9, 복부판 두께 12, 길이 1000
㉱ H형강 2본, 폭 300, 높이 200, 플랜지 두께 9, 복부판 두께 12, 길이 1000

해설 본(개수) – 모양 – 높이 – 폭 – 복부판 두께 – 플랜지 두께 – 길이

답 060. ㉮

2011 기출문제

전산응용토목제도기능사

▷ 2011년 제1회

▶ 2011년 제4회

2011년 제1회

문제 001
표준 갈고리를 갖는 인장 이형철근의 기본 정착길이 산출식은?

㉮ $\dfrac{\text{소요 } A_y}{\text{배근 } A_s}$
㉯ $\dfrac{0.24\beta d_b f_y}{\lambda \sqrt{f_{ck}}}$
㉰ $\dfrac{320 d_b}{\sqrt{f_{ck}}}$
㉱ 0.8

해설
- 배치된 철근량이 소요 철근량을 초과하는 경우
  보정계수 : $\dfrac{\text{소요 } A_s}{\text{배근 } A_s}$
- 띠철근 또는 스터럽이 정착되는 철근을 수직으로 둘러싼 경우 보정계수 : 0.8
- 콘크리트 피복두께를 고려한 경우 보정계수 : 0.7

문제 002
휨 부재의 최소 철근량($A_{s,\min}$)을 구하는 식으로 옳은 것은? (단, f_{ck} : 콘크리트 설계기준 압축강도, f_y : 철근의 설계기준 항복강도, b_w : 부재 단면의 복부 폭, d : 인장철근의 유효깊이)

㉮ $\phi M_n \geq 0.2 M_{cr}$
㉯ $\phi M_n \geq 1.2 M_{cr}$
㉰ $\phi M_n \geq 2.2 M_{cr}$
㉱ $\phi M_n \geq 3.2 M_{cr}$

해설 최소 철근량
$\phi M_n \geq 1.2 M_{cr}$

문제 003
혼화재료 중 사용량이 비교적 많아 그 자체의 부피가 콘크리트의 배합 계산에 영향을 끼치는 것은?

㉮ 플라이 애쉬
㉯ AE(공기연행)제
㉰ 감수제
㉱ 유동화제

해설 혼화재는 사용량이 많아 콘크리트 배합 계산시 고려하며 포졸란, 슬래그, 플라이 애쉬 등이 있다.

문제 004
현장치기 콘크리트의 최소 피복두께가 가장 큰 경우는? (프리스트레스하지 않은 부재)

㉮ 흙에 접하거나 옥외의 공기에 직접 노출되는 콘크리트
㉯ 흙에 접하여 콘크리트를 친 후 영구히 흙에 묻혀 있는 콘크리트
㉰ 옥외의 공기나 흙에 직접 접하지 않는 콘크리트
㉱ 수중에서 치는 콘크리트

해설
- 수중에서 치는 콘크리트 : 100mm
- 흙에 접하여 콘크리트를 친 후 영구히 흙에 묻혀 있는 콘크리트 : 75mm
- 흙에 접하거나 옥외의 공기에 직접 노출되는 콘크리트
  - D19 이상 철근 : 50mm
  - D16 이하 철근 : 40mm
- 옥외의 공기나 흙에 직접 접하지 않는 콘크리트
  - 보, 기둥 : 40mm
  - 슬래브, 벽체, 강선 : 40mm(D35 초과 철근), 20mm(D35 이하 철근)

문제 005
스터럽과 띠철근, 주철근에 대한 표준 갈고리로 사용되지 않는 것은?

㉮ 180° 표준 갈고리
㉯ 135° 표준 갈고리
㉰ 90° 표준 갈고리
㉱ 45° 표준 갈고리

해설
- 표준 갈고리 : 180°, 90°
- 스터럽과 띠철근 표준 갈고리 : 90°, 135°

답 001. ㉯ 002. ㉯ 003. ㉮ 004. ㉱ 005. ㉱

문제 006
원칙적으로 철근을 겹침이음으로 사용할 수 없는 것은?
- ㉮ D19
- ㉯ D25
- ㉰ D30
- ㉱ D38

해설 D35를 초과하는 철근은 겹침이음을 하지 않아야 한다.

문제 007
일반적인 경우에 전단철근의 설계기준 항복강도는 얼마 이상 초과할 수 없는가?
- ㉮ 300 MPa
- ㉯ 350 MPa
- ㉰ 400 MPa
- ㉱ 500 MPa

해설
- 전단철근의 설계기준 항복강도는 500MPa을 초과할 수 없다.
- 부재축에 직각으로 설치되는 스터럽의 간격은 $d/2$ 이하, 600mm 이하이다.

문제 008
토목 재료로서의 콘크리트 특징으로 옳지 않은 것은?
- ㉮ 콘크리트는 자체의 무게가 무겁다.
- ㉯ 재료의 운반과 시공이 비교적 어렵다.
- ㉰ 건조 수축에 의해 균열이 생기기 쉽다.
- ㉱ 압축강도에 비해 인장강도가 작다.

해설 재료의 운반과 시공이 비교적 쉽다.

문제 009
콘크리트 구조물의 설계는 일반적으로 어떤 설계방법을 적용하는 것을 원칙으로 하는가?
- ㉮ 강도설계법
- ㉯ 인장설계법
- ㉰ 압축설계법
- ㉱ 하중-저항계수설계법

해설 강도 설계법은 안전성을 가장 중요시하며 사용성(처짐, 균열)은 별도로 검토한다.

문제 010
철근 배치에 있어서 철근을 상단과 하단에 2단 이상으로 배치할 경우에 대한 설명으로 옳은 것은?
- ㉮ 상·하 철근의 간격은 최소 45mm 이상으로 해야 한다.
- ㉯ 상·하 철근의 간격은 최대 25mm 이하로 해야 한다.
- ㉰ 상·하 철근을 동일 연직면 내에 두어야 한다.
- ㉱ 상·하 철근을 연직면 상에서 엇갈리게 두어야 한다.

해설 주철근을 상단과 하단에 2단 이상으로 배치할 경우
① 상·하 철근은 동일 연직면 내에 두어야 한다.
② 연직 순간격은 25mm 이상이어야 한다.

문제 011
시방배합을 현장배합으로 고칠 경우에 고려하여야 할 사항으로 옳지 않은 것은?
- ㉮ 단위 시멘트량
- ㉯ 잔골재 중 5mm체에 남는 굵은골재량
- ㉰ 굵은골재 중에서 5mm체를 통과하는 잔골재량
- ㉱ 골재의 함수 상태

해설 골재의 입도 및 표면수를 고려한다.

문제 012
압축 이형철근의 기본 정착길이를 구하는 식은? (단, f_y : 철근의 설계기준 항복강도, d_b : 철근의 공칭지름, f_{ck} : 콘크리트 설계기준 압축강도)
- ㉮ $\dfrac{0.15\,d_b f_y}{\lambda\,\sqrt{f_{ck}}}$
- ㉯ $\dfrac{0.25\,d_b f_y}{\lambda\,\sqrt{f_{ck}}}$
- ㉰ $\dfrac{0.35\,d_b f_y}{\lambda\,\sqrt{f_{ck}}}$
- ㉱ $\dfrac{0.45\,d_b f_y}{\lambda\,\sqrt{f_{ck}}}$

해설 압축 이형철근의 기본 정착길이
$$l_{db} = \dfrac{0.25\,d_b f_y}{\lambda\,\sqrt{f_{ck}}}$$
단, 이 값은 $0.043 d_b f_y$ 이상이어야 한다.

답 006. ㉱ 007. ㉱ 008. ㉯ 009. ㉮ 010. ㉰ 011. ㉮ 012. ㉯

문제 013
물-시멘트비가 55%이고, 단위수량이 176kg이면 단위 시멘트량은?

㉮ 79 kg ㉯ 97 kg
㉰ 320 kg ㉱ 391 kg

해설
$\dfrac{W}{C} = 0.55$

$\therefore C = \dfrac{W}{0.55} = \dfrac{176}{0.55} = 320 \text{kg}$

문제 014
AE(공기연행) 콘크리트의 특징으로 옳지 않은 것은?

㉮ 공기량에 비례하여 압축강도가 커진다.
㉯ 워커빌리티가 좋다.
㉰ 수밀성이 좋다.
㉱ 동결 융해에 대한 저항성이 크다.

해설 공기량 1% 증가에 따라 압축강도가 4~6% 감소한다.

문제 015
폭이 b, 높이가 h인 콘크리트 직사각형 단면 보의 단면계수는?

㉮ $bh^3/16$ ㉯ $bh^2/6$
㉰ $bh^3/12$ ㉱ $bh^2/12$

해설 단면계수
$Z = \dfrac{I}{y} = \dfrac{bh^3/12}{h/2} = \dfrac{bh^2}{6}$

(여기서, I : 단면 2차 모멘트, y : 도심)

문제 016
철근의 항복강도 f_y =300MPa, 유효길이 d = 400mm인 단철근 직사각형 보에서 중립축의 위치를 강도 설계법으로 구한 값은? (단, f_{ck} = 24MPa)

㉮ 215.3mm ㉯ 225mm
㉰ 275mm ㉱ 245.3mm

해설 $c = \dfrac{660}{660 + f_y} d = \dfrac{660}{660 + 300} \times 400 = 275 \text{mm}$

문제 017
휨 부재에 대하여 강도 설계법으로 설계할 경우 잘못된 가정은? (단, $f_{ck} \leq 40\text{MPa}$)

㉮ 철근과 콘크리트 사이의 부착은 완전하다.
㉯ 보가 파괴를 일으키는 콘크리트의 최대 변형률은 0.0033이다.
㉰ 콘크리트 및 철근의 변형률은 중립축으로부터의 거리에 비례한다.
㉱ 보의 극한 상태에서의 휨 모멘트를 계산할 때에는 콘크리트의 압축과 인장강도를 모두 고려한다.

해설 콘크리트 인장강도는 철근 콘크리트의 휨 계산에서 무시한다.

문제 018
철근 크기에 대한 주철근 표준 갈고리의 최소 반지름으로 옳은 것은?

㉮ D10 = 철근 지름의 3배
㉯ D16 = 철근 지름의 4배
㉰ D25 = 철근 지름의 5배
㉱ D32 = 철근 지름의 6배

해설
- D10~D25 : $3d_b$
- D29~D35 : $4d_b$
- D38 이상 : $5d_b$

문제 019
콘크리트에 AE(공기연행)제를 혼합하는 주목적은?

㉮ 미세한 기포를 발생시키기 위하여
㉯ 부피를 증대하기 위하여
㉰ 강도의 증대를 위하여
㉱ 시멘트 절약을 위하여

해설 연행기포가 시멘트, 골재 주위에서 볼 베어링과 같은 작용을 함으로 콘크리트의 워커빌리티를 개선한다.

답 013. ㉰ 014. ㉮ 015. ㉯ 016. ㉰ 017. ㉱ 018. ㉮ 019. ㉮

문제 020
콘크리트의 압축강도에 대한 각종 강도의 크기에 관한 설명으로 옳지 않은 것은? (단, 콘크리트는 보통 강도의 콘크리트에 한한다.)
- ㉮ 콘크리트의 부착강도는 압축강도보다 작다.
- ㉯ 콘크리트의 휨강도는 압축강도보다 작다.
- ㉰ 콘크리트의 인장강도는 압축강도보다 작다.
- ㉱ 콘크리트의 전단강도는 압축강도와 거의 같다.

[해설]
- 콘크리트의 인장강도는 압축강도의 1/10~1/13 정도이다.
- 콘크리트의 휨강도는 압축강도의 1/5~1/8, 인장강도의 1.5~2배 정도이다.
- 콘크리트의 전단강도는 압축강도의 1/4~1/6 정도이다.

문제 021
강재에서 볼트 구멍을 뺀 폭에 판 두께를 곱한 것을 무엇이라 하는가?
- ㉮ 너트의 단면적
- ㉯ 인장재의 총단면적
- ㉰ 인장재의 순단면적
- ㉱ 고장력 볼트의 단면적

[해설]
- 순단면적
  $A_n = b_n t$
  (여기서, b_n : 순폭, t : 부재의 두께)
- 순폭
  $b_n = b_g - nd$
  (여기서, b_g : 총폭, n : 구멍수, d : 볼트구멍)

문제 022
하중을 분포시키거나 균열을 제어할 목적으로 주철근과 직각에 가까운 방향으로 배치한 보조 철근은?
- ㉮ 띠철근
- ㉯ 원형철근
- ㉰ 배력철근
- ㉱ 나선철근

[해설] 배력철근의 배치 이유
① 주철근의 간격을 유지한다.
② 균열을 분포시킨다.
③ 응력을 고르게 분포시킨다.

문제 023
설계하중에서 교량에 작용하는 충격하중에 대한 설명으로 옳은 것은?
- ㉮ 바람에 의한 압력을 말한다.
- ㉯ 충격은 교량의 지간이 길수록 그 영향이 크다.
- ㉰ 충격은 교량의 자중이 작을수록 그 영향이 크다.
- ㉱ 자동차가 정지하고 있을 때 하중의 영향이 달릴 때보다 더 크다.

[해설]
- 충격은 교량의 지간이 길수록 그 영향이 작다.
- 자동차가 정지하고 있을 때 하중의 영향이 달릴 때보다 더 작다.
- 바람에 의한 압력은 풍하중에 해당된다.

문제 024
슬래브의 종류에는 1방향 슬래브와 2방향 슬래브가 있다. 이를 구분하는 기준과 가장 관계가 깊은 것은?
- ㉮ 설치 위치(높이)
- ㉯ 슬래브의 두께
- ㉰ 부철근의 구조
- ㉱ 지지하는 경계 조건

[해설]
- 1방향 슬래브
  마주보는 두 변에 의해서만 지지된 경우이거나 네 변이 지지된 슬래브 중에서 $\frac{L}{S} > 2$일 경우
- 2방향 슬래브
  네 변이 지지된 슬래브로서 $1 \leq \frac{L}{S} \leq 2$일 경우

문제 025
강 구조의 특징에 대한 설명으로 옳지 않은 것은?
- ㉮ 구조의 내구성이 작다.
- ㉯ 부재를 개수하거나 보강하기 쉽다.
- ㉰ 단위넓이에 대한 강도가 크고 자중이 작다.
- ㉱ 반복 하중에 의한 피로가 발생하기 쉽다.

[해설]
- 구조의 내구성이 크다.
- 재료가 균질하다.
- 공사기간이 빠르며 품질관리가 용이하다.
- 내화성이 낮으며 좌굴의 영향이 크다.
- 처짐 및 진동을 고려해야 한다.

답 020. ㉱ 021. ㉰ 022. ㉰ 023. ㉰ 024. ㉱ 025. ㉮

문제 026
교량의 건설 시기와 교량이 잘못 짝지어진 것은?
- ㉮ 고려 시대 - 선죽교(개성)
- ㉯ 고구려 시대 - 농교(진천)
- ㉰ 조선 시대 - 수표교(서울)
- ㉱ 20세기 - 광진교(서울)

해설
- 고구려 시대 - 어벌교
- 고려 시대 - 농교(진천)

문제 027
한 개의 기둥에 전달되는 하중을 한 개의 기초가 단독으로 받도록 되어 있는 확대기초는?
- ㉮ 말뚝기초
- ㉯ 벽 확대기초
- ㉰ 군 말뚝기초
- ㉱ 독립 확대기초

해설
- 독립 확대기초
  1개의 기둥을 지지하도록 한 기초
- 벽 확대기초
  벽을 지지하도록 한 기초

문제 028
교량의 분류 중 통로의 위치에 따른 분류가 아닌 것은?
- ㉮ 사장교
- ㉯ 상로교
- ㉰ 중로교
- ㉱ 하로교

해설 사장교는 상부구조 형식에 따른 분류에 해당된다.

문제 029
자중을 포함한 수직하중 200kN를 받는 독립 확대기초에서 허용 지지력이 40kN/m²일 때, 확대기초의 필요한 최소 면적은?
- ㉮ 2m²
- ㉯ 3m²
- ㉰ 5m²
- ㉱ 6m²

해설
$q_a = \dfrac{P}{A}$

$\therefore A = \dfrac{P}{q_a} = \dfrac{200}{40} = 5\text{m}^2$

문제 030
철근 콘크리트 기둥을 분류할 때 구조용 강재나 강관을 축방향으로 보강한 기둥은?
- ㉮ 복합 기둥
- ㉯ 합성 기둥
- ㉰ 띠철근 기둥
- ㉱ 나선철근 기둥

해설 구조용 강재를 축방향으로 배치한 압축부재를 합성기둥이라 한다.

문제 031
철근 콘크리트 구조물과 비교할 때 프리스트레스트 콘크리트 구조물의 특징이 아닌 것은?
- ㉮ 내화성에 대하여 불리하다.
- ㉯ 단면이 커진다.
- ㉰ 강성이 작아서 변형이 크고 진동하기 쉽다.
- ㉱ 고강도의 콘크리트와 강재를 사용한다.

해설
- 철근 콘크리트 구조물에 비하여 단면이 작아진다.
- 콘크리트의 전단면을 유효하게 이용할 수 있다.
- 탄력성과 복원성이 우수하다.

문제 032
교량의 종류별 구조 형식을 설명한 것으로 틀린 것은?
- ㉮ 아치교는 상부구조의 주체가 곡선으로 된 교량으로 계곡이나 지간이 긴 곳에 적당하다.
- ㉯ 라멘교는 보와 기둥의 접합부를 일체가 되도록 결합한 것을 주형으로 이용한 교량이다.
- ㉰ 연속교는 주형 도는 주트러스를 3개 이상의 지점으로 지지하여 2경간 이상에 걸친 교량이다.
- ㉱ 사장교는 주형 또는 주트러스와 양 끝이 단순 지지된 교량으로 한쪽은 힌지, 다른 쪽은 이동지점으로 지지되어 있다.

해설
- 사장교
  중간의 교각 위에 세운 교탑으로부터 경사진 직선형 케이블을 긴 경간의 판형에 매달아 인장력을 주는 형식

답 026. ㉯ 027. ㉱ 028. ㉮ 029. ㉰ 030. ㉯ 031. ㉯ 032. ㉱

- 단순교
  주형 또는 주트러스와 양 끝이 단순 지지된 교량으로 한 쪽은 힌지, 다른 쪽은 이동 지점으로 지지되어 있다.

문제 033
철근 콘크리트의 기본 개념에 대한 설명으로 옳지 않은 것은?

㉮ 철근 콘크리트는 콘크리트를 주재료로 하고 철근을 보강 재료로 하여 만든 재료이다.
㉯ 콘크리트에 일어날 수 있는 인장응력을 상쇄하기 위하여 미리 계획적으로 압축응력을 상쇄하기 위하여 미리 계획적으로 압축응력을 준 콘크리트를 철근 콘크리트라 한다.
㉰ 콘크리트는 압축력에는 강하지만 인장력에는 매우 취약하므로 인장력이 작용하는 부분에 철근을 묻어 넣어서 철근이 인장력의 대부분을 저항하도록 한 구조를 철근 콘크리트 구조라 한다.
㉱ 철근 콘크리트 구조물 중 교각 또는 기둥과 같이 콘크리트의 압축에 대한 성능을 개선하기 위하여 압축력을 받는 부분에도 철근을 묻어 넣어 사용하기도 한다.

해설 콘크리트에 일어날 수 있는 인장응력을 상쇄하기 위하여 미리 계획적으로 압축응력을 준 콘크리트를 프리스트레스트 콘크리트라 한다.

문제 034
강도 설계법에 대한 설명으로 옳지 않은 것은?

㉮ "설계강도 〈 소요강도"로 단면을 결정하는 설계방법이다.
㉯ 공칭강도에 강도 감소계수를 곱하여 설계강도를 나타낸다.
㉰ 하중계수는 계산상 구한 값보다 큰 값을 취함으로 불확실한 위험에 대처한다.
㉱ 파괴 상태 또는 파괴에 가까운 상태에 있는 구조물의 계산상 강도를 공칭강도라 한다.

해설 $M_d = \phi M_n \geq M_u$
(여기서, M_d : 설계강도, M_u : 소요강도, ϕ : 강도감소계수, M_n : 공칭강도)

문제 035
높은 응력을 받는 강재는 급속하게 녹스는 일이 있고, 표면에 녹이 보이지 않더라도 조직이 취약해지는 현상은?

㉮ 취성   ㉯ 응력 부식
㉰ 틱소트로피   ㉱ 릴랙세이션

해설 응력 부식
외부응력 또는 내부응력의 존재 하에서 금속의 부식이 현저하게 촉진되는 현상

문제 036
제도 용지 A0와 B0의 넓이는 약 얼마인가?

㉮ A0=1m², B0=1.5m²
㉯ A0=1.5m², B0=1m²
㉰ A0=1m², B0=2m²
㉱ A0=2m², B0=1m²

해설 제도 용지의 세로와 가로의 비는 $1 : \sqrt{2}$ 이며 A0의 넓이는 약 1m², B0의 넓이는 1.5m²이다.

문제 037
토목 제도에서 캐드(CAD) 작업으로 할 때의 특징으로 볼 수 없는 것은?

㉮ 도면의 수정, 재활용이 용이하다.
㉯ 제품 및 설계 기법의 표준화가 어렵다.
㉰ 다중작업(Multi-tasking)이 가능하다.
㉱ 설계 및 제도 작업이 간편하고 정확하다.

해설 제품 및 설계 기법의 표준화가 쉽다.

문제 038
도면에서 물체의 보이지 않는 부분을 나타낼 때 주로 사용되는 선은?

㉮ —·—·—·—
㉯ ————————

㉰ —·—··—··—
㉱ ------------

해설
- 가는 1점 쇄선: 그림의 중심, 대칭, 움직이는 물체 부분의 궤적 중심을 나타내는 선
- 굵은 실선: 보이는 물체의 윤곽을 나타내는 선
- 가는 2점 쇄선: 가공 부분을 이동 중의 특정 위치 또는 이동 한계를 표시한 가상선이나 단면의 무게 중심을 연결하는 선

문제 039
그림은 어떤 건설 재료의 단면 표시인가?

㉮ 석재
㉯ 목재
㉰ 강재
㉱ 콘크리트

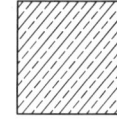

  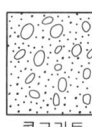
목재   강재   콘크리트

문제 040
철근의 표시 및 치수 기입에 대한 설명 중 틀린 것은?

㉮ φ18은 지름 18mm의 원형철근을 의미한다.
㉯ D13은 공칭지름 13mm인 이형철근을 의미한다.
㉰ 13@100=1,300은 전체길이가 1,300mm에 대하여 철근 100개를 배치한 것이다.
㉱ @300 C.T.C는 철근간의 중심 간격이 300mm를 의미한다.

해설 13@100=1,300은 전체길이 1,300mm를 100mm 간격으로 13등분한 것이다.

문제 041
척도의 종류로 옳지 않은 것은?

㉮ 배척
㉯ 축척
㉰ 현척
㉱ 외척

해설
- 축척: 실물보다 축소하여 그린 것
- 현척: 실물과 동일한 크기로 그린 것
- 배척: 실물보다 확대하여 그린 것

문제 042
정투상도에 의한 제1각법으로 도면을 그릴 때 도면 위치는?

㉮ 정면도를 중심으로 평면도가 위에, 우측면도는 정면도의 왼쪽에 위치한다.
㉯ 정면도를 중심으로 평면도가 위에, 우측면도는 정면도의 오른쪽에 위치한다.
㉰ 정면도를 중심으로 평면도가 아래에, 우측면도는 정면도의 오른쪽에 위치한다.
㉱ 정면도를 중심으로 평면도가 아래에, 우측면도는 정면도의 왼쪽에 위치한다.

해설
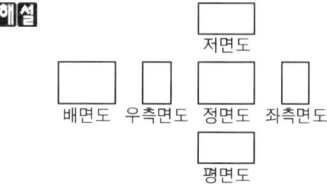

문제 043
제도 용지의 큰 도면을 접을 때 기준이 되는 것은?

㉮ A1   ㉯ A2
㉰ A3   ㉱ A4

해설
- A4: 210×297mm
- A1: A0를 반으로 접은 크기
- A2: A1를 반으로 접은 크기
- A3: A2를 반으로 접은 크기
- A4: A3를 반으로 접은 크기

문제 044
표제란에 기입할 사항과 거리가 먼 것은?

㉮ 도면 번호   ㉯ 도면 명칭
㉰ 작성 일지   ㉱ 공사 물량

해설
- 표제란은 도면의 오른쪽 아래 구석에 있어야 하며 그 길이가 170mm 이하이어야 한다.
- 표제란에는 도면명, 도면번호, 작성일자, 척도 등을 기입한다.

문제 045
치수의 기입 방법에 대한 설명으로 옳지 않은 것은?

㉮ 치수선이 세로일 때에는 치수선의 왼쪽에 쓴다.
㉯ 치수는 선과 교차하는 곳에는 될 수 있는 대로 쓰지 않는다.
㉰ 각도를 기입하는 치수선은 양변 또는 그 연장선 사이의 호로 표시한다.
㉱ 경사의 방향을 표시할 필요가 있을 때에는 상향 경사 쪽으로 화살표를 붙인다.

해설 경사의 방향을 표시할 필요가 있을 때에는 하향 경사 쪽으로 화살표를 붙인다.

문제 046
"리벳 기호는 리벳선을 ( )으로 표시하고, 리벳선 위에 기입하는 것을 원칙으로 한다."에서 ( )에 알맞은 선의 종류는?

㉮ 1점 쇄선   ㉯ 2점 쇄선
㉰ 가는 점선   ㉱ 가는 실선

해설
- 리벳이 같은 피치로 연속되는 경우에는 리벳선에 직각으로 짧고 가는 실선으로 나타낸다.
- 현장 리벳은 그 기호를 생략하지 않음을 원칙으로 한다.

문제 047
국제 표준화 기구의 표준 규격 기호는?

㉮ ISO   ㉯ JIS
㉰ NASA   ㉱ DIN

해설
- JIS : 일본 공업 표준
- ANSI : 미국 표준
- DIN : 독일 표준

문제 048
선이나 원주 등을 같은 길이로 분할할 수 있는 제도 용구는?

㉮ 형판   ㉯ 컴퍼스
㉰ 운형자   ㉱ 디바이더

해설
- 디바이더는 다른 도면의 치수를 옮기거나 선이나 원주 등을 같은 길이로 등분할 때 주로 사용한다.
- 운형자는 컴퍼스로 그리기 어려운 곡선을 매끄럽게 그릴 때 사용한다.

문제 049
치수 기입 방법 중 "R 25"가 의미하는 것은?

㉮ 반지름이 25mm이다.
㉯ 지름이 25mm이다.
㉰ 호의 길이가 25mm이다.
㉱ 한 변이 25mm인 정사각형이다.

해설
- φ25 : 지름 25mm
- □25 : 한 변이 25mm인 정사각형
- t3 : 판 두께가 3mm
- ⌒25 : 원호 길이 25mm

문제 050
그림의 정면도와 우측면도를 보고 추측할 수 있는 물체의 모양으로 짝지어진 것은?

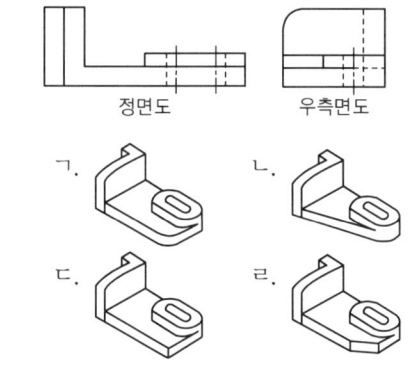

㉮ ㄱ, ㄴ   ㉯ ㄴ, ㄷ
㉰ ㄷ, ㄹ   ㉱ ㄱ, ㄷ

해설
- 정면도는 물체가 있는 상태의 정방향 투상도이다.
- 우측면도는 물체의 우측방향에서의 투상도이다.

답 045. ㉱ 046. ㉱ 047. ㉮ 048. ㉱ 049. ㉮ 050. ㉱

문제 051
도면에서 윤곽선은 최소 몇 mm 이상 두께의 실선으로 그리는 것이 좋은가?
- ㉮ 0.1mm
- ㉯ 0.2mm
- ㉰ 0.5mm
- ㉱ 1.0mm

해설 윤곽선은 0.5mm 이상의 굵은 실선으로 그린다.

문제 052
그림과 같은 구조용 재료의 단면 표시에 해당되는 것은?
- ㉮ 아스팔트
- ㉯ 모르타르
- ㉰ 콘크리트
- ㉱ 벽돌

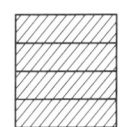

해설
 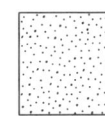 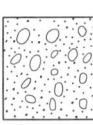
아스팔트 모르타르 콘크리트

문제 053
제3각법에서 정면도 위에 위치하는 것은?
- ㉮ 평면도
- ㉯ 저면도
- ㉰ 배면도
- ㉱ 좌측면도

해설 제3각법

문제 054
컴퓨터의 기능 중 기억장치가 갖추어야 할 조건으로 옳지 않은 것은?
- ㉮ 가격이 저렴해야 한다.
- ㉯ 기억 용량이 커야 한다.
- ㉰ 접근 시간이 짧아야 한다.
- ㉱ 기억장치의 부피가 커야 한다.

해설 기억장치의 부피는 작아야 한다.

문제 055
아래 그림과 같은 강관의 치수 표시 방법으로 옳은 것은? (단, B : 내측 지름, L : 축방향 길이)
- ㉮ 원형 $\phi A-L$
- ㉯ $\phi A \times t - L$
- ㉰ $\Box A \times B - L$
- ㉱ $B \times A \times L - t$

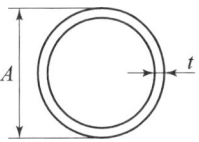

해설
- 환강

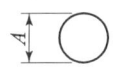 보통 $\phi\ A-L$
이형 $D\ A-L$

- 평강

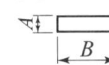 $\Box\ B \times A - L$

문제 056
선과 문자에 대한 설명으로 옳지 않은 것은?
- ㉮ 숫자는 아라비아 숫자를 원칙으로 한다.
- ㉯ 문자의 크기는 원칙적으로 높이를 표준으로 한다.
- ㉰ 한글 서체는 수직 또는 오른쪽 25° 경사지게 쓰는 것이 원칙이다.
- ㉱ 문자는 명확하게 써야 하며, 문자의 크기가 같은 경우 그 선의 굵기도 같아야 한다.

해설
- 한글 서체는 수직 또는 오른쪽으로 15° 경사지게 쓰는 것이 원칙이다.
- 한글 서체는 활자체에 준한다.

문제 057
재료 단면의 경계 표시 중 잡석을 나타낸 그림은?

해설
- ㉮ : 지반면(흙)
- ㉰ : 모래
- ㉱ : 일반면

답 051.㉰ 052.㉱ 053.㉮ 054.㉱ 055.㉯ 056.㉰ 057.㉯

문제 058

컴퓨터의 운영체제(OS)에 해당하는 것이 아닌 것은?

㉮ Windows ㉯ OS/2
㉰ Linux   ㉱ Auto CAD

해설 윈도우, 리눅스, 유닉스, OS/2 등은 운영체제를 지원한다.

문제 059

그림과 같은 절토면의 경사 표시가 바르게 된 것은?

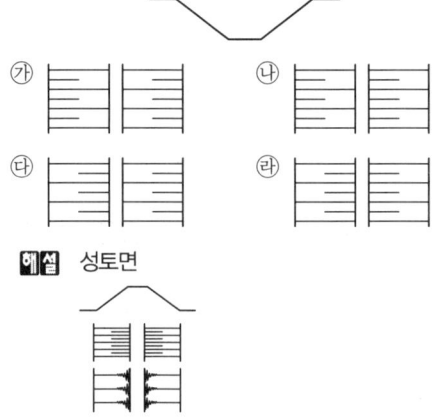

해설 성토면

문제 060

도로 설계를 할 때 평면도에 대한 설명으로 옳지 않은 것은?

㉮ 평면도의 기점은 일반적으로 왼쪽에 둔다.
㉯ 축척이 1/1000인 경우 등고선은 5m마다 기입한다.
㉰ 노선 중심선 좌우 약 100m 정도의 지형 및 지물을 표시한다.
㉱ 산악이나 구릉부의 지형은 등고선을 기입하지 않는다.

해설 산악이나 구릉부의 지형은 등고선을 기입한다.

답 058. ㉱ 059. ㉮ 060. ㉱

2011년 제4회

문제 001
압축부재의 철근 배치 및 철근 상세에 관한 설명으로 옳지 않은 것은?

㉮ 축방향 주철근 단면적은 전체 단면적의 1~8%로 하여야 한다.
㉯ 띠철근의 수직간격은 축방향 철근 지름의 16배 이하, 띠철근 지름의 48배 이하, 또한 기둥단면의 최소치수 이하로 하여야 한다.
㉰ 띠철근 기둥에서 축방향 철근의 순간격은 40mm 이상, 또한 철근 공칭지름의 1.5배 이상으로 하여야 한다.
㉱ 압축부재의 축방향 주철근의 최소개수는 삼각형으로 둘러싸인 경우 4개로 하여야 한다.

해설 축방향 부재의 주철근의 최소 개수는 직사각형이나 원형 띠철근 내부의 철근의 경우 4개로 하여야 한다.

문제 002
수밀 콘크리트를 만드는 데 적합하지 않은 것은?

㉮ 단위수량을 되도록 크게 한다.
㉯ 물-결합재비를 되도록 적게 한다.
㉰ 단위 굵은 골재량을 되도록 크게 한다.
㉱ AE(공기연행)제를 사용함을 원칙으로 한다.

해설 단위수량을 되도록 작게 한다.

문제 003
설계 전단강도는 전단력의 강도 감소계수 ϕ를 곱하여 구한다. 이때 전단력에 대한 강도 감소계수 ϕ값은?

㉮ 0.70 ㉯ 0.75
㉰ 0.80 ㉱ 0.85

해설
- 전단력과 비틀림 모멘트 : 0.75
- 인장지배 단면(보) : 0.85
- 압축지배 단면
  - 나선철근 기둥 : 0.7
  - 띠철근 기둥 : 0.65

문제 004
공장제품(프리캐스트)용 콘크리트의 촉진 양생 방법에 속하는 것은?

㉮ 오토클래브 양생
㉯ 수중 양생
㉰ 살수 양생
㉱ 매트 양생

해설 공장제품의 콘크리트 양생에는 증기양생, 오토클레이브 양생, 가압 양생 등이 있다.

문제 005
그림과 같이 $b=300$mm, $d=400$mm, $A_s=2,580$mm²인 단철근 직사각형 보의 중립축 위치 c는? (단, $f_{ck}=28$MPa, $f_y=400$MPa)

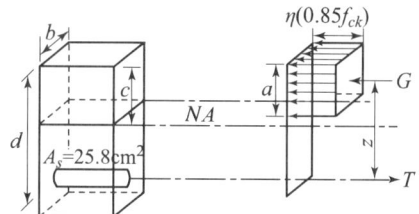

㉮ 145mm ㉯ 181mm
㉰ 215mm ㉱ 240mm

해설
- $a = \dfrac{A_s f_y}{\eta(0.85 f_{ck})b} = \dfrac{2580 \times 400}{1.0 \times (0.85 \times 28) \times 300} = 145$mm
- $a = \beta_1 c$
∴ $c = \dfrac{a}{\beta_1} = \dfrac{145}{0.8} = 181$mm

여기서, $f_{ck} \leq 40$MPa인 경우 $\eta=1.0$, $\beta_1=0.8$

답 001. ㉱ 002. ㉮ 003. ㉯ 004. ㉮ 005. ㉯

문제 006
콘크리트를 친 후 시멘트와 골재 알이 가라앉으면서 물이 떠오르는 현상을 무엇이라 하는가?

㉮ 풍화　　㉯ 레이턴스
㉰ 블리딩　㉱ 경화

해설
- 블리딩
  굳지 않은 콘크리트에서 물이 위로 올라오는 현상이다.
- 레이턴스
  블리딩에 의해 콘크리트 표면에 떠올라서 가라 앉은 미세한 물질이다.

문제 007
그림과 같은 단철근 직사각형 보의 철근비가 0.02일 때, 철근량 A_s는 얼마인가?

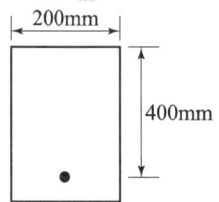

㉮ 1,000mm²　　㉯ 1,600mm²
㉰ 2,000mm²　　㉱ 2,600mm²

해설 철근비 $\rho = \dfrac{A_s}{bd}$
∴ $A_s = \rho bd = 0.02 \times 200 \times 400 = 1600 mm^2$

문제 008
콘크리트의 동해 방지를 위한 대책으로 가장 효과적인 것은?

㉮ 밀도가 작은 경량골재 콘크리트로 시공한다.
㉯ 물-시멘트비를 크게 하여 시공한다.
㉰ AE(공기연행) 콘크리트로 시공한다.
㉱ 흡수율이 큰 골재를 사용하여 시공한다.

해설
- 물-결합재비를 작게 한다.
- 흡수율이 적은 양질의 골재를 사용하며 습윤양생을 충분히 한다.
- 밀도가 큰 골재를 사용한다.

문제 009
콘크리트의 시방배합에서 잔골재는 어느 상태를 기준으로 하는가?

㉮ 5mm체를 전부 통과하고 표면건조 포화상태인 골재
㉯ 5mm체에 전부 남고 표면건조 포화상태인 골재
㉰ 5mm체를 전부 통과하고 공기 중 건조상태인 골재
㉱ 5mm체를 전부 남고 공기 중 건조상태인 골재

해설
- 5mm체에 전부 남는 굵은골재
- 5mm체에 전부 통과하는 잔골재
- 표면건조 포화상태인 잔골재, 굵은골재

문제 010
현장치기 콘크리트의 최소 피복두께에 관한 설명으로 옳은 것은?

㉮ 수중에서 치는 콘크리트의 최소 피복두께는 50mm이다.
㉯ 흙에 접하여 콘크리트를 친 후 영구히 흙에 묻혀 있는 콘크리트의 최소 피복두께는 75mm이다.
㉰ 옥외의 공기나 흙에 직접 접하지 않는 콘크리트로 슬래브에서는 D35를 초과하는 철근의 경우 D35 이하의 철근에 비해 피복두께가 더 작다.
㉱ 흙에 접하거나 옥외의 공기에 직접 노출되는 콘크리트의 D19 이상 철근에 대한 최소 피복두께는 40mm이다.

해설
- 수중에서 치는 콘크리트의 최소 피복두께는 100mm이다.
- 옥외의 공기나 흙에 직접 접하지 않는 콘크리트로 슬래브에서는 D35를 초과하는 철근의 경우 40mm, D35 이하인 철근의 경우 20mm의 최소 피복두께를 유지해야 한다.
- 흙에 접하거나 옥외의 공기에 직접 노출되는 콘크리트의 D19 이상 철근에 대한 최소 피복두께는 50mm이다.

문제 011
직경 150mm인 원주형 공시체를 사용한 콘크리트의 압축강도 시험에서 최대 압축하중이 225 kN이었다. 압축강도는 약 얼마인가?

㉮ 10.0 MPa　　㉯ 100 MPa
㉰ 12.7 MPa　　㉱ 127 MPa

해설 압축강도 $= \dfrac{P}{A} = \dfrac{225,000}{17,663} = 12.7\text{MPa}$

여기서, $A = \dfrac{\pi d^2}{4} = \dfrac{3.14 \times 150^2}{4} = 17,663\text{mm}^2$

문제 012
정모멘트 철근이 정착된 연속부재에서 정모멘트 철근이 12개일 때 부재의 같은 면을 따라 받침부까지 연장해야 할 철근의 개수는?

㉮ 6개 이상　　㉯ 5개 이상
㉰ 4개 이상　　㉱ 3개 이상

해설 정모멘트 철근의 정착
① 단순보 부재 : 정철근의 1/3 이상
② 연속 부재 : 정철근의 1/4 이상
③ 보 : 받침부 내로 150mm 이상

문제 013
슬래브에서 응력을 분포시킬 목적으로 주철근에 직각 또는 직각에 가까운 방향으로 배치하는 보조철근은?

㉮ 배력철근　　㉯ 스터럽
㉰ 부철근　　㉱ 정철근

해설 배력철근을 배치하는 이유
① 응력을 고르게 분포한다.
② 주철근의 간격을 유지시켜 준다.
③ 건조수축이나 온도변화에 의한 수축을 감소시키고 균열을 분포시킨다.

문제 014
조립률을 구하는 데 사용되는 체가 아닌 것은?

㉮ 40mm　　㉯ 10mm
㉰ 1.2mm　　㉱ 0.5mm

해설 조립률을 구하는 데 사용되는 체
75, 40, 20, 10, 5, 2.5, 1.2, 0.6, 0.3, 0.15mm

문제 015
휨 부재에 대하여 강도 설계법으로 설계할 경우에 기본 가정으로서 옳지 않은 것은?

㉮ 보에 휨을 받기 전에 생각한 임의의 단면은 휨을 받아 변형을 일으킨 뒤에도 그대로 평면을 유지한다.
㉯ 보가 파괴를 일으킬 때의 압축측의 표면에 나타나는 콘크리트의 극한 변형률은 0.005로 가정한다.
㉰ 항복강도 f_y 이하에서 철근의 응력은 그 변형률의 E_s 배로 본다.
㉱ 보의 극한 상태에서의 휨 모멘트를 계산할 때에는 콘크리트의 인장강도를 무시한다.

해설 보가 파괴를 일으킬 때의 압축측의 표면에 나타나는 콘크리트의 극한 변형률은 $f_{ck} \leq 40\text{MPa}$ 인 경우 0.0033으로 가정한다.

문제 016
D10 철근의 180° 표준 갈고리에서 구부림의 최소 내면 반지름은 약 얼마인가?

㉮ 20mm　　㉯ 30mm
㉰ 40mm　　㉱ 50mm

해설 D10~D25 : $3d_b$
즉, 철근 지름의 3배이므로 30mm이다.

문제 017
굳지 않은 콘크리트의 성질 중 거푸집에 쉽게 다져 넣을 수 있고 거푸집을 제거하면 천천히 형상이 변하기는 하지만 허물어지거나 재료가 분리되지 않는 성질은?

㉮ 워커빌리티　　㉯ 성형성
㉰ 피니셔빌리티　　㉱ 반죽질기

해설 • 반죽질기
물의 양이 많고 적음에 따른 반죽이 되고 진 정도

답 011. ㉰　012. ㉱　013. ㉮　014. ㉱　015. ㉯　016. ㉯　017. ㉯

- 워커빌리티
  반죽질기에 따라 작업이 어렵고 쉬운 정도
- 피니셔빌리티
  굵은 골재의 최대치수, 잔골재율, 잔골재의 입도, 반죽질기 등에 따르는 표면의 마무리하기 쉬운 정도

문제 018
철근을 상단과 하단에 2단 이상으로 배치된 경우, 상하철근의 순간격은 얼마 이상으로 하여야 하는가?

㉮ 10mm 이상 ㉯ 15mm 이상
㉰ 20mm 이상 ㉱ 25mm 이상

해설 상하철근은 동일 연직면 내에 두며 상하철근의 순간격은 25mm 이상이어야 한다.

문제 019
휨 부재에서 서로 접촉되지 않게 겹침이음된 철근은 횡방향으로 소요 겹침이음 길이의 얼마 또는 150mm 중 작은 값 이상 떨어지지 않아야 하는가?

㉮ 1/4 ㉯ 1/5
㉰ 1/6 ㉱ 1/10

해설 휨 부재에서 서로 접촉되지 않는 겹침이음으로 이어진 철근간의 순간격은 겹침이음 길이 1/5 이하, 150mm 이하라야 한다.

문제 020
지간 10m인 철근 콘크리트 보에 등분포하중이 작용할 때, 최대 허용하중은? (단, 보의 설계모멘트가 25kN·m이고, 하중계수와 강도 감소계수는 고려하지 않는다.)

㉮ 1.0 kN/m ㉯ 1.7 kN/m
㉰ 2.0 kN/m ㉱ 2.4 kN/m

해설 $M = \dfrac{wl^2}{8}$

$\therefore w = \dfrac{8M}{l^2} = \dfrac{8 \times 25}{10^2} = 2\text{kN/m}$

문제 021
프리스트레스트 콘크리트에 사용하는 콘크리트의 성질과 거리가 먼 것은?

㉮ 압축강도가 커야 한다.
㉯ 건조 수축이 작아야 한다.
㉰ 물-시멘트비가 커야 한다.
㉱ 크리프가 작아야 한다.

해설 물-시멘트비가 작아야 한다.

문제 022
강재로 이루어지는 구조를 강구조라 하는데 이 구조에 대한 설명으로 옳지 않은 것은?

㉮ 부재의 치수를 작게 할 수 있다.
㉯ 공사 기간이 긴 것이 단점이다.
㉰ 콘크리트에 비하여 균질성을 가지고 있다.
㉱ 지간이 긴 교량을 축조하는 데에 유리하다.

해설 공사기간을 단축할 수 있다.

문제 023
도로교 설계기준에 의하면 표준 트럭하중 DB-18로 설계되는 교량을 몇 등급 교량으로 분류하는가?

㉮ 1등교 ㉯ 2등교
㉰ 3등교 ㉱ 4등교

해설 DB 하중
① 1등교 : DB-24(총 중량 432kN)
② 2등교 : DB-18(총 중량 324kN)
③ 3등교 : DB-13.5(총 중량 243kN)

문제 024
확대 기초의 크기가 3m×2m이고, 허용 지지력이 300kN/m²일 때 이 기초가 받을 수 있는 최대 하중은?

㉮ 1,000 kN ㉯ 1,200 kN
㉰ 1,800 kN ㉱ 2,400 kN

해설 허용 지지력 $q_a = \dfrac{P}{A}$

$\therefore P = q_a A = 300 \times 3 \times 2 = 1800\text{kN}$

답 018. ㉱ 019. ㉯ 020. ㉰ 021. ㉰ 022. ㉯ 023. ㉯ 024. ㉰

문제 025
PS 강재에 필요한 성질에 대한 설명으로 틀린 것은?

㉮ 인장강도가 커야 한다.
㉯ 릴랙세이션이 커야 한다.
㉰ 적당한 연성과 인성이 있어야 한다.
㉱ 응력 부식에 대한 저항성이 커야 한다.

해설
- 릴랙세이션이 작아야 한다.
- 부착강도가 커야 한다.
- 항복비가 커야 한다.

문제 026
토목 구조물의 특징이 아닌 것은?

㉮ 다량 생산이 아니다.
㉯ 구조물의 수명이 길다.
㉰ 대부분이 개인의 목적으로 건설된다.
㉱ 건설에 많은 비용과 시간이 소요된다.

해설 대부분 공공의 목적으로 건설된다.

문제 027
철근 콘크리트의 특징에 대한 설명으로 옳지 않은 것은?

㉮ 구조물의 파괴, 해체가 어렵다.
㉯ 구조물에 균열이 생기기 쉽다.
㉰ 구조물의 검사 및 개조가 어렵다.
㉱ 압축력에 약해 철근으로 압축력을 보완하여야 한다.

해설 인장력에 약해 철근으로 인장력을 보완하여야 한다.

문제 028
철근 콘크리트 보와 일체로 된 연속 슬래브에서 활하중에 의한 경간 중앙의 부모멘트 값은 산정된 값의 얼마만을 취할 수 있는가?

㉮ 1/2   ㉯ 1/3
㉰ 1/4   ㉱ 1/5

해설 철근 콘크리트 보와 일체로 된 연속 슬래브
① 활하중에 의해 계산된 경간 중앙의 부모멘트는 산정된 값의 1/2만을 취한다.
② 경간 중앙의 정모멘트는 양단 고정으로 보고 계산한 값 이상으로 취해야 한다.
③ 순경간이 3m를 초과할 때 순경간 내면에서의 휨 모멘트를 사용하되 이 값이 순경간을 고정단으로 본 고정단 휨 모멘트 이상이어야 한다.
④ 짧은 지간 방향으로 단위 폭당 연속보와 같이 해석하여 단면 설계를 한다.

문제 029
그림과 같이 슬래브에 놓이는 하중이 지간이 긴 A_1 보와 A_2 보에 의해 지지되는 구조는?

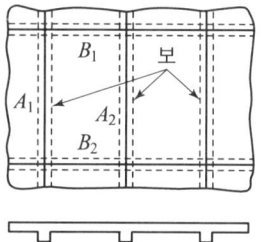

㉮ 1방향 슬래브   ㉯ 2방향 슬래브
㉰ 3방향 슬래브   ㉱ 4방향 슬래브

해설 마주보는 두 변에 의해서만 지지된 경우에는 1방향 슬래브 구조이다.

문제 030
콘크리트 구조물에 일정한 힘을 가한 상태에서 힘은 변화하지 않는데 시간이 지나면서 점차 변형이 증가되는 성질을 무엇이라 하는가?

㉮ 탄성   ㉯ 크랙
㉰ 소성   ㉱ 크리프

해설 크리프
콘크리트에 일정한 하중을 장기간 작용시키면 시간의 경과함에 따라 소성 변형이 증가되는 현상이다.

답 025. ㉯ 026. ㉰ 027. ㉱ 028. ㉮ 029. ㉮ 030. ㉱

문제 031
기둥과 같이 압축력을 받은 부재가 압축력에 의해 부재의 축방향에 대해 직각 방향으로 휘어져 파괴되는 현상은?

㉮ 휨 ㉯ 비틀림
㉰ 틀러짐 ㉱ 좌굴

해설 기둥이 양단 고정된 경우에 좌굴하중이 가장 크다.

문제 032
철근과 콘크리트가 그 경계 면에서 미끄러지지 않도록 저항하는 것을 무엇이라 하는가?

㉮ 부착 ㉯ 정착
㉰ 철근 이음 ㉱ 스터럽

해설
- 이형철근이 원형철근보다 2배 이상 부착강도가 크다.
- 콘크리트의 압축강도가 클수록 부착강도가 크다.
- 수평철근은 수직철근보다 콘크리트의 블리딩 영향으로 부착강도가 떨어진다.

문제 033
벽으로부터 전달되는 하중을 분포시키기 위하여 연속적으로 만들어진 확대기초는?

㉮ 말뚝기초 ㉯ 벽 확대기초
㉰ 연결 확대기초 ㉱ 독립 확대기초

해설
- 벽 확대기초 : 벽으로부터 가해지는 하중을 확대 보호시키기 위하여 만든 확대기초
- 독립 확대기초 : 기둥이나 받침 1개를 지지하도록 단독으로 만든 기초
- 연결 확대기초 : 하중을 기초 저면에 등분포시키는 것을 원칙으로 한다.

문제 034
일반 구조용 압연 강재에 해당하는 것은?

㉮ SS 400 ㉯ SM 400A
㉰ SM 490YA ㉱ SMA 41

해설
- 일반 구조용 압연 강재
  재료 기호 : SS
- 용접 구조용 압연 강재
  강재 기호 : SM으로 표시되며 A, B, C의 순서로 용접성이 좋아진다.

문제 035
콘크리트 속에 철근을 배치하여 양자가 일체가 되어 외력을 받게 한 구조는?

㉮ 합성 구조
㉯ 플라스틱 구조
㉰ 철근 콘크리트 구조
㉱ 프리스트레스트 콘크리트 구조

해설 철근 콘크리트 구조물의 특징
① 내구성과 내화성이 크다.
② 철근과 콘크리트는 부착강도가 커서 합성체를 이룬다.
③ 형상과 치수에 제한을 받지 않는다.
④ 개조, 보강 및 해체가 어렵다.
⑤ 유지 관리비가 적게 든다.
⑥ 콘크리트 속에 묻힌 철근은 거의 부식하지 않는다.

문제 036
투상선이 모든 투상면에 대하여 수직으로 투상되는 것은?

㉮ 정투상법 ㉯ 투시 투상도법
㉰ 사투상법 ㉱ 축측 투상도법

해설
- 정투상법
  시선이 물체로부터 무한대로 있는 것처럼 생각한 투상을 정투상이라 하고 투상선이 투상면에 대해 수직으로 투상하는 방법이다.
- 축측 투상도법
  3면이 한 평면상에 투상되도록 입체를 경사지게 하여 투상한 것.

문제 037
치수 기호에서 두께를 나타내는 것은?

㉮ R ㉯ ϕ
㉰ t ㉱ C

해설
- R : 반지름
- ϕ : 지름
- C : 45° 모따기
- ⌒ : 원호의 길이

답 031. ㉱ 032. ㉮ 033. ㉯ 034. ㉮ 035. ㉰ 036. ㉮ 037. ㉰

문제 038
다음 중 형강의 일반적인 치수 표시 방법으로 옳은 것은?

㉮ 단면모양, 높이×너비×두께 - 길이
㉯ 단면모양, 너비×높이×두께 - 길이
㉰ 단면모양, 두께×너비×높이 - 길이
㉱ 단면모양, 길이×너비×높이 - 두께

해설 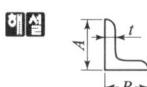 L A×B×t-L

문제 039
시스템 소프트웨어(system software)가 아닌 것은?

㉮ 운영체제   ㉯ 언어 프로그램
㉰ CAD 프로그램   ㉱ 유틸리티 프로그램

해설
- 운영체제
  컴퓨터 자체를 유지, 관리하고 기본적인 운영을 도맡아 하는 전용 프로그램
- 언어 프로그램
  문서 편집 프로그램
- 유틸리티 프로그램
  좋은 기능을 제공해 주는 작은 프로그램

문제 040
윤곽선은 최소 몇 mm 이상 두께의 실선으로 그리는 것이 좋은가?

㉮ 0.1mm   ㉯ 0.3mm
㉰ 0.4mm   ㉱ 0.5mm

해설 윤곽선은 도면이 훼손되는 것을 방지하고 그려지는 영역을 명확히 표시하기 위해서 그린다.

문제 041
재료 단면의 경계 표시는 무엇을 나타내는가?

㉮ 암반면
㉯ 지반면
㉰ 일반면
㉱ 수면

해설
- 암반면(바위)
- 일반면
- 수준면(물)

문제 042
도로 설계의 종단면도에 일반적으로 기입되는 사항이 아닌 것은?

㉮ 계획고   ㉯ 횡단면적
㉰ 지반고   ㉱ 측점

해설
- 횡단면적은 횡단면도와 관련이 있다.
- 도로 종단면도에는 곡선, 측점, 거리, 추가거리, 지반고, 계획고, 땅깎기, 흙쌓기, 경사 등을 기입한다.

문제 043
인출선에 관한 설명으로 옳은 것은?

㉮ 치수선을 그리기 위해 보조적 역할을 한다.
㉯ 치수, 가공법, 주의사항 등을 기입하기 위하여 사용한다.
㉰ 일점 쇄선으로 표기하는 것이 일반적이다.
㉱ 원이나 호의 치수는 인출선으로 한다.

해설
- 치수 보조선은 치수선을 그을 곳이 마땅하지 않을 때 치수선에 대해 적당한 각도로 그을 수 있다.
- 작은 원의 지름은 인출선을 써서 표시할 수 있다.
- 인출선은 가로에 대하여 45°의 직선을 긋고 인출되는 쪽에 화살표를 붙여 인출한 쪽의 끝에 가로선을 그어 가로선 위에 쓴다.

문제 044
한국 산업규격에서 토목 제도 통칙의 분류 기호는?

㉮ KS A   ㉯ KS C
㉰ KS E   ㉱ KS F

해설
- KS A : 기본
- KS C : 전기 전자
- KS E : 광산

답 038. ㉮ 039. ㉰ 040. ㉱ 041. ㉯ 042. ㉯ 043. ㉯ 044. ㉱

문제 045
암거 도면의 작도법에 대한 설명으로 옳은 것은?
- ㉮ 단면도는 실선으로 치수에 관계없이 임의로 작도한다.
- ㉯ 단면도에 배근된 철근 수량과 간격은 대략적으로 작도한다.
- ㉰ 단면도에는 철근 기호, 철근 치수 등을 생략한다.
- ㉱ 측면도는 단면도에서 표시된 철근 간격이 정확하게 표시되어야 한다.

해설
- 단면도는 실선으로 주어진 치수대로 정확히 작도한다.
- 단면도에 배근된 철근수량과 간격을 정확히 균일성 있게 표시한다.
- 도면 각부에 철근 번호, 철근 치수 등 도면에 표시되어야 할 모든 내용을 표시한다.

문제 046
CAD 시스템을 이용한 설계의 특징으로 볼 수 없는 것은?
- ㉮ 다중작업으로 업무가 효율적이다.
- ㉯ 도면 작성 시간을 단축시킬 수 있다.
- ㉰ CAD 시스템에서 치수값은 부정확하나 간결한 표현이 가능하다.
- ㉱ 설계제도의 표준화와 규격화로 경쟁력을 향상시킬 수 있다.

해설 CAD 시스템에서의 치수값은 정확하며 간결한 표현이 가능하다.

문제 047
다음 중 도면 작도시 유의할 사항으로 틀린 것은?
- ㉮ 구조물의 외형선, 철근 표시선 등 선의 구분을 명확히 한다.
- ㉯ 화살표시는 도면마다 다른 모양으로 한다.
- ㉰ 도면은 가능한 간단하게 그리며 중복을 피한다.
- ㉱ 도면에는 오류가 없도록 한다.

해설 하나의 도면에서는 한 종류의 화살표만 사용한다.

문제 048
건설재료 중 콘크리트의 단면 표시로 옳은 것은?

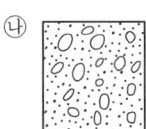
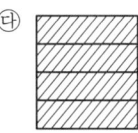 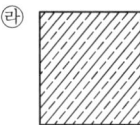

해설
- ㉮ : 모르타르
- ㉰ : 벽돌
- ㉱ : 자연석

문제 049
도면의 문자 제도 방법으로 옳지 않은 것은?
- ㉮ 문자의 크기는 원칙적으로 높이에 의한 호칭에 따라 표시한다.
- ㉯ 영자는 주로 로마자의 소문자를 사용한다.
- ㉰ 숫자는 주로 아라비아 숫자를 사용한다.
- ㉱ 한글자의 서체는 활자체에 준하는 것이 좋다.

해설 영문자는 로마자의 대문자를 사용한다.

문제 050
토목 제도에서 도면을 접을 때 표준이 되는 크기는?
- ㉮ A1
- ㉯ A2
- ㉰ A3
- ㉱ A4

해설 A4 : 210×297mm

문제 051
철근에 대한 표시 방법에 대한 설명으로 옳지 않은 것은?
- ㉮ R13 : 반지름 13mm인 이형철근
- ㉯ φ13 : 지름 13mm인 원형철근

답 045. ㉱ 046. ㉰ 047. ㉯ 048. ㉮ 049. ㉯ 050. ㉱ 051. ㉮

㉰ D13 : 지름 13mm인 이형철근
㉱ H13 : 지름 13mm인 이형(고강도)철근

해설 • 24@200=4800
전장 4800mm를 200mm로 24등분
• D19 L=2200 N=20
지름 19mm로서 길이 2200mm의 이형철근 20개

문제 052
투상도법에서 원근감이 나타나는 것은?
㉮ 정투상법   ㉯ 투시도법
㉰ 사투상법   ㉱ 표고 투상법

해설 투시도법
멀고 가까운 거리감을 느낄 수 있도록 하나의 시점과 물체의 각 점을 방사선으로 이어서 그리는 방법

문제 053
내부의 보이지 않는 부분을 나타낼 때 물체를 절단하여 내부 모양을 나타낸 도면은?
㉮ 단면도   ㉯ 전개도
㉰ 투상도   ㉱ 일체도

해설 대칭 단면의 경우 중심선 한쪽을 외형도, 반대쪽을 단면도로 표시한다.

문제 054
A열의 제도 용지 중 A3의 규격으로 옳은 것은?
㉮ 210×297   ㉯ 297×420
㉰ 420×594   ㉱ 594×841

해설
• A0 : 841×1189mm
• A1 : 594×841mm
• A2 : 420×594mm
• A3 : 297×420mm
• A4 : 210×297mm

문제 055
선의 종류와 주요 용도가 바르게 짝지어진 것은?
㉮ 굵은 실선 – 중심선
㉯ 가는 일점 쇄선 – 외형선
㉰ 파선 – 보이지 않는 외형선
㉱ 가는 실선 – 가상 외형선

해설
• 굵은 실선 – 외형선
• 가는 일점 쇄선 – 중심선
• 가는 실선 – 치수선

문제 056
물체를 다음 그림과 같이 나타냈을 때 투상법으로 맞는 것은?

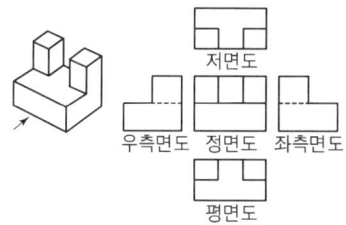

㉮ 제1각법   ㉯ 제3각법
㉰ 사투상도   ㉱ 등각 투상도

해설
• 제1각법
평면도는 정면도의 아래쪽에, 우측면도는 좌측에 각각 그린다.
• 제3각법
평면도는 정면도 위에, 우측면도는 정면도 우측에 각각 그린다.

문제 057
그림은 평면도상에서 어떤 지형의 절단면 상태를 나타낸 것인가?

㉮ 절토면
㉯ 성토면
㉰ 수준면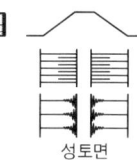
㉱ 물매면

해설
성토면

문제 058
제도에 대한 일반적인 설명으로 옳지 않은 것은?
㉮ 그림은 간단히 하고, 중복을 피한다.
㉯ 대칭적인 것은 중심선의 한쪽을 외형도, 반대쪽을 단면도로 표시하는 것을 원칙으로 한다.
㉰ 경사면을 가진 구조물에서 그 경사면의 모양을 표시하기 위하여 경사면 부분의 보조도를 넣을 수 있다.
㉱ 도면은 될 수 있는 대로 파선으로 표시하고, 다양한 종류의 선을 이용하여 단조로움을 피한다.

해설 도면은 될 수 있는 대로 실선으로 표시하고 파선으로 표시함을 피한다.

문제 059
건설 재료의 단면 중 어떤 단면 표시인가?

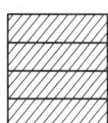

㉮ 강철   ㉯ 유리
㉰ 잡석   ㉱ 벽돌

해설
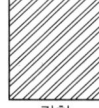  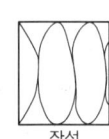
강철   유리   잡석

문제 060
CAD로 아래의 정삼각형(△ABC)을 그리기 위하여 명령어를 입력하고자 한다. ( )에 알맞은 명령은? (단, 그리는 순서는 A → B → C → A이다.)

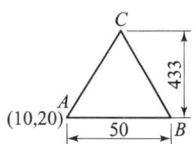

```
command : LINE [enter]
시작점 : 10,20 [enter]
다음점 : (     ) [enter]
다음점 : @-25, 43.3 [enter]
다음점 : C [enter]
```

㉮ 50,20   ㉯ @50,20
㉰ @60,0   ㉱ @50〈0

해설 선 그리기(Line 명령)
@의 사용과 각도(〈)의 사용

답 058. ㉱ 059. ㉱ 060. ㉱

전산응용토목제도기능사

2012 기출문제

▷ 2012년 제 1회
▶ 2012년 제 4회
▷ 2012년 제 5회

부록 최근 기출문제

2012년 제1회

문제 001
D16 이하의 철근을 사용하여 현장 타설한 콘크리트의 경우 흙에 접하거나 옥외공기에 직접 노출되는 콘크리트 부재의 최소 피복 두께는?

㉮ 20mm ㉯ 40mm
㉰ 50mm ㉱ 60mm

해설 흙에 접하거나 옥외공기에 직접 노출되는 콘크리트에서 D19 이상 철근은 50mm의 최소 피복 두께를 유지해야 한다.

문제 002
콘크리트에 일정하게 하중을 주면 응력의 변화는 없는데도 변형이 시간이 경과함에 따라 커지는 현상은?

㉮ 건조수축 ㉯ 크리프
㉰ 틱소트로피 ㉱ 릴랙세이션

해설 시간의 경과에 따라 일정한 응력하에서 변형이 증대되는 현상을 크리프라 하며 일정한 변형하에서 시간 경과에 따라 응력이 감소되는 현상을 릴랙세이션이라 한다.

문제 003
철근 콘크리트 보의 휨부재에 대한 강도 설계법 기본 가정이 아닌 것은?

㉮ 콘크리트의 변형률은 중립축으로부터 거리에 비례한다.
㉯ 철근의 변형률과 같은 위치의 콘크리트 변형률은 같다.
㉰ 콘크리트 압축 연단의 극한 변형률은 $f_{ck} \leq 40$MPa인 경우 0.0033으로 가정한다.
㉱ 모든 철근의 탄성계수는 $E_s = 1.0 \times 10^5$MPa이다.

해설 철근의 탄성계수는 $E_s = 2.0 \times 10^5$MPa이다.

문제 004
콘크리트를 배합 설계할 때 물-결합재 비를 결정할 때의 고려사항으로 거리가 먼 것은?

㉮ 소요의 강도 ㉯ 내구성
㉰ 수밀성 ㉱ 철근의 종류

해설 물-결합재비는 소요의 강도, 내구성, 수밀성 및 균열 저항성 등을 고려하여 정한다.

문제 005
콘크리트용 잔골재의 입도에 관한 사항으로 옳지 않은 것은?

㉮ 잔골재는 크고 작은 알이 알맞게 혼합되어 있는 것으로서 입도가 표준 범위 내인가를 확인한다.
㉯ 입도가 잔골재의 표준 입도의 범위를 벗어나는 경우에는 두 종류 이상의 잔골재를 혼합하여 입도를 조정하여 사용한다.
㉰ 일반적으로 콘크리트용 잔골재의 조립률의 범위는 5.0 이상인 것이 좋다.
㉱ 조립률은 골재의 입도를 수량적으로 나타내는 한 방법이다.

해설 일반적으로 콘크리트용 잔골재의 조립률의 범위는 2.0~3.3이다.

문제 006
콘크리트용 골재가 갖추어야 할 성질에 대한 설명으로 옳지 않은 것은?

㉮ 알맞은 입도를 가질 것
㉯ 깨끗하고 강하며 내구적일 것
㉰ 연하고 가느다란 석편을 다량 함유하고 있을 것
㉱ 먼지, 흙, 유기불순물 등의 유해물이 허용한도 이내일 것

답 001. ㉰ 002. ㉯ 003. ㉱ 004. ㉱ 005. ㉰ 006. ㉰

해설 • 골재의 모양은 구 또는 입방체에 가까울 것
• 마모에 대한 저항성이 클 것

문제 007

콘크리트의 등가 직사각형 응력분포 식에서 β_1은 콘크리트의 압축강도의 크기에 따라 달라지는 값이다. 콘크리트의 압축강도가 35MPa 일 경우 β_1의 값은?

㉮ 0.8 ㉯ 0.7
㉰ 0.850 ㉱ 0.878

해설 $f_{ck} \leq 40\text{MPa}$인 경우 $\beta_1 = 0.8$

문제 008

강도 설계법에서 단철근 직사각형의 등가 직사각형의 응력 분포의 깊이(a)를 구하는 공식은? (단, A_s : 인장 철근량, f_y : 철근의 설계기준 항복강도, f_{ck} : 콘크리트의 설계기준 압축강도, b : 단면의 폭)

㉮ $a = \dfrac{A_s f_y b}{0.85 f_{ck}}$ ㉯ $a = \dfrac{\eta(0.85 f_{ck})b}{A_s f_y}$

㉰ $a = \dfrac{A_s f_y}{0.85 f_{ck} b}$ ㉱ $a = \dfrac{\eta(0.85 f_{ck})b}{A_s}$

해설 $C = T$
$\eta(0.85 f_{ck})ab = A_s f_y$
∴ $a = \dfrac{A_s f_y}{\eta(0.85 f_{ck})b}$

문제 009

동일 평면에서 평행한 철근 사이의 수평 순간격은 최소 몇 mm 이상이어야 하는가?

㉮ 15mm 이상 ㉯ 20mm 이상
㉰ 25mm 이상 ㉱ 30mm 이상

해설 주철근의 수평 순간격은 25mm 이상, 굵은 골재 최대치수의 4/3배 이상, 철근의 공칭 지름 이상이어야 한다.

문제 010

그림과 같이 $b = 28\text{cm}$, $d = 50\text{cm}$, $A_s = 3 - D25 = 15.20\text{cm}^2$인 단철근 직사각형 보의 철근비는? (여기서, $f_{ck} = 28\text{MPa}$, $f_y = 420\text{MPa}$이다.)

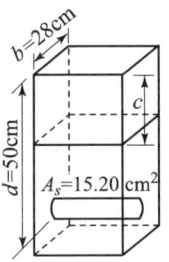

㉮ 0.01 ㉯ 0.14
㉰ 0.92 ㉱ 1.42

해설 $\rho_b = \dfrac{A_s}{bd} = \dfrac{1520}{280 \times 500} = 0.01$

문제 011

표준 갈고리를 갖는 인장 이형철근의 정착길이는 항상 얼마 이상이어야 하는가?

㉮ 150mm 이상 ㉯ 250mm 이상
㉰ 350mm 이상 ㉱ 450mm 이상

해설 $8d_b$ 이상, 150mm 이상이어야 한다.

문제 012

철근 콘크리트 강도 설계법에서 단철근 직사각형 보에 대한 균형 철근비(ρ_b)를 구하는 식은? (단, $f_{ck} \leq 40\text{MPa}$, f_y : 철근의 설계기준 항복강도(MPa), β_1 : 계수)

㉮ $\eta(0.75 f_{ck})\dfrac{\beta_1}{f_y}\dfrac{660}{660 + f_y}$

㉯ $\eta(0.80 f_{ck})\dfrac{\beta_1}{f_y}\dfrac{660}{660 + f_y}$

㉰ $\eta(0.85 f_{ck})\dfrac{\beta_1}{f_y}\dfrac{660}{660 + f_y}$

㉱ $\eta(0.90 f_{ck})\dfrac{\beta_1}{f_y}\dfrac{660}{660 + f_y}$

답 007. ㉮ 008. ㉰ 009. ㉰ 010. ㉮ 011. ㉮ 012. ㉰

해설 균형 단면보의 중립축의 위치
$$c = \frac{660}{660+f_y}d$$

문제 013

6kN/m의 등분포 하중을 받는 지간 4m의 철근 콘크리트 캔틸레버 보가 있다. 이 보의 작용 모멘트는? (단, 하중계수는 적용하지 않는다.)

㉮ 12 kN·m   ㉯ 24 kN·m
㉰ 36 kN·m   ㉱ 48 kN·m

해설
- 보에 작용하는 하중
  $$\omega l = 6 \times 4 = 24 kN$$
- 보에 작용하는 모멘트
  $$\omega l \times \frac{l}{2} = 24 \times \frac{4}{2} = 48 kN \cdot m$$

문제 014

D16 이하의 스터럽이나 띠철근에서 철근을 구부리는 내면 반지름은 철근 공칭 지름(d_b)의 몇 배 이상으로 하여야 하는가?

㉮ 1배   ㉯ 2배
㉰ 3배   ㉱ 4배

해설 큰 응력을 받는 곳에서 철근을 구부릴 때에는 구부림 내면 반지름을 더 크게 하여 철근 반지름 내부의 콘크리트가 파쇄되는 것을 방지해야 한다.

문제 015

공기연행(AE) 콘크리트의 특징에 대한 설명으로 틀린 것은?

㉮ 내구성과 수밀성이 감소된다.
㉯ 워커빌리티가 개선된다.
㉰ 동결 융해에 대한 저항성이 개선된다.
㉱ 철근과의 부착강도가 감소된다.

해설 내구성과 수밀성이 증가된다.

문제 016

경량골재 콘크리트에 대한 설명으로 틀린 것은?

㉮ 경량골재는 일반적으로 입경이 작을수록 밀도가 커진다.
㉯ 경량골재를 써서 만든 콘크리트로서 일반적으로 단위질량이 2,500~2,700kg/m³인 콘크리트를 말한다.
㉰ 경량골재의 굵은골재 최대치수는 공사 시방서에서 정한 바가 없을 때에는 20mm 이하로 한다.
㉱ 굵은골재의 부립률은 10% 이하로 한다.

해설 경량골재를 써서 만든 콘크리트로서 일반적으로 단위질량이 1,400~2,100kg/m³인 콘크리트를 말한다.

문제 017

압축을 받는 부재의 모든 축방향 철근은 띠철근으로 둘러싸야 하는데 띠철근의 수직간격은 띠철근이나 철선지름의 몇 배 이하로 하여야 하는가?

㉮ 16배   ㉯ 32배
㉰ 48배   ㉱ 64배

해설 띠철근의 수직간격은 종방향 철근 지름의 16배 이하, 띠철근이나 철선지름의 48배 이하, 기둥 단면의 최소 치수 이하라야 한다.

문제 018

철근의 용접에 의한 이음을 하는 경우, 이 때 이음부가 철근의 설계기준 항복강도의 얼마 이상을 발휘할 수 있는 완전용접이어야 하는가?

㉮ 85%   ㉯ 95%
㉰ 115%   ㉱ 125%

해설 용접이음, 기계적 이음은 f_y의 125% 이상 성능을 발휘할 수 있어야 한다.

문제 019

잔골재의 조립률 2.3, 굵은골재의 조립률 6.7을 사용하여 잔골재와 굵은골재를 질량비 1 : 1.5로 혼합하면 이 때 혼합된 골재의 조립률은?

㉮ 3.67   ㉯ 4.94
㉰ 5.27   ㉱ 6.12

해설 $FM = \frac{2.3 \times 1 + 6.7 \times 1.5}{1 + 1.5} = 4.94$

답 013. ㉱   014. ㉯   015. ㉮   016. ㉯   017. ㉰   018. ㉱   019. ㉯

문제 020
균형 철근보에 관한 설명으로 옳지 않은 것은?

㉮ 취성파괴 방지를 위해 철근 사용량을 규제하는 것이다.
㉯ 균형 철근비보다 철근을 많이 넣은 과다 철근보는 연성파괴가 일어나도록 한다.
㉰ 균형 철근비를 사용한 보를 균형보(평형보)라고 하며, 이 보의 단면을 균형단면(평형단면), 이때의 철근량을 균형 철근량(평형 철근량)이라고 한다.
㉱ 균형 철근비는 철근이 항복함과 동시에 콘크리트의 압축 변형률이 도달할 때의 철근비를 뜻한다.

해설 균형 철근비보다 철근을 많이 넣은 과다 철근보는 취성파괴가 일어나도록 한다.

문제 021
토목 구조물의 특징으로 옳은 것은?

㉮ 다량 생산을 할 수 있다.
㉯ 대부분은 개인적인 목적으로 건설된다.
㉰ 건설에 비용과 시간이 적게 소요된다.
㉱ 구조물의 수명, 즉 공용 기간이 길다.

해설
• 다량 생산을 할 수 없다.
• 공공의 목적으로 건설된다.
• 건설에 비용과 시간이 많이 소요된다.

문제 022
다음 중 역사적인 토목 구조물로서 가장 오래된 교량은?

㉮ 미국의 금문교
㉯ 영국의 런던교
㉰ 프랑스의 아비뇽교
㉱ 프랑스의 가르교

해설
• 기원전 1~2세기 : 로마시대 아치교(프랑스의 가르교)
• 9~10세기 : 르네상스와 기술 발전으로 미적, 구조적인 변화(프랑스의 아비뇽교, 영국의 런던교)

문제 023
구조 재료로서 강재의 단점으로 옳은 것은?

㉮ 재료의 균질성이 떨어진다.
㉯ 부재를 개수하거나 보강하기 어렵다.
㉰ 차량 통행에 의하여 소음이 발생하기 쉽다.
㉱ 강 구조물을 사전 제작하여 조립하기 어렵다.

해설
• 재료의 균질성이 우수하다.
• 부재를 개수하거나 보강하기 쉽다.
• 강 구조물을 사전 제작하여 조립하기 쉽다.

문제 024
프리스트레스트 콘크리트에 사용되는 강재의 종류가 아닌 것은?

㉮ PS 형강
㉯ PS 강선
㉰ PS 강봉
㉱ PS 강연선

해설 PS 강재는 인장강도, 항복비, 콘크리트와의 부착강도가 커야 한다.

문제 025
교량의 설계 하중에서 주하중이 아닌 것은?

㉮ 설하중
㉯ 활하중
㉰ 고정하중
㉱ 충격하중

해설 설하중, 원심하중, 지점 이동의 영향, 제동하중, 가설하중, 충돌하중은 특수하중이다.

문제 026
띠철근 기둥의 축방향 철근 단면적에 최소 한도를 두는 이유로 옳지 않은 것은?

㉮ 예상 외의 휨에 대비할 필요가 있다.
㉯ 콘크리트의 크리프를 감소시키는데 효과가 있다.
㉰ 콘크리트의 건조수축의 영향을 증가시키는데 효과가 있다.
㉱ 콘크리트의 부분적 결함을 철근으로 보충하기 위해서이다.

해설 콘크리트의 건조수축의 영향을 감소시키는 데 효과가 있다.

답 020. ㉯ 021. ㉱ 022. ㉱ 023. ㉰ 024. ㉮ 025. ㉮ 026. ㉰

문제 027

직사각형 독립확대 기초의 크기가 2m×3m이고 허용 지지력이 250kN/m²일 때 이 기초가 받을 수 있는 최대 하중의 크기는 얼마인가?

㉮ 500 kN ㉯ 1,000 kN
㉰ 1,500 kN ㉱ 2,000 kN

해설
$q_a = \dfrac{P}{A}$
$\therefore P = q_a \times A = 250 \times (2 \times 3) = 1,500 \text{kN}$

문제 028

1방향 슬래브에서의 두께는 최소 몇 mm 이상으로 하여야 하는가?

㉮ 70mm ㉯ 80mm
㉰ 90mm ㉱ 100mm

해설 마주보는 두 변에 의해서만 지지된 경우를 1방향 슬래브라 한다.

문제 029

강재의 용접 이음 방법이 아닌 것은?

㉮ 아크 용접법 ㉯ 리벳 용접법
㉰ 가스 용접법 ㉱ 특수 용접법

해설 강판의 리벳 이음은 용접 이음과는 다른 방법이다.

문제 030

다음에서 설명하는 구조물은?

- 두께에 비하여 폭이 넓은 판 모양의 구조물
- 도로교에서 직접 하중을 받는 바닥판
- 건물의 각 층마다의 바닥판

㉮ 보 ㉯ 기둥
㉰ 슬래브 ㉱ 확대기초

해설 두께에 비해 폭이나 길이가 긴 판 모양의 구조물을 슬래브라 한다.

문제 031

축방향 압축을 받는 부재로서 높이가 단면 최소 치수의 몇 배 이상이 되어야 기둥이라고 하는가?

㉮ 2배 ㉯ 3배
㉰ 4배 ㉱ 5배

해설 축방향 압축을 받는 부재를 압축 부재 또는 기둥이라 하며 높이가 단면 최소 치수의 3배 이상인 수직 또는 수직에 가까운 압축재를 기둥이라고 한다.

문제 032

벽으로부터 전달되는 하중을 분포시키기 위하여 연속적으로 만들어진 기초는?

㉮ 독립 확대기초 ㉯ 벽 확대기초
㉰ 연결 확대기초 ㉱ 말뚝 기초

해설 벽을 지지하는 기초를 벽의 확대기초(연속 확대기초)라 한다.

문제 033

강재의 보 위에 철근 콘크리트 슬래브를 이어쳐서 양자가 일체하도록 된 구조는?

㉮ 철근 콘크리트 구조 ㉯ 콘크리트 구조
㉰ 강 구조 ㉱ 합성 구조

해설
- 철근 콘크리트 구조는 콘크리트의 압축력과 철근의 인장력이 일체로 되어 서로의 결점을 보완하는 구조이다.
- 강 구조는 공장에서 제련, 성형된 구조 부재를 리벳, 볼트 또는 용접 등의 방법으로 접합하여 하중을 지지할 수 있게 만들어지는 구조이다.

문제 034

철근 콘크리트(RC)의 특징이 아닌 것은?

㉮ 내구성이 우수하다.
㉯ 개조, 파괴가 쉽다.
㉰ 유지 관리비가 적게 든다.
㉱ 여러 가지 모양과 크기의 구조물을 만들기 쉽다.

해설 개조하거나 파괴하기가 쉽지 않다.

답 027. ㉰ 028. ㉱ 029. ㉯ 030. ㉰ 031. ㉯ 032. ㉯ 033. ㉱ 034. ㉯

문제 035
프리스트레스를 도입한 후의 손실 원인이 아닌 것은?

㉮ 콘크리트의 크리프
㉯ 콘크리트의 건조수축
㉰ 콘크리트의 블리딩
㉱ PS 강재의 릴랙세이션

해설 프리스트레스를 도입할 때 일어나는 손실
- 콘크리트의 탄성변형에 의한 손실
- 강재와 쉬스의 마찰에 의한 손실
- 정착단의 활동에 의한 손실

문제 036
삼각 스케일에 표시된 축척이 아닌 것은?

㉮ 1 : 10　　㉯ 1 : 200
㉰ 1 : 300　㉱ 1 : 600

해설 삼각 스케일에 표시된 축척은 1 : 100, 1 : 200, 1 : 300, 1 : 400, 1 : 500, 1 : 600이다.

문제 037
CAD 작업 파일의 확장자로 옳은 것은?

㉮ TXT　　㉯ DWG
㉰ HWP　　㉱ JPG

해설 모든 도면 작업에 있어 저장은 필수며 도면 관리를 하는 데 있어서 매우 중요하며 Auto CAD 상에서 그려진 모든 도면 파일의 확장자는 자동으로 *.dwg가 붙는다.

문제 038
그림과 같은 재료 단면의 경계 표시를 나타내는 것은?

㉮ 흙
㉯ 호박돌
㉰ 바위
㉱ 잡석

해설 호박돌 표시보다 작고 둥글게 그린 그림은 자갈을 나타낸다.

문제 039
도면 작도 시 유의사항으로 틀린 설명은?

㉮ 도면은 KS 토목 제도 통칙에 따라 정확하게 그려야 한다.
㉯ 도면의 안정감을 위해 치수선의 간격을 도면마다 다르게 하며 화살표의 표시도 다양하게 한다.
㉰ 도면에는 불필요한 사항은 기입하지 않는다.
㉱ 글씨는 명확하고 띄어쓰기에 맞게 쓴다.

해설 하나의 도면에서는 치수선의 간격을 도면마다 다르게 일정하게 하고 한 종류의 화살표만 사용한다.

문제 040
KS의 부문별 기호 중 토목·건축 부문의 기호는?

㉮ KS C　　㉯ KS D
㉰ KS E　　㉱ KS F

해설
- KS C : 전기 전자
- KS D : 금속
- KS E : 광산

문제 041
치수 표기에서 특별한 명시가 없으면 무엇으로 표시하는가?

㉮ 가상 치수　㉯ 재료 치수
㉰ 재단 치수　㉱ 마무리 치수

해설 치수는 특별한 명시가 없으면 마무리 치수로 표시하며 강구조 등의 재료 치수는 마무리 치수의 것을 제작함에 필요한 재료의 치수로 한다.

문제 042
자갈을 나타내는 재료 단면의 경계 표시는?

㉮ 　　㉯
㉰ 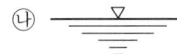　　㉱

• ㉮ : 지반면(흙)
• ㉯ : 수준면(물)
• ㉰ : 암반면(바위)

문제 043
다음 중 자연석의 단면 표시로 옳은 것은?

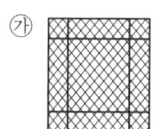
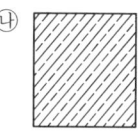

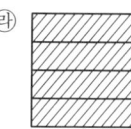

해설
• ㉮ : 블록
• ㉰ : 콘크리트
• ㉱ : 벽돌

문제 044
어떤 재료의 치수가 2-H 300×200×9×12× 1000로 표시되었을 때 플랜지 두께는?

㉮ 2mm   ㉯ 9mm
㉰ 12mm ㉱ 200mm

해설 단면모양, 높이×너비×두께－길이

문제 045
정투상법에서 제3각법에 대한 설명으로 옳지 않은 것은?

㉮ 평면도는 정면도 아래에 그린다.
㉯ 우측면도는 정면도 우측에 그린다.
㉰ 제3면각 안에 물체를 놓고 투상하는 방법이다.
㉱ 각 면에 보이는 물체는 보이는 면과 같은 면에 나타낸다.

해설 평면도는 정면도 위에 그린다.

문제 046
치수선에 대한 설명으로 옳은 것은?

㉮ 치수선은 표시할 치수의 방향에 평행하게 그린다.
㉯ 치수선은 물체를 표시하는 도면의 내부에 그린다.
㉰ 여러 개의 치수선을 평행하게 그을 때 간격은 가급적 다양하게 한다.
㉱ 치수선은 가급적 서로 교차하게 그린다.

해설
• 치수선은 물체를 표시하는 도면의 외부에 그린다.
• 여러 개의 치수선을 평행하게 그을 때 간격은 가급적 일정하게 한다.
• 치수선은 다른 치수선과 서로 교차하지 않게 그린다.

문제 047
다음 선의 종류 중 가장 굵게 그려져야 하는 선은?

㉮ 중심선   ㉯ 윤곽선
㉰ 파단선   ㉱ 치수선

해설 윤곽선은 최소 0.5mm 이상 두께의 실선으로 그린다.

문제 048
사투상도에서 물체를 입체적으로 나타내기 위해 수평선에 대하여 주는 경사각이 아닌 것은?

㉮ 30°   ㉯ 45°
㉰ 60°   ㉱ 90°

해설 30°, 45°, 60°의 경사각을 이룬다.

문제 049
도로 설계 제도에서 굴곡부 노선의 제도에 사용되는 기호 중 곡선 시점을 나타내는 것은?

㉮ IP   ㉯ EC
㉰ TL   ㉱ BC

해설
• IP : 교점
• EC : 곡선 종점
• TL : 접선 길이

답 043. ㉯ 044. ㉰ 045. ㉮ 046. ㉮ 047. ㉯ 048. ㉱ 049. ㉱

문제 050
그림은 컴퓨터 중앙처리 장치를 도식화한 것이다. (A)부분에 해당하는 장치는?

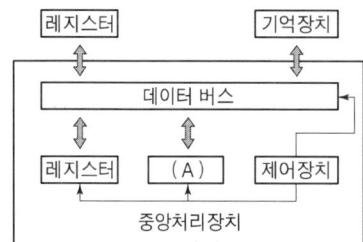

㉮ 저장 장치　　㉯ 연산 장치
㉰ 처리 장치　　㉱ 수합 장치

해설 컴퓨터의 5대 장치에는 입력 장치, 기억 장치, 제어 장치, 연산 장치, 출력 장치가 있다.

문제 051
도면을 표현 형식에 따라 분류할 때 구조물의 구조 계산에 사용되는 선도로 교량의 골조를 나타내는 도면은?

㉮ 일반도　　㉯ 배근도
㉰ 구조선도　　㉱ 상세도

해설 골조 구조 등의 구조선도에 있어서는 치수선을 생략하고 골조를 표시하는 선의 위쪽 또는 왼쪽에 치수를 쓴다.

문제 052
콘크리트 구조물 제도에서 지름 16mm 일반 이형철근의 표시법으로 옳은 것은?

㉮ R16　　㉯ ø16
㉰ D16　　㉱ H16

해설
- ø16 : 지름 16mm인 원형철근
- H16 : 지름 16mm인 이형(고강도)철근

문제 053
척도에 대한 설명으로 옳지 않은 것은?

㉮ 현척은 1 : 1을 의미한다.
㉯ 척도의 종류는 축척, 현척, 배척이 있다.
㉰ 척도는 물체의 실제 크기와 도면에서의 크기 비율을 말한다.
㉱ 1 : 2는 2배로 크게 그린 배척을 의미한다.

해설 2 : 1은 2배로 크게 그린 배척을 의미한다.

문제 054
치수의 기입 방법에 대한 설명으로 틀린 것은?

㉮ 협소한 구간에서의 치수 기입은 필요에 따라 생략해도 된다.
㉯ 경사의 방향을 표시할 필요가 있을 때에는 하향 경사쪽으로 화살표를 붙인다.
㉰ 원의 지름을 표시하는 치수선은 기준선 또는 중심선에 일치하지 않게 한다.
㉱ 작은 원의 지름은 인출선을 써서 표시할 수 있다.

해설 협소한 구간에서는 필요에 따라 인출선을 사용하여 치수를 기입한다.

문제 055
물체를 투상면에 대하여 한쪽으로 경사지게 투상하여 입체적으로 나타낸 것은?

㉮ 투시투상도　　㉯ 사투상도
㉰ 등각투상도　　㉱ 축측투상도

해설 사투상도는 옆면 모서리 축을 수평선과 임의 각 (θ)으로 나타낸다.

문제 056
도면을 철하고자 할 때 어떤 쪽을 우선으로 철하는가?

㉮ 위쪽　　㉯ 아래쪽
㉰ 왼쪽　　㉱ 오른쪽

해설
- 도면을 철하고자 할 때는 왼쪽을 우선으로 철함을 원칙으로 한다.
- 도면을 철하기 위한 구멍 뚫기의 여유를 설치해도 좋다. 이 여유는 최소 나비 20mm로 표제란에서 가장 떨어진 왼쪽 끝에 둔다.

답 050. ㉯　051. ㉰　052. ㉰　053. ㉱　054. ㉮　055. ㉯　056. ㉰

문제 057
철근의 표시 방법에 대한 설명으로 옳은 것은?

> 24@200=4800

㉮ 전장 4,800mm를 24mm 간격으로 200등분
㉯ 전장 4,800mm를 200mm 간격으로 24등분
㉰ 전장 4,800m를 200m 간격으로 24등분
㉱ 전장 4,800m를 24m 간격으로 200등분

해설 D19 L=2200 N=20
지름 19mm로서 길이 2,200mm의 이형철근 20개

문제 058
그림은 무엇을 작도하기 위한 것인가?

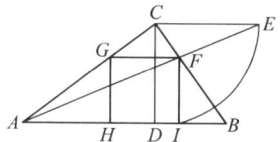

㉮ 사각형에 외접하는 최소 삼각형
㉯ 사각형에 외접하는 최대 정삼각형
㉰ 삼각형에 내접하는 최대 정사각형
㉱ 삼각형에 내접하는 최소 직사각형

해설 삼각형 안에 F, G, H, I를 이어 구한 정사각형은 최대 크기가 된다.

문제 059
한 도면에서 두 종류 이상의 선이 같은 장소에 겹치게 될 때 순서로 옳은 것은?

㉮ 숨은선 → 외형선 → 절단선 → 중심선
㉯ 외형선 → 숨은선 → 절단선 → 중심선
㉰ 중심선 → 외형선 → 절단선 → 숨은선
㉱ 숨은선 → 중심선 → 절단선 → 외형선

해설 외형선 → 숨은선 → 절단선 → 중심선 → 무게중심선의 순서로 하며 외형선과 숨은선이 겹쳤을 때에는 외형선을 표시한다.

문제 060
다음 장치 중 입력장치가 아닌 것은?

㉮ 터치패드 ㉯ 스캐너
㉰ 태블릿   ㉱ 플로터

해설 출력장치에는 디스플레이, 프린터, 플로터, 하드 카피, COM 장치 등이 있다.

2012년 제4회

문제 001
단철근 직사각형보에서 f_{ck}=24MPa, f_y=300 MPa, d=600mm일 때 중립축의 길이(c)를 강도 설계법으로 구한 값은?

㉮ 200mm
㉯ 300mm
㉰ 412.5mm
㉱ 600mm

해설 $c = \dfrac{660}{660+f_y}d = \dfrac{660}{660+300} \times 600 = 412.5\text{mm}$

문제 002
단철근 직사각형 보에서 단면이 평형 단면일 경우 중립축의 위치 결정에서 사용하는 철근의 탄성계수는?

㉮ 2,000 MPa
㉯ 20,000 MPa
㉰ 200,000 MPa
㉱ 2,000,000 MPa

해설 콘크리트는 철근에 비해 탄성계수가 상당히 작다.

문제 003
철근 D29~D35의 경우에 180° 표준갈고리의 구부림 최소 내면 반지름은? (단, d_b : 철근의 공칭지름)

㉮ $2d_b$
㉯ $3d_b$
㉰ $4d_b$
㉱ $5d_b$

해설
- D10~D25 : $3d_b$
- D29~D35 : $4d_b$
- D38 이상 : $5d_b$

문제 004
시방배합과 현장배합에 대한 설명으로 옳지 않은 것은?

㉮ 시방배합에서 골재의 함수상태는 표면건조 포화상태를 기준으로 한다.
㉯ 시방배합에서 굵은골재와 잔골재를 구분하는 기준은 5mm체이다.
㉰ 시방배합을 현장배합으로 고치는 경우 골재의 표면수량과 입도는 제외한다.
㉱ 시방배합을 현장배합으로 고치는 경우 혼화제를 희석시킨 희석수량 등을 고려한다.

해설 시방배합을 현장배합으로 고치는 경우 골재의 표면수량과 입도를 고려한다.

문제 005
굳지 않은 콘크리트에 AE(공기연행)제를 사용하여 연행공기를 발생시켰다. 이 AE공기의 특징으로 옳은 것은?

㉮ 콘크리트의 유동성을 저하시킨다.
㉯ 콘크리트의 온도가 낮을수록 AE공기(연행공기)가 잘 소실된다.
㉰ 경화 후 동결융해에 대한 저항성이 증대된다.
㉱ 기포의 직경이 클수록 잘 소실되지 않는다.

해설
- 콘크리트의 유동성을 증대시킨다.
- 콘크리트의 온도가 낮을수록 AE공기(연행공기)가 증대된다.
- 기포의 직경이 클수록 잘 소실된다.

문제 006
D35를 초과하는 철근의 이음에 대한 설명 중 옳은 것은?

㉮ 겹침이음을 해야 한다.
㉯ 일반적으로 갈고리를 하여 이음 한다.
㉰ 용접이음을 해서는 안 된다.
㉱ 이음부가 철근의 설계기준 항복강도의 125% 이상을 발휘할 수 있어야 한다.

답 001. ㉰ 002. ㉰ 003. ㉰ 004. ㉰ 005. ㉰ 006. ㉱

해설 D35를 초과하는 철근은 겹침이음을 하지 않아야 한다. 단, 서로 다른 크기의 철근을 압축부에서 겹침이음하는 경우 D35 이하의 철근과 D35를 초과하는 철근은 겹침이음을 할 수 있다.

문제 007
경량골재 콘크리트의 특징으로 옳지 않은 것은?
- ㉮ 자중이 크다.
- ㉯ 내화성이 크다.
- ㉰ 열전도율이 작다.
- ㉱ 탄성계수가 작다.

해설 자중이 작다.

문제 008
콘크리트 표면과 그에 가장 가까이 배치된 철근 표면 사이의 최단거리를 무엇이라 하는가?
- ㉮ 피복두께
- ㉯ 철근의 간격
- ㉰ 콘크리트 여유
- ㉱ 철근의 두께

해설 피복두께는 콘크리트 표면에서 가장 바깥쪽 철근 표면까지의 최단거리이다.

문제 009
하루 평균기온이 몇 ℃를 초과할 경우에 서중 콘크리트로서 시공하는가?
- ㉮ 20℃
- ㉯ 25℃
- ㉰ 30℃
- ㉱ 35℃

해설 시공 할 때 최고 기온이 30℃를 초과하거나 일 평균기온이 25℃를 초과할 경우에 서중 콘크리트로 시공한다.

문제 010
상단과 하단에 2단 이상으로 배치된 철근에 대한 설명으로 옳은 것은?
- ㉮ 순간격은 25mm 이상으로 하고 상하 철근을 동일 연직면 내에 두어야 한다.
- ㉯ 순간격은 20mm 이상으로 하고 상하 철근을 서로 엇갈리게 배치한다.
- ㉰ 순간격은 25mm 이상으로 하고 상하 철근을 서로 엇갈리게 배치한다.
- ㉱ 순간격은 20mm 이상으로 하고 상하 철근을 동일 연직면 내에 두어야 한다.

해설 주철근을 상단과 하단에 2단 이상으로 배근하는 경우 상하 철근은 동일 연직면 내에 두어야 하며 연직 순간격은 25mm 이상이어야 한다.

문제 011
굳지 않은 콘크리트의 반죽질기를 측정하는 데 사용되는 시험은?
- ㉮ 자르 시험
- ㉯ 브리넬 시험
- ㉰ 비비 시험
- ㉱ 로스앤젤레스 시험

해설 콘크리트 워커빌리티 측정방법에는 슬럼프 시험, 흐름 시험, 비비(Vee-Bee) 시험, 케리 볼 구관입 시험, 리몰딩 시험, 다짐계수 시험이 있다.

문제 012
괄호에 들어갈 말이 순서대로 연결된 것은?

> 강도 설계법에서는 인장 철근이 설계기준 항복강도에 도달함과 동시에 콘크리트의 극한 변형률이 (①)에 도달할 때, 그 단면이 (②) 상태에 있다고 본다.(단, $f_{ck} \leq 40MPa$)

- ㉮ ① 0.003 - ② 최대변형률
- ㉯ ① 0.002 - ② 균형변형률
- ㉰ ① 0.0033 - ② 최대변형률
- ㉱ ① 0.0033 - ② 균형변형률

해설 강도 설계법은 구조물의 파괴 상태 또는 파괴에 가까운 상태를 기준으로 하여 그 구조물의 사용 기간 중의 예상되는 최대 하중에 대하여 구조물의 안전을 최대한 적절한 수준으로 확보하려는 설계 방법이다.

문제 013
지간이 l인 단순보에서 등분포하중 w를 받고 있을 때 최대 휨모멘트는?
- ㉮ $\dfrac{wl^2}{2}$
- ㉯ $\dfrac{wl^2}{4}$
- ㉰ $\dfrac{wl^2}{8}$
- ㉱ $\dfrac{wl^2}{16}$

답 007. ㉮ 008. ㉮ 009. ㉯ 010. ㉮ 011. ㉰ 012. ㉱ 013. ㉰

해설 지간이 l 인 단순보에서 집중하중 P를 받고 있을 때 최대 휨모멘트는 $\frac{Pl}{4}$ 이 된다.

문제 014
콘크리트의 크리프에 대한 설명으로 틀린 것은?
㉮ 물-시멘트비가 적을수록 크리프는 감소한다.
㉯ 단위 시멘트량이 적을수록 크리프는 감소한다.
㉰ 주위의 습도가 높을수록 크리프는 감소한다.
㉱ 주위의 온도가 높을수록 크리프는 감소한다.

해설 주위의 온도가 높을수록 크리프는 증가한다.

문제 015
인장철근 1개의 지름이 30mm이고, 표준 갈고리를 가지는 인장철근의 기본 정착길이가 300mm라면 표준 갈고리를 가지는 이형철근의 정착길이는? (단, 보정계수는 0.8이다.)
㉮ 150mm   ㉯ 180mm
㉰ 210mm   ㉱ 240mm

해설
- 기본 정착길이 $l_{hb} = \frac{0.24\beta d_b f_y}{\lambda \sqrt{f_{ck}}}$
- 정착길이 $l_d = l_{hb} \times$ 보정계수 $= 300 \times 0.8 = 240mm$

문제 016
$b=250mm$, $d=460mm$인 직사각형 보에서 균형철근비는? (단, 철근의 항복강도는 350MPa, 콘크리트의 설계기준 압축강도는 28MPa이다.)
㉮ 0.0355   ㉯ 0.0250
㉰ 0.0214   ㉱ 0.0176

해설
$$\rho_b = \eta(0.85 f_{ck})\frac{\beta_1}{f_y}\frac{660}{660+f_y}$$
$$= 1.0 \times (0.85 \times 28) \times \frac{0.8}{350} \times \frac{660}{660+350}$$
$$= 0.0355$$
여기서, $f_{ck} \leq 40MPa$이므로 $\eta = 1.0$, $\beta_1 = 0.8$

문제 017
압축부재의 띠철근 수직간격 결정시 검토하여야 할 조건으로 옳은 것은?
㉮ 300mm 이하
㉯ 축방향 철근 지름의 16배 이하
㉰ 띠철근 지름의 32배 이하
㉱ 기둥 단면 최소치수의 1/2 이하

해설 띠철근의 수직 간격은 종방향 철근지름의 16배 이하, 띠철근이나 철선 지름의 48배 이하, 기둥 단면의 최소치수 이하라야 한다.

문제 018
블리딩을 적게 하는 방법으로 옳지 않은 것은?
㉮ 분말도가 높은 시멘트를 사용한다.
㉯ 단위 수량을 크게 한다.
㉰ AE(공기연행)제를 사용한다.
㉱ 감수제를 사용한다.

해설 단위수량을 작게 한다.

문제 019
압축 이형철근의 정착길이 l_d는 기본 정착길이에 적용 가능한 모든 보정계수를 곱하여 구하여야 한다. 이 때 구한 정착길이 l_d는 항상 얼마 이상이어야 하는가?
㉮ 150mm   ㉯ 200mm
㉰ 250mm   ㉱ 300mm

해설
- 압축 이형철근의 정착길이는 항상 200mm 이상이어야 한다.
- 인장 이형철근의 정착길이는 항상 300mm 이상이어야 한다.

문제 020
도로교 설계에서 하중을 주하중, 부하중, 주하중에 상당하는 특수하중, 부하중에 상당하는 특수하중으로 구분할 때, 부하중에 해당하는 것은?
㉮ 활하중   ㉯ 풍하중
㉰ 고정하중   ㉱ 충격하중

해설
- 주하중 – 활하중, 고정하중, 충격하중
- 부하중 – 풍하중, 온도변화의 영향, 지진의 영향

문제 021

경간이 긴 단철근 직사각형 콘크리트 보에 크기가 작은 하중이 작용할 경우 균열이 발생하지 않았다면 이에 대한 설명으로 옳지 않은 것은?

㉮ 압축 응력은 압축측 콘크리트가 부담한다.
㉯ 휘기 전에 평면인 단면은 변형 후에도 평면을 유지한다.
㉰ 응력은 중립축에서 최대이며 거리에 반비례한다.
㉱ 변형률은 중립축으로부터의 거리에 비례한다.

해설 보의 압축응력은 $\eta 0.85 f_{ck} ab$이다.

문제 022

재료의 강도가 크고, 콘크리트에 비하여 부재의 치수를 작게 할 수 있어 지간이 긴 교량을 축조하는 데 유리한 토목 구조물의 구조는?

㉮ 강 구조   ㉯ 석 구조
㉰ 목 구조   ㉱ 흙 구조

해설 강 구조는 다른 구조재보다 강도가 크고 부재 치수를 작게 할 수 있어 자중을 줄일 수 있다.

문제 023

프리스트레스 도입 직후 및 설계 하중이 작용할 때의 단면 응력에 대한 가정 사항이 아닌 것은?

㉮ 콘크리트는 전단면이 유효하게 작용한다.
㉯ 콘크리트와 PS 강재는 탄성 재료로 가정한다.
㉰ 부재의 길이 방향의 변형률은 중립축으로부터의 거리에 비례한다.
㉱ PS 강재 및 철근은 각각 그 위치의 콘크리트 변형률은 다르다.

해설
- 콘크리트 압축연단의 극한변형률은 $f_{ck} \leq 40 MPa$인 경우 0.0033으로 가정한다.
- 프리스트레스를 도입할 때, 사용하중이 작용할 때 균열단면에서 콘크리트는 인장력에 저항할 수 없다.

문제 024

1방향 슬래브에서 배력 철근을 배치하는 이유가 아닌 것은?

㉮ 주철근의 간격 유지
㉯ 균열을 특정한 위치로 집중
㉰ 온도 변화에 의한 수축 감소
㉱ 고른 응력의 분포

해설 균열을 분포시킨다.

문제 025

독립 확대기초의 크기가 2m×3m이고 허용 지지력이 20kN/m²일 때, 이 기초가 받을 수 있는 하중의 크기는?

㉮ 90kN   ㉯ 120kN
㉰ 150kN   ㉱ 180kN

해설 $q_a = \dfrac{P}{A}$
∴ $P = q_a \times A = 20 \times (2 \times 3) = 120 kN$

문제 026

구조물 재료에서 강재의 특징으로 옳지 않은 것은?

㉮ 균질성을 가지고 있다.
㉯ 부재를 개수하거나 보강하기 쉽다.
㉰ 차량 통행 등에 의한 소음이 거의 없다.
㉱ 시공이 간편하여 공사 기간을 줄일 수 있다.

해설 차량 통행 등에 의한 소음이 크다.

문제 027

다음 중 가장 최근에 건설된 국내 교량은?

㉮ 서해 대교   ㉯ 양화 대교
㉰ 한강 철교   ㉱ 남해 대교

해설 한강 철교(1909년), 양화 대교(1965년), 남해 대교(1973년), 서해 대교(2000년)

답 021. ㉰ 022. ㉮ 023. ㉱ 024. ㉯ 025. ㉯ 026. ㉰ 027. ㉮

문제 028
철근 콘크리트 기둥의 형식이 아닌 것은?
- ㉮ 띠철근 기둥
- ㉯ 나선철근 기둥
- ㉰ 합성 기둥
- ㉱ 곡선 기둥

해설
- 띠철근 기둥
  사각형 단면에 띠철근을 감은 기둥
- 나선철근 기둥
  원형 단면에 나선철근으로 감은 기둥
- 합성 기둥
  구조용 강재나 강관 또는 튜브를 축방향으로 배치한 압축부재

문제 029
프리스트레스 콘크리트 교량의 가설 방법으로 교대 후방의 작업장에서 교량 상부구조를 세그먼트로 제작하고 교축 방향으로 밀어내어 연속적으로 제작하는 방법은?
- ㉮ PSM(precast segmental method)
- ㉯ MSS(movable scaffolding system)
- ㉰ FSM(full staging method)
- ㉱ ILM(incremental launching method)

해설 ILM 공법은 동바리가 필요없고 추진코와 추진장비 받침부가 필요하며 교각이 높을수록 경제적이다.

문제 030
프리스트레스 손실의 원인 중 도입할 때의 손실 원인으로 옳은 것은?
- ㉮ 마찰에 의한 손실
- ㉯ 콘크리트의 크리프
- ㉰ 콘크리트의 건조수축
- ㉱ PS 강재의 릴랙세이션

해설 프리스트레스 도입 후 손실 원인은 콘크리트의 크리프, 콘크리트의 건조수축, PS 강재의 릴랙세이션이다.

문제 031
강구조물에서 강재에 반복하중이 지속적으로 작용하는 경우에 허용응력 이하의 작은 하중에서도 파괴되는 현상을 무엇이라 하는가?
- ㉮ 취성파괴
- ㉯ 피로파괴
- ㉰ 연성파괴
- ㉱ 극한파괴

해설
- 강재의 피로파괴
  계속적인 동하중을 받을 경우 정하중 조건에서 받을 수 있는 하중보다 훨씬 더 작은 하중에서 예고 없이 파괴되는 현상
- 강재의 취성파괴
  충격적으로 하중이 작용하는 경우 그 강재의 인장강도 또는 항복강도 이내에서 파괴되는 현상
- 강재의 연성파괴
  강구조물에서 나타나는 대표적인 파괴형태로 강재가 탄성체에서 소성상태를 거쳐 파단에 이르는 과정이다.

문제 032
다음 중 한 개의 기둥에 전달되는 하중을 한 개의 기초가 단독으로 받도록 되어 있는 기초는?
- ㉮ 경사 확대기초
- ㉯ 벽 확대기초
- ㉰ 연결 확대기초
- ㉱ 전면기초

해설 경사 확대기초는 기초 슬래브가 1개의 기둥을 지지하는 독립 확대기초에 해당한다.

문제 033
콘크리트 속에 묻혀 있는 철근과 콘크리트의 경계면에서 미끄러지지 않도록 저항하는 것을 부착이라 한다. 이러한 부착 작용의 3가지 원리에 해당하지 않는 것은?
- ㉮ 시멘트 풀과 철근 표면의 점착 작용
- ㉯ 콘크리트와 철근 표면의 마찰 작용
- ㉰ 이형철근 표면의 요철에 의한 기계적 작용
- ㉱ 원형철근 표면의 요철에 의한 기계적 작용

해설
- 철근과 콘크리트의 점착력
  콘크리트와 철근의 접촉면이 클수록(묻힘길이가 길어질수록) 증가한다.

답 028. ㉱ 029. ㉱ 030. ㉮ 031. ㉯ 032. ㉮ 033. ㉱

- 콘크리트와 철근 표면의 마찰력
  철근의 묻힘길이가 길수록 부착강도는 증가하고 원형철근보다 이형철근이 더 크다.
- 이형철근 표면의 요철에 의한 지압력
  콘크리트 속에 묻힌 이형철근의 돌기는 전단키(key)와 같은 역할을 하여 철근이 빠져나오는 현상에 대응하는 것으로 콘크리트 강도가 클수록 부착력이 더 강하다.

문제 034

토목 구조물의 공통적인 특징이 아닌 것은?

㉮ 건설에 많은 비용과 시간이 소용된다.
㉯ 대부분 자연환경 속에 놓인다.
㉰ 공공의 목적으로 건설된다.
㉱ 다량 생산을 전제로 한다.

해설 다량(대량) 생산이 불가하다. 즉, 동일한 조건의 구조물이 건설되지 않는다.

문제 035

두께에 비하여 폭이 넓은 판 모양의 구조물로 지지 조건에 의한 주철근 구조에 따라 2가지로 구분되는 것은?

㉮ 옹벽   ㉯ 기둥
㉰ 슬래브 ㉱ 확대기초

해설
- 1방향 슬래브 $\dfrac{L}{S} > 2$
- 2방향 슬래브 $1 \leq \dfrac{L}{S} \leq 2$

문제 036

문자의 크기를 나타낼 때 무엇을 기준으로 하는가?

㉮ 모양   ㉯ 굵기
㉰ 높이   ㉱ 서체

해설 문자의 크기는 문자의 높이로 나타낸다.

문제 037

테두리선, 표제란 등 도면 설정값을 미리 저장하고 있는 파일과 그 확장자가 옳은 것은?

㉮ CAD 파일 – DXF
㉯ 템플릿 파일 – DWT
㉰ 문자 파일 – HWP
㉱ 그림 파일 – DWG

해설
- DWG는 기본 도면파일형식이고, DWT는 템플릿 파일이다.
- DWS는 표준 파일이며 DWT 파일과 같다고 볼 수 있다. 즉, 이미 작성된 도면에 표준 파일을 적용시키면 규정에 맞게 도면이 작성되었는지 검사 할 수 있으며 또한 여러 장의 도면도 일괄적으로 검사할 수 있다.

문제 038

도면의 분류에서 구조도에 표시하는 것이 곤란한 특정 부분의 형상, 치수, 기구 등을 자세하게 표시하는 도면은?

㉮ 일반도   ㉯ 구조도
㉰ 상세도   ㉱ 제작도

해설
- 일반도
  구조물의 측면도, 평면도, 단면도에 의해 그 형식, 일반 구조를 표시하는 도면
- 구조도
  제작이나 시공하기 위해 필요한 치수, 형상, 재질 등을 알기 쉽게 표시한 도면
- 제작도
  공장이나 작업장에서 제작에 이용되며 설계자의 의도를 작업자에게 정확하게 전달하기 위해 필요한 내용을 나타내는 도면

문제 039

단면의 경계 표시 중 지반면(흙)을 나타내는 것은?

해설
- ㉯ : 모래
- ㉰ : 잡석
- ㉱ : 수준면(물)

정답 034. ㉱ 035. ㉰ 036. ㉰ 037. ㉯ 038. ㉰ 039. ㉮

문제 040
정투상법에서 제1각법의 순서로 옳은 것은?

㉮ 눈 → 물체 → 투상면
㉯ 눈 → 투상면 → 물체
㉰ 물체 → 눈 → 투상면
㉱ 물체 → 투상면 → 눈

해설 제3각법의 순서 : 눈 → 투상면 → 물체

문제 041
도면을 CAD 좌표가 그려져 있는 판 위에 놓고 위치와 정보를 컴퓨터에 직접 입력하는 장치는?

㉮ 키보드(keyboard)
㉯ 스캐너(scanner)
㉰ 디지타이저(digitizer)
㉱ 프로젝터(projector)

해설 디지타이저(digitizer)
종이에 그려져 있는 그림, 차트, 도형, 도면 등을 좌표가 그려져 있는 판 위에 대고 각각의 위치와 정보를 입력하여 컴퓨터 내부로 입력하는 장치이다.

문제 042
건설 재료의 단면표시 중 모르타르를 나타내는 것은?

㉮ 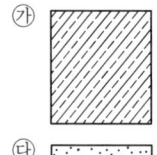　㉯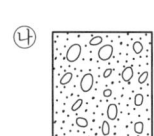

㉰ 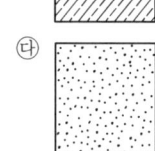　㉱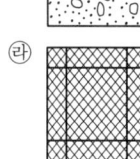

해설
- ㉮ : 석재(자연석)
- ㉯ : 콘크리트
- ㉱ : 블록

문제 043
철근의 기계적 이음을 표시하는 기호는?

㉮ 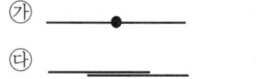　㉯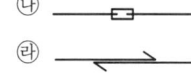

㉰ ────────　㉱ ──────⟶

해설
- ㉮ : 철근의 용접이음 표시
- ㉰ : 갈고리 없을 때 철근 겹이음 표시
- ㉱ : 갈고리 있을 때 철근 겹이음 표시

문제 044
그림과 같이 길이가 L인 I형강의 치수 표시로 가장 적합한 것은?

㉮ I H−B×L×t
㉯ I L−B×H×t
㉰ I B×L×H×t
㉱ I H×B×t−L

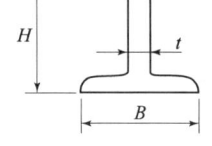

해설 형강의 표시방법 : 단면모양, 장축의 길이×단축의 길이×두께−길이

문제 045
도형의 중심을 나타내는 중심선, 위치 결정의 근거임을 나타내는 기준선 등에 사용되는 선의 종류는?

㉮ 1점 쇄선　㉯ 2점 쇄선
㉰ 파선　㉱ 가는 실선

해설
- 숨은 선 : 파선
- 투상을 설명하는 선 : 가는 실선
- 중심을 이은 선 : 2점 쇄선

문제 046
국제 및 국가 규격 명칭 중 한국 산업 규격은?

㉮ NF　㉯ ISO
㉰ DIN　㉱ KS

해설
- NF : 프랑스 규격
- ISO : 국제 표준화 기구
- DIN : 독일 규격

답 040. ㉮　041. ㉰　042. ㉰　043. ㉯　044. ㉱　045. ㉮　046. ㉱

문제 047
문자의 선 굵기는 한글자, 숫자 및 영자는 문자 크기의 호칭에 대하여 얼마로 하는 것이 좋은가?
- ㉮ 1/2
- ㉯ 1/5
- ㉰ 1/7
- ㉱ 1/9

해설 글자 굵기는 한자의 경우 글자 크기의 1/12.5로 하고 한글, 숫자, 영자의 경우 1/9로 하는 것이 좋다.

문제 048
그림과 같은 재료 단면의 경계 표시로 옳은 것은?
- ㉮ 지반면(흙)
- ㉯ 호박돌
- ㉰ 잡석
- ㉱ 모래(사질토)

해설
- 지반면
- 호박돌
- 잡석

문제 049
정투상도에서 표시되지 않는 도면은?
- ㉮ 측면도
- ㉯ 저면도
- ㉰ 상세도
- ㉱ 정면도

해설 정투상도에는 정면도, 평면도, 측면도, 저면도, 배면도가 표시된다.

문제 050
도면의 크기 중 A4 크기의 2배가 되는 도면은?
- ㉮ A5
- ㉯ A3
- ㉰ B4
- ㉱ B3

해설
- A4 : 210×297mm
- A3 : 297×420mm

문제 051
도로 종단면도의 기재 사항이 아닌 것은?
- ㉮ 지반고
- ㉯ 계획고
- ㉰ 추가거리
- ㉱ 도로의 폭

해설 도로 종단면도에는 곡선, 측점, 거리, 추가거리, 지반고, 계획고, 땅깎기, 흙쌓기, 경사 등을 기입한다.

문제 052
투상도에서 물체 모양과 특징을 가장 잘 나타낼 수 있는 면은 어느 도면으로 선정하는 것이 좋은가?
- ㉮ 정면도
- ㉯ 평면도
- ㉰ 배면도
- ㉱ 측면도

해설 정면도는 물체 앞에서 본 모양을 그린 것으로 물체에서 가장 주된 면을 나타내는 도면이다.

문제 053
CAD 명령어를 실행하는 방법이 아닌 것은?
- ㉮ 마우스 포인트로 아이콘을 클릭한다.
- ㉯ 명령(Command) 창에 직접 명령어를 입력한다.
- ㉰ 풀다운 명령어에서 해당 명령어를 찾아 클릭한다.
- ㉱ 검색창에 명령어를 직접 입력한다.

해설 명령(command) 창에 명령어를 직접 입력하여 도면을 구성한다.

문제 054
KS 토목제도 통칙에서 척도의 비가 1 : 1보다 작은 척도를 무엇이라 하는가?
- ㉮ 현척
- ㉯ 배척
- ㉰ 축척
- ㉱ 소척

해설
- 축척은 실제 크기보다 작게 나타내는 것이다.
- 1 : 1보다 큰 척도를 배척이라 한다.

문제 055
각봉의 절단면을 바르게 표시한 것은?

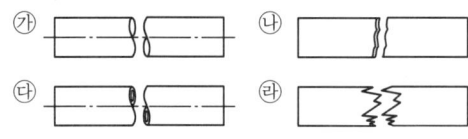

해설 ㉮: 환봉, ㉰: 파이프, ㉱: 나무

문제 056
각 모서리가 직각으로 만나는 물체는 모서리를 세 축으로 하여 투상도를 그리면 입체의 모양을 하나로 나타낼 수 있는데 이러한 투상법은?

㉮ 정투상법 ㉯ 사투상법
㉰ 축측 투상법 ㉱ 표고 투상법

해설 축측 투상법은 3면이 한 평면상에 투상되도록 입체를 경사지게 하여 투상한 것이다.

문제 057
도면의 치수 표기 방법에 대한 설명으로 옳은 것은?

㉮ 치수 단위는 cm를 원칙으로 하며, 단위 기호는 표기하지 않는다.
㉯ 치수선이 세로일 때 치수를 치수선 오른쪽에 표시한다.
㉰ 좁은 공간에서는 인출선을 사용하여 치수를 표시할 수 있다.
㉱ 치수는 선이 교차하는 곳에 표기한다.

해설
- 치수 단위는 mm를 원칙으로 하며, 단위 기호는 표기하지 않는다.
- 치수선이 세로일 때 치수를 치수선 왼쪽에 표시한다.
- 치수는 선과 교차하는 곳에는 될 수 있는 대로 표기하지 않는다.

문제 058
"치수나 각종 기호 및 지시사항을 기입하기 위하여 도형에서 수평선으로부터 60° 경사지게 빼낸 선"과 같은 종류의 선을 보기에서 골라 알맞게 짝 지어진 것은?

〈보기〉
㉠ 외형선 ㉡ 숨은선 ㉢ 해칭선
㉣ 치수선 ㉤ 파선

㉮ ㉠, ㉡ ㉯ ㉡, ㉢
㉰ ㉢, ㉣ ㉱ ㉣, ㉤

해설
- 해칭선은 단순하게 하고 단면부의 중요한 외형선 또는 대칭을 나타내는 선에 대해서 적당한 각도로 긋는 가는 실선을 기본으로 한다.
- 치수선을 그을 곳이 마땅하지 않을 때에는 치수선에 대하여 적당한 각도로 치수 보조선을 그을 수 있다.

문제 059
철근의 표시법에서 철근과 철근 사이의 간격이 400mm임을 바르게 나타낸 것은?

㉮ D400 ㉯ ø400
㉰ @400 C.T.C ㉱ 5@80=400

해설
- 5@80=400 : 전장 400mm를 80mm로 5등분
- @400 C.T.C : 철근의 간격이 400mm

문제 060
치수와 치수선에 대한 설명으로 틀린 것은?

㉮ 치수는 특별히 표시하지 않으면 마무리 치수로 표시한다.
㉯ 치수선의 단말 기호(화살표)를 치수 보조선의 안쪽에 그릴 수 없는 경우에는 생략한다.
㉰ 치수선은 표시할 치수의 방향에 평행하게 긋는다.
㉱ 치수선은 물체를 표시하는 도면의 외부에 긋는다.

해설 치수선의 단말 기호(화살표)를 치수 보조선의 안쪽에 그린다. 단, 공간이 부족한 경우 치수 보조선 바깥쪽에 그릴 수 있다.

답 055.㉯ 056.㉰ 057.㉰ 058.㉰ 059.㉰ 060.㉯

부록 최근 기출문제 — 2012년 제5회

문제 001
재료의 강도란 물체에 하중이 작용할 때 그 하중에 저항하는 능력을 말하는데, 이 때 강도 중 하중 속도 및 작용에 따라 분류되는 강도가 아닌 것은?

㉮ 정적 강도 ㉯ 충격 강도
㉰ 피로 강도 ㉱ 릴랙세이션 강도

해설 릴랙세이션 강도 : 재료에 외력을 작용시키고 변형을 억제하면 시간이 경과함에 따라 재료의 응력이 감소하는 현상

문제 002
휨모멘트를 받는 부재에서 f_{ck} =30MPa일 때, 등가 직사각형 응력블록의 깊이 a를 구하기 위한 계수 β_1의 크기는?

㉮ 0.815 ㉯ 0.75
㉰ 0.8   ㉱ 0.850

해설 $f_{ck} \leq 40$MPa인 경우 $\beta_1 = 0.8$

문제 003
유효 높이 d=450mm인 단 철근 직사각형 보에 압축을 받는 이형철근의 기본 정착길이가 400mm라면 압축 이형철근의 정착 길이는? (단, 보정계수는 0.75이다.)

㉮ 250mm ㉯ 300mm
㉰ 350mm ㉱ 400mm

해설 정착 길이 = 기본 정착길이 × 보정계수
= 400 × 0.75 = 300mm

문제 004
휨을 받는 철근 콘크리트 보에 대한 설명으로 틀린 것은?

㉮ 콘크리트는 인장강도에는 강하나 압축강도에는 약하다.
㉯ 철근의 탄성계수는 2.0×10^5MPa를 표준으로 한다.
㉰ 철근과 콘크리트의 변형률은 중립축으로부터 거리에 비례한다.
㉱ 철근은 압축력보다는 주로 인장력에 저항한다.

해설 콘크리트는 압축강도에는 강하나 인장강도에는 약하다.

문제 005
보강용 섬유를 혼입하여 주로 인성, 균열 억제, 내충격성 및 내마모성 등을 높인 콘크리트는?

㉮ 고강도 콘크리트
㉯ 섬유보강 콘크리트
㉰ 폴리머 시멘트 콘크리트
㉱ 프리플레이스트 콘크리트

해설 섬유보강 콘크리트
콘크리트의 인장강도와 균열에 대한 저항성을 높이고 인성을 대폭 개선시킬 목적으로 사용한다.

문제 006
지간 25m인 단순보에 고정하중 200kN/m, 활하중 150kN/m이 작용하고 있다. 강도설계법으로 설계할 때 보에 작용하는 극한 하중은? (단, 하중계수는 콘크리트 구조설계기준에 따른다.)

㉮ 400 kN/m ㉯ 480 kN/m
㉰ 560 kN/m ㉱ 640 kN/m

해설 $U = 1.2D + 1.6L$
$= 1.2 \times 200 + 1.6 \times 150$
$= 480$kN/m

답 001.㉱ 002.㉰ 003.㉯ 004.㉮ 005.㉯ 006.㉯

문제 007
철근의 이음에 대한 설명으로 옳지 않은 것은?
㉮ 철근은 잇지 않는 것을 원칙으로 한다.
㉯ 부득이 이어야 할 경우 최대 인장응력이 작용하는 곳에서는 이음을 하지 않는 것이 좋다.
㉰ 이음부를 한 단면에 집중시켜 같은 부분에서 잇는 것이 좋다.
㉱ 철근의 이음 방법에는 겹침 이음법, 용접 이음법, 기계적인 이음법 등이 있다.

해설 이음이 부재의 한 단면에 집중되지 않도록 하며 서로 엇갈리게 배치하여야 한다.

문제 008
콘크리트용으로 사용하는 부순돌(쇄석)의 특징으로 옳지 않은 것은?
㉮ 시멘트와 부착이 좋다.
㉯ 수밀성, 내구성 등은 약간 저하된다.
㉰ 보통 콘크리트보다 단위수량이 10% 정도 많이 요구된다.
㉱ 부순돌은 강자갈과 달리 거친 표면 조직과 풍화암이 섞여 있지 않다.

해설 부순돌은 강자갈과 달리 거친 표면 조직과 풍화암이 섞여 있기 쉽다.

문제 009
콘크리트의 압축응력 분포와 변형률 사이의 관계 형상 가정과 먼 것은?
㉮ 직사각형   ㉯ 사다리꼴
㉰ 포물선형   ㉱ 삼각형

해설 실험의 결과와 일치하는 어떤 형상도 가정할 수 있다.

문제 010
스터럽과 띠철근의 135° 표준갈고리는 구부린 끝에서 최소 얼마 이상 연장되어야 하는가? (단, D25 이하의 철근이고, d_b는 철근의 공칭지름이다.)
㉮ $2d_b$ 이상   ㉯ $4d_b$ 이상
㉰ $6d_b$ 이상   ㉱ $8d_b$ 이상

해설 D25 이하의 철근은 구부린 끝에서 $6d_b$ 이상 더 연장하여야 한다.

문제 011
콘크리트의 시방배합을 현장배합으로 수정할 때 고려(보정)하여야 하는 것으로 짝지어진 것은?
㉮ 골재의 밀도 및 잔골재율
㉯ 골재의 밀도 및 표면수량
㉰ 골재의 입도 및 잔골재율
㉱ 골재의 입도 및 표면수량

해설
- 시방배합은 표면건조포화상태의 골재를 기준하며 5mm체를 남거나 통과하는 굵은골재, 잔골재로 적용한다.
- 현장배합은 골재의 입도와 표면수량을 보정한다.

문제 012
굳지 않은 콘크리트의 작업 후 재료분리 현상으로 시멘트와 골재가 가라앉으면서 물이 올라와 콘크리트 표면에 떠오르는 현상은?
㉮ 블리딩   ㉯ 크리프
㉰ 레이턴스   ㉱ 워커빌리티

해설
- 블리딩은 콘크리트 속의 물이 표면으로 올라오는 현상이다.
- 레이턴스는 블리딩 현상으로 표면에 백색의 침전물이 발생하는 것이다.

문제 013
철근을 일정한 간격으로 배근하는 이유로 옳은 것은?
㉮ 철근이 부식되지 않게 하기 위하여
㉯ 철근과 콘크리트가 부착력을 잘 발휘하도록 하기 위하여

답 007. ㉰ 008. ㉱ 009. ㉯ 010. ㉰ 011. ㉱ 012. ㉮ 013. ㉯

㉰ 철근의 응력이 다른 철근으로 잘 전달되도록 하기 위하여
㉱ 철근의 양쪽 끝이 콘크리트 속에서 미끄러지거나 빠져 나오지 않도록 하기 위하여

[해설] 철근을 일정한 간격으로 배치하면 철근과 콘크리트의 부착력이 잘 된다.

문제 014

1방향 철근 콘크리트 슬래브에 휨철근에 직각방향으로 배근되는 수축·온도철근에 관한 설명으로 옳지 않은 것은?

㉮ 수축·온도철근으로 배치되는 이형철근의 최소 철근비는 0.0014이다.
㉯ 수축·온도철근의 간격은 슬래브 두께의 5배 이하로 하여야 한다.
㉰ 수축·온도철근의 최대 간격은 500mm 이하로 하여야 한다.
㉱ 수축·온도철근은 설계기준 항복강도를 발휘할 수 있도록 정착되어야 한다.

[해설]
- 수축·온도철근의 최대 간격은 450mm 이하로 하여야 한다.
- 설계기준 항복강도가 400MPa 이하인 이형철근을 사용한 경우의 철근비는 0.002 이상이어야 한다.

문제 015

골재 알이 공기 중 건조상태에서 표면건조포화상태로 되기까지 흡수하는 물의 양을 무엇이라 하는가?

㉮ 함수량   ㉯ 흡수량
㉰ 유효흡수량 ㉱ 표면수량

[해설]
- 함수량은 골재 알이 노건조상태에서 습윤상태로 되기까지 물의 양이다.
- 흡수량은 골재 알이 노건조상태에서 표면건조포화상태로 되기까지 흡수하는 물의 양이다.
- 표면수량은 표면건조포화상태에서 습윤상태로 되기까지 물의 양이다.

문제 016

유효 깊이 d=550mm, 등가직사각형 깊이 a=100mm, 철근의 단면적은 1,500mm² 인 단철근 철근 콘크리트 보의 공칭모멘트는? (단, 철근의 항복강도는 400MPa이다.)

㉮ 300 kN·m
㉯ 330 kN·m
㉰ 300,000,000 kN·m
㉱ 330,000,000 kN·m

[해설] $M_n = A_s f_y \left(d - \dfrac{a}{2}\right) = 1,500 \times 400 \left(550 - \dfrac{100}{2}\right)$
$= 300,000,000 \text{N·mm} = 300 \text{kN·m}$

문제 017

현장치기 콘크리트에서 수중에서 타설하는 콘크리트의 최소 피복두께는?

㉮ 120mm   ㉯ 100mm
㉰ 80mm   ㉱ 60mm

[해설]
- 수중에서 치는 콘크리트 : 100mm
- 흙에 접하여 콘크리트를 친 후 영구히 흙에 묻혀 있는 콘크리트 : 75mm

문제 018

하중을 분포시키거나 균열을 제어할 목적으로 주철근과 직각에 가까운 방향으로 배치한 보조철근은?

㉮ 배력 철근   ㉯ 굽힘 철근
㉰ 비틀림 철근 ㉱ 조립용 철근

[해설] 배력 철근 : 주철근 간격을 유지시켜 주며 건조수축이나 온도 변화에 의한 수축을 감소시키며 균열을 분포시킨다.

문제 019

폭 b=400mm, 유효 깊이 d=500mm인 단철근 직사각형보에서 인장철근비는? (단, 철근의 단면적 A_s=4,000mm²)

㉮ 0.02   ㉯ 0.03
㉰ 0.04   ㉱ 0.05

답 014. ㉰ 015. ㉯ 016. ㉮ 017. ㉯ 018. ㉮ 019. ㉮

해설 $\rho = \dfrac{A_s}{bd} = \dfrac{4,000}{400 \times 500} = 0.02$

문제 020
시멘트의 응결을 빠르게 하기 위한 것으로서 숏크리트, 그라우트에 의한 지수공법 등에 사용되는 혼화제는?

㉮ 급결제 ㉯ 촉진제
㉰ 지연제 ㉱ 발포제

해설 급결제 : 시멘트의 응결시간을 매우 빠르게 하기 위해 사용하는 혼화제로 모르터, 콘크리트 뿜어붙이기(숏크리트) 공법, 그라우트에 의한 지수공법 등에 사용된다.

문제 021
교량을 중심으로 세계 토목 구조물의 역사를 보면 재료 및 신기술의 발전과 사회 환경의 변화로 장대교량이 출현한 시기는?

㉮ 기원 전 1~2세기 ㉯ 9~10세기
㉰ 11~18세기 ㉱ 19~20세기 초

해설 19~20세기 초에 들면서 교량 건설에서 강철의 사용으로 더 길고 더 큰 장대교량이 건설되고 있다.

문제 022
교량 설계에서 하중을 주하중, 부하중, 주하중에 상당하는 특수하중, 부하중에 상당하는 특수하중으로 구분할 때 주하중이 아닌 것은?

㉮ 풍하중 ㉯ 활하중
㉰ 고정하중 ㉱ 충격하중

해설
• 주하중 : 고정하중, 활하중, 충격하중
• 부하중 : 풍하중, 온도 변화의 영향, 지진의 영향
• 특수하중 : 설하중, 원심하중, 지점 이동의 영향, 제동하중, 가설하중, 충돌하중

문제 023
슬래브에 대한 설명으로 옳지 않은 것은?

㉮ 슬래브는 두께에 비하여 폭이 넓은 판모양의 구조물이다.
㉯ 2방향 슬래브는 주철근의 배치가 서로 직각으로 만나도록 되어 있다.
㉰ 주철근의 구조에 따라 크게 1방향 슬래브, 2방향 슬래브로 구별할 수 있다.
㉱ 4변에 의해 지지되는 슬래브 중에서 단변에 대한 장변의 비가 4배를 넘으면 2방향 슬래브로 해석한다.

해설 2방향 슬래브
4변이 지지된 슬래브 중에서
$1 \le \dfrac{L}{S} \le 2$ 또는 $0.5 \le \dfrac{S}{L} \le 1$인 경우

문제 024
철근 콘크리트가 건설 재료로서 널리 사용되는 이유가 아닌 것은?

㉮ 철근과 콘크리트는 부착이 매우 잘된다.
㉯ 철근과 콘크리트의 항복응력이 거의 같다.
㉰ 콘크리트 속에 묻힌 철근은 녹이 슬지 않는다.
㉱ 철근과 콘크리트는 온도에 대한 열팽창계수가 거의 같다.

해설 콘크리트는 철근에 비해 탄성계수가 상당히 작다.

문제 025
토목 구조물의 종류에서 합성 구조에 대한 설명으로 옳은 것은?

㉮ 외력에 의한 불리한 응력을 상쇄할 수 있도록 미리 인위적인 내력을 준 콘크리트 구조
㉯ 강재로 이루어진 구조로 부재의 치수를 작게 할 수 있으며 공사 기간이 단축되는 등의 장점이 있는 구조
㉰ 강재의 보 위에 철근 콘크리트 슬래브를 이어 쳐서 양자가 일체로 작용하도록 하는 구조
㉱ 콘크리트 속에 철근을 배치하여 양자가 일체가 되어 외력을 받게 한 구조

답 020. ㉮ 021. ㉱ 022. ㉮ 023. ㉱ 024. ㉯ 025. ㉰

해설 합성구조
콘크리트와 강재를 합성한 구조로 강재의 보 위에 철근 콘크리트 슬래브를 이어 쳐서 일체로 작용하게 하거나 미리 만들어 놓은 PSC 보를 소정의 위치에 올려놓고 그 위에 철근 콘크리트 슬래브를 이어 쳐서 일체로 작용하도록 한다.

문제 026

구조 재료로서 강재의 단점이 아닌 것은?

㉮ 정기적인 도장이 필요하다.
㉯ 지간이 짧은 곳에만 사용이 가능하다.
㉰ 반복 하중에 의한 피로가 발생되기 쉽다.
㉱ 연결 부위로 인한 구조 해석이 복잡할 수 있다.

해설 강재는 열에 의한 강도 저하가 크며 단면에 비해 부재가 가늘어 좌굴하기 쉬운 단점이 있다.

문제 027

2개 이상의 기둥을 1개의 확대 기초로 지지하도록 만든 기초는?

㉮ 경사 확대 기초 ㉯ 독립 확대 기초
㉰ 연결 확대 기초 ㉱ 계단식 확대 기초

해설
• 연결 확대기초
2개 이상의 기둥을 하나의 확대 기초가 지지하도록 한 기초로 하중은 기초 저면에 등분포시키는 것을 원칙으로 한다.
• 독립 확대기초
1개의 기둥을 지지하도록 한 기초

문제 028

기둥에서 종방향 철근의 위치를 확보하고 전단력에 저항하도록 정해진 간격으로 배치된 횡방향의 보강철근을 무엇이라 하는가?

㉮ 주철근   ㉯ 절곡철근
㉰ 인장철근 ㉱ 띠철근

해설
• 띠철근 : 축방향 철근을 소성의 간격마다 둘러 싼 횡방향의 보조적 철근이다.
• 굽힘(절곡)철근 : 정철근 또는 부철근을 굽혀 올리거나 내린 철근으로 일종에 전단철근이다.

문제 029

상부 수직 하중을 하부 지반에 분산시키기 위해 저면을 확대시킨 철근 콘크리트판은?

㉮ 확대 기초판 ㉯ 플랫 플레이트
㉰ 슬래브판   ㉱ 비내력벽

해설 확대기초
상부 구조물의 하중을 넓은 면적에 분포시켜 지반의 허용 지지력 이내가 되도록 하여 구조물의 하중을 안전하게 지반에 전달한다.

문제 030

프리스트레스트 콘크리트 보의 설계를 위한 가정 사항이 아닌 것은?

㉮ 콘크리트는 전단면이 유효하게 작용한다.
㉯ 부재의 길이 방향의 변형률은 중립축으로부터 거리에 비례한다.
㉰ 콘크리트는 소성 재료로 PS강재는 탄성 재료로 가정한다.
㉱ 부착되어 있는 PS강재 및 철근은 각각 그 위치의 콘크리트의 변형률과 같은 변형률을 일으킨다.

해설 프리스트레스트가 도입되면 콘크리트 부재에 대한 해석이 탄성이론으로 가정한다.

문제 031

철근 콘크리트의 특징에 대한 설명으로 옳지 않은 것은?

㉮ 내구성, 내화성, 내진성이 우수하다.
㉯ 균열 발생이 없고, 검사 및 개조, 해체 등이 쉽다.
㉰ 여러 가지 모양과 치수의 구조물을 만들기 쉽다.
㉱ 다른 구조물에 비하여 유지 관리비가 적게 든다.

해설 균열 발생이 있으며, 검사 및 개조, 해체 등이 어렵다.

문제 032
교량을 상부 구조와 하부 구조로 구분할 때 하부 구조에 해당하는 것은?

㉮ 바닥판
㉯ 바닥틀
㉰ 주트러스
㉱ 교각

해설
- 교량의 하부 구조 : 교대, 교각, 기초
- 교량의 상부 구조 : 바닥틀(판), 주트러스, 받침

문제 033
위험 단면에서 1방향 슬래브의 정모멘트 철근 및 부모멘트 철근의 중심 간격은?

㉮ 슬래브 두께의 2배 이하, 또는 200mm 이하
㉯ 슬래브 두께의 2배 이하, 또는 300mm 이하
㉰ 슬래브 두께의 4배 이하, 또는 400mm 이하
㉱ 슬래브 두께의 4배 이하, 또는 500mm 이하

해설
- 1방향 슬래브의 두께는 100mm 이상이라야 한다.
- 1방향 슬래브에서는 정철근 및 부철근에 직각 방향으로 배력철근을 배치한다.

문제 034
프리스트레스트 콘크리트의 포스트텐션 공법에 대한 설명으로 옳지 않은 것은?

㉮ PS 강재를 긴장한 후에 콘크리트를 타설한다.
㉯ 콘크리트가 경화한 후에 PS 강재를 긴장한다.
㉰ 그라우트를 주입시켜 PS 강재를 콘크리트와 부착시킨다.
㉱ 정착 방법에는 쐐기식과 지압식이 있다.

해설 포스트텐션 방식은 주로 현장 제작에 이용되며 콘크리트가 경화한 후 프리스트레스를 도입한다.

문제 035
강 구조의 판형교에 대한 설명으로 옳은 것은?

㉮ 전단력은 주로 복부판으로 저항한다.
㉯ 일반적으로 주형의 단면은 휨모멘트에 대하여 고려하지 않아도 된다.
㉰ 풍하중이나 지진 하중 등의 수평력에 저항하기 위하여 주형의 하부에 수직 브레이싱을 설치한다.
㉱ 주형의 횡단면에 대한 비틀림을 방지하기 위해 경사 방향으로 교차하여 사용하는 부재를 스터럽이라 한다.

해설
- 복부판은 상하 플랜지의 위치를 확보해 주고 전단에 저항하는 역할을 한다.
- 브레이싱(bracing)은 주형의 상호위치 유지와 판형의 비틀림을 막기 위해 사용된다.
- 주형의 단면은 휨모멘트에 대하여 고려해야 한다.

문제 036
도면의 치수기입 원칙이 아닌 것은?

㉮ 치수는 계산할 필요가 없도록 기입해야 한다.
㉯ 치수는 될 수 있는 대로 주투상도에 기입해야 한다.
㉰ 정확성을 위하여 반복적으로 중복해서 치수기입을 해야 한다.
㉱ 길이와 크기, 자세 및 위치를 명확하게 표시해야 한다.

해설
- 치수는 모양 및 위치를 가장 명확하게 표시할 수 있도록 하며 중복은 피한다.
- 치수는 가능한 주투상도에 기입한다.

문제 037
협소한 부분의 치수를 기입하기 위하여 사용하는 것은?

㉮ 인출선
㉯ 기준선
㉰ 중심선
㉱ 외형선

해설 인출선은 가로에 대하여 45°의 직선을 긋는다.

답 032.㉱ 033.㉯ 034.㉮ 035.㉮ 036.㉰ 037.㉮

문제 038
도로 설계에 대한 순서가 옳은 것은?

① 그 지방의 지형도에 의해 도면에서 가장 경제적인 노선을 계획한다.
② 평면 측량을 하여 노선의 종단면도, 횡단면도 및 평면도를 작성한다.
③ 노선의 중심선을 따라 종단 측량 및 횡단 측량을 한다.
④ 도로 공사에 필요한 토공의 수량이나 도로부지 등을 구한다.

㉮ ①-②-③-④ ㉯ ①-③-②-④
㉰ ②-①-③-④ ㉱ ②-③-①-④

해설 지형도에서 경제적인 노선 계획 – 노선 중심선을 기준으로 종·횡단측량 – 평면측량으로 노선의 종단·횡단·평면도 작성 – 토공의 계산

문제 039
국제 및 국가별 표준규격 명칭과 기호 연결이 옳지 않은 것은?

㉮ 국제 표준화 기구 - ISO
㉯ 영국 규격 - DIN
㉰ 프랑스 규격 - NF
㉱ 일본 규격 - JIS

해설 • 독일 규격 - DIN
• 영국 규격 - BS

문제 040
보기의 입체도에서 화살표 방향을 정면으로 할 때 평면도를 바르게 표현한 것은?

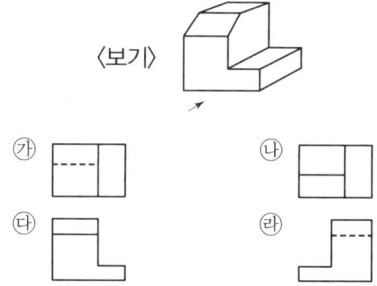

해설 ㉰ : 정면도

문제 041
재료 단면의 경계표시 중 지반면(흙)을 나타낸 것은?

㉮ ㉯ ㉰ ㉱

해설 • ㉯ : 모래
• ㉰ : 자갈
• ㉱ : 수준면(물)

문제 042
컴퓨터 연산장치의 구성 요소로 옳지 않은 것은?

㉮ 누산기(accumulator)
㉯ 가산기(adder)
㉰ 명령 레지스터(instruction register)
㉱ 상태 레지스터(status register)

해설 • 누산기 : 컴퓨터의 중앙처리장치에서 더하기, 빼기, 곱하기, 나누기 등의 연산을 한 결과 등을 일시적으로 저장해 두는 레지스터이다.
• 가산기 : 게이트에 의해 출력되는 불 대수(boolean algebra)의 값이 입력값에 의해서만 정해지는 논리 회로인 조합 논리 회로(combination logical circuit)로 연산하는 것으로 기억 능력을 갖지 않는다.
• 명령 레지스터 : 컴퓨터의 제어 장치의 일부로, 기억 장치에서 읽어 내어진 명령을 받아 그것을 실행하기 위해 일시 기억해 두는 레지스터이다.
• 상태 레지스터 : 처리 결과의 상태가 비트의 정보로서 기억되는 레지스터. 연산 결과, 자리 넘침이 발생했는지의 여부, 부호는 어떻게 되었는지 등의 정보가 세트된다.

문제 043
문자의 선 굵기는 한글자, 숫자 및 영자일 때 문자 크기의 호칭에 대하여 얼마로 하는 것이 바람직한가?

㉮ 1/3 ㉯ 1/6
㉰ 1/9 ㉱ 1/12

해설 글자체는 고딕체로 쓰고 수직 또는 15° 오른쪽으로 경사지게 쓰며 숫자는 아라비아 숫자를 원칙으로 한다.

문제 044
KS에서 원칙으로 하는 정투상도 그리기 방법은?
㉮ 제1각법 ㉯ 제3각법
㉰ 제5각법 ㉱ 다각법

해설 제3각법
제3상한각에 물체를 놓고 투상하는 방법으로 각 면에 보이는 물체는 보이는 면과 같은 면에 나타난다.

문제 045
토목제도를 목적과 내용에 따라 분류한 것으로 옳은 것은?
㉮ 설계도 - 중요한 치수, 기능, 사용되는 재료를 표시한 도면
㉯ 계획도 - 설계도를 기준으로 작업 제작에 이용되는 도면
㉰ 구조도 - 구조물과 관련 있는 지형 및 지질을 표시한 도면
㉱ 일반도 - 구조도에 표시하기 곤란한 부분의 형상, 치수를 표시한 도면

해설
- 설계도 - 계획도를 기준하여 중요한 치수, 기능, 사용되는 재료 등을 나타내는 도면
- 계획도 - 구체적인 설계에 앞서 계획자의 의도를 명시하기 위해 그려지는 도면
- 구조도 - 구조물과 관련 있는 치수, 형상, 재질 등을 알기 쉽게 표시한 도면
- 일반도 - 일반 구조를 표시하는 도면으로 주요한 내용을 설명하기 위한 것이며 필요에 따라 구조물에 관련 있는 지형의 지질 등을 표시한 도면

문제 046
컴퓨터를 사용하여 제도 작업을 할 때의 특징과 가장 거리가 먼 것은?
㉮ 신속성 ㉯ 정확성
㉰ 응용성 ㉱ 도덕성

해설 자동성, 신속성, 보유성, 응용성, 정확성, 신뢰성의 특징이 있다.

문제 047
단면 형상에 따른 절단면 표시에 관한 내용으로 파이프를 나타내는 그림은?

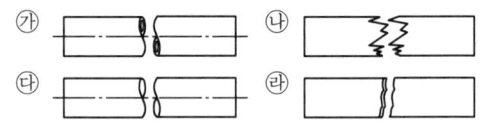

해설
- ㉯ : 나무
- ㉰ : 환봉
- ㉱ : 각봉

문제 048
다음 중 콘크리트 구조물에 대한 상세도 축척의 표준으로 가장 적당한 것은?
㉮ 1 : 5   ㉯ 1 : 50
㉰ 1 : 100   ㉱ 1 : 200

해설 상세도는 구조도에서 표시하기 어려운 특정한 부분을 상세하게 나타내는 도면으로 1 : 1, 1 : 2, 1 : 5, 1 : 10, 1 : 20의 축척을 표준한다.

문제 049
배근도의 치수가 7@250=1750으로 표시되었을 때 이에 따른 설명으로 옳은 것은?
㉮ 철근의 길이가 250mm이다.
㉯ 배열된 철근의 개수는 알 수 없다.
㉰ 철근과 다른 철근의 간격이 1750mm이다.
㉱ 철근을 250mm 간격으로 7등분하여 배열하였다.

해설 전장 1750mm를 250mm로 7등분 배열한다.

문제 050
물체를 평행으로 투상하여 표현하는 투상도가 아닌 것은?
㉮ 정투상도 ㉯ 사투상도
㉰ 투시 투상도 ㉱ 표고 투상도

답 044. ㉯ 045. ㉮ 046. ㉱ 047. ㉮ 048. ㉮ 049. ㉱ 050. ㉰

해설 투시도법은 물체의 앞이나 뒤에 화면을 놓은 것으로 생각하고 물체를 본 시선이 그 화면과 만나는 각 점을 연결하여 우리 눈에 비치는 모양과 같게 물체를 그리는 방법이다.

문제 051
선의 종류와 용도에 대한 설명으로 옳지 않은 것은?

㉮ 외형선은 굵은 실선으로 긋는다.
㉯ 치수선은 가는 실선으로 긋는다.
㉰ 숨은선은 파선으로 긋는다.
㉱ 윤곽선은 1점 쇄선으로 긋는다.

해설 윤곽선은 0.5mm 이상의 실선으로 긋는다.

문제 052
투시 투상도의 종류 중 인접한 두 면이 각각 화면과 기면에 평행한 때의 것은?

㉮ 평행 투시도
㉯ 유각 투시도
㉰ 경사 투시도
㉱ 정사 투시도

해설
• 1소점 투시도(평행 투시도)
  물체가 화면에 평행하게 놓이고 기선에 수직인 경우의 투시도
• 2소점 투시도(유각 투시도)
  건물이나 물체를 비스듬히 볼 때의 투시도로 수직방향의 선은 평행을 이루는 투시도
• 3소점 투시도(사각 투시도, 경사 투시도)
  물체를 내려보거나 올려보는 듯한 느낌으로 과장된 표현

문제 053
토목제도에 통용되는 일반적인 설명으로 옳은 것은?

㉮ 축척은 도면마다 기입할 필요가 없다.
㉯ 글자는 명확하게 써야 하며, 문장은 세로로 위쪽부터 쓰는 것이 원칙이다.
㉰ 도면은 될 수 있는 대로 실선으로 표시하고, 파선으로 표시함을 피한다.
㉱ 대칭이 되는 도면은 중심선의 양쪽 모두를 단면도로 표시한다.

해설
• 글자는 명확하게 써야 하며, 문장은 가로 왼쪽부터 쓰는 것이 원칙이다.
• 보이는 부분은 실선으로 하고 숨겨진 부분을 파선으로 표시한다.
• 대칭형은 중심선의 한쪽을 외형도, 반대쪽을 단면도로 표시한다.

문제 054
그림과 같은 축도 기호가 나타내고 있는 것으로 옳은 것은?

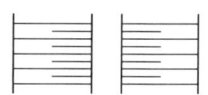

㉮ 등고선   ㉯ 성토
㉰ 절토   ㉱ 과수원

해설
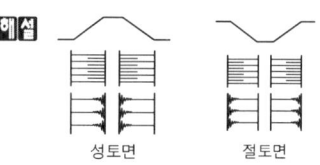
성토면   절토면

문제 055
제도용지의 세로와 가로의 비로 옳은 것은?

㉮ 1 : 1   ㉯ 1 : 2
㉰ 1 : $\sqrt{2}$ ㉱ 1 : $\sqrt{3}$

해설 폭과 길이의 비는 1 : $\sqrt{2}$이다.

문제 056
도면을 철하기 위해 표제란에서 가장 떨어진 왼쪽 끝에 두는 구멍 뚫기의 여유를 설치할 때 최소 나비는?

㉮ 5mm   ㉯ 10mm
㉰ 15mm   ㉱ 20mm

해설 도면을 철하기 위한 구멍 뚫기의 여유를 설치해도 좋다. 이 여유는 최소 나비 20mm로 표제란에서 가장 떨어진 왼쪽 끝에 둔다.

답 051. ㉱ 052. ㉮ 053. ㉰ 054. ㉯ 055. ㉰ 056. ㉱

문제 057
그림이 나타내고 있는 재료는?

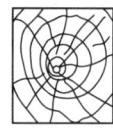 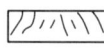

㉮ 목재　　㉯ 석재
㉰ 강재　　㉱ 콘크리트

해설 • 콘크리트　• 석재　• 강재

문제 058
그림과 같은 재료의 단면 중 벽돌에 대한 표시로 옳은 것은?

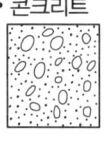 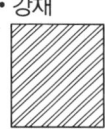

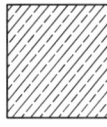 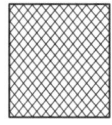

해설
- ㉮ : 석재
- ㉯ : 철사
- ㉰ : 강재

문제 059
도면에 그려야 할 내용의 영역을 명확하게 하고, 제도 용지의 가장자리에 생기는 손상으로 기재 사항을 해치지 않도록 하기 위하여 표시하는 것은?

㉮ 비교눈금　　㉯ 윤곽선
㉰ 중심마크　　㉱ 중심선

해설 윤곽선은 최소 0.5mm 이상 두께의 실선으로 그린다.

문제 060
행과 열로 구성되어 각 셀의 값을 계산하도록 도와주는 프로그램은?

㉮ 컴파일러
㉯ 스프레드시트
㉰ 프레젠테이션
㉱ 워드 프로세서

해설 스프레드시트
가로행과 세로행이 교차하며 만들어 낸 셀로 구성된 표에 수치나 수식, 문자 등의 자료를 입력하여 계산할 수 있게 만든 프로그램

답 057. ㉮　058. ㉱　059. ㉯　060. ㉯

전산응용토목제도기능사

2013 기출문제

▷ 2013년 제 1회
▶ 2013년 제 4회
▷ 2013년 제 5회

2013년 제1회

문제 001
철근 콘크리트 구조물에서 보가 극한 상태에 이르게 되면 구조물 자체는 파괴되거나 파괴에 가까운 상태가 된다. 실제의 구조물에서 이와 같은 파괴가 일어나지 않게 하기 위해 공칭강도에 무엇을 곱하여 사용하는가?

㉮ 강도감소계수
㉯ 응력
㉰ 변형률
㉱ 온도보정계수

해설 설계강도는 계수하중으로 설계된 부재의 공칭강도에 강도감소계수 ϕ를 곱한 강도이다.

문제 002
지간 4m의 단순보가 고정하중 20kN/m과 활하중 30kN/m를 받고 있다. 이 보를 설계하는 데 필요한 최대 공칭 모멘트는? (단, 고정하중과 활하중에 대한 하중계수는 각각 1.2와 1.6이며, 이 보는 인장지배 단면으로 본다.)

㉮ 72 kN/m
㉯ 122 kN/m
㉰ 144 kN/m
㉱ 169 kN/m

해설
$\omega_u = 1.2\omega_D + 1.6\omega_L = 1.2 \times 20 + 1.6 \times 30$
$= 72\text{kN/m}$
$M_d = \dfrac{\omega_u l^2}{8} = \dfrac{72 \times 4^2}{8} = 144\text{kN/m}$
$\therefore M_n = \dfrac{M_d}{\phi} = \dfrac{144}{0.85} = 169\text{kN/m}$
여기서, 강도감소계수(ϕ)는 인장지배단면이므로 0.85이다.

문제 003
용접이음은 철근의 설계기준 항복강도 f_y의 몇 % 이상을 발휘할 수 있는 완전용접이어야 하는가?

㉮ 85%
㉯ 100%
㉰ 125%
㉱ 150%

해설 용접이음과 기계적 연결의 이음부 강도는 철근의 설계기준 항복강도의 125% 이상을 발휘할 수 있어야 한다.

문제 004
콘크리트 압축응력의 분포와 콘크리트 변형률 사이의 관계에서 등가직사각형 응력블록에 대한 설명으로 옳지 않은 것은?

㉮ 압축응력의 분포와 변형률 사이의 관계를 직사각형으로 가정한다.
㉯ 콘크리트의 평균 응력으로 $\eta(0.85f_{ck})$를 사용한다.
㉰ 응력은 너비 b와 깊이 a에 의해 만들어지는 보의 단면에 작용하는 것으로 가정한다.
㉱ 응력의 식 $a = \beta_1 c$에서 c는 인장철근에서부터 압축측 콘크리트 상단까지의 거리이다.

해설
- c는 압축측 상단으로부터 중립축까지의 거리이다.
- $f_{ck} \leq 40\text{MPa}$일 때, $\beta_1 = 0.8$

문제 005
토목재료로서 콘크리트의 일반적인 특징으로 옳지 않은 것은?

㉮ 콘크리트 자체가 무겁다.
㉯ 건조수축에 의한 균열이 생기기 쉽다.
㉰ 압축강도와 인장강도가 동일하다.
㉱ 내구성과 내화성이 모두 크다.

해설 압축강도가 인장강도보다 크다. 즉 인장강도는 압축강도 1/10 정도이다.

답 001. ㉮ 002. ㉱ 003. ㉰ 004. ㉱ 005. ㉰

문제 006
주철근의 표준갈고리로 옳게 짝지어진 것은?

㉮ 45° 표준갈고리와 90° 표준갈고리
㉯ 60° 표준갈고리와 120° 표준갈고리
㉰ 90° 표준갈고리와 180° 표준갈고리
㉱ 90° 표준갈고리와 135° 표준갈고리

해설 갈고리는 압축구역에서는 효과가 없어 붙이지 않고 인장철근에만 붙인다.

문제 007
압축부재에서 사각형 띠철근으로 둘러싸인 주철근의 최소 개수는?

㉮ 4개 ㉯ 9개
㉰ 16개 ㉱ 25개

해설 압축부재에서 나선철근으로 둘러싸인 주철근의 최소 개수는 6개이다.

문제 008
콘크리트의 내구성에 영향을 끼치는 요인으로 가장 거리가 먼 것은?

㉮ 동결과 융해
㉯ 거푸집의 종류
㉰ 물 흐름에 의한 침식
㉱ 철근의 녹에 의한 균열

해설 콘크리트의 내구성이란 장기간 동안 외부로부터 물리적, 화학적 작용에 저항하는 콘크리트의 성능을 말한다.

문제 009
두께 120mm의 슬래브를 설계하고자 한다. 최대 정모멘트가 발생하는 위험단면에서 주철근의 중심간격은 얼마 이하이어야 하는가?

㉮ 140mm 이하 ㉯ 240mm 이하
㉰ 340mm 이하 ㉱ 440mm 이하

해설 1방향 슬래브의 정철근 및 부철근의 중심간격은 최대 휨모멘트가 일어나는 단면에서 슬래브 두께의 2배 이하, 300mm 이하라야 한다.

문제 010
그림과 같이 $b=400$mm, $d=400$mm, $A_s=2,580$mm^{2}인 단철근 직사각형 보의 중립축 위치 c는? (단, $f_{ck}=28$MPa, $f_y=400$MPa이다.)

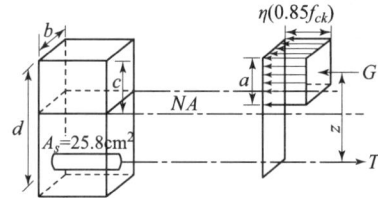

㉮ 108mm ㉯ 136mm
㉰ 215mm ㉱ 240mm

해설
- $a = \dfrac{A_s f_y}{\eta(0.85 f_{ck})b} = \dfrac{2,580 \times 400}{1.0 \times (0.85 \times 28) \times 400} = 108.4$mm
- $a = \beta_1 c$

∴ $c = \dfrac{a}{\beta_1} = \dfrac{108.4}{0.8} = 136$mm

여기서, $f_{ck} \le 40$MPa인 경우, $\eta = 1.0$, $\beta_1 = 0.8$

문제 011
그림과 같은 단철근 직사각형 보의 철근비가 0.025일 때, 철근량 A_s는?

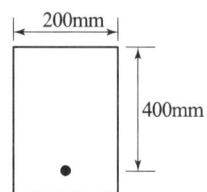

㉮ 1000mm^2 ㉯ 1500mm^2
㉰ 2000mm^2 ㉱ 2500mm^2

해설 철근비 $\rho = \dfrac{A_s}{bd}$

∴ $A_s = \rho b d = 0.025 \times 200 \times 400 = 2000$mm^2

문제 012
잔골재의 조립률이 시방배합의 기준표보다 0.1만큼 크다면 잔골재율(S/a)을 어떻게 보정하는가?

㉮ 1% 작게 한다. ㉯ 1% 크게 한다.
㉰ 0.5% 작게 한다. ㉱ 0.5% 크게 한다.

답 006. ㉰ 007. ㉮ 008. ㉯ 009. ㉯ 010. ㉯ 011. ㉰ 012. ㉱

해설
- 잔골재의 조립률이 0.1만큼 클 때마다 잔골재율을 0.5% 크게 한다.
- 잔골재의 조립률이 0.1만큼 작을 때마다 잔골재율을 0.5% 작게 한다.

문제 013

표준갈고리를 갖는 인장 이형철근의 정착에서 아래와 같은 경우에 기본정착길이 l_{hb}에 대한 보정계수는?

> D35 이하 180° 갈고리 철근에서 정착길이 구간을 $3d_b$ 이하 간격으로 띠철근 또는 스터럽이 정착되는 철근을 수직으로 둘러싼 경우

㉮ 0.70 ㉯ 0.75
㉰ 0.80 ㉱ 0.85

해설 D35 이하 철근에서 갈고리 평면에 수직방향인 측면 피복 두께가 70mm 이상이며, 90° 갈고리에 대해서는 갈고리를 넘어선 부분의 철근 피복 두께가 50mm 이상인 경우에 보정계수는 0.7이다.

문제 014

숏크리트 시공 및 그라우팅에 의한 지수공법에 주로 사용되는 혼화제는?

㉮ 발포제
㉯ 급결제
㉰ 공기연행제
㉱ 고성능 유동화제

해설 급결제의 사용량은 시멘트 중량의 2~8% 정도이다.

문제 015

직경 100mm의 원주형 공시체를 사용한 콘크리트의 압축강도 시험에서 압축하중이 200kN에서 파괴가 진행되었다면 압축강도는?

㉮ 2.5 MPa ㉯ 10.2 MPa
㉰ 20.0 MPa ㉱ 25.5 MPa

해설 $f_{cu} = \dfrac{P}{A} = \dfrac{200{,}000}{\dfrac{\pi \times 100^2}{4}} = 25.5 \text{MPa}$

문제 016

D22 이형철근으로 스터럽의 90° 표준갈고리를 제작할 때, 90° 구부린 끝에서 최소 얼마 이상 더 연장하여야 하는가? (단, d_b는 철근의 지름이다.)

㉮ $6d_b$ ㉯ $9d_b$
㉰ $12d_b$ ㉱ $15d_b$

해설 D16 이하의 이형철근으로 스터럽의 90° 표준갈고리를 제작할 때, 90° 구부린 끝에서 최소 $6d_b$ 이상 더 연장하여야 한다.

문제 017

철근 콘크리트 구조물의 설계 방법이 아닌 것은?

㉮ 강도 설계법 ㉯ 허용응력 설계법
㉰ 한계상태 설계법 ㉱ 하중강도 설계법

해설
- 강도 설계법은 안전성에 중점을 둔 설계법으로 사용성(처짐, 균열 등)은 별도로 검토해야 한다.
- 허용응력 설계법은 처짐, 균열 등에 안전한 설계가 되므로 사용성을 중시한다.

문제 018

잔골재, 자갈 또는 부순 모래, 부순 자갈, 여러 가지 슬래그 골재 등을 사용하여 만든 단위질량이 2,300 kg/m³ 전후의 콘크리트를 무엇이라 하는가?

㉮ 일반 콘크리트
㉯ 수밀 콘크리트
㉰ 경량골재 콘크리트
㉱ 폴리머 시멘트 콘크리트

해설
- 수밀 콘크리트는 일반적인 경우보다 잔골재율을 어느 정도 크게 하는 것이 좋다.
- 경량골재 콘크리트의 기건 단위질량은 1,400~2,100 kg/m³ 정도이다.
- 폴리머 시멘트 콘크리트는 워커빌리티와 압축강도 이외의 인장강도, 휨강도, 접착성, 수밀성, 기밀성, 내약품성, 내마모성 등도 고려하여 배합설계가 이루어진다.

답 013. ㉮ 014. ㉯ 015. ㉱ 016. ㉮ 017. ㉱ 018. ㉮

문제 019
한중 콘크리트에 관한 설명으로 옳지 않은 것은?
- ㉮ 한중 콘크리트를 시공하여야 하는 기상조건의 기준은 하루의 평균기온 0℃ 이하가 예상되는 조건이다.
- ㉯ 타설할 때의 콘크리트 온도는 5℃~20℃의 범위에서 정한다.
- ㉰ 재료를 가열할 경우, 물 또는 골재를 가열하는 것으로 하며, 시멘트는 어떠한 경우라도 직접 가열할 수 없다.
- ㉱ 시공시 특히 응결경화 초기에 동결시키지 않도록 주의하여야 한다.

해설 한중 콘크리트를 시공하여야 하는 기상조건의 기준은 하루의 평균기온 4℃ 이하가 예상되는 조건이다.

문제 020
프리스트레스하지 않은 부재의 현장치기 콘크리트에서 흙에 접하거나 외부의 공기에 노출되는 콘크리트로서 D19 이상의 철근인 경우 최소 피복 두께는?
- ㉮ 40mm
- ㉯ 50mm
- ㉰ 60mm
- ㉱ 80mm

해설
- 수중에 치는 콘크리트 : 100mm
- 흙에 접하는 콘크리트를 친 후 영구히 흙에 묻혀 있는 콘크리트 : 75mm

문제 021
강도 설계법에서 인장지배단면을 받는 부재의 강도감소계수값은?
- ㉮ 0.65
- ㉯ 0.75
- ㉰ 0.85
- ㉱ 0.95

해설
- 압축지배단면으로 나선철근으로 보강된 철근 콘크리트 부재 : 0.7
- 전단력과 비틀림모멘트 : 0.75

문제 022
그림과 같은 옹벽에 수평력 20kN, 수직력 40kN이 작용하고 있다. 전도에 대한 안전율은? [단, 기초 좌측 하단('0'점)을 기준으로 한다.]

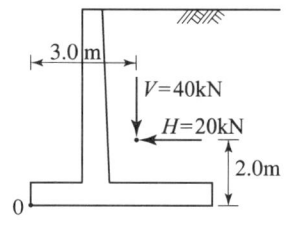

- ㉮ 1.3
- ㉯ 2.0
- ㉰ 3.0
- ㉱ 4.0

해설 $F = \dfrac{\text{저항하는 힘}}{\text{활동하는 힘}} = \dfrac{40 \times 3}{20 \times 2} = 3.0$

문제 023
보통 무근 콘크리트로 만들어지며 자중에 의하여 안정을 유지하는 옹벽의 형태를 무엇이라 하는가?
- ㉮ 중력식 옹벽
- ㉯ L형 옹벽
- ㉰ 캔틸레버 옹벽
- ㉱ 뒷부벽식 옹벽

해설
- 옹벽의 높이가 비교적 낮고(3~4m) 기초 지반이 견고한 경우에 중력식 옹벽이 적합하다.
- 반중력식 옹벽은 무근 콘크리트 단면의 벽 내에 생기는 인장력을 철근으로 저지한다.

문제 024
PS 강재나 시스 등의 마찰을 줄이기 위해 사용되는 마찰감소재가 아닌 것은?
- ㉮ 왁스
- ㉯ 모래
- ㉰ 파라핀
- ㉱ 그리스

해설 강재와 시스의 마찰에 의한 손실은 프리스트레스를 도입할 때 일어난다.

문제 025
주탑과 경사로 배치되는 있는 인장 케이블 및 바닥판으로 구성되어 있으며, 바닥판은 주탑에 연결되어 있는 와이어 케이블로 지지되어 있는 형태의 교량은?

답 019. ㉮ 020. ㉯ 021. ㉰ 022. ㉰ 023. ㉮ 024. ㉯ 025. ㉮

㉮ 사장교　㉯ 라멘교
㉰ 아치교　㉱ 현수교

해설 현수교
주탑과 앵커리지로 주 케이블을 지지하고 이 케이블에 현수재를 매달아 보강형을 지지하는 형태의 교량이다.

문제 026

2방향 슬래브의 위험단면에서 철근 간격은 슬래브 두께의 2배 이하 또는 몇 mm 이하이어야 하는가?

㉮ 100mm　㉯ 200mm
㉰ 300mm　㉱ 400mm

해설 4변에 의해 지지되는 2방향 슬래브 중에서 단변에 대한 장변의 비가 2배를 넘으면 1방향 슬래브로 해석한다.

문제 027

구조 재료로서의 강재의 특징에 대한 설명으로 옳지 않은 것은?

㉮ 균질성을 가지고 있다.
㉯ 관리가 잘 된 강재는 내구성이 우수하다.
㉰ 다양한 형상과 치수를 가진 구조로 만들 수 있다.
㉱ 다른 재료에 비해 단위 면적에 대한 강도가 작다.

해설 다른 재료에 비해 단위 면적에 대한 강도가 크다.

문제 028

설계에 있어 고려하는 하중의 종류 중 변동하는 하중에 해당되는 것은?

㉮ 고정하중　㉯ 설하중
㉰ 수평토압　㉱ 수직토압

해설 설하중
구조물에 쌓인 눈의 작용으로 지역, 시기 및 적설 형태에 따라 변한다.

문제 029

철근 콘크리트가 성립하는 이유(조건)로 옳지 않은 것은?

㉮ 콘크리트 속에 묻힌 철근은 녹이 슬지 않는다.
㉯ 철근과 콘크리트는 부착이 매우 잘 된다.
㉰ 철근과 콘크리트는 온도에 대한 열팽창계수가 거의 같다.
㉱ 철근과 콘크리트는 인장강도가 거의 같다.

해설
- 철근은 인장에 강하고 콘크리트는 압축에 강하다.
- 철근의 탄성계수가 콘크리트의 탄성계수보다 크다.
- 철근 콘크리트는 내구성과 내화성이 크다.

문제 030

프리스트레스 콘크리트(PSC)의 특징이 아닌 것은? (단, 철근 콘크리트와 비교)

㉮ 고강도의 콘크리트와 강재를 사용한다.
㉯ 안전성이 낮고 강성이 커서 변형이 작다.
㉰ 단면을 작게 할 수 있어 지간이 긴 구조물에 적당하다.
㉱ 설계하중이 작용하더라도 인장측 콘크리트에 균열이 발생하지 않는다.

해설
- 철근 콘크리트에 비하여 단면이 작기 때문에 변형이 크고 진동하기 쉽다.
- PSC 구조물은 안전성이 높다.

문제 031

외력에 대한 옹벽의 안정 조건이 아닌 것은?

㉮ 활동에 대한 안정
㉯ 침하에 대한 안정
㉰ 전도에 대한 안정
㉱ 전단력에 대한 안정

해설
- 전도에 대한 안전율 : 2.0
- 활동에 대한 안전율 : 1.5
- 침하에 대한 안전율 : 1.0

026. ㉱　027. ㉱　028. ㉯　029. ㉱　030. ㉯　031. ㉱

문제 032
콘크리트를 주재료로 하고 철근을 보강 재료로 하여 만든 구조를 무엇이라 하는가?
㉮ 합성 콘크리트 구조
㉯ 무근 콘크리트 구조
㉰ 철근 콘크리트 구조
㉱ 프리스트레스트 콘크리트 구조

[해설] 콘크리트를 주재료로 하고 PS 강재를 사용하여 외력에 의해 발생되는 인장응력을 상쇄시키기 위해 미리 압축응력을 도입하는 콘크리트 부재를 프리스트레스트 콘크리트 구조라 한다.

문제 033
터널의 설계에 고려사항으로 옳지 않은 것은?
㉮ 통풍이 양호한 곳
㉯ 지반 조건이 양호한 곳
㉰ 터널 내 곡선의 반지름은 짧을 것
㉱ 시공할 때나 완성 후의 배수를 고려할 것

[해설] 터널에서의 곡선 설치는 가급적 피하여야 하나 곡선으로 하여야 하는 경우에는 반지름을 크게 한다.

문제 034
용접이음의 특징에 대한 설명으로 옳지 않은 것은?
㉮ 접합부의 강성이 작다.
㉯ 시공 중에 소음이 없다.
㉰ 인장측에 리벳 구멍에 의한 단면 손실이 없다.
㉱ 리벳 접합 방식에 비하여 강재를 절약할 수 있다.

[해설] 접합부의 강성이 크다.

문제 035
기둥에 관한 설명으로 옳지 않은 것은?
㉮ 지붕, 바닥 등의 상부 하중을 받아서 토대 및 기초에 전달하고 벽체의 골격을 이루는 수직 구조체이다.
㉯ 단주인가 장주인가에 따라 동일한 단면이라도 그 강도가 달라진다.
㉰ 순수한 축방향 압축력만을 받는 일은 거의 없다.
㉱ 기둥의 강도는 단면의 모양과 밀접한 연관이 있고, 기둥 길이와는 무관하다.

[해설] 장주는 같은 크기의 축하중이 작용해도 기둥 길이의 영향 때문에 단주보다 더 큰 휨모멘트가 발생하므로 그 영향을 고려하여 설계하여야 한다.

문제 036
직육면체의 직각으로 만나는 3개의 모서리가 모두 120°를 이루는 투상도는?
㉮ 정투상도   ㉯ 등각투상도
㉰ 부등각투상도   ㉱ 사투상도

[해설] 등각투상도는 물체의 각 면을 모두 경사지게 나타내며 밑면의 모서리 선은 수평선과 좌우 각각 30°씩을 이룬다.

문제 037
CAD 작업의 특징으로 옳지 않은 것은?
㉮ 설계 기간의 단축으로 생산성을 향상시킨다.
㉯ 도면 분석, 수정, 제작이 수작업에 비하여 더 정확하고 빠르다.
㉰ 컴퓨터 화면을 통하여 대화방식으로 도면을 입·출력할 수 있다.
㉱ 설계 도면을 여러 사람이 동시 작업이 불가능하여 표준화 작업에 어려움이 있다.

[해설] 설계 도면을 여러 사람이 동시 작업이 가능하여 표준화 작업에 용이하다.

문제 038
국가 규격 명칭과 규격 기호가 바르게 표시된 것은?
㉮ 일본 규격 – JKS
㉯ 미국 규격 – USTM
㉰ 스위스 규격 – JIS
㉱ 국제 표준화 기구 – ISO

[답] 032.㉱ 033.㉰ 034.㉮ 035.㉱ 036.㉯ 037.㉱ 038.㉱

해설
- 일본 규격 – JIS
- 미국 규격 – ASA
- 스위스 규격 – SNV

문제 039

측량제도에서 종단면도 작성에 관한 설명으로 옳지 않은 것은?

㉮ 지반고가 계획고보다 클 때에는 흙쌓기가 된다.
㉯ 기준선은 지반고와 계획고 이하가 되도록 한다.
㉰ No.4+9.8은 No.4에서 9.8m 지점의 +말뚝을 표시한 것이다.
㉱ 지반고란에는 야장에서 각 중심 말뚝의 표고를 기재한다.

해설 지반고가 계획고보다 클 때에는 흙깎기가 된다.

문제 040

구조물 설계 제도에서 도면의 작도 순서로 가장 알맞은 것은?

ⓐ 일반도   ⓑ 단면도
ⓒ 주철근 조립도   ⓓ 철근 상세도
ⓔ 각부 배근도

㉮ ⓑ → ⓒ → ⓓ → ⓔ → ⓐ
㉯ ⓑ → ⓔ → ⓐ → ⓒ → ⓓ
㉰ ⓐ → ⓔ → ⓓ → ⓑ → ⓒ
㉱ ⓐ → ⓒ → ⓑ → ⓔ → ⓓ

문제 041

토목제도에서 한글 서체는 수직 또는 오른쪽으로 어느 정도 경사지게 쓰는 것이 원칙인가?

㉮ 10°   ㉯ 15°
㉰ 20°   ㉱ 30°

해설 동일 도면에 사용되는 문자의 서체 및 종류별 크기는 통일하여야 하고 글자체는 고딕체로 하며 수직 또는 우측으로 15° 경사지게 쓰는 것을 원칙으로 한다.

문제 042

치수 기입에서 치수 보조 기호에 대한 설명으로 옳지 않은 것은?

㉮ 정사각형의 변 : □
㉯ 반지름 : R
㉰ 지름 : D
㉱ 판의 두께 : t

해설 지름 : ϕ

문제 043

구조물 전체의 개략적인 모양을 표시하는 도면으로 구조물 주위의 지형지물을 표시하여 지형과 구조물과의 연관성을 명확하게 표현하는 도면은?

㉮ 일반도   ㉯ 구조도
㉰ 측량도   ㉱ 설명도

해설
- 구조도
  구조물을 정확하고 능률적으로 제작, 시공하기 위해서 필요한 치수, 형상, 재질 등을 알기 쉽게 표시한 것으로 철근 콘크리트 구조물의 철근 배근도, 철근도 등이 있다.
- 측량도
  측량 결과를 나타낸 도면이다.
- 설명도
  구조, 기능의 필요한 부분을 굵게 표시하기도 하고 절단이나 투시 등을 표시하여 잘 알 수 있게 나타낸 도면이다.

문제 044

컴퓨터 입력 장치에서 문서, 그림, 사진 등을 이미지 형태로 입력하는 장치는?

㉮ 광펜   ㉯ 스캐너
㉰ 태블릿   ㉱ 조이스틱

해설 스캐너
CAD 시스템의 입력장치 중 미리 작성된 문자나 도형의 이미지 입력에 적당한 장치이다.

답 039. ㉮ 040. ㉯ 041. ㉯ 042. ㉰ 043. ㉮ 044. ㉯

문제 045
제도에 일반적으로 사용되는 축척으로 가장 거리가 먼 것은?

㉮ $\frac{1}{2}$ ㉯ $\frac{1}{3}$
㉰ $\frac{1}{5}$ ㉱ $\frac{1}{10}$

해설 $\frac{1}{50}, \frac{1}{20}, \frac{1}{10}, \frac{1}{5}, \frac{1}{2}$

문제 046
치수와 치수선에 대한 설명으로 옳지 않은 것은?

㉮ 치수는 특별히 명시하지 않으면 마무리 치수(완성 치수)로 표시한다.
㉯ 치수선은 표시할 치수의 방향에 평행하게 긋는다.
㉰ 치수는 계산하지 않고서도 알 수 있게 표기한다.
㉱ 치수의 단위는 mm를 원칙으로 하고, 치수 뒤에 단위를 써서 표시한다.

해설 치수의 단위는 mm를 원칙으로 하고, 치수 뒤에 단위를 표시하지 않는다.

문제 047
주기억 장치에 주로 사용되며 전원이 차단되면 기억된 내용이 모두 지워지는 기억장치는?

㉮ ROM   ㉯ RAM
㉰ USB   ㉱ CD-ROM

해설
• ROM : 한 번 기억한 내용은 전원을 끊어도 소멸되지 않는다.
• RAM : 전원이 끊어지면 기억된 내용이 모두 소멸된다.

문제 048
일반적인 제도 규격용지의 폭과 길이의 비로 옳은 것은?

㉮ 1 : 1   ㉯ $1 : \sqrt{2}$
㉰ $1 : \sqrt{3}$ ㉱ 1 : 4

해설 제도 규격용지의 폭과 길이의 비는 $1 : \sqrt{2}$ 이다.

문제 049
표제란에 기입할 사항이 아닌 것은?

㉮ 도면 번호   ㉯ 도면 명칭
㉰ 도면치수   ㉱ 기업체명

해설 도면의 표제란에는 축척, 책임자의 이름 등을 기입한다.

문제 050
투상법에서 제3각법에 대한 설명으로 옳지 않은 것은?

㉮ 정면도 아래에 배면도가 있다.
㉯ 정면도 위에 평면도가 있다.
㉰ 정면도 좌측에 좌측면도가 있다.
㉱ 제3면각 안에 물체를 놓고 투상하는 방법이다.

해설 정면도 아래에 저면도가 있다.

문제 051
그림과 같은 양면 접시머리 공장 리벳의 바른 표시는?

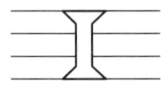

㉮ ⊠   ㉯ ⊗
㉰ ○   ㉱ ⊗

문제 052
척도에 관한 설명으로 옳지 않은 것은?

㉮ 현척은 실제 크기를 의미한다.
㉯ 배척은 실제보다 큰 크기를 의미한다.
㉰ 축척은 실제보다 작은 크기를 의미한다.
㉱ 그림의 크기가 치수와 비례하지 않으면 NP를 기입한다.

답 045. ㉯ 046. ㉱ 047. ㉯ 048. ㉯ 049. ㉰ 050. ㉮ 051. ㉱ 052. ㉱

해설 그림의 형태가 치수와 비례하지 않을 때에는 치수 밑에 밑줄을 긋거나 '비례가 아님' 또는 'NS(not to scale)' 등의 문자를 기입한다.

문제 053
한국 산업 표준 중에서 토건 기호는?
- ㉮ KS A
- ㉯ KS C
- ㉰ KS F
- ㉱ KS M

해설
- KS A – 기본
- KS C – 전기, 전자
- KS M – 화학

문제 054
구조물 제도에서 물체의 절단면을 표현하는 것으로 중심선에 대하여 45° 경사지게 일정한 간격으로 긋는 것은?
- ㉮ 파선
- ㉯ 스머징
- ㉰ 해칭
- ㉱ 스프릿

해설 해칭은 동일한 간격으로 긋고, 강구조에 있어서 덧붙임판 및 전충재의 측면을 표시할 때 사용한다.

문제 055
판형재 중 각 강(鋼)의 치수 표시방법은?
- ㉮ φA–L
- ㉯ □A–L
- ㉰ DA–L
- ㉱ □A×B×t–L

해설
- 환강 : φA–L, DA–L
- 각강관 : □A×B×t–L

문제 056
그림은 어떠한 재료 단면의 경계를 나타낸 것인가?

- ㉮ 지반면
- ㉯ 자갈면
- ㉰ 암반면
- ㉱ 모래면

해설
- 자갈면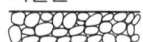
- 모래면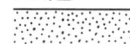
- 암반면

문제 057
도형의 표시방법에서 투상도에 대한 설명으로 옳지 않은 것은?
- ㉮ 물체의 오른쪽과 왼쪽이 같을 때에는 우측면도만 그린다.
- ㉯ 정면도와 평면도만 보아도 그 물체를 알 수 있을 때에는 측면도를 생략해도 된다.
- ㉰ 물체의 길이가 길 때, 정면도와 평면도만으로 표시할 수 있을 경우에는 측면도를 생략한다.
- ㉱ 물체에 따라 정면도 하나로 그 형태의 모든 것을 나타낼 수 있을 때에도 다른 투상도를 모두 그려야 한다.

해설 물체에 따라 정면도 하나로 그 형태의 모든 것을 나타낼 수 있을 때에는 다른 투상도를 생략한다.

문제 058
구조물 재료의 단면표시 그림 중에서 인조석을 표시한 것은?

㉮
㉯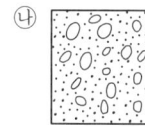
㉰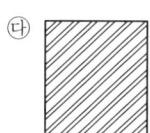
㉱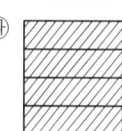

해설
- ㉯ : 콘크리트
- ㉰ : 강재
- ㉱ : 벽돌

답 053. ㉰ 054. ㉰ 055. ㉯ 056. ㉮ 057. ㉱ 058. ㉮

문제 059
재료의 단면 표시 중 벽돌을 나타내는 것은?

㉮ 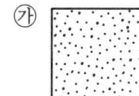 ㉯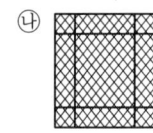

㉰ 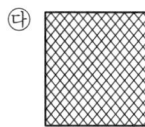 ㉱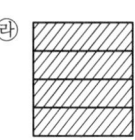

[해설]
- ㉮ : 모르타르
- ㉯ : 블록
- ㉰ : 철사

문제 060
용도에 따른 선의 명칭으로 옳은 것은?

㉮ 가는 선 ㉯ 굵은 선
㉰ 중심선 ㉱ 아주 굵은 선

[해설] 그림의 중심을 나타내는 중심선은 가는 1점 쇄선을 사용한다.

[답] 059. ㉱ 060. ㉰

부록 최근 기출문제

2013년 제4회

「**알려드립니다**」 한국산업인력공단의 저작권법 저촉에 대한 언급이 있어 과거에 출제된 동일한 문제나 그 유형의 문제로 재구성하였습니다.

문제 001
단철근 직사각형 보 단면의 폭이 300mm, 콘크리트 설계기준 압축강도 24MPa, 철근의 항복강도 400MPa, 인장철근량 2,500mm²일 때 등가 직사각형의 응력분포 깊이(a)는?

㉮ 123mm ㉯ 139mm
㉰ 163mm ㉱ 189mm

해설
$$a = \frac{A_s f_y}{\eta(0.85 f_{ck})b}$$
$$= \frac{2,500 \times 400}{1.0 \times (0.85 \times 24) \times 300} = 163\text{mm}$$

문제 002
교량의 구조물에 작용하는 주하중에 해당되지 않는 것은?

㉮ 고정하중 ㉯ 지진하중
㉰ 충격하중 ㉱ 활하중

해설
- 주하중이란 구조물에 항상 작용하는 하중이다.
- 주하중 – 활하중, 고정하중, 충격하중
- 부하중 – 풍하중, 온도변화의 영향, 지진의 영향

문제 003
단면 폭이 300mm, 유효높이가 500mm인 단철근 직사각형 보에 D19의 정철근을 2단으로 상하로 배치한 경우 연직 순간격은 얼마 이상으로 하는가?

㉮ 20mm ㉯ 25mm
㉰ 30mm ㉱ 35mm

해설 주철근을 2단 이상으로 배근하는 경우에는 상하 철근은 동일 연직면 내에 두며 연직 순간격은 25mm 이상이어야 한다.

문제 004
$b=350$mm, $a=120$mm, $f_{ck}=24$MPa인 단철근 직사각형 보에서 콘크리트의 전압축력을 강도설계법으로 구한 값은?

㉮ 556.8 kN ㉯ 656.8 kN
㉰ 756.8 kN ㉱ 856.8 kN

해설
$$C = \eta(0.85 f_{ck})\, a\, b$$
$$= 1.0 \times (0.85 \times 24) \times 120 \times 350$$
$$= 856,800\text{N} = 856.8\text{kN}$$

문제 005
지간이 5m인 단순보에서 등분포하중 3kN/m를 받고 있을 때 최대 휨모멘트는?

㉮ 9.4 kN·m ㉯ 10.4 kN·m
㉰ 18.8 kN·m ㉱ 20.8 kN·m

해설
$$M = \frac{wl^2}{8} = \frac{3 \times 5^2}{8} = 9.4\text{kN}\cdot\text{m}$$

문제 006
철근의 지름이 D29~D35의 경우에 표준 갈고리의 최소 구부림 내면 반지름은? (단, d_b : 철근의 공칭지름)

㉮ $5d_b$ ㉯ $4d_b$
㉰ $3d_b$ ㉱ $2d_b$

해설
- D10~D25 : $3d_b$
- D29~D35 : $4d_b$
- D38 이상 : $5d_b$

답 001. ㉰ 002. ㉯ 003. ㉯ 004. ㉱ 005. ㉮ 006. ㉯

문제 007
프리스트레스하지 않는 부재의 현장치기 콘크리트의 최소 피복두께는? (단, 수중에 타설하는 콘크리트의 경우)

㉮ 100mm   ㉯ 80mm
㉰ 60mm   ㉱ 50mm

해설
- 흙에 영구히 묻혀 있는 콘크리트 : 75mm
- 흙에 접하거나 옥외의 공기에 직접 노출되는 콘크리트
  - D19 이상 철근 : 50mm
  - D16 이하 철근 : 40mm

문제 008
인장 이형철근의 겹침이음길이에 대한 내용 중 틀린 것은? (단, l_d : 정착길이)

㉮ A급 이음 : $1.0l_d$
㉯ B급 이음 : $1.3l_d$
㉰ C급 이음 : $1.5l_d$
㉱ 어떠한 경우라도 300mm 이상

해설
- 기본 정착길이 $l_{db} = \dfrac{0.6 d_b f_y}{\lambda \sqrt{f_{ck}}}$
- 정착길이 $l_d = l_{db} \times$ 보정계수

문제 009
압축공기를 이용하여 호스 속의 콘크리트, 모르타르를 시공면에 뿜어서 만든 콘크리트 또는 모르타르를 무엇이라 하는가?

㉮ 수밀 콘크리트
㉯ 프리플레이스트 콘크리트
㉰ 숏크리트
㉱ 유동화 콘크리트

해설 숏크리트는 빠르게 운반하고 급결제를 첨가한 후에는 바로 뿜어 붙이기 작업을 한다.

문제 010
콘크리트의 워커빌리티에 관한 설명 중 옳지 않은 것은?

㉮ 온도가 높을수록 슬럼프는 감소한다.
㉯ 시멘트의 분말도가 높으면 워커빌리티가 증대된다.
㉰ 시멘트량이 적을수록 워커빌리티가 증대된다.
㉱ 단위수량이 적으면 워커빌리티가 감소한다.

해설 시멘트량이 많을수록 워커빌리티는 증대된다.

문제 011
보의 주철근 수평 순간격은 (　)mm 이상, 철근의 공칭지름 이상, 굵은골재 최대치수의 4/3배 이상이어야 한다. 이때 (　)에 알맞은 것은?

㉮ 20   ㉯ 25
㉰ 30   ㉱ 40

해설 보의 주철근 2단 이상 배치의 경우는 상하철근을 동일 연직선 내에 두며 연직 순간격은 25mm 이상으로 한다.

문제 012
인장 이형철근 및 이형철선의 정착길이는 기본 정착길이에 보정계수를 곱하여 계산하는데 이때 적용되는 보정계수(α, β, γ)에 해당되지 않는 것은?

㉮ 철근 배근 위치계수
㉯ 에폭시 도막계수
㉰ 경량골재 콘크리트계수
㉱ 철근의 직경계수

해설
- α : 철근배근 위치계수
- β : 에폭시 도막계수
- γ : 경량골재 콘크리트계수

문제 013
콘크리트 호칭강도가 24MPa이고 30회 이상의 실험에 의한 압축강도의 표준편차가 2.5MPa이다. 콘크리트의 배합강도는?

㉮ 26.33 MPa   ㉯ 27.35 MPa
㉰ 28.33 MPa   ㉱ 29.35 MPa

답 007.㉮ 008.㉰ 009.㉰ 010.㉰ 011.㉯ 012.㉱ 013.㉯

해설 $f_{cn} \leq 35\text{MPa}$이므로
- $f_{cr} = f_{cn} + 1.34s = 24 + 1.34 \times 2.5$
  $= 27.35\text{MPa}$
- $f_{cr} = (f_{cn} - 3.5) + 2.33s$
  $= (24 - 3.5) + 2.33 \times 2.5$
  $\approx 26.33\text{MPa}$
∴ 큰 값인 27.35MPa이다.

문제 014
시멘트 입자를 분산시킴으로써 콘크리트의 단위수량을 감소시키는 작용을 하는 혼화제는?
- ㉮ 촉진제
- ㉯ 감수제
- ㉰ 지연제
- ㉱ 급결제

해설 AE(공기연행)제를 사용한 콘크리트는 작업성이 증가하므로 단위수량을 감소시킬 수 있다.

문제 015
콘크리트의 특징에 대한 설명 중 옳지 않은 것은?
- ㉮ 압축강도에 비해서 인장강도가 더 크다.
- ㉯ 내구성, 내화성, 내진성이 우수하다.
- ㉰ 균열 발생이 있으며 검사 및 개조, 해체가 어렵다.
- ㉱ 부재나 구조물의 크기를 여러 모양으로 만들 수 있다.

해설
- 압축강도에 비해서 인장강도가 1/10~1/13 정도 더 작다.
- 재료의 운반과 시공이 쉽다.

문제 016
굵은골재 최대치수란 질량으로 전체 골재질량의 몇 % 이상을 통과시키는 체눈의 최소 공칭치수를 의미하는가?
- ㉮ 75%
- ㉯ 80%
- ㉰ 85%
- ㉱ 90%

해설 굵은골재 최대치수는 부재 최소치수의 1/5, 슬래브 두께의 1/3, 철근 피복 및 철근의 최소 순간격의 3/4을 초과해서는 안 된다.

문제 017
콘크리트 타설 후 시멘트와 골재가 가라앉으면서 물이 표면으로 올라오는 현상은?
- ㉮ 블리딩
- ㉯ 레이턴스
- ㉰ 재료분리
- ㉱ 크리프

해설
- 블리딩 현상으로 표면에 백색의 침전물이 발생하는 것을 레이턴스라고 한다.
- 블리딩이 심하면 강도가 감소한다.
- 재료분리는 단위수량 또는 단위골재량이 너무 많거나 굵은골재 최대치수가 지나치게 큰 경우에 발생한다.

문제 018
철근 콘크리트 보가 $f_{ck}=30\text{MPa}$일 때 압축측 콘크리트 표면에서의 최대 변형률은?
- ㉮ 0.001
- ㉯ 0.002
- ㉰ 0.0033
- ㉱ 0.005

문제 019
다음 중 수밀 콘크리트의 일반적인 사항으로 옳지 않은 것은?
- ㉮ 단위수량을 가능한 적게 한다.
- ㉯ 물-결합재비는 50% 이하를 표준한다.
- ㉰ 단위 굵은골재량은 가능한 크게 한다.
- ㉱ AE제는 사용하지 않는 것을 원칙으로 한다.

해설 양질의 감수제 또는 AE(공기연행)제를 사용하는 것이 좋다.

문제 020
단철근 직사각형 보의 단면 폭 $b=250\text{mm}$, 높이가 550mm, 유효깊이 $d=500\text{mm}$, 인장철근량 2,500mm²일 때 철근비는?
- ㉮ 0.018
- ㉯ 0.020
- ㉰ 0.090
- ㉱ 0.110

해설 $\rho = \dfrac{A_s}{bd} = \dfrac{2{,}500}{250 \times 250} = 0.02$

답 014. ㉯ 015. ㉮ 016. ㉱ 017. ㉮ 018. ㉰ 019. ㉱ 020. ㉯

문제 021
2개 이상의 기둥을 하나의 확대기초가 지지하도록 한 기초는?
㉮ 연결 확대기초 ㉯ 독립 확대기초
㉰ 경사 확대기초 ㉱ 계단식 확대기초

문제 022
도로교 설계에서 1등교인 $DB-24$의 뒷바퀴 하중은?
㉮ 18 kN ㉯ 24 kN
㉰ 54 kN ㉱ 96 kN

해설 $DB-24$의 표준 트럭하중
- 앞바퀴 하중 : 24 kN
- 뒷바퀴 하중 : 96 kN

문제 023
몇 개의 직선 부재를 한 평면 내에서 연속된 삼각형의 뼈대 구조로 조립한 것을 거더 대신 사용하는 형식의 교량은?
㉮ 단순교 ㉯ 현수교
㉰ 트러스교 ㉱ 사장교

해설 트러스는 가늘고 긴 직선 부재를 연결하여 삼각형의 구성요소가 되도록 배열한 구조물이다.

문제 024
토목 구조물을 사용 재료에 따라 분류한 것이 아닌 것은?
㉮ 콘크리트 구조 ㉯ 강구조
㉰ 합성구조 ㉱ 타워형 구조

해설 타워형 구조는 건축 구조물 구조 형태이다.

문제 025
구조물의 안전성을 가장 중요시하며 하중계수와 강도감소계수를 적용하는 설계방법은?
㉮ 압축설계법 ㉯ 인장설계법
㉰ 강도설계법 ㉱ 한계상태 설계법

문제 026
다음 중 장주의 좌굴하중을 옳게 나타낸 것은?
㉮ $\dfrac{\pi^2 EI}{A(kl)^2}$ ㉯ $\dfrac{\pi^2 E}{A(kl)^2}$
㉰ $\dfrac{\pi^2 EI}{(kl)^2}$ ㉱ $\dfrac{\pi^2 E}{(kl)^2}$

해설 좌굴하중
$$P_c = \frac{\pi^2 EI}{(kl)^2} = \frac{n\pi^2 EI}{l^2} = \frac{\pi^2 EI}{\lambda^2}$$

문제 027
다음 중 가장 최근에 건설 완공된 국내 교량은?
㉮ 남해대교 ㉯ 영종대교
㉰ 서해대교 ㉱ 인천대교

해설 서해대교(2000년), 인천대교(2009년)

문제 028
강재에 인장응력을 가해서 양단을 고정하고 일정한 길이로 유지시킬 경우 시간의 경과와 함께 일어나는 응력의 감소를 무엇이라 하는가?
㉮ 크리프 ㉯ 릴랙세이션
㉰ 응력의 부식 ㉱ 프리스트레싱

해설 PS 강재로 릴랙세이션이 작아야 한다.

문제 029
다음 중 토목 구조물의 특징에 대한 설명으로 옳지 않은 것은?
㉮ 구조물의 수명이 길다.
㉯ 다량 생산이 가능하다.
㉰ 대부분 공공의 목적으로 건설된다.
㉱ 규모가 크고 대부분 자연환경에 놓인다.

문제 030
상부 구조물의 하중을 넓은 면적에 분포시켜 하중을 지반에 안전하게 전달하는 구조물은?
㉮ 보 ㉯ 확대기초
㉰ 기둥 ㉱ 슬래브

답 021. ㉮ 022. ㉱ 023. ㉰ 024. ㉱ 025. ㉰ 026. ㉰ 027. ㉱ 028. ㉯ 029. ㉯ 030. ㉯

해설 **확대기초**
상부 구조로부터의 하중을 전달하는 기둥이나 벽의 하부에 지반과 직접 접하는 부위를 확대시켜 설치한 기초

문제 031
도로교의 설계기준에 따른 슬래브교의 최소 두께는?

㉮ 200mm ㉯ 250mm
㉰ 300mm ㉱ 350mm

해설 도로교 설계기준에서는 슬래브교의 최소 판두께를 250mm로 규정하고 있다.

문제 032
콘크리트 구조물에 철근을 넣는 이유는?

㉮ 인장을 받는 부분에 배치하여 강도를 증대시킨다.
㉯ 압축을 받는 부분에 배치하여 강도를 증대시킨다.
㉰ 전단을 받는 부분에 배치하여 강도를 증대시킨다.
㉱ 비틀림을 받는 부분에 배치하여 강도를 증대시킨다.

해설 압축은 콘크리트가 받고 인장은 철근이 받는 구조로 하여 콘크리트와 철근이 일체가 된다.

문제 033
강구조의 특징으로 옳지 않은 것은?

㉮ 균질하여 내구성이 우수하다.
㉯ 차량 통행에 의한 소음이 없다.
㉰ 부재를 개수하거나 보강이 쉽다.
㉱ 반복하중에 의한 피로가 발생한다.

문제 034
프리스트레스트 콘크리트에 대한 설명으로 옳지 않은 것은?

㉮ 강성이 커 변형이 작다.
㉯ 고강도의 PC 강선을 사용하므로 처짐이 작다.
㉰ 지간이 긴 교량에 적합하다.
㉱ 균열의 발생을 방지할 수 있다.

문제 035
구조물의 이동지점(롤러지점)의 반력 수는?

㉮ 1개 ㉯ 2개
㉰ 3개 ㉱ 4개

해설
- 이동지점 : 수직반력이 발생한다.
- 회전지점(힌지지점, 활절지점) : 수직반력, 수평반력이 발생한다.
- 고정지점 : 수직반력, 수평반력, 회전반력이 발생한다.

문제 036
다음과 같은 물체의 정면도와 우측면도를 옳게 표현한 것은?

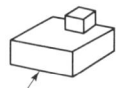

㉮ ㉯ ㉰ ㉱

문제 037
시선이 물체로부터 무한대로 있는 것처럼 생각한 투상으로 투상선이 투상면에 대해 수직으로 투상하는 방법은?

㉮ 정투상법 ㉯ 사투상법
㉰ 축측 투상도법 ㉱ 중심투상법

해설 **정투상법**
- 투상선이 모든 투상면에 수직할 때의 투상도
- 투상선이 투상면에 대하여 수직인 경우, 즉 시점이 물체로부터 무한대의 거리에 있는 것으로 생각하고 투상하는 방법

답 031.㉯ 032.㉮ 033.㉯ 034.㉮ 035.㉮ 036.㉮ 037.㉮

문제 038
도면에 사용되는 문자에 대한 설명 중 옳지 않은 것은?
- ㉮ 숫자는 아라비아 숫자를 원칙으로 한다.
- ㉯ 한글 서체는 수직 또는 오른쪽으로 25° 경사지게 쓰는 것이 원칙이다.
- ㉰ 문자의 크기는 높이를 표준으로 한다.
- ㉱ 문자는 명확히 쓰며 가로 왼쪽에서부터 쓰는 것을 원칙으로 한다.

해설
- 한글 서체는 수직 또는 오른쪽으로 15° 경사지게 쓰는 것이 원칙이다.
- 한글은 활자체(고딕체)로 쓴다.

문제 039
다음 그림의 강관 치수 표시 방법은? (단, B : 내측 지름, L : 축방향 길이)
- ㉮ $\phi B \times t - L$
- ㉯ $\phi A \times t - L$
- ㉰ $A \times B \times t - L$
- ㉱ $B \times A \times t - L$

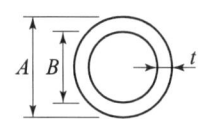

문제 040
토목 구조물의 모양치수를 모두 표시한 도면이며 이것에 의해 거푸집을 제작할 수 있는 도면은?
- ㉮ 설계도
- ㉯ 상세도
- ㉰ 구조도
- ㉱ 구조일반도

해설
- 구조도 : 철근 배근도와 같이 구조물의 제작, 시공을 위해 필요한 치수, 형상, 재질 등을 표시한다.
- 설계도 : 계획도를 기준하여 치수, 기능, 사용 재료를 나타낸다.
- 상세도 : 구조도에 표시하기 곤란한 부분의 형상, 치수, 기구 등을 상세하게 표시한다.

문제 041
표제란에 기입할 사항으로 옳지 않은 것은?
- ㉮ 공사 개요
- ㉯ 도면번호
- ㉰ 작성일자
- ㉱ 도면명칭

해설 표제란에는 도면명칭, 도면번호, 작성일자, 작성자명, 척도 등을 기입한다.

문제 042
치수, 가공법, 주의사항 등을 기입하기 위한 선으로 가로에 대해 45°의 직선을 긋고 그 위에 나타내는 것은?
- ㉮ 치수선
- ㉯ 중심선
- ㉰ 치수보조선
- ㉱ 인출선

해설
- 치수선은 가는 실선으로 긋고 치수선 양 끝에는 화살표를 붙이며 다른 치수선과 서로 교차하지 않도록 한다.
- 중심선은 가는 1점 쇄선으로 긋고 모든 대칭인 물체나 원형인 물체에는 중심선을 긋는다.

문제 043
그림과 같은 절토면의 경사를 옳게 표시한 것은?

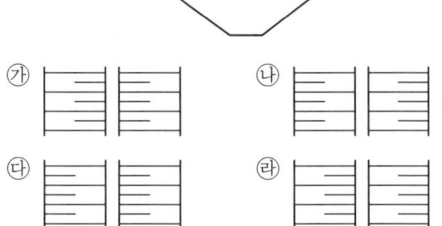

문제 044
다음 중 정투상도를 그리는 원칙은?
- ㉮ 제1각법
- ㉯ 제3각법
- ㉰ 다각법
- ㉱ 제4각법

해설
- 평면도는 물체 위쪽에, 정면도는 아래쪽에 그리는 투상도를 제3각법 투상도라 한다.
- 제1각법으로 도면을 그릴 때 도면의 위치는 정면도가 위에, 평면도가 아래에 오고, 또 우측면도는 정면도의 왼쪽에 위치한다.
- 제3각법의 순서 : 눈 → 투상면 → 물체

문제 045
물체의 앞이나 뒤에 화면을 놓은 것으로 생각하고 물체를 본 시선이 그 화면과 만나는 각 점을 연결하여 우리 눈에 비치는 모양과 같게 물체를 그리는 투상도는?

답 038. ㉯ 039. ㉯ 040. ㉱ 041. ㉮ 042. ㉱ 043. ㉯ 044. ㉯ 045. ㉰

㉮ 정투상도 ㉯ 사투상도
㉰ 투시도 ㉱ 표고투상도

해설 투시도
- 물체를 본 시선이 그 화면과 교차하는 각 점을 이어서 생기는 도면이다.
- 멀고 가까운 거리감을 느낄 수 있도록 하나의 시점과 물체의 각 점을 방사선으로 이어서 그리는 투상법이다.

문제 046
다음 그림 중 콘크리트 재료를 표시한 단면은?

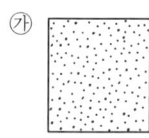 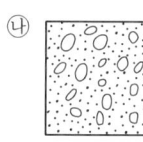

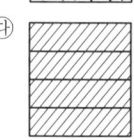 

문제 047
정사각형 단면을 나타낼 한 변의 길이 치수 숫자 앞에 붙이는 기호 또는 문자는?

㉮ ϕ ㉯ S
㉰ □ ㉱ ⌒

해설
- 원의 지름은 숫자 앞에 ϕ를 붙여 쓴다.
- 단면이 정사각형임을 표시할 때는 그 한 변의 길이를 표시하는 숫자 앞에 숫자보다 작은 □를 붙인다.

문제 048
어떤 구조물 단면의 기울기가 1 : 0.02이고 높이가 5,000mm일 때 수평거리는?

㉮ 100mm ㉯ 1,000mm
㉰ 2,000mm ㉱ 2,500mm

해설 수평거리 $= 5,000 \times 0.02 = 100$mm

문제 049
제도에 대한 설명으로 옳지 않은 것은?

㉮ 도면은 파선으로 표시함을 원칙으로 한다.
㉯ 도면은 간단히 하며 중복을 피한다.
㉰ 대칭인 도면은 중심선의 한쪽을 외형도, 반대쪽은 단면도로 표시하는 것을 원칙으로 한다.
㉱ 경사면 구조물의 경우 경사면 부분만 보조도를 넣어 경사면의 모양을 표시한다.

해설
- 도면은 실선으로 표시함을 원칙으로 한다.
- 도면에서 물체의 보이지 않는 외형선을 표시할 때는 파선으로 한다.

문제 050
그림과 같은 단면 표시 중 강철 재료는?

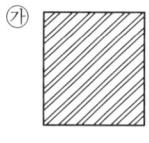 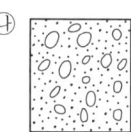

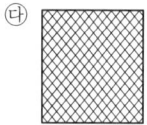 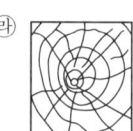

문제 051
다음의 척도 중 도면을 그릴 때 물체를 가장 작게 표현되는 것은?

㉮ 50 : 1 ㉯ 1 : 1
㉰ 1 : 50 ㉱ 1 : 2

해설 척도의 표시는 도면에서의 크기 : 실제 크기로 나타낸다.

문제 052
다음 중 컴퓨터의 레지스터(register)에 대한 설명으로 옳은 것은?

㉮ 컴퓨터의 중앙처리장치에 들어 있는 소규모 데이터 기억장치이다.
㉯ CAD 시스템의 입력장치이다.
㉰ ROM 및 RAM의 주기억장치이다.
㉱ CAD 시스템의 입력장치 중 명령어 선택이나 좌표 입력이 가능하다.

답 046. ㉯ 047. ㉰ 048. ㉮ 049. ㉮ 050. ㉮ 051. ㉰ 052. ㉮

해설 레지스터(register)는 컴퓨터의 중앙처리장치(CPU)에 들어 있는 기억장치로 빠른 데이터 처리를 한다.

문제 053
국제 표준화 기구의 명칭으로 옳은 것은?
㉮ DIN ㉯ ISO
㉰ JIS ㉱ NF

해설
- DIN : 독일 규격
- JIS : 일본 공업 규격
- NF : 프랑스 규격

문제 054
KS의 부분별 기호 중 KS F에 나타내는 분야는?
㉮ 금속 ㉯ 건설
㉰ 요업 ㉱ 섬유

해설 KS F : 토 건

문제 055
골조 측량에 해당되는 삼각측량 및 트래버스 측량의 높은 정도를 위해 사용되는 제도 방법은?
㉮ 직각좌표에 의한 방법
㉯ 각도기를 이용하는 방법
㉰ 표와 그래프를 이용하는 방법
㉱ 임의 가상좌표 설정 방법

문제 056
치수 기입에 대한 설명으로 옳지 않은 것은?
㉮ 치수 기입을 할 때 가로 치수는 치수선의 위쪽에, 세로 치수는 치수선의 왼쪽에 쓴다.
㉯ 치수는 가능한 주투상도에 기입한다.
㉰ 하나하나의 부분치수의 합계 또는 전체의 치수는 개개의 부분치수의 안쪽에 기입한다.
㉱ 협소한 구간이 연속될 때에는 치수선의 위쪽과 아래쪽에 번갈아 치수를 기입할 수 있다.

해설 하나하나의 부분치수의 합계 또는 전체의 치수는 개개의 부분치수의 바깥쪽에 기입한다.

문제 057
큰 도면을 접을 때 기준이 되는 도면의 크기는?
㉮ A0 ㉯ A1
㉰ A2 ㉱ A4

해설 도면은 A4(210×297)의 크기로 접는 것을 표준으로 한다.

문제 058
구조물 제도에서 가는 1점 쇄선을 사용하는 선은?
㉮ 치수선 ㉯ 중심선
㉰ 외형선 ㉱ 치수 보조선

해설 중심선, 기준선, 피치선 등은 1점 쇄선을 사용할 수 있다.

문제 059
CAD상에서 그려진 모든 도면 파일의 확장자로 옳은 것은?
㉮ txt ㉯ dwg
㉰ hwp ㉱ jpg

해설
- dwg는 기본 도면 파일 형식이고, dwt는 템플릿 파일이다.
- dws는 표준 파일이며 dwt 파일과 같다고 볼 수 있다. 즉, 이미 작성된 도면에 표준 파일을 적용시키면 규정에 맞게 도면이 작성되었는지 검사할 수 있으며 또한 여러 장의 도면도 일괄적으로 검사할 수 있다.

문제 060
CAD 작업에 사용되는 수정, 편집 명령어 중 offset의 명령어는?
㉮ 문자 기입 ㉯ 간격 띄우기
㉰ 자르기 ㉱ 회전

해설
- text : 문자 기입
- move : 이동
- trim : 자르기
- extend : 연장하기
- rotate : 회전

답 053.㉯ 054.㉯ 055.㉮ 056.㉰ 057.㉱ 058.㉯ 059.㉯ 060.㉯

부록 최근 기출문제

2013년 제5회

「**알려드립니다**」 한국산업인력공단의 저작권법 저촉에 대한 언급이 있어 과거에 출제된 동일한 문제나 그 유형의 문제로 재구성하였습니다.

문제 001
단철근 직사각형보에서 단면의 폭이 300mm, 높이가 550mm, 유효깊이가 500mm, 인장 철근량이 1,500mm²일 때 인장철근의 철근비는?

㉮ 0.01 ㉯ 0.001
㉰ 0.005 ㉱ 0.008

해설 $\rho = \dfrac{A_s}{bd} = \dfrac{1500}{300 \times 500} = 0.01$

문제 002
프리스트레스트 콘크리트의 PSC 부재에서 긴장재를 수용하기 위하여 미리 콘크리트 속에 넣어두어 구멍을 형성하기 위하여 사용하는 관은?

㉮ 정착 장치 ㉯ 시스(sheath)
㉰ 덕트(duct) ㉱ 암거

해설 포스트텐션 방식에서 사용하며 강재를 삽입할 수 있도록 콘크리트 속에 미리 뚫어두는 구멍을 덕트라고 하는데 이 덕트를 형성하기 위해 사용하는 관을 쉬스라 한다.

문제 003
선의 굵기 비율 중 가는선 : 굵은선 : 아주 굵은선의 비율을 바르게 표현한 것은?

㉮ 1 : 2 : 3 ㉯ 1 : 2 : 4
㉰ 1 : 2 : 5 ㉱ 1 : 3 : 6

해설 가는 실선은 치수선, 치수 보조선, 지시선, 회전 단면선, 중심선, 수준면선 등에 사용된다.

문제 004
기억장치 중 기억된 자료를 읽고 쓰는 것이 모두 가능하며 전원이 끊어지면 기억된 내용이 모두 사라지는 기억장치는?

㉮ ROM ㉯ RAM
㉰ 하드 디스크 ㉱ 자기 디스크

해설 RAM은 전원이 끊어지면 정보가 사라지지만 ROM은 사라지지 않는다.

문제 005
표준 갈고리를 가지는 인장 이형철근의 보정계수가 0.7이고 기본 정착길이가 570mm이었다. 이 인장철근의 정착길이를 구하면?

㉮ 320mm ㉯ 340mm
㉰ 380mm ㉱ 400mm

해설 정착길이 = 기본 정착길이 × 보정계수
= 570 × 0.7 = 400mm

문제 006
서해대교와 같이 교각 위에 탑을 세우고 주탑과 경사로 배치된 케이블로 주형을 고정시키는 형식의 교량은?

㉮ 현수교 ㉯ 라멘교
㉰ 연속교 ㉱ 사장교

해설 사장교
중간의 교각 위에 세운 교탑으로부터 비스듬히 경사지게 내린 케이블로 주형을 매단 구조물 형태이다.

답 001. ㉮ 002. ㉯ 003. ㉯ 004. ㉯ 005. ㉱ 006. ㉱

문제 007
일반적인 옹벽의 종류에 속하지 않는 것은?
- ㉮ 중력식 옹벽
- ㉯ 캔틸레버 옹벽
- ㉰ 뒷부벽식 옹벽
- ㉱ 연결 확대옹벽

해설
- 옹벽
  토압에 저항하여 토사의 붕괴를 방지하기 위한 구조물
- 확대기초
  벽, 기둥, 교대, 교각 등의 상부하중을 지반에 전달하기 위한 구조물

문제 008
토목제도에서 실제 크기와 도면에서의 크기와의 비를 무엇이라 하는가?
- ㉮ 척도
- ㉯ 연각선
- ㉰ 도면
- ㉱ 표제란

해설 척도의 표시
도면에서의 표시 : 실제 크기

문제 009
다음 단면 중 철재인 강철을 나타내는 것은?

㉮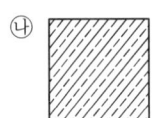
㉯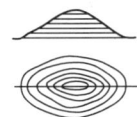
㉰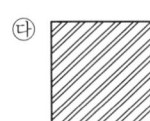
㉱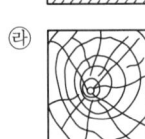

해설
- ㉮ : 콘크리트
- ㉯ : 석재(자연석)
- ㉱ : 목재

문제 010
치수, 가공법, 주의사항 등을 써 넣기 위하여 쓰이며 일반적으로 가로에 대하여 45°의 직선을 긋고 인출되는 쪽에 화살표를 붙여 인출한 쪽의 끝에 가로선을 그어 가로선 위에 문자 또는 숫자를 기입하는 선은?
- ㉮ 중심선
- ㉯ 치수선
- ㉰ 치수 보조선
- ㉱ 인출선

해설
- 중심선으로 대칭물의 한쪽을 표시하는 도면의 치수선은 중심을 지나 연장하여 표시한다.
- 치수 보조선은 치수를 표시하는 부분의 양 끝에서 치수선에 직각으로 긋고 치수선을 약간 넘도록 연장한다.
- 치수를 기입할 때에는 치수선을 중단하지 않고 치수선의 위쪽에 쓰는 것을 원칙으로 한다.

문제 011
교량을 통행하는 사람이나 자동차 등의 이동하중은 다음 중 어떤 하중으로 볼 수 있는가?
- ㉮ 고정하중
- ㉯ 풍하중
- ㉰ 설하중
- ㉱ 활하중

해설 활하중 : 열차, 자동차, 군중 따위가 구조물 위를 이동할 때에 생기는 하중으로 교량 등의 구조를 설계할 때에 고려한다.

문제 012
그림과 같은 투상법을 무엇이라 하는가?
- ㉮ 정투상법
- ㉯ 축측투상법
- ㉰ 표고투상법
- ㉱ 사투상법

해설 표고투상법 : 입면도를 쓰지 않고 수평면으로부터 높이의 수치를 평면도에 기호로 주기하여 나타내는 방법이다.

문제 013
전체 길이 5,000mm를 200mm 간격으로 25 등분한 표시법으로 옳은 것은?
- ㉮ 100@25=5000
- ㉯ 25@200=5000
- ㉰ $L=5000\ N=25$
- ㉱ @200 C.T.C

해설
- $L=5000$: 철근의 길이가 5,000mm
- $N=25$: 철근의 수량이 25본
- @200 C.T.C : 철근의 간격이 400mm

답 007. ㉱ 008. ㉮ 009. ㉰ 010. ㉱ 011. ㉱ 012. ㉰ 013. ㉯

문제 014
CAD 작업에서 가장 최근에 입력한 점을 기준으로 하여 좌표가 시작되는 좌표계는?
- ㉮ 절대 좌표계
- ㉯ 사용자 좌표계
- ㉰ 표준 좌표계
- ㉱ 상대 좌표계

해설 상대 좌표계
현재 지정된 좌표점을 기준 원점으로 하여 다음 점의 위치를 지정하는 방법이다.

문제 015
다음 중 도면에서 가장 굵은선이 사용되는 것은?
- ㉮ 가상선
- ㉯ 절단선
- ㉰ 해칭선
- ㉱ 외형선

해설 보이는 부분의 겉모양을 표시하는 외형선은 굵은 실선으로 나타낸다.

문제 016
인장 이형철근의 겹침이음의 최소 길이는?
- ㉮ 100mm
- ㉯ 200mm
- ㉰ 300mm
- ㉱ 400mm

해설
- A급 이음 : $1.0 l_d$
- B급 이음 : $1.3 l_d$
 여기서, l_d : 정착길이
∴ A급, B급 어떠한 경우라도 300mm 이상

문제 017
철근 콘크리트 보의 주철근을 둘러싸고 이에 직각되게 또는 경사지게 배치한 복부 보강근으로서 전단력 및 비틀림 모멘트에 저항하도록 배치한 보강철근을 무엇이라 하는가?
- ㉮ 스터럽
- ㉯ 배력철근
- ㉰ 절곡철근
- ㉱ 띠철근

해설 철근 콘크리트 보에서 스터럽을 설치하는 이유는 보에 생기는 전단응력에 저항시키기 위해서 배근한다.

문제 018
다음은 치수 보조 기호이다. 반지름을 나타내는 기호는?
- ㉮ R
- ㉯ ϕ
- ㉰ t
- ㉱ C

해설
- ϕ : 지름
- t : 판의 두께
- C : 모따기

문제 019
골재의 표면수는 없고 골재 알 속의 빈틈이 물로 차 있는 골재의 함수 상태를 무엇이라 하는가?
- ㉮ 절대 건조 포화상태
- ㉯ 공기 중 건조상태
- ㉰ 표면건조 포화상태
- ㉱ 습윤상태

해설 시방배합에서 기준이 되는 골재는 내부가 물로 포화되고 표면이 건조된 상태의 표면건조 포화상태를 사용한다.

문제 020
제도 용지 A2의 규격으로 옳은 것은? (단, 단위 mm)
- ㉮ 841×1189
- ㉯ 420×594
- ㉰ 515×728
- ㉱ 210×297

해설
- A0 : 841×1189mm
- A1 : 594×841mm
- A2 : 420×594mm
- A3 : 297×420mm
- A4 : 210×297mm

문제 021
국제 표준화 기구의 표준 규격 기호는?
- ㉮ ISO
- ㉯ JIS
- ㉰ NASA
- ㉱ ASA

해설
- 국제 표준화 기구 - ISO
- 일본 공업 규격 - JIS
- 미국 규격 - ASA
- 한국 산업 규격 - KS

답 014. ㉱ 015. ㉱ 016. ㉰ 017. ㉮ 018. ㉮ 019. ㉰ 020. ㉯ 021. ㉮

문제 022
윤곽 및 윤곽선에 대한 설명 중 틀린 것은?
- ㉮ 윤곽의 나비는 A0 크기에 대하여 최소 20mm인 것이 바람직하다.
- ㉯ 윤곽의 나비는 A1 크기에 대하여 최소 10mm인 것이 바람직하다.
- ㉰ 그림을 그리는 영역을 한정하기 위한 윤곽선은 0.5mm 이상 두께의 실선으로 그린다.
- ㉱ 도면을 철하기 위한 구멍 뚫기의 여유는 최소 나비 20mm(윤곽선 포함)로 표제란에서 가장 떨어진 왼쪽 끝에 둔다.

해설 윤곽선의 나비는 A0, A1 크기에 대하여 최소 20mm이며 A2, A3, A4 크기는 최소 10mm로 한다.

문제 023
CAD 시스템을 도입하는 것으로 얻을 수 있는 효과 중 거리가 가장 먼 것은?
- ㉮ 높은 정밀도
- ㉯ 생산성 향상
- ㉰ 신뢰성의 향상
- ㉱ 사업의 타당성 향상

해설
- 정확하고 빠르다.
- 표준화 작업으로 시간이 단축되어 일의 생산성을 향상시킨다.

문제 024
선, 원주 등을 같은 길이로 분할할 때 사용하는 기구는?
- ㉮ 컴퍼스
- ㉯ 디바이더
- ㉰ 형판
- ㉱ 운형자

해설 디바이더는 치수를 옮기거나 선과 원주를 같은 길이로 나눌 때 사용된다.

문제 025
시멘트의 분말도에 대한 설명으로 옳지 않은 것은?
- ㉮ 시멘트 입자의 가는 정도를 나타내는 것을 분말도라 한다.
- ㉯ 시멘트의 분말도가 높으면 수화작용이 빨라서 조기강도가 커진다.
- ㉰ 시멘트의 분말도가 높으면 풍화하기 쉽고, 건조수축이 커진다.
- ㉱ 시멘트의 오토클레이브 시험 방법에 의하여 분말도를 구한다.

해설 시멘트의 오토클레이브 시험 방법에 의하여 팽창도를 구하여 시멘트의 안정성을 알 수 있다.

문제 026
철근비가 커서 보의 파괴가 압축측 콘크리트의 파쇄로 시작될 경우 사전의 징조없이 갑자기 일어난다. 이러한 파괴형태를 무엇이라 하는가?
- ㉮ 연성파괴
- ㉯ 취성파괴
- ㉰ 항복파괴
- ㉱ 피로파괴

해설 부재의 급작스런 파괴(취성파괴)를 방지하기 위하여 연성파괴가 되도록 철근 콘크리트 휨 부재에서 최대 철근비와 최소 철근비를 규정한다.

문제 027
PS 강재의 필요한 성질이 아닌 것은?
- ㉮ 인장강도가 커야 한다.
- ㉯ 릴랙세이션이 커야 한다.
- ㉰ 적당한 연성과 인성이 있어야 한다.
- ㉱ 응력 부식에 대한 저항성이 커야 한다.

해설
- 릴랙세이션이 작아야 한다.
- 부착강도가 커야 한다.
- 곧게 잘 펴지는 직선성이 좋아야 한다.

문제 028
그림은 평면도상에서 어떤 지형의 절단면 상태를 나타낸 것인가?
- ㉮ 절토면
- ㉯ 성토면
- ㉰ 수준면
- ㉱ 물매면

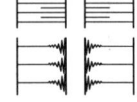

해설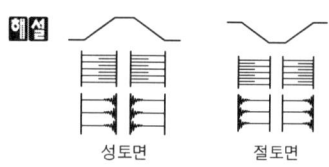
성토면   절토면

문제 029
철근 콘크리트 구조물에서 최소 철근간격의 제한 규정이 필요한 이유와 가장 거리가 먼 것은?
㉮ 콘크리트 타설을 용이하게 하기 위하여
㉯ 전단 및 수축 균열을 방지하기 위하여
㉰ 철근과 철근 사이의 공극을 방지하기 위하여
㉱ 철근의 부식을 방지하기 위하여

해설 철근의 간격을 제한하는 이유는 철근과 철근 사이 또는 거푸집 사이에 공극이 없이 콘크리트가 구석구석 잘 채워지게 하기 위해서이다.

문제 030
슬래브의 배력철근에 대한 설명에서 틀린 것은?
㉮ 응력을 고르게 분포시킨다.
㉯ 주철근 간격을 유지시켜 준다.
㉰ 콘크리트의 건조 수축을 크게 해 준다.
㉱ 정철근이나 부철근에 직각으로 배치하는 철근이다.

해설 건조수축이나 온도 변화에 의한 수축을 감소시키며 균열을 분포시킨다.

문제 031
고대 토목 구조물의 특징과 가장 거리가 먼 것은?
㉮ 흙과 나무로 토목 구조물을 만들었다.
㉯ 치산치수를 하기 위하여 토목 구조물을 만들었다.
㉰ 농경지를 보호하기 위하여 토목 구조물을 만들었다.
㉱ 국가 산업을 발전시키기 위하여 다량 생산의 토목 구조물을 만들었다.

해설 공사기간도 길고 규모가 커 다량 생산을 할 수 없다.

문제 032
강 구조물에 대한 도면의 종류가 아닌 것은?
㉮ 일반도 ㉯ 구조도
㉰ 상세도 ㉱ 흐름도

해설
• 일반도 : 강 구조물 전체의 계획이나 형식 및 구조의 대략을 표시
• 구조도 : 강 구조물 부재의 치수, 부재를 구성하는 소재의 치수와 그 제작 및 조립 과정 등을 표시
• 상세도
 ① 특정한 부분을 상세하게 나타낸 도면
 ② 용접의 마무리, 받침 등의 주강품, 주철품, 기계 가공부분, 특수 볼트 등을 표시

문제 033
콘크리트 구조물의 이음에 관한 설명으로 옳지 않은 것은?
㉮ 설계에 정해진 이음의 위치와 구조는 지켜야 한다.
㉯ 신축이음은 양쪽의 구조물 혹은 부재가 구속되지 않는 구조이어야 한다.
㉰ 시공이음은 될 수 있는 대로 전단력이 큰 위치에 설치한다.
㉱ 신축이음에서는 필요에 따라 이음재, 지수판 등을 설치할 수 있다.

해설 시공이음은 될 수 있는 대로 전단력이 작은 위치에 설치한다.

문제 034
b=400mm, a=100mm인 단철근 직사각형 보에서 f_{ck}=25MPa일 때 콘크리트의 전압축력을 강도 설계법으로 구한 값은? [단, b : 부재의 폭(mm), f_{ck} : 콘크리트 설계기준 압축강도, a : 콘크리트의 등가 직사각형 응력분포의 깊이(mm)]
㉮ 700 kN ㉯ 800 kN
㉰ 850 kN ㉱ 1,000 kN

해설 $C = \eta(0.85f_{ck})ab$
$= 1.0 \times (0.85 \times 25) \times 100 \times 400$
$= 850,000\text{N} = 850\text{kN}$

답 029. ㉱ 030. ㉰ 031. ㉱ 032. ㉱ 033. ㉰ 034. ㉰

문제 035
독립 확대기초의 크기가 2m×3m이고 허용 지지력이 20kN/m²일 때, 이 기초가 받을 수 있는 하중의 크기는?

㉮ 60 kN ㉯ 80 kN
㉰ 120 kN ㉱ 150 kN

해설
$f = \dfrac{P}{A}$
$\therefore P = f \times A = 20 \times 2 \times 3 = 120\text{kN}$

문제 036
선의 종류 중 보이지 않는 부분의 모양을 표시할 때 사용하는 선은?

㉮ 일점 쇄선 ㉯ 파선
㉰ 이점 쇄선 ㉱ 실선

해설 보이지 않는 물체의 윤곽을 나타내는 선(숨은선)은 파선으로 표시한다.

문제 037
워싱턴형 공기량 측정기를 사용하여 공기실의 일정한 압력을 콘크리트에 주었을 때 공기량으로 인하여 공기실의 압력이 떨어지는 것으로부터 공기량을 구하는 방법은 어느 것인가?

㉮ 무게법 ㉯ 부피법
㉰ 공기실 압력법 ㉱ 진공법

해설
• 공기량 측정법에는 공기실 압력법, 질량법, 부피법 등이 있다.
• 공기량 = 겉보기 공기량 − 골재의 수정계수

문제 038
철근 콘크리트 휨부재의 강도 설계법에 대한 기본 가정으로 옳지 않은 것은?

㉮ 콘크리트와 철근의 변형률은 중립축으로부터 거리에 비례한다고 가정한다.
㉯ 항복강도 f_y 이하에서 철근의 응력은 그 변형률의 E_s 배로 본다.
㉰ 콘크리트의 압축강도를 무시한다.
㉱ 철근과 콘크리트의 부착이 완벽한 것으로 가정한다.

해설
• 콘크리트는 인장강도를 무시한다.
• 압축측 연단 콘크리트의 최대 변형률은 0.0033으로 가정한다. ($f_{ck} \leq 40\text{MPa}$)

문제 039
휨 모멘트를 받는 부재에서 f_{ck}=30MPa, 등가 직사각형 응력블록의 깊이 a=209mm일 때, 압축연단에서 중립축까지의 거리 c는?

㉮ 220mm ㉯ 230mm
㉰ 240mm ㉱ 261mm

해설
• $\beta_1 = 0.8$
• $a = \beta_1 c$
$\therefore c = \dfrac{a}{\beta_1} = \dfrac{209}{0.8} = 261\text{mm}$

문제 040
현장치기 콘크리트의 최소 피복두께가 가장 큰 경우는?

㉮ 흙에 접하거나 옥외의 공기에 직접 노출되는 콘크리트
㉯ 흙에 접하여 콘크리트를 친 후 영구히 흙에 묻혀 있는 콘크리트
㉰ 옥외의 공기나 흙에 직접 접하지 않는 콘크리트
㉱ 수중에서 치는 콘크리트

해설
• 수중에서 치는 콘크리트 : 100mm
• 흙에 접하여 콘크리트를 친 후 영구히 흙에 묻혀 있는 콘크리트 : 75mm
• 흙에 접하거나 옥외의 공기에 직접 노출되는 콘크리트
  − D19 이상 철근 : 50mm
  − D16 이하 철근 : 40mm
• 옥외의 공기나 흙에 직접 접하지 않는 콘크리트
  − 보, 기둥 : 40mm
  − 슬래브, 벽체, 장선 : 40mm(D35 초과 철근), 20mm(D35 이하 철근)

답 035.㉰ 036.㉯ 037.㉰ 038.㉰ 039.㉱ 040.㉱

문제 041

토목 재료로서의 콘크리트 특징으로 옳지 않은 것은?

㉮ 콘크리트는 자체의 무게가 무겁다.
㉯ 재료의 운반과 시공이 비교적 어렵다.
㉰ 건조 수축에 의해 균열이 생기기 쉽다.
㉱ 압축강도에 비해 인장강도가 작다.

해설 재료의 운반과 시공이 비교적 쉽다.

문제 042

철근 콘크리트 구조물과 비교할 때 프리스트레스트 콘크리트 구조물의 특징이 아닌 것은?

㉮ 내화성에 대하여 불리하다.
㉯ 단면이 커진다.
㉰ 강성이 작아서 변형이 크고 진동하기 쉽다.
㉱ 고강도의 콘크리트와 강재를 사용한다.

해설
- 철근 콘크리트 구조물에 비하여 단면이 작아진다.
- 콘크리트의 전단면을 유효하게 이용할 수 있다.
- 탄력성과 복원성이 우수하다.

문제 043

그림과 같은 구조용 재료의 단면 표시에 해당되는 것은?

㉮ 아스팔트
㉯ 모르타르
㉰ 콘크리트
㉱ 벽돌

아스팔트
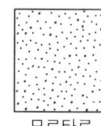
모르타르
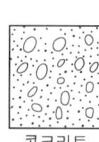
콘크리트

문제 044

투상선이 모든 투상면에 대하여 수직으로 투상되는 것은?

㉮ 정투상법
㉯ 투시 투상도법
㉰ 사투상법
㉱ 축측 투상도법

해설
- 정투상법
  시선이 물체로부터 무한대로 있는 것처럼 생각한 투상을 정투상이라 하고 투상선이 투상면에 대해 수직으로 투상하는 방법이다.
- 축측 투상도법
  3면이 한 평면상에 투상되도록 입체를 경사지게 하여 투상한 것.

문제 045

재료 단면의 경계 표시는 무엇을 나타내는가?

㉮ 암반면
㉯ 지반면
㉰ 일반면
㉱ 수면

해설
- 암반면(바위)
- 일반면
- 수준면(물)

문제 046

동일 평면에서 평행한 철근 사이의 수평 순간격은 최소 몇 mm 이상이어야 하는가?

㉮ 15mm 이상
㉯ 20mm 이상
㉰ 25mm 이상
㉱ 30mm 이상

해설 주철근의 수평 순간격은 25mm 이상, 굵은 골재 최대치수의 4/3배 이상, 철근의 공칭 지름 이상이어야 한다.

문제 047

구조 재료로서 강재의 단점으로 옳은 것은?

㉮ 재료의 균질성이 떨어진다.
㉯ 부재를 개수하거나 보강하기 어렵다.
㉰ 차량 통행에 의하여 소음이 발생하기 쉽다.
㉱ 강 구조물을 사전 제작하여 조립하기 어렵다.

답 041. ㉯ 042. ㉯ 043. ㉱ 044. ㉮ 045. ㉯ 046. ㉰ 047. ㉰

해설
- 재료의 균질성이 우수하다.
- 부재를 개수하거나 보강하기 쉽다.
- 강 구조물을 사전 제작하여 조립하기 쉽다.

문제 048
치수선에 대한 설명으로 옳은 것은?

㉮ 치수선은 표시할 치수의 방향에 평행하게 그린다.
㉯ 치수선은 물체를 표시하는 도면의 내부에 그린다.
㉰ 여러 개의 치수선을 평행하게 그을 때 간격은 가급적 다양하게 한다.
㉱ 치수선은 가급적 서로 교차하게 그린다.

해설
- 치수선은 물체를 표시하는 도면의 외부에 그린다.
- 여러 개의 치수선을 평행하게 그을 때 간격은 가급적 일정하게 한다.
- 치수선은 다른 치수선과 서로 교차하지 않게 그린다.
- 협소하여 화살표를 붙일 여백이 없을 때에는 치수선을 치수 보조선 바깥쪽에 긋고 내측을 향하여 화살표를 붙인다.
- 치수선은 가는 실선으로 표시한다.

문제 049
각봉의 절단면을 바르게 표시한 것은?

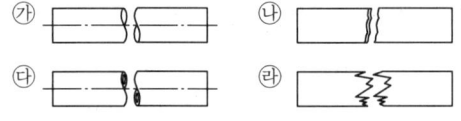

해설 ㉮ : 환봉, ㉰ : 파이프, ㉱ : 나무

문제 050
철근 콘크리트가 건설 재료로서 널리 사용되는 이유가 아닌 것은?

㉮ 철근과 콘크리트는 부착이 매우 잘된다.
㉯ 철근과 콘크리트의 항복응력이 거의 같다.
㉰ 콘크리트 속에 묻힌 철근은 녹이 슬지 않는다.
㉱ 철근과 콘크리트는 온도에 대한 열팽창계수가 거의 같다.

해설 콘크리트는 철근에 비해 탄성계수가 상당히 작다.

문제 051
2개 이상의 기둥을 1개의 확대 기초로 지지하도록 만든 기초는?

㉮ 경사 확대 기초 ㉯ 독립 확대 기초
㉰ 연결 확대 기초 ㉱ 계단식 확대 기초

해설
- 연결 확대기초
  2개 이상의 기둥을 하나의 확대 기초가 지지하도록 한 기초로 하중은 기초 저면에 등분포시키는 것을 원칙으로 한다.
- 독립 확대기초
  1개의 기둥을 지지하도록 한 기초

문제 052
철근 콘크리트용 표준 갈고리에 대한 설명 중 옳지 않은 것은? (단, d_b : 철근의 공칭지름)

㉮ 180° 표준 갈고리는 구부린 반원 끝에서 $4d_b$ 이상, 또한 60mm 이상 더 연장하여야 한다.
㉯ 90° 표준 갈고리는 구부린 끝에서 $12d_b$ 이상 더 연장하여야 한다.
㉰ 주철근의 표준 갈고리는 90° 표준 갈고리와 180° 표준 갈고리로 분류한다.
㉱ 스터럽과 띠철근 표준 갈고리는 90° 표준 갈고리와 180° 표준 갈고리로 분류한다.

해설 스터럽과 띠철근 표준 갈고리는 90° 표준 갈고리와 135° 표준 갈고리로 분류한다.

문제 053
한중 및 서중 콘크리트에 대한 시공 기준의 하루 평균기온은?

㉮ 한중 : 0℃, 서중 : 25℃
㉯ 한중 : 0℃, 서중 : 30℃
㉰ 한중 : 4℃, 서중 : 25℃
㉱ 한중 : 4℃, 서중 : 30℃

답 048. ㉮ 049. ㉯ 050. ㉯ 051. ㉰ 052. ㉱ 053. ㉰

문제 054
콘크리트의 물-결합재비에 대한 설명으로 옳은 것은?

㉮ 물-결합재비가 클수록 내구성이 크다.
㉯ 물-결합재비가 크면 워커빌리티가 나빠진다.
㉰ 물-결합재비가 작으면 압축강도가 크다.
㉱ 물-결합재비가 크면 수밀성 역시 좋다.

해설 물-결합재비가 크면 압축강도가 작아진다.

문제 055
철근 콘크리트 단순보 지간의 중앙 단면에 철근을 배치할 경우 적합한 위치는? (단, P는 보 지간의 중앙에 작용하는 하중이다.)

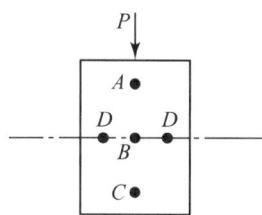

㉮ A　　㉯ B
㉰ C　　㉱ D

해설 콘크리트는 압축에 강하나 인장측이 매우 약해 인장측에 철근을 넣어야 한다.

문제 056
교량의 구조 형식 중 아치교에 대한 설명으로 틀린 것은?

㉮ 상부구조의 주체가 곡선으로 된 교량이다.
㉯ 계곡이나 지간이 긴 곳에 적당하다.
㉰ 보와 기둥의 접합부를 일체가 되도록 결합한 것을 주형으로 이용한 교량이다.
㉱ 미관이 아름답다.

해설 라멘교는 보와 기둥의 접합부를 일체가 되도록 결합한 것을 주형으로 이용한 교량이다.

문제 057
압축 부재의 횡철근에서 나선철근의 정착길이는 나선철근 끝에서 얼마 이상 연장되어야 하는가?

㉮ 1.0회전　　㉯ 1.5회전
㉰ 2.0회전　　㉱ 2.5회전

문제 058
강구조의 판형교에서 사용되는 용접 판형의 특징으로 틀린 것은?

㉮ 인장측의 단면 손실이 발생한다.
㉯ 시공 과정에 소음이 비교적 적다.
㉰ 접합부위의 강성이 크다.
㉱ 용접 시공시 철저한 검사가 요구된다.

해설 인장측에 단면 손실이 발생하지 않는다.

문제 059
도로 설계 제도의 평면도에서 도로 기점의 일반적인 위치로 옳은 것은?

㉮ 위쪽　　㉯ 아래쪽
㉰ 왼쪽　　㉱ 오른쪽

해설 평면도의 축척은 1/500~1/2,000로 하고 기점은 왼쪽에 두도록 한다.

문제 060
한 개의 그림으로 육면체의 세 면 중 한 면만을 중점적으로 정확하게 표시하는 특징을 갖는 투상법은?

㉮ 투시법　　㉯ 사투상법
㉰ 제1각법　　㉱ 정투상법

답 054. ㉰ 055. ㉰ 056. ㉰ 057. ㉯ 058. ㉮ 059. ㉰ 060. ㉯

전산응용토목제도기능사

2014 기출문제

▷ 2014년 제 1회
▶ 2014년 제 4회
▷ 2014년 제 5회

부록 최근 기출문제 — 2014년 제1회

「알려드립니다」 한국산업인력공단의 저작권법 저촉에 대한 언급이 있어 과거에 출제된 동일한 문제나 그 유형의 문제로 재구성하였습니다.

문제 001
철근 콘크리트 보의 배근에 있어서 주철근의 이음 장소로 가장 적당한 곳은?
㉮ 임의의 곳
㉯ 보의 중앙
㉰ 지점에서 $d/4$인 곳
㉱ 인장력이 가장 작은 곳

문제 002
다음 중 철근의 이음방법이 아닌 것은?
㉮ 신축 이음   ㉯ 겹침 이음
㉰ 용접 이음   ㉱ 기계적 이음

문제 003
표준 갈고리를 갖는 인장 이형철근의 정착에 대한 기술 중 잘못된 것은? (단, d_b는 철근의 공칭지름)
㉮ 갈고리는 인장을 받는 구역에서 철근 정착에 유효하다.
㉯ 기본 정착길이에 보정계수를 곱하여 정착길이를 계산하는데 이렇게 구한 정착길이는 항상 $8d_b$ 이상, 또한 150mm 이상이어야 한다.
㉰ 보정계수는 0.7이다.
㉱ 정착길이는 위험 단면으로부터 갈고리 외부 끝까지의 거리로 나타낸다.

【해설】
• D35 이하 180° 갈고리 철근에서 정착길이 구간을 $3d_b$ 이하 간격으로 띠철근 또는 스터럽이 정착되는 철근을 수직으로 둘러싼 경우 보정계수는 0.8이다.
• 철근의 인장력을 부착만으로 전달할 수 없는 경우에 표준 갈고리를 병용한다.
• 기본 정착길이 $l_{hb} = \dfrac{0.24\beta d_b f_y}{\lambda \sqrt{f_{ck}}}$

문제 004
휨 부재에 철근을 배치할 때 철근을 묶어서 다발로 사용하는 경우가 있다. 이에 대한 설명 중 옳지 못한 것은?
㉮ 반드시 이형철근이라야 하며 묶는 개수는 최대 3개 이하라야 한다.
㉯ D35를 초과하는 철근은 보에서 다발로 사용하면 안 된다.
㉰ 각 철근 다발이 지점 이외에서 끝날 때는 철근 지름의 40배 길이로 엇갈리게 끝내야 한다.
㉱ 다발 철근은 스터럽이나 띠철근으로 둘러싸여야 한다.

문제 005
콘크리트 압축강도용 공시체의 파괴 최대하중이 372,000N일 때 콘크리트의 압축강도는 약 얼마인가? (단, 공시체의 지름 : 150mm, 높이 : 300mm)
㉮ 5.3 MPa   ㉯ 10.5 MPa
㉰ 15.5 MPa   ㉱ 21 MPa

【해설】
$$f_{cu} = \dfrac{P}{A} = \dfrac{372,000}{\dfrac{3.14 \times 150^2}{4}} = 21\,\text{N/mm}^2 = 21\,\text{MPa}$$

답) 001. ㉱   002. ㉮   003. ㉰   004. ㉮   005. ㉱

문제 006

축방향 압축력 $P=180$kN, 흙의 허용지지력 $q_a=20$kN/m²인 정사각형 확대기초의 저판의 한 변의 길이는 얼마인가?

㉮ 2m ㉯ 3m
㉰ 4m ㉱ 5m

해설 $q_a = \dfrac{P}{A}$

$\therefore A = \dfrac{P}{q_a} = \dfrac{180}{20} = 9\text{m}^2$

정사각형 단면이므로 한 변의 길이 $= \sqrt{9} = 3$m

문제 007

D25 철근을 사용한 90° 표준 갈고리는 90° 구부린 끝에서 최소 얼마 이상 더 연장하여야 하는가? (단, d_b는 철근의 공칭지름)

㉮ $6d_b$ ㉯ $9d_b$
㉰ $12d_b$ ㉱ $15d_b$

해설
- 90° 표준 갈고리 최소 연장
  ① D19~D25 철근 : $12d_b$ 이상
  ② D16 이하 철근 : $6d_b$ 이상
- 135° 표준 갈고리 최소 연장
  D25 이하 철근 : $6d_b$ 이상

문제 008

철근 콘크리트 휨 부재에서 최대 철근비와 최소 철근비를 규정한 이유로 가장 적당한 것은?

㉮ 부재의 경제적인 단면 설계를 위해서
㉯ 부재의 사용성을 증진시키기 위해서
㉰ 부재의 급작스런 파괴를 방지하기 위해서
㉱ 부재의 파괴에 대한 안전을 확보하기 위해서

해설 압축에 의한 콘크리트의 취성 파괴를 막기 위한 것이다.

문제 009

철근 콘크리트의 단점으로 보기 어려운 것은?

㉮ 자중이 크다.
㉯ 균열이 생기기 쉽다.
㉰ 원하는 형태의 제작이 불가능하다.
㉱ 검사 및 개조, 보강 등이 어렵다.

해설 철근 콘크리트의 장점
① 구조물의 형상과 치수에 제약을 받지 않고 자유로이 만들 수 있다.
② 내구성이 좋다.
③ 내화성이 좋다.
④ 유지 관리비가 적게 든다.

문제 010

토목 구조물에 관한 설명으로 적절하지 못한 것은?

㉮ 건설에 많은 비용과 시간이 소요된다.
㉯ 공공의 비용으로 건설되며 사회의 감시와 비판을 받게 된다.
㉰ 장래를 예측하여 설계하고 건설해야 한다.
㉱ 대량 생산을 한다.

해설
① 공익을 위해 건설한다.
② 자연 환경을 크게 변화시킨다.
③ 규모가 크며 구조물의 수명이 길다.
④ 동일한 구조물이 두 번 이상 건설되는 일이 없다.
⑤ 여러 가지 학문이나 기술이 복합적으로 적용된다.

문제 011

교량을 통행하는 사람이나 자동차 등의 이동하중은 다음 중 어떤 하중으로 볼 수 있는가?

㉮ 고정하중 ㉯ 풍하중
㉰ 설하중 ㉱ 활하중

해설 활하중
열차, 자동차, 군중 따위가 구조물 위를 이동할 때에 생기는 하중으로 교량 등의 구조를 설계할 때에 고려한다.

문제 012

포스트텐션 방식에 있어서 PS 강재를 콘크리트와 부착하기 위하여 쉬스 안에 시멘트 풀이나 모르타르를 주입하는 것을 무엇이라 하는가?

㉮ 라이닝 ㉯ 그라우팅
㉰ 앵커 ㉱ 록 볼트

답 006. ㉯ 007. ㉰ 008. ㉰ 009. ㉰ 010. ㉱ 011. ㉱ 012. ㉯

해설 그라우팅은 쉬스 내에 시멘트 풀 또는 모르타르를 주입시켜 PS 강재의 부식 방지, 부착력 증진의 목적이 있다.

문제 013
다음 중 척도의 종류가 아닌 것은?

㉮ 배척   ㉯ 축척
㉰ 현척   ㉱ 외척

해설
- 현척 : 실물과 같게 그린다.
- 축척 : 실물보다 작게 그린다.
- 배척 : 실물보다 크게 그린다.

문제 014
다음 중 콘크리트를 나타내는 단면 표시는?

㉮ 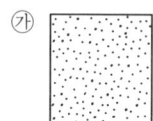   ㉯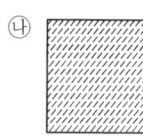

㉰ 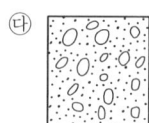   ㉱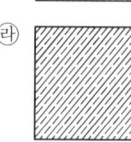

해설 ㉮ 모래, ㉰ 사질토, ㉱ 석재

문제 015
도면을 철하지 않을 경우 A3 도면 윤곽선의 여백 치수의 최소 값은 얼마로 하는 것이 좋은가?

㉮ 25mm   ㉯ 20mm
㉰ 10mm   ㉱ 5mm

해설 도면을 철하지 않을 경우 윤곽선의 여백
① A0, A1 : 20mm 이상
② A2, A3, A4 : 10mm 이상

문제 016
다음 중 도면에서 가장 굵은선이 사용되는 것은?

㉮ 가상선   ㉯ 절단선
㉰ 해칭선   ㉱ 외형선

해설 보이는 부분의 겉모양을 표시하는 외형선은 굵은 실선으로 나타낸다.

문제 017
다음 그림은 무엇을 표시하는 것인가?

㉮ 암반면
㉯ 지반면
㉰ 일반면
㉱ 수면

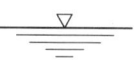

해설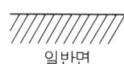
암반면(바위)   지반면(흙)   일반면

문제 018
도면을 접을 때 기준이 되는 크기는?

㉮ A0   ㉯ A1
㉰ A3   ㉱ A4

해설 도면을 접을 때에는 A4(210×297mm)의 크기로 한다.

문제 019
다음 현장치기 콘크리트 중 피복두께를 가장 크게 해야 하는 것은?

㉮ 수중에서 치는 콘크리트
㉯ 흙에 접하여 콘크리트를 친 후 영구히 흙에 묻혀 있는 콘크리트
㉰ 옥외의 공기에 직접 노출되는 콘크리트
㉱ 옥외의 공기나 흙에 직접 접하지 않는 콘크리트

해설 현장치기 콘크리트의 최소 피복두께
① 수중에서 치는 콘크리트 : 100mm
② 흙에 접하여 콘크리트를 친 후 영구히 흙에 묻혀 있는 콘크리트 : 75mm
③ 흙에 접하거나 옥외의 공기에 직접 노출되는 콘크리트
  • D19 이상 철근 : 50mm
  • D16 이하 철근, 지름 16mm 이하의 철선 : 40mm
④ 옥외의 공기나 흙에 직접 접하지 않는 콘크리트
  • 슬래브, 벽체, 장선
    D35 초과 철근 : 40mm
    D35 이하 철근 : 20mm
  • 보, 기둥 : 40mm

013. ㉱ 014. ㉰ 015. ㉰ 016. ㉱ 017. ㉱ 018. ㉱ 019. ㉮

문제 020
철근 콘크리트 보에서 콘크리트의 등가 직사각형 압축응력의 깊이는 $a = \beta_1 \cdot c$ 식으로 구할 수 있다. 이때 β_1은 콘크리트의 압축응력에 따라 변하는 계수로서 f_{ck}가 30MPa인 경우 그 값으로 옳은 것은?

㉮ 0.925 ㉯ 0.85
㉰ 0.8   ㉱ 0.65

해설 • $f_{ck} \leq 40\text{MPa}$일 때 $\beta_1 = 0.8$

문제 021
치수 보조선에 대한 설명 중 틀린 것은?

㉮ 치수 보조선은 치수선과 항상 직각이 되도록 그어야 한다.
㉯ 치수 보조선은 치수선보다 약간 길게 끌어 내어 그린다.
㉰ 불가피한 경우가 아닐 때에는 치수 보조선과 치수선이 다른 선과 교차하지 않게 한다.
㉱ 다른 치수 보조선과 교차되어 복잡한 경우 외형선을 치수 보조선으로 대신 사용할 수 있다.

해설 치수 보조선은 치수를 기입하는 형상에 대해 수직으로 그린다. 필요할 경우에는 경사지게 그릴 수 있으나 서로 평행해야 한다.

문제 022
골재 알이 공기중 건조상태에서 표면건조 포화 상태로 되기까지 흡수하는 물의 양을 무엇이라 하는가?

㉮ 함수량   ㉯ 흡수량
㉰ 유효 흡수량 ㉱ 표면수량

해설

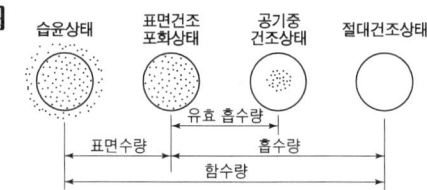

• 표면수율 = $\dfrac{A-B}{B} \times 100$
• 유효 흡수율 = $\dfrac{B-C}{C} \times 100$
• 흡수율 = $\dfrac{B-D}{D} \times 100$
• 함수율 = $\dfrac{A-D}{D} \times 100$

문제 023
다음 중 강 구조의 장점이 아닌 것은?

㉮ 콘크리트에 비하여 강도가 크다.
㉯ 부재의 치수를 크게 한다.
㉰ 경간이 긴 교량을 축조하는데 유리하다.
㉱ 콘크리트에 비하여 재료의 품질관리가 쉽다.

해설
• 부재의 치수를 작게 한다.(부피를 줄일 수 있다.)
• 강구조는 쉽게 구조 변경을 할 수 있다.
• 사전 조립이 가능하며 현장 시공 속도가 빠르다.

문제 024
PS 강재에서 필요한 성질로만 짝지어진 것은?

㉠ 인장강도가 커야 한다.
㉡ 릴랙세이션이 커야 한다.
㉢ 적당한 연성과 인성이 있어야 한다.
㉣ 응력 부식에 대한 저항성이 커야 한다.

㉮ ㉠, ㉡, ㉢   ㉯ ㉠, ㉡, ㉣
㉰ ㉡, ㉢, ㉣   ㉱ ㉠, ㉢, ㉣

해설
• 릴랙세이션이 작아야 한다.
• 부착강도가 커야 한다.
• 곧게 잘 펴지는 직선성이 좋아야 한다.
• 항복비가 커야 한다.

문제 025
한 개의 기둥에 전달되는 하중을 한 개의 기초가 단독으로 받도록 되어 있는 확대기초를 무슨 기초라 하는가?

㉮ 군말뚝 기초   ㉯ 벽 확대기초
㉰ 독립 확대기초   ㉱ 말뚝 기초

해설
- 독립 확대기초
  1개의 기둥을 지지하도록 한 기초
- 연결 확대기초
  2개 이상의 기둥을 하나의 확대기초가 지지하도록 한 기초

문제 026
콘크리트 구조물에 일정한 힘을 가한 상태에서 힘은 변화하지 않는데 시간이 지나면서 점차 변형이 증가되는 성질을 무엇이라 하는가?
- ㉮ 탄소
- ㉯ 크랙(crack)
- ㉰ 소성
- ㉱ 크리프(creep)

해설
- 탄성
  외력에 의해 물체가 변형되었다가 외력을 제거하면 원상태로 되돌아가는 성질
- 소성
  외력에 의해 물체가 변형되었다가 외력을 제거하여도 변형된 상태로 남아 있는 성질
- 릴랙세이션
  재료에 하중을 가했을 때 시간의 경과함에 따라 재료의 응력이 감소하는 현상

문제 027
재료 단면의 경계면 표시 중 지반면(흙)을 나타내는 것은?

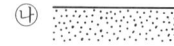

해설 ㉯ 모래, ㉰ 잡석, ㉱ 수준면(물)

문제 028
도면에 사용되는 글자에 대한 설명 중 틀린 것은?
- ㉮ 문장은 가로 왼쪽부터 쓰는 것을 원칙으로 한다.
- ㉯ 글자의 크기는 높이로 나타낸다.
- ㉰ 숫자는 아라비아 숫자를 원칙으로 한다.
- ㉱ 글자는 수직 또는 수직에서 35° 오른쪽으로 경사지게 쓴다.

해설 글자는 수직 또는 수직에서 15° 오른쪽으로 경사지게 쓴다.

문제 029
하천, 계곡, 해협 등에 가설하여 교통 소통을 위한 구조물을 무엇이라 하는가?
- ㉮ 교량
- ㉯ 옹벽
- ㉰ 슬래브
- ㉱ 기둥

해설 교량을 노면의 위치로 분류하면 상로교, 중로교, 하로교, 2층교 등이다.

문제 030
제도에서 투상법은 보는 방법과 그리는 방법을 일정한 규칙에 따르게 한 것으로서 여러 가지 종류가 있는데, 투상법의 종류가 아닌 것은?
- ㉮ 정투상법
- ㉯ 구조투상법
- ㉰ 등각투상법
- ㉱ 사투상법

해설 정투상법, 축측 투상법(등각 투상도, 부등각 투상도), 표고 투상법, 사투상법, 투시도법

문제 031
KS에서 원칙으로 하고 있는 정투상도를 그리는 방법은?
- ㉮ 제1각법
- ㉯ 제2각법
- ㉰ 제3각법
- ㉱ 제4각법

해설 각 면에 보이는 물체는 보이는 면과 같은 면에 나타내는 제3각법을 사용한다.

문제 032
비례한도 이상의 응력에서도 하중을 제거하면 변형이 거의 처음 상태로 돌아가는데 이 때의 한도를 칭하는 용어는?
- ㉮ 상항복점
- ㉯ 극한강도
- ㉰ 탄성한도
- ㉱ 하항복점

해설
- 탄성한도
  응력과 변형률이 아주 미세하게 곡선으로 변화하지만 외력을 제거하면 영구 변형을 남기지 않고 원래 상태로 돌아오는 한계

• 항복점
외력은 증가하지 않는데 변형이 급격히 증가하였을 때의 응력

문제 033
강구조에 사용하는 강재의 종류에 있어서 녹슬기 쉬운 강재의 단점을 개선한 강재는?

㉮ 일반 구조용 압연 강재
㉯ 용접 구조용 압연 강재
㉰ 내후성 열간 압연 강재
㉱ 너트 구조용 압연 강재

해설 내후성 강은 일반강에 내식성이 우수한 구리, 크롬, 니켈, 인 등의 원소를 소량 첨가한 저합금강으로 일반강에 비해 4~8배의 내식성을 갖는 강재이다.

문제 034
그림은 어떤 건설재료 단면을 나타낸 것인가?

㉮ 호박돌
㉯ 사질토
㉰ 모래
㉱ 자갈

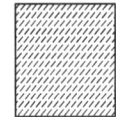

해설

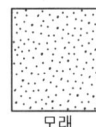
호박돌   자갈   모래

문제 035
가는 실선의 용도로 옳지 않은 것은?

㉮ 숨은선   ㉯ 치수선
㉰ 인출선   ㉱ 해칭선

해설 숨은선 - 파선

문제 036
구조물 설계제도에서 도면의 작도 순서를 가장 알맞은 것은?

ⓐ 단면도   ⓑ 주철근 조립도
ⓒ 철근 상세도   ⓓ 일반도
ⓔ 각부 배근도

㉮ ⓔ → ⓑ → ⓒ → ⓓ → ⓐ
㉯ ⓔ → ⓓ → ⓒ → ⓑ → ⓐ
㉰ ⓐ → ⓔ → ⓓ → ⓑ → ⓒ
㉱ ⓐ → ⓒ → ⓑ → ⓔ → ⓓ

해설 단면도 → 각부 배근도 → 일반도 → 주철근 조립도 → 철근 상세도

문제 037
나선철근과 띠철근 기둥에서 축방향 철근의 순간격은 최소 얼마 이상인가?

㉮ 40mm 이상   ㉯ 50mm 이상
㉰ 60mm 이상   ㉱ 70mm 이상

해설 나선철근과 띠철근 기둥에서 축방향 철근의 순간격은 40mm 이상, 철근 지름의 1.5배 이상, 굵은 골재 최대치수의 4/3배 이상이어야 한다.

문제 038
4변에 의해 지지되는 2방향 슬래브 중에서 짧은 변에 대한 긴 변의 비가 최소 몇 배를 넘으면 1방향 슬래브로 해석하는가?

㉮ 2배   ㉯ 3배
㉰ 4배   ㉱ 5배

해설
• 4변에 의해 지지되는 2방향 슬래브 중에서 $\frac{L}{S} > 2$일 경우 1방향 슬래브로 해석한다.
• 마주보는 두 변에만 지지되는 1방향 슬래브는 휨 부재로 보고 설계한다.

문제 039
그림은 어떤 상태의 지면을 나타낸 것인가?

㉮ 흙쌓기면
㉯ 흙깎기면
㉰ 수준면
㉱ 지반면

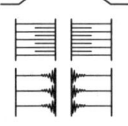

답 033. ㉰ 034. ㉯ 035. ㉮ 036. ㉰ 037. ㉮ 038. ㉮ 039. ㉮

해설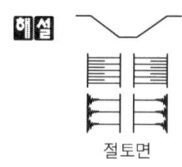
절토면

문제 040
토목 제도에서 도면 치수의 기본 단위는?
㉮ mm   ㉯ cm
㉰ m   ㉱ km

해설 치수의 단위는 mm를 사용하고 단위 기호는 사용하지 않는다.

문제 041
철근의 치수 및 배치에 대한 설명 중 옳지 않은 것은?
㉮ φ12는 지름 12mm인 원형철근을 의미한다.
㉯ D12는 반지름 12mm인 이형철근을 의미한다.
㉰ 5×100=500이란 전체길이 500mm를 100mm로 5등분한 것이다.
㉱ 12@300=3600이란 전체길이 3600mm를 300mm로 12등분한 것이다.

해설 D φ12 - 공칭지름 12mm의 이형철근

문제 042
도로의 제도에서 종단 측량의 결과 No.0의 지반고가 105.35m이고 오름 경사가 1.0%일 때 수평거리 40m 지점의 계획고는?
㉮ 105.35m   ㉯ 105.51m
㉰ 105.67m   ㉱ 105.75m

해설 • 경사 1%의 연직거리
   40×0.01=0.4m
• No.2(40m) 지점의 계획고
   105.35+0.4=105.75m

문제 043
CAD 작업의 특징으로 옳지 않은 것은?
㉮ 도면의 수정, 보완이 편리하다.
㉯ 도면의 관리, 보관이 편리하다.
㉰ 도면의 분석, 제작이 정확하다.
㉱ 도면의 크기 설정, 축척 변경이 어렵다.

해설 도면의 크기 설정, 축척 변경이 자유롭다.

문제 044
직선의 길이를 측정하지 않고 선분 AB를 5등분하는 그림이다. 두 번째에 해당하는 작업은?

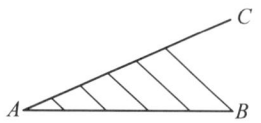

㉮ 평행선 긋기
㉯ 임의의 선분(AC) 긋기
㉰ 선분 AC를 임의의 길이로 5등분
㉱ 선분 AB를 임의의 길이로 다섯 개 나누기

해설 ① 선분 AB의 한 끝 A에서 임의의 방향으로 선분 AC를 긋는다.
② 선분 AC를 임의의 길이로 5등분한다.

문제 045
컴퓨터 운영체제 프로그램이 아닌 것은?
㉮ 도스(DOS)   ㉯ 윈도(Windows)
㉰ 리눅스(Linux)   ㉱ 캐드(CAD)

해설 하드웨어(부품)와 소프트웨어(프로그램)을 가동하기 위해서 운영체제가 필요하다.

문제 046
시방배합을 현장배합으로 고칠 경우에 고려하여야 할 사항으로 옳지 않은 것은?
㉮ 단위 시멘트량
㉯ 잔골재 중 5mm체에 남는 굵은골재량
㉰ 굵은골재 중에서 5mm체를 통과하는 잔골재량
㉱ 골재의 함수 상태

해설 골재의 입도 및 표면수를 고려한다.

답 040. ㉮ 041. ㉯ 042. ㉱ 043. ㉱ 044. ㉰ 045. ㉱ 046. ㉮

문제 047
경량골재 콘크리트에 대한 설명으로 틀린 것은?
⑦ 경량골재는 일반적으로 입경이 작을수록 밀도가 커진다.
㉯ 경량골재를 써서 만든 콘크리트로서 일반적으로 단위질량이 2,500~2,700kg/m³인 콘크리트를 말한다.
㉰ 경량골재의 굵은골재 최대치수는 공사 시방서에서 정한 바가 없을 때에는 20mm 이하로 한다.
㉱ 굵은골재의 부립률은 10% 이하로 한다.

해설 경량골재를 써서 만든 콘크리트로서 일반적으로 단위질량이 1,400~2,100kg/m³인 콘크리트를 말한다.

문제 048
다음 선의 종류 중 가장 굵게 그려져야 하는 선은?
⑦ 중심선　　㉯ 윤곽선
㉰ 파단선　　㉱ 치수선

해설 윤곽선은 최소 0.5mm 이상 두께의 실선으로 그린다.

문제 049
하중을 분포시키거나 균열을 제어할 목적으로 주철근과 직각에 가까운 방향으로 배치한 보조철근은?
⑦ 배력 철근　　㉯ 굽힘 철근
㉰ 비틀림 철근　　㉱ 조립용 철근

해설 배력 철근 : 주철근 간격을 유지시켜 주며 건조수축이나 온도 변화에 의한 수축을 감소시키며 균열을 분포시킨다.

문제 050
폭 $b=400$mm, 유효 깊이 $d=500$mm인 단철근 직사각형보에서 인장철근비는? (단, 철근의 단면적 $A_s=4,000$mm²)

⑦ 0.02　　㉯ 0.03
㉰ 0.04　　㉱ 0.05

해설 $\rho = \dfrac{A_s}{bd} = \dfrac{4,000}{400 \times 500} = 0.02$

문제 051
토목재료로서 콘크리트의 일반적인 특징으로 옳지 않은 것은?
⑦ 콘크리트 자체가 무겁다.
㉯ 건조수축에 의한 균열이 생기기 쉽다.
㉰ 압축강도와 인장강도가 동일하다.
㉱ 내구성과 내화성이 모두 크다.

해설 압축강도가 인장강도보다 크다. 즉 인장강도는 압축강도 1/10 정도이다.

문제 052
척도에 관한 설명으로 옳지 않은 것은?
⑦ 현척은 실제 크기를 의미한다.
㉯ 배척은 실제보다 큰 크기를 의미한다.
㉰ 축척은 실제보다 작은 크기를 의미한다.
㉱ 그림의 크기가 치수와 비례하지 않으면 NP를 기입한다.

해설 그림의 형태가 치수와 비례하지 않을 때에는 치수 밑에 밑줄을 긋거나 '비례가 아님' 또는 'NS(not to scale)' 등의 문자를 기입한다.

문제 053
단철근 직사각형 보의 공칭 휨 강도가 376kN·m이다. 이 보의 설계강도는? (단, 강도설계법에 의한다.)
⑦ 282kN·m
㉯ 300.8kN·m
㉰ 319.6kN·m
㉱ 338.4kN·m

해설 $M_d = \phi M_n = 0.85 \times 376 = 319.6$kN·m

답 047. ㉯　048. ㉯　049. ㉮　050. ㉮　051. ㉰　052. ㉱　053. ㉰

문제 054
단철근 직사각형 보의 공칭 휨 강도가 376kN·m 이다. 이 보의 설계강도는? 철근 기호 표시가 SD300이다. 이때 "300"의 의미는?
- ㉮ 압축 강도
- ㉯ 항복 강도
- ㉰ 인장 강도
- ㉱ 파괴 강도

문제 055
콘크리트의 압축강도에 영향을 미치는 요인으로 옳지 않은 것은?
- ㉮ 입도가 양호한 골재를 사용할수록 강도가 높아진다.
- ㉯ 물−결합재비가 높을수록 강도가 높다.
- ㉰ 재령이 길수록 강도가 높다.
- ㉱ 적절한 양생을 하면 강도가 높다.

해설 물−결합재비가 높을수록 강도가 낮다.

문제 056
캔틸레버식 역 T형 옹벽의 주철근 배근으로 가장 적합한 것은?

㉮ 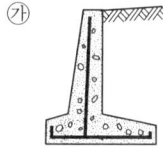   ㉯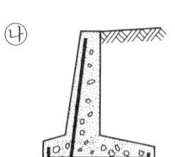

㉰ 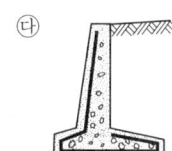   ㉱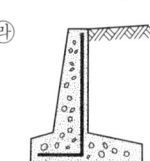

문제 057
하천, 계곡, 해협 등에 가설하여 교통 소통을 위한 구조물을 무엇이라 하는가?
- ㉮ 교량
- ㉯ 옹벽
- ㉰ 슬래브
- ㉱ 기둥

해설 교량을 노면의 위치로 분류하면 상로교, 중로교, 하로교, 2층교 등이다.

문제 058
도면을 분류할 때 사용 목적에 따른 분류에 속하는 것은?
- ㉮ 계획도
- ㉯ 스케치도
- ㉰ 공정도
- ㉱ 부품도

해설 사용 목적에 따른 분류에 속하는 것은 계획도, 설계도, 제작도, 시공도 등이 있다.

문제 059
컴퓨터 내부에서 발생한 데이터가 이동하는 연결 통로를 무엇이라 하는가?
- ㉮ BUS
- ㉯ ADC
- ㉰ NIC
- ㉱ OMR

해설
- ADC : 아날로그 신호와 디지털 신호를 서로 바꾸어 주는 장치
- NIC : 컴퓨터가 통신망에 접속할 수 있도록 설치한 접속 카드
- OMR : 종이에 표시한 마크를 광학적으로 판독하여 입력하는 장치

문제 060
정정보의 설계시 힘의 평형방정식 조건으로 옳은 것은? (단, 수평력 H, 수직력 V, 모멘트 M)
- ㉮ $\Sigma H = 1, \Sigma V = 1, \Sigma M = 0$
- ㉯ $\Sigma H = 1, \Sigma V = 1, \Sigma M = 1$
- ㉰ $\Sigma H = 0, \Sigma V = 0, \Sigma M = 0$
- ㉱ $\Sigma H = 0, \Sigma V = 0, \Sigma M = 1$

2014년 제4회

「알려드립니다」 한국산업인력공단의 저작권법 저촉에 대한 언급이 있어 과거에 출제된 동일한 문제나 그 유형의 문제로 재구성하였습니다.

문제 001
도면의 크기에서 보통 세로와 가로의 비는?
- ㉮ $1:2$
- ㉯ $1:\sqrt{2}$
- ㉰ $1:\sqrt{3}$
- ㉱ $\sqrt{3}:1$

문제 002
멀고 가까운 거리감을 느낄 수 있도록 하나의 시점과 물체의 각 점을 방사선으로 이어서 그리는 투상법은?
- ㉮ 투시도법
- ㉯ 사투상도법
- ㉰ 표고투상법
- ㉱ 정투상법

문제 003
철근의 표시법에 따라 @400 C.T.C라고 하였을 경우 바르게 설명한 것은?
- ㉮ 철근의 전장이 400mm
- ㉯ 철근의 간격이 400mm
- ㉰ 철근의 지름이 400mm
- ㉱ 철근의 강도가 400kg/cm^2

해설 C.T.C : Center to Center

문제 004
일반적인 콘크리트에서 흙에 접하지 않는 콘크리트로 현장치기인 경우 보와 기둥에서의 최소 피복두께는 얼마인가?
- ㉮ 20mm
- ㉯ 40mm
- ㉰ 60mm
- ㉱ 80mm

문제 005
다음 중 철근의 표준 갈고리에 해당하지 않는 것은?
- ㉮ 반원형(180°) 갈고리
- ㉯ 직각(90°) 갈고리
- ㉰ 예각(135°) 갈고리
- ㉱ 원형(360°) 갈고리

문제 006
콘크리트의 설계기준 압축강도(f_{ck})가 35MPa이며 철근의 설계 항복강도가 400MPa이면 직경이 25mm인 압축 이형철근의 기본 정착길이는 얼마인가? (단, $\lambda = 1.0$)
- ㉮ 227mm
- ㉯ 358mm
- ㉰ 423mm
- ㉱ 430mm

해설
- $l_{db} = \dfrac{0.25 d_b f_y}{\lambda \sqrt{f_{ck}}}$ 또는 $0.043 d_b f_y$ 중 큰 값인 430mm이다.
- $l_{db} = \dfrac{0.25 d_b f_y}{\lambda \sqrt{f_{ck}}} = \dfrac{0.25 \times 25 \times 400}{1.0 \times \sqrt{35}} = 423$mm
- $l_{db} = 0.043 d_b f_y = 0.043 \times 25 \times 400 = 430$mm

문제 007
포틀랜드 시멘트에 속하지 않는 것은?
- ㉮ 조강 포틀랜드 시멘트
- ㉯ 중용열 포틀랜드 시멘트
- ㉰ 포틀랜드 포졸란 시멘트
- ㉱ 보통 포틀랜드 시멘트

답 001. ㉯ 002. ㉮ 003. ㉯ 004. ㉯ 005. ㉱ 006. ㉱ 007. ㉰

해설 혼합 시멘트에는 고로 슬래그 시멘트, 플라이 애쉬 시멘트, 포틀랜드 포졸란 시멘트(실리카 시멘트) 등이 있다.

문제 008
철근비가 균형 철근비보다 클 때 보의 파괴가 압축측 콘크리트의 파쇄로 시작되는 파괴 형태를 무엇이라 하는가?
- ㉮ 취성파괴
- ㉯ 연성파괴
- ㉰ 경성파괴
- ㉱ 강성파괴

문제 009
구조물의 파괴 상태 또는 파괴에 가까운 상태를 기준으로 하여 그 구조물의 사용기간 중에 예상되는 최대 하중에 대하여 구조물의 안전을 최대한 적절한 수준으로 확보하려는 설계 방법은?
- ㉮ 강도설계법
- ㉯ 허용응력설계법
- ㉰ 압축설계법
- ㉱ 안전설계법

문제 010
다음 중 선의 접속 및 교차 제도 방법이 틀린 것은?

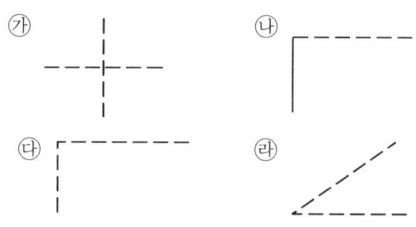

해설

- 기본 형태의 선은 되도록 선분에서 교차한다.

- 기본 형태의 선은 되도록 점에서 교차한다.

문제 011
토목제도에서 보기와 같은 이음은 다음 중 어떤 이음을 나타낸 것인가?

〈보기〉 ———•

- ㉮ 철근 용접이음
- ㉯ 철근 갈고리 이음
- ㉰ 철근의 기계적 이음
- ㉱ 철근의 평면 이음

해설
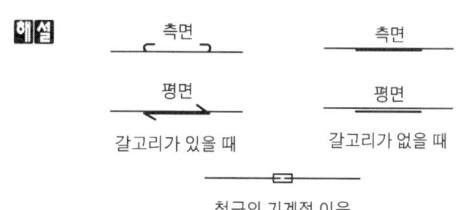

문제 012
재료 단면의 경계 표시 중 암반면을 나타내는 것은?

- ㉮, ㉯, ㉰, ㉱ (그림)

해설
- ㉮ : 지반면(흙)
- ㉯ : 수준면(물)
- ㉱ : 잡석

문제 013
그림과 같은 단면을 가지는 단순보에 대한 중립축 위치 c는? (단, $b=300\text{mm}$, $d=420\text{mm}$, $f_{ck}=28\text{MPa}$, $f_y=300\text{MPa}$, $A_s=2{,}580\text{mm}^2$이다.)

- ㉮ 289mm
- ㉯ 252mm
- ㉰ 257mm
- ㉱ 259mm

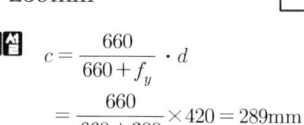

해설
$$c = \frac{660}{660+f_y} \cdot d = \frac{660}{660+300} \times 420 = 289\text{mm}$$

답 008. ㉮ 009. ㉮ 010. ㉮ 011. ㉮ 012. ㉰ 013. ㉮

문제 014
강구조의 장점으로 적절하지 못한 것은?
㉮ 강도가 우수하다.
㉯ 균질성을 가지고 있다.
㉰ 차량 통행에 소음 발생이 적다.
㉱ 부재를 개수하거나 보강하기 쉽다.

[해설] 강구조는 콘크리트에 비하여 소음 발생이 상대적으로 크다.

문제 015
일반적으로 도면에서 척도를 (A) : (B)로 표시한다. 여기서, A와 B를 옳게 나타낸 것은?

　　　　　A　　　　　:　　　B
㉮ (제도 용지의 치수) : (실제의 치수)
㉯ (도면에서의 치수) : (실제의 치수)
㉰ (실제의 치수)　　 : (제도 용지의 치수)
㉱ (실제의 치수)　　 : (도면에서의 치수)

[해설] A(도면 크기) : B(실제 크기)

문제 016
시멘트의 분말도에 대한 설명 중 틀린 것은?
㉮ 시멘트 입자의 가는 정도를 나타내는 것으로 분말도라 한다.
㉯ 시멘트의 분말도가 높으면 수화작용이 빨라서 조기강도가 커진다.
㉰ 시멘트의 분말도가 높으면 풍화하기 쉽고 건조수축이 커진다.
㉱ 시멘트의 오토클레이브 팽창도 시험방법에 의하여 분말도를 구한다.

[해설] 시멘트의 오토클레이브 팽창도 시험으로 시멘트가 경화 도중에 체적 팽창을 일으켜 균열이 생기거나 뒤틀림 등의 변형을 일으키지 않는 성질의 시멘트 안정성을 구한다.

문제 017
일반적인 철근 콘크리트에서 f_{ck}로 나타내는 설계기준 압축강도의 값은 표준 양생을 실시한 공시체의 재령 몇 일의 강도를 말하는가?
㉮ 3일　　　　　㉯ 7일
㉰ 14일　　　　㉱ 28일

[해설] 재령 28일의 압축강도를 콘크리트 부재의 설계에서 기준으로 한다.

문제 018
D29 철근의 반원형 갈고리의 길이(L)는 최소 얼마 이상이 되어야 하는가? (단, D29 철근의 단면적 A_s : 642.4mm^2, 철근의 공칭지름 d_b : 28.6mm)

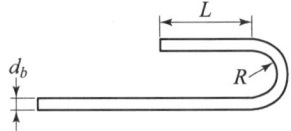

㉮ 60mm 이상　　　㉯ 80mm 이상
㉰ 114.4mm 이상　㉱ 171.6mm 이상

[해설] 180° 표준 갈고리는 구부린 반원 끝에서 $4d_b$ 이상, 또한 60mm 이상 더 연장되어야 한다.
∴ 4×28.6=114.4mm 이상

문제 019
콘크리트의 동해 방지를 위해 가장 적절한 대책은?
㉮ 밀도가 작은 경량골재 콘크리트로 시공한다.
㉯ 물-시멘트비를 크게 하여 시공한다.
㉰ AE(공기연행) 콘크리트로 시공한다.
㉱ 흡수율이 큰 골재를 사용하여 시공한다.

[해설]
- 밀도가 큰 양질의 골재를 사용한다.
- 물-시멘트비를 작게 하여 시공한다.
- 흡수율이 작은 골재를 사용한다.
- 공기연행 콘크리트로 시공한다.

문제 020
글자를 제도하는 방법을 설명한 것으로 틀린 것은?

㉮ 한자의 서체는 KS A 0202에 준하는 것이 좋다.
㉯ 영자는 주로 로마자의 소문자를 사용한다.
㉰ 숫자는 아라비아 숫자를 원칙으로 한다.
㉱ 한글자의 서체는 활자체에 준하는 것이 좋다.

해설 영자는 주로 로마자의 대문자를 사용한다.

문제 021
CAD 시스템을 도입하였을 때 얻어지는 효과와 거리가 먼 것은?

㉮ 도면의 표준화 ㉯ 작업의 효율화
㉰ 제품 원가의 증대 ㉱ 설계의 신용도 상승

해설
- 설계의 생산성 향상
- 시간 단축
- 설계 해석
- 설계 오류 감소
- 설계 계산의 정확성, 표준화, 정보화, 경영의 효율화와 합리화

문제 022
나선철근과 띠철근 기둥에서 축방향 철근의 순간격은 최소 얼마 이상인가?

㉮ 40mm 이상 ㉯ 50mm 이상
㉰ 60mm 이상 ㉱ 70mm 이상

해설 나선철근과 띠철근 기둥에서 축방향 철근의 순간격은 40mm 이상, 철근 지름의 1.5배 이상, 굵은 골재 최대치수의 4/3배 이상이어야 한다.

문제 023
도면 번호, 도면 이름, 척도, 도면 작성일 등 도면 관리상 필요한 내용을 기입한 곳은?

㉮ 윤곽선 ㉯ 표제란
㉰ 중심마크 ㉱ 재단마크

해설 표제란 길이는 170mm 이하로 한다.

문제 024
내부의 보이지 않는 부분을 나타낼 때 물체를 절단하여 내부 모양을 나타낸 도면은?

㉮ 단면도 ㉯ 전개도
㉰ 투상도 ㉱ 입체도

해설 단면은 그 일부의 단면만 표시할 수 있다.

문제 025
토목 제도에서 도면 치수의 기본 단위는?

㉮ mm ㉯ cm
㉰ m ㉱ km

해설 치수의 단위는 mm를 사용하고 단위 기호는 사용하지 않는다.

문제 026
철근 콘크리트 보에서 사용하는 전단철근에 해당되지 않는 것은?

㉮ 주인장 철근에 45°의 각도로 구부린 굽힘철근
㉯ 주인장 철근에 60°의 각도로 설치된 스터럽
㉰ 주인장 철근에 30°의 각도로 설치된 스터럽
㉱ 스터럽과 굽힘철근의 조합

해설
- 주인장 철근에 30° 이상의 각도로 구부린 굽힘철근
- 주인장 철근에 45°의 각도로 설치되는 스터럽

문제 027
철근의 겹침이음 길이를 결정하기 위한 요소 중 옳지 않은 것은?

㉮ 철근의 종류
㉯ 철근의 재질
㉰ 철근의 공칭지름
㉱ 철근의 설계기준 항복강도

해설
- D35를 초과하는 철근은 겹침이음을 해서는 안 된다.

답 020. ㉯ 021. ㉰ 022. ㉮ 023. ㉯ 024. ㉮ 025. ㉮ 026. ㉯ 027. ㉯

• 인장철근을 겹침이음할 때 기본 정착길이
$$l_{db} = \frac{0.6 d_b f_y}{\lambda \sqrt{f_{ck}}}$$
(여기서, d_b : 공칭 직경, f_y : 철근의 설계기준 항복강도, f_{ck} : 설계기준 압축강도)

문제 028
다음 교량 중 건설 시기가 가장 빠른 것은? (단, 개·보수 및 복구 등을 제외한 최초의 완공을 기준으로 한다.)

㉮ 인천대교 ㉯ 원효대교
㉰ 한강철교 ㉱ 영종대교

해설
- 한강철교(1937년)
- 원효대교(1981년)
- 영종대교(2000년)
- 인천대교(2009년)
- 한강철교는 1900년에 건설된 우리나라 근대식 교량의 시초로 볼 수 있다.

문제 029
주어진 각(∠AOB)을 2등분할 때 가장 먼저 해야 할 일은?

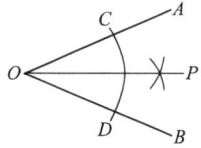

㉮ A와 P를 연결한다.
㉯ O점과 P점을 연결한다.
㉰ O점에서 임의의 원을 그려 C와 D점을 구한다.
㉱ C, D점에서 임의의 반지름으로 원호를 그려 P점을 찾는다.

해설
① ∠AOB의 꼭지점 O를 중심으로 임의의 반지름을 가진 호 그리기
② 직선과 호의 교차점에서 각각 같은 반지름의 호를 그려 2등분점 찾기
③ 꼭지점 O와 2등분점 P를 이어 2등분선 긋기

문제 030
설계하중에서 특수하중에 속하지 않는 것은?

㉮ 설하중 ㉯ 충돌하중
㉰ 제동하중 ㉱ 온도 변화의 영향

해설 부하중
풍하중, 온도 변화의 영향, 지진의 영향

문제 031
다음 중 콘크리트를 표시하는 기호는?

㉮ 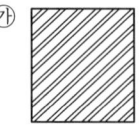 ㉯

㉰ 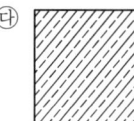 ㉱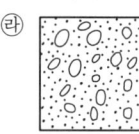

해설 ㉮ : 강철, ㉯ : 목재, ㉰ : 놋쇠

문제 032
치수 기입 중 SR40이 의미하는 것은?

㉮ 반지름 40mm인 원
㉯ 반지름 40mm인 구
㉰ 한 변이 40mm인 정사각형
㉱ 한 변이 40mm인 정삼각형

해설
- ϕ : 지름
- R : 반지름
- □ : 정사각형
- t : 판의 두께
- C : 45° 모따기

문제 033
압축부재에 사용되는 나선철근의 순간격 범위로 옳은 것은?

㉮ 25mm 이상, 55mm 이하
㉯ 25mm 이상, 75mm 이하
㉰ 55mm 이상, 75mm 이하
㉱ 55mm 이상, 90mm 이하

예설
- 나선철근의 순간격은 75mm 이하, 25mm 이상이라야 한다.
- 나선철근의 정착길이는 나선철근 끝에서 1.5회전 이상 연장되어야 한다.

문제 034
철근 콘크리트 휨부재의 강도 설계법에 대한 기본 가정으로 옳지 않은 것은?

㉮ 콘크리트와 철근의 변형률은 중립축으로부터 거리에 비례한다고 가정한다.
㉯ 항복강도 f_y 이하에서 철근의 응력은 그 변형률의 E_s배로 본다.
㉰ 콘크리트의 압축강도를 무시한다.
㉱ 철근과 콘크리트의 부착이 완벽한 것으로 가정한다.

예설
- 콘크리트는 인장강도를 무시한다.
- 압축측 연단에서의 콘크리트의 최대 변형률은 0.0033으로 가정한다.

문제 035
두께에 비하여 폭이 넓은 판 모양의 구조물을 무엇이라 하는가?

㉮ 옹벽　　　　㉯ 기둥
㉰ 슬래브　　　㉱ 확대기초

예설
- 1방향 슬래브
$$\frac{L}{S} > 2$$
- 2방향 슬래브
네 변이 지지된 슬래브로서
$1 \leq \frac{L}{S} \leq 2$일 경우
(여기서, L : 장변의 길이, S : 단변의 길이)

문제 036
프리스트레스(PS) 강재에 필요한 성질이 아닌 것은?

㉮ 인장강도가 커야 한다.
㉯ 릴랙세이션(relaxation)이 커야 한다.
㉰ 적당한 연성과 인성이 있어야 한다.
㉱ 응력 부식에 대한 저항성이 커야 한다.

예설
- 릴랙세이션이 작아야 한다.
- 부착강도가 커야 한다.
- 곧게 잘 펴지는 직선성이 좋을 것

문제 037
그림과 같은 구조용 재료의 단면 표시에 해당되는 것은?

㉮ 아스팔트　　　㉯ 모르타르
㉰ 콘크리트　　　㉱ 벽돌

예설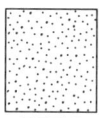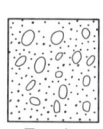
　　　아스팔트　　모르타르　　콘크리트

문제 038
제3각법에서 정면도 위에 위치하는 것은?

㉮ 평면도　　　㉯ 저면도
㉰ 배면도　　　㉱ 좌측면도

예설 제3각법

문제 039
콘크리트를 친 후 시멘트와 골재 알이 가라앉으면서 물이 떠오르는 현상을 무엇이라 하는가?

㉮ 풍화　　　　㉯ 레이턴스
㉰ 블리딩　　　㉱ 경화

예설
- 블리딩
굳지 않은 콘크리트에서 물이 위로 올라오는 현상이다.
- 레이턴스
블리딩에 의해 콘크리트 표면에 떠올라서 가라앉은 미세한 물질이다.

답　034. ㉰　035. ㉰　036. ㉯　037. ㉱　038. ㉮　039. ㉰

문제 040
도로 설계의 종단면도에 일반적으로 기입되는 사항이 아닌 것은?
- ㉮ 계획고
- ㉯ 횡단면적
- ㉰ 지반고
- ㉱ 측점

해설 횡단면적은 횡단면도와 관련이 있다.

문제 041
다음 중 도면 작도시 유의할 사항으로 틀린 것은?
- ㉮ 구조물의 외형선, 철근 표시선 등 선의 구분을 명확히 한다.
- ㉯ 화살표시는 도면마다 다른 모양으로 한다.
- ㉰ 도면은 가능한 간단하게 그리며 중복을 피한다.
- ㉱ 도면에는 오류가 없도록 한다.

해설 하나의 도면에서는 한 종류의 화살표만 사용한다.

문제 042
철근 콘크리트 강도 설계법에서 단철근 직사각형 보에 대한 균형 철근비(ρ_b)를 구하는 식은?
(단, $f_{ck} \leq 40\text{MPa}$, f_y : 철근의 설계기준 항복강도(MPa), β_1 : 계수)

- ㉮ $\eta(0.75f_{ck})\dfrac{\beta_1}{f_y}\dfrac{660}{660+f_y}$
- ㉯ $\eta(0.80f_{ck})\dfrac{\beta_1}{f_y}\dfrac{660}{660+f_y}$
- ㉰ $\eta(0.85f_{ck})\dfrac{\beta_1}{f_y}\dfrac{660}{660+f_y}$
- ㉱ $\eta(0.90f_{ck})\dfrac{\beta_1}{f_y}\dfrac{660}{660+f_y}$

해설 균형 단면보의 중립축의 위치
$$c = \dfrac{660}{660+f_y}d$$

문제 043
잔골재의 조립률 2.3, 굵은골재의 조립률 6.7을 사용하여 잔골재와 굵은골재를 질량비 1 : 1.5로 혼합하면 이 때 혼합된 골재의 조립률은?
- ㉮ 3.67
- ㉯ 4.94
- ㉰ 5.27
- ㉱ 6.12

해설 $\text{FM} = \dfrac{2.3 \times 1 + 6.7 \times 1.5}{1+1.5} = 4.94$

문제 044
프리스트레스트 콘크리트에 사용되는 강재의 종류가 아닌 것은?
- ㉮ PS 형강
- ㉯ PS 강선
- ㉰ PS 강봉
- ㉱ PS 강연선

해설 PS 강재는 인장강도, 항복비, 콘크리트와의 부착강도가 커야한다.

문제 045
콘크리트 구조물 제도에서 지름 16mm 일반 이형철근의 표시법으로 옳은 것은?
- ㉮ R16
- ㉯ ϕ16
- ㉰ D16
- ㉱ H16

해설
- ϕ16 : 지름 16mm인 원형철근
- H16 : 지름 16mm인 이형(고강도)철근

문제 046
철근 콘크리트 기둥의 형식이 아닌 것은?
- ㉮ 띠철근 기둥
- ㉯ 나선철근 기둥
- ㉰ 합성 기둥
- ㉱ 곡선 기둥

해설
- 띠철근 기둥
  사각형 단면에 띠철근을 감은 기둥
- 나선철근 기둥
  원형 단면에 나선철근으로 감은 기둥
- 합성 기둥
  구조용 강재나 강관 또는 튜브를 축방향으로 배치한 압축부재

답 040. ㉯ 041. ㉯ 042. ㉰ 043. ㉯ 044. ㉮ 045. ㉰ 046. ㉱

문제 047

철근 콘크리트가 성립하는 이유(조건)로 옳지 않은 것은?

㉮ 콘크리트 속에 묻힌 철근은 녹이 슬지 않는다.
㉯ 철근과 콘크리트는 부착이 매우 잘 된다.
㉰ 철근과 콘크리트는 온도에 대한 열팽창계수가 거의 같다.
㉱ 철근과 콘크리트는 인장강도가 거의 같다.

해설
- 철근은 인장에 강하고 콘크리트는 압축에 강하다.
- 철근의 탄성계수가 콘크리트의 탄성계수보다 크다.
- 철근 콘크리트는 내구성과 내화성이 크다.

문제 048

철근 직사각형보에서 단면의 폭이 300mm, 높이가 550mm, 유효깊이가 500mm, 인장 철근량이 1,500mm²일 때 인장철근의 철근비는?

㉮ 0.01 ㉯ 0.001
㉰ 0.005 ㉱ 0.008

해설 $\rho = \dfrac{A_s}{bd} = \dfrac{1500}{300 \times 500} = 0.01$

문제 049

컴퓨터 처리속도 단위로 옳지 않은 것은?

㉮ ns(nano, 나노초) : 10^{-9}초
㉯ ps(pico, 피코초) : 10^{-6}초
㉰ ms(milli, 밀리초) : 10^{-3}초
㉱ fs(femto, 펨토초) : 10^{-15}초

해설
- μs(micro, 마이크로초) : 10^{-6}초
- ps(pico, 피코초) : 10^{-12}초

문제 050

기본 설계에 필요한 도면 중 제작이나 시공을 할 수 있도록 구조를 상세하게 나타낸 도면은?

㉮ 가설 계획도 ㉯ 구조 상세도
㉰ 응력도 ㉱ 일반도

해설 상세도는 구조도에 표시하기 곤란한 부분의 형상, 치수, 기구 등을 상세하게 표시하는 도면이다.

문제 051

보에서 주철근과 연결하여 스터럽 철근을 배근하는 이유로 옳은 것은?

㉮ 보의 철근량 균형을 유지하기 위하여
㉯ 보의 전단 균열을 방지하기 위하여
㉰ 압축 응력을 크게 향상시키기 위하여
㉱ 철근의 이동을 원활하게 하기 위하여

해설 보에서는 인장철근과 압축철근을 잡아주는 스터럽은 전단철근 역할을 해준다.

문제 052

콘크리트를 주재료로 사용한 콘크리트 구조에 해당되지 않는 것은?

㉮ 프리스트레스 콘크리트 구조
㉯ 철근 콘크리트 구조
㉰ 강 구조
㉱ 무근 콘크리트 구조

문제 053

한 도면에서 두 종류 이상의 선이 같은 장소에서 겹치는 경우에 우선적으로 그려야 할 선은?

㉮ 절단선 ㉯ 외형선
㉰ 숨은선 ㉱ 중심선

해설 외형선은 물체의 보이는 겉모양을 표시하는 선으로 굵은 실선으로 나타낸다.

문제 054

잔골재, 물, 시멘트 및 혼화재료를 혼합하여 비빈 것은?

㉮ 시멘트 풀 ㉯ 무근 콘크리트
㉰ 모르타르 ㉱ 철근 콘크리트

해설 시멘트 풀은 시멘트와 물을 혼합한 것이다.

답 047. ㉱ 048. ㉮ 049. ㉯ 050. ㉯ 051. ㉯ 052. ㉰ 053. ㉯ 054. ㉰

문제 055
콘크리트 배합설계 방법에 대한 설명 중 옳지 않은 것은?

㉮ 단위량은 질량 배합을 원칙으로 한다.
㉯ 소요의 강도, 내구성, 수밀성을 고려한다.
㉰ 작업이 가능한 범위에서 단위수량이 최소가 되게 한다.
㉱ 작업이 가능한 범위에서 굵은골재 최대치수를 작게 한다.

해설 작업이 가능한 범위에서 굵은골재 최대치수를 크게 한다.

문제 056
다음 그림은 어느 형식의 확대기초를 표시한 것인가?

㉮ 벽 확대기초
㉯ 경사 확대기초
㉰ 연결 확대기초
㉱ 말뚝 확대기초

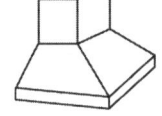

해설 경사 확대기초는 기초 슬래브가 1개의 기둥을 지지하는 독립 확대기초에 해당한다.

문제 057
기둥, 교대, 교각, 벽 등에 작용하는 상부 구조물의 하중을 지반에 안전하게 전달하기 위하여 설치하는 구조물은?

㉮ 노상   ㉯ 확대기초
㉰ 노반   ㉱ 암거

문제 058
다음 중 컴퓨터의 보조기억장치에 속하지 않는 것은?

㉮ RAM   ㉯ CD
㉰ USB   ㉱ HD

해설 RAM, ROM은 주기억장치에 속한다.

문제 059
2방향 슬래브의 해석 및 설계방법에 대한 설명 중 옳지 않은 것은?

㉮ 횡방향 변위가 발생하는 골조의 횡력 해석을 위한 부재의 강성은 철근과 균열의 영향을 고려하여야 한다.
㉯ 슬래브 시스템이 횡하중을 받는 경우 횡력 해석과 연직하중의 해석 결과는 조합하여야 한다.
㉰ 슬래브 시스템은 평형조건과 기하학적 적합조건을 만족한다면 어떠한 방법으로도 설계할 수 있다.
㉱ 슬래브와 보가 있을 경우 받침부 사이의 보는 연직하중에 대하여 규정하는 직접설계법으로 설계할 수 없다.

해설 슬래브와 보가 있을 경우 받침부 사이의 보 및 이들과 직교하여 골조를 이루는 기둥 또는 벽체를 포함하는 슬래브 시스템은 연직하중에 대하여 규정하고 있는 직접설계법이나 등가골조법으로 설계할 수 있다.

문제 060
강구조의 부재 연결에 대한 설명이다. 틀린 것은?

㉮ 부재에 해로운 응력이 집중되지 않도록 한다.
㉯ 경제적이며 시공이 쉽도록 한다.
㉰ 가능한 편심이 생기지 않도록 하며 응력의 전달이 확실하여야 한다.
㉱ 주요 부재의 연결강도는 적어도 모재의 전강도의 70% 이상이어야 한다.

해설
- 주요 부재의 연결강도는 적어도 모재의 전강도의 75% 이상이어야 한다.
- 해로운 잔류응력이나 2차 응력이 생기지 않도록 한다.
- 연결부의 구조가 단순하여 응력 전달이 확실해야 한다.
- 부재의 연결에는 작용응력을 설계하는 것을 원칙으로 한다.

부록 최근 기출문제

2014년 제5회

「알려드립니다」 한국산업인력공단의 저작권법 저촉에 대한 언급이 있어 과거에 출제된 동일한 문제나 그 유형의 문제로 재구성하였습니다.

문제 001
철근의 설계기준 항복강도(f_y)가 400MPa을 초과하는 경우 압축철근의 겹침이음길이는?

㉮ $0.072 f_y d_b$
㉯ $(0.13 f_y - 24) d_b$
㉰ $(1.4 f_y - 52) d_y$
㉱ 200 mm 이상

해설 f_y가 400MPa 이하인 경우 $0.072 f_y d_b$ 겹침이음길이는 300mm 이상이어야 한다.

문제 002
PSC의 원리와 일반적 성질에 대한 설명으로 잘못된 것은?

㉮ PSC는 외력에 의하여 발생하는 응력을 소정의 한도까지 상쇄할 수 있도록 미리 내력을 준 콘크리트이다.
㉯ PSC부재에 사용하는 PS강재는 보통 연강이고 콘크리트의 설계기준 항복강도는 24MPa 정도이다.
㉰ PSC의 기본개념은 응력개념, 강도개념 및 하중 평형개념으로 분류할 수 있다.
㉱ PSC 부재는 초과하중이 작용하여 균열이 발생하더라도 그 하중이 제거되면 균열이 폐합되는 복원성이 우수하다.

해설 프리스트레스트 콘크리트(PSC) 부재에 사용하는 콘크리트의 설계기준 항복강도는 30~40MPa 정도이다.

문제 003
철근 콘크리트 설계에서 철근 배치원칙에 대한 설명 중 틀린 것은?

㉮ 철근이 설계된 도면상의 배치위치에서 d_b이상 벗어나야 할 경우에는 책임구조기술자의 승인을 받아야 한다.
㉯ 철근 조립을 위해 피차되는 철근은 용접해야 한다.
㉰ 철근, 긴장재 및 덕트는 콘크리트 치기 전에 정확히 배치하여 시공이 편리하게 한다.
㉱ 철근, 긴장재 및 덕트는 허용오차 이내에서 규정된 위치에 배치한다.

해설 철근 조립을 위해 교차되는 철근은 용접할 수 없다.

문제 004
다음의 토목재료에 대한 설명 중 옳지 않은 것은?

㉮ 시멘트와 잔골재를 물로 비빈 것을 모르타르라 한다.
㉯ 시멘트에 물만 넣고 반죽한 것을 시멘트 풀이라고 한다.
㉰ 시멘트, 잔골재, 굵은골재, 혼화재료를 섞어 물로 비벼서 만든 것을 콘크리트라 한다.
㉱ 보통 콘크리트는 전체 부피의 약 70%가 시멘트 풀이고, 30%는 골재로 되어있다.

해설 보통 콘크리트는 전체 부피의 약 70%가 골재이고, 30%는 시멘트 풀로 되어있다.

답 001. ㉯ 002. ㉯ 003. ㉯ 004. ㉱

문제 005
콘크리트용 배합수로 바닷물을 사용할 때 철근의 부식과 밀접한 이온은?

㉮ CO_3^{2-} ㉯ Cl^-
㉰ Mg^{2+} ㉱ SO_4^{2-}

해설 철근 부식의 방지대책으로 콘크리트 내에 염소 이온(Cl^-)을 $0.3kg/m^3$ 이하로 관리해야 한다.

문제 006
중앙처리장치의 속도에 접근시키기 위해 만든 고속기억 장치는?

㉮ 하드디스크 기억 장치
㉯ 가상 기억 장치
㉰ 캐시 기억 장치
㉱ 자기코어 기억 장치

해설 캐시 기억 장치는 컴퓨터의 주기억 장치와 중앙처리 장치 사이에 실행속도를 빠르게 하기 위해 사용된다.

문제 007
다음 도면 중 작성방법에 의한 분류에 해당되지 않는 것은?

㉮ 복사도 ㉯ 착색도
㉰ 먹물제도 ㉱ 연필도

해설 복사도의 종류
청사진, 백사진, 마이크로 사진

문제 008
사용 재료에 따른 교량의 분류가 아닌 것은?

㉮ 철근 콘크리트 ㉯ 강교
㉰ 목교 ㉱ 거더교

해설 거더교는 상부구조형식에 따른 분류이다.

문제 009
철근 콘크리트 구조물의 장점이 아닌 것은?

㉮ 내구성, 내화성, 내진성이 우수하다.
㉯ 여러 가지 모양과 치수의 구조물을 만들기 쉽다.
㉰ 다른 구조물에 비하여 유지관리비가 적게 든다.
㉱ 각 부재를 일체로 만들기가 어려워 구조물의 강성이 작다.

해설 철근과 콘크리트는 일체로 되어 하나의 구조물로 거동하므로 강성이 크다.

문제 010
재료의 단면 표시이다. 무엇을 표시하는가?

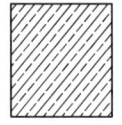

㉮ 석재 ㉯ 목재
㉰ 강재 ㉱ 콘크리트

해설
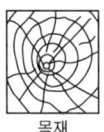 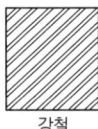 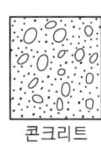
목재   강철   콘크리트

문제 011
아래 그림의 재료 경계 표시는 무엇을 나타내는 것인가?

㉮ 흙 ㉯ 호박돌
㉰ 암반 ㉱ 콘크리트

해설
• 흙
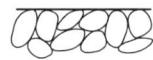
• 암반

• 콘크리트
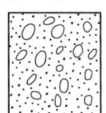

답 005. ㉯ 006. ㉰ 007. ㉮ 008. ㉱ 009. ㉱ 010. ㉮ 011. ㉯

문제 012

그림과 같은 투상법을 무엇이라 하는가?

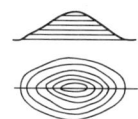

㉮ 정투상법   ㉯ 축측투상법
㉰ 표고투상법   ㉱ 사투상법

해설 표고투상법
입면도를 쓰지 않고 수평면으로부터 높이의 수치를 평면도에 기호로 주기하여 나타내는 방법이다.

문제 013

다음 중 선이 교차할 때 표시법으로 옳지 않은 것은?

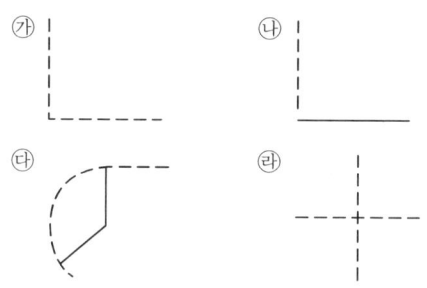

해설 선이 교차되는 곳은 서로 만나야 한다.

문제 014

철근 콘크리트 보의 주철근을 둘러싸고 이에 직각되게 또는 경사지게 배치한 복부 보강근으로서 전단력 및 비틀림 모멘트에 저항하도록 배치한 보강철근을 무엇이라 하는가?

㉮ 스터럽   ㉯ 배력철근
㉰ 절곡철근   ㉱ 띠철근

해설 철근 콘크리트 보에서 스터럽을 설치하는 이유는 보에 생기는 전단응력에 저항시키기 위해서 배근한다.

문제 015

다음 중 현의 길이를 바르게 나타낸 것은?

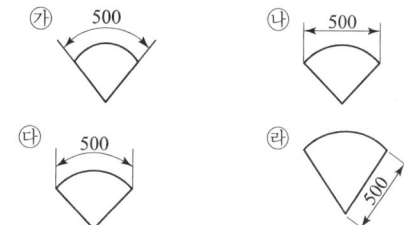

해설 ㉮, ㉰ : 호의 길이 표시

문제 016

토목 구조물 설계시 하중을 주하중, 부하중, 특수하중으로 분류할 때 주하중에 속하는 것은?

㉮ 제동하중   ㉯ 풍하중
㉰ 활하중   ㉱ 원심하중

해설
- 주하중 : 고정하중, 활하중, 충격하중
- 부하중 : 풍하중, 온도변화의 영향, 지진의 영향
- 특수하중 : 설하중, 원심하중, 지점 이동의 영향, 제동하중, 가설하중, 충돌하중

문제 017

도로 평면도에서 선형 요소를 기입할 때 교점을 나타내는 기호는?

㉮ B.C   ㉯ E.C
㉰ I.P   ㉱ T.L

해설
- B.C : 곡선 시점
- E.C : 곡선 종점
- T.L : 접선 길이
- I : 교각

문제 018

그림에서 치수 기입 방법이 틀린 것은?

㉮ ①   ㉯ ②   ㉰ ③   ㉱ ④

해설 치수선이 세로(경사진)인 때에는 치수선의 왼쪽에 쓴다.

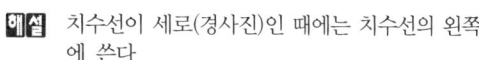

문제 019
일반적인 토목 구조물 제도에서 도면 배치에 대한 설명으로 바르지 않은 것은?
- ㉮ 단면도를 중심으로 저판 배근도는 하부에 그린다.
- ㉯ 단면도를 중심으로 우측에는 벽체 배근도를 그린다.
- ㉰ 도면 상단에는 도면 명칭을 도면 크기에 알맞게 기입한다.
- ㉱ 일반도는 단면도의 상단에 위치하도록 그린다.

해설
- 일반도는 단면도의 하단에 위치하도록 그린다.
- 단면도 → 배근도 → 주철근 조립도 → 철근 상세도 → 일반도

문제 020
다음 중 실선으로 표시하지 않는 것은?
- ㉮ 치수선
- ㉯ 지시선
- ㉰ 인출선
- ㉱ 가상선

해설
- 가상선 : 2점 쇄선
- 실선은 보이는 물체의 윤곽을 나타내는 선으로 치수보조선, 기입선 등을 나타낸다.

문제 021
A1 용지에서 윤곽의 나비는 철하지 않을 때 최소 몇 mm 이상 여유를 두는 것이 바람직한가?
- ㉮ 5
- ㉯ 10
- ㉰ 15
- ㉱ 20

해설 윤곽의 나비
① A0, A1 : 20mm 이상
② A2, A3, A4 : 10mm 이상

문제 022
도면을 표현 형식에 따라 분류할 때 구조물의 구조 계산에 사용되는 선도로 교량의 골조를 나타내는 도면은?
- ㉮ 일반도
- ㉯ 배근도
- ㉰ 구조선도
- ㉱ 상세도

해설 구조선도는 구조물의 골조를 선로로 표시한 도면이다.

문제 023
한중 콘크리트에 관한 설명으로 옳지 않은 것은?
- ㉮ 하루의 평균기온이 4℃ 이하가 되는 기상 조건에서는 한중 콘크리트로서 시공한다.
- ㉯ 타설할 때의 콘크리트 온도는 5~20℃의 범위에서 정한다.
- ㉰ 가열한 재료를 믹서에 투입할 경우 가열한 물과 굵은골재, 잔골재를 넣어서 믹서 안의 재료 온도가 60℃ 정도가 된 후 시멘트를 넣는 것이 좋다.
- ㉱ AE(공기연행) 콘크리트를 사용하는 것을 원칙으로 한다.

해설 가열한 재료를 믹서에 투입할 경우 가열한 물과 굵은골재, 잔골재를 넣어서 믹서 안의 재료 온도가 40℃ 정도가 된 후 시멘트를 넣는 것이 좋다.

문제 024
다음 그림은 어느 형식의 확대기초를 표시한 것인가? 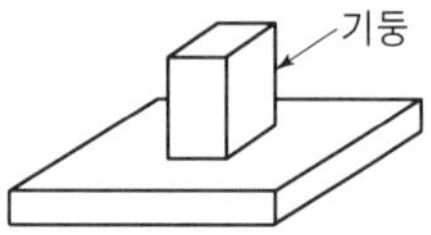
- ㉮ 독립 확대기초
- ㉯ 경사 확대기초
- ㉰ 연결 확대기초
- ㉱ 말뚝 확대기초

해설 독립 확대기초 - 1개 기둥을 지지하는 기초

문제 025
1방향 슬래브에서 정모멘트 철근 및 부모멘트 철근의 중심 간격에 대한 위험단면에서의 기준으로 옳은 것은?
- ㉮ 슬래브 두께의 2배 이하, 300mm 이하
- ㉯ 슬래브 두께의 2배 이하, 400mm 이하
- ㉰ 슬래브 두께의 3배 이하, 300mm 이하
- ㉱ 슬래브 두께의 3배 이하, 400mm 이하

답 019. ㉱ 020. ㉱ 021. ㉱ 022. ㉰ 023. ㉰ 024. ㉮ 025. ㉮

해설
• 1방향 슬래브의 두께는 100mm 이상이라야 한다.
• 1방향 슬래브에서는 정철근 및 부철근에 직각 방향으로 배력철근(수축·온도철근)을 배치한다.

문제 026
도면에 대한 설명으로 옳지 않은 것은?
㉮ 큰 도면을 접을 때에는 A4의 크기로 접는다.
㉯ A3 도면의 크기는 A2 도면의 절반 크기이다.
㉰ A 계열에서 가장 큰 도면의 호칭은 A0이다.
㉱ A4의 크기는 B4보다 크다.

해설
• A4의 크기는 B4보다 작다.
• A0 : 841×1189mm
• A1 : 594×841mm
• A2 : 420×594mm
• A3 : 297×420mm
• A4 : 210×297mm

문제 027
그림은 무엇을 작도하기 위한 것인가?

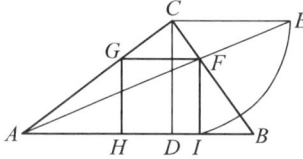

㉮ 사각형에 외접하는 최소 삼각형
㉯ 사각형에 외접하는 최대 삼각형
㉰ 삼각형에 내접하는 최대 정사각형
㉱ 삼각형에 내접하는 최소 직사각형

해설 삼각형 ABC에 내접하는 최대 정사각형(□FGHI)

문제 028
철근의 구부리기에 관한 설명으로 옳지 않은 것은?
㉮ 모든 철근은 가열해서 구부리는 것을 원칙으로 한다.

㉯ D38 이상의 철근은 구부림 내면 반지름을 철근지름의 5배 이상으로 하여야 한다.
㉰ 콘크리트 속에 일부가 묻혀 있는 철근은 현장에서 구부리지 않는 것이 원칙이다.
㉱ 큰 응력을 받는 곳에서 철근을 구부릴 때에는 구부림 내면 반지름을 더욱 크게 하는 것이 좋다.

해설 철근은 상온에서 구부리는 것을 원칙으로 한다.

문제 029
도로교 설계기준으로 양 끝이 고정되어 있는 기둥에서 기둥의 길이가 L인 경우 유효 길이는?
㉮ $0.5L$ ㉯ $0.7L$
㉰ $1.0L$ ㉱ $2.0L$

해설 유효 길이
① 1단 고정, 타단 자유 : $2L$
② 양단 힌지 : $1L$
③ 1단 고정, 타단 힌지 : $0.7L$
④ 양단 고정 : $0.5L$

문제 030
구조물의 도면의 배치 방법으로 옳지 않은 것은?
㉮ 강구조물은 너무 길고 넓어 많은 공간을 차지하므로 몇 가지의 단면으로 절단하여 표현한다.
㉯ 강구조물의 도면은 제작이나 가설을 고려하여 부분적으로 제작, 단위마다 상세도를 작성한다.
㉰ 평면도, 측면도, 단면도 등을 소재나 부재가 잘 나타나도록 하되 각각 독립하여 그리지 않도록 한다.
㉱ 도면을 잘 보이도록 하기 위해서 절단선과 지시선의 방향을 표시하는 것이 좋다.

해설 평면도, 측면도, 단면도 등을 소재나 부재가 잘 나타나도록 각각 독립하여 그려도 된다.

답 026. ㉱ 027. ㉰ 028. ㉮ 029. ㉮ 030. ㉰

문제 031
공업 각 분야에서 사용되고 있는 다음과 같은 기본 부문을 규정하고 있는 한국산업표준의 영역은?

> ㉠ 도면의 크기 및 방식
> ㉡ 제도에 사용하는 선과 문자
> ㉢ 제도에 사용하는 투상법

㉮ KS A ㉯ KS B
㉰ KS C ㉱ KS D

해설
- KS A : 기본
- KS D : 금속

문제 032
어떤 재료의 치수가 2-H 300×200×9×12×1000로 표시되었을 때 설명으로 옳은 것은? (단, 단위는 mm이다.)

㉮ H형강 2본, 높이 300, 폭 200, 복부판 두께 9, 플랜지 두께 12, 길이 1000
㉯ H형강 2본, 폭 300, 높이 200, 복부판 두께 9, 플랜지 두께 12, 길이 1000
㉰ H형강 2본, 높이 300, 폭 200, 플랜지 두께 9, 복부판 두께 12, 길이 1000
㉱ H형강 2본, 폭 300, 높이 200, 플랜지 두께 9, 복부판 두께 12, 길이 1000

해설
- 본(개수) - 모양 - 높이 - 폭 - 복부판 두께 - 플랜지 두께 - 길이
- 수량, 형재기호, 모양치수, 길이 순으로 기입하고 필요에 따라 재질을 기입한다.

문제 033
물비가 55%이고, 단위수량이 176kg이면 단위 시멘트량은?

㉮ 79 kg ㉯ 97 kg
㉰ 320 kg ㉱ 391 kg

해설
$\frac{W}{C} = 0.55$

$\therefore C = \frac{W}{0.55} = \frac{176}{0.55} = 320 kg$

문제 034
정투상도에 의한 제1각법으로 도면을 그릴 때 도면 위치는?

㉮ 정면도를 중심으로 평면도가 위에, 우측면도는 정면도의 왼쪽에 위치한다.
㉯ 정면도를 중심으로 평면도가 위에, 우측면도는 정면도의 오른쪽에 위치한다.
㉰ 정면도를 중심으로 평면도가 아래에, 우측면도는 정면도의 오른쪽에 위치한다.
㉱ 정면도를 중심으로 평면도가 아래에, 우측면도는 정면도의 왼쪽에 위치한다.

해설
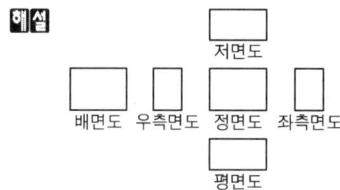

문제 035
재료 단면의 경계 표시 중 잡석을 나타낸 그림은?

해설
- ㉮ : 지반면(흙)
- ㉰ : 모래
- ㉱ : 일반면

문제 036
압축부재의 철근 배치 및 철근 상세에 관한 설명으로 옳지 않은 것은?

㉮ 축방향 주철근 단면적은 전체 단면적의 1~8%로 하여야 한다.
㉯ 띠철근의 수직간격은 축방향 철근 지름의 16배 이하, 띠철근 지름의 48배 이하, 또한 기둥단면의 최소치수 이하로 하여야 한다.
㉰ 띠철근 기둥에서 축방향 철근의 순간격은 40 mm 이상, 또한 철근 공칭지름의 1.5배 이상으로 하여야 한다.

㉣ 압축부재의 축방향 주철근의 최소개수는 삼각형으로 둘러싸인 경우 4개로 하여야 한다.

해설 축방향 부재의 주철근의 최소 개수는 직사각형이나 원형 띠철근 내부의 철근의 경우 3개로 하여야 한다.

문제 037
현장치기 콘크리트의 최소 피복두께에 관한 설명으로 옳은 것은?

㉮ 수중에서 치는 콘크리트의 최소 피복두께는 50mm이다.
㉯ 흙에 접하여 콘크리트를 친 후 영구히 흙에 묻혀 있는 콘크리트의 최소 피복두께는 75mm이다.
㉰ 옥외의 공기나 흙에 직접 접하지 않는 콘크리트로 슬래브에서는 D35를 초과하는 철근의 경우 D35 이하의 철근에 비해 피복두께가 더 작다.
㉱ 흙에 접하거나 옥외의 공기에 직접 노출되는 콘크리트의 D19 이상 철근에 대한 최소 피복두께는 40mm이다.

해설
- 수중에서 치는 콘크리트의 최소 피복두께는 100mm이다.
- 옥외의 공기나 흙에 직접 접하지 않는 콘크리트로 슬래브에서는 D35를 초과하는 철근의 경우 40mm, D35 이하인 철근의 경우 20mm의 최소 피복두께를 유지해야 한다.
- 흙에 접하거나 옥외의 공기에 직접 노출되는 콘크리트의 D19 이상 철근에 대한 최소 피복두께는 50mm이다.

문제 038
지간 10m인 철근 콘크리트 보에 등분포하중이 작용할 때, 최대 허용하중은? (단, 보의 설계모멘트가 25kN·m이고, 하중계수와 강도 감소계수는 고려하지 않는다.)

㉮ 1.0 kN/m ㉯ 1.7 kN/m
㉰ 2.0 kN/m ㉱ 2.4 kN/m

해설
$$M = \frac{\omega l^2}{8}$$
$$\therefore \omega = \frac{8M}{l^2} = \frac{8 \times 25}{10^2} = 2\text{kN/m}$$

문제 039
시스템 소프트웨어(system software)가 아닌 것은?

㉮ 운영체제 ㉯ 언어 프로그램
㉰ CAD 프로그램 ㉱ 유틸리티 프로그램

해설
- 운영체제
  컴퓨터 자체를 유지, 관리하고 기본적인 운영을 도맡아 하는 전용 프로그램
- 언어 프로그램
  문서 편집 프로그램
- 유틸리티 프로그램
  좋은 기능을 제공해 주는 작은 프로그램

문제 040
콘크리트에 일정하게 하중을 주면 응력의 변화는 없는데도 변형이 시간이 경과함에 따라 커지는 현상은?

㉮ 건조수축 ㉯ 크리프
㉰ 틱소트로피 ㉱ 릴랙세이션

해설 시간의 경과에 따라 일정한 응력하에서 변형이 증대되는 현상을 크리프라 하며 일정한 변형하에서 시간 경과에 따라 응력이 감소되는 현상을 릴랙세이션이라 한다.

문제 041
D16 이하의 스터럽이나 띠철근에서 철근을 구부리는 내면 반지름은 철근 공칭 지름(d_b)의 몇 배 이상으로 하여야 하는가?

㉮ 1배 ㉯ 2배
㉰ 3배 ㉱ 4배

해설 큰 응력을 받는 곳에서 철근을 구부릴 때에는 구부림 내면 반지름을 더 크게 하여 철근 반지름 내부의 콘크리트가 파쇄되는 것을 방지해야 한다.

답 037. ㉱ 038. ㉰ 039. ㉰ 040. ㉯ 041. ㉯

문제 042
공기연행(AE) 콘크리트의 특징에 대한 설명으로 틀린 것은?

㉮ 내구성과 수밀성이 감소된다.
㉯ 워커빌리티가 개선된다.
㉰ 동결 융해에 대한 저항성이 개선된다.
㉱ 철근과의 부착강도가 감소된다.

해설 내구성과 수밀성이 증가된다.

문제 043
토목 구조물의 특징으로 옳은 것은?

㉮ 다량 생산을 할 수 있다.
㉯ 대부분은 개인적인 목적으로 건설된다.
㉰ 건설에 비용과 시간이 적게 소요된다.
㉱ 구조물의 수명, 즉 공용 기간이 길다.

해설
- 다량 생산을 할 수 없다.
- 공공의 목적으로 건설된다.
- 건설에 비용과 시간이 많이 소요된다.

문제 044
다음 중 역사적인 토목 구조물로서 가장 오래된 교량은?

㉮ 미국의 금문교 ㉯ 영국의 런던교
㉰ 프랑스의 아비뇽교 ㉱ 프랑스의 가르교

해설
- 기원전 1~2세기 : 로마시대 아치교(프랑스의 가르교)
- 9~10세기 : 르네상스와 기술 발전으로 미적, 구조적인 변화(프랑스의 아비뇽교, 영국의 런던교)

문제 045
구조 재료로서 강재의 단점으로 옳은 것은?

㉮ 재료의 균질성이 떨어진다.
㉯ 부재를 개수하거나 보강하기 어렵다.
㉰ 차량 통행에 의하여 소음이 발생하기 쉽다.
㉱ 강 구조물을 사전 제작하여 조립하기 어렵다.

해설
- 재료의 균질성이 우수하다.
- 부재를 개수하거나 보강하기 쉽다.
- 강 구조물을 사전 제작하여 조립하기 쉽다.

문제 046
직사각형 독립확대 기초의 크기가 2m×3m이고 허용 지지력이 250kN/m²일 때 이 기초가 받을 수 있는 최대 하중의 크기는 얼마인가?

㉮ 500 kN ㉯ 1,000 kN
㉰ 1,500 kN ㉱ 2,000 kN

해설 $q_a = \dfrac{P}{A}$
∴ $P = q_a \times A = 250 \times (2 \times 3) = 1,500\text{kN}$

문제 047
프리스트레스를 도입한 후의 손실 원인이 아닌 것은?

㉮ 콘크리트의 크리프
㉯ 콘크리트의 건조수축
㉰ 콘크리트의 블리딩
㉱ PS 강재의 릴랙세이션

해설 프리스트레스를 도입할 때 일어나는 손실
- 콘크리트의 탄성변형에 의한 손실
- 강재와 쉬스의 마찰에 의한 손실
- 정착단의 활동에 의한 손실

문제 048
단철근 직사각형보에서 $f_{ck}=30$MPa, $f_y=300$MPa, $d=600$mm일 때 중립축의 길이(c)를 강도 설계법으로 구한 값은?

㉮ 200.5mm ㉯ 300mm
㉰ 412.5mm ㉱ 600mm

해설 $c = \dfrac{660}{660+f_y}d = \dfrac{660}{660+300} \times 600 = 412.5\text{mm}$

문제 049
단철근 직사각형 보에서 단면이 평형 단면일 경우 중립축의 위치 결정에서 사용하는 철근의 탄성계수는?

답 042. ㉮ 043. ㉱ 044. ㉱ 045. ㉰ 046. ㉰ 047. ㉰ 048. ㉰ 049. ㉰

㉮ 2,000 MPa   ㉯ 20,000 MPa
㉰ 200,000 MPa   ㉱ 2,000,000 MPa

해설 콘크리트는 철근에 비해 탄성계수가 상당히 작다.

문제 050
굳지 않은 콘크리트의 반죽질기를 측정하는 데 사용되는 시험은?

㉮ 자르 시험   ㉯ 브리넬 시험
㉰ 비비 시험   ㉱ 로스앤젤레스 시험

해설 콘크리트 워커빌리티 측정방법에는 슬럼프 시험, 흐름 시험, 비비(Vee-Bee) 시험, 케리 볼 구관입 시험, 리몰딩 시험, 다짐계수 시험이 있다.

문제 051
$b=250$mm, $d=460$mm인 직사각형 보에서 균형철근비는? (단, 철근의 항복강도는 420MPa, 콘크리트의 설계기준 압축강도는 28MPa이다.)

㉮ 0.0277   ㉯ 0.0250
㉰ 0.0214   ㉱ 0.0176

해설
$$\rho_b = \eta(0.85 f_{ck})\frac{\beta_1}{f_y}\frac{660}{660+f_y}$$
$$= 1.0 \times (0.85 \times 28) \times \frac{0.8}{420} \times \frac{660}{660+420}$$
$$= 0.0277$$
여기서, $f_{ck} \leq 40$MPa이므로 $\eta = 1.0$, $\beta_1 = 0.8$

문제 052
강구조물에서 강재에 반복하중이 지속적으로 작용하는 경우에 허용응력 이하의 작은 하중에서도 파괴되는 현상을 무엇이라 하는가?

㉮ 취성파괴   ㉯ 피로파괴
㉰ 연성파괴   ㉱ 극한파괴

해설
• 강재의 피로파괴
  계속적인 동하중을 받을 경우 정하중 조건에서 받을 수 있는 하중보다 훨씬 더 작은 하중에서 예고 없이 파괴되는 현상
• 강재의 취성파괴
  충격적으로 하중이 작용하는 경우 그 강재의 인장강도 또는 항복강도 이내에서 파괴되는 현상
• 강재의 연성파괴
  강구조물에서 나타나는 대표적인 파괴형태로 강재가 탄성체에서 소성상태를 거쳐 파단에 이르는 과정이다.

문제 053
건설 재료의 단면표시 중 모르타르를 나타내는 것은?

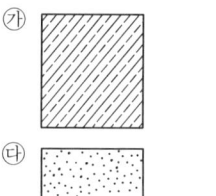

해설
• ㉮ : 석재(자연석)
• ㉯ : 콘크리트
• ㉱ : 블록

문제 054
지간 25m인 단순보에 고정하중 200kN/m, 활하중 150kN/m이 작용하고 있다. 강도설계법으로 설계할 때 보에 작용하는 극한 하중은? (단, 하중계수는 콘크리트 구조설계기준에 따른다.)

㉮ 400 kN/m   ㉯ 480 kN/m
㉰ 560 kN/m   ㉱ 640 kN/m

해설 $U = 1.2D + 1.6L = 1.2 \times 200 + 1.6 \times 150$
$= 480$kN/m

문제 055
투상법에서 제3각법에 대한 설명으로 옳지 않은 것은?

㉮ 정면도 아래에 배면도가 있다.
㉯ 정면도 위에 평면도가 있다.
㉰ 정면도 좌측에 좌측면도가 있다.
㉱ 제3면각 안에 물체를 놓고 투상하는 방법이다.

답 050. ㉰ 051. ㉮ 052. ㉯ 053. ㉰ 054. ㉯ 055. ㉮

해설 • 정면도 아래에 저면도가 있다.
• 제3각법은 정면도를 기준으로 좌우, 상하에서 본 모양을 본 위치에 그리게 되므로 도면을 보고 물체를 이해하기 쉽다.

문제 056
몇 개의 직선 부재를 한 평면 내에서 연속된 삼각형의 뼈대 구조로 조립한 것을 거더 대신 사용하는 형식의 교량은?

㉮ 단순교 ㉯ 현수교
㉰ 트러스교 ㉱ 사장교

해설 • 트러스는 가늘고 긴 직선 부재를 연결하여 삼각형의 구성요소가 되도록 배열한 구조물이다.
• 트러스교는 강교에서 주구조가 축방향 인장 및 압축부재로 조합된 형식의 교량으로 비교적 계산이 간단하고 구조적으로 긴 지간에 유리하게 쓰인다.

문제 057
그림은 평면도상에서 어떤 지형의 절단면 상태를 나타낸 것인가?

㉮ 절토면
㉯ 성토면
㉰ 수준면
㉱ 물매면

해설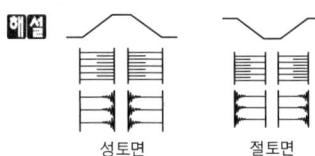
성토면   절토면

문제 058
슬래브의 배력철근에 대한 설명에서 틀린 것은?

㉮ 응력을 고르게 분포시킨다.
㉯ 주철근 간격을 유지시켜 준다.
㉰ 콘크리트의 건조 수축을 크게 해 준다.
㉱ 정철근이나 부철근에 직각으로 배치하는 철근이다.

해설 건조수축이나 온도 변화에 의한 수축을 감소시키며 균열을 분포시킨다.

문제 059
철근 콘크리트가 건설 재료로서 널리 사용되는 이유가 아닌 것은?

㉮ 철근과 콘크리트는 부착이 매우 잘된다.
㉯ 철근과 콘크리트의 항복응력이 거의 같다.
㉰ 콘크리트 속에 묻힌 철근은 녹이 슬지 않는다.
㉱ 철근과 콘크리트는 온도에 대한 열팽창계수가 거의 같다.

해설 • 콘크리트는 철근에 비해 탄성계수가 상당히 작다.
• 이형철근은 표면적이 넓을 뿐 아니라 마디가 있어 부착력이 크다.
• 철근을 배치하여 인장강도가 압축강도에 비해 약한 결점을 보강한다.
• 각 부재를 일체로 만들어 전체의 강성이 큰 구조가 된다.

문제 060
CAD 작업에서 도면층(layer)이란?

㉮ 투명한 여러 장의 도면을 겹쳐 놓은 효과를 얻는 것이다.
㉯ 축척에 따라 도면을 보여 주는 것이다.
㉰ 도면의 크기를 설정해 놓은 것이다.
㉱ 도면의 위치를 설정해 놓은 것이다.

해설 도면층이란 여러 장의 투명한 비닐종이에 단면, 입면 등의 용도별로 나누어 그려진 그림층이다.

답 056. ㉰ 057. ㉯ 058. ㉰ 059. ㉯ 060. ㉮

전산응용토목제도기능사

2015 기출문제

▷ 2015년 제 1회
▶ 2015년 제 4회
▷ 2015년 제 5회

부록 최근 기출문제 — 2015년 제1회

> **「알려드립니다」** 한국산업인력공단의 저작권법 저촉에 대한 언급이 있어 과거에 출제된 동일한 문제나 그 유형의 문제로 재구성하였습니다.

문제 001
선의 종류 중 가상선은 어느 선으로 사용하는가?

㉮ 실선 ㉯ 파선
㉰ 1점 쇄선 ㉱ 2점 쇄선

해설 가상선은 실제로 표현되지 않지만 입체를 형성할 때 가상되는 정해진 선이다.

문제 002
거푸집에 쉽게 다져 넣을 수 있고 거푸집을 떼어내면 천천히 모양이 변하기는 하지만 허물어지거나 재료의 분리가 일어나지 않는 굳지 않은 콘크리트의 성질을 무엇이라 하는가?

㉮ 워커빌리티 ㉯ 반죽질기
㉰ 피니셔빌리티 ㉱ 성형성

해설 성형성은 거푸집을 제거한 후 쉽게 허물어지지 않는 성질이다.

문제 003
재령 28일 콘크리트 평균 압축강도가 24MPa이고 단위질량이 2,200kg/m³일 때 콘크리트의 탄성계수 E_c는?

㉮ 22,123 MPa ㉯ 24,127 MPa
㉰ 23,895 MPa ㉱ 24,275 MPa

해설
- $E_c = 0.077 m_c^{1.5} \sqrt[3]{f_{cm}}$
  $= 0.077 \times 2200^{1.5} \times \sqrt[3]{24+4}$
  $= 24,127 \text{MPa}$
- 보통 골재를 사용한 콘크리트($m_c = 2,300$kg/m³)의 경우는 $E_c = 8,500 \sqrt[3]{f_{cm}}$
  여기서, 재령 28일 콘크리트의 평균 압축강도 $f_{cm} = f_{ck} + \triangle f$ 이다.
  $\triangle f$ 는 f_{ck}가 40MPa 이하 4MPa
  f_{ck}가 60MPa 이상 6MPa
  그 사이는 직선보간하여 구한다.

문제 004
콘크리트에 AE(공기연행)제를 혼합하는 주목적은?

㉮ 워커빌리티 증대를 위해서
㉯ 부피를 증대하기 위해서
㉰ 강도의 증대를 위해서
㉱ 시멘트 절약을 위해서

해설 공기연행제 사용의 영향
- 콘크리트의 워커빌리티를 개선한다.
- 블리딩을 감소시킨다.
- 단위수량을 적게 한다.
- 철근과 부착강도가 저하된다.

문제 005
철근 콘크리트에서 콘크리트의 피복두께에 대한 설명이 잘못된 것은?

㉮ 철근이 산화하지 않도록 피복두께를 설치한다.
㉯ 철근과 콘크리트의 부착력을 확보한다.
㉰ 내화구조를 위해 피복두께를 설치한다.
㉱ 슬래브의 피복두께는 보와 기둥의 피복 두께보다 더 크게 설치한다.

해설
- 슬래브 피복두께
  - D35 초과 : 40mm
  - D35 이하 : 20mm
- 보, 기둥 피복두께 : 40mm

답 001. ㉱ 002. ㉱ 003. ㉯ 004. ㉮ 005. ㉱

문제 006
다음 중 철근의 이음 방법이 아닌 것은?
- ㉮ 신축이음
- ㉯ 겹침이음
- ㉰ 용접이음
- ㉱ 기계적 이음

해설
- D35를 초과하는 철근은 겹침이음을 해서는 안 된다.
- 용접이음과 기계적 이음은 철근 항복강도의 125% 이상을 발휘할 수 있어야 한다.

문제 007
강도 설계법에 있어 강도 감소계수 ϕ의 값으로 잘못 연결된 것은?
- ㉮ 축방향 나선철근 부재 : $\phi=0.70$
- ㉯ 휨 부재 : $\phi=0.75$
- ㉰ 휨 모멘트를 받는 무근 콘크리트 : $\phi=0.55$
- ㉱ 축방향 인장 부재 : $\phi=0.85$

해설
- 휨 부재의 경우 : 0.85
- 전단과 비틀림을 받는 부재의 경우 : 0.75

문제 008
일반적인 철근 콘크리트(RC)에 비하여 프리스트레스트 콘크리트(PSC)의 특징 중 틀린 것은?
- ㉮ PSC는 RC에 비하여 고강도의 콘크리트를 사용한다.
- ㉯ PSC는 설계하중이 작용하더라도 균열이 발생하지 않는다.
- ㉰ PSC는 RC에 비하여 단면을 작게 할 수 있어 지간이 긴 교량에 적당하다.
- ㉱ PSC에서는 프리스트레싱 작업시 최대 응력을 받으므로 사용하중 상태에서 안전성이 낮다.

해설
- PSC 구조물은 안전성이 높다.
- RC에 비하여 단면이 작기 때문에 변형이 크고 진동하기 쉽다.
- PSC 구조물은 높은 온도에 강도의 변화가 있으므로 내화성에 불리하다.

문제 009
그림과 같은 단면을 가지는 단순보에 대한 중립축 위치 c는? (단, $b=300$mm, $d=420$mm, $f_{ck}=28$MPa, $f_y=420$MPa, $A_s=2,580$mm^{2}이다.)
- ㉮ 247mm
- ㉯ 252mm
- ㉰ 257mm
- ㉱ 259mm

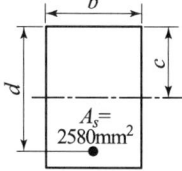

해설
$$c=\frac{660}{660+f_y}\cdot d$$
$$=\frac{660}{660+420}\times 420 = 257\text{mm}$$

문제 010
다음 중 슬래브의 배력 철근에 대한 설명이 잘못된 것은?
- ㉮ 주철근의 직각 또는 직각에 가까운 방향으로 배치한 보조철근을 말한다.
- ㉯ 응력을 한 방향으로 분포시키기 위해서 설치한다.
- ㉰ 배력 철근은 주철근의 간격을 유지시켜 준다.
- ㉱ 균열을 제어할 목적으로 시공한다.

해설
- 배력 철근
  정철근 또는 부철근에 직각 또는 직각에 가까운 방향으로 배치한 보조철근
- 배력 철근을 배치하는 이유
  ① 주철근의 간격을 유지시켜 준다.
  ② 응력을 고르게 분포시킨다.
  ③ 건조수축이나 온도 변화에 의한 수축을 감소시키고 균열을 제어 분포시킨다.

문제 011
다음은 재료의 단면표시 방법 중 하나이다. 무엇을 표시하는가?
- ㉮ 지반면(암반)
- ㉯ 지반면(자갈)
- ㉰ 지반면(흙)
- ㉱ 지반면(모래)

암반면(바위)　자갈　모래

문제 012

도면번호, 도면명, 도면의 작성일, 제도자의 이름 등 도면 관리상 필요한 내용을 기입한 곳을 무엇이라 하는가?

㉮ 중심 마크　㉯ 표제란
㉰ 윤곽선　㉱ 재단 마크

해설 표제란에는 공사명, 도면명, 축척, 도면번호, 설계일, 설계자명 등을 기입한다.

문제 013

철근 콘크리트 보에서 콘크리트의 등가 직사각형 압축응력의 깊이는 $a = \beta_1 \cdot c$ 식으로 구할 수 있다. 이 때 β_1은 콘크리트의 압축응력에 따라 변하는 계수로서 f_{ck}가 30MPa인 경우 그 값으로 옳은 것은?

㉮ 0.925　㉯ 0.85
㉰ 0.8　㉱ 0.65

해설 $f_{ck} \leq 40$MPa일 때 $\beta_1 = 0.8$

문제 014

콘크리트 구조물에 일정한 힘을 가한 상태에서 힘은 변화하지 않는데 시간이 지나면서 점차 변형이 증가되는 성질을 무엇이라 하는가?

㉮ 탄소　㉯ 크랙(crack)
㉰ 소성　㉱ 크리프(creep)

해설
• 탄성
외력에 의해 물체가 변형되었다가 외력을 제거하면 원상태로 되돌아가는 성질
• 소성
외력에 의해 물체가 변형되었다가 외력을 제거하여도 변형된 상태로 남아 있는 성질
• 릴랙세이션
재료에 하중을 가했을 때 시간의 경과함에 따라 재료의 응력이 감소하는 현상

문제 015

치수 기입을 할 때 지름을 표시하는 기호로 옳은 것은?

㉮ R　㉯ C
㉰ □　㉱ ϕ

해설
• R : 반지름
• C : 모따기
• □ : 정사각형 단면

문제 016

그림과 같은 모양의 I형강 2개를 바르게 표시한 것은? (축방향 길이 = 2,000)

㉮ 2-I 30×60×10×2000
㉯ 2-I 60×30×10×2000
㉰ I-2 10×60×30×2000
㉱ I-2 10×30×60×2000

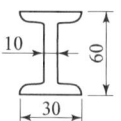

해설

I형강　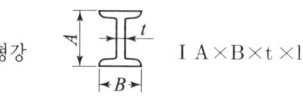　I A×B×t×l

(여기서, A : 긴 변의 길이, l : 축방향 길이)

문제 017

제도 용지 중 A3 용지의 크기는? (단, 단위는 mm이다.)

㉮ 254×385　㉯ 268×398
㉰ 274×412　㉱ 297×420

해설
• A3 : 297×420mm
• A4 : 210×297mm

문제 018

물-시멘트비가 55%이고, 단위수량이 176kg이면 단위시멘트량은?

㉮ 273 kg　㉯ 295 kg
㉰ 320 kg　㉱ 350 kg

해설 $\dfrac{W}{C} = 55\%$

$\therefore C = \dfrac{W}{0.55} = \dfrac{176}{0.55} = 320$kg

답 012. ㉯　013. ㉰　014. ㉱　015. ㉱　016. ㉯　017. ㉱　018. ㉰

문제 019
철근과 콘크리트 사이의 부착에 영향을 주는 주요 원리와 거리가 먼 것은?
㉮ 콘크리트와 철근 표면의 마찰 작용
㉯ 시멘트 풀과 철근 표면의 점착 작용
㉰ 이형철근 표면에 의한 기계적 작용
㉱ 거푸집에 의한 압축 작용

해설
- 콘크리트의 압축강도가 클수록 부착강도가 크다.
- 이형철근은 원형철근보다 부착강도가 크다.
- 약간 녹이 있는 철근은 새 철근보다 부착강도가 크다.
- 같은 양의 철근을 배근할 때 철근 지름이 큰 것보다 가는 철근을 여러 개 사용하는 것이 부착에 좋다.
- 피복 두께가 클수록 부착강도가 좋다.
- 블리딩 영향으로 수평철근이 수직철근보다 부착강도가 작다.
- 수평철근 중 상부철근이 하부철근보다 부착강도가 떨어진다.

문제 020
인장을 받는 곳에 겹침이음을 할 수 있는 철근은?
㉮ D25   ㉯ D38
㉰ D41   ㉱ D51

해설
- D35를 초과하는 철근은 겹침이음을 하지 않아야 한다.
- 인장을 받는 이형철근의 겹침이음 길이는 A급과 B급으로 최소길이는 300mm 이상이다.

문제 021
옹벽의 역할을 가장 바르게 설명한 것은?
㉮ 교량의 받침대 역할을 한다.
㉯ 비탈면에서 흙이 무너져 내려오는 것을 방지하는 역할을 한다.
㉰ 상하수도관으로 활용된다.
㉱ 도로의 측구 역할을 한다.

해설
- 토압에 저항하여 토사의 붕괴를 방지하기 위해 설치되는 구조물을 옹벽이라 한다.
- 옹벽은 전도, 활동, 지반 지지력에 대해 안정해야 한다.

문제 022
강구조의 특징에 대한 설명으로 옳은 것은?
㉮ 콘크리트에 비해 품질관리가 어렵다.
㉯ 재료의 세기, 즉 강도가 콘크리트에 비해 월등히 작다.
㉰ 콘크리트에 비해 공사기간이 단축된다.
㉱ 콘크리트에 비해 부재의 치수가 크게 된다.

해설
- 강재는 콘크리트에 비해 품질관리가 쉽다.
- 재료의 세기, 즉 강도가 콘크리트에 비해 우수하다.
- 콘크리트에 비해 부재의 치수가 작게 된다.

문제 023
도면의 작도에 대한 설명 중 틀린 것은?
㉮ 그림은 간단히 하고, 중복을 피한다.
㉯ 대칭적인 것은 중심선의 한쪽에 외형도, 반대쪽은 단면도로 표시할 수 있다.
㉰ 경사면을 가진 구조물의 표시는 경사면 부분만의 보조도를 넣을 수 있다.
㉱ 보이는 부분은 굵은 실선으로 하고, 숨겨진 부분은 가는 실선으로 하여 구분한다.

해설 보이는 부분은 실선으로 하고 숨겨진 부분은 파선으로 하여 구분한다.

문제 024
1방향 철근 콘크리트 슬래브의 수축·온도철근의 간격으로 옳은 것은?
㉮ 슬래브 두께의 5배 이하, 또한 450mm 이하
㉯ 슬래브 두께의 6배 이하, 또한 500mm 이하
㉰ 슬래브 두께의 5배 이상, 또한 450mm 이상
㉱ 슬래브 두께의 6배 이상, 또한 500mm 이상

해설 수축·온도철근으로 배근되는 이형철근의 철근비는 어떤 경우에 있어서도 0.0014 이상이어야 한다.

답 019. ㉱ 020. ㉮ 021. ㉯ 022. ㉰ 023. ㉱ 024. ㉮

문제 025
기억장치 중 기억된 자료를 읽고 쓰는 것이 모두 가능하며 전원이 끊어지면 기억된 내용이 모두 사라지는 기억장치는?

㉮ ROM ㉯ RAM
㉰ 하드 디스크 ㉱ 자기 디스크

해설
- ROM의 경우 한 번 기억한 내용은 전원을 끊어도 소멸되지 않는다.
- RAM은 전원이 끊어지면 기억된 내용이 모두 소멸된다.

문제 026
정면, 평면, 측면을 하나의 투상도에서 동시에 볼 수 있으며 직각으로 만나는 3개의 모서리가 각각 120°를 이루게 그리는 도법은?

㉮ 등각 투상도 ㉯ 유각 투상도
㉰ 경사 투상도 ㉱ 평행 투상도

해설 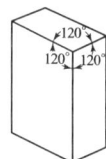 등각 투상도는 하나의 그림으로 정육면체의 세 면을 같은 정도로 표시할 수 있다.

문제 027
그림과 같이 투상하는 방법은?

㉮ 제1각법
㉯ 제2각법
㉰ 제3각법
㉱ 제4각법

해설 제1각법
① 눈 → 물체 → 투상면
② 각 면에 보이는 물체는 서로 반대쪽에 배치된다.

문제 028
멀고 가까운 거리감을 느낄 수 있도록 하나의 시점과 물체의 각 점을 방사선상으로 이어서 그리는 도법으로 구조물의 조감도에 많이 쓰이는 투상법은?

㉮ 투시도법 ㉯ 사투상법
㉰ 정투상법 ㉱ 축측 투상법

해설 투시도법은 주로 토목이나 건축에서 현장의 겨냥도, 구조물의 조감도 등에 쓰인다.

문제 029
구조물의 평면도, 입면도, 단면도 등에 의해서 그 형식과 일반 구조를 나타내는 도면은?

㉮ 일반도 ㉯ 구조선도
㉰ 조립도 ㉱ 공정도

해설 일반도
구조물의 측면도, 평면도, 단면도에 의해 그 형식, 일반 구조를 표시하는 도면으로서 주요한 내용을 설명하기 위한 것이며 필요에 따라서 구조물에 관련 있는 지형 및 지질 등을 표시하는 경우도 있다.

문제 030
철근의 치수와 배치를 나타낸 도면은?

㉮ 일반도 ㉯ 구조 일반도
㉰ 배근도 ㉱ 외관도

해설 구조도
콘크리트 내부의 구조 주체를 도면에 표시한 것으로서 철근, PC 강재 등 설계상 필요한 여러 가지 재료의 모양, 품질 등을 표시한 도면이며 일반적으로 배근도라고도 하며 현장에서는 이 도면에 따라 철근의 가공, 배치 등을 한다.

문제 031
토목 재료로서의 콘크리트 특징으로 옳지 않은 것은?

㉮ 부재나 구조물의 크기를 마음대로 만들 수 있다.
㉯ 압축강도와 내구성이 크다.
㉰ 재료의 운반과 시공이 쉽다.
㉱ 압축강도에 비해 인장강도가 크다.

해설 압축강도에 비해 인장강도가 작다.

답 025. ㉯ 026. ㉮ 027. ㉮ 028. ㉮ 029. ㉮ 030. ㉰ 031. ㉱

문제 032

세계 토목 구조물의 역사에 대한 설명 중 틀린 것은?

㉮ 기원전 1~2세기경 아치교의 발달 – 프랑스의 가르교
㉯ 9~10세기경 미적, 구조적 변화 – 영국의 런던교
㉰ 15세기 조선시대 건설 – 청계천의 수표교
㉱ 21세기 신소재 신장비의 개발 – 미국의 금문교

해설 미국의 금문교
20세기 건설역사의 유물이자 신기술을 이용한 리노베이션으로 인한 미래형 교량

문제 033

다음 중 콘크리트를 표시하는 기호는?

㉮ 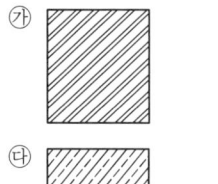 ㉯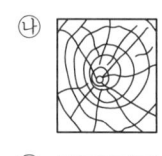

㉰ 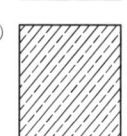 ㉱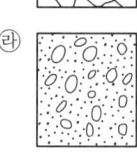

해설 ㉮ : 강철, ㉯ : 목재, ㉰ : 놋쇠

문제 034

긴 부재의 절단면 표시 중 파이프의 절단면 표시로 옳은 것은?

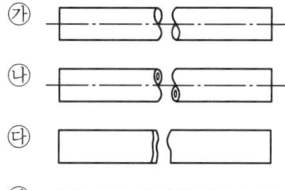

해설 ㉮ : 환봉, ㉰ : 각봉, ㉱ : 나무

문제 035

자중을 포함한 수직하중 200kN를 받는 독립 확대기초에서 허용 지지력이 40kN/m²일 때, 확대기초의 필요한 최소 면적은?

㉮ $2m^2$ ㉯ $3m^2$
㉰ $5m^2$ ㉱ $6m^2$

해설 $q_a = \dfrac{P}{A}$

$\therefore A = \dfrac{P}{q_a} = \dfrac{200}{40} = 5m^2$

문제 036

그림과 같은 구조용 재료의 단면 표시에 해당되는 것은?

㉮ 아스팔트
㉯ 모르타르
㉰ 콘크리트
㉱ 벽돌

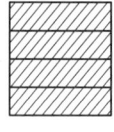

해설

  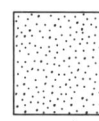 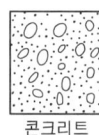
아스팔트　모르타르　콘크리트

문제 037

아래 그림과 같은 강관의 치수 표시 방법으로 옳은 것은? (단, B : 내측 지름, L : 축방향 길이)

㉮ 원형 $\phi A-L$
㉯ $\phi A \times t - L$
㉰ $\square A \times B - L$
㉱ $B \times A \times L - t$

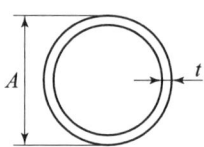

해설 ・환강

보통 $\phi\ A-L$
이형 $D\ A-L$

・평강

$\square B \times A - L$

답 032. ㉱ 033. ㉱ 034. ㉯ 035. ㉰ 036. ㉱ 037. ㉯

문제 038
공장제품용 콘크리트의 촉진 양생방법에 속하는 것은?

㉮ 오토클래브 양생   ㉯ 수중 양생
㉰ 살수 양생   ㉱ 매트 양생

해설 공장제품의 콘크리트 양생에는 증기양생, 오토클레이브 양생, 가압 양생 등이 있다.

문제 039
도면의 문자 제도 방법으로 옳지 않은 것은?

㉮ 문자의 크기는 원칙적으로 높이에 의한 호칭에 따라 표시한다.
㉯ 영자는 주로 로마자의 소문자를 사용한다.
㉰ 숫자는 주로 아라비아 숫자를 사용한다.
㉱ 한글자의 서체는 활자체에 준하는 것이 좋다.

해설
- 영문자는 로마자의 대문자를 사용한다.
- 도면의 문자는 숫자, 한글, 로마자 등이 있다.

문제 040
6kN/m의 등분포 하중을 받는 지간 4m의 철근 콘크리트 캔틸레버 보가 있다. 이 보의 작용 모멘트는? (단, 하중계수는 적용하지 않는다.)

㉮ 12 kN·m   ㉯ 24 kN·m
㉰ 36 kN·m   ㉱ 48 kN·m

해설
- 보에 작용하는 하중
  $\omega l = 6 \times 4 = 24 kN$
- 보에 작용하는 모멘트
  $\omega l \times \dfrac{l}{2} = 24 \times \dfrac{4}{2} = 48 kN \cdot m$

문제 041
삼각 스케일에 표시된 축척이 아닌 것은?

㉮ 1 : 50   ㉯ 1 : 200
㉰ 1 : 300   ㉱ 1 : 600

해설 삼각 스케일에 표시된 축척은 1 : 100, 1 : 200, 1 : 300, 1 : 400, 1 : 500, 1 : 600이다.

문제 042
단철근 직사각형 보 단면의 폭이 300mm, 콘크리트 설계기준 압축강도 24MPa, 철근의 항복강도 400MPa, 인장철근량 2,500mm²일 때 등가 직사각형의 응력분포 깊이(a)는?

㉮ 123mm   ㉯ 139mm
㉰ 163mm   ㉱ 189mm

해설
$$a = \dfrac{A_s f_y}{\eta(0.85 f_{ck})b} = \dfrac{2,500 \times 400}{1.0 \times (0.85 \times 24) \times 300}$$
$$= 163mm$$

문제 043
압축공기를 이용하여 호스 속의 콘크리트, 모르타르를 시공면에 뿜어서 만든 콘크리트 또는 모르타르를 무엇이라 하는가?

㉮ 수밀 콘크리트
㉯ 프리플레이스트 콘크리트
㉰ 숏크리트
㉱ 유동화 콘크리트

해설 숏크리트는 빠르게 운반하고 급결제를 첨가한 후에는 바로 뿜어 붙이기 작업을 한다.

문제 044
철근 콘크리트용 표준 갈고리에 대한 설명 중 옳지 않은 것은? (단, d_b : 철근의 공칭지름)

㉮ 180° 표준 갈고리는 구부린 반원 끝에서 $4d_b$ 이상, 또한 60mm 이상 더 연장하여야 한다.
㉯ 90° 표준 갈고리는 구부린 끝에서 $12d_b$ 이상 더 연장하여야 한다.
㉰ 주철근의 표준 갈고리는 90° 표준 갈고리와 180° 표준 갈고리로 분류한다.
㉱ 스터럽과 띠철근 표준 갈고리는 90° 표준 갈고리와 180° 표준 갈고리로 분류한다.

해설 스터럽과 띠철근 표준 갈고리는 90° 표준 갈고리와 135° 표준 갈고리로 분류한다.

답 038. ㉮ 039. ㉯ 040. ㉱ 041. ㉮ 042. ㉰ 043. ㉰ 044. ㉱

문제 045
치수 보조선에 대한 설명 중 틀린 것은?
- ㉮ 치수 보조선은 치수선과 항상 직각이 되도록 그어야 한다.
- ㉯ 치수 보조선은 치수선보다 약간 길게 끌어내어 그린다.
- ㉰ 불가피한 경우가 아닐 때에는 치수 보조선과 치수선이 다른 선과 교차하지 않게 한다.
- ㉱ 다른 치수 보조선과 교차되어 복잡한 경우 외형선을 치수 보조선으로 대신 사용할 수 있다.

해설 치수 보조선은 치수를 기입하는 형상에 대해 수직으로 그린다. 필요할 경우에는 경사지게 그릴 수 있으나 서로 평행해야 한다.

문제 046
컴퓨터 처리속도 단위로 옳지 않은 것은?
- ㉮ ns(nano, 나노초) : 10^{-9}초
- ㉯ ps(pico, 피코초) : 10^{-6}초
- ㉰ ms(milli, 밀리초) : 10^{-3}초
- ㉱ fs(femto, 펨토초) : 10^{-15}초

해설
- μs(micro, 마이크로초) : 10^{-6}초
- ps(pico, 피코초) : 10^{-12}초
- 처리속도가 느린 것부터 배열 : 1ms, 1μs, 1ps

문제 047
프리스트레스를 도입한 후의 손실 원인이 아닌 것은?
- ㉮ 콘크리트의 크리프
- ㉯ 콘크리트의 건조수축
- ㉰ 콘크리트의 블리딩
- ㉱ PS 강재의 릴랙세이션

해설 프리스트레스를 도입할 때 일어나는 손실
- 콘크리트의 탄성변형에 의한 손실
- 강재와 쉬스의 마찰에 의한 손실
- 정착단의 활동에 의한 손실

문제 048
자동차나 사람과 같은 이동하중의 활하중이 작용하는 구조물은?
- ㉮ 기둥
- ㉯ 슬래브
- ㉰ 옹벽
- ㉱ 보

해설 자동차, 트럭이 교량 위를 달릴 때 교량이 진동하게 되는데, 이러한 하중을 충격하중이라 하며 자동차와 같은 이동하중의 활하중이 작용하는 것이다.

문제 049
다음 그림과 같은 기둥의 종류에 해당하는 것은?
- ㉮ 나선철근 기둥
- ㉯ 강구조합성 기둥
- ㉰ 띠철근 기둥
- ㉱ 강관합성 기둥

해설 띠철근 기둥
주철근의 둘레를 일정 간격마다 띠철근으로 둘러 감은 철근 콘크리트 기둥

문제 050
화학 저항성이 높아 해수, 공장폐수, 하수 등에 접하는 콘크리트에 적합한 시멘트는?
- ㉮ 팽창 시멘트
- ㉯ 고로 시멘트
- ㉰ 중용열 포틀랜드 시멘트
- ㉱ 조강 포틀랜드 시멘트

해설 고로 시멘트
초기강도는 약간 낮으나, 장기강도는 보통 포틀랜드 시멘트와 같은 정도이다.

문제 051
위험 단면에서 슬래브의 정모멘트 철근 및 부모멘트 철근의 중심 간격으로 옳지 않은 것은?
- ㉮ 슬래브 두께의 2배 이하
- ㉯ 200mm 이하
- ㉰ 위험 단면 외 기타 단면에서 450mm 이하

답 045. ㉮ 046. ㉯ 047. ㉰ 048. ㉯ 049. ㉰ 050. ㉯ 051. ㉯

㉣ 위험 단면 외 기타 단면에서 슬래브 두께의 3배 이하

해설 슬래브 두께의 2배 이하 또는 300mm 이하

문제 052
토목 구조물의 종류에서 합성형 구조의 특징으로 옳지 않은 것은?
㉮ 양호한 품질의 콘크리트를 사용한다.
㉯ 부재의 치수를 작게 할 수 있으며 역학적으로 유리하다.
㉰ 콘크리트 슬래브를 이어 쳐서 일체로 작용하게 하므로 크리프 및 건조수축을 검토할 필요가 없다.
㉱ 상부의 플랜지 단면이 감소된다.

해설 강재의 보 위에 철근 콘크리트 슬래브를 이어 쳐서 양자가 일체로 작용하도록 하는 구조이므로 콘크리트의 크리프 및 건조수축을 검토할 필요가 있다.

문제 053
일반적인 강구조의 특징으로 옳지 않은 것은?
㉮ 강은 0.04~2%의 탄소함유량으로 연성이 풍부하다.
㉯ 리벳이나 볼트 또는 용접 등에 의해 접합한다.
㉰ 강재의 재료는 균질성이 우수하다.
㉱ 부재를 개수하거나 보강하기가 곤란하다.

해설 부재를 개수하거나 보강하기가 쉽다.

문제 054
정투상도법에 대한 설명으로 옳지 않은 것은?
㉮ 정면도와 평면도를 보고 그 물체를 알 수 있더라도 측면도는 생략해서는 안 된다.
㉯ 정면도와 배면도가 동일 또는 대칭인 경우는 배면도를 생략할 수 있다.
㉰ 좌측면도와 우측면도가 동일 또는 대칭인 경우는 한 면의 측면도를 생략할 수 있다.
㉱ 평면도와 저면도가 동일 또는 대칭인 경우는 저면도를 생략할 수 있다.

해설 정면도와 평면도를 보고 그 물체를 알 수 있을 경우에는 측면도를 생략할 수 있다.

문제 055
교량의 설계 시 고려할 사항 중 내구성에 관한 설명으로 옳은 것은?
㉮ 주변 경관과 조화가 잘 이루어지도록 설계 시 고려되어야 한다.
㉯ 건설비, 유지비, 위험 보상비, 편의 등의 총 경비를 최소화해야 한다.
㉰ 사용하기 편리하고 기능적이며 교량과 같은 경우에 진동 문제로 사용자에게 불안감을 주는 일이 없도록 설계되어야 한다.
㉱ 구조상의 결함이나 손상을 발생시키지 않고 오래 사용할 수 있어야 한다.

해설
- ㉮ – 미관성
- ㉯ – 경제성
- ㉰ – 사용성

문제 056
비합성 강형 교량과 비교했을 때 강RC 합성형 교량의 특징이 아닌 것은?
㉮ 콘크리트 슬래브의 크리프 및 건조수축을 검토해야 한다.
㉯ 양호한 콘크리트를 사용해야 한다.
㉰ 판형 높이가 높아진다.
㉱ 상부의 플랜지 단면이 감소된다.

해설 판형 높이가 낮아진다.

문제 057
설계제도를 하는 데 있어 다양한 분야에서 정밀하고 능률적으로 작업을 지원할 수 있는 소프트웨어는?
㉮ Access ㉯ Excel
㉰ CAD ㉱ CAI

답 052. ㉰ 053. ㉱ 054. ㉮ 055. ㉱ 056. ㉰ 057. ㉰

해설 CAD 소프트웨어는 화면 제어기능, 치수 기입 기능, 도형 편집기능 등을 갖추고 있어야 한다.

문제 058

T형보에서 유효폭 b의 결정기준에 대한 내용으로 옳지 않은 것은? (단, b_w : 복부의 폭)

㉮ (보 경간의 1/12)+b_w
㉯ 양쪽 슬래브 중심거리
㉰ 보 경간의 1/4
㉱ (양쪽으로 각각 내민 플랜지 두께의 8배씩)+b_w

해설 비대칭 T형보의 유효폭 산정기준
- (보 경간의 1/12)+b_w
- (인접 슬래브 폭의 1/2)+b_w
- 내민 플랜지 두께의 6배+b_w
위 항목 중 최솟값을 적용한다.

문제 059

도로 제도에 대한 설명 중 틀린 것은?

㉮ 종단면도 축척은 세로 1/100~1/200, 가로 1/500~1/2000로 한다.
㉯ 평면도 축척은 1/500~1/2000로 하고 기점은 오른쪽에 둔다.
㉰ 횡단면도의 계획선은 종단면도에서 각 측점의 흙깎기 또는 흙쌓기 높이로 한다.
㉱ 횡단면도는 기점을 정한 후에 각 중심 말뚝의 위치를 정하고 횡단 측량의 결과를 중심 말뚝의 좌우를 취하여 지반선을 긋는다.

해설 평면도 축척은 1/500~1/2000로 하고 기점은 왼쪽에 둔다.

문제 060

다음 그림에서 헌치 철근 배근으로 옳은 것은?

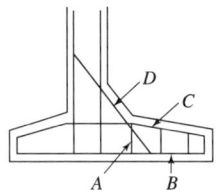

㉮ A
㉯ B
㉰ C
㉱ D

해설 콘크리트 단부에는 전단력이 크기 때문에 헌치 철근을 배근한다.

답 058. ㉮ 059. ㉯ 060. ㉱

부록 최근 기출문제

2015년 제4회

「**알려드립니다**」 한국산업인력공단의 저작권법 저촉에 대한 언급이 있어 과거에 출제된 동일한 문제나 그 유형의 문제로 재구성하였습니다.

문제 001
단철근 직사각형 보에서 단면이 평형 단면일 경우 중립축의 위치 결정에서 사용하는 철근의 탄성계수는?

㉮ 2,000 MPa ㉯ 200 MPa
㉰ 200,000 MPa ㉱ 2,000,000 MPa

문제 002
강도 설계법에 있어 강도 감소계수 ϕ의 값으로 잘못 연결된 것은?

㉮ 축방향 나선철근 부재 : $\phi = 0.70$
㉯ 휨 부재 : $\phi = 0.75$
㉰ 휨 모멘트를 받는 무근 콘크리트 : $\phi = 0.55$
㉱ 축방향 인장 부재 : $\phi = 0.85$

해설 • 휨 부재의 경우 : 0.85
• 전단과 비틀림을 받는 부재의 경우 : 0.75

문제 003
다음과 같은 선의 종류 중 보이지 않는 부분의 모양을 표시할 때 사용하는 선은?

㉮ 일점 쇄선 ㉯ 파선
㉰ 이점 쇄선 ㉱ 실선

해설 • 가는 1점 쇄선
① 도형의 중심을 표시하는 중심선에 사용
② 위치 결정의 근거가 되는 기준선을 명시할 때 사용
③ 반복되는 도형의 피치를 나타내는 기준을 표시하는 피치선에 사용
• 가는 2점 쇄선
가상선, 무게 중심선에 사용

문제 004
콘크리트에 일어날 수 있는 인장응력을 상쇄하기 위하여 미리 계획적으로 압축응력을 준 콘크리트를 무엇이라 하는가?

㉮ 강 구조물
㉯ 합성 구조물
㉰ 철근 콘크리트
㉱ 프리스트레스트 콘크리트

해설 프리스트레스트 콘크리트는 인장응력에 의한 균열이 방지되고 콘크리트의 전 단면을 유효하게 이용할 수 있다.

문제 005
1방향 슬래브의 최대 휨모멘트가 일어나는 단면에서 정철근 및 부철근의 중심간격으로 옳은 것은?

㉮ 슬래브 두께의 2배 이하이어야 하고 또한 300mm 이상이어야 한다.
㉯ 슬래브 두께의 2배 이하이어야 하고 또한 300mm 이하이어야 한다.
㉰ 슬래브 두께의 3배 이하이어야 하고 또한 400mm 이상이어야 한다.
㉱ 슬래브 두께의 3배 이하이어야 하고 또한 400mm 이하이어야 한다.

해설 • 1방향 슬래브의 두께는 100mm 이상이어야 한다.
• 1방향 슬래브에서는 정철근 및 부철근에 직각 방향으로 배력철근을 배치해야 한다.

답 001. ㉰ 002. ㉯ 003. ㉯ 004. ㉱ 005. ㉯

문제 006
토목 구조물의 특징에 속하지 않는 것은?
㉮ 건설에 많은 비용과 시간이 소요된다.
㉯ 공공의 목적으로 건설되기 때문에 사회의 감시와 비판을 받게 된다.
㉰ 구조물의 공용 기간이 길어 장래를 예측하여 설계하고 건설해야 한다.
㉱ 다량으로 생산하는 것이 쉽다.

해설
- 다량으로 생산하는 것이 어렵다.
- 일회성으로 동일한 조건의 구조물이 건설되지 않는다.

문제 007
CAD 작업의 특징이 아닌 것은?
㉮ 설계자가 컴퓨터 화면을 통하여 대화방식으로 도면을 입·출력할 수 있다.
㉯ 도면분석, 수정, 제작이 수작업에 비하여 더 정확하고 빠르다.
㉰ 설계 도면을 여러 사람이 동시에 작업할 수 없으며 표준화 작업이 어렵다.
㉱ 설계 시간의 단축으로 일의 생산성을 향상시킨다.

해설
- 설계 도면을 여러 사람이 동시에 작업할 수 있으며 표준화 작업이 쉽다.
- 입체적 표현이 가능하여 표현 방법이 다양하다.

문제 008
교량을 통행하는 사람이나 자동차 등의 이동하중은 다음 중 어떤 하중으로 볼 수 있는가?
㉮ 고정하중   ㉯ 풍하중
㉰ 설하중   ㉱ 활하중

해설 활하중 : 열차, 자동차, 군중 따위가 구조물 위를 이동할 때에 생기는 하중으로 교량 등의 구조를 설계할 때에 고려한다.

문제 009
90° 갈고리 90° 원의 끝에서 철근 지름의 최소 몇 배 이상 연장하는가?
㉮ 10배   ㉯ 12배
㉰ 15배   ㉱ 20배

해설
- 90° 표준 갈고리는 구부린 끝에서 $12d_b$ 이상 더 연장되어야 한다.
- 180° 표준 갈고리는 구부린 반원 끝에서 $4d_b$ 이상, 또한 60mm 이상 더 연장되어야 한다.

문제 010
다음 그림과 같은 물체를 제3각법으로 나타낼 때 평면도는?

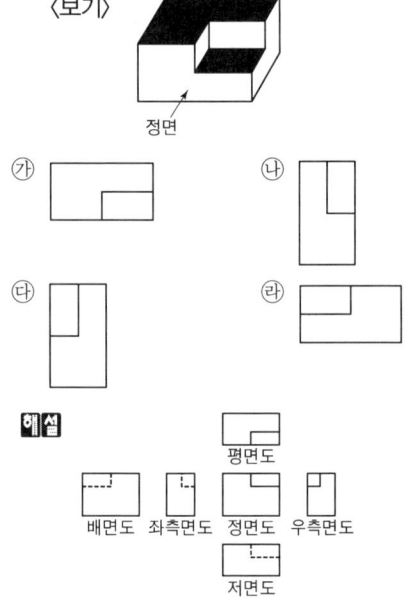

문제 011
도면의 작도 방법에 대한 기본 사항 중 틀린 설명은?
㉮ 철근 치수 및 기호를 표시하고 누락되지 않도록 주의한다.
㉯ 단면도는 실선으로 주어진 치수대로 정확히 작도한다.
㉰ 단면도에 표시된 철근 길이가 벗어나지 않도록 주의한다.
㉱ 단면도에 배근될 철근 수량은 정확하여야 하나, 철근의 간격은 일정하지 않아도 무방하다.

답 006. ㉱ 007. ㉰ 008. ㉱ 009. ㉯ 010. ㉮ 011. ㉱

해설 단면도에서 단면으로 표시되는 철근의 수량과 철근 간격을 정확히 균일성 있게 표시한다.

문제 012
철근 콘크리트에서 철근의 피복두께에 대한 설명으로 적당한 것은?

㉮ 콘크리트 표면과 그에 가장 가까이 배치된 철근 표면 사이의 최단거리이다.
㉯ 콘크리트 표면과 그에 가장 가까이 배치된 철근 중심 사이의 최단거리이다.
㉰ 콘크리트 표면과 그에 가장 가까이 배치된 철근 사이의 최장거리이다.
㉱ 콘크리트 표면과 그에 가장 가까이 배치된 철근 사이의 간격 1/2에 해당하는 거리이다.

해설 최소 피복두께 : 콘크리트의 표면에서 가장 바깥쪽 철근의 표면까지의 최단거리

문제 013
다음 시멘트 중에서 수화열이 적고 해수에 대한 저항성이 커서 댐 및 방파제 공사에 적합한 시멘트는?

㉮ 조강 포틀랜드 시멘트
㉯ 플라이 애시 시멘트
㉰ 알루미나 시멘트
㉱ 팽창 시멘트

해설
• 플라이 애시 시멘트는 수화열이 적고 건조수축도 적으며 해수에 대한 내화학성이 크다.
• 중용열 포틀랜드 시멘트와 플라이 애시 시멘트는 댐 공사에 적합하다.

문제 014
다음 〈보기〉의 특징이 설명하고 있는 교량 형식은?

〈보기〉
㉠ 부재를 삼각형의 뼈대로 만든 것으로 보의 작용을 한다.
㉡ 수직 또는 수평 브레이싱을 설치하여 횡압에 저항하도록 한다.
㉢ 부재와 부재의 연결점을 격점이라 한다.

㉮ 단순교   ㉯ 아치교
㉰ 트러스교   ㉱ 판형교

해설
• 트러스교
  몇 개의 직선 부재를 한 평면 내에서 연속된 삼각형의 뼈대 구조로 조립한 것을 트러스라 하며 거더 대신에 이 트러스를 사용한 교량
• 트러스의 가정
  ① 부재는 마찰이 없는 힌지로 연결되어 있으며 각 부재에는 모멘트가 발생하지 않는다.
  ② 부재는 직선이고 하중은 부재의 도심에 작용한다.
  ③ 하중은 격점에만 작용한다.

문제 015
강도 설계법에 대한 설명으로 틀린 것은?

㉮ 파괴상태 또는 파괴에 가까운 상태에 있는 구조물의 계산상 강도를 공칭강도라 한다.
㉯ 공칭강도(S_n)에 강도 감소계수(ϕ)를 곱하여 설계강도를 나타낸다.
㉰ 계수하중에 의해 계산된 부재의 강도를 소요강도라 한다.
㉱ "설계강도 〈 소요강도"로 단면을 결정하는 설계방법이다.

해설
• 설계강도 〉 소요강도로 단면을 결정하는 설계방법이다. 즉, $M_d = \phi M_n > M_u$ 이다.
• 부재의 공칭강도에 강도감소계수를 곱하면 설계강도가 되며 이 설계강도는 계수하중에 의한 소요강도보다 크거나 같아야 한다.

문제 016
국제 표준화 기구의 표준 규격 기호는?

㉮ ISO   ㉯ JIS
㉰ NASA   ㉱ ASA

해설
• 국제 표준화 기구 - ISO
• 일본 공업 규격 - JIS
• 미국 규격 - ASA
• 한국 산업 규격 - KS

답 012. ㉮ 013. ㉯ 014. ㉰ 015. ㉱ 016. ㉮

문제 017

300×400mm의 띠철근 압축부재에 축방향 철근으로 D25(공칭지름 25.4mm)를 사용하고 굵은골재의 최대치수가 25mm일 때 이 기둥에 대한 축방향 철근의 순간격은 최소 얼마 이상이어야 하는가?

㉮ 25mm 이상 ㉯ 38mm 이상
㉰ 40mm 이상 ㉱ 45mm 이상

해설
- 축방향 철근의 순간격은 40mm 이상, 철근 지름의 1.5배 이상, 굵은골재 최대치수의 4/3배 이상이어야 한다.
- 철근 지름의 1.5배 : $1.5 \times 25.4 = 38mm$
- 굵은골재 최대치수의 4/3 : $25 \times \dfrac{4}{3} = 33mm$
- ∴ 40mm

문제 018

기둥에서 종방향 철근의 위치를 확보하고 전단력에 저항하도록 정해진 간격으로 배치된 횡방향의 보강철근을 무엇이라 하는가?

㉮ 띠철근 ㉯ 절곡철근
㉰ 인장철근 ㉱ 주철근

해설
- 띠철근 기둥은 사각형 단면에 주로 사용되며 축방향 철근을 적당한 간격으로 띠철근으로 감는 기둥이다.
- 띠철근 기둥은 축방향 철근에 직교하여 적당한 간격으로 철근을 감아 주근을 보강하고 좌굴을 방지하도록 하는 기둥이다.

문제 019

〈보기〉의 철강 재료 기호 표시에는 재료의 종류, 최저 인장강도, 화학 성분값 등을 표시하는 부분은?

〈보기〉
KS D 3503 S S 330
　　㉠　　㉡ ㉢ ㉣

㉮ ㉠ ㉯ ㉡
㉰ ㉢ ㉱ ㉣

해설
- ㉠ : KS 분류기호
- ㉡ : 재질을 나타내는 기호
  S : 철강, NC : 니켈 크롬 합금, Cu : 구리, Al : 알루미늄
- ㉢ : 제품의 형상별 종류나 용도 표시
- ㉣ : 재료의 종류, 최저 인장강도, 화학 성분값 등을 표시

문제 020

콘크리트의 강도에 대한 설명으로 옳지 않은 것은?

㉮ 재령 28일의 콘크리트의 압축강도를 설계기준 강도로 한다.
㉯ 콘크리트의 인장강도는 압축강도의 약 1/10~1/13 정도이다.
㉰ 콘크리트의 휨강도는 압축강도의 약 1/5~1/8 정도이다.
㉱ 인장강도는 도로 포장용 콘크리트의 품질 결정에 이용된다.

해설
- 콘크리트 포장의 설계기준 강도는 재령 28일에서의 휨강도 4.5MPa 이상을 기준으로 한다.
- 콘크리트의 강도 중 압축강도가 가장 크다.

문제 021

골재의 단면 표시 중 잡석을 나타낸 것은?

㉮ 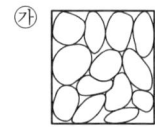 ㉯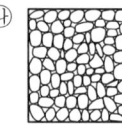

㉰ 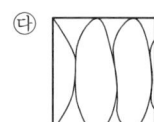 ㉱

해설
- ㉮ : 호박돌
- ㉯ : 자갈
- ㉱ : 깬돌

문제 022

CAD 시스템에서 입력장치에 포함되지 않는 것은?

㉮ 태블릿 ㉯ 키보드
㉰ 디지타이저 ㉱ 플로터

답 017. ㉰ 018. ㉮ 019. ㉱ 020. ㉱ 021. ㉰ 022. ㉱

해설 출력장치 : 디스플레이, 프린터, 플로터, 하드카피, COM 장치 등

문제 023
치수 기입에 대한 설명으로 옳지 않은 것은?
㉮ 치수선에는 분명한 단말 기호(화살표)를 표시한다.
㉯ 한 장의 도면에는 같은 종류의 화살표 단말 기호를 사용한다.
㉰ 치수 수치는 도면의 위쪽이나 오른쪽으로부터 읽을 수 있도록 나타낸다.
㉱ 일반적으로 치수 보조선과 치수선이 다른 선과 교차하지 않도록 한다.

해설
- 치수 수치는 치수선에 평행하게 기입하고 되도록 치수선의 중앙의 위쪽에 치수선으로부터 조금 띄어 기입한다.
- 치수 보조선은 대응하는 물리적 길이에 수직으로 그리는 것이 좋다.
- 치수 보조선은 치수선보다 약간 길게 끌어내어 그린다.

문제 024
콘크리트의 시방배합에서 잔골재는 어느 상태를 기준으로 하는가?
㉮ 5mm체를 전부 통과하고 표면건조 포화상태인 골재
㉯ 5mm체에 전부 남고 표면건조 포화상태인 골재
㉰ 5mm체를 전부 통과하고 공기 중 건조상태인 골재
㉱ 5mm체를 전부 남고 공기 중 건조상태인 골재

해설
- 5mm체에 전부 남는 굵은골재
- 5mm체에 전부 통과하는 잔골재
- 표면건조 포화상태인 잔골재, 굵은골재

문제 025
도로 설계의 종단면도에 일반적으로 기입되는 사항이 아닌 것은?

㉮ 계획고 ㉯ 횡단면적
㉰ 지반고 ㉱ 측점

해설
- 횡단면적은 횡단면도와 관련이 있다.
- 도로 종단면도에는 곡선, 측점, 거리, 추가거리, 지반고, 계획고, 땅깎기, 흙쌓기, 경사 등을 기입한다.

문제 026
공기연행(AE) 콘크리트의 특징에 대한 설명으로 틀린 것은?
㉮ 내구성과 수밀성이 감소된다.
㉯ 워커빌리티가 개선된다.
㉰ 동결 융해에 대한 저항성이 개선된다.
㉱ 철근과의 부착강도가 감소된다.

해설 내구성과 수밀성이 증가된다.

문제 027
1방향 슬래브에서의 두께는 최소 몇 mm 이상으로 하여야 하는가?
㉮ 70mm ㉯ 80mm
㉰ 90mm ㉱ 100mm

해설 마주보는 두 변에 의해서만 지지된 경우를 1방향 슬래브라 한다.

문제 028
다음 단면 표시 중 블록에 해당되는 것은?

㉮ 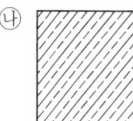   ㉯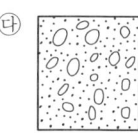

㉰ 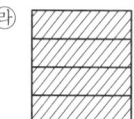   ㉱

해설
- ㉯ : 자연석
- ㉰ : 콘크리트
- ㉱ : 벽돌

답 023. ㉰ 024. ㉮ 025. ㉯ 026. ㉮ 027. ㉱ 028. ㉮

문제 029
한 도면에서 두 종류 이상의 선이 같은 장소에 겹치게 될 때 순서로 옳은 것은?
- ㉮ 숨은선 → 외형선 → 절단선 → 중심선
- ㉯ 외형선 → 숨은선 → 절단선 → 중심선
- ㉰ 중심선 → 외형선 → 절단선 → 숨은선
- ㉱ 숨은선 → 중심선 → 절단선 → 외형선

해설 외형선 → 숨은선 → 절단선 → 중심선 → 무게중심선의 순서로 하며 외형선과 숨은선이 겹쳤을 때에는 외형선을 표시한다.

문제 030
단면의 경계 표시 중 지반면(흙)을 나타내는 것은?

㉮ ㉯ ㉰ ㉱

해설 ㉯ : 모래, ㉰ : 잡석, ㉱ : 수준면(물)

문제 031
휨모멘트를 받는 부재에서 f_{ck}=30MPa일 때, 등가 직사각형 응력블록의 깊이 a를 구하기 위한 계수 β_1의 크기는?
- ㉮ 0.815
- ㉯ 0.830
- ㉰ 0.8
- ㉱ 0.850

해설 $f_{ck} \leq 40$MPa일 때 $\beta_1 = 0.8$

문제 032
철근의 이음에 대한 설명으로 옳지 않은 것은?
- ㉮ 철근은 잇지 않는 것을 원칙으로 한다.
- ㉯ 부득이 이어야 할 경우 최대 인장응력이 작용하는 곳에서는 이음을 하지 않는 것이 좋다.
- ㉰ 이음부를 한 단면에 집중시켜 같은 부분에서 잇는 것이 좋다.
- ㉱ 철근의 이음 방법에는 겹침 이음법, 용접 이음법, 기계적인 이음법 등이 있다.

해설 이음이 부재의 한 단면에 집중되지 않도록 하며 서로 엇갈리게 배치하여야 한다.

문제 033
철근 콘크리트 보가 f_{ck}=24MPa일 때 압축 최대 변형률은 얼마로 가정하는가?
- ㉮ 0.001
- ㉯ 0.0015
- ㉰ 0.002
- ㉱ 0.0033

해설 보가 파괴를 일으킬 때 압축측 콘크리트 표면에서의 최대 변형률은 $f_{ck} \leq 40$MPa인 경우 0.0033으로 가정한다.

문제 034
도면의 치수기입 원칙이 아닌 것은?
- ㉮ 치수는 계산할 필요가 없도록 기입해야 한다.
- ㉯ 치수는 될 수 있는 대로 주투상도에 기입해야 한다.
- ㉰ 정확성을 위하여 반복적으로 중복해서 치수기입을 해야 한다.
- ㉱ 길이와 크기, 자세 및 위치를 명확하게 표시해야 한다.

해설
- 치수는 모양 및 위치를 가장 명확하게 표시할 수 있도록 하며 중복은 피한다.
- 치수는 가능한 주투상도에 기입한다.

문제 035
문자의 선 굵기는 한글자, 숫자 및 영자일 때 문자 크기의 호칭에 대하여 얼마로 하는 것이 바람직한가?
- ㉮ 1/3
- ㉯ 1/6
- ㉰ 1/9
- ㉱ 1/12

해설 글자체는 고딕체로 쓰고 수직 또는 15° 오른쪽으로 경사지게 쓰며 숫자는 아라비아 숫자를 원칙으로 한다.

문제 036
KS에서 원칙으로 하는 정투상도 그리기 방법은?
- ㉮ 제1각법
- ㉯ 제3각법
- ㉰ 제5각법
- ㉱ 다각법

답 029. ㉯ 030. ㉮ 031. ㉰ 032. ㉰ 033. ㉱ 034. ㉰ 035. ㉰ 036. ㉯

해설 제3각법
제3상한각에 물체를 놓고 투상하는 방법으로 각 면에 보이는 물체는 보이는 면과 같은 면에 나타난다.

문제 037
단철근 직사각형 보 단면의 폭이 300mm, 콘크리트 설계기준 압축강도 24MPa, 철근의 항복강도 400MPa, 인장철근량 2,500mm²일 때 등가 직사각형의 응력분포 깊이(a)는?

㉮ 123mm ㉯ 139mm
㉰ 163mm ㉱ 189mm

해설 $a = \dfrac{A_s f_y}{\eta(0.85 f_{ck})b} = \dfrac{2,500 \times 400}{1.0 \times (0.85 \times 24) \times 300}$
$= 163\text{mm}$

문제 038
다음 중 수밀 콘크리트의 일반적인 사항으로 옳지 않은 것은?

㉮ 단위수량을 가능한 적게 한다.
㉯ 물-결합재비는 50% 이하를 표준한다.
㉰ 단위 굵은골재량은 가능한 크게 한다.
㉱ AE제는 사용하지 않는 것을 원칙으로 한다.

해설 양질의 감수제 또는 AE(공기연행)제를 사용하는 것이 좋다.

문제 039
치수선에 대한 설명으로 옳은 것은?

㉮ 치수선은 표시할 치수의 방향에 평행하게 그린다.
㉯ 치수선은 물체를 표시하는 도면의 내부에 그린다.
㉰ 여러 개의 치수선을 평행하게 그을 때 간격은 가급적 다양하게 한다.
㉱ 치수선은 가급적 서로 교차하게 그린다.

해설
• 치수선은 물체를 표시하는 도면의 외부에 그린다.
• 여러 개의 치수선을 평행하게 그을 때 간격은 가급적 일정하게 한다.
• 치수선은 다른 치수선과 서로 교차하지 않게 그린다.
• 협소하여 화살표를 붙일 여백이 없을 때에는 치수선을 치수 보조선 바깥쪽에 긋고 내측을 향하여 화살표를 붙인다.
• 치수선은 가는 실선으로 표시한다.

문제 040
각봉의 절단면을 바르게 표시한 것은?

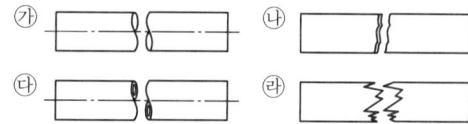

해설 ㉮ : 환봉, ㉰ : 파이프, ㉱ : 나무

문제 041
철근 콘크리트가 건설 재료로서 널리 사용되는 이유가 아닌 것은?

㉮ 철근과 콘크리트는 부착이 매우 잘된다.
㉯ 철근과 콘크리트의 항복응력이 거의 같다.
㉰ 콘크리트 속에 묻힌 철근은 녹이 슬지 않는다.
㉱ 철근과 콘크리트는 온도에 대한 열팽창계수가 거의 같다.

해설 콘크리트는 철근에 비해 탄성계수가 상당히 작다.

문제 042
압축 부재의 횡철근에서 나선철근의 정착길이는 나선철근 끝에서 얼마 이상 연장되어야 하는가?

㉮ 1.0회전 ㉯ 1.5회전
㉰ 2.0회전 ㉱ 2.5회전

문제 043
포스트텐션 방식에 있어서 PS 강재를 콘크리트와 부착하기 위하여 쉬스 안에 시멘트 풀이나 모르타르를 주입하는 것을 무엇이라 하는가?

㉮ 라이닝 ㉯ 그라우팅
㉰ 앵커   ㉱ 록 볼트

해설 그라우팅은 쉬스 내에 시멘트 풀 또는 모르타르를 주입시켜 PS 강재의 부식 방지, 부착력 증진의 목적이 있다.

문제 044
다음 중 척도의 종류가 아닌 것은?
㉮ 배척 ㉯ 축척
㉰ 현척 ㉱ 외척

해설
- 현척 : 실물과 같게 그린다.
- 축척 : 실물보다 작게 그린다.
- 배척 : 실물보다 크게 그린다.

문제 045
중앙처리장치의 속도에 접근시키기 위해 만든 고속기억 장치는?
㉮ 하드디스크 기억 장치
㉯ 가상 기억 장치
㉰ 캐시 기억 장치
㉱ 자기코어 기억 장치

해설 캐시 기억 장치는 컴퓨터의 주기억 장치와 중앙처리 장치 사이에 실행속도를 빠르게 하기 위해 사용된다.

문제 046
어떤 재료의 치수가 2-H 300×200×9×12×1000로 표시되었을 때 설명으로 옳은 것은?
(단, 단위는 mm이다.)
㉮ H형강 2본, 높이 300, 폭 200, 복부판 두께 9, 플랜지 두께 12, 길이 1000
㉯ H형강 2본, 폭 300, 높이 200, 복부판 두께 9, 플랜지 두께 12, 길이 1000
㉰ H형강 2본, 높이 300, 폭 200, 플랜지 두께 9, 복부판 두께 12, 길이 1000
㉱ H형강 2본, 폭 300, 높이 200, 플랜지 두께 9, 복부판 두께 12, 길이 1000

해설
- 본(개수) – 모양 – 높이 – 폭 – 복부판 두께 – 플랜지 두께 – 길이
- 수량, 형재기호, 모양치수, 길이 순으로 기입하고 필요에 따라 재질을 기입한다.

문제 047
일반적으로 도면의 구비할 사항의 기본 요건으로 옳은 것은?
㉮ 대상물에 대해 임의성을 부여하도록 한다.
㉯ 분야별로 독자적인 표현 체계를 가지도록 한다.
㉰ 국제 교류에 의한 기술의 국제성을 유지하도록 한다.
㉱ 기호를 다양하게 하여 설계자의 의도를 잘 반영하도록 한다.

해설
- 기호는 표준화하며 설계자의 의도를 정확하게 전달할 수 있도록 한다.
- 간단 명료하게 표시하고 현장 시공에 있어서 기본도로 제공되어야 한다.

문제 048
다음 중 투상도에서 물체 모양과 특징이 가장 잘 나타낼 수 있는 면은 어느 도면을 선택하면 적합한가?
㉮ 평면도 ㉯ 배면도
㉰ 측면도 ㉱ 정면도

해설 정면도는 물체의 모양이나 특징을 가장 잘 나타낼 수 있는 면을 선택한다.

문제 049
다음 중 도면을 표현 형식에 따라 분류할 때 해당되지 않는 도면은?
㉮ 구조선도 ㉯ 외관도
㉰ 일반도   ㉱ 시공도

해설
- 구조선도는 구조물의 구조 계산에 사용되는 선도로 교량의 골조를 나타내는 도면이다.
- 일반도는 구조물의 측면도, 평면도, 단면도에 의해 그 형식, 일반 구조를 표시하는 도면이다.

문제 050
정투상법에서 제3각법에 대한 설명으로 옳지 않은 것은?
㉮ 제3면각 안에 물체를 놓고 투상하는 방법이다.

답 044. ㉱ 045. ㉰ 046. ㉮ 047. ㉰ 048. ㉱ 049. ㉱ 050. ㉰

㉯ 눈 → 투상면 → 물체 순서로 놓는 정투상법이다.
㉰ 정면도를 중심으로 하여 좌우, 상하에서 본 모양을 반대 위치에 그린다.
㉱ 투상선이 투상면에 대하여 수직으로 투상한다.

해설 정면도를 중심으로 평면도가 위에, 우측면도는 정면도의 오른쪽에 위치한다.

문제 051
철근 콘크리트 구조물을 설계할 때 단순보 중앙지점에서 집중하중 P가 받는 길이 L인 직사각형 보의 중립축의 휨 응력 크기는 몇 MPa로 가정하는 것이 옳은가?

㉮ P㉯ 2P
㉰ PL㉱ 0

해설
- 단철근 직사각형 보에서 발생하는 휨 응력은 중립축에서 0이다.
- 철근과 콘크리트의 변형률은 중립축에서의 거리에 비례한다.

문제 052
철근의 정착길이를 결정할 경우에 고려할 사항이 아닌 것은?

㉮ 굵은골재의 최대치수
㉯ 철근의 직경
㉰ 콘크리트의 종류
㉱ 철근의 배근위치

해설 철근의 공칭 직경, 철근의 설계기준 항복강도, 설계기준 압축강도 등이 정착길이를 결정할 때 관련이 된다.

문제 053
다음 중 콘크리트에 대한 설명으로 옳은 것은?

㉮ 시멘트와 물을 섞어 비벼 만든 것이다.
㉯ 시멘트와 물, 그리고 잔골재를 섞어 비벼 만든 것이다.
㉰ 시멘트, 굵은골재, 잔골재, 혼화재료, 물을 섞어 비벼 만든 것이다.
㉱ 시멘트와 물, 그리고 굵은골재를 섞어 비벼 만든 것이다.

해설
- 시멘트 풀은 시멘트와 물을 섞어 비벼 만든 것이다.
- 모르타르는 시멘트와 물, 그리고 잔골재를 섞어 비벼 만든 것이다.

문제 054
고정하중 10kN/m, 활하중 20kN/m의 등분포하중을 받는 지간 4m의 철근 콘크리트 캔틸레버 보가 있다. 이 보의 작용 계수 휨모멘트(M_u)는? (단, 고정하중 및 활하중의 하중계수는 각각 1.2와 1.6이다.)

㉮ 44kN · m㉯ 144kN · m
㉰ 176kN · m㉱ 352kN · m

해설
- $\omega = 1.2D + 1.6L = 1.2 \times 10 + 1.6 \times 20 = 44 \text{kN/m}$
- $M_u = \dfrac{\omega l^2}{2} = \dfrac{44 \times 4^2}{2} = 352 \text{kN} \cdot \text{m}$

문제 055
조기강도가 커서 한중 콘크리트나 긴급 공사에 사용되는 시멘트는?

㉮ 플라이 애시 시멘트
㉯ 고로 슬래그 시멘트
㉰ 알루미나 시멘트
㉱ 팽창 시멘트

해설 알루미나 시멘트는 재령 1일에서 보통 포틀랜드 시멘트의 재령 28일 강도를 나타낸다.

문제 056
보를 지지하고 보를 통하여 전달된 하중이나 고정하중을 기초에 전달하는 구조물은?

㉮ 보㉯ 확대기초
㉰ 기둥㉱ 슬래브

해설
- 슬래브는 두께에 비하여 폭이 넓은 판 모양의 구조물이다.
- 확대기초는 교각에 작용하는 상부 구조물의 하중을 지반에 안전하게 전달하기 위하여 설치하는 구조물이다.

문제 057

교량의 분류 방법과 교량의 연결이 적합한 것은?

㉮ 사용 용도에 따른 분류 – 콘크리트교
㉯ 주형의 구조 형식에 따른 분류 – 고가교
㉰ 사용 재료에 따른 분류 – 연속교
㉱ 통로의 위치에 따른 분류 – 중로교

해설
- 사용 용도에 따른 분류
  도로교, 인도교, 철도교, 수로교, 군용교, 혼용교, 운하교
- 사용 재료에 따른 분류
  목교, 석교, 강교, 콘크리트교 등
- 통로의 위치에 따른 분류
  상로교, 중로교, 하로교, 2층교
- 상부 구조 형식에 따른 분류
  거더교, 단순교, 연속교, 게르버교, 트러스교, 아치교 등

문제 058

독립 확대기초의 크기가 2m×3m이고 하중의 크기가 120kN일 때 이 기초의 지지력 크기는?

㉮ $5\,kN/m^2$
㉯ $10\,kN/m^2$
㉰ $15\,kN/m^2$
㉱ $20\,kN/m^2$

해설 $f = \dfrac{P}{A} = \dfrac{120}{2 \times 3} = 20\,kN/m^2$

문제 059

옹벽에서 수평력이 500kN 작용할 경우 활동에 대한 안정을 확보하기 위한 최소 저항력은 얼마인가?

㉮ 500kN
㉯ 750kN
㉰ 1000kN
㉱ 1500kN

해설 활동에 대한 안전율이 1.5이므로
$500 \times 1.5 = 750\,kN$

문제 060

용접할 모재를 겹쳐서 그 둘레를 용접하거나 2개의 모재를 T형으로 하여 모재 구석에 용착 금속을 채우는 용접에 해당되는 것은?

㉮ 필릿 용접
㉯ 플러그 용접
㉰ 홈 용접
㉱ 슬롯 용접

해설 필릿 용접은 겹치기 이음 또는 T이음에 주로 사용되는 용접이다.

답 057. ㉱ 058. ㉱ 059. ㉯ 060. ㉮

부록 최근 기출문제 | 2015년 제5회

「**알려드립니다**」 한국산업인력공단의 저작권법 저촉에 대한 언급이 있어 과거에 출제된 동일한 문제나 그 유형의 문제로 재구성하였습니다.

문제 001
다음은 골재의 단면을 표시한 그림이다. 잡석을 바르게 나타낸 것은?

 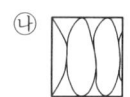

해설
- ㉮ : 콘크리트
- ㉰ : 깬 돌
- ㉱ : 사질토

문제 002
단철근 직사각형보에서 단면의 폭이 300mm, 높이가 550mm, 유효깊이가 500mm, 인장 철근량이 1,500mm²일 때 인장철근의 철근비는?

㉮ 0.01 ㉯ 0.001
㉰ 0.005 ㉱ 0.008

해설 $\rho = \dfrac{A_s}{bd} = \dfrac{1500}{300 \times 500} = 0.01$

문제 003
일반적인 제도 규격용지의 폭과 길이의 비로 옳은 것은?

㉮ 1 : 1 ㉯ 1 : $\sqrt{2}$
㉰ 1 : $\sqrt{3}$ ㉱ 1 : 4

해설 도면의 크기는 A0~A4를 사용하며 필요에 따라 긴변 방향으로 연장할 수 있다.

문제 004
보기 입체도의 화살표 방향이 정면일 때 평면도로 가장 적합한 것은?

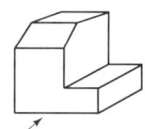

〈보기〉

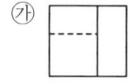 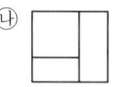

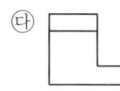 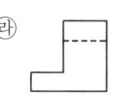

해설
- ㉰ : 정면도(물체를 화살표 방향에서 본 경우)
- ㉱ : 배면도(물체 뒤에서 본 경우)
- 평면도 : 물체를 위에서 내려다본 모양

문제 005
시멘트의 분말도에 관한 설명으로 틀린 것은?

㉮ 시멘트의 입자가 가늘수록 분말도가 높다.
㉯ 시멘트의 입자가 가는 정도를 나타내는 것을 분말도라 한다.
㉰ 시멘트의 분말도가 높으면 조기강도가 커진다.
㉱ 시멘트의 분말도가 높으면 균열 및 풍화가 생기지 않는다.

해설
- 시멘트의 분말도가 높으면 균열 및 풍화가 생기기 쉽다.
- 시멘트의 분말도가 높으면 블리딩이 적고 워커빌리티가 좋아진다.

답 001. ㉯ 002. ㉮ 003. ㉯ 004. ㉯ 005. ㉱

문제 006
도면의 크기에 의하여 분류했을 때 A3의 크기가 바른 것은?

㉮ 841×1189mm   ㉯ 594×841mm
㉰ 297×420mm   ㉱ 210×297mm

해설
- A0 : 841×1189mm
- A1 : 594×841mm
- A2 : 420×594mm
- A3 : 297×420mm
- A4 : 210×297mm

문제 007
D25 철근을 사용한 90° 표준 갈고리는 90° 구부린 끝에서 최소 얼마 이상 더 연장하여야 하는가? (단, d_b는 철근의 공칭지름)

㉮ $6d_b$ ㉯ $9d_b$
㉰ $12d_b$ ㉱ $15d_b$

해설
- 90° 표준 갈고리 최소 연장
  ① D19~D25 철근 : $12d_b$ 이상
  ② D16 이하 철근 : $6d_b$ 이상
- 135° 표준 갈고리 최소 연장
  D25 이하 철근 : $6d_b$ 이상

문제 008
강도 설계법에 의할 경우 철근비가 0.035, b=300mm, d=500mm일 때 철근량은?

㉮ 5,180mm²   ㉯ 5,250mm²
㉰ 5,350mm²   ㉱ 5,480mm²

해설
$\rho = \dfrac{A_s}{bd}$

∴ $A_s = \rho bd = 0.035 \times 300 \times 500 = 5,250\,mm^2$

문제 009
블리딩을 작게 하는 방법으로 잘못된 것은?

㉮ 분말도가 높은 시멘트를 사용한다.
㉯ 단위수량을 크게 한다.
㉰ 공기연행제를 사용한다.
㉱ 포졸란을 사용한다.

해설
- 단위수량을 작게 한다.
- 치기 속도가 빠르면 블리딩이 증가한다.

문제 010
하천측량 제도에서 하천 공사 계획의 기본도가 되는 도면은?

㉮ 종단면도   ㉯ 평면도
㉰ 횡단면도   ㉱ 하저 경사도

해설
- 하천측량의 제도에는 평면도, 종단면도 및 횡단면도가 있다.
- 평면도는 개수 그 밖의 하천공사 계획의 기본도가 되며 축척은 $\dfrac{1}{2500}$이다.

문제 011
대상물의 보이지 않는 부분의 모양을 표시하는 선을 무엇이라 하는가?

㉮ 굵은 실선   ㉯ 가는 실선
㉰ 1점 쇄선   ㉱ 파선

해설 굵은 실선은 외형선으로 표시하며 대상물의 보이는 부분의 겉모양을 표시한다.

문제 012
문자에 대한 토목제도 통칙으로 틀린 것은?

㉮ 글자는 필기체로 쓰고 수직 또는 30° 오른쪽으로 경사지게 쓴다.
㉯ 문자의 크기는 높이에 따라 표시한다.
㉰ 영자는 주로 로마자의 대문자를 사용하나, 기호 그 밖에 특별히 필요한 경우에는 소문자를 사용해도 좋다.
㉱ 숫자는 주로 아라비아 숫자를 사용한다.

해설 글자는 활자체(고딕체)로 쓰고 수직 또는 15° 오른쪽으로 경사지게 쓴다.

문제 013
다발철근을 사용할 때 따라야 할 규정으로 틀린 것은?

㉮ 이형철근이어야 한다.

답 006. ㉰ 007. ㉰ 008. ㉯ 009. ㉯ 010. ㉯ 011. ㉱ 012. ㉮ 013. ㉱

㉯ 다발로 사용하는 철근 개수는 4개 이하이어야 한다.
㉰ 스터럽이나 띠철근으로 둘러싸여져야 한다.
㉱ 보에서 D19를 초과하는 철근은 다발로 사용할 수 없다.

해설 보에서 D35를 초과하는 철근은 다발로 사용할 수 없다.

문제 014

다음 중 단면도의 절단면에 가는 실선으로 규칙적으로 나열한 선은?

㉮ 해칭선　　㉯ 절단선
㉰ 피치선　　㉱ 파단선

해설
- 피치선 : 1점 쇄선으로 반복되는 도형에 표시하는 선
- 파단선 : 불규칙한 파형의 가는 실선으로 대상물의 일부를 파단한 경계 또는 일부를 떼어 낸 경계를 표시하는데 사용하는 선
- 절단선 : 1점 쇄선으로 끝부분 및 방향이 변하는 부분을 굵게 한 선

문제 015

도면에서 윤곽선에 대한 설명으로 옳은 것은?

㉮ 0.5mm 이상의 실선으로 긋는다.
㉯ 0.1mm 이상의 파선으로 긋는다.
㉰ 0.5mm 이상의 파선으로 긋는다.
㉱ 0.1mm 이상의 실선으로 긋는다.

해설 윤곽의 너비
① A0, A1 : 20mm 이상
② A2, A3, A4 : 10mm 이상

문제 016

토목 구조물의 설계 개념과 가장 거리가 먼 것은?

㉮ 작용 외력에 대한 구조물의 안정성
㉯ 구조물 사용의 편리성과 내구성
㉰ 토목 구조물로서의 희소적 가치
㉱ 구조물 유지 보수의 경제성

해설 구조물 설계의 목적 : 안전성, 편리성, 경제성

문제 017

2개 이상의 기둥을 1개의 확대기초로 지지하도록 만든 확대기초는?

㉮ 경사 확대기초　　㉯ 독립 확대기초
㉰ 연결 확대기초　　㉱ 계단식 확대기초

해설
- 독립 확대기초
  1개의 기둥을 지지하도록 한 기초
- 연결 확대기초
  2개 이상의 기둥을 하나의 확대기초가 지지하도록 한 기초
- 캔틸레버 확대기초
  2개의 독립 확대기초를 하나의 보로 연결한 기초

문제 018

실제 거리가 120m인 옹벽을 축척 1 : 1200의 도면에 그리고 기입하는 치수는?

㉮ 10mm　　㉯ 100mm
㉰ 12000mm　　㉱ 120000mm

해설 실선 표시 길이
$$120,000\text{mm} \times \frac{1}{1200} = 100\text{mm}$$
여기서, 도면에 기입하는 치수의 단위는 mm로 표시하므로 120m=120,000mm이다.

문제 019

대칭인 도형은 중심선에서 한쪽은 외형도를 그리고 그 반대쪽은 무엇으로 표시하는가?

㉮ 정면도　　㉯ 평면도
㉰ 측면도　　㉱ 단면도

해설 대칭인 그림은 중심선의 한쪽을 외형도, 반대쪽을 단면도로 표시한다.

문제 020

투시도에서 물체가 기면에 평행으로 무한히 멀리 있을 때 수평선 위의 한 점에 모이게 되는 점은?

㉮ 시점　　㉯ 소점
㉰ 정점　　㉱ 대점

답 014. ㉮　015. ㉮　016. ㉰　017. ㉰　018. ㉯　019. ㉱　020. ㉯

해설
- 시점 – 보는 사람의 눈의 위치
- 정점 – 시점이 기면 위에 투상되는 점
- 소점 – 소점의 수에 따라 1소점 투시도, 2소점 투시도, 3소점 투시도 등이 있다.

문제 021
시방배합과 현장배합에 대한 설명으로 옳지 않은 것은?

㉮ 시방배합에서는 골재의 함수상태는 표면건조 포화상태를 기준으로 한다.
㉯ 시방배합을 현장배합으로 고치는 경우 골재의 표면수량은 제외한다.
㉰ 시방배합에서 굵은 골재와 잔골재를 구분하는 기준은 5mm 체이다.
㉱ 시방배합을 현장배합으로 고치는 경우 혼화제를 희석시킨 희석수량 등을 고려하여야 한다.

해설 시방배합을 현장배합으로 고치는 경우 골재의 입도와 표면수량을 고려한다.

문제 022
구조물 설계 제도에서의 도면 작도 방법에 대한 기본 사항으로 옳지 않은 것은?

㉮ 단면도는 실선으로 주어진 치수대로 정확히 그린다.
㉯ 철근 치수 및 기호를 표시하고 누락되지 않도록 주의한다.
㉰ 단면도에 배근될 철근 수량이 정확하고 철근 간격이 벗어나지 않도록 주의해야 한다.
㉱ 일반적으로 일반도를 먼저 그리고 철근상세도, 배근도를 완성 후 단면도를 그리는 것이 편하다.

해설 일반적으로 단면도를 먼저 그리고 각부 배근도를 완성하며 일반도, 주철근 조립도, 철근 상세도 등의 순으로 그리는 것이 편하다.

문제 023
단철근 직사각형보에서 $f_{ck}=24$MPa, $f_y=300$MPa일 때 균형 철근비는?

㉮ 0.020 ㉯ 0.035
㉰ 0.037 ㉱ 0.041

해설
$$\rho_b = \eta(0.85 f_{ck})\frac{\beta_1}{f_y}\frac{660}{660+f_y}$$
$$= 1.0 \times (0.85 \times 24) \times \frac{0.8}{300} \times \frac{660}{660+300}$$
$$= 0.037$$
여기서, $f_{ck} \leq 40$MPa이므로 $\eta=1.0$, $\beta_1=0.8$

문제 024
철근 콘크리트가 건설 재료로 널리 이용되는 이유가 아닌 것은?

㉮ 균열이 생기지 않는다.
㉯ 철근과 콘크리트는 온도에 대한 열팽창계수가 거의 같다.
㉰ 철근과 콘크리트는 부착이 매우 잘 된다.
㉱ 콘크리트 속에 묻힌 철근은 거의 녹이 슬지 않는다.

해설
- 철근과 콘크리트는 일체로 되어 하나의 구조물로 거동한다.
- 콘크리트는 철근에 비해 탄성계수가 상당히 작다.

문제 025
트러스의 종류 중 주트러스로서는 잘 쓰이지 않으나, 가로 브레이싱에 주로 사용되는 형식은?

㉮ K 트러스
㉯ 프랫(pratt) 트러스
㉰ 하우(howe) 트러스
㉱ 워런(warren) 트러스

해설
- 하우 트러스 – 사재 방향이 지간 중심선에 대하여 위에서 아래로 향한다.
- 프랫 트러스 – 사재가 서로 평행하다.
- 워런 트러스 – 사재가 서로 엇갈린다.

답 021. ㉯ 022. ㉱ 023. ㉰ 024. ㉮ 025. ㉮

문제 026
단면의 경계 표시 중 지반면(흙)을 나타내는 것은?

㉮ [빗금무늬]   ㉯ [점무늬]
㉰ [톱니무늬]   ㉱ [수평선]

해설
- ㉯ : 모래
- ㉰ : 잡석
- ㉱ : 수준면(물)

문제 027
국제 및 국가별 표준규격 명칭과 기호 연결이 옳지 않은 것은?

㉮ 국제 표준화 기구 – ISO
㉯ 영국 규격 – DIN
㉰ 프랑스 규격 – NF
㉱ 일본 규격 – JIS

해설
- 영국 규격 – BS
- 독일 규격 – DIN

문제 028
다음은 콘크리트 구조물의 어떤 도면에 대한 설명인가?

> 구조물 전체의 개략적인 모양을 표시한 도면

㉮ 일반도   ㉯ 상세도
㉰ 구조도   ㉱ 배근도

해설
- 일반도 : 구조물 전체의 개략적인 모양을 표시한 도면이며 구조물 주위의 지형·지물을 표시하여 지형과 구조물과의 연관성을 명확히 표시할 필요가 있다.
- 상세도 : 구조도의 일부를 취하여 큰 축척으로 표시한 도면
- 구조도 : 콘크리트 내부의 구조 주체를 도면에 표시한 것으로 일반적으로 배근도라고도 한다.

문제 029
두께에 비하여 폭이 넓은 판 모양의 구조물을 무엇이라 하는가?

㉮ 옹벽   ㉯ 기둥
㉰ 슬래브   ㉱ 확대기초

해설
- 1방향 슬래브 : $\dfrac{L}{S} > 2$
- 2방향 슬래브 : 네 변이 지지된 슬래브로서 $1 \le \dfrac{L}{S} \le 2$일 경우
  (여기서, L : 장변의 길이, S : 단변의 길이)

문제 030
그림에서와 같이 주사위를 바라보았을 때 평면도를 바르게 표현한 것은? (단, 물체의 모서리 부분의 표현은 무시한다.)

㉮   ㉯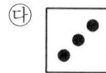

㉰ 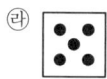   ㉱ [5점 다이]

해설
- 평면도 : 정면을 기준으로 위쪽 방향에서 나타내는 면(위에서 내려다본 면)
- ㉮ : 우측면도
- ㉯ : 정면도

문제 031
휨 부재에 대하여 강도 설계법으로 설계할 경우 잘못된 가정은?

㉮ 철근과 콘크리트 사이의 부착은 완전하다.
㉯ 보가 파괴를 일으키는 콘크리트의 최대 변형률은 0.0033이다(단, $f_{ck} \le 40\text{MPa}$).
㉰ 콘크리트 및 철근의 변형률은 중립축으로부터의 거리에 비례한다.
㉱ 보의 극한 상태에서의 휨 모멘트를 계산할 때에는 콘크리트의 압축과 인장강도를 모두 고려한다.

해설 콘크리트 인장강도는 철근 콘크리트의 휨 계산에서 무시한다.

답 026. ㉮ 027. ㉯ 028. ㉮ 029. ㉰ 030. ㉰ 031. ㉱

문제 032
표제란에 기입할 사항과 거리가 먼 것은?
- ㉮ 도면 번호
- ㉯ 도면 명칭
- ㉰ 작성 일지
- ㉱ 공사 물량

해설
- 표제란은 도면의 오른쪽 아래 구석에 있어야 하며 그 길이가 170mm 이하이어야 한다.
- 표제란에는 도면명, 도면번호, 작성일자, 척도 등을 기입한다.

문제 033
아래 그림과 같은 강관의 치수 표시 방법으로 옳은 것은? (단, B : 내측 지름, L : 축방향 길이)
- ㉮ 원형 ϕA-L
- ㉯ ϕA×t-L
- ㉰ □A×B-L
- ㉱ B×A×L-t

해설
- 환강

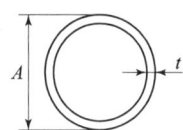

보통 $\phi\ A-L$
이형 $D\ A-L$

- 평강

□$B \times A - L$

문제 034
그림과 같은 절토면의 경사 표시가 바르게 된 것은?

해설 성토면

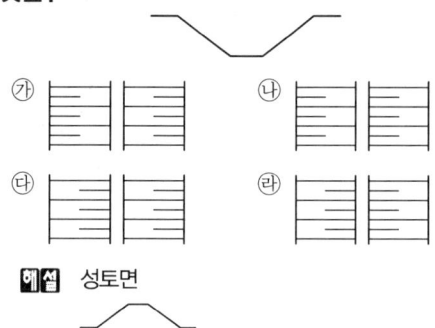

문제 035
기둥과 같이 압축력을 받은 부재가 압축력에 의해 부재의 축방향에 대해 직각 방향으로 휘어져 파괴되는 현상은?
- ㉮ 휨
- ㉯ 비틀림
- ㉰ 틀러짐
- ㉱ 좌굴

해설 기둥이 양단 고정된 경우에 좌굴하중이 가장 크다.

문제 036
투상도법에서 원근감이 나타나는 것은?
- ㉮ 정투상법
- ㉯ 투시도법
- ㉰ 사투상법
- ㉱ 표고 투상법

해설 투시도법
멀고 가까운 거리감을 느낄 수 있도록 하나의 시점과 물체의 각 점을 방사선으로 이어서 그리는 방법

문제 037
D16 이하의 철근을 사용하여 현장 타설한 콘크리트의 경우 흙에 접하거나 옥외공기에 직접 노출되는 콘크리트 부재의 최소 피복 두께는?
- ㉮ 20mm
- ㉯ 40mm
- ㉰ 50mm
- ㉱ 60mm

해설 흙에 접하거나 옥외공기에 직접 노출되는 콘크리트에서 D19 이상 철근은 50mm의 최소 피복 두께를 유지해야 한다.

문제 038
굳지 않은 콘크리트의 반죽질기를 측정하는 데 사용되는 시험은?
- ㉮ 자르 시험
- ㉯ 브리넬 시험
- ㉰ 비비 시험
- ㉱ 로스앤젤레스 시험

해설 콘크리트 워커빌리티 측정방법에는 슬럼프 시험, 흐름 시험, 비비(Vee-Bee) 시험, 케리 볼 구관입 시험, 리몰딩 시험, 다짐계수 시험이 있다.

032. ㉱ 033. ㉯ 034. ㉮ 035. ㉱ 036. ㉯ 037. ㉯ 038. ㉰

문제 039
KS 토목제도 통칙에서 척도의 비가 1:1보다 작은 척도를 무엇이라 하는가?
- ㉮ 현척
- ㉯ 배척
- ㉰ 축척
- ㉱ 소척

해설 축척은 실제 크기보다 작게 나타내는 것이다.

문제 040
상부 수직 하중을 하부 지반에 분산시키기 위해 저면을 확대시킨 철근 콘크리트판은?
- ㉮ 확대 기초판
- ㉯ 플랫 플레이트
- ㉰ 슬래브판
- ㉱ 비내력벽

해설 확대기초
상부 구조물의 하중을 넓은 면적에 분포시켜 지반의 허용 지지력 이내가 되도록 하여 구조물의 하중을 안전하게 지반에 전달한다.

문제 041
프리스트레스트 콘크리트의 포스트텐션 공법에 대한 설명으로 옳지 않은 것은?
- ㉮ PS 강재를 긴장한 후에 콘크리트를 타설한다.
- ㉯ 콘크리트가 경화한 후에 PS 강재를 긴장한다.
- ㉰ 그라우트를 주입시켜 PS 강재를 콘크리트와 부착시킨다.
- ㉱ 정착 방법에는 쐐기식과 지압식이 있다.

해설 포스트텐션 방식은 주로 현장 제작에 이용되며 콘크리트가 경화한 후 프리스트레스를 도입한다.

문제 042
철근 콘크리트 휨 부재에서 최대 철근비와 최소 철근비를 규정한 이유로 가장 적당한 것은?
- ㉮ 부재의 경제적인 단면 설계를 위해서
- ㉯ 부재의 사용성을 증진시키기 위해서
- ㉰ 부재의 급작스런 파괴를 방지하기 위해서
- ㉱ 부재의 파괴에 대한 안전을 확보하기 위해서

해설 압축에 의한 콘크리트의 취성 파괴를 막기 위한 것이다.

문제 043
압축부재의 철근 배치 및 철근 상세에 관한 설명으로 옳지 않은 것은?
- ㉮ 축방향 주철근 단면적은 전체 단면적의 1~8%로 하여야 한다.
- ㉯ 띠철근의 수직간격은 축방향 철근 지름의 16배 이하, 띠철근 지름의 48배 이하, 또한 기둥단면의 최소치수 이하로 하여야 한다.
- ㉰ 띠철근 기둥에서 축방향 철근의 순간격은 40mm 이상, 또한 철근 공칭지름의 1.5배 이상으로 하여야 한다.
- ㉱ 압축부재의 축방향 주철근의 최소개수는 삼각형으로 둘러싸인 경우 4개로 하여야 한다.

해설 축방향 부재의 주철근의 최소 개수는 직사각형이나 원형 띠철근 내부의 철근의 경우 3개로 하여야 한다.

문제 044
$b_w=280$mm, $d=500$mm인 단철근 직사각형 보가 있다. 강도설계법으로 해석할 때 최소 철근량은 얼마인가? (단, $f_{ck}=24$MPa, $f_y=400$MPa이다.)
- ㉮ 372.2mm^2
- ㉯ 460mm^2
- ㉰ 254.2mm^2
- ㉱ 520mm^2

해설 최소 철근량
$$\phi M_n \geq 1.2 M_{cr}$$
$$\phi A_s f_y d = 1.2 f_r \frac{I_g}{y_t}$$
$$\therefore A_{s\,min} = 1.2 \frac{0.63 \lambda \sqrt{f_{ck}}}{\phi \, 6 \, f_y} b_w d$$
$$= 1.2 \frac{0.63 \times 1.0 \sqrt{24}}{0.85 \times 6 \times 400} \times 280 \times 500$$
$$= 254.2 \text{mm}^2$$

답 039. ㉰ 040. ㉮ 041. ㉮ 042. ㉰ 043. ㉱ 044. ㉰

문제 045

다음 중 '@20,30'의 캐드 명령어를 옳게 설명한 것은?

㉮ 원점에서부터 X축 방향으로 20, Y축 방향으로 30만큼 이동된다.
㉯ 원점에서부터 Y축 방향으로 20, X축 방향으로 30만큼 이동된다.
㉰ 이전 점에서부터 X축 방향으로 20, Y축 방향으로 30만큼 이동된다.
㉱ 이전 점에서부터 Y축 방향으로 20, X축 방향으로 30만큼 이동된다.

해설 캐드 명령어 '@20,30'은 이전 점에서부터 X축 방향으로 20, Y축 방향으로 30만큼 이동된다는 의미이다.

문제 046

다음 중 모니터의 해상도를 나타내는 단위로 옳은 것은?

㉮ RGB ㉯ DPI
㉰ Point ㉱ TFT

해설 DPI(Dot Per Inch)
1인치 당 몇 개의 도트(dot)로 구성되어 있는 지를 나타내는 보통 인쇄물에서 점을 해상도로 표현할 때 쓰는 단위이다.

문제 047

다음 중 네트워크의 보안 강화를 위한 방법으로 틀린 것은?

㉮ 암호화 ㉯ 방화벽 설치
㉰ 인트라넷 구축 ㉱ 해킹

해설 외부의 공격으로 해킹, 스푸핑, 스나이핑, DDoS 등이 있다.

문제 048

원형 단면에 축방향 철근을 나선 철근으로 감은 기둥은?

㉮ 나선 철근 기둥
㉯ 합성기둥
㉰ 띠철근 기둥
㉱ 프리스트레스트 기둥

해설 나선 철근 기둥
축방향 철근을 나선 철근으로 촘촘하게 감은 기둥

문제 049

다음 중 철근 콘크리트에서 중립축에 대한 설명으로 적합한 것은?

㉮ 압축력, 인장력이 모두 최대값이 된다.
㉯ 응력이 '0'이다.
㉰ 인장력이 압축력보다 크다.
㉱ 압축력이 인장력보다 크다.

해설 중립축은 압축측도 인장측도 아닌 개념으로 응력이 '0'이다.

문제 050

다음 중 구조 재료로 사용되는 강재의 특징에 대한 설명으로 틀린 것은?

㉮ 지간이 긴 교량이나 고층 건물에 유효하게 사용된다.
㉯ 다양한 형상과 치수를 가진 구조로 만들 수 있다.
㉰ 구조 해석이 쉽고 단순하다.
㉱ 부재를 개수하거나 보강하기가 용이하다.

해설 구조해석이 단순하지 않다.

문제 051

다음 중 도로교를 설계할 경우에 지속하는 하중과 변동하는 하중으로 나눌 때 지속하는 하중에 해당되는 것은?

㉮ 프리스트레스 힘 ㉯ 제동하중
㉰ 풍하중 ㉱ 충격하중

해설 프리스트레싱에 의하여 부재의 단면에 작용하는 프리스트레스 힘은 지속하는 하중으로 장기간에 걸쳐서 지속적으로 하중이 가해진다.

답 045. ㉰ 046. ㉯ 047. ㉱ 048. ㉮ 049. ㉯ 050. ㉰ 051. ㉮

문제 052

인장측의 균열 발생을 억제할 수 있고 고강도의 콘크리트와 강재를 사용하며 단면을 작게 할 수 있어 지간이 긴 교량에 적당한 토목 구조물은?

㉮ 철근 콘크리트
㉯ 프리스트레스트 콘크리트
㉰ 무근 콘크리트
㉱ H형강 구조

해설 프리스트레스 콘크리트는 보의 고정 하중에 의한 처짐이 작으나 높은 온도에 접하면 강도가 감소하는 단점이 있다.

문제 053

다음 중 교량의 구성 중 바닥틀에 대한 설명으로 옳은 것은?

㉮ 상부 구조로 바닥판에 실리는 하중을 받쳐서 주형에 전달하는 부분이다.
㉯ 상부 구조로 차량이나 사람 등의 하중을 직접 받쳐주는 슬래브 부분이다.
㉰ 하부 구조로 상부 구조에서 전달되는 하중을 지반에 전해주는 부분이다.
㉱ 하부 구조로 상부 구조에서 전달되는 하중을 기초에 전해주는 부분이다.

해설 바닥틀은 바닥판을 지지하며 바닥에 가해지는 교통하중을 주형으로 전달하는 역할을 한다.

문제 054

철근기호의 SD 400에서 400의 의미는?

㉮ 철근의 항복강도
㉯ 철근의 단면적
㉰ 철근의 정착길이
㉱ 철근의 연신율

해설 이형철근은 SD(Steel Deformed bar)라는 기호로 표시하며 종류에는 SD300, SD400, SD500, SD600S가 있다.

문제 055

다음 중 인장을 받는 이형철근의 정착에서 전경량콘크리트의 쪼갬인장강도 f_{sp}가 주어지지 않은 경우에 해당되는 보정계수는?

㉮ 0.75
㉯ 0.8
㉰ 0.85
㉱ 1.3

해설 전경량인 경우는 0.75, 모래경량인 경우는 0.85를 적용한다.

문제 056

일반 콘크리트 휨 부재의 크리프와 건조수축에 의한 장기처짐을 근사식으로 계산할 경우에 재하기간이 5년에 대한 시간경과계수는?

㉮ 1.0
㉯ 1.2
㉰ 1.4
㉱ 2.0

해설
- 시간경과계수(ξ)
  - 3개월 : 1.0
  - 6개월 : 1.2
  - 12개월 : 1.4
  - 5년 이상 : 2.0
- 장기처짐 : 탄성처짐 $\times \dfrac{\xi}{1+50\rho'}$

  여기서, $\rho' = \dfrac{A_s'}{bd}$
- 총처짐 : 탄성처짐 + 장기처짐

문제 057

보통 콘크리트와 비교할 때 고강도 콘크리트용 재료에 대한 설명으로 적합한 것은?

㉮ 내구성이 큰 골재를 사용한다.
㉯ 물-결합재비를 크게 배합한다.
㉰ 단위 시멘트량을 가급적 적게 배합한다.
㉱ 고성능 감수제는 사용하지 않도록 한다.

해설 물-결합재비는 작게 하고 단위 시멘트량을 많게 하며 고성능 감수제 등을 사용한다.

답 052. ㉯ 053. ㉮ 054. ㉮ 055. ㉮ 056. ㉱ 057. ㉮

문제 058

다음 중 콘크리트의 워커빌리티에 영향을 주는 내용으로 틀린 것은?

㉮ 단위수량이 적을수록 워커빌리티가 나빠진다.
㉯ 시멘트량에 비해 골재량이 많을수록 워커빌리티가 좋아진다.
㉰ 분말도가 높은 시멘트를 사용하면 워커빌리티가 좋아진다.
㉱ AE제, AE감수제, 감수제 등의 혼화제를 사용하게 되면 워커빌리티가 좋아진다.

해설 시멘트량에 비해 골재량이 많을수록 재료분리가 발생하며 워커빌리티가 나빠진다.

문제 059

다음 중 콘크리트에 대한 설명으로 틀린 것은?

㉮ 하루 평균기온이 25℃를 초과하면 서중콘크리트로 시공한다.
㉯ 하루 평균기온이 영하 4℃ 이하인 경우는 한중콘크리트로 시공한다.
㉰ AE(공기연행) 콘크리트는 철근과 부착강도가 저하될 우려가 있다.
㉱ 레디믹스트 콘크리트는 현장에서 워커빌리티를 조절하기 어렵다.

해설 하루 평균기온이 4℃ 이하인 경우는 한중콘크리트로 시공한다.

문제 060

압축부재에서 나선철근으로 둘러싸인 주철근의 최소 개수는?

㉮ 4개　　　㉯ 6개
㉰ 9개　　　㉱ 16개

해설 압축부재에서 사각형 띠철근으로 둘러싸인 주철근의 최소 개수는 4개이다.

답 058. ㉯　059. ㉱　060. ㉯

전산응용토목제도기능사

2016 기출문제

▷ 2016년 제 1회
▶ 2016년 제 4회

2016년 제1회

「알려드립니다」 한국산업인력공단의 저작권법 저촉에 대한 언급이 있어 과거에 출제된 동일한 문제나 그 유형의 문제로 재구성하였습니다.

문제 001
해칭에 대한 설명 중 잘못된 사항은?

㉮ 2개 이상의 단면이 인접할 때의 해칭에는 선의 방향을 30° 돌리는 것을 원칙으로 한다.
㉯ 해칭은 단면을 나타낼 때 쓴다.
㉰ 가는 실선으로 긋고 수평선, 중심선 또는 표준선에 대하여 45° 또는 필요한 각도로 기울여 같은 간격으로 넣는다.
㉱ 이음판의 단면 및 채움판을 해칭으로 나타낼 때 그 부분의 깊이가 클 때에는 양끝 부분만을 해칭하고 중간은 생략할 수 있다.

해설 2개 이상의 단면이 인접한 경우 해칭선의 방향을 90° 돌리는 것을 원칙으로 한다.

문제 002
도면의 내용에 따른 종류 중 철근 콘크리트 구조물의 철근 배근도 등과 같이 구조물의 제작, 시공을 위해 필요한 치수, 형상, 재질 등을 알기 쉽게 표시한 도면은?

㉮ 일반도   ㉯ 구조도
㉰ 상세도   ㉱ 설명도

해설
• 사용 용도에 따른 분류
  계획도, 설계도, 제작도, 시공도 등
• 표현 형식에 따른 분류
  일반도, 외관도, 구조선도 등
• 내용에 따른 분류
  구조도, 배근도, 실측도 등

문제 003
철근의 갈고리가 앞으로 또는 뒤로 가려져 있을 때 갈고리가 없는 철근과 구별하기 위한 방법으로 옳은 것은?

㉮ ├─┤   ㉯ ⊂
㉰ ∠30°   ㉱ ∠45°

해설 철근의 끝에 30℃ 경사진 짧은 가는 직선으로 된 화살표를 붙인다.

문제 004
조강 포틀랜드 시멘트에 대한 설명으로 옳지 않은 것은?

㉮ 보통 포틀랜드 시멘트보다 C_3S의 함유량이 높다.
㉯ 수화열이 적다.
㉰ 조기강도가 크다.
㉱ 한중 콘크리트에 적합하다.

해설 조강 포틀랜드 시멘트는 조기에 강도를 발현시키는 시멘트로 보통 포틀랜드 시멘트가 재령 28일에 나타내는 강도를 재령 7일 정도에 나타나며 수화열이 크므로 단면이 큰 콘크리트 구조물에는 부적당하다.

문제 005
1방향 슬래브의 최소 두께는 얼마 이상이어야 하는가?

㉮ 70mm   ㉯ 80mm
㉰ 100mm   ㉱ 120mm

답 001.㉮ 002.㉯ 003.㉰ 004.㉯ 005.㉰

해설
- 1방향 슬래브의 두께는 100mm 이상이라야 한다.
- 1방향 슬래브에서는 정철근 및 부철근에 직각 방향으로 배력철근을 배치해야 한다.

문제 006

콘크리트의 크리프에 대한 설명으로 틀린 것은?

㉮ 일정한 응력이 장시간 계속하여 작용하고 있을 때 변형이 계속 진행되는 현상을 말한다.
㉯ 물-시멘트비가 큰 콘크리트는 물-시멘트비가 작은 콘크리트보다 크리프가 크게 일어난다.
㉰ 고강도 콘크리트는 저강도 콘크리트보다 크리프가 크게 일어난다.
㉱ 콘크리트가 놓이는 주위의 온도가 높을수록 크리프 변형은 크게 일어난다.

해설
- 고강도 콘크리트는 저강도 콘크리트보다 크리프가 작게 일어난다.
- 크리프 변형의 증가 비율은 재하시간이 경과함에 따라 감소한다.
- 습도가 높을수록 크리프량이 작다.
- 단면의 치수가 클수록 크리프의 최종값은 작다.

문제 007

옹벽의 외력에 대한 안정조건 3가지에 해당되지 않은 것은?

㉮ 전도에 대한 안정   ㉯ 활동에 대한 안정
㉰ 휨에 대한 안정   ㉱ 침하에 대한 안정

해설
- 전도에 대한 안전율 : 2.0
- 활동에 대한 안전율 : 1.5
- 침하(지지력)에 대한 안전율 : 1.0

문제 008

대상물의 보이는 부분의 겉모양(외형)을 표시할 때 사용하는 선은?

㉮ 파선   ㉯ 굵은 실선
㉰ 가는 실선   ㉱ 1점 쇄선

해설
- 굵은 실선인 외형선으로 대상물의 보이는 부분의 겉모양을 표시한다.
- 1점 쇄선으로 중심선, 기준선, 피치선, 절단선을 표시한다.

문제 009

철근 콘크리트에서 철근의 피복두께에 대한 설명으로 적당한 것은?

㉮ 콘크리트 표면과 그에 가장 가까이 배치된 철근 표면 사이의 최단거리이다.
㉯ 콘크리트 표면과 그에 가장 가까이 배치된 철근 중심 사이의 최단거리이다.
㉰ 콘크리트 표면과 그에 가장 가까이 배치된 철근 사이의 최장거리이다.
㉱ 콘크리트 표면과 그에 가장 가까이 배치된 철근 사이의 간격 1/2에 해당하는 거리이다.

해설 최소 피복두께 : 콘크리트의 표면에서 가장 바깥쪽 철근의 표면까지의 최단거리

문제 010

일반 콘크리트용 골재가 갖추어야 할 성질로 맞지 않는 것은?

㉮ 깨끗하고 강하며 내구적일 것
㉯ 알맞은 입도를 가질 것
㉰ 연한 석편, 가느다란 석편을 가질 것
㉱ 먼지, 흙, 염화물 등의 유해량을 함유하지 않을 것

해설
- 골재의 모양은 구 또는 입방체에 가까울 것
- 마모에 대한 저항성이 클 것

문제 011

슬래브의 종류에는 1방향 슬래브와 2방향 슬래브가 있다. 이를 구분하는 기준과 가장 관계가 깊은 것은?

㉮ 부철근의 구조
㉯ 슬래브의 두께
㉰ 지지하는 경계 조건
㉱ 기둥의 높이

답 006. ㉰ 007. ㉰ 008. ㉯ 009. ㉮ 010. ㉰ 011. ㉰

해설
- 1방향 슬래브 : 마주보는 두 변에 의해서만 3지지된 경우
- 2방향 슬래브 : 4변에 의해 지지되는 경우

문제 012
철근 콘크리트 기둥을 분류할 때 구조용 강재나 강관을 축방향으로 보강한 기둥은?

㉮ 띠철근 기둥 ㉯ 합성 기둥
㉰ 나선철근 기둥 ㉱ 복합 기둥

해설 합성 기둥은 구조용 강재나 강관을 축방향으로 배치한 압축 부재이다.

문제 013
건설재료 중 각 강(鋼)의 치수 표시 방법은?

㉮ □A-L ㉯ □A×B×t-L
㉰ DA-L ㉱ ø A-L

해설

각강관	$\square A \times B \times t - L$
각강	$\square A - L$
평강	$\square B \times A - L$

문제 014
고대 토목 구조물의 특징과 가장 거리가 먼 것은?

㉮ 흙과 나무로 토목 구조물을 만들었다.
㉯ 치산치수를 하기 위하여 토목 구조물을 만들었다.
㉰ 농경지를 보호하기 위하여 토목 구조물을 만들었다.
㉱ 국가 산업을 발전시키기 위하여 다량 생산의 토목 구조물을 만들었다.

해설 공사기간도 길고 규모가 커 다량 생산을 할 수 없다.

문제 015
투상선이 모든 투상면에 대하여 수직으로 투상되는 것은?

㉮ 정투상법 ㉯ 투시 투상도법
㉰ 사투상법 ㉱ 축측 투상도법

해설 정투상법에는 제1각법, 제3각법이 있으며 일반적으로 제3각법을 사용한다.

문제 016
물체를 '눈 → 투상면 → 물체'의 순서로 놓는 정투상법은?

㉮ 제1각법 ㉯ 제2각법
㉰ 제3각법 ㉱ 제4각법

해설 제3각법
평면도는 정면도 위에 우측면도는 정면도 우측에 그린다.

문제 017
현장치기 콘크리트 공사의 압축부재에서 사용되는 나선철근의 지름은 최소 얼마 이상이어야 하는가?

㉮ 5mm ㉯ 10mm
㉰ 15mm ㉱ 20mm

해설 현장치기 콘크리트 공사에서 나선철근 지름은 10mm 이상으로 하여야 한다.

문제 018
콘크리트에 일정하게 하중을 주면 응력의 변화는 없는데도 변형이 시간이 경과함에 따라 커지는 현상은?

㉮ 건조수축 ㉯ 크리프
㉰ 틱소트로피 ㉱ 릴랙세이션

해설
- 크리프 : 일정한 하중을 지속적으로 장시간 가했을 때 시간의 경과에 따라 변형이 증가되는 현상
- 릴랙세이션 : 재료에 하중을 가했을 때 시간의 경과함에 따라 재료의 응력이 감소하는 현상

답 012. ㉯ 013. ㉮ 014. ㉱ 015. ㉮ 016. ㉰ 017. ㉯ 018. ㉯

문제 019
교량을 중심으로 세계 토목 구조물의 역사를 보면 재료 및 신기술의 발전과 사회 환경의 변화로 장대교량이 출현한 시기는?

㉮ 기원 전 1~2세기 ㉯ 9~10세기
㉰ 11~18세기 ㉱ 19~20세기 초

【해설】 19세기 후반과 20세기에 들면서 교량 건설에서 강철의 사용으로 더 길고 더 큰 장대교량이 건설되고 있다.

문제 020
치수 기입에 대한 설명으로 옳지 않은 것은?

㉮ 치수의 단위는 m를 사용하나 단위를 기입하지 않는다.
㉯ 치수 수치는 치수선에 평행하게 기입하고, 치수선의 중앙의 위쪽에 기입한다.
㉰ 경사를 표시할 때는 백분율 또는 천분율로 표시할 수 있다.
㉱ 치수는 치수선이 교차하는 곳에는 가급적 기입하지 않는다.

【해설】 치수의 단위는 mm를 사용하나 단위를 기입하지 않는다.

문제 021
콘크리트 구조물의 설계는 일반적으로 어떤 설계방법을 적용하는 것을 원칙으로 하는가?

㉮ 강도설계법
㉯ 인장설계법
㉰ 압축설계법
㉱ 하중-저항계수설계법

【해설】 강도 설계법은 안전성을 가장 중요시하며 사용성(처짐, 균열)은 별도로 검토한다.

문제 022
척도의 종류로 옳지 않은 것은?

㉮ 배척 ㉯ 축척
㉰ 현척 ㉱ 외척

【해설】
• 축척 : 실물보다 축소하여 그린 것
• 현척 : 실물과 동일한 크기로 그린 것
• 배척 : 실물보다 확대하여 그린 것

문제 023
그림의 정면도와 우측면도를 보고 추측할 수 있는 물체의 모양으로 짝지어진 것은?

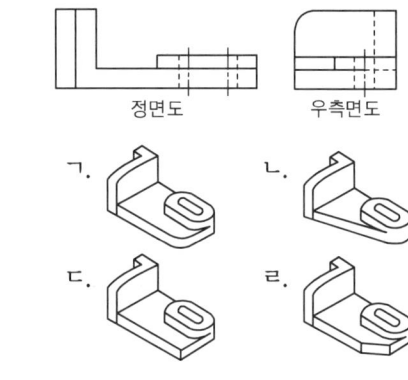

㉮ ㄱ, ㄴ ㉯ ㄴ, ㄷ
㉰ ㄷ, ㄹ ㉱ ㄱ, ㄷ

【해설】
• 정면도는 물체가 있는 상태의 정방향 투상도이다.
• 우측면도는 물체의 우측방향에서의 투상도이다.

문제 024
콘크리트를 친 후 시멘트와 골재 알이 가라앉으면서 물이 떠오르는 현상을 무엇이라 하는가?

㉮ 풍화 ㉯ 레이턴스
㉰ 블리딩 ㉱ 경화

【해설】
• 블리딩 : 굳지 않은 콘크리트에서 물이 위로 올라오는 현상이다.
• 레이턴스 : 블리딩에 의해 콘크리트 표면에 떠올라서 가라 앉은 미세한 물질이다.

문제 025
철근을 상단과 하단에 2단 이상으로 배치된 경우, 상하철근의 순간격은 얼마 이상으로 하여야 하는가?

㉮ 10mm 이상 ㉯ 15mm 이상
㉰ 20mm 이상 ㉱ 25mm 이상

[해설] 상하철근은 동일 연직면 내에 두며 상하철근의 순간격은 25mm 이상이어야 한다.

문제 026
확대 기초의 크기가 3m×2m이고, 허용 지지력이 300kN/m²일 때 이 기초가 받을 수 있는 최대 하중은?

㉮ 1,000 kN ㉯ 1,200 kN
㉰ 1,800 kN ㉱ 2,400 kN

[해설] 허용 지지력 $q_a = \dfrac{P}{A}$
∴ $P = q_a A = 300 \times 3 \times 2 = 1800 \text{kN}$

문제 027
철근과 콘크리트가 그 경계 면에서 미끄러지지 않도록 저항하는 것을 무엇이라 하는가?

㉮ 부착 ㉯ 정착
㉰ 철근 이음 ㉱ 스터럽

[해설]
• 이형철근이 원형철근보다 2배 이상 부착강도가 크다.
• 콘크리트의 압축강도가 클수록 부착강도가 크다.
• 수평철근은 수직철근보다 콘크리트의 블리딩 영향으로 부착강도가 떨어진다.

문제 028
그림은 평면도상에서 어떤 지형의 절단면 상태를 나타낸 것인가?

㉮ 절토면
㉯ 성토면
㉰ 수준면
㉱ 물매면

[해설]
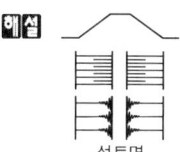
성토면

문제 029
벽으로부터 전달되는 하중을 분포시키기 위하여 연속적으로 만들어진 기초는?

㉮ 독립 확대기초 ㉯ 벽 확대기초
㉰ 연결 확대기초 ㉱ 말뚝 기초

[해설] 벽을 지지하는 기초를 벽의 확대기초(연속 확대기초)라 한다.

문제 030
다음 중 자연석의 단면 표시로 옳은 것은?

[해설] ㉮ : 블록, ㉰ : 콘크리트, ㉱ : 벽돌

문제 031
각봉의 절단면을 바르게 표시한 것은?

[해설] ㉮ : 환봉, ㉰ : 파이프, ㉱ : 나무

문제 032
보강용 섬유를 혼입하여 주로 인성, 균열 억제, 내충격성 및 내마모성 등을 높인 콘크리트는?

㉮ 고강도 콘크리트
㉯ 섬유보강 콘크리트
㉰ 폴리머 시멘트 콘크리트
㉱ 프리플레이스트 콘크리트

[해설] 섬유보강 콘크리트는 콘크리트의 인장강도와 균열에 대한 저항성을 높이고 인성을 대폭 개선시킬 목적으로 사용한다.

답 026. ㉰ 027. ㉮ 028. ㉯ 029. ㉯ 030. ㉯ 031. ㉯ 032. ㉯

문제 033
숏크리트 시공 및 그라우팅에 의한 지수공법에 주로 사용되는 혼화제는?
㉮ 발포제 ㉯ 급결제
㉰ 공기연행제 ㉱ 고성능 유동화제

해설 급결제의 사용량은 시멘트 중량의 2~8% 정도이다.

문제 034
2방향 슬래브의 위험단면에서 철근 간격은 슬래브 두께의 2배 이하 또는 몇 mm 이하이어야 하는가?
㉮ 100mm ㉯ 200mm
㉰ 300mm ㉱ 400mm

해설 4변에 의해 지지되는 2방향 슬래브 중에서 단변에 대한 장변의 비가 2배를 넘으면 1방향 슬래브로 해석한다.

문제 035
기둥에 관한 설명으로 옳지 않은 것은?
㉮ 지붕, 바닥 등의 상부 하중을 받아서 토대 및 기초에 전달하고 벽체의 골격을 이루는 수직 구조체이다.
㉯ 단주인가 장주인가에 따라 동일한 단면이라도 그 강도가 달라진다.
㉰ 순수한 축방향 압축력만을 받는 일은 거의 없다.
㉱ 기둥의 강도는 단면의 모양과 밀접한 연관이 있고, 기둥 길이와는 무관하다.

해설 장주는 같은 크기의 축하중이 작용해도 기둥 길이의 영향 때문에 단주보다 더 큰 휨모멘트가 발생하므로 그 영향을 고려하여 설계하여야 한다.

문제 036
콘크리트의 특징에 대한 설명 중 옳지 않은 것은?
㉮ 압축강도에 비해서 인장강도가 더 크다.
㉯ 내구성, 내화성, 내진성이 우수하다.
㉰ 균열 발생이 있으며 검사 및 개조, 해체가 어렵다.
㉱ 부재나 구조물의 크기를 여러 모양으로 만들 수 있다.

해설
- 압축강도에 비해서 인장강도가 1/10~1/13 정도 더 작다.
- 재료의 운반과 시공이 쉽다.

문제 037
토목 구조물을 사용 재료에 따라 분류한 것이 아닌 것은?
㉮ 콘크리트 구조 ㉯ 강구조
㉰ 합성구조 ㉱ 타워형 구조

해설 타워형 구조는 건축 구조물 구조 형태이다.

문제 038
치수, 가공법, 주의사항 등을 기입하기 위한 선으로 가로에 대해 45°의 직선을 긋고 그 위에 나타내는 것은?
㉮ 치수선 ㉯ 중심선
㉰ 치수보조선 ㉱ 인출선

해설
- 치수선은 가는 실선으로 긋고 치수선 양 끝에는 화살표를 붙이며 다른 치수선과 서로 교차하지 않도록 한다.
- 중심선은 가는 1점 쇄선으로 긋고 모든 대칭인 물체나 원형인 물체에는 중심선을 긋는다.

문제 039
서해대교와 같이 교각 위에 탑을 세우고 주탑과 경사로 배치된 케이블로 주형을 고정시키는 형식의 교량은?
㉮ 현수교 ㉯ 라멘교
㉰ 연속교 ㉱ 사장교

해설 사장교
중간의 교각 위에 세운 교탑으로부터 비스듬히 경사지게 내린 케이블로 주형을 매단 구조물 형태이다.

문제 040
일반적인 옹벽의 종류에 속하지 않는 것은?
㉮ 중력식 옹벽 　㉯ 캔틸레버 옹벽
㉰ 뒷부벽식 옹벽 　㉱ 연결 확대옹벽

해설
- 옹벽 : 토압에 저항하여 토사의 붕괴를 방지하기 위한 구조물
- 확대기초 : 벽, 기둥, 교대, 교각 등의 상부하중을 지반에 전달하기 위한 구조물

문제 041
다음 중 강 구조의 장점이 아닌 것은?
㉮ 콘크리트에 비하여 강도가 크다.
㉯ 부재의 치수를 크게 한다.
㉰ 경간이 긴 교량을 축조하는데 유리하다.
㉱ 콘크리트에 비하여 재료의 품질관리가 쉽다.

해설
- 부재의 치수를 작게 한다.(부피를 줄일 수 있다.)
- 강구조는 쉽게 구조 변경을 할 수 있다.
- 사전 조립이 가능하며 현장 시공 속도가 빠르다.

문제 042
콘크리트 구조물 제도에서 지름 16mm 일반 이형철근의 표시법으로 옳은 것은?
㉮ R16 　㉯ ø16
㉰ D16 　㉱ H16

해설
- ø16 : 지름 16mm인 원형철근
- H16 : 지름 16mm인 이형(고강도)철근

문제 043
일반적인 철근 콘크리트(RC)에 비하여 프리스트레스트 콘크리트(PSC)의 특징 중 틀린 것은?
㉮ PSC는 RC에 비하여 고강도의 콘크리트를 사용한다.
㉯ PSC는 설계하중이 작용하더라도 균열이 발생하지 않는다.
㉰ PSC는 RC에 비하여 단면을 작게 할 수 있어 지간이 긴 교량에 적당하다.
㉱ PSC에서는 프리스트레싱 작업시 최대 응력을 받으므로 사용하중 상태에서 안전성이 낮다.

해설
- PSC 구조물은 안전성이 높다.
- RC에 비하여 단면이 작기 때문에 변형이 크고 진동하기 쉽다.
- PSC 구조물은 높은 온도에 강도의 변화가 있으므로 내화성에 불리하다.

문제 044
멀고 가까운 거리감을 느낄 수 있도록 하나의 시점과 물체의 각 점을 방사선상으로 이어서 그리는 도법으로 구조물의 조감도에 많이 쓰이는 투상법은?
㉮ 투시도법 　㉯ 사투상법
㉰ 정투상법 　㉱ 축측 투상법

해설
투시도법은 주로 토목이나 건축에서 현장의 겨냥도, 구조물의 조감도 등에 쓰인다.

문제 045
CAD 시스템에서 도면을 작성할 경우 키보드 수행 영역은?
㉮ 도구막대 영역
㉯ 명령 영역
㉰ 고정 아이콘 메뉴 영역
㉱ 내림메뉴 영역

풀이
도면을 작성할 경우 키보드 수행 영역은 명령 영역에 해당된다. 키보드는 데이터 입력이나 명령어 입력에 주로 사용한다.

문제 046
유효 깊이 400mm인 캔틸레버에서 인장 철근 D29를 배치하는 경우에 표준갈고리의 구부림 최소 내면 반지름은?
㉮ 87mm 　㉯ 116mm
㉰ 145mm 　㉱ 174mm

풀이
D29~D35 : $4d_b$이므로 $4 \times 29 = 116\,mm$이다.

답 040. ㉱ 041. ㉯ 042. ㉰ 043. ㉱ 044. ㉮ 045. ㉯ 046. ㉯

문제 047
교량의 상부 및 하부 구조에 대한 설명으로 틀린 것은?

㉮ 바닥틀은 상부 및 하부 구조로 이루어진다.
㉯ 사람이나 차량 등을 직접 받치는 슬래브 및 포장 부분은 바닥판이라 한다.
㉰ 바닥틀은 바닥판에 실리는 하중을 받쳐서 주형에 전달해 주는 부분이다.
㉱ 주형은 바닥틀로부터의 하중이나 자중을 받쳐서 하부구조에 전달하는 부분이다.

[풀이] 바닥틀은 교량의 상부 구조에 해당된다.

문제 048
압축부재에 사용되는 나선철근에 대한 설명 중 틀린 것은?

㉮ 나선철근의 순간격은 75mm 이하, 25mm 이상이어야 한다.
㉯ 나선철근의 정착길이는 나선철근 끝에서 1.5회전 이상 연장되어야 한다.
㉰ 나선철근의 이음은 기계적이음, 겹침이음이 사용되며 용접이음은 피해야 한다.
㉱ 나선철근의 겹침이음은 이형철근의 경우 공칭지름의 48배 이상, 최소 300mm 이상으로 한다.

[풀이] 나선철근의 이음은 기계적이음, 겹침이음, 용접이음이 사용된다.

문제 049
강 구조물의 도면에 대한 설명으로 틀린 것은?

㉮ 도면이 잘 보이도록 절단선과 지시선의 방향을 붙이는 것이 좋다.
㉯ 강 구조물은 너무 길고 넓어 큰 공간을 차지하더라도 전체를 잘 그려야 한다.
㉰ 제작이나 가설을 고려하여 부분적으로 제작 단위마다 상세도를 작성한다.
㉱ 평면도, 측면도, 단면도 등을 소재나 부재가 잘 나타나도록 각각 독립하여 그려도 된다.

[풀이] 강 구조물은 너무 길고 넓어 큰 공간을 차지하므로 몇 가지의 단면으로 절단하여 표현한다.

문제 050
다음 중 트레이스도를 그릴 경우 일반적으로 가장 먼저 그려야 하는 것은?

㉮ 절단선 ㉯ 치수선
㉰ 외형선 ㉱ 숨은선

[풀이] 트레이스도란 원도 위에 트레이싱지(트레이스지)를 덮고 도면을 옮겨 그린 도면이다.

문제 051
1개의 주형 또는 주트러스를 3개 이상의 지점으로 지지하여 2경간 이상에 걸쳐서 연속시킨 교량 구조형식은?

㉮ 아치교 ㉯ 단순교
㉰ 라멘교 ㉱ 연속교

[풀이]
- 아치교: 곡형 또는 곡트러스 쪽을 상향으로 하여 양단을 수평 방향으로 이동할 수 없게 지지한 아치를 주형 또는 주트러스로 이용한 교량
- 라아멘교: 라아멘 형태를 구조물의 주부재로 한 교량
- 단순교: 주형 또는 트러스를 양단에서 단순하게 지지한 교량

문제 052
철근 콘크리트 단순보에 외력(P)이 작용하는 경우에 대한 설명으로 옳은 것은?

㉮ 철근과 콘크리트의 열팽창계수가 거의 같다.
㉯ 압축측 콘크리트는 외력에 의해 인장응력이 작용하게 된다.
㉰ 인장응력은 압축응력보다 크다.
㉱ 중립축 아래쪽에 있는 철근은 압축응력을 받는다.

[답] 047. ㉮ 048. ㉰ 049. ㉯ 050. ㉰ 051. ㉱ 052. ㉮

- 압축측 콘크리트는 외력에 의해 압축응력이 작용한다.
- 인장응력은 압축응력보다 작다.
- 중립축 아래쪽에 있는 철근은 인장응력을 받는다.

문제 053
유수 등에 의한 심한 침식 또는 화학작용을 받는 프리캐스트 콘크리트 벽체, 슬래브의 최소 피복 두께는?

㉮ 80mm ㉯ 50mm
㉰ 40mm ㉱ 30mm

풀이 프리캐스트 콘크리트의 벽체 슬래브외 모든 부재의 경우에는 50mm를 확보해야 한다.

문제 054
지간이 4m인 단순보의 중앙에 집중하중 100kN이 작용할 경우 최대 휨모멘트는?

㉮ 100kN·m ㉯ 200kN·m
㉰ 300kN·m ㉱ 400kN·m

풀이 $M = \dfrac{PL}{4} = \dfrac{100 \times 4}{4} = 100\text{kN} \cdot \text{m}$

문제 055
인장 이형철근을 사용하여 A급 겹침이음을 할 경우 이음의 최소길이는? (단, l_d는 인장 이형철근의 정착길이)

㉮ $0.5l_d$ ㉯ $1.0l_d$
㉰ $1.3l_d$ ㉱ $1.5l_d$

풀이 B급 겹침이음을 할 경우에는 $1.3l_d$이다.

문제 056
기초판 또는 슬래브의 윗면에 연결되는 압축부재의 첫 번째 띠철근 간격은 다른 띠철근 간격의 얼마 이하로 하여야 하는가?

㉮ 1/2 ㉯ 2배
㉰ 1/4 ㉱ 2.5배

풀이 압축부재에 사용되는 띠철근의 수직간격은 축방향 철근지름의 16배 이하, 띠철근이나 철선지름의 48배 이하, 또한 기둥단면의 최소 치수 이하로 하여야 한다.

문제 057
철근의 정착길이는 일반적으로 철근의 어떤 응력을 고려한 것인가?

㉮ 평균 허용 응력
㉯ 평균 굽힘 응력
㉰ 평균 전단 응력
㉱ 평균 부착 응력

풀이 철근의 정착길이를 결정할 경우에는 철근의 직경, 철근의 배근 위치, 콘크리트의 종류, 철근의 설계기준 항복강도, 콘크리트의 설계기준 압축강도 등이 관련이 된다.

문제 058
포스트텐션 정착부 설계에 대하여 최대 프리스트레싱 강재 긴장력에 하중계수는 얼마를 적용하는가?

㉮ 1.0 ㉯ 1.2
㉰ 1.3 ㉱ 1.5

풀이 포스트텐션 정착부 설계에 대하여 최대 프리스트레싱 강재 긴장력에 하중계수는 1.2를 적용하여야 한다.

문제 059
다음 중 하천 공사 계획의 기본도가 되는 도면은?

㉮ 종단면도
㉯ 횡단면도
㉰ 평면도
㉱ 하천 경사도

풀이 평면도는 개수, 그 밖의 하천 공사 계획의 기본도이다.

답 053.㉯ 054.㉮ 055.㉯ 056.㉮ 057.㉱ 058.㉯ 059.㉰

문제 060

다음 그림과 같은 부정정 구조물에 E, F점에 힌지를 넣어 정정구조물로 만든 보의 명칭은?

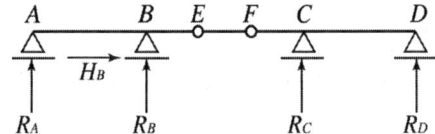

㉮ 게르버보   ㉯ 부정정보
㉰ 내민보   ㉱ 캔틸레버보

풀이 단순보와 내민보의 조합으로 이루어진 보이다.

답 060. ㉮

부록 최근 기출문제 — 2016년 제4회

「**알려드립니다**」 한국산업인력공단의 저작권법 저촉에 대한 언급이 있어 과거에 출제된 동일한 문제나 그 유형의 문제로 재구성하였습니다.

문제 001
다음 4가지 종류의 기둥에서 강도의 크기 순으로 옳게 된 것은? (단, 부재는 등질, 등단면이고 길이는 같다.)

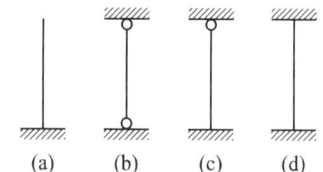

㉮ (a) > (b) > (c) > (d)
㉯ (a) > (c) > (b) > (d)
㉰ (d) > (b) > (c) > (a)
㉱ (d) > (c) > (b) > (a)

해설
- 좌굴하중 $P_c = \dfrac{n\pi^2 EI}{l^2}$
- (a) $n = \dfrac{1}{4}$ (b) $n = 1$ (c) $n = 2$ (d) $n = 4$

문제 002
토목 구조물의 특징에 속하지 않는 것은?

㉮ 건설에 많은 비용과 시간이 소요된다.
㉯ 공공의 목적으로 건설되기 때문에 사회의 감시와 비판을 받게 된다.
㉰ 구조물의 공용 기간이 길어 장래를 예측하여 설계하고 건설해야 한다.
㉱ 다량으로 생산하는 것이 쉽다.

해설
- 다량으로 생산하는 것이 어렵다.
- 일회성으로 동일한 조건의 구조물이 건설되지 않는다.

문제 003
철근의 항복으로 시작되는 보의 파괴는 사전에 붕괴의 징조를 알리며 점진적으로 일어난다. 이러한 파괴 형태를 무엇이라 하는가?

㉮ 연성파괴   ㉯ 항복파괴
㉰ 취성파괴   ㉱ 피로파괴

해설 압축측 콘크리트보다 인장측 철근이 먼저 항복하면 철근의 연성으로 인해 보의 파괴가 단계적으로 서서히 일어나는 연성 파괴가 된다.

문제 004
보통 무근 콘크리트로 만들어지며 자중에 의하여 안정을 유지하는 옹벽의 형태를 무엇이라 하는가?

㉮ 중력식 옹벽   ㉯ L형 옹벽
㉰ 캔틸레버 옹벽 ㉱ 뒷부벽식 옹벽

해설
- 중력식 옹벽 : 옹벽 자체의 무게로 안정을 유지하는 형식으로 높이 3~4m 정도이다.
- 반중력식 옹벽 : 중력식 옹벽의 벽 두께를 얇게하고 이로 인해 생기는 인장 응력에 저항하고자 철근으로 보강한 옹벽

문제 005
옹벽의 전도에 대한 안전율은 최소 얼마 이상이어야 하는가?

㉮ 1   ㉯ 2
㉰ 3   ㉱ 4

해설 전도에 대한 안정
모든 외력의 합력의 작용점이 옹벽 저면 중앙 1/3 이내에 있어야 한다.

답 001. ㉱ 002. ㉱ 003. ㉮ 004. ㉮ 005. ㉯

문제 006
프리스트레스트 콘크리트의 특징이 아닌 것은?
- ㉮ 설계하중이 작용하더라도 균열이 발생하지 않는다.
- ㉯ 안정성이 높다.
- ㉰ 철근 콘크리트에 비해 고강도 콘크리트와 강재를 사용한다.
- ㉱ 철근 콘크리트보다 내화성이 우수하다.

해설
- 고온에서는 고강도 강재의 강도가 저하되므로 내화성에 있어서는 불리하다.
- 탄력성과 복원성이 우수하다.

문제 007
교량의 상부구조가 아닌 것은?
- ㉮ 바닥틀
- ㉯ 주트러스
- ㉰ 교대
- ㉱ 슬래브

해설 하부구조 : 교대, 교각, 기초

문제 008
치수 보조선에 대한 설명 중 틀린 것은?
- ㉮ 치수 보조선은 치수선과 항상 직각이 되도록 그어야 한다.
- ㉯ 치수 보조선은 치수선보다 약간 길게 끌어내어 그린다.
- ㉰ 불가피한 경우가 아닐 때에는 치수 보조선과 치수선이 다른 선과 교차하지 않게 한다.
- ㉱ 다른 치수 보조선과 교차되어 복잡한 경우 외형선을 치수 보조선으로 대신 사용할 수 있다.

해설 치수 보조선
치수를 기입하는 형상에 대해 수직으로 그린다. 필요할 경우에는 경사지게 그릴 수 있으나 서로 평행해야 한다.

문제 009
도면의 작도 방법에 대한 기본 사항 중 틀린 설명은?
- ㉮ 철근 치수 및 기호를 표시하고 누락되지 않도록 주의한다.
- ㉯ 단면도는 실선으로 주어진 치수대로 정확히 작도한다.
- ㉰ 단면도에 표시된 철근 길이가 벗어나지 않도록 주의한다.
- ㉱ 단면도에 배근될 철근 수량은 정확하여야 하나, 철근의 간격은 일정하지 않아도 무방하다.

해설 단면도에서 단면으로 표시되는 철근의 수량과 철근 간격을 정확히 균일성 있게 표시한다.

문제 010
토목 구조물을 사용 재료에 따라 크게 분류한 것으로 틀린 것은?
- ㉮ 강 구조
- ㉯ 사장 구조
- ㉰ 합성 구조
- ㉱ 콘크리트 구조

해설 사장 구조는 케이블을 이용하여 상판을 매단 형태의 교량에 해당된다.

문제 011
옹벽은 외력에 대하여 안정성을 검토하는데 그 대상이 아닌 것은?
- ㉮ 전도에 대한 안정
- ㉯ 활동에 대한 안정
- ㉰ 침하에 대한 안정
- ㉱ 간격에 대한 안정

해설 옹벽이란 토압에 저항하여 토사의 붕괴를 방지하기 위하여 축조한 구조물이다.

문제 012
강도 설계법에서 균형보인 상태를 올바르게 설명한 것은? ($f_{ck} \leq 40\text{MPa}$)
- ㉮ 압축측 최외단 콘크리트의 응력은 f_{ck}이고 철근의 변형률은 E_s/f_y에 도달한 상태
- ㉯ 압축측 최외단 콘크리트의 변형률은 0.0033이고, 철근의 변형률은 f_y/E_s에 도달한 상태
- ㉰ 압축측 최외단 콘크리트의 변형률은 0.001이고 철근의 변형률은 E_s/f_y에 도달한 상태

답 006. ㉱ 007. ㉰ 008. ㉮ 009. ㉱ 010. ㉯ 011. ㉱ 012. ㉯

㉣ 압축측 최외단 콘크리트의 응력은 $0.75f_{ck}$이고 철근의 변형률은 f_y/E_s에 도달한 상태

해설 균형 상태란 인장철근이 항복강도 f_y에 도달할 때 바로 압축을 받는 콘크리트가 극한 변형률 0.0033에 도달하는 상태이다.

문제 013

기둥에서 종방향 철근의 위치를 확보하고 전단력에 저항하도록 정해진 간격으로 배치된 횡방향의 보강철근을 무엇이라 하는가?

㉮ 띠철근　　　　㉯ 절곡철근
㉰ 인장철근　　　㉱ 주철근

해설
- 띠철근 기둥은 사각형 단면에 주로 사용되며 축방향 철근을 적당한 간격으로 띠철근으로 감는 기둥이다.
- 띠철근 기둥은 축방향 철근에 직교하여 적당한 간격으로 철근을 감아 주근을 보강하고 좌굴을 방지하도록 하는 기둥이다.

문제 014

1방향 슬래브의 최소 두께는 얼마 이상인가?

㉮ 50mm　　　　㉯ 80mm
㉰ 100mm　　　㉱ 150mm

해설 1방향 슬래브의 정철근 및 부철근의 중심간격은 최대 휨 모멘트가 일어나는 단면에서 슬래브 두께의 2배 이하, 300mm 이하이어야 한다.

문제 015

교각 위에 탑을 세우고, 탑에서 경사진 케이블로 주형을 잡아당기는 형식의 교량은?

㉮ 사장교　　　　㉯ 현수교
㉰ 게르버교　　　㉱ 트러스교

해설
- 사장교
중간의 교각 위에 세운 교탑으로 경사지게 내린 케이블로 주형을 매단 구조물
- 현수교
주탑 및 앵커리지로 주 케이블을 지지하고 이 케이블에 현수재를 매달아 보강형을 지지하는 형식

문제 016

도로 설계 제도에서 평면의 곡선부에 기입하지 않는 것은?

㉮ 교각　　　　㉯ 반지름
㉰ 접선장　　　㉱ 계획고

해설 계획고, 지반고 등은 종단면도에 기재한다.

문제 017

폴리머 콘크리트(폴리머-시멘트 콘크리트)의 성질로 옳지 않은 것은?

㉮ 강도가 크다.　　　㉯ 건조수축이 작다.
㉰ 내충격성이 좋다.　㉱ 내마모성이 작다.

해설 내마모성, 내충격성 및 전기 전열성이 양호하다.

문제 018

단철근 직사각형보에서 f_{ck}=24MPa, f_y=300 MPa일 때 균형 철근비는?

㉮ 0.020　　　㉯ 0.035
㉰ 0.037　　　㉱ 0.041

해설
$$\rho_b = \eta(0.85f_{ck})\frac{\beta_1}{f_y}\frac{660}{660+f_y}$$
$$= 1.0 \times (0.85 \times 24) \times \frac{0.8}{300} \times \frac{660}{660+300}$$
$$= 0.037$$
여기서, $f_{ck} \leq 40\,\text{MPa}$이므로 $\eta=1.0$, $\beta_1=0.8$

문제 019

두께 140mm의 슬래브를 설계하고자 한다. 최대 정모멘트가 발생하는 위험단면에서 주철근의 중심 간격은 얼마 이하이어야 하는가?

㉮ 280mm 이하　　㉯ 320mm 이하
㉰ 360mm 이하　　㉱ 400mm 이하

해설
- 2방향 슬래브의 위험단면에서 철근의 간격은 슬래브 두께의 2배 이하, 또한 300mm 이하로 하여야 한다.
∴ 140×2=280mm

답 013. ㉮　014. ㉰　015. ㉮　016. ㉱　017. ㉱　018. ㉰　019. ㉮

- 1방향 슬래브의 정철근 및 부철근의 중심간격은 최대 휨 모멘트가 일어나지 않는 단면에서 슬래브 두께의 3배 이하, 또는 450mm 이하이다.
- 슬래브의 정철근 및 부철근의 중심간격은 최대 휨 모멘트가 일어나는 단면에서 슬래브 두께의 2배 이하, 300mm 이하이다.

문제 020
토목 제도에서 모든 대칭인 물체나 원형인 물체의 중심선으로 사용되는 선은?
- ㉮ 파선
- ㉯ 1점 쇄선
- ㉰ 2점 쇄선
- ㉱ 나선형 실선

해설 가는 1점 쇄선
① 그림의 중심을 나타내는 선
② 대칭을 나타내는 선
③ 움직이는 부분의 궤적 중심을 나타내는 선

문제 021
D10 철근의 180° 표준 갈고리에서 구부림의 최소 내면 반지름은 약 얼마인가?
- ㉮ 20mm
- ㉯ 30mm
- ㉰ 40mm
- ㉱ 50mm

해설 D10~D25 : $3d_b$
즉, 철근 지름의 3배이므로 30mm이다.

문제 022
콘크리트용 골재가 갖추어야 할 성질에 대한 설명으로 옳지 않은 것은?
- ㉮ 알맞은 입도를 가질 것
- ㉯ 깨끗하고 강하며 내구적일 것
- ㉰ 연하고 가느다란 석편을 다량 함유하고 있을 것
- ㉱ 먼지, 흙, 유기불순물 등의 유해물이 허용한도 이내일 것

해설
- 골재의 모양은 구 또는 입방체에 가까울 것
- 마모에 대한 저항성이 클 것

문제 023
동일 평면에서 평행한 철근 사이의 수평 순간격은 최소 몇 mm 이상이어야 하는가?
- ㉮ 15mm 이상
- ㉯ 20mm 이상
- ㉰ 25mm 이상
- ㉱ 30mm 이상

해설 주철근의 수평 순간격은 25mm 이상, 굵은 골재 최대치수의 4/3배 이상, 철근의 공칭 지름 이상이어야 한다.

문제 024
경량골재 콘크리트에 대한 설명으로 틀린 것은?
- ㉮ 경량골재는 일반적으로 입경이 작을수록 밀도가 커진다.
- ㉯ 경량골재를 써서 만든 콘크리트로서 일반적으로 단위질량이 2,500~2,700kg/m^{3}인 콘크리트를 말한다.
- ㉰ 경량골재의 굵은골재 최대치수는 공사 시 방서에서 정한 바가 없을 때에는 20mm 이하로 한다.
- ㉱ 굵은골재의 부립률은 10% 이하로 한다.

해설 경량골재를 써서 만든 콘크리트로서 일반적으로 단위질량이 1,400~2,100kg/m^{3}인 콘크리트를 말한다.

문제 025
물체를 투상면에 대하여 한쪽으로 경사지게 투상하여 입체적으로 나타낸 것은?
- ㉮ 투시투상도
- ㉯ 사투상도
- ㉰ 등각투상도
- ㉱ 축측투상도

해설 사투상도는 옆면 모서리 축을 수평선과 임의 각(θ)으로 나타낸다.

문제 026
한 도면에서 두 종류 이상의 선이 같은 장소에 겹치게 될 때 순서로 옳은 것은?
- ㉮ 숨은선 → 외형선 → 절단선 → 중심선
- ㉯ 외형선 → 숨은선 → 절단선 → 중심선

답 020. ㉯ 021. ㉯ 022. ㉰ 023. ㉰ 024. ㉯ 025. ㉯ 026. ㉯

㉰ 중심선 → 외형선 → 절단선 → 숨은선
㉱ 숨은선 → 중심선 → 절단선 → 외형선

해설 외형선 → 숨은선 → 절단선 → 중심선 → 무게중심선의 순서로 하며 외형선과 숨은선이 겹쳤을 때에는 외형선을 표시한다.

문제 027

굳지 않은 콘크리트에 AE(공기연행)제를 사용하여 연행공기를 발생시켰다. 이 AE공기의 특징으로 옳은 것은?

㉮ 콘크리트의 유동성을 저하시킨다.
㉯ 콘크리트의 온도가 낮을수록 AE공기(연행공기)가 잘 소실된다.
㉰ 경화 후 동결융해에 대한 저항성이 증대된다.
㉱ 기포의 직경이 클수록 잘 소실되지 않는다.

해설
- 콘크리트의 유동성을 증대시킨다.
- 콘크리트의 온도가 낮을수록 AE공기(연행공기)가 증대된다.
- 기포의 직경이 클수록 잘 소실된다.

문제 028

콘크리트 표면과 그에 가장 가까이 배치된 철근 표면 사이의 최단거리를 무엇이라 하는가?

㉮ 피복두께   ㉯ 철근의 간격
㉰ 콘크리트 여유   ㉱ 철근의 두께

해설 피복두께는 콘크리트 표면에서 가장 바깥쪽 철근 표면까지의 최단거리이다.

문제 029

정투상법에서 제1각법의 순서로 옳은 것은?

㉮ 눈 → 물체 → 투상면
㉯ 눈 → 투상면 → 물체
㉰ 물체 → 눈 → 투상면
㉱ 물체 → 투상면 → 눈

해설 제3각법의 순서 : 눈 → 투상면 → 물체

문제 030

KS 토목제도 통칙에서 척도의 비가 1 : 1보다 작은 척도를 무엇이라 하는가?

㉮ 현척   ㉯ 배척
㉰ 축척   ㉱ 소척

해설
- 축척은 실제 크기보다 작게 나타내는 것이다.
- 1 : 1보다 큰 척도를 배척이라 한다.

문제 031

도면의 치수 표기 방법에 대한 설명으로 옳은 것은?

㉮ 치수 단위는 cm를 원칙으로 하며, 단위 기호는 표기하지 않는다.
㉯ 치수선이 세로일 때 치수를 치수선 오른쪽에 표시한다.
㉰ 좁은 공간에서는 인출선을 사용하여 치수를 표시할 수 있다.
㉱ 치수는 선이 교차하는 곳에 표기한다.

해설
- 치수 단위는 mm를 원칙으로 하며, 단위 기호는 표기하지 않는다.
- 치수선이 세로일 때 치수를 치수선 왼쪽에 표시한다.
- 치수는 선과 교차하는 곳에는 될 수 있는 대로 표기하지 않는다.

문제 032

재료의 강도란 물체에 하중이 작용할 때 그 하중에 저항하는 능력을 말하는데, 이 때 강도 중 하중 속도 및 작용에 따라 분류되는 강도가 아닌 것은?

㉮ 정적 강도
㉯ 충격 강도
㉰ 피로 강도
㉱ 릴랙세이션 강도

해설 릴랙세이션 강도 : 재료에 외력을 작용시키고 변형을 억제하면 시간이 경과함에 따라 재료의 응력이 감소하는 현상

답 027. ㉰ 028. ㉮ 029. ㉮ 030. ㉰ 031. ㉰ 032. ㉱

문제 033
슬래브에 대한 설명으로 옳지 않은 것은?
- ㉮ 슬래브는 두께에 비하여 폭이 넓은 판모양의 구조물이다.
- ㉯ 2방향 슬래브는 주철근의 배치가 서로 직각으로 만나도록 되어 있다.
- ㉰ 주철근의 구조에 따라 크게 1방향 슬래브, 2방향 슬래브로 구별할 수 있다.
- ㉱ 4변에 의해 지지되는 슬래브 중에서 단변에 대한 장변의 비가 4배를 넘으면 2방향 슬래브로 해석한다.

해설 2방향 슬래브
4변이 지지된 슬래브 중에서
$1 \leq \dfrac{L}{S} \leq 2$ 또는 $0.5 \leq \dfrac{S}{L} \leq 1$인 경우

문제 034
프리스트레스트 콘크리트의 포스트텐션 공법에 대한 설명으로 옳지 않은 것은?
- ㉮ PS 강재를 긴장한 후에 콘크리트를 타설한다.
- ㉯ 콘크리트가 경화한 후에 PS 강재를 긴장한다.
- ㉰ 그라우트를 주입시켜 PS 강재를 콘크리트와 부착시킨다.
- ㉱ 정착 방법에는 쐐기식과 지압식이 있다.

해설 포스트텐션 방식은 주로 현장 제작에 이용되며 콘크리트가 경화한 후 프리스트레스를 도입한다.

문제 035
그림이 나타내고 있는 재료는?
- ㉮ 목재
- ㉯ 석재
- ㉰ 강재
- ㉱ 콘크리트

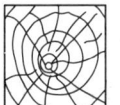

해설 ・콘크리트   ・석재   ・강재
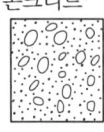 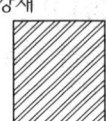

문제 036
콘크리트의 내구성에 영향을 끼치는 요인으로 가장 거리가 먼 것은?
- ㉮ 동결과 융해
- ㉯ 거푸집의 종류
- ㉰ 물 흐름에 의한 침식
- ㉱ 철근의 녹에 의한 균열

해설 콘크리트의 내구성이란 장기간 동안 외부로부터 물리적, 화학적 작용에 저항하는 콘크리트의 성능을 말한다.

문제 037
구조 재료로서의 강재의 특징에 대한 설명으로 옳지 않은 것은?
- ㉮ 균질성을 가지고 있다.
- ㉯ 관리가 잘 된 강재는 내구성이 우수하다.
- ㉰ 다양한 형상과 치수를 가진 구조로 만들 수 있다.
- ㉱ 다른 재료에 비해 단위 면적에 대한 강도가 작다.

해설 다른 재료에 비해 단위 면적에 대한 강도가 크다.

문제 038
그림과 같은 양면 접시머리 공장 리벳의 바른 표시는?

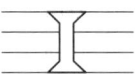

- ㉮ ⊗
- ㉯ ⊗
- ㉰ ○
- ㉱ ⊗

답 033. ㉱ 034. ㉮ 035. ㉮ 036. ㉯ 037. ㉱ 038. ㉱

문제 039

구조물 재료의 단면표시 그림 중에서 인조석을 표시한 것은?

㉮  ㉯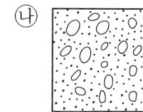

㉰ 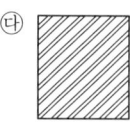 ㉱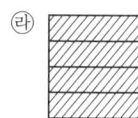

해설
- ㉯ : 콘크리트
- ㉰ : 강재
- ㉱ : 벽돌

문제 040

콘크리트의 특징에 대한 설명 중 옳지 않은 것은?

㉮ 압축강도에 비해서 인장강도가 더 크다.
㉯ 내구성, 내화성, 내진성이 우수하다.
㉰ 균열 발생이 있으며 검사 및 개조, 해체가 어렵다.
㉱ 부재나 구조물의 크기를 여러 모양으로 만들 수 있다.

해설
- 압축강도에 비해서 인장강도가 1/10~1/13 정도 더 작다.
- 재료의 운반과 시공이 쉽다.

문제 041

$b=400\text{mm}$, $a=100\text{mm}$인 단철근 직사각형 보에서 $f_{ck}=25\text{MPa}$일 때 콘크리트의 전압축력을 강도 설계법으로 구한 값은? [단, b : 부재의 폭(mm), f_{ck} : 콘크리트 설계기준 압축강도, a : 콘크리트의 등가 직사각형 응력분포의 깊이(mm)]

㉮ 700 kN ㉯ 800 kN
㉰ 850 kN ㉱ 1,000 kN

해설
$C = \eta(0.85 f_{ck})ab$
$= 1.0 \times (0.85 \times 25) \times 100 \times 400$
$= 850,000\text{N} = 850\text{kN}$

문제 042

교량의 구조 형식 중 아치교에 대한 설명으로 틀린 것은?

㉮ 상부구조의 주체가 곡선으로 된 교량이다.
㉯ 계곡이나 지간이 긴 곳에 적당하다.
㉰ 보와 기둥의 접합부를 일체가 되도록 결합한 것을 주형으로 이용한 교량이다.
㉱ 미관이 아름답다.

해설 라멘교는 보와 기둥의 접합부를 일체가 되도록 결합한 것을 주형으로 이용한 교량이다.

문제 043

재료 단면의 경계면 표시 중 지반면(흙)을 나타내는 것은?

㉮    ㉯

㉰    ㉱

해설
- ㉯ : 모래
- ㉰ : 잡석
- ㉱ : 수준면(물)

문제 044

강구조의 장점으로 적절하지 못한 것은?

㉮ 강도가 우수하다.
㉯ 균질성을 가지고 있다.
㉰ 차량 통행에 소음 발생이 적다.
㉱ 부재를 개수하거나 보강하기 쉽다.

해설 강구조는 콘크리트에 비하여 소음 발생이 상대적으로 크다.

문제 045

콘크리트를 친 후 시멘트와 골재 알이 가라앉으면서 물이 떠오르는 현상을 무엇이라 하는가?

㉮ 풍화   ㉯ 레이턴스
㉰ 블리딩 ㉱ 경화

해설
- 블리딩 : 굳지 않은 콘크리트에서 물이 위로 올라오는 현상이다.

039. ㉮ 040. ㉮ 041. ㉰ 042. ㉰ 043. ㉮ 044. ㉰ 045. ㉰

- 레이턴스 : 블리딩에 의해 콘크리트 표면에 떠올라서 가라앉은 미세한 물질이다.

문제 046
철근 콘크리트 기둥의 형식이 아닌 것은?

㉮ 띠철근 기둥 ㉯ 나선철근 기둥
㉰ 합성 기둥   ㉱ 곡선 기둥

해설
- 띠철근 기둥 : 사각형 단면에 띠철근을 감은 기둥
- 나선철근 기둥 : 원형 단면에 나선철근으로 감은 기둥
- 합성 기둥 : 구조용 강재나 강관 또는 튜브를 축방향으로 배치한 압축부재

문제 047
철근 콘크리트 구조물의 장점이 아닌 것은?

㉮ 내구성, 내화성, 내진성이 우수하다.
㉯ 여러 가지 모양과 치수의 구조물을 만들기 쉽다.
㉰ 다른 구조물에 비하여 유지관리비가 적게 든다.
㉱ 각 부재를 일체로 만들기가 어려워 구조물의 강성이 작다.

해설 철근과 콘크리트는 일체로 되어 하나의 구조물로 거동하므로 강성이 크다.

문제 048
현장치기 콘크리트의 최소 피복두께에 관한 설명으로 옳은 것은?

㉮ 수중에서 치는 콘크리트의 최소 피복두께는 50mm이다.
㉯ 흙에 접하여 콘크리트를 친 후 영구히 흙에 묻혀 있는 콘크리트의 최소 피복두께는 75mm이다.
㉰ 옥외의 공기나 흙에 직접 접하지 않는 콘크리트로 슬래브에서는 D35를 초과하는 철근의 경우 D35 이하의 철근에 비해 피복두께가 더 작다.
㉱ 흙에 접하거나 옥외의 공기에 직접 노출되는 콘크리트의 D29 이상 철근에 대한 최소 피복두께는 40mm이다.

해설
- 수중에서 치는 콘크리트의 최소 피복두께는 100mm이다.
- 옥외의 공기나 흙에 직접 접하지 않는 콘크리트로 슬래브에서는 D35를 초과하는 철근의 경우 40mm, D35 이하인 철근의 경우 20mm의 최소 피복두께를 유지해야 한다.
- 흙에 접하거나 옥외의 공기에 직접 노출되는 콘크리트의 D19 이상 철근에 대한 최소 피복두께는 50mm이다.

문제 049
직사각형 독립확대 기초의 크기가 2m×3m이고 허용 지지력이 250kN/m²일 때 이 기초가 받을 수 있는 최대 하중의 크기는 얼마인가?

㉮ 500 kN   ㉯ 1,000 kN
㉰ 1,500 kN ㉱ 2,000 kN

해설
$q_a = \dfrac{P}{A}$
$\therefore P = q_a \times A = 250 \times (2 \times 3) = 1,500 \text{kN}$

문제 050
제도 용지 중 A3 용지의 크기는? (단, 단위는 mm이다.)

㉮ 254×385 ㉯ 268×398
㉰ 274×412 ㉱ 297×420

해설
- A3 : 297×420mm
- A4 : 210×297mm

문제 051
정면, 평면, 측면을 하나의 투상도에서 동시에 볼 수 있으며 직각으로 만나는 3개의 모서리가 각각 120°를 이루게 그리는 도법은?

㉮ 등각 투상도
㉯ 유각 투상도
㉰ 경사 투상도
㉱ 평형 투상도

답 046. ㉱ 047. ㉱ 048. ㉯ 049. ㉰ 050. ㉱ 051. ㉮

해설 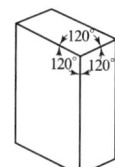 등각 투상도는 하나의 그림으로 정육면체의 세 면을 같은 정도로 표시할 수 있다.

문제 052
긴 부재의 절단면 표시 중 파이프의 절단면 표시로 옳은 것은?

㉮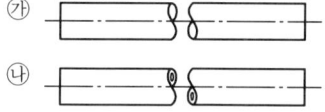

㉯

㉰

㉱

해설 ㉮ 환봉, ㉯ 각봉, ㉰ 나무

문제 053
다음과 같은 선의 종류 중 보이지 않는 부분의 모양을 표시할 때 사용하는 선은?

㉮ 일점 쇄선   ㉯ 파선
㉰ 이점 쇄선   ㉱ 실선

해설
- 가는 1점 쇄선
  ① 도형의 중심을 표시하는 중심선에 사용
  ② 위치 결정의 근거가 되는 기준선을 명시할 때 사용
  ③ 반복되는 도형의 피치를 나타내는 기준을 표시하는 피치선에 사용
- 가는 2점 쇄선
  가상선, 무게 중심선에 사용

문제 054
철근 콘크리트가 건설 재료로서 널리 사용되는 이유가 아닌 것은?

㉮ 철근과 콘크리트는 부착이 매우 잘된다.
㉯ 철근과 콘크리트의 항복응력이 거의 같다.
㉰ 콘크리트 속에 묻힌 철근은 녹이 슬지 않는다.
㉱ 철근과 콘크리트는 온도에 대한 열팽창계수가 거의 같다.

해설 콘크리트는 철근에 비해 탄성계수가 상당히 작다.

문제 055
다음 중 슬래브의 종류에서 형태에 따른 분류에 속하지 않는 것은?

㉮ 다각형   ㉯ 사다리꼴
㉰ 말뚝형   ㉱ 사각형

해설 형태에 따라 사각형, 사다리꼴, 원형 슬래브 등이 있다.

문제 056
다음 중 CAD 프로그램을 이용하여 도면을 출력할 경우에 대한 설명으로 틀린 것은?

㉮ 이전에 사용한 플롯으로 출력하여 오류를 막는다.
㉯ 도면 출력 방향이 가로, 세로를 선택한다.
㉰ 주어진 축척에 알맞게 맞춰 출력한다.
㉱ 출력하는 용지의 크기를 확인한다.

해설 작업에 적합한 플롯을 사용하여 출력하도록 한다.

문제 057
이형철근을 인장철근으로 사용하여 이음을 할 경우 겹침이음의 최소 길이는? (단, 인장철근의 정착길이는 280mm이며 A급 이음으로 한다.)

㉮ 280mm   ㉯ 300mm
㉰ 320mm   ㉱ 364mm

해설 A급 이음($1.0l_d$) 이상, 300mm 이상이어야 하므로 300mm이다.

문제 058
구체적인 설계에 앞서 계획자의 의도를 명시하기 위해 그려지는 도면은?

㉮ 설계도   ㉯ 제작도
㉰ 계획도   ㉱ 상세요

답 052. ㉯ 053. ㉯ 054. ㉯ 055. ㉰ 056. ㉮ 057. ㉯ 058. ㉰

해설 계획도는 계획을 표시하는 것으로 구체적인 설계를 하기 전에 계획자의 의도를 명시하기 위해 그려지는 도면이다.

문제 059

소요 철근량과 배근 철근량이 같은 구간에서 인장력을 받는 이형철근의 정착길이가 600mm일 때 겹침이음의 길이는?

㉮ 300mm　　㉯ 600mm
㉰ 780mm　　㉱ 900mm

해설 인장을 받는 이형철근의 겹침이음 길이는 A급 이음($1.0l_d$) 이상, B급 이음($1.3l_d$) 이상, 300mm 이상이어야 한다. 그러므로 1.3×600=780mm이다.

문제 060

다음 중 철근의 갈고리를 표시하는 각도로 적합하지 않는 것은?

㉮ 10°　　㉯ 30°
㉰ 45°　　㉱ 90°

해설 철근은 사용 용도에 따라 구부리기 각도는 30°, 45°, 90°, 135°, 180°이다.

답 059. ㉰　060. ㉮

전산응용토목제도기능사

CBT 모의고사

▷ 제1회 CBT 모의고사
▶ 제2회 CBT 모의고사
▷ 제3회 CBT 모의고사
▶ 제4회 CBT 모의고사

제1회 CBT 모의고사

문제 001
콘크리트에 AE(공기연행)제를 혼합하는 주목적은?

㉮ 워커빌리티 증대를 위해서
㉯ 부피를 증대하기 위해서
㉰ 강도의 증대를 위해서
㉱ 시멘트 절약을 위해서

문제 002
한중 콘크리트에 관한 다음 설명 중 옳지 않은 것은?

㉮ 하루의 평균 기온이 4℃ 이하가 되는 기상조건 하에서는 한중 콘크리트로서 시공한다.
㉯ 콘크리트의 온도는 타설 할 때 5~20℃를 원칙으로 한다.
㉰ 가열한 재료를 믹서에 투입할 경우 가열한 물과 굵은골재, 잔골재를 넣어서 믹서안의 재료온도가 60℃ 정도가 된 후 시멘트를 넣는 것이 좋다.
㉱ AE(공기연행) 콘크리트를 사용하는 것을 원칙으로 한다.

문제 003
보의 주철근의 수평 순간격은 최소 얼마 이상인가?

㉮ 25mm 이상
㉯ 35mm 이상
㉰ 45mm 이상
㉱ 55mm 이상

문제 004
골재의 조립률은 골재 알의 지름이 클수록 크다. 콘크리트용 잔골재의 조립률은 어느 정도가 좋은가?

㉮ 2.0~3.3
㉯ 3.5~5.6
㉰ 6~8
㉱ 9~12

문제 005
콘크리트의 배합에서 수밀성을 기준으로 하는 경우 물-시멘트비의 최대값은 어느 정도를 표준으로 하는가?

㉮ 30%
㉯ 35%
㉰ 50%
㉱ 55%

문제 006
일반적인 경우 고정하중 D와 활하중 L을 포함한 극한 설계하중(U)는 다음 중 어느 것인가?

㉮ $1.2D+1.6L$
㉯ $0.9D+1.7L$
㉰ $1.4D+1.8L$
㉱ $1.3D+1.8L$

문제 007
철근의 지름에 따른 표준 갈고리의 최소 구부림 내면 반지름이 적절히 연결된 것은? (단, d_b는 철근의 공칭지름)

㉮ D10~D25인 경우 $3d_b$
㉯ D10~D25인 경우 $5d_b$
㉰ D29~D35인 경우 $3d_b$
㉱ D29~D35인 경우 $5d_b$

문제 008
표준 갈고리를 가지는 인장 이형철근의 정착길이는 철근 지름 d_b의 몇 배 이상이어야 하고 또 얼마 이상이어야 하는가?

㉮ $4d_b$, 120mm
㉯ $5d_b$, 120mm
㉰ $6d_b$, 150mm
㉱ $8d_b$, 150mm

문제 009
철근 콘크리트에서 콘크리트의 피복두께에 대한 설명이 잘못된 것은?
㉮ 철근이 산화하지 않도록 피복두께를 설치한다.
㉯ 철근과 콘크리트의 부착력을 확보한다.
㉰ 내화구조를 위해 피복두께를 설치한다.
㉱ 슬래브의 피복두께는 보와 기둥의 피복 두께보다 더 크게 설치한다.

문제 010
중립축으로부터 압축측 콘크리트 상단까지의 거리가 200mm인 단철근 직사각형보에서 콘크리트의 설계기준 압축강도가 25MPa인 경우 등가 사각형의 깊이 a는?
㉮ 160mm ㉯ 180mm
㉰ 200mm ㉱ 210mm

문제 011
전단철근으로 부재축에 직각인 스터럽을 사용할 때 간격은 얼마라야 하는가? (단, d는 부재의 유효깊이이다.)
㉮ $0.25d$ 이하, 400mm 이하
㉯ $0.5d$ 이하, 400mm 이하
㉰ $0.25d$ 이하, 600mm 이하
㉱ $0.5d$ 이하, 600mm 이하

문제 012
반원형(180°) 표준 갈고리는 철근 지름의 최소 몇 배 이상 연장해야 하는가?
㉮ 4배 ㉯ 5배
㉰ 6배 ㉱ 7배

문제 013
단철근 직사각형보에서 단면의 폭이 300mm, 높이가 550mm, 유효깊이가 500mm, 인장 철근량이 1,500mm²일 때 인장철근의 철근비는?
㉮ 0.01 ㉯ 0.001
㉰ 0.005 ㉱ 0.008

문제 014
다음 중 철근의 이음 방법이 아닌 것은?
㉮ 신축이음 ㉯ 겹침이음
㉰ 용접이음 ㉱ 기계적 이음

문제 015
강도 설계법에 있어 강도 감소계수 ϕ의 값으로 잘못 연결된 것은?
㉮ 축방향 나선철근 부재 : $\phi = 0.70$
㉯ 휨 부재 : $\phi = 0.75$
㉰ 휨 모멘트를 받는 무근 콘크리트 : $\phi = 0.55$
㉱ 축방향 인장 부재 : $\phi = 0.85$

문제 016
철근과 콘크리트가 그 경계면에서 미끄러지지 않도록 저항하는 것을 무엇이라 하는가?
㉮ 부착 ㉯ 정착
㉰ 철근 이음 ㉱ 스터럽

문제 017
일반적인 철근 콘크리트(RC)에 비하여 프리스트레스트 콘크리트(PSC)의 특징 중 틀린 것은?
㉮ PSC는 RC에 비하여 고강도의 콘크리트를 사용한다.
㉯ PSC는 설계하중이 작용하더라도 균열이 발생하지 않는다.
㉰ PSC는 RC에 비하여 단면을 작게 할 수 있어 지간이 긴 교량에 적당하다.
㉱ PSC에서는 프리스트레싱 작업시 최대 응력을 받으므로 사용하중 상태에서 안전성이 낮다.

문제 018
다음 중 교량을 용도에 따라 분류한 것으로 잘못된 것은?

㉮ 도로교 ㉯ 철도교
㉰ 수로교 ㉱ 석교

문제 019
옹벽의 전도에 대한 안전율은 최소 얼마 이상이어야 하는가?
㉮ 1 ㉯ 2
㉰ 3 ㉱ 4

문제 020
일반적인 강구조의 특징이 아닌 것은?
㉮ 내구성이 우수하다.
㉯ 부재를 개수하거나 보강하기 쉽다.
㉰ 차량 통행으로 인한 소음이 적다.
㉱ 균질성이 우수하다.

문제 021
설계의 절차에 있어서 다음 중 가장 나중에 해야 하는 것은?
㉮ 재료의 선정 ㉯ 응력의 결정
㉰ 하중의 결정 ㉱ 사용성의 결정

문제 022
도로교의 설계하중에서 1등교에 속하는 것은?
㉮ DB-8.5 ㉯ DB-13.5
㉰ DB-18 ㉱ DB-24

문제 023
교량의 자중을 비롯하여 교량에 부설된 모든 시설물의 중량을 무엇이라 하는가?
㉮ 고정하중 ㉯ 활하중
㉰ 충격하중 ㉱ 부하중

문제 024
자동차, 트럭이 교량 위를 달릴 때 교량이 진동하게 되는데 이러한 하중을 무엇이라고 하는가?

㉮ 고정하중 ㉯ 사하중
㉰ 충격하중 ㉱ 풍하중

문제 025
1방향 슬래브에서 주철근의 간격에 대한 설명으로 가장 적합한 것은?
㉮ 최대 휨모멘트가 일어나는 단면에서 슬래브 두께의 2배 이하이어야 하고 또한 200mm 이하로 하여야 한다.
㉯ 최대 휨모멘트가 일어나는 단면에서 슬래브 두께의 2배 이하이어야 하고 또한 300mm 이하로 하여야 한다.
㉰ 최대 휨모멘트가 일어나는 단면에서 슬래브 두께의 3배 이하이어야 하고 또한 400mm 이하로 하여야 한다.
㉱ 최대 휨모멘트가 일어나는 단면에서 슬래브 두께의 3배 이하이어야 하고 또한 500mm 이하로 하여야 한다.

문제 026
철근 콘크리트 구조물의 장점이 아닌 것은?
㉮ 내구성, 내화성, 내진성이 우수하다.
㉯ 여러 가지 모양과 치수의 구조물을 만들기 쉽다.
㉰ 다른 구조물에 비하여 유지관리비가 적게 든다.
㉱ 각 부재를 일체로 만들기가 어려워 구조물의 강성이 작다.

문제 027
2방향 작용에 의하여 펀칭 전단(punching shear)이 일어나는 독립확대기초일 때 전단 파괴가 일어나는 곳은? (단, d는 기초판의 유효깊이이다.)
㉮ 기둥 전면에서 $d/2$만큼 떨어진 곳
㉯ 기둥 전면에서 $d/3$만큼 떨어진 곳
㉰ 기둥 전면에서 $d/4$만큼 떨어진 곳
㉱ 기둥 전면

문제 028
교량의 상부구조가 아닌 것은?
- ㉮ 바닥틀
- ㉯ 주트러스
- ㉰ 교대
- ㉱ 받침

문제 029
프리스트레스트 콘크리트의 PSC 부재에서 긴장재를 수용하기 위하여 미리 콘크리트 속에 넣어두어 구멍을 형성하기 위하여 사용하는 관은?
- ㉮ 정착 장치
- ㉯ 시스(sheath)
- ㉰ 덕트(duct)
- ㉱ 암거

문제 030
그림과 같이 슬래브에 놓이는 하중이 지간이 긴 A_1 보와 A_2 보에 의해 지지되는 구조는?

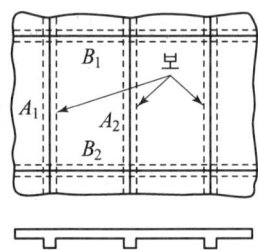

- ㉮ 1방향 슬래브
- ㉯ 2방향 슬래브
- ㉰ 3방향 슬래브
- ㉱ 4방향 슬래브

문제 031
CAD 소프트웨어의 기능 중 기본 기능에 속하지 않는 것은?
- ㉮ 도면 요소 편집 및 도면화 기능
- ㉯ 도면 요소 작성 및 변환 기능
- ㉰ 데이터 관리 및 가공정보 기능
- ㉱ 화면제어 및 플로팅 기능

문제 032
다음 중 선의 접속 및 교차 제도 방법이 틀린 것은?

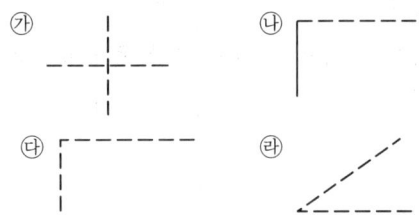

문제 033
다음 중 하천 측량의 종단면도에 기입할 사항이 아닌 것은?
- ㉮ 이기점
- ㉯ 하저경사
- ㉰ 수면경사
- ㉱ 양안의 제방의 고저

문제 034
단면도의 절단면을 해칭하고자 한다. 이 때 사용되는 선의 종류는?
- ㉮ 가는 파선
- ㉯ 가는 2점 쇄선
- ㉰ 가는 실선
- ㉱ 가는 1점 쇄선

문제 035
CAD의 좌표계가 아닌 것은?
- ㉮ 절대좌표
- ㉯ 상대 직교좌표
- ㉰ 상대 극좌표
- ㉱ 상대 접합좌표

문제 036
토목제도에서 보기와 같은 이음은 다음 중 어떤 이음을 나타낸 것인가?

〈보기〉

- ㉮ 철근 용접이음
- ㉯ 철근 갈고리 이음
- ㉰ 철근의 기계적 이음
- ㉱ 철근의 평면 이음

문제 037
다음은 재료의 단면 표시이다. 무엇을 표시하는가?

㉮ 석재
㉯ 목재
㉰ 강재
㉱ 콘크리트

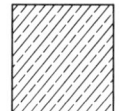

문제 038
글자를 제도하는 방법을 설명한 것으로 틀린 것은?

㉮ 문장은 가로 왼쪽부터 쓰기를 원칙으로 한다.
㉯ 영자는 주로 로마자의 소문자를 사용한다.
㉰ 숫자는 아라비아 숫자를 원칙으로 한다.
㉱ 치수 표시의 문자의 크기는 일반적으로 4.5mm로 한다.

문제 039
철근의 표시법과 그에 대한 설명으로 바른 것은?

㉮ $\phi 13$ – 반지름 13mm의 원형철근
㉯ D16 – 공칭지름 16mm의 이형철근
㉰ H16 – 높이 16mm의 고강도 이형철근
㉱ $\phi 13$ – 공칭지름 13mm의 이형철근

문제 040
리벳 이음에 대한 설명 중 틀린 것은?

㉮ 리벳 기호는 리벳선 옆에 기입한다.
㉯ 현장 리벳은 그 기호를 생략하지 않는다.
㉰ 축이 투상면에 나란한 리벳은 그리지 않는다.
㉱ 도면 중에 다른 리벳을 사용할 경우 리벳마다 그 지름을 기입한다.

문제 041
입체의 3주축(X, Y, Z) 중에서 2주축을 투상면과 평행으로 놓고 정면도로 하여 옆면 모서리 축을 수평선과 임의의 각으로 그려진 투상도법은?

㉮ 제1각법
㉯ 축측 투상도법
㉰ 사투상도법
㉱ 투시도법

문제 042
선의 굵기 비율 중 가는선 : 굵은선 : 아주 굵은 선의 비율을 바르게 표현한 것은?

㉮ 1 : 2 : 3
㉯ 1 : 2 : 4
㉰ 1 : 2 : 5
㉱ 1 : 3 : 6

문제 043
보기 입체도의 화살표 방향이 정면일 때 평면도로 가장 적합한 것은?

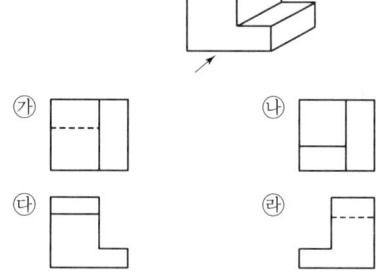

문제 044
대상물이 보이는 부분의 겉모양(외형)을 표시할 때 사용하는 선은?

㉮ 파선
㉯ 굵은 실선
㉰ 가는 실선
㉱ 1점 쇄선

문제 045
한국 산업규격 중 토건의 KS 부문별 기호는?

㉮ KS A
㉯ KS F
㉰ KS L
㉱ KS D

문제 046
다음 중 토목제도에서 가는 일점 쇄선을 사용하는 용도에 의한 선의 명칭은?

㉮ 외형선
㉯ 치수선
㉰ 치수 보조선
㉱ 중심선

문제 047
기억장치 중 기억된 자료를 읽고 쓰는 것이 모두 가능하며 전원이 끊어지면 기억된 내용이 모두 사라지는 기억장치는?
- ㉮ ROM
- ㉯ RAM
- ㉰ 하드 디스크
- ㉱ 자기 디스크

문제 048
콘크리트 구조물 제도에 있어서 거푸집을 제작할 수 있도록 구조물의 모양 치수를 모두 표시한 도면은?
- ㉮ 일반도
- ㉯ 구조 일반도
- ㉰ 구조도
- ㉱ 상세도

문제 049
철근 작도방법으로 옳지 않은 것은?
- ㉮ 철근은 1개의 실선으로 표시한다.
- ㉯ 철근 단면은 원을 칠해서 표시한다.
- ㉰ 철근 끝에 갈고리가 없을 때에는 철근 끝에 30° 경사진 짧고 가는 직선으로 된 화살표를 붙인다.
- ㉱ 철근을 표시하는 평면도에 있어서는 그 평면도상에 없는 철근은 표시하지 않음을 원칙으로 한다.

문제 050
일반적인 제도 규격용지의 폭과 길이의 비로 옳은 것은?
- ㉮ $1:1$
- ㉯ $1:\sqrt{2}$
- ㉰ $1:\sqrt{3}$
- ㉱ $1:4$

문제 051
토목제도에서 치수 및 치수선에 대한 설명으로 바른 것은?
- ㉮ 치수의 기본 단위는 cm이다.
- ㉯ 치수 단위는 도면의 빈 공간에 표시한다.
- ㉰ 치수선은 치수 방향에 평행하게 긋는다.
- ㉱ 치수선은 물체를 표시하는 도면의 내부에 긋는다.

문제 052
다음과 같은 선의 종류 중 보이지 않는 부분의 모양을 표시할 때 사용하는 선은?
- ㉮ 일점 쇄선
- ㉯ 파선
- ㉰ 이점 쇄선
- ㉱ 실선

문제 053
CAD를 이용한 생산성 향상의 영역으로 볼 수 없는 것은?
- ㉮ 복잡한 도면을 작성할 때
- ㉯ 프리 핸드로 스케치하고 싶을 때
- ㉰ 반복되는 부품을 설계할 때
- ㉱ 이미 작성한 도면을 편집할 때

문제 054
도면을 작도할 때 유의사항으로 올바르지 않은 것은?
- ㉮ 글씨는 명확하고 띄어쓰기가 바르게 표시한다.
- ㉯ 치수선의 간격은 일정하고 정확하며 화살 표시는 균일성 있게 표시한다.
- ㉰ 도면은 될 수 있는 대로 복잡하게 그려 시공자의 이해를 돕는다.
- ㉱ 도면에는 불필요한 사항을 기입하지 않는다.

문제 055
토목제도의 설명 중 틀린 것은?
- ㉮ 설계자의 의도한 바가 충분히 표시되어야 한다.
- ㉯ 도면을 설계한 사람만 알 수 있도록 하여야 한다.
- ㉰ 간단명료하게 표시하고 신속 정확하게 그린다.
- ㉱ 현장 시공에 있어서 기본도로 제공되는 것이다.

문제 056
건설재료에서 아래의 그림은 무슨 재료 기호인가?

㉮ 유리
㉯ 석재
㉰ 목재
㉱ 점토

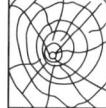

문제 057
입체 투상도에서 제3상한에 물체를 놓고 투상하는 방법의 투상법은?

㉮ 제1각법
㉯ 제3각법
㉰ 축측 투상법
㉱ 사투상법

문제 058
척도에 관한 설명 중 틀린 것은?

㉮ 축척은 실제 크기보다 작은 크기를 의미한다.
㉯ 배척은 실제 크기보다 큰 크기를 의미한다.
㉰ 현척은 실제 크기를 의미한다.
㉱ 그림의 형태가 치수와 비례하지 않으면 NP를 기입한다.

문제 059
토목설계 도면에서 주로 사용되는 도면의 크기는 A1과 A3이고, 프리핸드 도면에 주로 사용되는 도면 크기는 A4 이다. A4 용지의 크기를 올바르게 나타낸 것은?

㉮ 841×594mm
㉯ 594×420mm
㉰ 420×297mm
㉱ 297×210mm

문제 060
토목제도에서 치수를 나타내기 위하여 치수선과 더불어 사용하는 선으로 가는 실선으로 나타내는 것은?

㉮ 외곽선
㉯ 치수 보조선
㉰ 중심선
㉱ 피치선

1 ▶ CBT 모의고사 정답 및 해설

정답

001. ㉮	002. ㉰	003. ㉮	004. ㉮	005. ㉰
006. ㉮	007. ㉮	008. ㉱	009. ㉱	010. ㉮
011. ㉱	012. ㉯	013. ㉰	014. ㉯	015. ㉰
016. ㉮	017. ㉯	018. ㉯	019. ㉯	020. ㉰
021. ㉱	022. ㉯	023. ㉯	024. ㉰	025. ㉯
026. ㉱	027. ㉯	028. ㉯	029. ㉯	030. ㉮
031. ㉰	032. ㉮	033. ㉯	034. ㉯	035. ㉯
036. ㉮	037. ㉯	038. ㉯	039. ㉯	040. ㉮
041. ㉯	042. ㉯	043. ㉯	044. ㉯	045. ㉯
046. ㉯	047. ㉯	048. ㉯	049. ㉯	050. ㉯
051. ㉰	052. ㉯	053. ㉯	054. ㉯	055. ㉯
056. ㉰	057. ㉯	058. ㉯	059. ㉱	060. ㉯

해설

001 공기연행제 사용의 영향
- 콘크리트의 워커빌리티를 개선한다.
- 블리딩을 감소시킨다.
- 단위수량을 적게 한다.
- 철근과 부착강도가 저하된다.

002 골재를 65℃ 이상 가열하면 다루기가 어려워지며 시멘트를 급결시킬 우려가 있다.

003 25mm 이상, 철근의 공칭지름 이상, 굵은 골재 최대치수의 4/3배 이상

004 굵은 골재의 조립률 : 6~8

005 물-결합재비는 소요의 강도, 내구성, 수밀성 및 균열 저항성 등을 고려하여 정한다.

006
- 고정하중(D)과 활하중(L) 및 풍하중(W)이 작용하는 경우
  $U = 1.2D + 1.0L + 1.3W$
- 고정하중(D)과 풍하중(W)의 재하효과가 서로 상쇄되는 경우 고려해야 할 하중조합
  $U = 0.9D + 1.3W$

007
- D29~D35인 경우 $4d_b$
- D38 이상인 경우 $5d_b$

008
- 정착길이 = 기본 정착길이×보정계수
- 기본 정착길이 = $\dfrac{0.24\beta d_b f_y}{\lambda \sqrt{f_{ck}}}$

009
- 슬래브 피복두께
  D35 초과 : 40mm, D35 이하 : 20mm
- 보, 기둥 피복두께
  40mm

010 $a = \beta_1 c = 0.8 \times 200 = 160\text{mm}$

011 강도 설계법에서 전단철근은 수직 스터럽의 최대 간격은 $0.5d$ 이하, 600mm 이하이다.

012 표준 갈고리

주철근	반원형 갈고리	$4d_b$ 이상, 혹은 60mm 이상
	90° 갈고리	$12d_b$ 이상
스터럽과 띠철근	90° 갈고리	D16 이하 : $6d_b$ 이상
		D19~D25 : $12d_b$ 이상
	135° 갈고리	$6d_b$ 이상

013 $\rho = \dfrac{A_s}{bd} = \dfrac{1500}{300 \times 500} = 0.01$

014
- D35를 초과하는 철근은 겹침이음을 해서는 안 된다.
- 용접이음과 기계적 이음은 철근 항복강도의 125% 이상을 발휘할 수 있어야 한다.

015
- 휨 부재의 경우 : 0.85
- 전단과 비틀림을 받는 부재의 경우 : 0.75

016
- 콘크리트의 압축강도가 클수록 부착강도가 크다.
- 이형철근이 원형철근보다 부착강도가 크다.

017
- PSC 구조물은 안전성이 높다.
- RC에 비하여 단면이 작기 때문에 변형이 크고 진동하기 쉽다.

018 사용 재료에 의한 분류
목교, 석교, 철근 콘크리트교, 강교

019
- 전도에 대한 안전율 : 2.0
- 활동에 대한 안전율 : 1.5

020 차량 통행으로 인한 소음이 크다.

021 안전에는 지장이 없어도 과대한 처짐과 균열은 불안감을 유발시킬 수 있어 제일 나중에 사용성을 검토한다.

022
- DB-24 : 1등교
- DB-18 : 2등교
- DB-13.5 : 3등교

023 고정하중은 구조물의 수명기간 중 상시 작용하는 하중으로 자중은 물론 교량에 부설된 모든 시설물을 포함한다.

024 충격하중은 주하중에 속하며 자동차와 같은 이동하중의 활하중이 작용하는 것이다.

025 1방향 슬래브의 두께는 100mm 이상이어야 한다.

026 철근과 콘크리트는 일체로 되어 하나의 구조물로 거동하므로 강성이 크다.

027 펀칭 전단이 일어난다고 생각될 때 위험단면은 집중하중이나 집중반력을 받는 면의 주변에서 $d/2$만큼 떨어진 주변 단면이다.

028 교량의 하부구조 : 교대, 교각, 기초

029 포스트텐션 방식에서 사용하며 강재를 삽입할 수 있도록 콘크리트 속에 미리 뚫어두는 구멍을 덕트라고 하는데 이 덕트를 형성하기 위해 사용하는 관을 쉬스라 한다.

030 1방향 슬래브는 마주보는 두 변에 의해서만 지지된 경우이거나 네 변이 지지된 슬래브 중에 L(장변)/S(단변)>2 일 경우가 해당된다.

031 데이터 관리기능에는 작성한 모델의 등록, 삭제, 복사, 검색, 파일 이름 변경 등이 있다.

032
- 기본 형태의 선은 되도록 선분에서 교차한다.

- 기본 형태의 선은 되도록 점에서 교차한다.

033 하천 측량의 종단면도는 양안의 거리표, 지반고, 하상고, 최고수위, 양수표, 교대고, 수문, 용·배수의 통관, 기타 공작물 위치와 높이 등을 기입한다.

034 해칭은 단면을 표시하는 경우나 강구조에 있어서 연결판의 측면 또는 충전재의 측면을 표시하는 때에 사용되는 것으로 가는 실선으로 한다.

035 절대좌표, 상대 직교좌표, 상대 극좌표, 최종 좌표가 있다.

036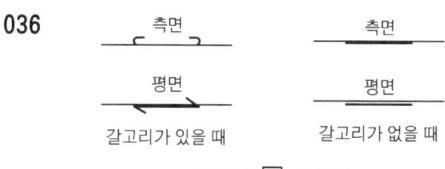

037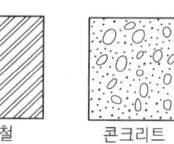

038 영자는 주로 로마자의 대문자를 사용한다.

039
- $\phi 13$: 지름 13mm의 원형철근
- H16 : 지름 16mm의 고강도 이형철근

040 리벳의 기호는 리벳선 위에 그리며 리벳선은 가는 실선으로 한다.

041
- **제1각법**
  제1상한각에 물체를 놓고 투상하는 방법으로 각 면에 보이는 물체는 서로 반대쪽에 배치된다.
- **축측 투상도법**
  3면이 한 평면상에 투상되도록 입체를 경사지게 하여 투상한 것.
- **투시도법**
  물체를 본 시선이 그 화면과 만나는 각 점을 연결하여 우리 눈에 비치는 모양과 같게 물체를 그리는 것.

042 가는 실선은 치수선, 치수 보조선, 지시선, 회전 단면선, 중심선, 수준면선 등에 사용된다.

043
- ㉰ : 정면도(물체를 화살표 방향에서 본 경우)
- ㉱ : 배면도(물체 뒤에서 본 경우)
- 평면도 : 물체를 위에서 내려다본 모양

044
- **파선(가는 파선 또는 굵은 파선)**
  숨은선으로 대상물의 보이지 않는 부분의 모양을 표시하는 선
- **가는 1점 쇄선**
  도형의 중심을 나타내는 선

045
- KS A : 기본
- KS L : 요업
- KS D : 금속

046 가는 1점 쇄선
중심선, 기준선, 피치선

047 RAM은 전원이 끊어지면 정보가 사라지지만 ROM은 사라지지 않는다.

048
- 일반도
  구조물 전체의 개략적인 모양을 표시한 도면
- 구조 일반도
  구조물의 모양 치수를 모두 표시한 도면
- 구조도
  콘크리트 내부의 구조 주체를 도면에 표시한 것
- 상세도
  구조도의 일부를 취하여 큰 축척으로 표시한 도면

049 철근의 갈고리가 있는 경우에는 철근 끝에 30° 기울게 하여 가늘고 짧은 직선을 긋는다.

050 도면의 크기는 A0~A4를 사용하며 필요에 따라 긴변 방향으로 연장할 수 있다.

051
- 치수의 단위는 mm를 사용하나 단위 기호는 기입하지 않는다.
- 치수선은 물체를 표시하는 도면의 외부에 긋는다.

052
- 가는 1점 쇄선
  ① 도형의 중심을 표시하는 중심선에 사용
  ② 위치 결정의 근거가 되는 기준선을 명시할 때 사용
  ③ 반복되는 도형의 피치를 나타내는 기준을 표시하는 피치선에 사용
- 가는 2점 쇄선
  가상선, 무게 중심선에 사용

053 CAD의 효용성
- 도면 작성에서의 비용 절감
- 도면의 정확도와 질적 향상
- 설계의 표준화
- 도면 변경의 신속성
- 설계시간의 단축에 의한 생산성 향상
- 다중 작업의 가능

054 도면은 될 수 있는 대로 복잡하지 않게 그려 시공자의 이해를 돕는다.

055 설계자의 의도를 작업자에게 정확하게 전달할 수 있도록 하여야 한다.

056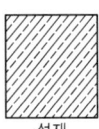
유리　　　석재　　　점토

057 제3각법
제3상한각에 물체를 놓고 투상하는 방법으로 각 면에 보이는 물체는 보이는 면과 같은 면에 나타난다.

058 그림의 형태가 치수와 비례하지 않을 때에는 치수 밑에 밑줄을 긋거나 '비례가 아님' 또는 'NS(not to scale)' 등의 문자를 기입한다.

059
- A1 : 841×594mm
- A3 : 420×297mm

060 치수 보조선은 치수를 기입하기 위하여 도형에서 인출한 선이다.

부록 최근 기출문제 | 제 2 회 CBT 모의고사

문제 001
시멘트의 분말도에 관한 설명으로 틀린 것은?
㉮ 시멘트의 입자가 가늘수록 분말도가 높다.
㉯ 시멘트의 입자가 가는 정도를 나타내는 것을 분말도라 한다.
㉰ 시멘트의 분말도가 높으면 조기강도가 커진다.
㉱ 시멘트의 분말도가 높으면 균열 및 풍화가 생기지 않는다.

문제 002
180° 표준 갈고리는 반원 끝에서 철근 지름의 몇 배 이상 또는 몇 mm 이상 더 연장해야 하는가?

㉮ 4배, 60mm ㉯ 3배, 60mm
㉰ 3배, 50mm ㉱ 4배, 50mm

문제 003
철근 콘크리트 구조물에서 철근의 피복두께를 일정량 이상으로 규정하는 이유로서 거리가 가장 먼 것은?
㉮ 철근이 산화되지 않도록 하기 위하여
㉯ 내화구조로 만들기 위하여
㉰ 부착 응력을 확보하기 위하여
㉱ 아름다운 구조물을 만들기 위하여

문제 004
단철근 직사각형 보의 등가사각형의 깊이 $a = \beta_1 \cdot c$ 로 구한다. 콘크리트의 설계기준 압축강도가 28MPa인 경우 β_1 값은?

㉮ 0.80 ㉯ 0.85
㉰ 0.90 ㉱ 1.0

문제 005
인장을 받는 이형철근의 정착길이는 다음의 무엇과 반비례하는가?
㉮ 콘크리트 설계기준 압축강도의 제곱근
㉯ 철근 1개의 단면적
㉰ 철근의 항복점 강도
㉱ 철근의 공칭 지름

문제 006
전단철근으로 수직 스터럽의 간격은 어떠한 경우이든 최대 얼마 이하로 하여야 하는가?
㉮ 200mm 이하
㉯ 300mm 이하
㉰ 400mm 이하
㉱ 600mm 이하

문제 007
다음 중 겹침이음을 해서는 안 되는 철근은?

㉮ D16 ㉯ D19
㉰ D25 ㉱ D38

문제 008
철근의 이음에 대한 설명으로 옳지 않은 것은?
㉮ 철근은 이어대지 않는 것을 원칙으로 한다.
㉯ 최대 인장응력이 작용하는 곳에서 이음을 하는 것이 좋다.
㉰ 이음부는 서로 엇갈리게 하는 것이 좋다.
㉱ 겹침이음은 A급 이음과 B급 이음으로 분류할 수 있다.

문제 009
표준 갈고리를 가지는 인장 이형철근의 보정계수가 0.7이고 기본 정착길이가 570mm이었다. 이 인장철근의 정착길이를 구하면?

㉮ 320mm ㉯ 340mm
㉰ 380mm ㉱ 400mm

문제 010
휨 부재에 대하여 $f_{ck}=30$MPa로 설계할 경우 압축측의 콘크리트 최대 변형률은?

㉮ 0.3   ㉯ 0.03
㉰ 0.0033 ㉱ 0.0003

문제 011
철근 콘크리트 휨부재의 강도 설계법에 대한 기본 가정으로 틀린 것은?

㉮ 콘크리트와 철근의 변형률은 중립축으로부터 거리에 비례한다고 가정한다.
㉯ 항복강도 f_y 이하에서 철근의 응력은 그 변형률의 E_s 배로 본다.
㉰ 콘크리트의 압축강도를 무시한다.
㉱ 철근과 콘크리트의 부착이 완벽한 것으로 가정한다.

문제 012
콘크리트의 배합설계를 할 때 골재의 함수상태는 어느 것을 기준으로 하는가?

㉮ 노건조상태
㉯ 공기 중 건조상태
㉰ 표면건조포화상태
㉱ 습윤상태

문제 013
D16 이하의 스터럽과 띠철근으로 사용하는 표준 갈고리에서 구부리는 내면 반지름은 최소 얼마 이상이어야 하는가? (단, d_b는 철근의 공칭지름)

㉮ $1\,d_b$ ㉯ $2\,d_b$
㉰ $3\,d_b$ ㉱ $4\,d_b$

문제 014
다음 설명 중 옳은 것은?

㉮ 일반적으로 철근비가 균형 철근비보다 작으면 콘크리트의 압축파괴가 일어난다.
㉯ 철근이 균형 철근보다 많을 경우 연성파괴로 사전에 붕괴의 조짐을 볼 수 있다.
㉰ 사전에 붕괴의 조짐을 볼 수 있는 형태는 취성파괴이다.
㉱ 연성파괴를 유도하기 위하여 균형 철근비의 최소 허용 변형률에 해당되는 철근비 이내의 철근을 배근한다.

문제 015
콘크리트의 시방배합을 현장배합으로 수정할 때 수정할 필요가 없는 것은?

㉮ 단위 수량   ㉯ 단위 시멘트량
㉰ 단위 잔골재량 ㉱ 단위 굵은골재량

문제 016
콘크리트와의 부착력을 증대시켜 주는 이점이 있는 철근 콘크리트 구조물에 주로 이용되는 철근은?

㉮ 원형철근 ㉯ 내민철근
㉰ 이형철근 ㉱ 압축철근

문제 017
콘크리트에 일어날 수 있는 인장응력을 상쇄하기 위하여 미리 계획적으로 압축응력을 준 콘크리트를 무엇이라 하는가?

㉮ 강 구조물
㉯ 합성 구조물
㉰ 철근 콘크리트
㉱ 프리스트레스트 콘크리트

문제 018
토목 구조물의 종류에 있어서 강재의 보 위에 철근 콘크리트 슬래브를 이어 쳐서 양자로 작용하도록 하는 것은 무엇인가?
- ㉮ 주형 구조
- ㉯ 콘크리트 구조
- ㉰ 합성구조
- ㉱ 강 구조

문제 019
강 구조의 특징에 대한 설명으로 옳은 것은?
- ㉮ 콘크리트에 비해 품질 관리가 어렵다.
- ㉯ 재료의 세기, 즉 강도가 콘크리트에 비해 월등히 작다.
- ㉰ 콘크리트에 비해 공사기간이 단축된다.
- ㉱ 콘크리트에 비해 부재의 치수를 작게 할 수 없다.

문제 020
옹벽의 안정에서 옹벽이 미끄러져 나아가게 하려는 힘에 저항하는 안정을 무엇이라 하는가?
- ㉮ 전도에 대한 안정
- ㉯ 침하에 대한 안정
- ㉰ 활동에 대한 안정
- ㉱ 저판에 대한 안정

문제 021
1방향 슬래브의 최대 휨모멘트가 일어나는 단면에서 정철근 및 부철근의 중심간격으로 옳은 것은?
- ㉮ 슬래브 두께의 2배 이하이어야 하고 또한 300mm 이상이어야 한다.
- ㉯ 슬래브 두께의 2배 이하이어야 하고 또한 300mm 이하이어야 한다.
- ㉰ 슬래브 두께의 3배 이하이어야 하고 또한 400mm 이상이어야 한다.
- ㉱ 슬래브 두께의 3배 이하이어야 하고 또한 400mm 이하이어야 한다.

문제 022
교량의 설계 하중에 있어서 주하중에 관한 설명으로 바른 것은?
- ㉮ 항상 장기적으로 작용하는 하중
- ㉯ 때에 따라 작용하는 하중
- ㉰ 설계에 있어서 고려하지 않아도 되는 하중
- ㉱ 온도의 변화에 따른 하중

문제 023
축방향 압축을 받는 부재로서 높이가 단면의 최소치수의 3배 정도 이상인 구조는?
- ㉮ 보
- ㉯ 기둥
- ㉰ 옹벽
- ㉱ 슬래브

문제 024
교량의 구성 요소 중 상부구조에 속하는 것은?
- ㉮ 교대
- ㉯ 교각
- ㉰ 기초
- ㉱ 바닥판

문제 025
철근 콘크리트에 사용하는 콘크리트의 요구조건이 아닌 것은?
- ㉮ 소요의 강도를 가질 것
- ㉯ 내구성을 가질 것
- ㉰ 수밀성을 가질 것
- ㉱ 품질의 변동이 클 것

문제 026
서해대교와 같이 교각 위에 탑을 세우고 주탑과 경사로 배치된 케이블로 주형을 고정시키는 형식의 교량은?
- ㉮ 현수교
- ㉯ 라멘교
- ㉰ 연속교
- ㉱ 사장교

문제 027
토목 구조물의 특징에 속하지 않는 것은?
- ㉮ 건설에 많은 비용과 시간이 소요된다.
- ㉯ 공공의 목적으로 건설되기 때문에 사회의 감시와 비판을 받게 된다.
- ㉰ 구조물의 공용 기간이 길어 장래를 예측하여 설계하고 건설해야 한다.
- ㉱ 다량으로 생산하는 것이 쉽다.

문제 028
자동차와 같은 활하중이 교량 위를 지나갈 때 교량이 진동하게 되는 하중을 무엇이라고 하는가?
- ㉮ 고정하중
- ㉯ 풍하중
- ㉰ 충격하중
- ㉱ 충돌하중

문제 029
토목 설계의 기본 개념으로 고려하여야 할 사항과 가장 거리가 먼 것은?
- ㉮ 경제성
- ㉯ 미관
- ㉰ 사용성과 내구성
- ㉱ 희소성

문제 030
일반적인 옹벽의 종류에 속하지 않는 것은?
- ㉮ 중력식 옹벽
- ㉯ 캔틸레버 옹벽
- ㉰ 뒷부벽식 옹벽
- ㉱ 연결 확대옹벽

문제 031
리벳에 대한 설명 중 옳은 것은?
- ㉮ 현장 리벳은 그 기호를 생략함을 원칙으로 한다.
- ㉯ 리벳 기호는 리벳선을 가는 파선으로 그린다.
- ㉰ 축이 투상면에 나란한 리벳은 그리지 않음을 원칙으로 한다.
- ㉱ 같은 도면 중에 다른 지름의 리벳을 사용할 경우 리벳마다 그 지름을 기입하지 않음을 원칙으로 한다.

문제 032
플로터의 출력속도를 나타내는 단위로 맞는 것은?
- ㉮ CPS(Char actor Per Second)
- ㉯ IPS(Inch Per Second)
- ㉰ BPS(Bits Per Second)
- ㉱ DPI(Dots Per Inch)

문제 033
도면의 종류에서 복사도가 아닌 것은?
- ㉮ 기본도
- ㉯ 청사진
- ㉰ 백사진
- ㉱ 마이크로 사진

문제 034
도면의 크기에 의하여 분류했을 때 A3의 크기가 바른 것은?
- ㉮ 841×1189mm
- ㉯ 594×841mm
- ㉰ 297×420mm
- ㉱ 210×297mm

문제 035
큰 도면을 접어서 보관할 때 접어야 할 기준이 되는 도면의 크기는?
- ㉮ A0
- ㉯ A1
- ㉰ A3
- ㉱ A4

문제 036
도면의 아래 끝에 설정하여 도면명, 도면번호, 축척, 설계자, 제도자, 심사자, 도면 작성기관, 도면 작성 년 월 일 등과 같은 내용을 기입하는 란을 무엇이라 하는가?
- ㉮ 색인란
- ㉯ 표제란
- ㉰ 심사란
- ㉱ 검인란

문제 037
토목제도에서 실제 크기와 도면에서의 크기와의 비를 무엇이라 하는가?
- ㉮ 척도
- ㉯ 연각선
- ㉰ 도면
- ㉱ 표제란

문제 038
다음 단면 중 철재인 강철을 나타내는 것은?

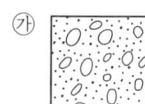
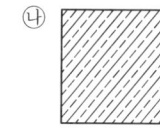

문제 039
그림은 콘크리트 구조물의 제도에서 어떤 철근 배근을 나타낸 것인가?

㉮ 절곡철근
㉯ 스터럽
㉰ 띠철근
㉱ 나선철근

문제 040
재료 단면의 경계 표시 중 암반면을 나타내는 것은?

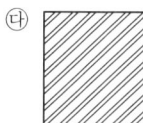

문제 041
투시도에 사용되는 기호의 연결이 틀린 것은?

㉮ P.P – 화면
㉯ G.P – 기면
㉰ H.L – 수평선
㉱ V.P – 시점

문제 042
치수 기입에 대한 설명 중 틀린 것은?

㉮ 가로 치수는 치수선의 위쪽에 쓰고 세로 치수는 치수선의 오른쪽에 쓴다.
㉯ 치수는 선과 교차하는 곳에는 될 수 있는 대로 쓰지 않는다.
㉰ 협소한 구간이 연속될 때에 치수선의 위쪽과 아래쪽에 번갈아 치수를 기입할 수 있다.
㉱ 경사는 백분율 또는 천분율로 표시 할 수 있으며 경사방향 표시는 하향 경사쪽으로 표시한다.

문제 043
치수, 가공법, 주의사항 등을 써 넣기 위하여 쓰이며 일반적으로 가로에 대하여 45°의 직선을 긋고 인출되는 쪽에 화살표를 붙여 인출한 쪽의 끝에 가로선을 그어 가로선 위에 문자 또는 숫자를 기입하는 선은?

㉮ 중심선
㉯ 치수선
㉰ 치수 보조선
㉱ 인출선

문제 044
기울기가 1 : 0.02일 때 수직거리가 4,500mm 이면 수평거리는 몇 mm인가?

㉮ 22.5
㉯ 45
㉰ 90
㉱ 180

문제 045
일반적인 제도 규격 용지의 폭과 길이의 비로 옳은 것은?

㉮ $1 : 1$
㉯ $1 : \sqrt{2}$
㉰ $1 : \sqrt{3}$
㉱ $1 : 4$

문제 046
트래버스 제도에서 삼각함수의 진수에 의한 방법이 아닌 것은?

㉮ 탄젠트법
㉯ 사인과 코사인에 의한 방법
㉰ 실측법
㉱ 현장법

문제 047
아래 그림의 재료 경계 표시는 무엇을 나타내는 것인가?
㉮ 흙
㉯ 호박돌
㉰ 암반
㉱ 콘크리트

문제 048
콘크리트 구조물 제도에 있어서 거푸집을 제작할 수 있도록 구조물의 모양 치수를 모두 표시한 도면은?
㉮ 일반도
㉯ 구조 일반도
㉰ 구조도
㉱ 상세도

문제 049
도면을 그릴 때 좌표 원점으로부터의 거리를 나타내는 좌표방법은?
㉮ 절대좌표
㉯ 상대좌표
㉰ 극좌표
㉱ 원좌표

문제 050
제도에서 해칭은 수평선, 중심선, 기준선에 대하여 몇 도로 기울여서 같은 간격으로 넣는가?
㉮ 25°
㉯ 35°
㉰ 45°
㉱ 90°

문제 051
굵기에 따른 선의 종류가 아닌 것은?
㉮ 가는선
㉯ 아주 굵은선
㉰ 중심선
㉱ 굵은선

문제 052
도로 설계제도에서 평면도를 표현할 때 산악이나 구릉부의 지형을 나타내는 데 사용되는 것은?
㉮ 거리표
㉯ 축척
㉰ 개다각형
㉱ 등고선

문제 053
제도용 문자의 크기는 무엇을 기준으로 하여 나타내는가?
㉮ 높이
㉯ 너비
㉰ 굵기
㉱ 대각선 길이

문제 054
강 구조물의 도면 배치 설명으로 바르지 않은 것은?
㉮ 도면을 잘 보이도록 하기 위해 절단선과 지시선의 방향을 붙이는 것이 좋다.
㉯ 평면도, 측면도, 단면도 등을 소재나 부재가 잘 나타나도록 각각 독립하여 그려도 된다.
㉰ 강 구조물이 길고 많은 공간을 차지하여도 단면을 절단하거나 생략하여 표시하여서는 안 된다.
㉱ 강 구조물의 도면은 가설을 고려하여 부분적으로 제작 단위마다 상세도를 작성한다.

문제 055
다음 중 CAD 시스템을 사용하기 위해 요구되는 컴퓨터 소프트웨어 및 하드웨어 중 반드시 필요한 것으로 보기 어려운 것은?
㉮ 운영체제
㉯ CPU
㉰ RAM
㉱ 사운드 카드

문제 056
CAD 작업의 특징이 아닌 것은?
㉮ 설계자가 컴퓨터 화면을 통하여 대화방식으로 도면을 입·출력할 수 있다.
㉯ 도면분석, 수정, 제작이 수작업에 비하여 더 정확하고 빠르다.
㉰ 설계 도면을 여러 사람이 동시에 작업할 수 없으며 표준화 작업이 어렵다.
㉱ 설계 시간의 단축으로 일의 생산성을 향상시킨다.

문제 057
투시도의 종류가 아닌 것은?
- ㉮ 1소점 투시도
- ㉯ 2소점 투시도
- ㉰ 3소점 투시도
- ㉱ 4소점 투시도

문제 058
토목 제도에서 작도 통칙으로서 틀린 것은?
- ㉮ 도면은 될 수 있는 대로 간단히 하고 중복을 피한다.
- ㉯ 숨겨진 부분은 1점 쇄선으로 표시한다.
- ㉰ 경사면을 가진 구조물에서 그 경사면의 모양을 표시하기 위하여 경사면 부분만의 보조도를 넣어 표시한다.
- ㉱ 대칭적인 것은 중심선의 한쪽을 외형도, 반대쪽을 단면도로 표시한다.

문제 059
토목 구조물인 옹벽의 일반적인 도면 배치에서 단면도 하부에 그려지는 것은?
- ㉮ 일반도
- ㉯ 저판 배근도
- ㉰ 벽체 배근도
- ㉱ 주철근 조립도

문제 060
구조용 재료의 단면 표시 중 모래를 나타내는 것은?

㉮ 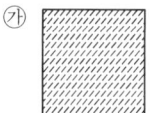　㉯

㉰ 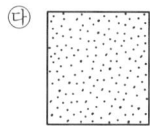　㉱

2 ▶ CBT 모의고사 정답 및 해설

정답

001. ㉣	002. ㉮	003. ㉣	004. ㉮	005. ㉮
006. ㉣	007. ㉣	008. ㉯	009. ㉣	010. ㉰
011. ㉰	012. ㉰	013. ㉯	014. ㉯	015. ㉣
016. ㉰	017. ㉯	018. ㉯	019. ㉣	020. ㉯
021. ㉯	022. ㉮	023. ㉯	024. ㉯	025. ㉣
026. ㉣	027. ㉯	028. ㉣	029. ㉣	030. ㉣
031. ㉰	032. ㉣	033. ㉮	034. ㉣	035. ㉣
036. ㉯	037. ㉣	038. ㉣	039. ㉰	040. ㉣
041. ㉣	042. ㉰	043. ㉣	044. ㉯	045. ㉣
046. ㉯	047. ㉯	048. ㉯	049. ㉮	050. ㉣
051. ㉰	052. ㉯	053. ㉮	054. ㉯	055. ㉣
056. ㉯	057. ㉯	058. ㉯	059. ㉯	060. ㉰

해설

001
- 시멘트의 분말도가 높으면 균열 및 풍화가 생기기 쉽다.
- 시멘트의 분말도가 높으면 블리딩이 적고 워커빌리티가 좋아진다.

002 90° 표준 갈고리는 구부린 끝에서 12배 이상 더 연장되어야 한다.

003 철근의 부식 방지
- 내화적인 구조물 제작
- 철근의 부착강도 증진

004 $f_{ck} \leq 40$MPa일 때 $\beta_1 = 0.8$이다.

005 인장 이형철근의 기본 정착길이
$$l_{db} = \frac{0.6\, d_b f_y}{\lambda \sqrt{f_{ck}}}$$

006
- 스터럽의 간격은 어떠한 경우이든 600mm 이하로 하여야 한다.
- 전단철근의 항복강도는 500MPa을 초과할 수 없다.

007 D35를 초과하는 철근은 겹침이음을 해서는 안 된다.

008 휨 응력이 가장 작은 곳에서 이음하는 것이 좋다.

009 정착길이 = 기본 정착길이×보정계수
= 570×0.7 = 400mm

010 콘크리트 응력분포는 가로 $\eta(0.85 f_{ck})$, 깊이 $a = \beta_1 \cdot c$인 등가 직사각형 분포로 본다.

011
- 콘크리트의 인장강도는 무시한다.
- 강도 설계법은 안전성을 가장 중요시한다.

012 표면건조 포화상태(표건상태)
골재 알의 표면에는 물기가 없고 골재 알 속의 빈틈만 물로 차 있는 상태

013
- D16 이하 : $2d_b$
- D19~D25 : $3d_b$
- D29~D35 : $4d_b$
- D38 이상 : $5d_b$

014
- 철근비가 균형 철근비보다 작으면 인장철근의 연성파괴가 발생한다.
- 철근비가 균형 철근비보다 많으면 콘크리트의 취성파괴가 일어나므로 위험하다.
- 사전에 붕괴의 조짐을 볼 수 있는 형태는 연성파괴이다.

015 시방배합을 현장배합으로 수정할 경우에는 골재의 입도와 표면수를 고려한다.

016 이형철근은 표면의 마디와 리브로 인해 원형철근보다 부착강도가 훨씬 크다.

017 프리스트레스트 콘크리트는 인장응력에 의한 균열이 방지되고 콘크리트의 전 단면을 유효하게 이용할 수 있다.

018 강재와 철근 콘크리트가 합성으로 외력에 저항하는 구조를 합성 구조라 한다.

019
- 콘크리트에 비해 품질관리가 쉽다.
- 강도가 콘크리트에 비해 월등히 크다.
- 콘크리트에 비해 부재의 치수를 작게 할 수 있다.

020
- 활동에 대한 안정을 위해 옹벽 저판과 지반 사이에 활동 방지벽을 설치한다.
- 활동에 대한 안전율은 1.5 이상이다.

021
- 1방향 슬래브의 두께는 100mm 이상이어야 한다.
- 1방향 슬래브에서는 정철근 및 부철근에 직각 방향으로 배력철근을 배치해야 한다.

022 주하중의 종류 : 고정하중, 활하중, 충격하중

023 설계기준에서 높이가 단면 최소치수의 3배 이상인 수직 또는 수직에 가까운 압축재를 기둥이라고 한다.

024 하부구조 : 교대, 교각, 기초

025 품질의 변동이 작을 것

026 사장교 : 중간의 교각 위에 세운 교탑으로부터 비스듬히 경사지게 내린 케이블로 주형을 매단 구조물 형태이다.

027 • 다량으로 생산하는 것이 어렵다.
• 일회성으로 동일한 조건의 구조물이 건설되지 않는다.

028 충격하중
자동차와 같은 이동하중의 활하중이 작용하는 것으로 교량 설계시 충격계수를 적용한다.

029 토목 설계시 안전성, 경제성, 내구성, 기능성, 미관, 유지관리 등을 고려한다.

030 • 옹벽
토압에 저항하여 토사의 붕괴를 방지하기 위한 구조물
• 확대기초
벽, 기둥, 교대, 교각 등의 상부하중을 지반에 전달하기 위한 구조물

031 • 현장 리벳은 그 기호를 생략하지 않음을 원칙으로 한다.
• 리벳 지름의 기입에 있어서 같은 도면 중에 다른 지름의 리벳을 사용할 경우 리벳마다 그 지름을 기입하는 것을 원칙으로 한다.
• 리벳 기호는 리벳선을 가는 실선으로 그리고 리벳선 위에 기입하는 것을 원칙으로 한다.

032 • IPS(Inch Per Second)
1초당 출력하는 도면의 속도
• BPS(Bits Per Second)
1초당 전송되는 비트의 수

033 기본도
측량이나 설계에 의해 제도하여 작성되며 처음에 작성되는 도면

034 • A0 : 841×1189mm
• A1 : 594×841mm
• A2 : 420×594mm
• A3 : 297×420mm
• A4 : 210×297mm

035 도면 접는 순서는 특별히 정해진 것은 없으나 도면 접는 크기는 A4로 한다.

036 표제란 보는 방향은 도면의 방향과 일치하도록 하며 오른쪽 아래 구석에 위치한다.

037 척도의 표시
도면에서의 표시 : 실제 크기

038 • ㉮ : 콘크리트
• ㉯ : 석재(자연석)
• ㉰ : 목재

039 보에 생기는 전단응력에 저항하기 위해 스터럽을 배치한다.

040 • ㉮ : 지반면(흙)
• ㉯ : 수준면(물)
• ㉰ : 잡석

041 • V.P - 소점   • E.P - 시점

042 가로 치수는 치수선의 위쪽에 쓰고 세로 치수는 치수선의 왼쪽에 쓴다.

043 • 중심선으로 대칭물의 한쪽을 표시하는 도면의 치수선은 중심을 지나 연장하여 표시한다.
• 치수 보조선은 치수를 표시하는 부분의 양 끝에서 치수선에 직각으로 긋고 치수선을 약간 넘도록 연장한다.
• 치수를 기입할 때에는 치수선을 중단하지 않고 치수선의 위쪽에 쓰는 것을 원칙으로 한다.

044 수평거리=0.02×4,500=90mm

045 일반적인 제도 규격 용지의 폭과 길이의 비는 1 : $\sqrt{2}$ 이며 A0의 넓이는 약 $1m^2$, B0의 넓이는 약 $1.5m^2$이다.

046 삼각함수의 진수에 의한 방법은 각도기를 사용하지 않고 트래버스의 편각이나 변의 길이를 알고 측선의 방향을 결정하는 것으로 폐합 오차가 발생하지 않는다.

047 • 흙    • 암반
• 콘크리트
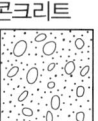

048
- 일반도
  구조물 전체의 개략적인 모양을 표시한 도면
- 구조도
  배근도라 하며 철근의 가공, 배치 등을 표시한 도면
- 상세도
  구조도의 일부를 큰 축척으로 표시한 도면

049
- 상대좌표
  임의 현재 지정된 좌표 기준점에서 다음 점의 위치 X, Y축을 지정한 좌표
- 극좌표
  임의 현재 지정된 좌표 기준점에서 다른 점의 변위와 방향(거리와 각도)을 지정한 좌표

050 해칭은 단면을 표시하는 경우나 강구조에 있어서 연결판의 측면 또는 충전재의 측면을 표시하는 경우에 사용한다.

051 아주 굵은선, 굵은선, 가는선의 굵기는 4 : 2 : 1의 비율로 정한다.

052 등고선은 수평면으로부터 높이의 수치를 평면도에 기호로 주기하여 나타내는 표고 투상이다.

053 문자는 읽기 쉽게 명확하게 쓰며 같은 크기의 문자는 그 선의 굵기를 되도록 균일하게 맞춘다.

054 강 구조물은 너무 길고 넓어 큰 공간을 차지하므로 몇 가지 단면으로 절단하여 표현한다.

055
- 소프트웨어
  컴퓨터에서 돌아가는 프로그램이나 데이터 형식과 같이 눈으로 볼 수 없는 정보 및 데이터를 말하며 모니터의 화면을 통해 작업하는 작업의 중개 역할을 하는 내용이다.
- 하드웨어
  한글이나 엑셀과 같은 프로그램을 사용하고 있는 경우 전원을 켜고 자판을 치는 등의 물리적인 대상을 뜻한다.

056 설계 도면을 여러 사람이 동시에 작업할 수 있으며 표준화 작업이 쉽다.

057 투시도
토목이나 건축에서 현장의 겨냥도, 구조물의 조감도 등에 쓰인다.

058 보이는 부분은 실선으로 하고 숨겨진 부분은 파선으로 표시한다.

059 일반적인 도면 배치는 단면도를 중심으로 하부에 저판 배근도, 우측에 벽체 배근도, 저판 배근도 우측에 일반도, 나머지 도면은 적절히 배치한다.

060
- ㉮ : 사질토
- ㉯ : 잡석
- ㉰ : 깬돌

제3회 CBT 모의고사

문제 001
1방향 슬래브의 최소 두께는 얼마 이상이어야 하는가?
- ㉮ 70mm
- ㉯ 80mm
- ㉰ 100mm
- ㉱ 120mm

문제 002
굵은 골재의 최대치수는 질량비로 몇 % 이상을 통과시키는 체 가운데에서 가장 작은 치수의 체 눈을 체의 호칭치수로 나타낸 것인가?
- ㉮ 80%
- ㉯ 85%
- ㉰ 90%
- ㉱ 95%

문제 003
하루 평균기온이 최소 몇 ℃를 초과할 경우에 서중 콘크리트로 시공해야 하는가?
- ㉮ 20℃
- ㉯ 25℃
- ㉰ 30℃
- ㉱ 35℃

문제 004
콘크리트용 골재가 갖추어야 할 성질에 대한 설명으로 틀린 것은?
- ㉮ 알맞은 입도를 가질 것
- ㉯ 깨끗하고 강하며 내구적일 것
- ㉰ 연한 석편, 가느다란 석편을 함유할 것
- ㉱ 먼지, 흙, 유기불순물 등의 유해물을 함유하지 않을 것

문제 005
D25 철근을 사용한 90° 표준 갈고리는 90° 구부린 끝에서 최소 얼마 이상 더 연장하여야 하는가? (단, d_b는 철근의 공칭지름)
- ㉮ $6\,d_b$
- ㉯ $9\,d_b$
- ㉰ $12\,d_b$
- ㉱ $15\,d_b$

문제 006
콘크리트 속에 일부가 매립된 철근은 책임 기술자의 승인하에 구부림 작업을 해야 한다. 다음 중 현장에서 철근을 구부리기 위한 작업 방법으로 가장 적절하지 않은 것은?
- ㉮ 가급적 상온에서 실시한다.
- ㉯ 콘크리트에 손상이 가지 않도록 한다.
- ㉰ 구부림 작업 중 균열이 발생하더라도 상관없다.
- ㉱ 가열된 철근은 서서히 냉각시킨다.

문제 007
흙에 접하여 콘크리트를 친 후 영구히 흙에 묻혀 있는 콘크리트 구조물의 경우 다발철근을 사용하였다면 최소 피복두께는 얼마인가?
- ㉮ 50mm
- ㉯ 60mm
- ㉰ 70mm
- ㉱ 75mm

문제 008
철근 콘크리트 강도 설계법에서 압축측 콘크리트의 응력 분포는 주로 어떤 모양으로 가정하는가?
- ㉮ 타원형
- ㉯ 삼각형
- ㉰ 직사각형
- ㉱ 사다리꼴형

문제 009
철근 콘크리트 휨 부재에서 최대 철근비와 최소 철근비를 규정한 이유로 가장 적당한 것은?
- ㉮ 부재의 경제적인 단면 설계를 위해서
- ㉯ 부재의 사용성을 증진시키기 위해서
- ㉰ 부재의 급작스런 파괴를 방지하기 위해서
- ㉱ 부재의 파괴에 대한 안전을 확보하기 위해서

문제 010
인장력이나 압축력을 부담하기 위하여 철근의 양 끝부분이 콘크리트 속에서 미끄러지거나 빠져 나오지 않도록 콘크리트 속에 충분히 묻어 주는 것을 무엇이라 하는가?

㉮ 부착 ㉯ 탈착
㉰ 정착 ㉱ 활착

문제 011
다음 중 보의 주철근의 수평 순간격에 대한 설명으로 틀린 것은?

㉮ 굵은 골재 최대치수의 4/3배 이상
㉯ 동일 평면에서 평행하는 철근 사이의 수평 순간격은 철근의 공칭지름 이상
㉰ 보의 높이의 1/4 이상
㉱ 동일 평면에서 평행하는 철근 사이의 수평 순간격은 25mm 이상

문제 012
그림과 같은 단면을 가지는 단순보에 대한 중립축 위치 c 는? (단, $b=300mm$, $d=420mm$, $f_{ck}=28MPa$, $f_y=420MPa$, $A_s=2,580mm^2$ 이다.)

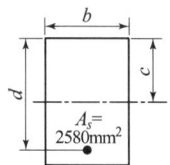

㉮ 257mm ㉯ 252mm
㉰ 257mm ㉱ 259mm

문제 013
강도 설계법의 기본 가정으로 잘못 설명된 것은? (단, $f_{ck} \leq 40MPa$)

㉮ 콘크리트의 인장강도는 무시한다.
㉯ 콘크리트의 최대 변형률은 0.0033이다.
㉰ 철근과 콘크리트 사이의 부착은 완전하다.
㉱ 콘크리트 및 철근의 변형률은 중립축으로부터의 거리에 반비례한다.

문제 014
D10~D25 철근으로 180° 표준 갈고리를 만들고자 할 때 최소 구부림의 내면 반지름은? (d_b : 철근의 공칭지름)

㉮ $2d_b$ ㉯ $3d_b$
㉰ $4d_b$ ㉱ $5d_b$

문제 015
다음 중 철근의 이음에 대한 설명으로 바른 것은?

㉮ 철근은 항상 이어서 사용해야 한다.
㉯ 철근의 이음부는 최대 인장력 발생지점에 설치한다.
㉰ 철근의 이음은 한 단면에 집중시키는 것이 유리하다.
㉱ 철근의 이음방법에는 겹침이음방법, 용접이음방법, 또는 기계적 연결방법 등이 있다.

문제 016
단순보에서의 전단에 관한 설명 중 틀린 것은?

㉮ 전단철근에는 스터럽과 절곡철근이 있다.
㉯ 전단균열의 형태는 45°의 경사방향이다.
㉰ 휨모멘트에 대하여 먼저 검토한 후 전단을 검토한다.
㉱ 보에서 최대 전단응력이 발생하는 부분은 지간의 중앙부분이다.

문제 017
콘크리트의 강도 설계법에서 고정하중, 활하중, 풍하중이 작용하는 경우 고려하여야 하는 하중 조합으로 옳은 것은? (단, D : 고정하중, L : 활하중, W : 풍하중)

㉮ $1.2D+1.0L+1.3W$
㉯ $0.9D+1.0L+1.3W$
㉰ $1.2D+1.6L+1.0W$
㉱ $0.9D+1.6L+1.3W$

문제 018
강구조의 장점으로 적절하지 못한 것은?
㉮ 강도가 우수하다.
㉯ 균질성을 가지고 있다.
㉰ 차량 통행에 소음 발생이 적다.
㉱ 부재를 개수하거나 보강하기 쉽다.

문제 019
다음 중 교량의 하부구조에 속하지 않는 것은?
㉮ 교대   ㉯ 교각
㉰ 바닥판   ㉱ 기초

문제 020
사용 재료에 따른 교량의 분류로서 잘못된 것은?
㉮ 철근 콘크리트교   ㉯ 강교
㉰ 목교   ㉱ 거더교

문제 021
다음은 기둥(장주)의 유효길이에 대한 설명이다. 올바른 것은?
㉮ 양 끝이 힌지로 되어 있는 기둥일 경우 유효길이는 기둥의 전체 길이의 0.5배이다.
㉯ 양 끝이 고정되어 있는 기둥일 경우 유효길이는 기둥의 전체 길이다.
㉰ 한 끝이 고정이고 다른 한 끝이 자유롭게 되어 있는 기둥일 경우 유효길이는 기둥 전체길이의 2배이다.
㉱ 한 끝이 고정이고 다른 한 끝이 힌지로 되어 있는 기둥일 경우 유효길이는 기둥 전체길이의 4배이다.

문제 022
다음 중 옹벽의 안정 조건이 아닌 것은?
㉮ 전도에 대한 안정
㉯ 침하에 대한 안정
㉰ 활동에 대한 안정
㉱ 충격에 대한 안정

문제 023
철근 콘크리트의 단점으로 보기 어려운 것은?
㉮ 자중이 크다.
㉯ 균열이 생기기 쉽다.
㉰ 원하는 형태의 제작이 불가능하다.
㉱ 검사 및 개조, 보강 등이 어렵다.

문제 024
다음 중 슬래브의 배력 철근에 대한 설명이 잘못된 것은?
㉮ 주철근의 직각 또는 직각에 가까운 방향으로 배치한 보조철근을 말한다.
㉯ 응력을 한 방향으로 분포시키기 위해서 설치한다.
㉰ 배력 철근은 주철근의 간격을 유지시켜 준다.
㉱ 균열을 제어할 목적으로 시공한다.

문제 025
토목 구조물에 관한 설명으로 적절하지 못한 것은?
㉮ 건설에 많은 비용과 시간이 소요된다.
㉯ 공공의 비용으로 건설되며 사회의 감시와 비판을 받게 된다.
㉰ 장래를 예측하여 설계하고 건설해야 한다.
㉱ 대량 생산을 한다.

문제 026
교량을 통행하는 사람이나 자동차 등의 이동하중은 다음 중 어떤 하중으로 볼 수 있는가?
㉮ 고정하중   ㉯ 풍하중
㉰ 설하중   ㉱ 활하중

문제 027
구조용 강재나 강관을 축방향으로 보강한 기둥은?
㉮ 띠철근 기둥
㉯ 합성 기둥
㉰ 나선철근 기둥
㉱ 복합 기둥

문제 028
콘크리트에 일어날 수 있는 인장응력을 상쇄하기 위하여 미리 계획적으로 압축응력을 준 콘크리트를 무엇이라 하는가?
- ㉮ 중량 콘크리트
- ㉯ 무근 콘크리트
- ㉰ 철근 콘크리트
- ㉱ 프리스트레스트 콘크리트

문제 029
포스트텐션 방식에 있어서 PS 강재를 콘크리트와 부착하기 위하여 쉬스 안에 시멘트 풀이나 모르타르를 주입하는 것을 무엇이라 하는가?
- ㉮ 라이닝
- ㉯ 그라우팅
- ㉰ 앵커
- ㉱ 록 볼트

문제 030
다음 재료 중 단위무게가 가장 큰 것은?
- ㉮ 콘크리트
- ㉯ 강재
- ㉰ 철근 콘크리트
- ㉱ 역청재

문제 031
다음 중 치수선에 대한 설명으로 틀린 것은?
- ㉮ 치수선은 표시할 치수의 방향에 평행하게 긋는다.
- ㉯ 협소하여 화살표를 붙일 여백이 없을 때에는 치수선을 치수 보조선 바깥쪽에 긋고 내측을 향하여 화살표를 붙인다.
- ㉰ 일반적으로 불가피한 경우가 아닐 때에는, 치수선은 다른 치수선과 서로 교차하지 않도록 한다.
- ㉱ 대칭인 물체의 치수선은 중심선에서 약간 연장하여 긋고, 치수선의 중심쪽 끝에는 화살표를 붙인다.

문제 032
선의 굵기가 나머지 셋과 다른 것은?
- ㉮ 중심선
- ㉯ 치수선
- ㉰ 외형선
- ㉱ 수준면선

문제 033
다음 중 사용되는 선의 종류가 다른 것은?
- ㉮ 기준선
- ㉯ 치수선
- ㉰ 치수 보조선
- ㉱ 지시선

문제 034
도면의 치수 기입에서 보조 기호의 사용방법으로 바르지 못한 것은?
- ㉮ t : 파이프의 지름에 사용된다.
- ㉯ φ : 지름의 치수 앞에 붙인다.
- ㉰ R : 반지름 치수 앞에 붙인다.
- ㉱ SR : 구의 반지름 치수 앞에 붙인다.

문제 035
다음은 주어진 각(∠AOB)를 2등분하는 방법이다. 설명 중 가장 먼저 해야 할 일은?

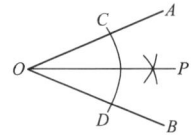

- ㉮ O점에서 임의의 원을 그려 C와 D점을 구한다.
- ㉯ O점과 P점을 연결한다.
- ㉰ A와 P를 연결한다.
- ㉱ C, D점에서 임의의 반지름으로 원호를 그려 P점을 찾는다.

문제 036
파선의 사용방법을 바르게 설명한 것은?
- ㉮ 단면도의 절단면을 나타낸다.
- ㉯ 물체의 보이지 않는 부분을 표시하는 선이다.
- ㉰ 대상물의 보이는 부분의 겉모양을 표시한다.
- ㉱ 부분 생략 또는 부분 단면의 경계를 표시한다.

문제 037
기초부분에 사용되는 철근의 기초로서 적합한 것은?
- ㉮ Ⓑ
- ㉯ Ⓦ
- ㉰ Ⓗ
- ㉱ Ⓕ

문제 038
투시도의 종류를 잘못 나타낸 것은?
- ㉮ 1소점 투시도
- ㉯ 2소점 투시도
- ㉰ 3소점 투시도
- ㉱ 4소점 투시도

문제 039
다음 그림은 어떤 것을 나타낸 것인가?

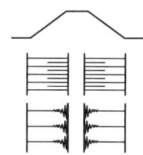

- ㉮ 흙쌓기면
- ㉯ 땅깎기면
- ㉰ 수준면
- ㉱ 지반면

문제 040
KS의 부문별 기호 중 토건을 나타내는 분류 기호는?
- ㉮ KS A
- ㉯ KS B
- ㉰ KS D
- ㉱ KS F

문제 041
철근의 기계적 이음을 표시하는 기호는?

㉮ ―●―　㉯ ―□―
㉰ ―――　㉱ ――▶

문제 042
문자의 크기는 문자의 어떤 치수로 나타내는가?
- ㉮ 폭
- ㉯ 높이
- ㉰ 굵기
- ㉱ 음영

문제 043
다음 제도통칙을 설명한 것 중 틀린 것은?
- ㉮ 숨겨진 부분은 파선을 원칙으로 한다.
- ㉯ 대칭물은 중심선을 사용하여 외형도와 단면도를 표시한다.
- ㉰ 경사진 구조물은 경사면의 보조도를 넣는다.
- ㉱ 중복된 곳은 일점 쇄선으로 표시한다.

문제 044
새로운 하드 웨어를 추가할 경우 운영체제(OS)가 자동으로 시스템 환경을 바꾸어 주는 기능은?
- ㉮ 멀티태스킹
- ㉯ 멀티스레딩
- ㉰ Plua and Play
- ㉱ Drag and Drop

문제 045
다음 중 강 재료의 단면 표시로 옳은 것은?

㉮ 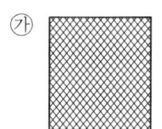　㉯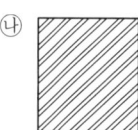

㉰ 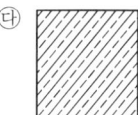　㉱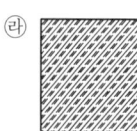

문제 046
다음은 콘크리트 구조물의 어떤 도면에 대한 설명인가?

> 구조물 전체의 개략적인 모양을 표시한 도면이다.

- ㉮ 일반도
- ㉯ 구조 일반도
- ㉰ 구조도
- ㉱ 상세도

문제 047
일반적으로 도면에서 척도를 (A) : (B)로 표시한다. 여기서, A와 B를 옳게 나타낸 것은?

　　　　A　　　　　：　　　B
㉮ (제도 용지의 치수) : (실제의 치수)
㉯ (도면에서의 치수) : (실제의 치수)
㉰ (실제의 치수)　　 : (제도 용지의 치수)
㉱ (실제의 치수)　　 : (도면에서의 치수)

문제 048
그림과 같은 투상법을 무엇이라 하는가?

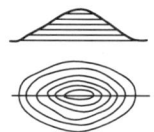

㉮ 정투상법　　　㉯ 축측투상법
㉰ 표고투상법　　㉱ 사투상법

문제 049
태블릿이라고 하는 것으로 평판의 자성을 이용한 절대좌표체계를 가지는 2차원 그래픽 입력장치는?

㉮ 마우스　　　　㉯ 플로터
㉰ 디지타이저　　㉱ 프린터

문제 050
다음 장치 중 출력장치에 속하는 것은?

㉮ 플로터　　　　㉯ 스캐너
㉰ 디지타이저　　㉱ 조이스틱

문제 051
다음은 재료의 단면표시 방법 중 하나이다. 무엇을 표시하는가?

㉮ 지반면(암반)　　㉯ 지반면(자갈)
㉰ 지반면(흙)　　　㉱ 지반면(모래)

문제 052
다음의 그림은 제 몇각법의 투영도법인가?

	평면도
측면도	정면도

㉮ 제1각법　　㉯ 제2각법
㉰ 제3각법　　㉱ 제4각법

문제 053
토목제도에서 표제란에 기입하지 않아도 되는 항목은?

㉮ 도면명
㉯ 범례
㉰ 축척
㉱ 작성 연월일

문제 054
CAD를 사용하여 설계 제도를 할 때 특징이 아닌 것은?

㉮ 도면의 수정 보완이 편리하다.
㉯ 도면의 관리 보관이 편리하다.
㉰ 도면의 분석 제작이 정확하다.
㉱ 도면의 크기 설정이 어렵다.

문제 055
다음 중 컴퓨터의 입력장치에 해당하는 것은?

㉮ 모니터　　　㉯ 키보드
㉰ CD-ROM　　㉱ 플로터

문제 056
제도에 사용되는 도면의 크기가 틀린 것은?

㉮ A0 = 841×1189mm
㉯ A1 = 594×841mm
㉰ A2 = 420×594mm
㉱ A4 = 297×420mm

문제 057
치수 기입 방법으로 옳지 않은 것은?
- ㉮ 치수를 기입할 때에는 치수선을 중단하지 않고 치수선 위에 쓰는 것을 원칙으로 한다.
- ㉯ 치수선이 세로일 때에는 오른쪽에 쓴다.
- ㉰ 치수는 선과 교차하는 곳에는 될 수 있는 대로 쓰지 않는다.
- ㉱ 일반적인 방법으로 수치 치수를 기입하기에는 치수선이 너무 짧을 경우, 치수 수치는 치수선에 접하는 인출선의 끝에 기입할 수 있다.

문제 058
A1 제도지에서 철하지 않았을 때 도면 윤곽의 최소 값은 몇 mm인가?
- ㉮ 5
- ㉯ 10
- ㉰ 15
- ㉱ 20

문제 059
전체 길이 5,000mm를 200mm 간격으로 25 등분한 표시법으로 옳은 것은?
- ㉮ 100@25=5000
- ㉯ 25@200=5000
- ㉰ $L=5000$ $N=25$
- ㉱ @200 C.T.C

문제 060
하천 측량 제도에서 종단면도에 나타내지 않는 것은 어느 것인가?
- ㉮ 고수위(H.W.L)
- ㉯ 거리표
- ㉰ 유속
- ㉱ 양안의 제방의 고저

3 ▶ CBT 모의고사 정답 및 해설

정답

001. ㉰	002. ㉯	003. ㉯	004. ㉯	005. ㉰
006. ㉰	007. ㉯	008. ㉰	009. ㉰	010. ㉰
011. ㉰	012. ㉮	013. ㉱	014. ㉯	015. ㉱
016. ㉱	017. ㉯	018. ㉰	019. ㉯	020. ㉰
021. ㉰	022. ㉯	023. ㉰	024. ㉰	025. ㉱
026. ㉰	027. ㉯	028. ㉱	029. ㉯	030. ㉯
031. ㉱	032. ㉯	033. ㉮	034. ㉮	035. ㉮
036. ㉰	037. ㉯	038. ㉰	039. ㉮	040. ㉰
041. ㉰	042. ㉯	043. ㉰	044. ㉰	045. ㉯
046. ㉮	047. ㉯	048. ㉰	049. ㉯	050. ㉮
051. ㉯	052. ㉯	053. ㉰	054. ㉱	055. ㉯
056. ㉱	057. ㉯	058. ㉰	059. ㉯	060. ㉰

해설

001 • 1방향 슬래브의 두께는 100mm 이상이라야 한다.
• 1방향 슬래브에서는 정철근 및 부철근에 직각 방향으로 배력철근을 배치해야 한다.

002 굵은 골재의 최대치수는 클수록 단위수량 및 단위시멘트량이 일반적으로 감소하여 경제적이다.

003 서중 콘크리트를 칠 때의 콘크리트 온도는 35℃ 이하여야 한다.

004 • 연한 석편, 가느다란 석편을 함유해서는 안 된다.
• 물리적·화학적으로 안정할 것
• 입형이 둥글어야 할 것

005 • 90° 표준 갈고리 최소 연장
① D19~D25 철근 : $12d_b$ 이상
② D16 이하 철근 : $6d_b$ 이상
• 135° 표준 갈고리 최소 연장
D25 이하 철근 : $6d_b$ 이상

006 손상이 있는 철근은 사용하지 않는다.

007 • 수중에 치는 콘크리트 : 100mm
• 흙에 접하여 콘크리트를 친 후 영구히 흙에 묻혀 있는 콘크리트 : 75mm
• 흙에 접하거나 옥외의 공기에 직접 노출되는 콘크리트
① D29 이상 철근 : 60mm
② D25 이하 철근 : 50mm
③ D16 이하 철근, 지름 16mm 이하의 철선 : 40mm

008 콘크리트 압축응력 분포는 사각형이며 $0.85f_{ck}$의 일정한 크기를 갖는다.

009 압축에 의한 콘크리트의 취성 파괴를 막기 위한 것이다.

010 철근과 콘크리트가 그 경계면에서 미끄러지지 않도록 저항하는 것은 부착이라고 한다.

011 보의 주철근을 2단 이상 배치할 경우는 상하철근을 동일 연직면 내에 두어야 하고 연직 순간격은 25mm 이상이어야 한다.

012 $c = \dfrac{660}{660 + f_y} \cdot d$
$= \dfrac{660}{660 + 420} \times 420 = 257\text{mm}$

013 콘크리트 및 철근의 변형률은 중립축으로부터의 거리에 비례한다.

014 • D29~D35 철근 : $4d_b$
• D38 이상 철근 : $5d_b$

015 • 가능한 한 긴 철근을 사용하여 이음을 하지 않는 것이 좋다.
• 이음이 부재의 한 단면에 집중되지 않도록 하며 서로 엇갈리게 배치하여야 한다.
• 철근의 이음부는 응력이 적은 곳에 설치한다.

016 보의 경우 지점 가까이의 중립축 부근에서 휨응력은 작고 전단응력은 크게 발생한다.

017 고정하중(D)과 활하중(L)이 작용하는 경우
$1.2D + 1.6L$

018 강구조는 콘크리트에 비하여 소음 발생이 상대적으로 크다.

019 • 교량의 하부구조
교대, 교각, 기초
• 교량의 상부구조
바닥틀(판), 주트러스, 받침

020 구조 형식에 따른 분류
라멘교, 거더교, 트러스교, 아치교, 현수교, 사장교

021 유효길이(kl)
① 1단 고정, 타단 자유 : $2l$
② 양단 힌지 : $1l$
③ 1단 고정, 타단 힌지 : $0.7l$
④ 양단 고정 : $0.5l$

022 • 전도에 대한 안전율 : 2.0
• 활동에 대한 안전율 : 1.5
• 침하(지지력)에 대한 안전율 : 1.0

023 철근 콘크리트의 장점
① 구조물의 형상과 치수에 제약을 받지 않고 자유로이 만들 수 있다.
② 내구성이 좋다.
③ 내화성이 좋다.
④ 유지 관리비가 적게 든다.

024 • 배력 철근
정철근 또는 부철근에 직각 또는 직각에 가까운 방향으로 배치한 보조철근
• 배력 철근을 배치하는 이유
① 주철근의 간격을 유지시켜 준다.
② 응력을 고르게 분포시킨다.
③ 건조수축이나 온도 변화에 의한 수축을 감소시키고 균열을 제어 분포시킨다.

025 토목 구조물의 특징
① 공익을 위해 건설한다.
② 자연 환경을 크게 변화시킨다.
③ 규모가 크며 구조물의 수명이 길다.
④ 동일한 구조물이 두 번 이상 건설되는 일이 없다.
⑤ 여러 가지 학문이나 기술이 복합적으로 적용된다.

026 활하중 : 열차, 자동차, 군중 따위가 구조물 위를 이동할 때에 생기는 하중으로 교량 등의 구조를 설계할 때에 고려한다.

027 • 합성기둥
구조용 강재나 강관을 축방향으로 보강한 압축부재로서 종방향 철근과 띠철근이나 나선철근의 사용도 가능하다.
• 조합기둥
콘크리트로 채워진 강관기둥

028 프리스트레스트 콘크리트
인장응력에 의한 균열이 방지되고 콘크리트의 전단면을 유효하게 이용할 수 있다.

029 그라우팅은 쉬스 내에 시멘트 풀 또는 모르타르를 주입시켜 PS 강재의 부식 방지, 부착력 증진의 목적이 있다.

030 • 콘크리트 : 2,300 kg/m³
• 철근 콘크리트 : 2,400 kg/m³
• 강재 : 7,850 kg/m³
• 역청재 : 1,100 kg/m³
• 아스팔트 포장 : 2,300 kg/m³

031 대칭인 물체의 치수선은 중심선에서 약간 연장하여 긋고 치수선의 연장선의 끝에 화살표를 붙이지 않는다.

032 • 굵은 실선 : 외형선
• 가는 실선 : 치수선, 치수 보조선, 중심선, 수준면선, 지시선, 회전 단면선

033 가는 1점 쇄선 : 기준선, 중심선, 피치선

034 t : 판의 두께에 사용된다.

035 주어진 각 2등분하는 방법
① ∠AOB의 꼭지점 O를 중심으로 임의의 반지름을 가진 호 그리기
② 직선과 호의 교차점에서 각각 같은 반지름의 호를 그려 2등분점 찾기
③ 꼭지점 O와 2등분점 P를 이어 2등분선 긋기

036 대상물의 보이지 않는 부분의 모양을 표시하는 숨은선은 파선으로 표시한다.

037 • Ⓑ : Base, Beam, Bottom
• Ⓦ : Wall(벽체)
• Ⓗ : Haunch(헌치)
• Ⓕ : Foundation, Footing(기초)
• Ⓢ : Spacer, Slab(스페이서, 슬래브)
• Ⓒ : Colum

038 소점의 수에 따라 1소점 투시도, 2소점 투시도, 3소점 투시도 등이 있다.

039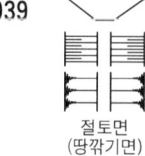
절토면
(땅깎기면)

040 • KS A : 기본
• KS B : 기계
• KS D : 금속

041 • ㉮ : 철근 용접이음
• ㉰ : 갈고리가 없을 때 접이음 측면
• ㉱ : 갈고리가 있을 때 접이음 평면

042 문자의 크기는 문자의 높이로 나타낸다.

043 되풀이(중복)하는 곳은 가는 2점 쇄선으로 표시한다.

044
- 멀티태스킹
  하나의 컴퓨터가 동시에 여러 개의 작업을 수행하는 것이다.
- 멀티스레딩
  하나의 프로그램 안에서 병렬처리하는 것이다.
- Drag and Drop
  특정 파일, 폴더 또는 창이나 대화상자를 마우스의 왼쪽 단추를 눌러 이동시키는 과정이다.

045
- ㉠ : 철사
- ㉡ : 석재
- ㉣ : 구리

046
- 구조 일반도
  구조물의 모양 치수를 모두 표시한 도면
- 구조도
  콘크리트 내부의 구조 주체를 도면에 도시한 것
- 상세도
  구조도의 일부를 취하여 큰 축척으로 표시한 도면

047 A(도면 크기) : B(실제 크기)

048 표고투상법
입면도를 쓰지 않고 수평면으로부터 높이의 수치를 평면도에 기호로 주기하여 나타내는 방법이다.

049 디지타이저는 좌표 인식이 되는 판에 펜을 이용해서 사용한다.

050 출력장치
플로터, 디스플레이, 프린터, 하드 카피, COM 장치 등

051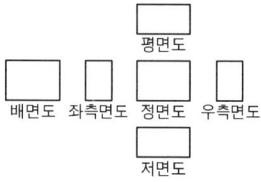
암반면(바위)　자갈　모래

052 제3각법
```
            평면도
배면도  좌측면도  정면도  우측면도
            저면도
```

053 도면 오른쪽 아래 부분에 표제란을 두어 도면 번호, 도면명, 척도, 투상법 등의 도면 작성 정보를 표시한다.

054 도면의 크기 설정이 쉽다.

055 입력장치 : 키보드, 마우스, 라이트 팬, 디지타이저, 트랙 볼 등

056
- A3 = 297×420mm
- A4 = 210×297mm

057 치수선이 세로일 때에는 치수선의 왼쪽에 쓴다.

058
- A0, A1 : 최소 20mm
- A2, A3, A4 : 최소 10mm

059
- $L=5000$: 철근의 길이가 5,000mm
- $N=25$: 철근의 수량이 25본
- @200 C.T.C : 철근의 간격이 400mm

060 양안의 거리표, 지반고, 하상고, 최고 수위, 양수표, 교대고, 수문, 용·배수의 통관, 기타 공작물의 위치와 높이 등을 기입한다.

제4회 CBT 모의고사

문제 001
굳지 않은 콘크리트의 성질 중 거푸집에 쉽게 다져 넣을 수 있고 거푸집을 제거하면 천천히 형상이 변하기는 하지만 허물어지거나 재료가 분리되지 않는 성질은?
㉮ 워커빌리티 ㉯ 성형성
㉰ 피니셔빌리티 ㉱ 반죽질기

문제 002
4변에 의해 지지돼는 2방향 슬래브 중에서 단변에 대한 장변의 비가 최소 몇 배를 넘으면 1방향 슬래브로 해석하는가?
㉮ 1배 ㉯ 2배
㉰ 3배 ㉱ 4배

문제 003
현장치기 콘크리트에서 옥외의 공기나 흙에 직접 접하지 않는 보나 기둥의 최소 피복두께는?
㉮ 20mm ㉯ 30mm
㉰ 40mm ㉱ 50mm

문제 004
프리스트레스하지 않는 부재의 헌장치기콘크리트 중 수중에서 치는 콘크리트의 최소 피복두께는?
㉮ 40mm ㉯ 60mm
㉰ 80mm ㉱ 100mm

문제 005
인장을 받는 곳에 겹침이음을 할 수 있는 철근은?
㉮ D25 ㉯ D38
㉰ D41 ㉱ D51

문제 006
다음 중 철근의 이음방법이 아닌 것은?
㉮ 신축 이음 ㉯ 겹침 이음
㉰ 용접 이음 ㉱ 기계적 이음

문제 007
철근 구부리기에 대한 설명으로 잘못된 것은?
㉮ 철근은 상온에서 구부리는 것을 원칙으로 한다.
㉯ 콘크리트 속에 일부가 묻혀 있는 철근은 현상에서 구부리지 않도록 한다.
㉰ 큰 응력을 받는 곳에서 철근을 구부릴 경우는 구부리는 내면반지름을 규정값 보다 작게 하여야 한다.
㉱ D16 이하의 스터럽과 띠철근으로 사용하는 표준 갈고리의 구부림 내면 반지름은 철근지름의 2배 이상으로 하여야 한다.

문제 008
토목재료로서 콘크리트의 일반적인 특징으로 옳지 않은 것은?
㉮ 콘크리트 자체가 무겁다.
㉯ 긴조수축에 의한 균열이 생기기 쉽다.
㉰ 압축강도와 인장강도가 동일하다.
㉱ 내구성과 내화성이 모두 크다.

문제 009
프리스트레스트 콘크리트의 특징으로 옳지 않은 것은?
㉮ 내화성에 대하여 불리하다.
㉯ 변형이 작아 진동하지 않는다.
㉰ 고강도의 콘크리트와 강재를 사용한다.
㉱ 지간을 길게 할 수 있다.

문제 010
단철근 직사각형보를 강도 설계법으로 설계하고자 한다. 기본 가정이 틀린 것은?
- ㉮ 보에 휨을 받기 전 임의의 단면은 휨을 받아 변형을 일으킨 뒤에도 그대로 평면을 유지한다.
- ㉯ 항복강도에 해당하는 변형률보다 큰 변형률에 대해서도 철근의 응력은 그 변형률에 관계없이 항복강도와 같다.
- ㉰ 보의 극한 상태에서의 휨 모멘트를 계산할 때에는 콘크리트의 압축강도는 무시한다.
- ㉱ 철근과 콘크리트 사이의 부착은 완전하며, 그 경계면에서의 활동은 일어나지 않는다.

문제 011
철근콘크리트 보의 동일 평면에서 평행한 주철근의 수평 순간격 기준은?
- ㉮ 25mm 이상, 또한 철근의 공칭지름 이상
- ㉯ 35mm 이상, 또한 철근의 공칭지름 이상
- ㉰ 45mm 이상, 또한 철근의 공칭지름 이상
- ㉱ 55mm 이상, 또한 철근의 공칭지름 이상

문제 012
강도 설계법의 기본 가정으로 잘못 설명된 것은?
- ㉮ 콘크리트의 인장강도는 무시한다.
- ㉯ 철근의 항복 변형률은 f_y/E_s로 본다.
- ㉰ 철근과 콘크리트 사이의 부착은 완전하다.
- ㉱ 콘크리트 및 철근의 변형률은 중립축으로부터의 거리에 반비례한다.

문제 013
강도 설계법의 단철근 직사각형 보에서 압축연단에 발생되는 등가 직사각형 응력의 깊이(a)에 관한 설명으로 옳은 것은?
- ㉮ 철근의 단면적(A_s)에 비례한다.
- ㉯ 철근의 항복강도(f_y)에 반비례한다.
- ㉰ 콘크리트 설계기준 압축강도(f_{ck})에 비례한다.
- ㉱ 사각형 보의 폭(b)에 비례한다.

문제 014
콘크리트의 동해방지를 위한 대책으로 가장 효과적인 것은?
- ㉮ 밀도가 작은 경량골재 콘크리트로 시공한다.
- ㉯ 물-시멘트비를 크게 하여 시공한다.
- ㉰ AE 콘크리트로 시공한다.
- ㉱ 흡수율이 큰 골재를 사용하여 시공한다.

문제 015
콘크리트에 대한 설명으로 옳지 않은 것은?
- ㉮ 공기연행 콘크리트는 철근과의 부착강도가 저하되기 쉽다.
- ㉯ 레디믹스트 콘크리트는 현장에서 워커빌리티 조절이 어렵다.
- ㉰ 한중콘크리트는 시공 시 하루 평균기온이 영하 4℃ 이하인 경우에 시공한다.
- ㉱ 서중콘크리트는 시공 시 하루 평균기온이 영상 25℃를 초과하는 경우에 시공한다.

문제 016
옹벽의 설계시에 안정 조건에 해당되지 않은 것은?
- ㉮ 전도
- ㉯ 투수
- ㉰ 침하
- ㉱ 활동

문제 017
재료의 강도란 물체에 하중이 작용할 때 그 하중에 저항하는 능력을 말하는데, 이때 강도 중 하중 속도 및 작용에 따라 분류되는 강도가 아닌 것은?
- ㉮ 정적 강도
- ㉯ 충격 강도
- ㉰ 피로 강도
- ㉱ 릴렉세이션 강도

문제 018
철근을 소요 두께의 콘크리트로 덮는 이유에 대한 설명으로 옳지 않은 것은?
- ㉮ 시공상의 편의를 위해서
- ㉯ 철근의 부식방지를 위해서
- ㉰ 화해(火害)를 받지 않도록 하기 위해서
- ㉱ 부착응력 확보를 위해서

문제 019
철근콘크리트 부재의 경우에 사용할 수 있는 전단철근의 형태가 아닌 것은?
- ㉮ 주인장 철근에 30° 이상의 각도로 구부린 굽힘철근
- ㉯ 주인장 철근에 45° 이상의 각도로 설치되는 스터럽
- ㉰ 스터럽과 굽힘철근의 조합
- ㉱ 주인장 철근과 나란한 용접철망

문제 020
흙에 접하거나 옥외의 공기에 직접 노출된 현장치기 콘크리트의 경우 D19 이상인 주철근의 최소 피복두께는?
- ㉮ 30mm
- ㉯ 40mm
- ㉰ 50mm
- ㉱ 60mm

문제 021
콘크리트 속에 철근을 배치하여 양자가 일체가 되어 외력을 받게 한 구조는?
- ㉮ 철근 콘크리트 구조
- ㉯ 무근 콘크리트 구조
- ㉰ 프리스트레스트 구조
- ㉱ 합성구조

문제 022
축방향 압축을 받는 부재로서 높이가 단면의 최소 치수의 3배 이상인 구조는?
- ㉮ 보
- ㉯ 기둥
- ㉰ 옹벽
- ㉱ 슬래브

문제 023
주형 혹은 주트러스를 3개 이상의 지점으로 지지하여 2경간 이상에 걸쳐 연속시킨 교량의 구조 형식은?
- ㉮ 단순교
- ㉯ 연속교
- ㉰ 아치교
- ㉱ 라멘교

문제 024
프리스트레스 콘크리트보의 설계를 위한 가정사항이 아닌 것은?
- ㉮ 콘크리트는 전단면이 유효하게 작용한다.
- ㉯ 부재의 길이 방향의 변형률은 중립축으로부터 거리에 비례한다.
- ㉰ 콘크리트는 소성 재료로 PS강재는 탄성 재료로 가정한다.
- ㉱ 부착되어 있는 PS강재 및 철근은 각각 그 위치의 콘크리트의 변형률과 같은 변형률을 일으킨다.

문제 025
계곡이나 저지대 등의 물이 없는 곳에 가설된 교량 또는 철도나 도로를 넘어가기 위하여 가설된 도보용 교량은?
- ㉮ 육교
- ㉯ 고가교
- ㉰ 철도교
- ㉱ 수로교

문제 026
토목제도에서 캐드(CAD)작업으로 할 때의 특징으로 볼 수 없는 것은?
- ㉮ 도면의 수정 재활용이 용이하다.
- ㉯ 제품 및 설계 기법의 표준화가 어렵다.
- ㉰ 다중 작업(Multi-tasking)이 가능하다.
- ㉱ 설계 및 제도작업이 간편하고 정확하다.

문제 027
그림은 콘크리트 구조물의 제도에서 어떤 철근 배근을 나타낸 것인가?

㉮ 절곡 철근
㉯ 스터럽
㉰ 띠철근
㉱ 나선 철근

문제 028
토목 구조물 설계에 사용하는 특수 하중에 속하지 않는 것은?

㉮ 설하중
㉯ 풍하중
㉰ 충돌 하중
㉱ 원심 하중

문제 029
컴퓨터를 사용하여 제도 작업을 할 때의 특징과 가장 거리가 먼 것은?

㉮ 신속성
㉯ 정확성
㉰ 응용성
㉱ 인간성

문제 030
그림과 같은 골조 구조에서 치수기입이 잘못된 치수는?

㉮ 5000
㉯ 5200
㉰ 6400
㉱ 9000

문제 031
그림과 같은 재료 단면의 경계표시가 나타내는 것은?

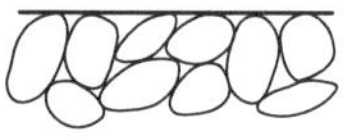

㉮ 흙
㉯ 호박돌
㉰ 바위
㉱ 잡석

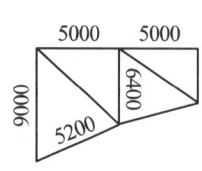

문제 032
주기억장치에 주로 사용되며 전원이 차단되면 기억된 내용이 모두 지워지는 기억장치는?

㉮ ROM
㉯ RAM
㉰ USB
㉱ CD-ROM

문제 033
철근 콘크리트를 널리 이용하는 이유가 아닌 것은?

㉮ 검사 및 개조, 해체가 매우 쉽다.
㉯ 철근과 콘크리트는 부착이 매우 잘된다.
㉰ 콘크리트 속에 묻힌 철근은 녹이 슬지 않는다.
㉱ 철근과 콘크리트는 온도에 대한 열팽창 계수가 거의 같다.

문제 034
독립확대 기초의 크기가 2m×3m이고, 허용 지지력이 100kN/m²일 때, 이 기초가 받을 수 있는 하중의 크기는?

㉮ 100kN
㉯ 250kN
㉰ 500kN
㉱ 600kN

문제 035
토목 구조물 도면의 작성 순서로 가장 적당한 것은?

㉮ 외형선 → 중심선 → 지시선 → 철근선
㉯ 기준선 → 철근선 → 외형선 → 해칭선
㉰ 철근선 → 외형선 → 숨은선 → 치수선
㉱ 중심선 → 외형선 → 철근선 → 치수선

문제 036
한 도면에서 두 종류 이상의 선이 같은 장소에 겹칠 때 가장 우선되는 선은?

㉮ 중심선
㉯ 절단선
㉰ 외형선
㉱ 숨은선

문제 037
강 구조의 판형교에 용접 방법이 주로 사용되는데 용접 방법의 특징으로 옳지 않은 것은?
㉮ 용접시공에 대한 철저한 검사가 필요하다.
㉯ 인장측에 단면 손실에 발생한다.
㉰ 시공 중에 비교적 소음이 작다.
㉱ 접합부의 강성이 크다.

문제 038
하천 측량 제도에 포함되지 않는 것은?
㉮ 평면도 ㉯ 구조도
㉰ 종단면도 ㉱ 횡단면도

문제 039
교량의 상부구조가 아닌 것은?
㉮ 바닥틀 ㉯ 주트러스
㉰ 교대 ㉱ 슬래브

문제 040
도면에 사용되는 글자에 대한 설명 중 틀린 것은?
㉮ 문장은 가로 왼쪽부터 쓰는 것을 원칙으로 한다.
㉯ 글자의 크기는 높이로 나타낸다.
㉰ 숫자는 아라비아 숫자를 원칙으로 한다.
㉱ 글자는 수직 또는 수직에서 35° 오른쪽으로 경사지게 쓴다.

문제 041
다음 축척 중 기본 축척 22종에 해당되지 않는 것은?
㉮ 1/10 ㉯ 1/20
㉰ 1/40 ㉱ 1/80

문제 042
토목제도에서 표제란에 기입하지 않아도 되는 항목은?
㉮ 도면명 ㉯ 범례
㉰ 축척 ㉱ 작성 연월일

문제 043
다음 작도 통칙에 대한 설명으로 잘못된 것은?
㉮ 그림은 간단히 하고, 중복을 피한다.
㉯ 대칭적인 것은 중심선의 한쪽을 외형도, 반대쪽을 단면도로 표시한다.
㉰ 경사면을 가진 구조물의 표시는 경사면 부분만의 보조도를 넣을 수 있다.
㉱ 보이는 부분은 파선으로 표시하고 숨겨진 부분은 실선으로 표시한다.

문제 044
다음 장치 중 출력장치에 속하는 것은?
㉮ 플로터 ㉯ 스캐너
㉰ 디지타이저 ㉱ 조이스틱

문제 045
치수 기호에서 지름을 나타내는 것은?
㉮ R ㉯ ∅
㉰ t ㉱ C

문제 046
재료 단면의 경계 표시는 무엇을 나타내는가?
㉮ 암반면
㉯ 지반면
㉰ 일반면
㉱ 수면

문제 047
콘크리트 구조물의 제도에서 공칭지름 22mm인 이형 철근의 표시법으로 옳은 것은?
㉮ R22 ㉯ ∅22
㉰ D22 ㉱ H22

문제 048
치수, 가공법, 주의사항 등을 써 넣기 위하여 쓰이며, 일반적으로 가로에 대하여 45°의 직선을 긋고, 인출되는 쪽에 화살표를 붙여 인출한 쪽의 끝에 가로선을 그어 가로선 위에 문자 또는 숫자를 기입하는 선은?

㉮ 중심선
㉯ 치수선
㉰ 치수 보조선
㉱ 인출선

문제 049
도면 작성 시 가는선 : 굵은 선의 굵기 비율로 옳은 것은?

㉮ 1 : 1.5   ㉯ 1 : 2
㉰ 1 : 2.5   ㉱ 1 : 3

문제 050
KS에서 원칙으로 하는 정투상도 그리기 방법은?

㉮ 제1각법   ㉯ 제3각법
㉰ 제5각법   ㉱ 다각법

문제 051
다음 중 원도를 그리는 방법을 순서 없이 나열한 것으로 마지막 작업에 해당하는 것은?

㉮ 윤곽선, 표제란, 기준선을 긋는다.
㉯ 기호, 문자, 숫자 등을 넣는다.
㉰ 외형선, 파단선 등을 긋는다.
㉱ 철근선 및 숨은선을 긋는다.

문제 052
도면 작도에서 중심선을 나타내는 기호(약자)는?

㉮ C.L.   ㉯ C.l.
㉰ M.L.   ㉱ M.l.

문제 053
긴 부재의 절단면 표시 중 파이프의 절단면 표시로 옳은 것은?

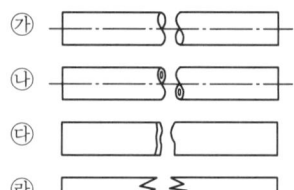

문제 054
도면의 복사도 종류가 아닌 것은?

㉮ 청사진
㉯ 홍사진
㉰ 백사진
㉱ 마이크로 사진

문제 055
정투상법에서 제3각법에 의한 설명으로 옳지 않은 것은?

㉮ 평면도는 정면도 아래에 그린다.
㉯ 우측면도는 정면도 우측에 그린다.
㉰ 제3면각 안에 물체를 놓고 투상하는 방법이다.
㉱ 각 면에 보이는 물체는 보이는 면과 같은 면에 나타낸다.

문제 056
CAD 프로그램을 이용하여 도면을 출력할 때 유의사항과 가장 거리가 먼 것은?

㉮ 주어진 축척에 맞게 출력 한다.
㉯ 출력할 용지 사이즈를 확인 한다.
㉰ 도면 출력 방향이 가로인지 세로인지를 선택한다.
㉱ 주어진 플롯을 사용하여 출력의 오류를 막는다.

문제 057
치수와 치수선의 기입 방법에 대한 설명 중 옳지 않은 것은?
㉮ 치수는 특별히 명시하지 않으면 마무리 치수로 표시한다.
㉯ 치수선은 표시할 치수의 방향에 평행하게 긋는다.
㉰ 치수선은 볼 수 있는 대로 물체를 표시하는 도면의 내부에 긋는다.
㉱ 치수선에는 분명한 단말 기호(화살표 또는 사선)를 표시한다.

문제 058
직육면체의 직각으로 만나는 3개의 모서리가 모두 120°를 이루는 투상도는?
㉮ 정투상도
㉯ 등각투상도
㉰ 부등각투상도
㉱ 사투상도

문제 059
석재의 단면 표시 중 자연석을 나타내는 것은?

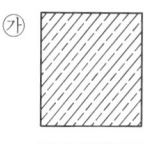 ㉮   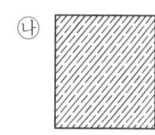 ㉯

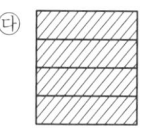 ㉰   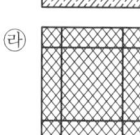 ㉱

문제 060
CAD시스템에서 입력 장치에 포함되지 않는 것은?
㉮ 태블릿
㉯ 키보드
㉰ 디지타이져
㉱ 플로터

4 CBT 모의고사 정답 및 해설

정답

001. ④	002. ④	003. ④	004. ②	005. ②
006. ②	007. ④	008. ④	009. ④	010. ④
011. ②	012. ④	013. ④	014. ④	015. ④
016. ④	017. ④	018. ②	019. ④	020. ④
021. ④	022. ④	023. ④	024. ②	025. ②
026. ④	027. ④	028. ④	029. ②	030. ④
031. ④	032. ④	033. ②	034. ④	035. ④
036. ④	037. ④	038. ④	039. ④	040. ②
041. ④	042. ④	043. ②	044. ②	045. ④
046. ④	047. ④	048. ④	049. ④	050. ④
051. ④	052. ②	053. ④	054. ④	055. ②
056. ②	057. ④	058. ④	059. ②	060. ②

해설

001
- 워커빌리티
반죽질기 여하에 따른 작업의 난이도 및 재료 분리에 저항하는 정도를 나타내는 성질
- 피니셔빌리티
굵은골재의 최대치수, 잔골재율, 잔골재의 입도, 반죽질기 등에 따른 마무리하기 쉬운 정도를 나타내는 성질
- 반죽질기
주로 물의 양이 많고 적음에 따른 반죽의 되고 진 정도를 나타내는 성질

002 $\frac{장변}{단변}$ 이 2보다 클 때 1방향 슬래브로 해석한다.

003 현장치기 콘크리트에서 흙에 접하거나 옥외의 공기에 직접 노출되는 콘크리트로 D16 이하 철근의 경우에도 최소 피복두께는 40mm이다.

004 수중에서 치는 콘크리트의 최소 피복두께는 100mm이다.

005 D35를 초과하는 철근은 겹침이음을 해서는 안 된다.

006 콘크리트에서 신축이음은 온도변화, 침하, 혹은 구조물의 일부가 움직이므로써 다른 요소에 해로운 악영향을 막기 위해 설치하는 것이다.

007 큰 응력을 받는 곳에서 철근을 구부릴 때에는 구부림 내면 반지름을 더 크게 하여야 한다.

008 콘크리트의 압축강도가 가장 크다.

009 프리스트레스트 콘크리트는 단면이 작기 때문에 변형이 크고 진동하기 쉽다.

010 보의 극한 상태에서의 휨 모멘트를 계산할 때에는 콘크리트의 인장강도는 무시한다.

011 25mm 이상, 굵은골재 최대치수의 4/3배 이상, 철근의 공칭지름 이상

012 콘크리트 및 철근의 변형률은 중립축으로부터의 거리에 비례한다.

013 $a = \frac{A_s f_y}{\eta(0.85 f_{ck})b}$

014 AE 콘크리트는 동결융해 저항이 크다.

015 한중 콘크리트는 시공 시 하루 평균기온이 4℃ 이하인 경우에 시공한다.

016 옹벽의 설계 시 전도, 침하(지지력), 활동을 고려한다.

017 일정한 변형하에서 시간 경과에 따라 응력이 감소되는 현상을 릴렉세이션이라 한다.

018 철근 콘크리트 부재에 최소 피복 두께를 두는 이유는 철근의 부식 방지, 철근의 부착강도 증대와 내화적인 구조물을 만들기 위해서다.

019 주인장 철근과 수직으로 설치되는 스터럽

020 흙에 접하거나 옥외의 공기에 직접 노출된 현장 치기 콘크리트의 경우 D16 이하 철근의 최소 피복두께는 40mm이다.

021 철근 콘크리트 구조는 콘크리트 속에 묻혀있는 철근이 콘크리트와 일체가 되어 외력에 저항한다.

022 축방향 압축을 받는 부재를 기둥 또는 압축부재라 한다.

023 연속교
① 1개의 주형 또는 주 트러스를 3점 이상의 지점에서 지지하는 교량
② 2경간 이상에 걸쳐 연속한 주형 또는 주 트러스를 사용한 교량

024 프리스트레스트가 도입되면 콘크리트 부재에 대한 해석이 탄성이론으로 가정한다.

025 도로나 철로 위에 놓아 건너갈 수 있게 만든 도보용 교량을 육교라 한다.

026 제품 및 설계 기법의 표준화가 용이하다.

027 철근 콘크리트 보의 주철근을 둘러싸고 이에 직각되게 또는 경사지게 배치한 복부 보강근으로서 전단력 및 비틀림 모멘트에 저항하도록 배치한 보강철근을 스터럽이라 한다.

028 부하중
풍하중, 온도 변화의 영향, 지진의 영향

029 신속하고 정확하며 응용을 할 수 있는 특징이 있다.

030 치수는 치수선 위쪽에 쓰는 것을 원칙으로 하며 치수선이 세로인 경우에는 치수선 왼쪽에 쓴다.

031 호박돌을 표시한 것이며 호박돌 표시보다 작고 둥글게 그린 그림은 자갈을 나타낸다.

032 • RAM(Random Access Memory)
자유롭게 읽고 기억시킬 수 있는 기억장치로 전원이 끊기면 기억된 내용이 모두 지워진다.
• ROM(Read Only Memory)
기억된 내용을 읽기만 하는 기억장치로 전원이 끊겨도 내용이 지워지지 않아 컴퓨터 전원을 켠 후 실행되는 초기화 프로그램이 저장되어 있다.

033 철근 콘크리트는 내구성과 내화성이 좋다.

034 허용 지지력 = $\dfrac{하중}{단면적}$

하중 = 허용 지지력 × 단면적
= $100 \times (2 \times 3) = 600 \, kN$

035 토목 구조물의 도면은 중심선, 외형선, 철근선, 치수선 순서로 작성한다.

036 한 도면에서 두 종류 이상의 선이 같은 장소에 겹칠 경우에는 외형선을 우선한다.

037 인장측에 단면 손실이 발생하지 않는다.

038 구조도는 구조물의 주체를 도면에 표시한 것으로 일반적으로 배근도라고도 한다.

039 교대, 교각, 기초 등은 하부구조에 해당한다.

040 글자는 수직 또는 수직에서 15° 오른쪽으로 경사지게 쓰는 것이 원칙이다.

041 1/5, 1/15, 1/25, 1/30, 1/50, 1/100, 1/200, 1/250 등이 있다.

042 표제란에는 도면명, 도면번호, 작성일자, 축척 등을 기입한다.

043 그림은 간단히 하고 중복을 피하며 보이는 부분은 실선으로 하고 숨겨진 부분은 파선으로 표시한다.

044 플로터는 직교좌표로 제어되는 펜을 여러 방향으로 이동시켜 설계도면이나 그래프를 그려내는 출력장치이다.

045 • ϕ : 지름
• t : 판의 두께
• C : 모따기

046 • 암반면(바위)
• 일반면
• 수준면(물)

047 이형철근을 D로 표시하고 뒤에 숫자는 지름을 나타낸다.

048 가공법이나 재료를 표시하기 위하여 인출선을 사용할 수 있다.

049 선의 굵기 비율 중 가는 선 : 굵은 선 : 아주 굵은 선의 비율은 1 : 2 : 4로 표현한다.

050 제3각법은 물체를 제3면각 안에 놓고 투상하는 방법이다.(눈 → 투상면 → 물체)

051 원도를 그리는 순서
① 윤곽선, 표제란, 중심선, 기준선을 긋는다.
② 외형선, 파단선, 절단선을 긋는다.
③ 철근 배근의 위치 및 원호의 중심을 긋는다.
④ 철근 단면 및 철근선, 숨은선을 긋는다.
⑤ 치수선, 치수 보조선, 지시선 및 해칭선을 긋는다.
⑥ 기호, 문자, 숫자 등을 기입하고 도면을 완성한다.

052　C.L : Center Line

053　• ㉮ : 환봉
　　　• ㉯ : 각봉
　　　• ㉱ : 나무

054　• 복사도
　　　　청사진, 백사진, 마이크로 사진
　　　• 트레이스도
　　　　복사도를 만드는 데 기본이 되는 원도

055　평면도는 정면도 위에 그린다.

056　작업에 적합한 플롯을 사용하여 출력하도록 한다.

057　치수선은 볼 수 있는 대로 물체를 표시하는 도면의 외부에 긋는다.

058　등각투상도는 정면, 평면, 측면을 하나의 투상도에서 동시에 볼 수 있도록 그린 투상법이다.

059　• ㉯ : 인조석
　　　• ㉰ : 벽돌
　　　• ㉱ : 블록

060　출력장치 : 모니터, 프린터, 플로터

전산응용토목제도기능사 필기

정가 20,000원

- 저 자 고   행   만
- 발행인 차   승   녀

- 2012년 5월 10일   제1판 제1인쇄 발행
- 2013년 1월 10일   제2판 제1인쇄 발행
- 2014년 1월 20일   제3판 제1인쇄 발행
- 2015년 1월 10일   제4판 제1인쇄 발행
- 2015년 11월 20일   제5판 제1인쇄 발행
- 2016년 1월 15일   제5판 제2인쇄 발행
- 2016년 12월 15일   제6판 제1인쇄 발행
- 2017년 10월 20일   제7판 제1인쇄 발행
- 2018년 12월 20일   제8판 제1인쇄 발행
- 2019년 12월 26일   제9판 제1인쇄 발행
- 2020년 12월 15일   제10판 제1인쇄 발행
- 2022년 1월 20일   제11판 제1인쇄 발행
- 2023년 5월 25일   제12판 제1인쇄 발행
- 2023년 9월 15일   제12판 제2인쇄 발행

도서출판 건기원

(등록 : 제11-162호, 1998. 11. 24)

경기도 파주시 연다산길 244(연다산동 186-16)
TEL : (02)2662-1874~5   FAX : (02)2665-8281

★ 건기원은 여러분을 책의 주인공으로 만들어 드리며 출판 윤리 강령을 준수합니다.
★ 본 수험서를 복제 · 변형하여 판매 · 배포 · 전송하는 일체의 행위를 금하며, 이를 위반할 경우 저작권법 등에 따라 처벌받을 수 있습니다.

ISBN 979-11-5767-775-7   13530